Craftsman Computer Aided Architectural Drawing

저자 블로그(http://blog.naver.com/hdh1470)를 통한 실시간 질의응답

전산응용 건축제도 기능사

필기

황두환 지음

" 이 책을 선택한 당신, 이미 성공의 첫걸음을 내디뎠습니다! "

BM (주)도서출판 **성안당**

■ **도서 A/S 안내**

성안당에서 발행하는 모든 도서는 저자와 출판사, 그리고 독자가 함께 만들어 나갑니다.

좋은 책을 펴내기 위해 많은 노력을 기울이고 있습니다. 혹시라도 내용상의 오류나 오탈자 등이 발견되면 "좋은 책은 나라의 보배"로서 우리 모두가 함께 만들어 간다는 마음으로 연락주시기 바랍니다. 수정 보완하여 더 나은 책이 되도록 최선을 다하겠습니다.

성안당은 늘 독자 여러분들의 소중한 의견을 기다리고 있습니다. 좋은 의견을 보내주시는 분께는 성안당 쇼핑몰의 포인트(3,000포인트)를 적립해 드립니다.

잘못 만들어진 책이나 부록 등이 파손된 경우에는 교환해 드립니다.

저자 문의 e-mail : hdh1470@naver.com(황두환)
본서 기획자 e-mail : coh@cyber.co.kr(최옥현)
홈페이지 : http://www.cyber.co.kr   전화 : 031) 950-6300

 Preface

독자 여러분과 마찬가지로 필자도 건축을 공부하면서 자격증 취득과정을 거쳤습니다. 1998년 건축제도기능사를 시작으로 하여 조적기능사, 도장기능사, 건축산업기사, 실내건축기사 등 많은 자격을 취득하였습니다. 이렇게 자격을 취득하고 해당 교과를 강의하면서 건축이론 및 필기시험을 공부하는 학생들이 건축분야의 전문용어 및 구조적인 부분을 이해하기가 쉽지 않다는 것을 느꼈습니다.

필기시험 관련 교재의 대부분이 내용을 이해하는 데 설명이 충분치 않고 이론 위주로 서술되어 있어서 내용을 이해하기보다는 암기를 유도하는 방식으로 구성되어 있습니다. 건축을 처음 접하거나 실무 경험이 전혀 없는 학생들은 전문적인 내용을 이해하기가 쉽지 않아서 다른 전문서적이나 인터넷 검색을 통해 내용을 찾아보는 경우가 많습니다. 이에 필자는 건축 전공자나 실무자가 아니더라도 쉽게 이해할 수 있도록 용어의 해설과 충분한 그림을 통해 이해도를 높이고, 필기시험을 준비하면서 문제와 정답만 암기하는 것이 아니라 건축의 전문적인 내용을 학습할 수 있는 효과적인 교재의 필요성을 통감하고 이 교재를 집필하게 되었습니다.

기능사 시험은 필기부터 실기까지 많은 시간과 노력, 비용을 들여 자격시험에 응시합니다. 본 교재가 수험생의 자격취득과 목표달성에 조금이나마 힘이 되고, 강사님들에게는 지식을 전달하는 데 효과적인 참고자료가 될 수 있기를 희망합니다.

끝으로 필자의 의견을 적극 검토해주시고 출판할 수 있도록 이끌어주신 성안당출판사 임직원 여러분께 감사드립니다. 아울러 본서의 교정과 내용을 검토해 주신 이일곤 강사님과 부족한 필자를 늘 곁에서 응원하고 힘이 되어준 영이, 재인, 지현에게 감사의 말을 전합니다.

저자 황두환

차례

PART 00 전산응용건축제도기능사 개요

Chapter 01 자격시험의 응시 ······ 3
   1. 자격검정 홈페이지 '큐넷' ······ 3
   2. 자격증 취득 절차 ······ 4

Chapter 02 시험정보 ······ 5
   1. 필기시험 출제기준 ······ 5
   2. 필기시험 과목별 출제비중 ······ 7
   3. 실기시험 출제기준 ······ 8

Chapter 03 우대현황 ······ 10
   1. 법령상 우대현황 ······ 10

PART 01 건축제도의 이해

Chapter 01 제도규약 ······ 13
   1. KS 건축제도 통칙 ······ 13
   2. 도면의 표시방법에 관한 사항 ······ 18
   ❖ 연습문제 ······ 27

Chapter 02 건축물의 묘사와 표현 ······ 30
   1. 건축물의 묘사 ······ 30
   2. 건축물의 표현 ······ 31
   ❖ 연습문제 ······ 34

Chapter 03	건축설계도면 ··· 35
	1. 설계도면의 종류 ·· 35
	2. 설계도면의 작도법 ·· 40
	❖ 연습문제 ··· 41

Chapter 04	각 구조부의 명칭과 제도순서 ·· 42
	1. 구조부의 이해 ·· 42
	2. 재료표시기호 ·· 42
	3. 기초와 바닥 ·· 43
	4. 벽체 ·· 44
	5. 계단과 지붕 ·· 45
	6. 보와 기둥 ··· 45
	❖ 연습문제 ··· 46

Chapter 05	CAD 도면과 3D 모델링 ·· 47
	1. 건축설계 2D 도면 작성 ·· 47
	2. 건축설계 3D 모델링 ·· 50
	❖ 연습문제 ··· 53

✱ PART 01 단/원/평/가 ··· 56

PART 02 건축계획일반의 이해

Chapter 01	건축계획과정 ·· 63
	1. 건축계획과 설계 ·· 63
	2. 건축계획의 진행 ·· 64
	3. 건축공간 ··· 66
	4. 건축법의 이해 ·· 67
	❖ 연습문제 ··· 72

| Chapter 02 | 조형계획 | 74 |

1. 조형의 구성 · 74
2. 건축형태의 구성 · 76
3. 색채계획 · 77
- ❖ 연습문제 · 79

| Chapter 03 | 건축환경계획 | 80 |

1. 열환경 · 80
2. 빛(태양)환경 · 82
3. 공기 환경 · 83
4. 채광 및 조명 환경 · 84
5. 음환경 · 87
- ❖ 연습문제 · 89

| Chapter 04 | 주거환경계획 | 91 |

1. 주택계획과 분류 · 91
2. 배치 및 평면계획 · 92
3. 단위공간계획 · 92
4. 공동주택 · 96
5. 단지계획 · 99
- ❖ 연습문제 · 100

✱ PART 02 단/원/평/가 · 102

PART 03 건축재료일반의 이해

| Chapter 01 | 건축재료의 개요 | 109 |

1. 건축재료 · 109
2. 건축재료의 생산과 발달과정 · 109
3. 건축재료의 분류 · 110
- ❖ 연습문제 · 112

Chapter 02 건축재료의 일반적 성질 ········· 113
1. 역학적 성질 ········· 113
2. 재료의 강도와 응력 ········· 114
3. 물리적 성질 ········· 115
4. 내구성 및 내후성 ········· 117
5. 기타 성질 ········· 117
✦ 연습문제 ········· 118

✱ PART 03 단/원/평/가 ········· 119

PART 04 각종 건축재료의 특성과 용도

Chapter 01 목재 ········· 125
1. 목재의 특성 ········· 125
2. 건조 ········· 128
3. 방부처리 ········· 128
4. 목재의 용도 ········· 129
✦ 연습문제 ········· 132

Chapter 02 석재 ········· 134
1. 석재 일반 ········· 134
2. 석재의 성질과 용도 ········· 135
3. 각종 석재의 특성 ········· 135
✦ 연습문제 ········· 137

Chapter 03 벽돌과 블록 ········· 138
1. 벽돌 ········· 138
2. 블록 ········· 140
✦ 연습문제 ········· 141

Chapter 04 시멘트와 콘크리트 ······ 142
1. 시멘트 ······ 142
2. 시멘트의 종류 ······ 143
3. 콘크리트 ······ 145
❖ **연습문제** ······ 150

Chapter 05 유리, 점토 ······ 153
1. 유리 ······ 153
2. 점토 ······ 155
❖ **연습문제** ······ 157

Chapter 06 금속 및 철물 ······ 159
1. 철강 ······ 159
2. 비철금속 ······ 161
3. 창호철물 ······ 162
❖ **연습문제** ······ 167

Chapter 07 미장, 도장재료(마감재료) ······ 168
1. 미장(美匠)재료 ······ 168
2. 도장(塗裝)재료 ······ 169
❖ **연습문제** ······ 171

Chapter 08 아스팔트(역청재료) ······ 172
1. 역청재료와 아스팔트 방수 ······ 172
2. 아스팔트 종류와 제품 ······ 173
❖ **연습문제** ······ 175

Chapter 09 합성수지 및 기타 재료 ······ 176
1. 합성수지 ······ 176
2. 기타 재료 ······ 177
❖ **연습문제** ······ 181

✱ **PART 04 단/원/평/가** ······ 182

PART 05 일반구조의 이해

Chapter 01 건축구조의 일반사항 ················ 191
1. 건축구조의 개념 ················ 191
2. 건축구조의 분류 ················ 192
3. 각 구조의 특징 ················ 195
- 연습문제 ················ 197

Chapter 02 기초와 지정 ················ 198
1. 기초 ················ 198
2. 지정 ················ 200
3. 부동침하 ················ 201
4. 터파기 ················ 202
- 연습문제 ················ 204

Chapter 03 목구조 ················ 205
1. 목구조의 특성 ················ 205
2. 토대와 기둥 ················ 205
3. 벽체와 마루 ················ 207
4. 창호와 반자(천장) ················ 210
5. 계단 ················ 212
6. 지붕 ················ 215
7. 부속재료 및 이음과 맞춤 ················ 217
8. 한식구조 ················ 220
- 연습문제 ················ 222

Chapter 04 벽돌, 블록, 돌구조(조적구조) ················ 225
1. 벽돌구조 ················ 225
2. 블록구조 ················ 231
3. 돌구조 ················ 233
- 연습문제 ················ 235

Chapter 05 철근콘크리트구조 ······ 238

1. 철근콘크리트구조(reinforced concrete construction) ······ 238
2. 철근콘크리트구조의 종류 ······ 239
3. 철근의 사용과 이음 ······ 240
4. 콘크리트의 피복과 기초 ······ 242
5. 기둥 ······ 243
6. 보 ······ 244
7. 바닥(슬래브) ······ 246
8. 벽체 ······ 247

❖ 연습문제 ······ 248

Chapter 06 철골구조 ······ 253

1. 철골구조(steel frame construction)의 특성 ······ 253
2. 철골(강)재의 접합 ······ 254
3. 철골구조의 보 ······ 256
4. 주각과 기둥 ······ 258
5. 바닥 ······ 259

❖ 연습문제 ······ 260

Chapter 07 기타 구조시스템 ······ 262

1. 철골철근콘크리트구조 ······ 262
2. 셸구조(곡면구조; shell structure) ······ 262
3. 막구조(membrane structure) ······ 263
4. 절판구조(folded plate structure) ······ 264
5. 현수구조(suspension structure) ······ 264
6. 튜브구조(tube structure) ······ 265
7. 커튼월(curtain wall) ······ 265
8. 트러스구조(trussed structure) ······ 266
9. 입체구조(space frame construction) ······ 266
10. 무량판구조(mushroom construction) ······ 267

❖ 연습문제 ······ 268

✱ PART 05 단/원/평/가 ······ 270

PART 06 건축설비의 이해

Chapter 01 급·배수 및 위생설비 ·········· 283
    1. 급수설비 ·········· 283
    2. 배수설비 ·········· 285
    3. 위생기구 ·········· 288
    ❖ 연습문제 ·········· 290

Chapter 02 냉·난방 및 공기조화설비 ·········· 292
    1. 난방방식의 분류 ·········· 292
    2. 난방설비의 종류 ·········· 292
    3. 환기법 ·········· 295
    4. 공기조화설비(air conditioning) ·········· 296
    ❖ 연습문제 ·········· 298

Chapter 03 조명 및 전기설비 ·········· 299
    1. 조명설비 ·········· 299
    2. 전기설비 ·········· 300
    ❖ 연습문제 ·········· 302

Chapter 04 가스 및 소화설비 ·········· 303
    1. 가스설비 ·········· 303
    2. 소화설비 ·········· 304
    ❖ 연습문제 ·········· 307

Chapter 05 통신 및 수송설비 ·········· 308
    1. 통신설비 ·········· 308
    2. 수송설비 ·········· 308
    ❖ 연습문제 ·········· 311

  ✽ **PART 06** 단/원/평/가 ·········· 312

부록 I 과년도 출제문제

- 2014년 제1회 출제문제 ·················· 321
- 2014년 제2회 출제문제 ·················· 329
- 2014년 제4회 출제문제 ·················· 337
- 2014년 제5회 출제문제 ·················· 346

- 2015년 제1회 출제문제 ·················· 355
- 2015년 제2회 출제문제 ·················· 363

- 2015년 제4회 출제문제 ·················· 371
- 2015년 제5회 출제문제 ·················· 379

- 2016년 제1회 출제문제 ·················· 387
- 2016년 제2회 출제문제 ·················· 396
- 2016년 제4회 출제문제 ·················· 404

※ 2012~2013년 기출문제는 성안당 홈페이지(http://www.cyber.co.kr) 자료실에서 다운로드할 수 있습니다.

부록 II CBT 필기시험 안내 및 기출 복원문제

▌큐넷의 CBT 필기시험 체험하기 ·················· 415
- 01. 새로 도입된 CBT 시험방식 ·················· 415
- 02. 수험자 유의사항 ·················· 418

▌CBT 기출 체험하기 ·················· 419

- 2017년 제2회(B형) 기출 복원문제 ·················· 419
- 2017년 제5회 기출 복원문제 ·················· 425

- 2018년 제2회 기출 복원문제 ·················· 432
- 2018년 제4회 기출 복원문제 ·················· 438

- 2019년 제1회 기출 복원문제 ·················· 445
- 2019년 제2회 기출 복원문제 ·················· 451
- 2019년 제3회 기출 복원문제 ·················· 458

- 2020년 제2회 기출 복원문제 ·················· 464
- 2020년 제3회 기출 복원문제 ·················· 471

- 2021년 제1회 기출 복원문제 ·················· 477
- 2021년 제3회 기출 복원문제 ·················· 483

Contents

- 2022년 제1회 기출 복원문제 ·· 489
- 2022년 제3회 기출 복원문제 ·· 495
- 2023년 제1회 기출 복원문제 ·· 502
- 2023년 제3회 기출 복원문제 ·· 509
- 2024년 제1회 기출 복원문제 ·· 515
- 2024년 제3회 기출 복원문제 ·· 522
- 2025년 제1회 기출 복원문제 ·· 528
- 2025년 제2회 기출 복원문제 ·· 534

▌CBT 기출 복원문제 정답 및 해설 ·· 541

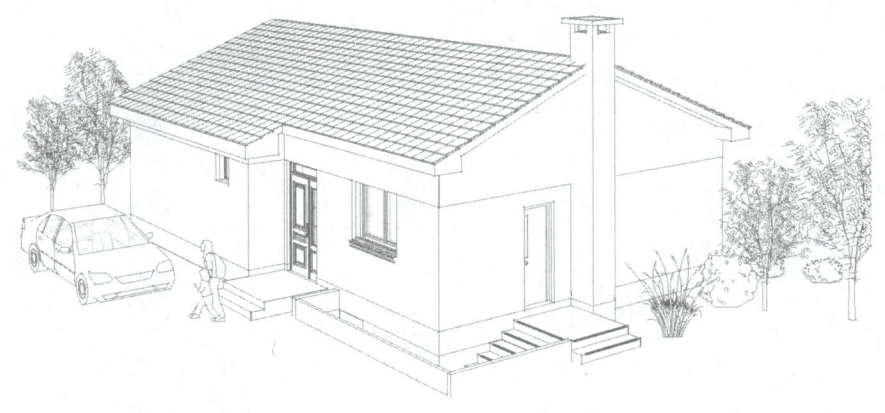

Craftsman Computer Aided Architectural Drawing

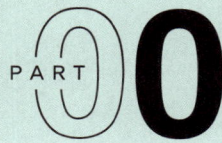

전산응용건축제도기능사 개요

Chapter 01. 자격시험의 응시

Chapter 02. 시험정보

Chapter 03. 우대현황

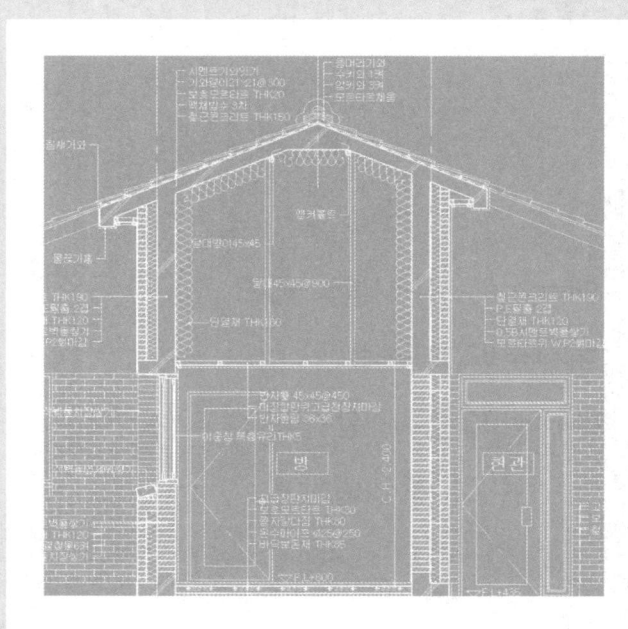

전산응용건축제도기능사는 건축설계 및 시공기술, 인테리어 전반에 대한 기초지식을 익히고 CAD 시스템을 활용하여 구조적으로 안전하면서 쾌적한 공간을 도면으로 작성할 수 있는 기능 인력을 양성할 목적으로 1997년에 신설되었다.

CHAPTER 01 자격시험의 응시

전산응용건축제도기능사는 학력 등 응시자격에 대한 제한이 없으므로 누구나 응시하여 취득할 수 있다.

SECTION 1 자격검정 홈페이지 '큐넷'

한국산업인력공단에서 운영하는 큐넷은 국가기술자격의 시험일정 및 정보제공은 물론 접수, 시행, 관리 등 다양한 업무를 지원한다.

www.q-net.or.kr

SECTION 2 자격증 취득 절차

큐넷 홈페이지에서 회원가입을 시작으로 필기시험과 실기시험으로 나누어 응시하게 된다.

(1) 큐넷의 회원가입
개인정보와 사진을 등록한다(무료).

(2) 필기시험 접수
접수기간 시작일에 맞추어 접수를 해야 거주지와 가까운 곳에서 응시가 가능하며, 접수 마감일에 가깝게 접수할 경우 외곽이나 타 지역에서 응시할 수도 있다.

(3) 필기시험 응시
- 시험시간 : 60분(CBT- 컴퓨터 기반 시험)
- 합격기준 : 60문제 중 36문제(60점) 이상 맞으면 합격(4지선다형)

(4) 필기시험 합격
필기시험에 합격하면 2년간 실기시험에 응시할 수 있다.

(5) 실기시험 접수
필기시험과는 다르게 수도권 이외 지역은 시험장이 많지 않아 되도록 **빠른 시일 내에** 접수해야 시험장 선택에 문제가 없다.

(6) 실기시험 응시
응시 전 시험장에 연락하여 사용하게 될 CAD 소프트웨어 버전을 필히 확인하고 준비해야 한다.
- 시험시간 : 4시간 10분(CAD 활용 도면 작성)
- 합격기준 : 완성 제출하여 60점 이상

(7) 실기시험 합격
문자 메시지로 통보하며 발표일 홈페이지 "큐넷"에서 확인할 수 있다.

(8) 자격증 발급
수수료를 지급하고 발급을 신청하면 회원가입 시 등록한 사진으로 자격증이 발급된다.

CHAPTER 02 시험정보

SECTION 1 필기시험 출제기준 (한국산업인력공단 큐넷 공지)

| 직무 분야 | 건설 | 중직무 분야 | 건축 | 자격 종목 | 전산응용 건축제도기능사 | 적용 기간 | 2026. 1. 1 ~ 2029. 12. 31 |

○ **직무내용** : 건축설계 내용을 정확히 전달하기 위하여 CAD 및 건축 컴퓨터그래픽 작업으로 건축설계에서 의도하는 바를 건축도서로 작성하는 직무이다.

| 필기검정방법 | 객관식 (CBT) | 문제 수 | 60 | 시험시간 | 1시간 |

필기과목명	문제 수	주요 항목	세부항목	세세항목
건축계획 및 설계도면 작성	60	1. 건축설계 조사 확인	1. 자료조사 및 대지조사	1. 자료조사 및 분류 2. 대지 및 주변 환경 조사
			2. 기초법규 조사	1. 건축법령의 '총칙' 2. 건축법령의 '보칙'
			3. 건축계획과정	1. 건축설계프로세스 2. 건축공간 3. 건축형태의 구성
			4. 주거건축계획	1. 단독주택 2. 공동주택 3. 단지계획
		2. 건축재료 검토	1. 구조재료 파악	1. 구조재료의 분류 2. 구조재료의 특성 및 요구성능 3. 구조재료의 일반적 성질
			2. 내·외장재료 파악	1. 내·외장재료의 분류 2. 내·외장재료의 특성 및 요구성능 3. 내·외장재료의 일반적 성질
			3. 기타 건축재료 파악	1. 친환경재료의 분류 및 특성 2. 단열재료의 분류 및 특성

필기과목명	문제 수	주요 항목	세부항목	세세항목
건축계획 및 설계도면 작성	60	3. 건축 환경설비 검토	1. 건축 환경 검토	1. 열환경 2. 공기환경 3. 음환경 4. 빛환경
			2. 건축설비 공간계획	1. 급·배수 위생설비 2. 냉·난방 및 공기조화 설비 3. 전기설비 4. 가스 및 소화 설비 5. 정보통신설비 6. 에너지절약설비계획
		4. 건축설계 도면 해석	1. 건축설계 도면 기초정보 파악	1. KS 건축 제도 통칙 2. 건축설계 도면 표시방법
			2. 건축설계 도면 파악	1. 설계도면의 종류 2. 설계도면의 주요 내용 3. 설계도면의 상호관계에 대한 이해
		5. 건축구조검토	1. 구조형식 파악	1. 철근콘크리트구조 2. 강구조 3. 조적식 구조 4. 목구조 5. 특수구조
			2. 구조 일반사항 파악	1. 건축구조의 개념 2. 건축구조의 분류 3. 건축물의 하중과 반력
			3. 구조 부재 파악	1. 기초 2. 기둥 3. 벽체 4. 가로재(큰보, 작은보 등) 5. 슬래브 6. 지붕틀
		6. 건축설계 2D 도면작성	1. 2D 도면 환경 준비 및 작성	1. CAD 프로그램의 이해 2. CAD 도면의 작성
		7. 건축설계 3D 모델링	1. 3D 모델링 환경 준비	1. 3D 프로그램의 이해 2. 투시도 기법 개념
			2. 3D 모델링 및 시각화	1. 3D 모델링을 위한 건축적 지식 2. 3D 모델링 방법 3. 3D 모델링의 시각화

SECTION 2 필기시험 과목별 출제비중

세분화된 과목을 간단히 정리하면 크게 제도, 계획, 재료, 구조, 설비 5개의 과목으로 나눌 수 있다. 총 60문제 중 출제비중이 높은 과목은 재료와 구조이며 제도, 계획, 설비과목의 출제비중은 낮다.

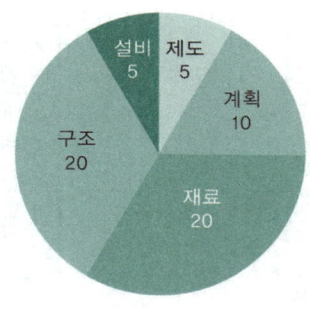

[과목별 출제비중]

SECTION 3 실기시험 출제기준

직무분야	건설	중직무분야	건축	자격종목	전산응용건축제도기능사	적용기간	2026. 1. 1 ~ 2029. 12. 31

○ **직무내용** : 건축설계 내용을 정확히 전달하기 위하여 CAD 및 건축 컴퓨터그래픽 작업으로 건축설계에서 의도하는 바를 건축도서로 작성하는 직무이다.

○ **수행준거** : 1. 건축설계 업무에 필요한 각종 자료와 대지 현황 및 관련 법규를 조사하여 파악한 기초적인 정보를 설계 진행단계에 적합하게 판단하고 활용할 수 있다.
  2. 건축물의 규모, 형태 및 기능 등에 따라 요구되는 재료의 특성 및 성질을 이해하고 검토할 수 있다.
  3. 건축설계 도면을 통해 전달되는 건축물에 대한 기초적인 정보를 파악하고 이를 종합적으로 해석할 수 있다.
  4. 건축물의 설계정보를 컴퓨터를 활용하여 2차원 도면의 작성 및 편집을 할 수 있다.
  5. 설계업무를 수행함에 있어 건축설계에서 의도하는 바를 컴퓨터를 이용하여 3D 형태로 시각화할 수 있다.

실기검정방법	작업형	시험시간	5시간 정도

실기과목명	주요 항목	세부항목	세세항목
전산응용 건축제도 실무	1. 건축설계 조사 확인	1. 자료 조사하기	1. 프로젝트에 필요한 건축설계 자료 조사의 범위 및 방법을 설정할 수 있다.
			2. 유사시설의 문헌 및 현장조사를 통해 자료를 조사하여 프로젝트의 방향, 디자인 성향 등을 파악하여 계획에 활용할 수 있다.

실기과목명	주요 항목	세부항목	세세항목
전산응용 건축제도 실무	1. 건축설계 조사 확인	1. 자료 조사하기	3. 사례의 배치 및 공간구성 등 자료의 분류를 통해 주요 특성을 도출할 수 있다.
			4. 조사한 자료의 파악을 통해 설계진행 단계에 맞게 활용할 수 있다.
		2. 대지 조사하기	1. 현장조사 및 대지관련 서류조사 등을 통해 대지의 입지조건 현황을 파악할 수 있다.
			2. 대지 내부 및 주변 환경의 조사를 통해 건축계획에 미칠 수 있는 영향을 파악할 수 있다.
			3. 배치 및 동선계획 등을 위한 건축 기본계획의 근거가 되는 대지관련 기초적인 제반 사항을 판단할 수 있다.
		3. 기초법규 조사하기	1. 법체계 및 건축 관련 법규의 종류를 파악할 수 있다.
			2. 계획 부지의 지역지구, 용도 등 기초적인 규제사항에 대한 관련 법규를 확인할 수 있다.
			3. 용적률, 건폐율, 연면적, 건축면적 등 개략적인 건축규모 산정을 위한 법규를 확인할 수 있다.
	2. 건축재료 검토	1. 구조재료 파악하기	1. 건축물에 사용되는 구조방식과 재료의 종류를 파악할 수 있다.
			2. 구체적인 구조재료의 특성을 파악하고 검토할 수 있다.
			3. 건축물 사용목적에 적합한 구조재료 선정의 기초지식으로 활용할 수 있다.
		2. 내·외장재료 파악하기	1. 건축물에 사용되는 내·외장 재료의 종류를 파악할 수 있다.
			2. 구체적인 내·외장 재료의 특성을 파악하고 검토할 수 있다.
			3. 건축물 사용목적에 적합한 내·외장 재료 선정의 기초지식으로 활용할 수 있다.
	3. 건축설계 도면 해석	1. 건축설계 도면 기초정보 파악하기	1. 건축설계 도면 표기에 대한 축척, 약어, 표기법 및 각종 부호를 파악할 수 있다.
			2. 건축설계 도면에 표기되는 다양한 용어의 의미를 파악할 수 있다.
			3. 건축설계 도면을 구성하는 다양한 도면의 명칭을 이해하고 각각의 도면이 전달하는 정보에 대해 파악할 수 있다.

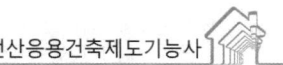

실기과목명	주요 항목	세부항목	세세항목
전산응용 건축제도 실무	3. 건축설계 도면 해석	2. 건축설계 도면 파악하기	1. 설계개요 도면을 통해 대지개요, 건축개요, 층별개요 등 건축물의 현황을 파악할 수 있다.
			2. 배치도 및 대지 종·횡단면도를 통해 건축물과 대지의 관계를 파악할 수 있다.
			3. 평면도, 입면도, 단면도를 통해 건축물의 정보를 파악할 수 있다.
			4. 건축물의 주요 구조 및 마감 등의 상세 도면을 이해하고 파악할 수 있다.
	4. 건축설계 2D 도면작성	1. 2D 도면 환경 준비하기	1. CAD 프로그램을 이해하고 사용할 수 있는 환경을 설정할 수 있다.
			2. 건축도면을 작성하기 위한 CAD 프로그램의 각종 명령어를 활용할 수 있다.
			3. 작성된 도면의 파일 변환 및 출력방법을 설명할 수 있다.
		2. 2D 도면 작성하기	1. 건축 설계 과정을 이해하고 각종 건축공간 크기 및 축척을 설정할 수 있다.
			2. 배치도, 평면도, 입면도, 단면도 등을 2D 도면으로 작성할 수 있다.
	5. 건축설계 3D 모델링	1. 3D 모델링 환경 준비하기	1. 투시도를 파악할 수 있다.
			2. 3D 공간 좌표를 이해하고 인터페이스와 명령어를 활용할 수 있다.
			3. 3D 모델링의 특성을 이해하고 모델링할 수 있다.
		2. 3D 모델링하기	1. 도면을 기본으로 3D 모델링을 작성할 수 있다.
			2. 발상된 아이디어를 축척을 고려하여 3D 모델링을 작성할 수 있다.
		3. 3D 모델링 시각화하기	1. 건축마감 재료의 특성을 모델링에 표현할 수 있다.
			2. 시점, 빛 환경을 고려하여 모델의 형상을 극대화할 수있다.
			3. 렌더링을 통해 3D 모델링을 효과적으로 완성할 수 있다.

CHAPTER 03 우대현황

SECTION 1 법령상 우대현황 (한국산업인력공단 '큐넷' 공지, 2020년 기준)

법령명	조문내역	활용내용
건축물관리법 시행령	제13조 점검자의 자격등(별표 2)	점검책임자 및 점검자의 자격기준
공무원임용시험령	제31조 자격증 소지자 등에 대한 우대 (별표 12)	6급 이하 공무원 채용시험 가산대상 자격증
공연법 시행령	제10조의 4 무대예술전문인 자격검정의 응시기준(별표 2)	무대예술전문인 자격검정의 등급별 응시기준
교육감 소속 지방공무원 평정 규칙	제23조 자격증 등의 가산점	5급 이하 공무원, 연구사 및 지도사 관련 가점사항
국가공무원법	제36조의 2 채용시험의 가점	공무원 채용시험 응시 가점
군인사법 시행규칙	제14조 부사관의 임용	부사관 임용자격
근로자직업능력개발법 시행령	제28조 직업능력개발훈련교사의 자격취득(별표 2)	직업능력개발훈련교사의 자격
근로자직업능력개발법 시행령	제44조 교원 등의 임용	교원 임용 시 자격증 소지자에 대한 우대
목재의 지속 가능한 이용에 관한 법률	제31조 기술인력의 양성	임업직 공무원의 채용 및 경력산정 시 가점
선거관리위원회 공무원 규칙	제89조 채용시험의 특전(별표 15)	6급 이하 공무원 채용시험에 응시하는 경우 가산
주택법 시행령	제17조 등록사업자의 주택건설공사 시공 기준	주택건설공사 시공 사업자등록 기준
지방공무원법	제34조의 2 신규 임용시험의 가점	지방공무원 신규 임용시험 시 가점
지방공무원 임용령	제55조의 3 자격증 소지자에 대한 신규 임용시험의 특전	6급 이하 공무원 신규 임용 시 필기시험 점수 가산
지방공무원 평정 규칙	제23조 자격증 등의 가산점	5급 이하 공무원 연구사 및 지도사 관련 가점사항
헌법재판소 공무원 규칙	제14조 경력 경쟁 채용의 요건(별표 3)	동종 직무에 관한 자격증 소지자에 대한 경력 경쟁 채용
국가기술자격법	제14조 국가기술자격 취득자에 대한 우대	국가기술자격 취득자 우대
국가기술자격법 시행령	제27조 국가기술자격 취득자의 취업 등에 대한 우대	공공기관 등 채용 시 국가기술자격 취득자 우대

PART 01

건축제도의 이해

Chapter 01. 제도규약

Chapter 02. 건축물의 묘사와 표현

Chapter 03. 건축설계도면

Chapter 04. 각 구조부의 명칭과 제도순서

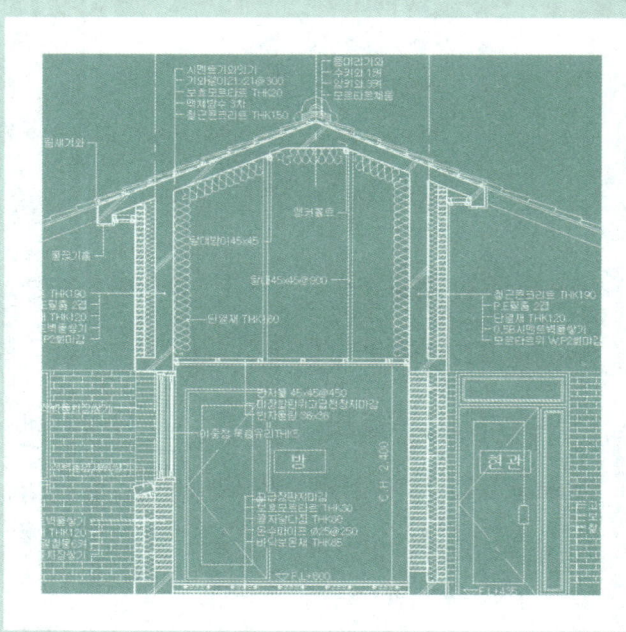

건축제도란 건축물이나 사람이 사용하는 구조물, 시설물 등을 만들기 위해 필요한 도면을 작성하는 것을 말한다. 건축설계도면은 규정된 제도방법과 표현법에 맞추어 작성한다.

CHAPTER 01 제도규약

SECTION 1 KS 건축제도 통칙

(1) KS 분류

건축과 토목은 산업규격의 직종구분 F에 해당되며, 건축제도는 [KS F 1501] 건축제도 통칙을 기준으로 작성한다.

(2) 제도용지

제도용지의 규격은 KS A 5201열에 따라 사용하며, 도면을 접어야 할 경우 A4 크기를 원칙으로 하여 사용한다. A열 용지의 가로, 세로의 비는 $1:\sqrt{2}\,(=1.414)$로 세로가 약 1.4배 길다.

❶ 제도용지의 규격

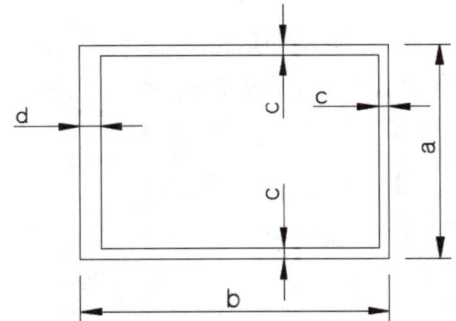

제도용지의 치수		A0	A1	A2	A3	A4
b×a		1189×841	841×594	594×420	420×297	297×210
c(최소) 테두리선		10	10	10	5	5
d(최소)	묶지 않음	10	10	10	5	5
	묶음	25	25	25	25	25

※ A3 용지의 테두리선(c)은 규정상 5mm로 되어 있으나, 실내건축기능사, 전산응용건축제도기능사 등의 실기시험에서는 테두리선을 10mm로 작성한다.

> **용어해설**
> - 제도규약 : 서로 협의된 약속
> - KS : 한국산업규격으로 국가표준을 나타낸다(한국 : KS, 일본 : JIS, 미국 : ANSI).
> - [KS F 1501] : KS는 한국국가표준, F(건설)는 직종 구분, 1501(건축제도 통칙)은 분류번호를 나타낸다. 자세한 사항은 'e나라표준인증' 홈페이지(https://standard.go.kr)에서 확인할 수 있다.
> - 묶음 : 도면을 낱장으로 하지 않고 책처럼 한쪽을 본드로 붙이거나 철을 하여 엮는 것을 말한다.

❷ 표제란

작성된 도면 한편에 공간을 두어 공사명, 도면명, 축척, 작성일자, 시트번호, 도면번호 등을 표기하며, 그 밖의 표기사항은 표제란 근처에 기입함을 원칙으로 한다. 건축도면의 경우 보통 우측에 작성하나 도면형태에 따라 하단에 두는 경우도 있다.

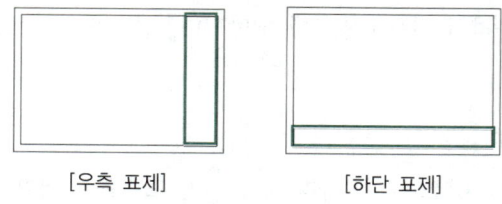

[우측 표제]   [하단 표제]

(3) 투상도

❶ 투상법

우리나라 투상법은 제도 통칙[KS F 1501]에 따라 제3각법을 사용한 작도를 원칙으로 한다. 일반적으로 다음과 같이 표시하며 방위를 기준으로 동측입면도, 서측입면도, 남측입면도, 북측입면도 등으로 표시할 수 있으며 평면도와 배치도는 북쪽을 위로 하여 작성한다.

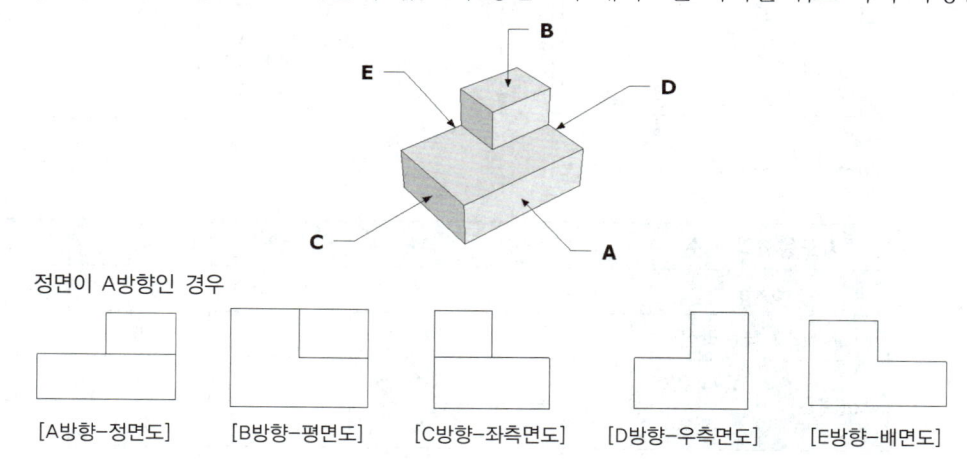

정면이 A방향인 경우

[A방향-정면도] [B방향-평면도] [C방향-좌측면도] [D방향-우측면도] [E방향-배면도]

❷ 투상도의 종류

- 등각투상도 : 가장 많이 사용되는 투상도로 X, Y, Z 각 축의 각도가 120°이며 수평을 기준으로 좌측과 우측의 축이 30°로 같다.

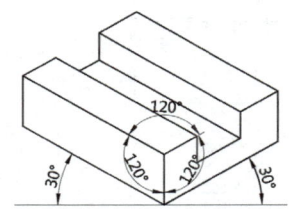

- 이등각투상도 : 3개의 축 중 2개는 수평선과 등각을 이루고 1개의 축은 수평선과 수직으로 작성한다.
- 부등각투상도 : 3개의 축 중 2개의 축을 수평선을 기준으로 서로 다른 각도로 작성한다.
- 사투상도 : 정면을 실물과 같게 수평선과 밑면을 나란히 작도하고, 옆면의 모서리는 수평선과 45°로 작성한다.

(4) 도면의 척도

실제 크기에 대한 도면의 비율로서 실척(현척), 축척, 배척으로 나눈다.

❶ 척도의 구분
- 실척(현척) : 실물과 같은 크기로 도면을 작성(예 SCALE : 1/1)
- 축척 : 실물을 일정한 비율로 작게 하여 도면을 작성(예 SCALE : 1/10)
- 배척 : 실물을 일정한 비율로 크게 하여 도면을 작성(예 SCALE : 2/1)
- 축척을 적용하지 않은 경우 : 도면의 형태가 치수에 비례하지 않는 도면은 N.S(No Scale)로 표기한다.

❷ 척도의 종류
- 실척(현척) : 1/1
- 축척 : 1/2, 1/3, 1/4, 1/5, 1/10, 1/20, 1/25, 1/30, 1/40, 1/50, 1/100
  1/200, 1/250, 1/300, 1/500, 1/600, 1/1000, 1/1200, 1/2000, 1/2500
  1/3000, 1/5000, 1/6000
- 배척 : 2/1, 5/1

(5) 경사의 표현

일반적으로 경사의 정도는 밑변의 길이에 대한 높이의 비율로서 분자를 1로 하여 분수로 표시하나 각도로 표시하는 경우도 있다.

❶ 바닥경사의 표시

일반적으로 바닥의 경사를 구배(slope)라 하며 1/8, 1/20, 1/150로 표시한다.

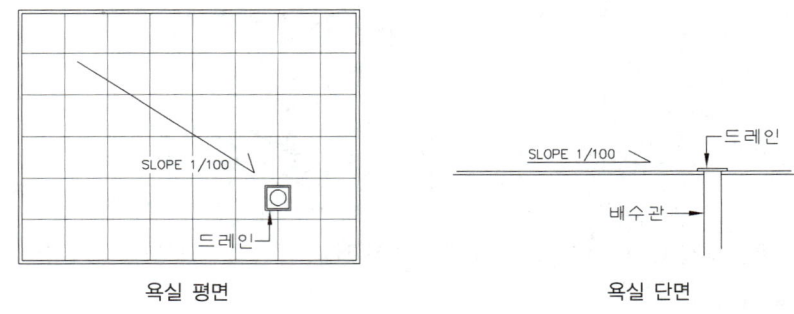

[도면 표기의 예]

❷ 지붕경사의 표시

지붕의 경사도는 물매라 하며 2.5/10, 3/10, 4/10로 표시한다.

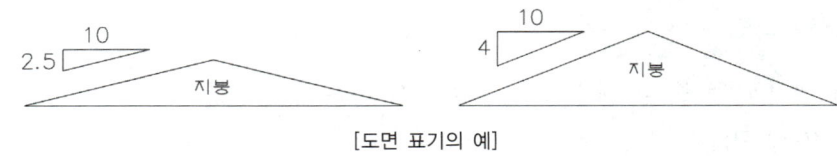

[도면 표기의 예]

(6) 선의 사용

굵은 실선	———————	절단면의 윤곽을 표시
가는 실선	———————	기술, 기호, 치수 등을 표시
파선	— — — — —	보이지 않는 가려진 부분을 표시
1점쇄선	— - — - —	중심이나 기준, 경계 등을 표시
2점쇄선	— - - — - -	상상선이나 1점쇄선과 구분할 때 표시
파단선	——∿——	표시선 이후 부분의 생략을 표시

(7) 글자의 사용

① 문장은 좌측에서 우측 방향으로 오타 없이 명확히 표기한다.
② 숫자의 표기는 아라비아 숫자(1234)로 표기함을 원칙으로 한다.
③ 글자는 수직이나 15° 경사로 하여 고딕체나 고딕체와 유사한 글꼴을 사용한다.
④ 글자의 크기는 작성된 도면에 맞추어 적절한 크기로 표기한다.
⑤ 4자리 이상의 값의 표현은 3자리마다 자릿수를 표시하거나 간격을 두어 구분하기 쉽도록 한다(예 1000 → 1,000).
⑥ 문자의 크기는 2, 2.5, 3.2, 4, 5, 6.3, 8, 10, 12.5, 16, 20mm의 11종류를 사용한다.

(8) 치수의 표기

① 치수는 표기의 방법이 명시되지 않는 한 항상 마무리 치수로 표시한다.

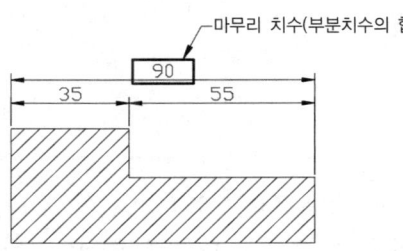

② 치수기입 시 값을 표시하는 문자의 위치는 치수선 위로 가운데 기입하는 것을 원칙으로 한다.

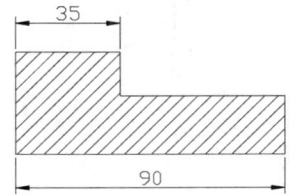

③ 치수는 치수선에 평행하도록 왼쪽에서 오른쪽으로, 아래에서 위로 읽을 수 있게 기입한다.

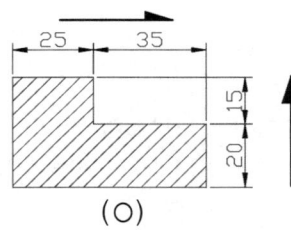 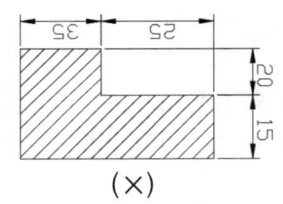

④ 치수보조선 사이의 공간이 좁아 문자가 들어갈 공간이 협소할 경우 인출선을 사용한다.

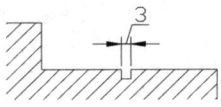

⑤ 치수선 끝의 화살표의 모양은 통일해서 사용하는 것을 원칙으로 한다.

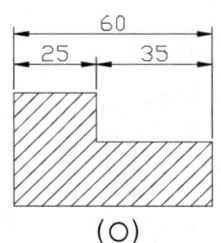 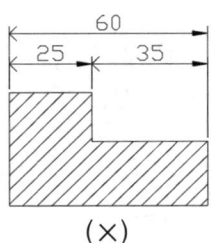

> 📌 참고
>
> 건축/실내건축에서 치수기입에 사용되는 화살표 모양
>
>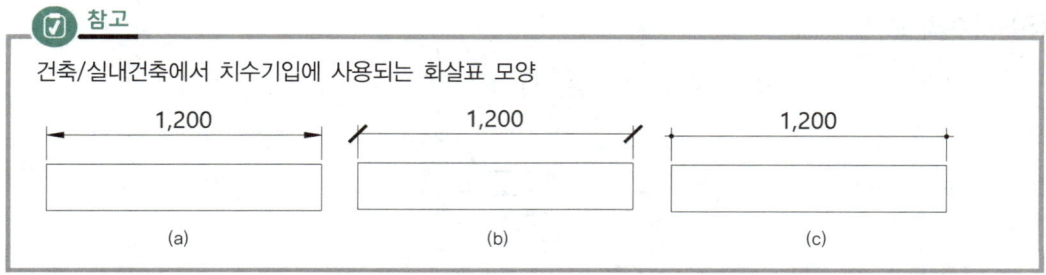

⑥ 치수기입의 단위는 mm 사용을 원칙으로 하며 단위는 표기하지 않는다. 단 치수의 단위가 mm가 아닌 경우는 단위를 표기하거나 다른 방법으로 단위를 명시해야 한다.

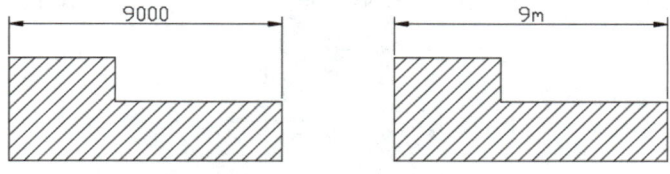

SECTION 2 도면의 표시방법에 관한 사항

(1) 제도 용구

현재는 컴퓨터의 발달로 CAD 시스템을 활용해 도면을 작성하고 있지만 계획단계의 스케치에 해당되는 도면을 신속하게 표현해야 할 경우는 수작업 제도 용구를 사용한다.

❶ 제도판

삼각자, T자 등을 활용한 수작업 제도는 서서 작업하는 경우가 많으며, 제도기 상판의 각도는 10~15° 정도로 하는 것이 좋다.

❷ 삼각자

45°, 60°자 2개가 세트로 구성되며 수직선, 사선 등 직선을 그릴 때 사용한다. 수직선은 아래서 위로 그리며 사선은 좌측에서 우측 방향의 경사로 그려 나간다.

❸ T자

제도판 좌측에 T자의 머리 부분을 밀착시켜 수평선을 그리거나 삼각자를 T자 위에 올려 수직선과 사선을 그릴 때 사용한다. 수평선은 좌측에서 우측 방향으로 그린다.

❹ 삼각스케일

6종의 축척(1/100, 1/200, 1/300, 1/400, 1/500, 1/600)이 표기된 삼각형 모양의 축척자로 축척에 맞는 길이를 확인하거나 표시할 때 사용한다.

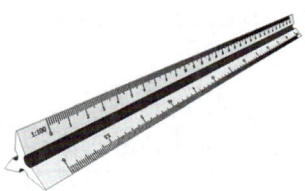

❺ 운형자(곡선자)

자유로운 곡선을 그리는 데 사용되며 다양한 종류와 크기로 구성되어 있다.

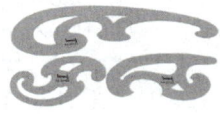

❻ 연필(샤프펜 등)

선을 그리는 주된 도구가 되며 목적에 따라 다양한 두께와 무르기의 펜이 사용된다.

❼ 디바이더

양 다리 끝이 바늘로 되어 있는 컴퍼스 모양의 제도 용구로, 선, 호의 등분 및 축척의 눈금을 도면에 옮기거나 선분을 분할하는 데 사용한다.

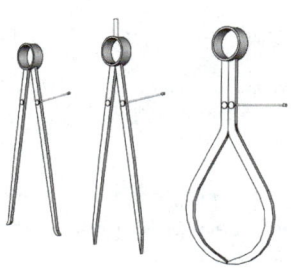

❽ 기타 도구

각도나 경사를 표시할 수 있는 물매자 등 다양한 도형과 도면기호를 그려 낼 수 있는 여러 가지 템플릿이 있다.

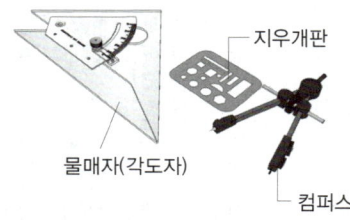  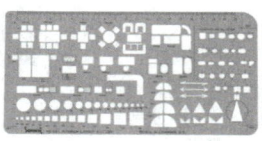 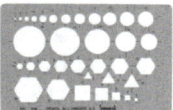

물매자(각도자)   지우개판   컴퍼스   [각종 템플릿]

(2) 도면 표시기호

도면의 표시기호는 해당 용어의 약자로 표기하거나 단순한 형태의 기호 형식으로 작성하여 도면에 표시한다.

❶ 일반적인 기호

길이 : L	높이 : H	너비 : W	두께 : $THK(T)$	무게 : Wt
면적 : A	용적 : V	지름 : D, ϕ	반지름 : R	재의 간격 : @

기호해설

L : Length H : Height W : Width $THK(T)$: Thickness Wt : Weight
A : Area V : Volume D : Diameter R : Radius

• 출입구 : Entrance의 약자 ENT.와 화살표를 같이 표기한다.

• 축척 : S 1:300, S : 1/300

• 단면표시의 방향 :   • 입면표시의 방향 :

• 내부 전개의 방향 :    • 바닥면 표시 : ▼

• 레벨 : 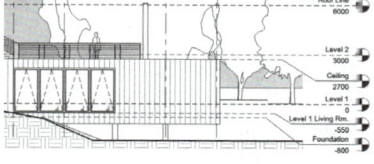   • 주기준선 :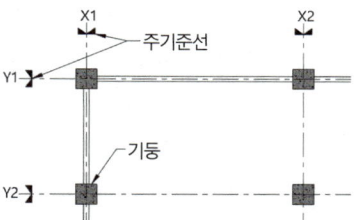

용어해설

2F의 F는 Floor, FL은 Floor Level의 약자이며, Finish Level의 약자로도 표기된다.

❷ 평면 표시기호(문과 창)

문			
출입구 일반	일반 문턱이 있을 때 바닥의 단차가 있을 때	출입구	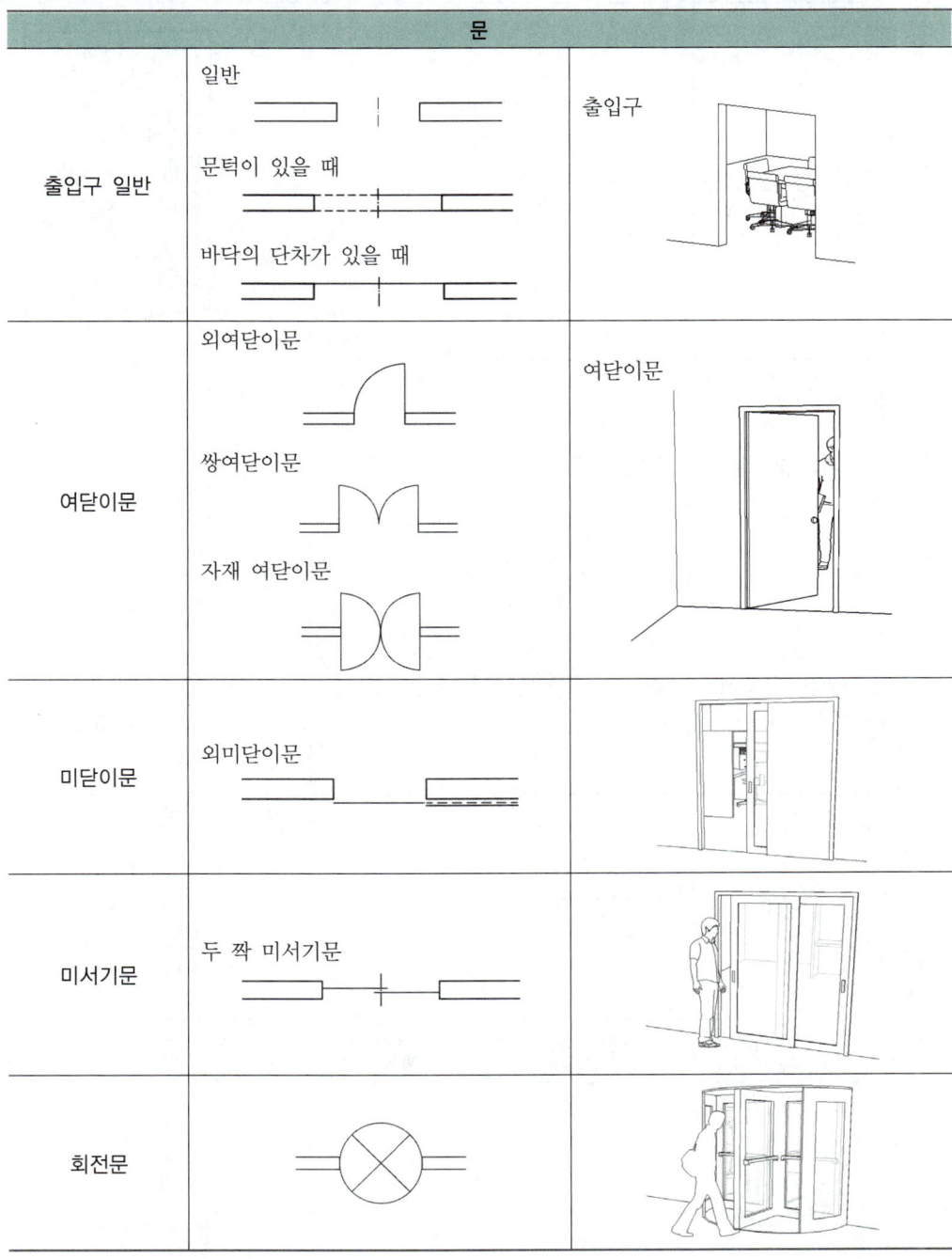
여닫이문	외여닫이문 쌍여닫이문 자재 여닫이문	여닫이문	
미닫이문	외미닫이문		
미서기문	두 짝 미서기문		
회전문			

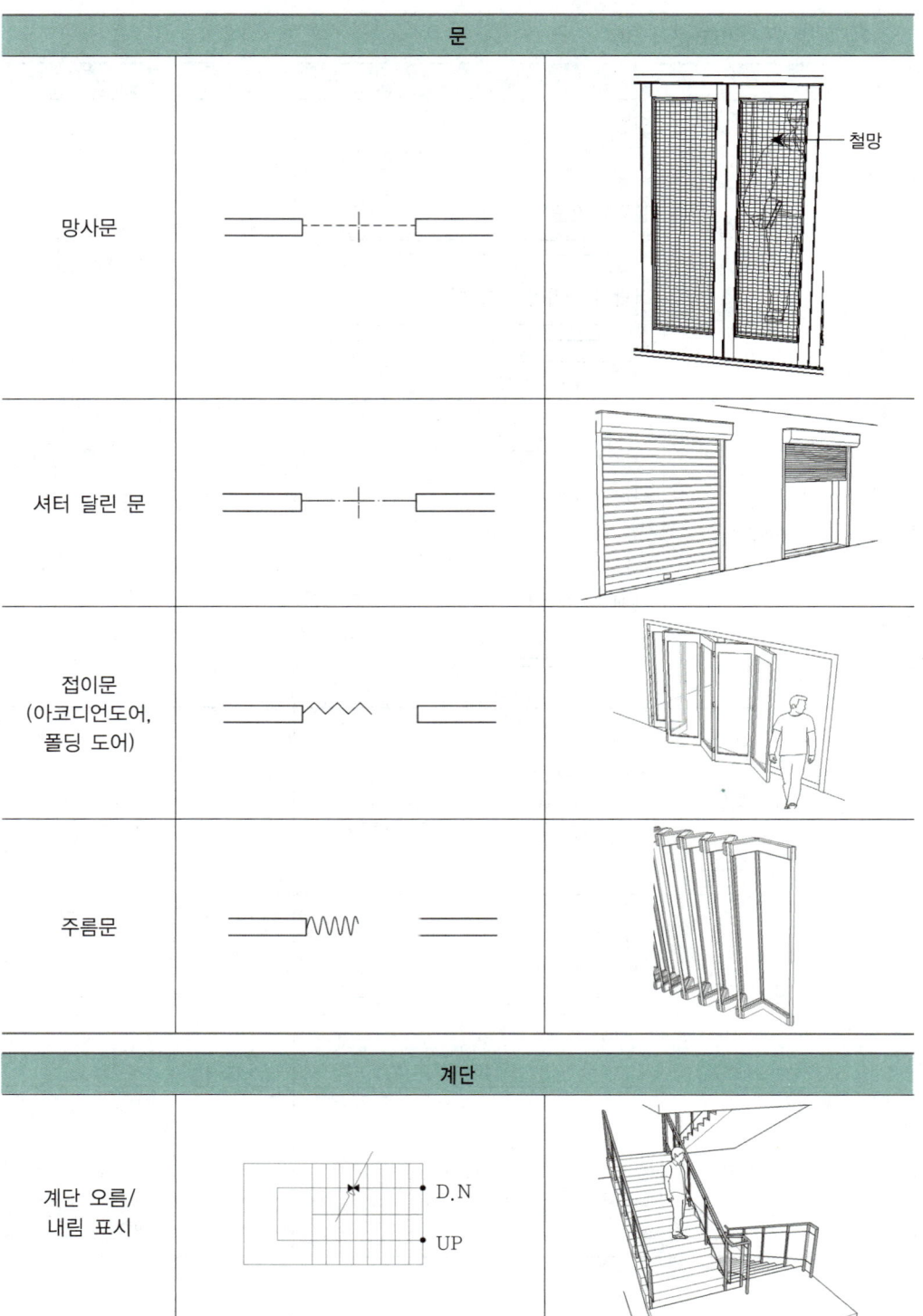

창			
창 일반	일반	회전창	
여닫이창	외여닫이창	붙박이창	
	쌍여닫이창	망사창	
미닫이창	외미닫이창	셔터 달린 창	
미서기창	두 짝 미서기창	오르내리창	
	네 짝 미서기창	미들창	

❸ 재료구조평면 표시기호

구분	축척 1/100 또는 1/200일 경우	축척 1/20 또는 1/50일 경우
벽 일반		
철골철근콘크리트기둥 및 철근콘크리트벽		
철근콘크리트기둥 및 장막벽		
철골기둥 및 장막벽		
블록벽		

구분	축척 1/100 또는 1/200일 경우	축척 1/20 또는 1/50일 경우
벽돌벽		
목조벽		※ 통재기둥 : 2개 층 이상에 걸쳐 연결된 기둥을 말한다.

❹ 재료구조단면 표시기호

표시사항 구분	원칙으로 사용	준용으로 사용
지반		경사면
잡석다짐		
석재		
자갈, 모래	자갈 / 모래	
인조석		
콘크리트	강자갈 / 깬자갈 / 철근배근	

표시사항 구분	원칙으로 사용	준용으로 사용
벽돌		
블록		
목재(치장재)		
목재(구조재)	구조재 　　 보조구조재(부재)	합판
철재		
차단재 (보온재, 방수재, 흡음재 등)	연질 / 경질	
엷은재 (유리)		
망사		
기타 재료의 표현	외형의 윤곽을 그리고 재료명을 기입한다.	

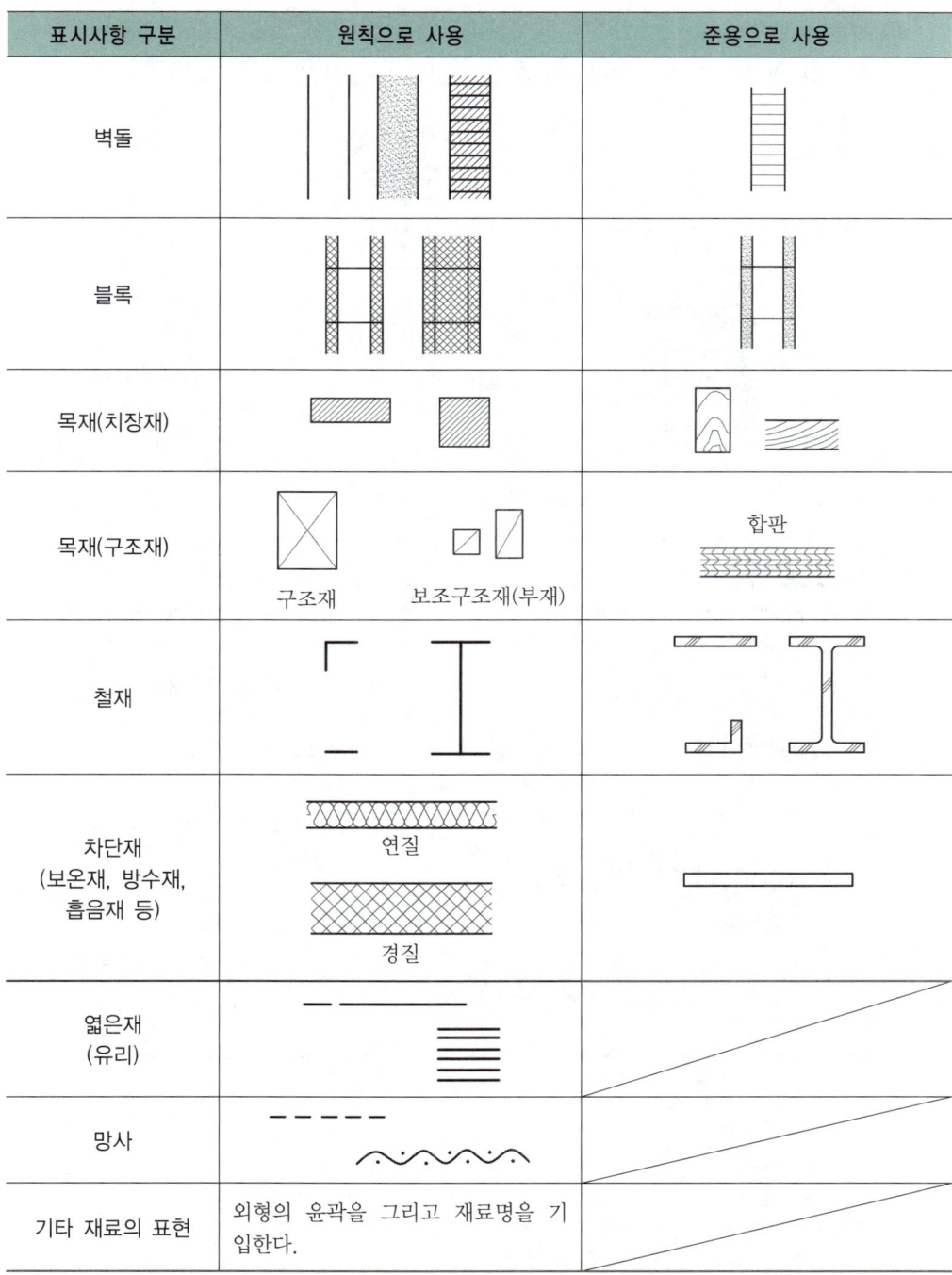

❺ 창호 표시기호

창호의 번호와 프레임 재료 및 유형을 기호와 숫자로 표시한다.

[재료기호]
 A : 알루미늄   G : 유리   W : 나무
 S : 철   P : 플라스틱   Ss : 스테인리스스틸

[구분기호]
 S : 셔터   D : 문   W : 창

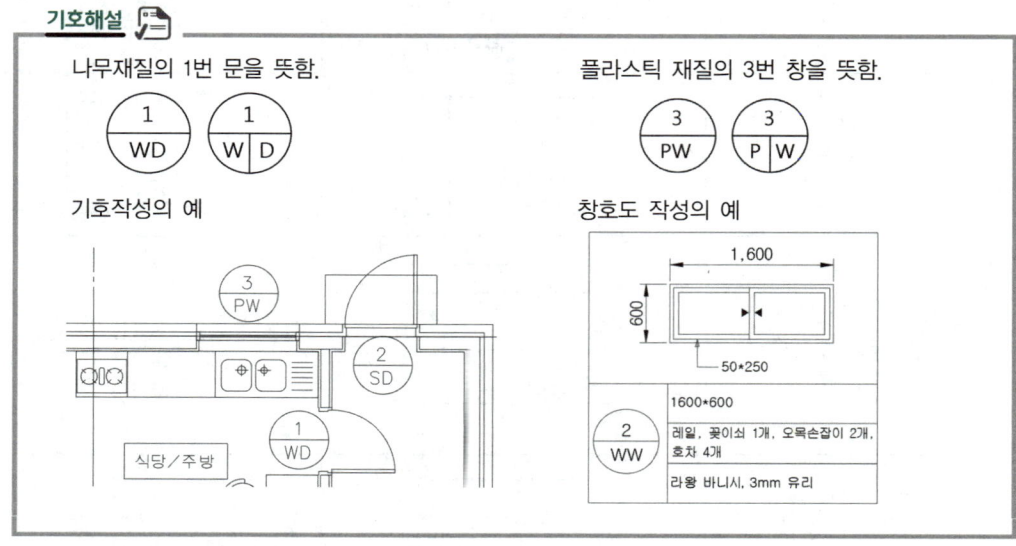

01 연습문제

제1장 **제도규약**

01 한국산업표준(KS)에서 건축과 토목분야의 분류기호로 옳은 것은?
① A ② T
③ J ④ F

02 제도용구에 대한 설명으로 잘못된 것은?
① 삼각자는 2개로 구성되며 수직선과 45° 사선을 긋는다.
② 가로선은 좌측에서 우측 방향으로 그리며 수직선은 위에서 아래로 긋는다.
③ 제도판은 수평이 아닌 15° 경사로 기울여 사용하는 것이 일반적이다.
④ 삼각스케일에는 6개 축척의 눈금이 표시되어 있다.

해설 수직선은 아래서 위로 긋는다.

03 KS에서 규정한 제도용지(A3, A4)의 세로와 가로의 비는?
① 1:1 ② 1:2
③ $1:\sqrt{2}$ ④ $\sqrt{3}:1$

04 작성된 도면을 보관, 이동 등 취급상 접어서 사용할 경우 접는 크기는?
① 210mm×297mm
② 297mm×420mm
③ 594mm×420mm
④ 841mm×594mm

해설 도면을 보관 또는 이동 시에는 A4 크기를 원칙으로 한다.

05 제도용지 A3의 세로, 가로의 규격으로 옳은 것은?
① 210mm×297mm
② 297mm×420mm
③ 594mm×420mm
④ 841mm×594mm

06 A2 제도용지 외곽에 그려지는 테두리선의 간격의 거리로 맞는 것은? (단, 철을 하지 않는 경우)
① 5mm ② 10mm
③ 15mm ④ 20mm

07 도면작성에 사용되는 선분 중 가장 굵게 표시하고 그려야 하는 선은?
① 외형선 ② 단면선
③ 해치선 ④ 지시선

08 도면작성 시 외형은 실선으로 작성한다. 가려져서 보이지 않는 부분을 작성하는 선은?
① 파선 ② 1점쇄선
③ 2점쇄선 ④ 파단선

09 배치도에서 대지의 경계선을 표시할 때 사용되는 선은?
① 파선 ② 1점쇄선
③ 2점쇄선 ④ 파단선

해설 1점쇄선 : 물체의 중심이나 기준, 경계 등을 표시한다.

정답 1.④ 2.② 3.③ 4.① 5.② 6.② 7.② 8.① 9.②

10 도면에서 중심선, 상상선 등 1점쇄선과 구분할 때 사용되는 선은?

① 실선
② 파선
③ 2점쇄선
④ 구성선

11 건축도면은 물론 대부분의 도면에서 사용되는 치수의 단위는?

① mm   ② cm
③ m   ④ km

12 건축제도에서 치수를 표기하는 요령으로 잘못된 것은?

① 치수는 특별히 명시되지 않는 한 마무리 치수로 표시한다.
② 좁은 간격이 연속될 경우에는 인출선을 사용하여 치수를 표기한다.
③ 치수의 단위는 mm를 원칙으로 하며, 단위기호는 표기하지 않는다.
④ 치수문자의 표기는 치수선을 중간에 끊고 선의 중앙에 표기하는 것이 원칙이다.

[해설] 치수문자의 표기는 치수선을 끊지 않고 가운데 표기한다.

13 건축제도에 사용되는 글자 높이의 종류는 몇 가지로 하는가?

① 10종류   ② 11종류
③ 12종류   ④ 13종류

[해설] 건축제도 글자의 높이는 2, 2.5, 3.2, 4, 5, 6.3, 8, 10, 12.5, 16, 20mm가 있다.

14 다음 중 도면작성 시 고려해야 할 사항이 아닌 것은?

① 도면의 명료성을 높이기 위하여 선의 굵기를 고려한다.
② 표제란에는 작성자, 축척, 도면명 등의 정보가 표기된다.
③ 도면의 글씨는 깨끗하고 자연스러운 필기체로 쓴다.
④ 도면상의 배치를 고려하여 작도한다.

[해설] 건축제도의 글자는 고딕체나 고딕체와 유사한 글꼴을 사용한다.

15 실제 길이 16m를 1:200으로 축소하면 얼마인가?

① 0.8mm   ② 8mm
③ 80mm   ④ 800mm

[해설] 16m=16,000mm → 16,000mm/200=80mm

16 KS 건축제도 통칙에 의한 건축도면의 척도가 아닌 것은?

① 1/5   ② 1/6000
③ 1/25   ④ 1/400

[해설] 건축제도에 사용되는 축척
1/2, 1/3, 1/4, 1/5, 1/10, 1/20, 1/25, 1/30, 1/40, 1/50, 1/100, 1/200, 1/250, 1/300, 1/500, 1/600, 1/1000, 1/1200, 1/2000, 1/2500, 1/3000, 1/5000, 1/6000

17 건축도면의 주 기준선의 표시방법으로 옳은 것은?

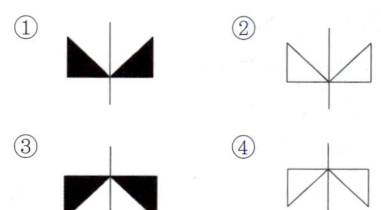

정답 10.③ 11.① 12.④ 13.② 14.③ 15.③ 16.④ 17.①

18 도면에 표현되는 건축재료 중 구조용 목재의 표시방법은?

19 건축제도에서 석재의 재료표시기호로 옳은 것은?

 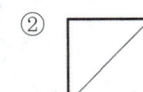

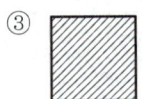 

20 도면에 그림과 같이 표시된 목재의 재료는 무엇인가?

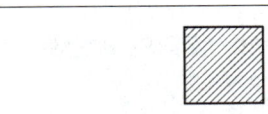

① 치장재 ② 구조재
③ 보조재 ④ 부재

21 목조벽 중 벽체 양면이 평벽을 나타내는 표시방법은?

①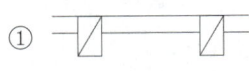
②
③
④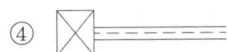

22 창호기호 중 다음 그림과 같은 평면기호의 명칭은?

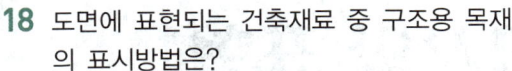

① 오르내리창 ② 붙박이창
③ 여닫이문   ④ 격자문

23 창호의 표시기호 중 잘못된 것은?

① 망사문 –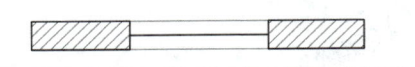

② 여닫이문 –

③ 미서기문 –

④ 주름문 –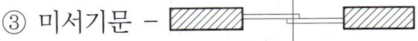

해설
• 망사문의 표시기호

• 망사창의 표시기호

24 다음 중 창호의 재료기호로 잘못된 것은?
① A–알루미늄
② G–유리
③ P–나무
④ S–철

해설 나무의 재료기호는 W이다.

25 다음 창호기호가 의미하는 내용은?

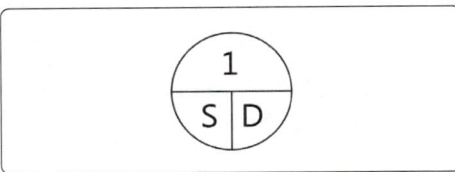

① 철재문   ② 플라스틱문
③ 철재창   ④ 플라스틱창

CHAPTER 02 건축물의 묘사와 표현

SECTION 1 건축물의 묘사

(1) 묘사도구의 종류

① 연필

연필심의 무르기에 따라 9H부터 6B까지 16단계가 있다. 연필의 가장 큰 특징은 지울 수 있지만 번져서 작업면이 더러워지기가 쉽다는 점이다.

② 잉크

잉크는 농도를 맞추어 그림을 가장 선명하고 깨끗하게 묘사해 정확한 표현을 할 수 있다.

③ 색연필

다양한 색을 사용할 수 있어 건축물의 마감표현에 사용된다.

④ 물감

물감은 종류에 따라 표현에 많은 차이를 보인다. 건축물과 같이 사실적인 표현에는 불투명한 포스터물감을 많이 사용한다.

⑤ 마커펜

일반적인 켄트지보다 트레이싱지에 다양한 색감을 표현할 때 사용한다.

(2) 제도용지의 종류

① 켄트지(kent paper : 백상지)

연필이나 펜을 이용한 제도에 사용된다.

② 와트먼지(Whatman paper)

두꺼운 순백색 용지로, 수채화 등 채색용으로 사용된다.

③ 트레팔지(trepal paper, drafting film)

파라핀이 포함된 반투명 용지로, 프레젠테이션 도면 제작에 사용된다.

④ 트레이싱지(tracing paper)

도면을 청사진으로 만들어 장기간 보관하기 위해 사용된다.

⑤ 옐로페이퍼(황색 트레이싱지)

황색의 반투명 종이로, 참고할 대상 위에 올려 놓고 밑그림이나 외형을 묘사할 때 사용된다.

(3) 묘사기법

❶ 묘사의 종류

연필이나 펜을 어떻게 사용하느냐에 따라 크게 4가지 방법으로 나누어진다.
- 단선을 사용한 묘사
- 단선과 명암을 사용한 묘사
- 여러 선을 사용한 묘사(선의 간격을 활용하여 면이나 입체를 표현)
- 점을 사용한 묘사

❷ 모눈종이 묘사

방안지와 같이 일정한 크기로 모눈이 그려져 있는 종이를 사용하므로 선을 균일하게 긋고 비례를 쉽게 맞추면서 묘사할 수 있다.

❸ 투명종이 묘사

트레이싱지, 옐로우페이퍼 등 비치는 종이를 참고할 대상 위에 올려 놓고 밑그림이나 외형 등을 쉽게 묘사할 수 있다.

❹ 다이어그램

디자인이 진행되는 과정이나 관계를 표현하는 신속한 방법이다.

❺ 에스키스

작품을 구상하기 위해서 시험적으로 그리는 초벌 그림을 말한다.

❻ 크로키

사람이나 사물의 특징을 살려 빠른 시간에 표현하는 방법이다.

SECTION 2 건축물의 표현

(1) 투시도(perspective) 표현

표현하고자 하는 대상을 사람 눈에 보이는 그대로 그려낸 그림으로, 건축물의 실외와 실내를 사실적으로 그려내는 그림기법이다.

❶ 투시도의 종류
- 1소점 투시도 : 1개의 소점을 사용하며 주로 실내를 표현할 때 많이 사용된다.

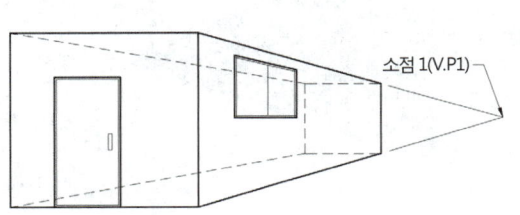
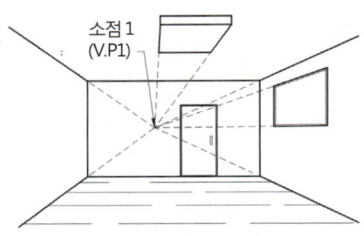

> **용어해설**
> 소점 : Vanishing Point로 물체의 축이 평행으로 멀어지면서 수평선상에 모이는 점

- **2소점 투시도** : 2개의 소점을 사용하며 건축물의 벽이나 기둥 등 수직적 요소가 수직선으로 표현된다. 안정감을 줄 수 있어 가장 많이 사용되는 방법이다.

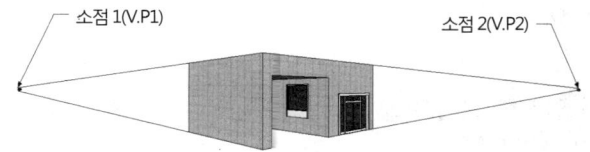

- **3소점 투시도** : 3개의 소점을 사용하여 작도법이 복잡하고 많은 시간이 필요하다. 건축에서는 주요 건물과 배경을 높은 시점에서 표현한 조감도 작성에 사용된다.

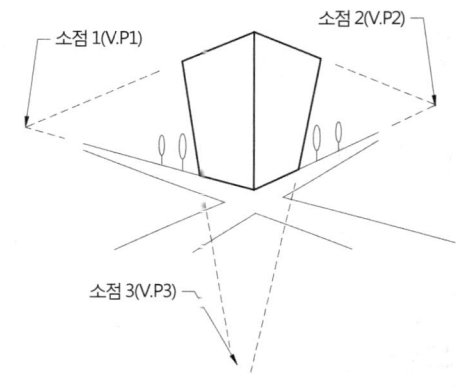

> **용어해설**
> 조감도 : 투시도의 한 종류로, 새가 하늘에서 내려다보는 모습과 같다고 하여 조감도라 한다.

❷ 투시도 용어

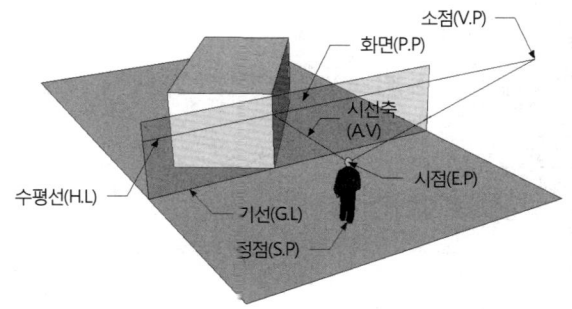

- 기면(G.P) : Ground Plane으로 사람이 서 있는 면을 뜻한다.
- 기선(G.L) : Ground Line으로 기면과 화면의 교차선을 뜻한다.
- 화면(P.P) : Picture Plane으로 물체와 시점 사이에 기면과 수직인 면을 뜻한다.
- 수평면(H.P) : Horizontal Plane으로 눈높이에 수평한 면을 뜻한다.
- 수평선(H.L) : Horizontal Line으로 수평면과 화면의 교차선을 뜻한다.
- 정점(S.P) : Station Point로 사람이 서 있는 위치를 뜻한다.
- 시점(E.P) : Eye Point로 바라보는 사람의 눈 위치를 뜻한다.
- 소점(V.P) : Vanishing Point로 소실점을 뜻한다.
- 시선축(A.V) : Axis of Vision으로 시점에서 화면에 수직으로 지나는 투사선을 뜻한다.

(2) 배경 표현

① 건축물과 가까운 배경은 사실적으로 표현하되 주된 건축물보다 눈에 띄지 않게 하며 멀리 있는 시설물 및 배경은 단순하게 표현한다.
② 표현되어야 할 요소(인물, 차량 등)의 크기와 비중은 도면 전체적인 구성과 목적에 맞게 배치한다.
③ 실내의 배경 표현이 지나치면 나타내야 할 공간의 구조, 마감 등이 후퇴되어 보일 수 있다.

CHAPTER 02 연습문제

제2장 건축물의 묘사와 표현

01 건축물 묘사도구 중 연필에 대한 설명으로 잘못된 것은?
① 명암표현이 좋다.
② 질감표현이 가능하다.
③ 지울 수 있다.
④ H의 수가 높을수록 무르다.

해설 연필의 H는 Hard, B는 Black이다.

02 묘사도구 중 도면을 깨끗하고 선명하게 표현할 수 있는 것은?
① 연필   ② 물감
③ 색연필   ④ 잉크

03 트레이싱지에 컬러를 표현하기 가장 적절한 묘사도구는?
① 연필
② 수성마커펜
③ 색연필
④ 잉크

04 다음 제시된 묘사방법으로 올바른 것은?

> 사각형의 격자선이 있는 종이에 묘사하는 방법으로, 묘사 대상의 크기 비율을 쉽게 조절할 수 있으며 선이나 사각형을 쉽게 그려낼 수 있다.

① 모눈종이 묘사
② 투명종이 묘사
③ 복사용지 묘사
④ 잉크

05 투시도법에 사용되는 용어와 뜻의 연결이 잘못된 것은?
① 소점-A.P   ② 시점-E.P
③ 정점-S.P   ④ 화면-P.P

해설 소점은 Vanishing Point로 물체의 축이 평행으로 멀어지면서 수평선상에 모이는 점이다.

06 건축물과 배경표현의 방법으로 올바른 것은?
① 배경의 표현은 항상 섬세하고 자세하게 그린다.
② 배경의 표현은 중요하므로 다양하게 많이 그린다.
③ 건축물과 비슷한 위치에 있는 배경은 섬세하게, 멀리 있는 배경은 단순하게 그린다.
④ 건축물과 배경은 관계없으므로 최소화하여 그린다.

07 건축에서 주요 건물과 배경을 높은 시점에서 표현한 투시도를 무엇이라고 하는가?
① 실내투시도   ② 전개도
③ 입면도   ④ 조감도

08 묘사방법 중 비치는 종이를 사용해 참고할 대상 위에 올려놓고 밑그림이나 외형을 쉽게 그릴 때 사용되는 종이는?
① 백상지   ② 트레이싱지
③ 모눈종이   ④ 한지

정답 1.④ 2.④ 3.② 4.① 5.① 6.③ 7.④ 8.②

CHAPTER 03 건축설계도면

SECTION 1 설계도면의 종류

(1) 계획설계도

설계 초기에 계획단계에서 건축물의 전체적인 구상을 나타낸 그림이나 도면을 뜻한다.

❶ 구상도 : 건축설계 초기에 디자이너의 생각을 노트나 스케치북에 그린 그림

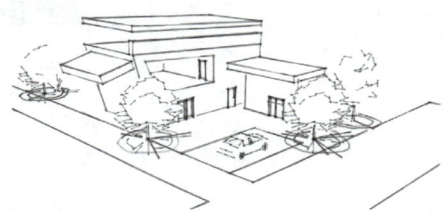

❷ 동선도 : 건축물을 사용하는 사용자나 사물이 이동하는 경로의 흐름을 표현한 도면

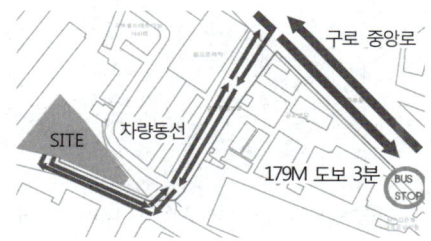

❸ 조직도 : 설계 초기에 평면의 공간구성 단계에서 각 실을 목적에 맞도록 분류 및 관계를 표시한 도면

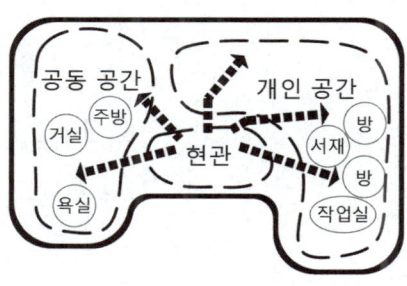

(2) 기본설계도

계획설계를 바탕으로 설계에 대한 기본적인 내용을 알 수 있도록 작성한 도면을 뜻한다.

❶ 평면도 : 일반적인 평면도는 해당 층의 바닥면에서 1.2~1.5m 높이를 수평으로 잘라 위에서 아래로 내려다본 모습을 작성한 도면으로, 건축설계에 있어 기준이 되는 도면이다. 이 밖에 지반 아래의 기초 부분을 표현한 기초평면도, 천장의 조명, 각종 설비 위치를 표시한 천장평면도, 지붕의 형태를 표시한 지붕평면도 등이 있다.

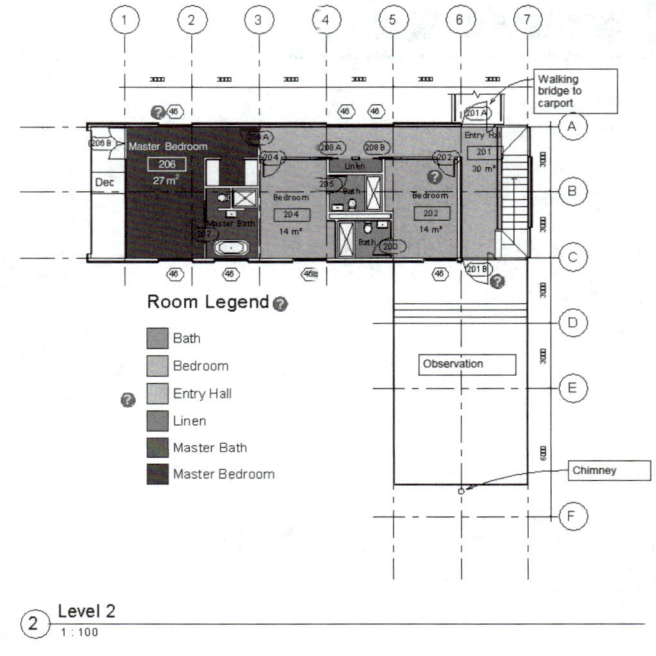

[Autodesk Revit Sample]

❷ 입면도 : 건축물의 외면을 표현한 도면으로 외부 마감재와 창호의 유형 등이 표시된다. 실내 벽면의 마감을 표현한 도면은 전개도라 한다.

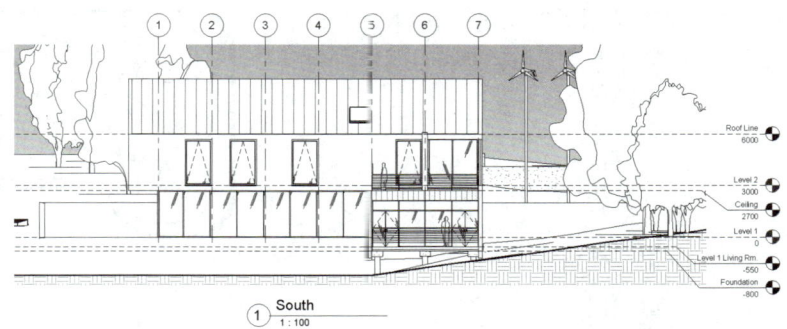

[Autodesk Revit Sample]

❸ 단면도 : 건축물을 수직으로 잘라낸 부분을 표현하는 도면으로 각종 재료의 두께와 높이와 관련된 층높이, 천장높이, 처마높이, 바닥높이, 계단높이 등을 표시한다.

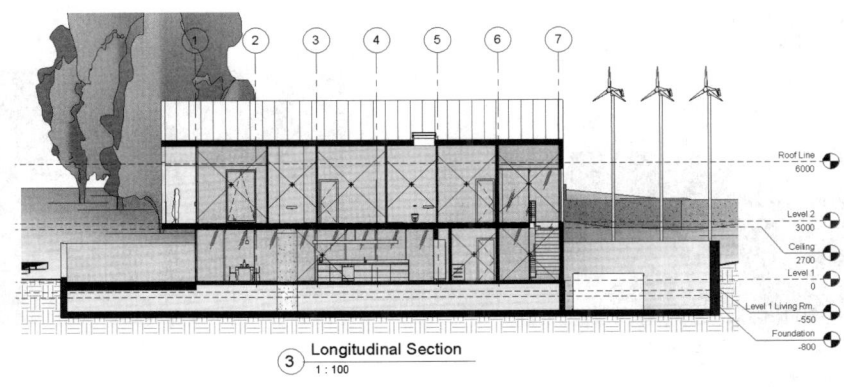

[Autodesk Revit Sample]

❹ 배치도 : 계획된 건축물과 시설물의 위치, 방위, 인접도로, 대지경계선, 출입경로 등을 표시한 도면이다.

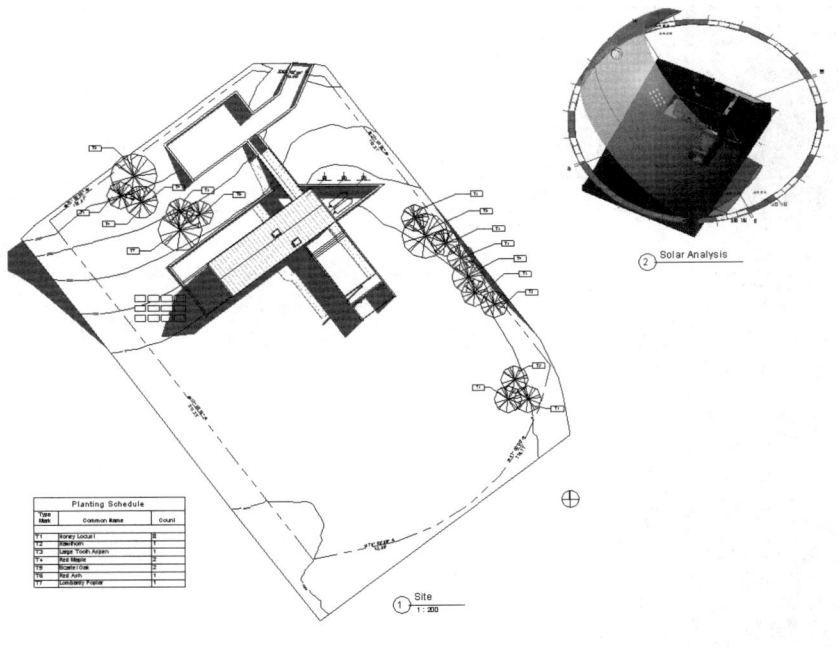

[Autodesk Revit Sample]

❺ 투시도 : 기하학적 작도법으로 작성해 실제 눈으로 바라보는 것처럼 사실적으로 보이게 그린 도면이다. 실내를 표현한 실내투시도, 건물 외관을 표현한 조감투시도 등이 있다. 과거에는 수작업으로 물감 등을 사용해 직접 그렸지만 현재는 컴퓨터를 사용해서 작성한다.

조감도

실내투시도

[Autodesk Revit Sample]

[Autodesk Revit Sample]

(3) 실시설계도

❶ 일반도 : 평면도, 입면도, 단면도, 상세도, 배치도, 창호도, 투시도 등의 도면

부 호	① SD 철제 쌍여닫이 ST'L DOOR W240×45×1.6T ST'L 프레임	② SD 철제 외여닫이 ST'L 방화 DOOR W240×45×1.6T ST'L 프레임
형 태		
문틀 및 개폐방식	THK1.6 STLLP	THK1.6 STLLP
재질 및 마감	THK1.2 STLLP(양면)	THK1.2 STLLP(양면)
유 리	정전분체도장	정전분체도장
부속철물	부속철물일체	부속철물일체
위치 및 개소	-	-
부 호	④ SD 철제 쌍여닫이 ST'L DOOR W240×45×1.6T ST'L 프레임	⑤ SD 철제 외여닫이 ST'L DOOR W240×45×1.6T ST'L 프레임
형 태		
문틀 및 개폐방식	THK1.6 STLLP	THK1.6 STLLP
재질 및 마감	THK1.2 STLLP(양면)	THK1.2 STLLP(양면)
유 리	정전분체도장	정전분체도장
부속철물	부속철물일체	부속철물일체
위치 및 개소	-	-
부 호	① FSD 철제 쌍여닫이 ST'L 방화 DOOR W240×45×1.6T ST'L 프레임	⑤ FSD 철제 외여닫이 ST'L 방화 DOOR W240×45×1.6T ST'L 프레임

[창호도]

❷ **구조도** : 골조, 구조와 관련된 도면으로 기초평면도, 배근도, 일람표, 골조도 등의 도면

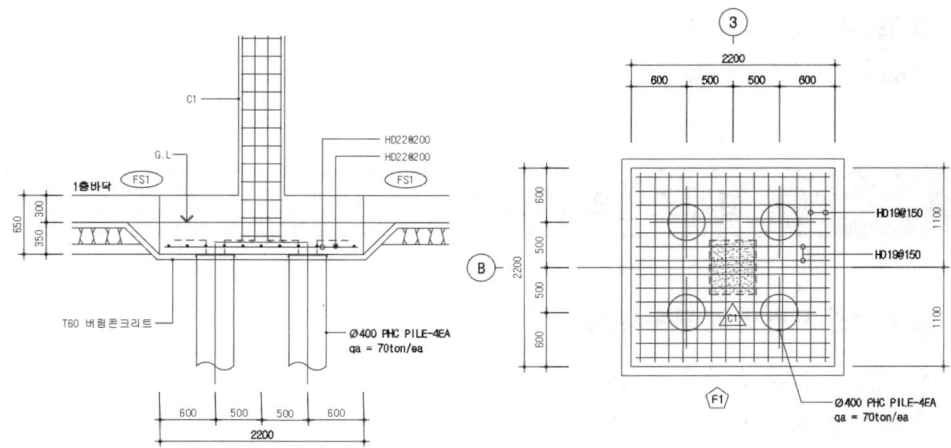

[기초배근도]

부 호		RG1			RG2	RG3
형 태						
위 치		END.	CEN.	INT.	ALL.	ALL.
크 기		700×600	700×600	700×600	400×600	400×600
상부근		6-HD22	4-HD22	12-HD22	5-HD22	5-HD22
하부근		9-HD22	12-HD22	4-HD22	5-HD22	5-HD22
늑 근		HD10@150	HD10@150	HD10@150	HD10@250	HD10@250
보조근						
부 호		1G1			1G1A	
형 태						
위 치		END.	CEN.	END.	CEN.	INT.(G1측)
크 기		600×650	600×650	600×650	600×650	600×650
상부근		6-HD25	3-HD25	3-HD25	3-HD25	7-HD25
하부근		3-HD25	6-HD25	4-HD25	6-HD25	4-HD25
늑 근		HD10@200	HD10@250	HD10@250	HD10@250	HD10@250
보조근						

[보 일람표]

❸ **설비도** : 설비공사와 관련된 전기, 가스, 수도, 공기조화(공조), 위생, 소방 등의 설비도면

(4) 시공도

설계도서를 근거로 하여 실제로 시공할 수 있도록 상세하게 도시한 것으로 시공상세도, 시방서, 시공계획서 등이 있다.

SECTION 2 설계도면의 작도법

(1) 일반적인 도면의 제도순서(제도기 사용)

① 제도기 판에 용지를 붙인다.
② 작성할 도면의 구도와 배치를 정한다.
③ 배치된 위치를 흐린 선으로 표시한다.
④ 상세하게 그려 나간다.

(2) 단면도의 제도순서

① 지반선(G.L)을 그린다.
② 기둥이나 벽의 중심선을 그린다.
③ 기둥과 벽, 바닥 등 구조체를 그린다.
④ 절단된 창호의 위치를 표시한다.
⑤ 천장과 지붕을 그린다.
⑥ 문자와 치수를 기입한다.

(3) 입면도의 제도순서

① 지반선(G.L)을 그린다.
② 레벨을 표시한다(층의 높이).
③ 벽체의 외형을 그린다.
④ 창호의 위치를 표시하고 형태를 그린다.
⑤ 인물, 차량 등 주변환경을 그린다.
⑥ 문자와 표시기호를 그린다.

CHAPTER 03 연습문제

제3장 건축설계도면

01 다음 도면 중 계획설계도에 해당되지 않는 도면은?
① 배치도　② 동선도
③ 구상도　④ 조직도

해설 배치도는 계획된 건축물과 시설물의 위치, 방위, 인접도로, 대지경계선, 출입경로 등을 표시한 도면으로 기본설계에 해당되는 도면이다.

02 다음 도면 중 기본설계도에 해당되지 않는 도면은?
① 배치도　② 평면도
③ 배근도　④ 단면도

해설 배근도는 실시설계단계에서 주요 구조부인 기둥, 슬래브, 보, 기초의 철근 배근상태를 작성한 도면이다.

03 다음 건축설계도면 중 가장 먼저 작성되는 도면은?
① 시공설계도
② 기본설계도
③ 계획설계도
④ 실시설계도

04 다음 중 배치도에 포함되지 않는 사항은?
① 대지경계선
② 방위
③ 건물 위치
④ 각 실의 위치

해설 각 실의 위치와 크기를 알 수 있는 도면은 평면도이다.

05 다음 중 단면도에 포함되지 않는 사항은?
① 층의 높이
② 처마높이
③ 바닥높이
④ 출입경로

해설 사람이나 차량의 출입경로는 배치도에 표시한다.

06 다음 중 입면도를 그리는 순서로 가장 먼저 해야 할 사항은?
① 재료의 마감표시
② 지반선 표시
③ 처마선 표시
④ 개구부 위치 표시

07 계획설계도의 하나로 건축물의 사용자나 사물이 이동하는 경로를 표현한 도면은?
① 구상도　② 동선도
③ 조직도　④ 흐름도

08 일반적인 도면의 제도순서로 옳은 것은?

> ㉠ 각 부분을 상세하게 그린다.
> ㉡ 제도기에 용지를 붙인다.
> ㉢ 배치된 위치를 흐린 선으로 그린다.
> ㉣ 작성할 도면의 구도와 배치를 정한다.

① ㉠ → ㉡ → ㉢ → ㉣
② ㉣ → ㉢ → ㉡ → ㉠
③ ㉡ → ㉣ → ㉢ → ㉠
④ ㉡ → ㉣ → ㉠ → ㉢

정답 1.① 2.③ 3.③ 4.④ 5.④ 6.② 7.② 8.③

CHAPTER 04 각 구조부의 명칭과 제도순서

SECTION 1 구조부의 이해

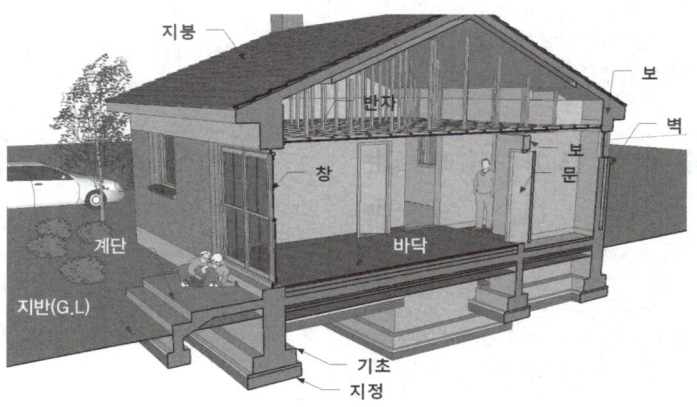

SECTION 2 재료표시기호

(1) 단면도 재료표시의 예

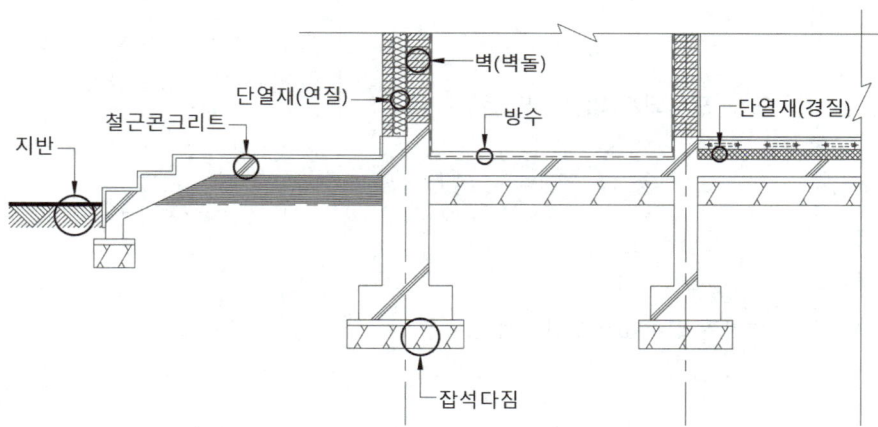

(2) 입면도의 재료표시의 예

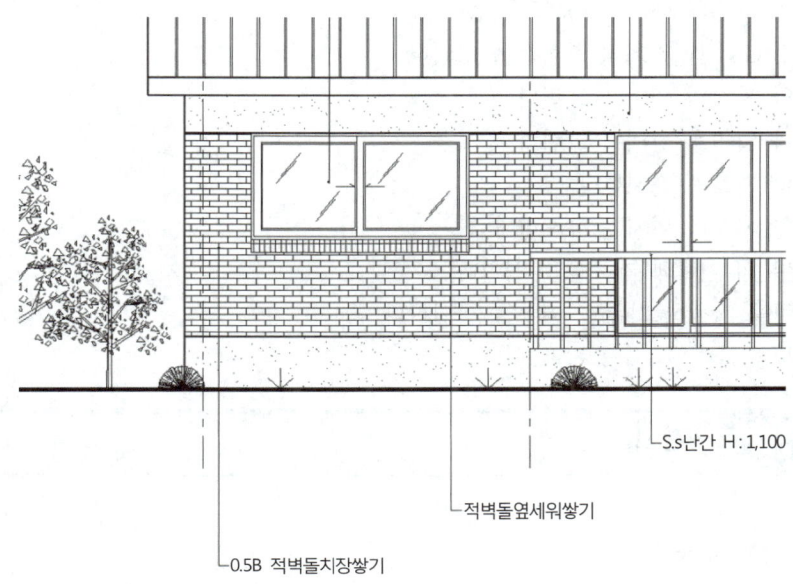

SECTION 3 기초와 바닥

(1) 기초와 바닥의 구조

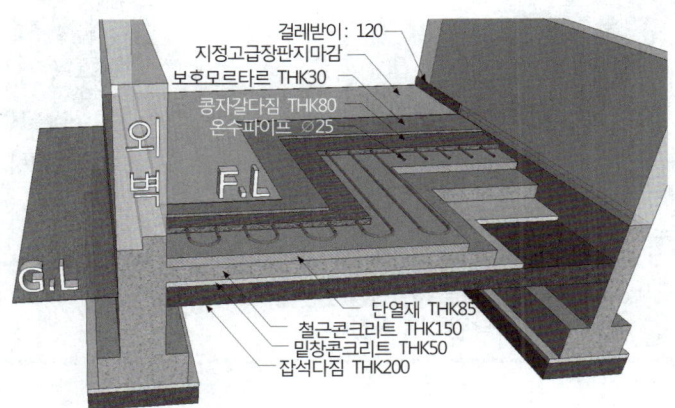

> **용어해설**
> THK : thickness의 약자로 두께를 뜻한다. 예 THK150은 두께 150mm이다.

(2) 기초의 제도순서

① 축척과 도면의 배치 및 구도를 정한다.
② 지반선(G.L)과 기초의 중심선을 그린다.
③ 기초와 지정의 외형을 그린다.
④ 단면과 입면을 상세히 그린다.
⑤ 단면의 재료를 표시한다.
⑥ 기입할 치수의 위치를 표시한다.
⑦ 각 부분의 치수와 재료를 기입한다.
⑧ 표제란을 작성하고 누락 여부를 확인한다.

SECTION 4 벽체

(1) 조적조 벽체의 구조

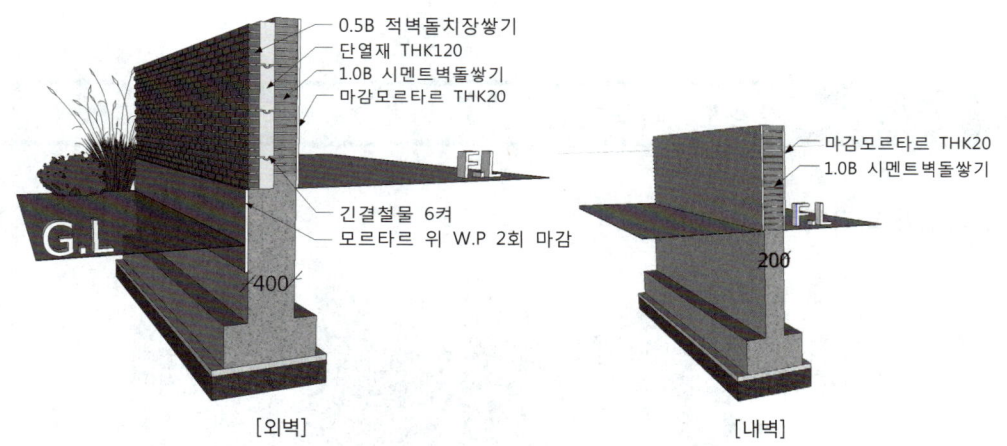

[외벽]   [내벽]

용어해설

- G.L : Ground Level(Line)의 약자로 지반선을 뜻한다.
- F.L : Floor Level의 약자로 바닥 높이를 뜻한다.

(2) 조적조 벽체의 제도순서

① 축척과 도면의 배치 및 구도를 정한다.
② 지반선(G.L)과 벽체의 중심선을 그린다.

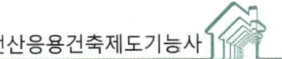

③ 기초와 벽체의 외형을 그린다.
④ 벽체와 연결된 바닥, 천장, 보의 위치를 표시한다.
⑤ 단면과 입면을 상세히 그린다.
⑥ 각 부분의 단면에 재료를 표시한다.
⑦ 기입할 치수의 위치를 표시한다.
⑧ 각 부분의 치수와 재료를 기입한다.

SECTION 5 계단과 지붕

(1) 계단과 지붕의 구조

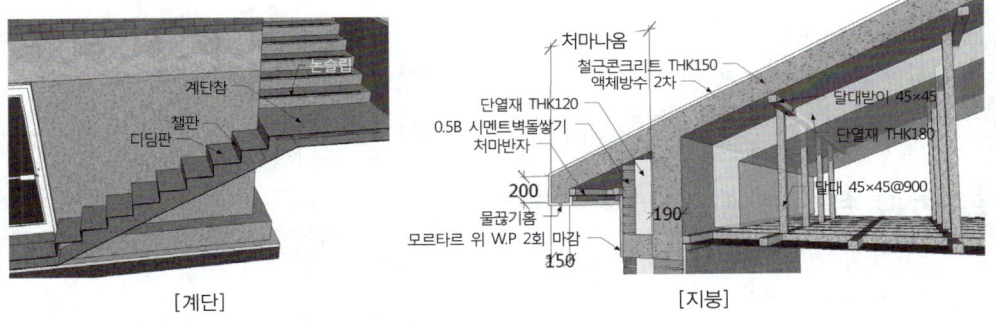

[계단]　　　　　[지붕]

SECTION 6 보와 기둥

(1) 보와 기둥의 구조

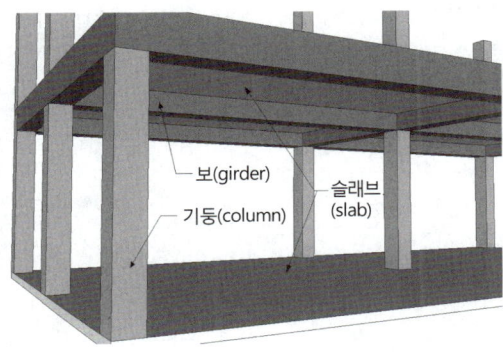

CHAPTER 04 연습문제

제4장 각 구조부의 명칭과 제도순서

01 다음 중 기초의 제도순서로 올바른 것은?

> ㉠ 도면의 축척과 배치 설정
> ㉡ 지반선과 중심선 표시
> ㉢ 기초와 지정의 외형 그리기
> ㉣ 단면과 입면을 상세히 그리기
> ㉤ 단면의 재료표시
> ㉥ 치수기입과 재료의 기입

① ㉠→㉡→㉢→㉣→㉤→㉥
② ㉥→㉤→㉣→㉢→㉡→㉠
③ ㉠→㉢→㉤→㉣→㉥→㉡
④ ㉠→㉤→㉣→㉢→㉡→㉥

02 다음 중 조적조 벽체의 제도순서로 올바른 것은?

> ㉠ 축척과 구도 설정
> ㉡ 지반선과 벽체 중심 표시
> ㉢ 벽체와 연결부분 그리기
> ㉣ 각 재료의 표시
> ㉤ 치수선, 인출선 그리기
> ㉥ 치수기입과 재료의 명칭 기입

① ㉠→㉤→㉣→㉢→㉡→㉥
② ㉥→㉤→㉣→㉢→㉡→㉠
③ ㉠→㉢→㉡→㉣→㉥→㉤
④ ㉠→㉡→㉢→㉣→㉤→㉥

03 주택 도면을 제도할 때 가장 유의해야 할 사항과 거리가 먼 것은?

① 기초에 사용하는 재료를 파악
② 기초의 깊이는 지질에 따라 결정
③ 제도의 순서와 도면 내용을 숙지
④ 기초의 구조와 크기 파악

[해설] 기초의 깊이는 동결선이라 하여 해당 지역의 기온과 관련된다.

04 계단의 구성요소가 아닌 것은?

① 챌판
② 디딤판
③ 논슬립
④ 인서트

05 건축제도 시 작업내용으로 잘못된 것은?

① 가장 먼저 축척과 구도를 정한다.
② 벽체의 중심선은 가장 굵은 실선으로 그린다.
③ 절단된 단면을 작성하는 경우 재료의 표시를 해야 한다.
④ 작성된 도면에는 축척을 표기한다.

[해설] 중심선은 가는 1점쇄선으로 그린다.

정답 1.① 2.④ 3.② 4.④ 5.②

CHAPTER 05 CAD 도면과 3D 모델링

SECTION 1 건축설계 2D 도면 작성

(1) CAD 프로그램의 이해

❶ CAD의 정의

CAD는 'Computer Aided Design 또는 'Computer Aided Drafting'의 약어로, 컴퓨터를 활용한 설계 시스템을 의미한다. CAD 작업을 수행하기 위해서는 컴퓨터와 함께 입력장치인 키보드·마우스, 그리고 출력장치인 모니터·프린터 등이 필요하다.

❷ CAD의 종류

CAD 프로그램은 활용되는 산업분야에 따라 발전된 특징을 가지고 있으며, 크게 2차원 평면 이미지를 작성하는 2D 설계 프로그램과 3차원 입체 형상을 구현하는 3D 모델링 프로그램으로 구분된다.

- 2D 설계 프로그램 : AutoCAD(LT), CADian 등
- 3D 모델링 프로그램 : SketchUp, 3ds Max, Rhino 등
- 렌더링 및 시뮬레이션 프로그램: Enscape, Twinmotion, D5 Render, Blender, V-Ray 등
- BIM 설계 프로그램 : Revit, ArchiCAD 등
- 2D 그래픽 프로그램 : Photoshop, Illustrator 등

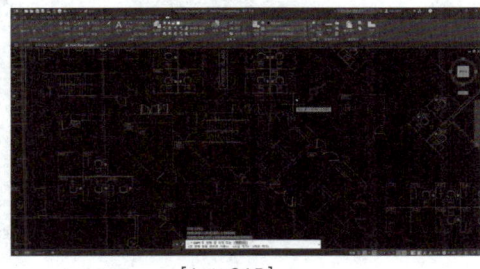
[AutoCAD]

[SketchUp]

❸ CAD의 활용 분야

건축, 실내건축, 조경, 토목, 전기, 기계, 제품 등 다양한 산업분야에서 활용되고 있으며, 각 분야에 특화된 CAD 프로그램이 개발되어 있다. 특히 건축 분야에서는 계획단계의 설계에서부터 가상공간 구현에 이르기까지 매우 광범위하게 사용되고 있다.

④ CAD의 활용 효과
- 데이터의 보관 및 관리가 용이하다.
- 협업 및 수정작업 등 작업이 용이하여 생산성을 높일 수 있다.
- 제도기 사용에 비해 쾌적한 작업환경을 제공한다.
- 설계 오류를 줄일 수 있다.
- 설계도면을 표준화할 수 있다.

(2) CAD 환경의 이해

① 좌표계
- 절대좌표 : 원점을 기준으로 각각의 축 방향으로 이동한 거리를 입력하여 위치를 추적
  입력방법 : X, Y
- 상대좌표 : 현재 위치를 기준으로 각각의 축 방향으로 이동한 거리를 입력하여 위치를 추적
  입력방법 : @X, Y
- 상대극좌표 : 현재 위치를 기준으로 이동한 거리와 각도를 입력하여 위치를 추적
  입력방법 : @거리< 각도

② 도면층(Layer)

AutoCAD에서 도면층(Layer)이란 건축도면을 이루는 구조부, 가구, 기준선, 패턴, 주석(치수, 문자) 등의 요소를 각각의 투명한 필름에 작성하여 이를 겹쳐 하나의 건축도면으로 볼 수 있는 기능이다. 도면층을 사용하여 도면을 작성하면 필요한 데이터를 사용 목적에 따라 구분하여 관리하는 것이 가능하다.

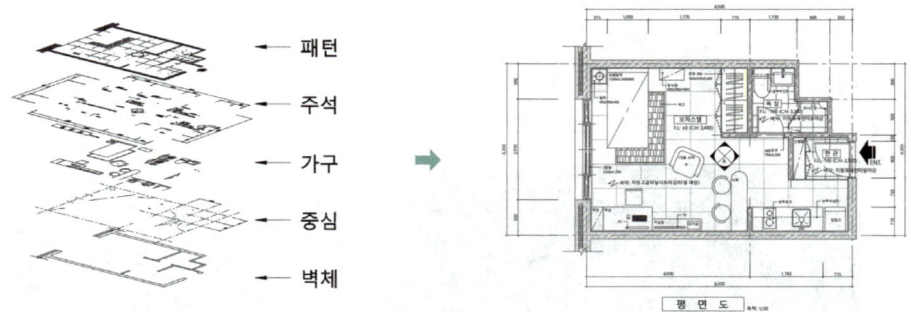

③ 도면의 크기

출력 용지는 한국공업규격(KS A 0005)에 따라 'A열'의 것을 사용한다. 제도용지의 세로와 가로의 길이비는 1 : $\sqrt{2}$ 이며 큰 도면을 접을 때에는 A4의 크기로 접는 것을 원칙으로 한다.

A열 종류	A0	A1	A2	A3	A4
크기	841×1189	594×841	420×594	297×420	210×297

(3) 2D 도면 작성

❶ 건축설계 진행과정

설계에 필요한 내용을 수집 및 분석하는 과정을 계획이라 하고, 계획과정에서 도출된 자료를 바탕으로 건축의 형태를 그림이나 도면으로 표현하는 단계를 설계라고 한다.

[건축설계과정]
- 계획설계 : 기본계획을 바탕으로 간단한 스케치나 모형을 활용
- 중간설계 : 계획설계의 주요 사항을 평면도, 입면도, 단면도 등으로 정확하게 표현
- 실시설계 : 중간설계 단계의 도면을 시공자에게 전달할 목적으로 기술적인 내용을 포함하여 구체적인 설계도서를 작성

❷ 건축설계도면

계획설계도면	중간(기본)설계도면	실시설계도면
• 각종 분석도표 및 다이어그램 • 평면, 입면, 단면 등의 스케치 도면 • 간단한 전체 매스 스케치	• 배치도, 평면도, 입면도, 단면도 • 투시도 혹은 모형 • 기계설비도, 전기설비도 등	• 배치도, 평면도, 입면도, 단면도 • 각종 상세도, 창호도, 재료마감표 등 • 구조 및 토목설계도서 • 설비설계도서 • 시방서 및 각종 계산서 등

❸ 2D 도면 작성 과정(평면도)

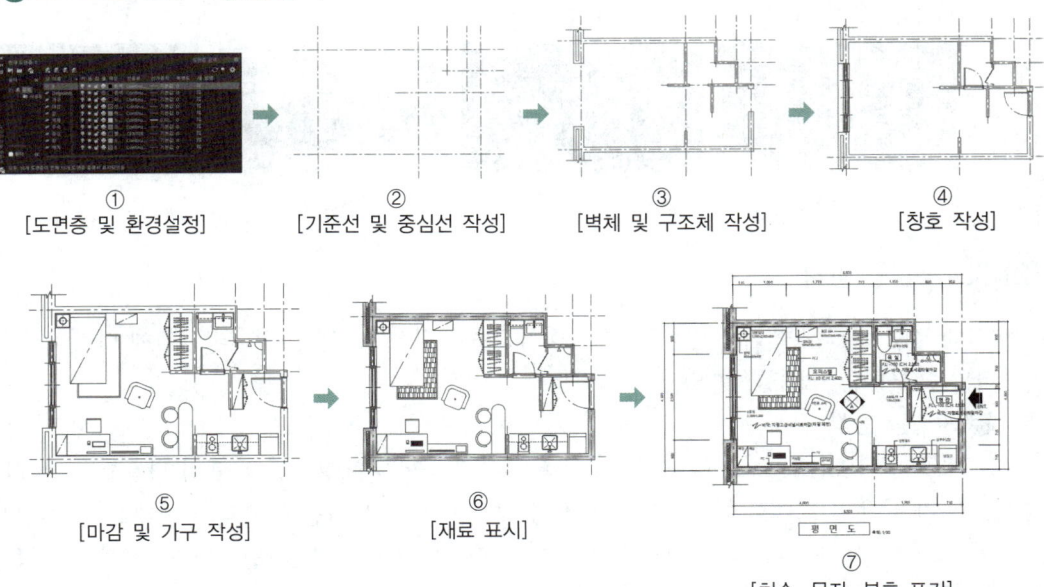

SECTION 2 건축설계 3D 모델링

(1) 3D 프로그램의 이해

3D 프로그램은 컴퓨터가 인식할 수 있는 X, Y, Z좌표를 활용해 입체적인 형상을 제작하는 소프트웨어이다. 3D 프로그램의 자체 렌더링 도구나 별도의 렌더링 프로그램을 활용하여 재질과 빛 등 다양한 환경요소를 적용하면 현실과 유사하게 표현하는 것이 가능하다.

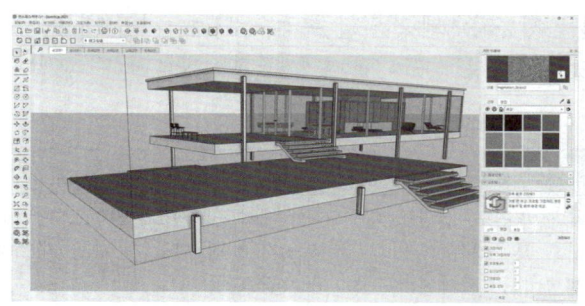
[3D 모델링 프로그램-스케치업]

[실시간 렌더링 프로그램-트윈 모션]

❶ 3D 모델링의 활용분야

3D 모델링은 영화, 애니메이션, 웹툰, 건축, 조경, 기계, 게임, 제품, 자동차 디자인 등 매우 다양한 산업 분야에서 활용된다.

[건축]

[기계]

[자동차]

[게임]

(2) 3D 모델링 방법

3D 모델링은 크게 폴리곤 방식과 넙스 방식으로 구분되며, 산업 분야의 목적에 따라 다양한 스타일로 모델을 구현할 수 있다.

❶ 모델링 방식

- 폴리곤(Polygon) 모델링 : 주로 건축 분야에서 많이 활용되는 모델링 방식으로, 폴리곤이라는 용어 그대로 삼각형이나 사각형 같은 다각형을 사용해 모델의 형태를 구현한다. 넙스 모델링과 비교하여 모델링 방법이 직관적이고 다소 쉬운 편이지만, 곡선이나 곡면 표현에 한계가 있다. 대표적인 프로그램으로는 SketchUp, 3ds Max 등이 있다.
- 넙스(NURBS) 모델링 : 주로 제품 디자인이나 기계 분야에서 많이 사용되는 방식으로, 넙스(Non-Uniform Rational B-Spline) 모델링은 수학적으로 구성된 점들을 이용해 선

과 면을 구현한다. 폴리곤 모델링보다 정밀한 곡선과 곡면을 만들 수 있지만, 데이터 용량이 크고 모델링 방법이 다소 번거로울 수 있다. 대표적인 프로그램으로는 Rhino, SOLIDWORKS 등이 있다.

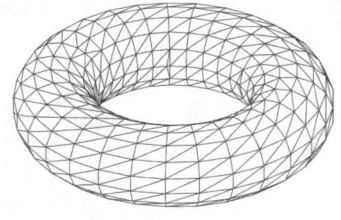
[폴리곤(Polygon)]

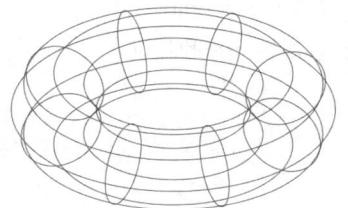
[넙스(NURBS)]

❷ 3D 모델링의 표현
- 와이어프레임 모델링(Wire-Frame Modelling) : 물체의 윤곽을 선으로만 표현하는 가장 기본적인 방식으로, 디자인 초기 단계에서 사용된다.
- 서페이스 모델링(Surface Modeling) : 물체의 내부를 비우고 표면을 면으로만 표현하는 방식으로, 표면에 대한 계산이 가능하다.
- 솔리드 모델링(Solid Modeling) : 물체의 내부가 채워진 상태로 표현하는 방식으로, 표면, 부피, 질량을 계산할 수 있는 안정적인 모델링이다.

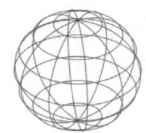
[와이어프레임 모델링]

[서페이스 모델링]

[솔리드 모델링]

❸ 모델링 단위(unit)
3D 모델링 프로그램은 활용되는 산업 분야에 따라 표준화된 단위(unit)를 설정한다. 국내 건축 분야에서는 길이 단위로 mm를 사용하고 있으며, 모델링 프로그램 역시 미터법(metric system)에 기반하여 mm 단위를 기준으로 모델을 작성한다.

❹ 3D 공간 좌표의 이해
3D 공간은 X축, Y축, Z축의 세 좌표로 구성된다. 이러한 좌표의 축은 3D 모델을 생성하거나 편집할 때 작업의 기준이 되며, 대부분의 3D 모델링 프로그램에서 사용되고 있다.

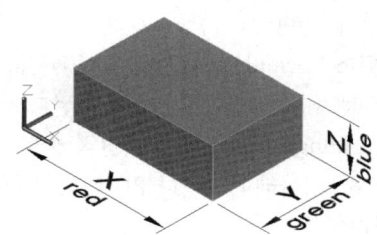

❺ 3D 모델링의 시각화
- 투시도(perspective) : 투시도법을 사용해 건축물을 입체적으로 나타낸 도면으로, 눈에 비친 그대로의 원근감을 표현한다.
- 등각투상도(isometric) : 면을 이루는 X, Y, Z 각 축이 120°를 이루는 3개의 축을 기본으로 하여 입체적으로 작성된 도면이지만 원근감이 없다.

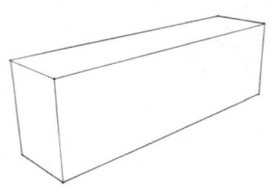
[투시도(perspective)]

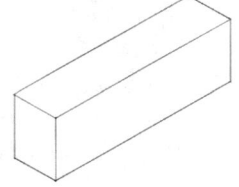
[등각투상도(isometric)]

- 조감도 : 시점의 위치가 대상물의 높이보다 높은 경우의 투시도로, 마치 새가 하늘에서 내려다보는 듯한 모습과 같다 하여 조감도(鳥瞰圖)라고 한다.
- 평행투시도 : 투시도법 중 1소점을 사용하는 투시도로, 실내공간이나 기념건축물과 같은 정적인 건물의 표현에 주로 사용된다.

(3) 3D 모델링 프로그램 용어

① **임포트(Import)** : 다양한 형식의 파일을 현재 작업공간으로 불러오는 기능
② **익스포트(Export)** : 현재 작업 중인 모델을 이미지 등 다른 파일 형식으로 변환하여 저장하는 기능
③ **매트리얼(Materials)** : 객체에 적용할 수 있는 재질
④ **렌더링(Rendering)** : 3D 모델에 재질, 조명(빛) 등 환경요소를 적용하여 사실적인 이미지를 생성하는 과정
⑤ **안티 앨리어싱(Anti-Aliasing)** : 디지털 이미지에서 픽셀의 계단 현상을 완화하기 위해 픽셀 경계부분에 유사한 색상을 혼합하여 이미지를 부드럽게 처리하는 기술
⑥ **그래픽 이미지 포맷**
- JPG(Joint Photographic Experts Group) : 데이터의 용량을 줄이는 손실 압축방식의 이미지 형식으로, 품질이 저하될 수 있다. 주로 웹과 디지털기기에서 사용되며, jpeg, jpe 파일도 동일한 형식이다.
- PNG(Portable Network Graphics) : 데이터의 손실 없이 무손실 압축방식을 사용하는 이미지 형식으로, 고화질 이미지 표현에 적합하고 배경을 투명하게 저장할 수 있다.
- TIFF(Tagged Image File Format) : 무손실 압축과 태그 기능을 지원하는 최초의 이미지 형식으로, 출판이나 전문가용 사진에 많이 사용된다. TIF 파일도 동일한 형식이다.
- HDRI(High-Dynamic-Range Imaging) : 일반적인 이미지보다 더 넓은 밝기와 명암 범위를 가진 이미지 형식으로, 시뮬레이션이나 3D 렌더링 등 사실적인 연출에 활용된다. HDR 파일도 동일한 형식이다.

05 연습문제

제5장 CAD 도면과 3D 모델링

01 도면작성을 위한 CAD 작업에 필요한 장치가 아닌 것은?
① 마우스
② 컴퓨터
③ CAD 소프트웨어
④ 웹캠

해설 CAD 작업을 수행하기 위해서는 CAD 소프트웨어와 컴퓨터 및 입출력장치가 필요하다.

02 CAD의 활용 분야로 가장 거리가 먼 것은?
① 건축 ② 기계
③ 토목 ④ 식품

해설 CAD 설계는 건축, 조경, 토목, 전기, 기계, 제품 등 다양한 산업 분야에서 활용되고 있다.

03 CAD로 작성한 도면의 출력장치로 가장 일반적인 것은?
① 플로터 ② 스캐너
③ 마우스 ④ 태블릿

해설 플로터 : 출력 결과를 종이, 필름 등에 나타내는 대형 프린터로, 도면, 지도, 광고물 등에 사용된다.

04 CAD의 일반적인 특징으로 틀린 것은?
① 설계의 생산성 향상
② 도면 작성 시간의 증가
③ 설계 오류의 감소
④ 설계변경에 따른 수정작업의 향상

해설 CAD는 컴퓨터를 활용한 설계 소프트웨어로, 도면 작성 시간을 감소시켜 생산성 향상에 도움이 된다.

05 도면을 이루는 요소를 각각 구분하여 작성하고 이를 겹쳐서 하나의 도면으로 볼 수 있도록 하는 CAD 기능은 무엇인가?
① Block
② Layer
③ Group
④ properties

해설 Layer는 도면층을 관리하는 기능으로, 도면 요소를 각각 구분하여 작성할 수 있다.

06 CAD용 데이터 베이스에 대한 설명으로 부적합한 것은?
① CAD 시스템의 표준화 요소 중 하나이다.
② 각종 디테일 데이터나 심벌 데이터를 포함한다.
③ 각종 물체의 형태나 Layer 데이터는 포함되지 않는다.
④ 각종 디자인을 수행하는 실행기능에 관한 모든 정보체계의 집합이다.

해설 CAD 도면 파일에는 Layer(도면층) 데이터를 포함한다.

07 CAD의 이용 효과에 대한 설명과 가장 거리가 먼 것은?
① 설계 수준이 향상된다.
② 입·출력이 용이하다.
③ 표준화 작업이 곤란하다.
④ 작업시간이 단축된다.

해설 한국산업표준(KS F 1540, 1541)에서 CAD 도면을 작성하기 위한 항목별 개념과 포맷의 기본 원칙을 규정하고 있다.

정답 1.④ 2.④ 3.① 4.② 5.② 6.③ 7.③

08 CAD에서 계획된 선을 정확히 그릴 수 없는 경우는?

① 두 점의 좌표를 알고 있다.
② 한 점의 좌표와 다른 점의 X, Y 변위값을 알고 있다.
③ 한 점의 좌표와 거리값을 알고 있다.
④ 한 점의 좌표와 다음 점의 거리 및 각도를 알고 있다.

해설 CAD에서 계획된 선을 정확히 그리기 위해서는 선의 시작점과 끝점에 대한 좌표(X, Y) 또는 거리와 각도 정보를 알아야 한다.

09 CAD 시스템에서 디스플레이 장치란 무엇을 말하는가?

① 프린터　　② 모니터
③ 키보드　　④ 스캐너

해설 프린터는 출력장치, 키보드와 스캐너는 입력장치로 구분된다.

10 기존의 수작업 제도방법에 비해 CAD를 사용하는 것이 더 생산적이라 할 수 없는 경우는?

① 단순한 도면을 작성할 때
② 반복되는 내용을 설계할 때
③ 설계 내용이 서로 대칭될 때
④ 도면에 필요한 상세한 부분이 많을 때

해설 CAD는 대규모 프로젝트, 반복적인 작업, 협업, 상세도면 작성 등의 작업에 효율적으로 활용할 수 있다.

11 CAD의 직접적인 사용목적이 아닌 것은?

① 생산성 향상
② 도면품질 향상
③ 표준화 지향
④ 컴퓨터 활용능력 증대

해설 컴퓨터 활용능력 증대는 CAD의 주된 목적이 아니며, CAD는 설계·제도 등 실제 작업에 초점을 둔다.

12 CAD 시스템(system)의 도입효과와 가장 거리가 먼 것은?

① 품질 향상
② 신뢰성 향상
③ 표준화
④ 초기 원가절감

해설 CAD 도입 초기에는 라이센스 비용, 교육 등으로 인해 비용이 증가할 수 있다.

13 건축 분야에서 컴퓨터설계(CAD) 시스템의 설명으로 옳지 않은 것은?

① 도면의 부분적 수정이 곤란하다.
② 같은 도면을 빠른 속도로 출력시킬 수 있다.
③ 설계기능을 보완하거나 디자인의 질을 향상할 수 있다.
④ 원본처럼 깨끗하게 도면을 출력시킬 수 있다.

해설 CAD를 활용하면 도면의 부분적인 수정을 신속하게 처리할 수 있다.

14 건축설계과정에서 시공자에게 전달할 목적으로 기술적인 내용을 포함하여 구체적으로 작성된 도면으로 옳은 것은?

① 계획설계도면
② 중간설계도면
③ 기본설계도면
④ 실시설계도면

해설 실시설계도면은 시공자가 건축물을 정확하게 시공할 수 있는 정보를 제공한다.

15 실시설계도서에 해당되지 않는 것은?

① 배치도　　② 평면도
③ 시방서　　④ 다이어그램

해설 다이어그램은 계획설계단계에서 작성되는 자료이다.

정답 8. ③　9. ②　10. ①　11. ④　12. ④　13. ①　14. ④　15. ④

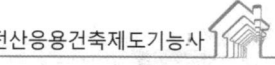

16 CAD를 활용한 도면작성에서 가장 먼저 해야 하는 과정은?
① 도면층 및 환경설정
② 기준선 및 중심선 작성
③ 벽체 및 구조체 작성
④ 치수, 문자, 부호 표기

해설 CAD 도면을 작성하기 위해서는 도면층(layer), 문자, 치수 설정 등 작성환경을 먼저 준비해야 한다.

17 투시도 중 높은 시점에서 작성되고, 새가 하늘에서 내려다보는 모습이라 하여 붙여진 투시도는?
① 조감도　　② 등각 투상도
③ 1소점 투시도　　④ 실내 투시도

해설 조감도(鳥瞰圖)
건축에서 주요 건물과 배경을 높은 시점에서 표현한 투시도이다.

18 투시도의 종류에 속하지 않는 것은?
① 조감도　　② 2소점 투시도
③ 전개도　　④ 1소점 투시도

해설 전개도는 실내 벽면을 평면적으로 표현한 도면으로, 투시도로 볼 수 없다.

19 실내투시도 또는 기념건축물과 같은 정적인 건물의 표현에 효과적인 투시도는?
① 평행투시도　　② 유각투시도
③ 경사투시도　　③ 조감도

해설 1소점을 사용한 평행투시도는 실내공간 및 기념적인 건축물 표현에 적절하다.

20 다음 모델링 중 가장 고급 모델링에 해당하는 것은?
① 와이어프레임 모델링
② 경계면 모델링
③ 솔리드 모델링
④ 매스 모델링

해설 솔리드 모델링은 외부 및 내부를 정밀하게 표현하는 고급 모델링이다.

21 3D 모델에 재질, 빛 등 환경요소를 적용하여 현실과 유사하게 표현하는 작업은?
① 3D 스케치
② 렌더링
③ 3D 모델링
④ 레이아웃

해설 렌더링은 3D 모델에 재질, 조명(빛) 등 환경요소를 더하여 사실적으로 표현하는 작업이다.

22 3D 모델링 방식 중 다각형을 사용해 모델의 형상을 구현하는 방식은?
① 서페이스(Surface) 모델링
② 넙스(NURBS) 모델링
③ 폴리라인(Polyline) 모델링
④ 폴리곤(Polygon) 모델링

해설 폴리곤 모델링은 삼각형이나 사각형 같은 다각형을 사용해 모델의 형태를 구현한다.

23 3D 모델링 프로그램에서 사용되는 좌표축으로 옳지 않은 것은?
① D축　　② X축
③ Y축　　④ Z축

해설 3D 공간의 좌표는 X축, Y축, Z축의 세 좌표로 구성된다.

24 그래픽 이미지 형식 중 넓은 밝기와 명암 범위를 가지고 있어 3D 렌더링 등 사실적인 연출에 사용되는 것은?
① JPEG　　② PNG
③ HDRI　　④ TIFF

해설 HDRI(High-Dynamic-Range Imaging)는 일반 이미지보다 더 넓은 밝기 범위와 명암비를 제공한다.

정답 16.① 17.① 18.③ 19.① 20.③ 21.② 22.④ 23.① 24.③

Part 01 단/원/평/가

01 한국산업표준(KS)의 분류 중 건설에 해당되는 것은?
① KS D ② KS F
③ KS E ④ KS M

02 배경을 표현하는 방법으로 옳지 않은 것은?
① 건물 앞의 것은 사실적으로, 멀리 있는 것은 단순히 그린다.
② 건물의 용도와는 무관하게 가능한 한 세밀한 그림으로 표현한다.
③ 공간과 구조, 그리고 그들의 관계를 표현하는 요소들에 지장을 주어서는 안 된다.
④ 표현에서는 크기와 무게, 배치는 도면 전체의 구성요소가 고려되어야 한다.

03 다음 중 건축제도에서 가장 굵게 표시되는 것은?
① 치수선 ② 격자선
③ 단면선 ④ 인출선

04 한국산업표준(KS)의 건축제도 통칙에 규정된 척도가 아닌 것은?
① 5/1   ② 1/1
③ 1/400 ④ 1/6000

05 다음 중 도면에 쓰는 기호와 표시내용이 틀린 것은?
① V – 용적 ② W – 너비
③ R – 반지름 ④ A – 공기

06 다음 중 건축도면에 사람을 그려 넣는 목적과 가장 거리가 먼 것은?
① 스케일감을 나타내기 위해
② 공간의 용도를 나타내기 위해
③ 공간 내 질감을 나타내기 위해
④ 공간의 깊이와 높이를 나타내기 위해

07 다음 중 조적조 벽체 그리기를 할 때 순서로 옳은 것은?

> ㉠ 제도용지에 테두리선을 긋고 축척에 맞게 구도를 잡는다.
> ㉡ 단면선과 입면선을 구분하여 그리고, 각 부분에 재료표시를 한다.
> ㉢ 지반선과 벽체의 중심선을 긋고 기초의 깊이와 벽체의 너비를 정한다.
> ㉣ 치수선과 인출선을 긋고 치수와 명칭을 기입한다.

① ㉠ – ㉡ – ㉢ – ㉣
② ㉢ – ㉠ – ㉡ – ㉣
③ ㉠ – ㉢ – ㉡ – ㉣
④ ㉡ – ㉠ – ㉢ – ㉣

08 각 실내의 입면으로 벽의 형상, 치수, 마감 상세 등을 나타낸 도면을 무엇이라 하는가?
① 평면도 ② 전개도
③ 배치도 ④ 단면상세도

> 🔒힌트 건축물의 외관을 작성한 도면을 입면도라 하고, 건축물 내부의 벽면을 작성한 도면을 전개도라 한다.

정답 1.② 2.② 3.③ 4.③ 5.④ 6.③ 7.③ 8.②

09 1점쇄선의 용도에 속하지 않는 것은?
① 가상선 ② 중심선
③ 기준선 ④ 경계선

10 도면에는 척도를 표기해야 하는데 그림의 형태가 치수에 비례하지 않을 경우 사용되는 방법으로 옳은 것은?
① US ② DS
③ NS ④ KS

11 실제 길이 16m를 축척 1/200인 도면에 표시할 경우 도면상의 길이는?
① 80cm ② 8cm
③ 8m ④ 8mm

12 건축설계의 진행순서로 올바른 것은?
① 조건파악 → 기본계획 → 기본설계 → 실시설계
② 기본계획 → 조건파악 → 기본설계 → 실시설계
③ 기본설계 → 기본계획 → 조건파악 → 실시설계
④ 조건파악 → 기본설계 → 기본계획 → 실시설계

13 건축제도의 글자에 관한 설명으로 옳지 않은 것은?
① 숫자는 아라비아 숫자를 원칙으로 한다.
② 왼쪽에서부터 가로쓰기를 원칙으로 한다.
③ 글자체는 수직 또는 30° 경사의 명조체로 쓰는 것을 원칙으로 한다.
④ 글자의 크기는 각 도면의 상황에 맞추어 알아보기 쉬운 크기로 한다.

14 건축도면에서 보이지 않는 부분을 표시하는 데 사용되는 선은?
① 파선 ② 굵은 실선
③ 가는 실선 ④ 1점쇄선

15 제도용지에 관한 내용으로 옳지 않은 것은?
① A0 용지의 넓이는 약 $1m^2$이다.
② A2 용지의 크기는 A0 용지의 1/4이다.
③ 제도용지의 가로와 세로의 길이비는 $\sqrt{2}$: 1이다.
④ 큰 도면을 접을 때에는 A3의 크기로 접는 것을 원칙으로 한다.

16 건축제도에서 투상법의 작도원칙은?
① 제1각법
② 제2각법
③ 제3각법
④ 제4각법

17 다음 중 주택의 입면도 그리기 순서에서 가장 먼저 이루어져야 할 사항은?
① 처마선을 그린다.
② 지반선을 그린다.
③ 개구부 높이를 그린다.
④ 재료의 마감표시를 한다.

18 정방형의 건물이 다음과 같이 표현되는 투시도는?

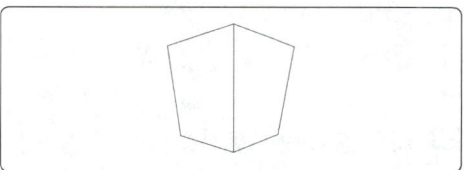

① 등각 투상도 ② 1소점 투시도
③ 2소점 투시도 ④ 3소점 투시도

19 도면작도 시 유의사항으로 잘못된 것은?
① 숫자는 아라비아 숫자를 원칙으로 한다.
② 용도에 따라서 선의 굵기를 구분한다.
③ 글자체는 수직 또는 15° 경사의 고딕체로 쓰는 것을 원칙으로 한다.
④ 축척과 도면의 크기에 관계없이 모든 도면에서 글자의 크기는 같아야 한다.

20 다음 그림에서 A방향의 투상면이 정면도일 때 C방향의 투상면은 어떤 도면인가?

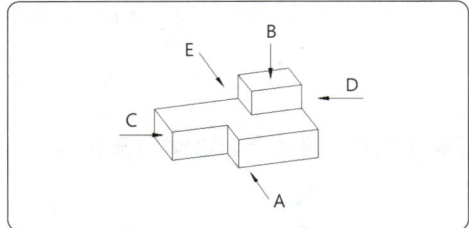

① 저면도　　② 배면도
③ 좌측면도　④ 우측면도

21 건축허가신청에 필요한 설계도서 중 배치도에 표시하여야 할 사항으로 잘못된 것은?
① 축척 및 방위
② 방화구획 및 방화문의 위치
③ 대지에 접한 도로의 길이 및 너비
④ 건축선 및 대지경계선으로부터 건축물까지의 거리

22 건축제도에서 반지름을 표시하는 기호는?
① D　　② φ
③ R　　④ W

23 다음 중 단면도에 표시되는 사항은?
① 반자높이　② 주차동선
③ 건축면적　④ 대지경계선

24 투상도의 종류 중 X, Y, Z의 기본 축이 120°씩 화면으로 나누어 표시되는 것은?
① 등각투상도
② 유각투상도
③ 이등각투상도
④ 부등각투상도

25 건축허가신청에 필요한 설계도서에 속하지 않는 것은?
① 배치도
② 평면도
③ 투시도
④ 건축계획서

> **힌트** 건축허가신청에 필요한 설계도서(제6조 제1항)
> 건축계획서, 배치도, 평면도, 입면도, 단면도, 구조도, 구조계산서, 시방서, 실내마감도, 소방설비도, 건축설비도 등이 필요하다.

26 제도용지 A2의 크기는 A0 용지의 얼마 정도의 크기인가?
① 1/2　　② 1/4
③ 1/8　　④ 1/16

27 건축제도의 치수 기입에 관한 설명으로 올바른 것은?
① 치수는 특별히 명시하지 않는 한 마무리 치수로 표시한다.
② 치수 기입은 치수선을 중단하고 선의 중앙에 기입하는 것이 원칙이다.
③ 치수의 단위는 밀리미터(mm)를 원칙으로 하며, 반드시 단위기호를 표시해야 한다.
④ 치수 기입은 치수선에 평행하게 도면의 오른쪽에서 왼쪽으로 읽을 수 있도록 표기한다.

28 투시도법에 사용되는 용어의 표시가 잘못된 것은?
① 시점 : E.P ② 소점 : S.P
③ 화면 : P.P ④ 수평면 : H.P

29 다음 중 계획설계도에 속하는 것은?
① 동선도 ② 배치도
③ 전개도 ④ 평면도

30 실제 길이 16m는 축척 1/20의 도면에서 얼마의 길이로 표시되는가?
① 8mm ② 80mm
③ 800mm ④ 8,000mm

31 다음과 같은 창호의 평면 표시기호의 명칭으로 옳은 것은?

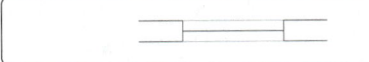

① 회전창 ② 붙박이창
③ 미서기창 ④ 미닫이창

32 건축도면에서 중심선, 절단선의 표시에 사용되는 선의 종류는?
① 실선 ② 파선
③ 1점쇄선 ④ 2점쇄선

33 일반 평면도의 표현 내용에 속하지 않는 것은?
① 실의 크기
② 보의 높이 및 크기
③ 창문과 출입구의 구별
④ 개구부의 위치 및 크기

34 창호의 재질별 기호가 옳지 않은 것은?
① W : 목재 ② Ss : 강철
③ P : 합성수지 ④ A : 알루미늄합금

35 다음 중 건축도면 작도에서 가장 굵은 선으로 표현해야 할 것은?
① 인출선 ② 해칭선
③ 단면선 ④ 치수선

36 CAD의 활용 효과로 옳지 않은 것은?
① 데이터 보관 및 관리가 용이하다.
② 협업, 수정작업 등 작업성이 용이하여 생산성 향상에 도움이 된다.
③ 제도기 사용에 비해 작업공간을 확보하기 어렵다.
④ 설계의 오류가 감소한다.

해설 컴퓨터를 사용하므로 제도기 사용에 비해 쾌적한 작업공간을 제공한다.

37 CAD 환경에서 사용되는 좌표계로 적절하지 않은 것은?
① 상대좌표 ② 상대극좌표
③ 절대좌표 ④ 절대극좌표

해설 CAD 환경에서는 상대좌표, 상대극좌표, 절대좌표를 사용한다.

38 CAD 환경에서 상대좌표를 입력하는 방법으로 옳은 것은?
① @각도< 거리
② @X, Y
③ @거리< 각도
④ @Y, X

해설 상대좌표는 현재 위치를 기준으로 X축과 Y축의 위치를 입력하는 방법으로 @X, Y로 입력한다.

39 3D 모델링 방식 중 수학적으로 구성된 점들로 모델을 구현하는 방식으로 완벽한 곡면을 표현할 수 있는 모델링은?

① 넙스 모델링
② 솔리드 모델링
③ 폴리곤 모델링
④ 매스 모델링

해설 넙스 모델링은 데이터 용량이 크고 모델링 방법이 다소 번거로울 수 있지만 완벽한 곡면을 만들 수 있다.

40 3D 모델링 프로그램에서 현재 작업 중인 모델을 이미지 등 다른 파일 형식으로 저장하는 것을 무엇이라 하는가?

① Rendering ② save
③ Export   ④ Import

해설 익스포트(Export)는 '내보내기' 기능으로, 이미지, PDF 등 다른 파일 형식으로 출력하는 것을 의미한다.

PART 02

건축계획일반의 이해

Chapter 01. 건축계획과정
Chapter 02. 조형계획
Chapter 03. 건축환경계획
Chapter 04. 주거환경계획

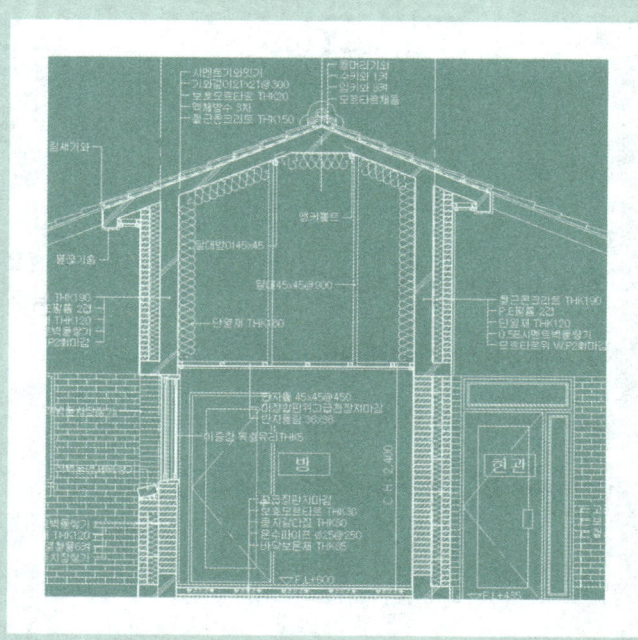

건축계획은 사람이 건축물을 사용하는 데 있어 기본적인 환경을 충족시켜 주기 위한 목적에서 시작한다. 적절한 공간에서부터 음향, 단열, 일조 등 다양한 조건을 조화시켜 사람이 생활하는 데 쾌적한 공간을 창출하는 데 의미를 둔다.

CHAPTER 01 건축계획과정

SECTION 1 건축계획과 설계

건축의 과정은 기획, 설계, 시공의 순서로 3단계에 걸쳐 진행된다.

[기획]

[설계]

[시공]

(1) 기획

건축주가 직접 진행하거나 전문가의 도움을 받아 건축의 의도 및 목적을 분명히 하여 건축의 과정이 원만히 진행되도록 하는 업무를 말한다. 일반적인 건축기획 과정은 다음과 같다.

> ① 건축현장 및 관련자료 분석 → ② 공간 구상 → ③ 디자인 방향 설정

❶ 자료 분석
현장의 자연환경, 실측자료, 대지현황, 동선계획, 사용자 등의 자료를 분석하고 정리한다.

❷ 공간 구상
사용자가 필요로 하는 공간을 규모, 용도, 목적에 대한 사항을 규명하고 공간을 체계적으로 정리한다.

❸ 디자인 방향 설정
건축디자인에 대한 디자인 컨셉의 구상을 형태화·시각화하여 공간의 형태나 디자인을 이미지로 구체화시키는 과정이다.

> **✓ 참고**
>
> 디자인 스케치의 종류
> - 에스키스 : 작품을 구상하기 위해서 시험적으로 그리는 초벌 그림
> - 크로키 : 사람이나 사물의 특징을 짧은 시간에 빠르게 표현한 그림
> - 스케치 : 구도나 형태를 간략하게 나타냄.
> - 드로잉 : 일반적으로 채색을 쓰지 않고 주로 선으로 어떤 이미지를 그려 내는 기술

(2) 설계

건축설계는 건축의 3대 요소인 구조, 기능, 미가 충족되도록 설계되어야 하며, 이 중 가장 중요시되는 것은 구조이다. 건축가와 전문가들을 중심으로 진행되며 설계의 과정은 다음과 같다.

① 조건 파악 → ② 기본계획 → ③ 기본설계 → ④ 실시설계

❶ 조건 파악
신축하고자 하는 건축물의 대지 및 주변환경을 분석하고 목적과 예산에 맞는 건축을 위해 여러 조건을 파악한다.

❷ 기본계획
건축환경 및 조건에 부합하는 디자인의 방향 및 전반적인 설계과정의 일정을 계획한다.

❸ 기본설계
기획과정에서 도출된 결과를 가지고 건축설계의 기본인 평면, 입면, 단면형태를 결정한다.

❹ 실시설계
시공을 목적으로 설계된 내용이 도면으로 작성되므로 기본설계보다 전문적이고 상세하게 작성한다.

(3) 시공

설계과정을 마친 설계도서에 작성된 내용을 바탕으로 실제 건축공사를 진행하는 과정을 말한다. 시공은 설계업자가 아닌 시공업자에 의해 이루어진다.

SECTION 2 건축계획의 진행

조건 설정 → 기본설계 → 실시설계 → 시공 완료 → 인도 접수

(1) 계획의 조건 설정

건축의 용도, 기능상의 요구, 규모 및 예산, 건축대지의 조건, 건축의 일정 및 공사기간 등을 설정한다.

(2) 수집된 정보와 자료의 분석

문제점 파악, 정보와 자료조사, 수집된 정보의 분석

(3) 건축의 세부계획

수집 및 분석된 자료를 바탕으로 평면, 입면 등 건축물의 형태를 세부적으로 계획한다.

❶ 평면계획
건축물 내부에서 필요로 하는 공간을 활동, 규모, 위치, 상호관계 등을 합리적으로 평면상에 배치하는 계획

❷ 형태계획
주변 환경과의 조화 및 문화적·사회적으로 저해되지 않도록 외형적인 모습을 계획

❸ 입면계획
평면을 입체화한 공간의 부피(벽)를 기능적이며 아름답게 디자인하는 계획

❹ 구조계획
건축물을 오랜 시간 안전하고 내구적으로 설계하기 위한 계획

❺ 설비계획
건축물을 사용하는 데 필요한 쾌적성, 편리성, 효율성을 향상시키기 위한 전기, 기계, 소방, 통신, 급배수 등 물리적인 설비요소를 계획

(4) 건축의 모듈화

모듈이란 공업화의 생산성을 증대시키기 위해 치수, 색상, 모양을 통일한 기준값을 말하며 치수의 기본모듈은 1M으로 10cm 단위로 설계한다.

❶ 모듈화의 장점
- 설계의 단순화
- 대량생산이 용이
- 남은 자재의 재사용
- 공사비의 절감
- 현장시공의 용이

❷ 모듈화의 단점
- 형태의 반복으로 인한 입면구성의 획일화
- 디자인의 무미건조함.

SECTION 3 건축공간

건축공간은 사람이 생활하는 데 쾌적하고 편리하도록 인위적으로 계획한 공간으로, 물리적 · 심리적으로 구분하면서 내부적인 공간과 외부적인 공간으로 나눌 수 있다.

(1) 물리적 공간과 심리적 공간

사람이 사용하는 공간은 크기와 형태가 적절하여야 하며 사용하기 편리하도록 가구나 집기가 배치되어 기능적인 수행을 하는 데 문제가 없어야 할 뿐 아니라, 공간의 배색, 소음 등 심리적으로도 안정될 수 있는 공간으로 설계해야 한다.

(2) 내부 공간과 외부 공간

건축물 안쪽 공간으로 건축 고유공간인 내부 공간은 구조와 기능면에서 중요한 공간이다. 외부 공간은 건축물 주변에 인공으로 만들어진 옥외 공간을 말한다.

(3) 공간의 구분

❶ 상징적 구획

물리적인 벽이나 구조물로 차단되지는 않았지만 공간의 배색이나 소품, 낮은 계단 등으로 공간을 한정, 구분하여 통행이나 시각적으로 방해받지 않는다.

❷ 개방적 구획

전체 공간에서 구분된 각 공간의 성격을 구분하기 위한 구획으로 눈높이보다 낮은 1m 내외의 벽이나 가구 등으로 구분하므로 시각적으로 개방감을 높일 수 있다.

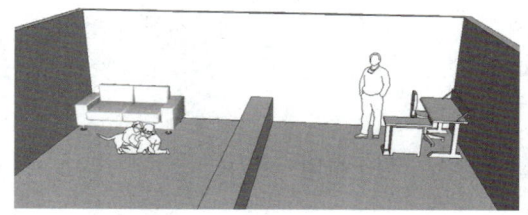

❸ 차단적 구획

작업실, 개인 서재 등 일반적인 벽으로 시각적으로 완전히 차단된 공간이며, 눈높이보다 높은 1.8m 내외의 벽으로 구분한다.

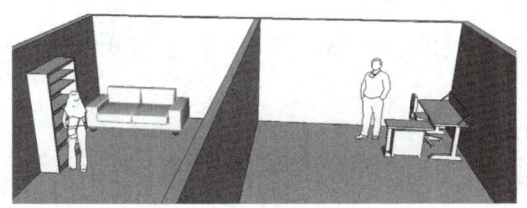

SECTION 4 건축법의 이해

건축물 설계 및 시공을 위한 대지, 구조, 설비, 시설 등의 기준 및 용도 등을 지정하고 건축시공에 대한 규정 등을 다룬 법률을 「건축법」이라 한다.

(1) 건축법의 체계

헌법 → 건축법(법률) → 건축법 시행령(대통령령) → 건축법 시행규칙(국토교통부령) → 건축법 시행세칙(도·시·군령)

> ✅ **참고**
>
> 건축법의 자세한 내용은 "국가법령정보센터" 홈페이지를 통해 확인할 수 있다.
> http://www.law.go.kr
>
> 법령 - 건축법 시행령
>
> 본문 | 제정·개정이유 | 별표·서식 | 연혁 | 3단비교 | 신구법비교 | 법령체계도 | 조례위임조문 | 위임조례
>
> 건축법 시행령
>
> [시행 2017.2.4.] [대통령령 제27832호, 2017.2.3., 일부개정]
>
> **제1장 총칙**
>
> **제1조(목적)** 이 영은 「건축법」에서 위임된 사항과 그 시행에 필요한 사항을 규정함을 목적으로 한다.
> [전문개정 2008.10.29.]
>
> **제2조(정의)** 이 영에서 사용하는 용어의 뜻은 다음과 같다. 〈개정 2009.7.16., 2010.2.18., 2011.12.8., 2011.12.30., 2013.3.23., 2014.11.11., 2014.11.28., 2015.9.22.,
> 1. "신축"이란 건축물이 없는 대지(기존 건축물이 철거되거나 멸실된 대지를 포함한다)에 새로 건축물을 축조(築造)하는 것[부속건축물만 있는 대지에 새로 주된 건축
> 2. "증축"이란 기존 건축물이 있는 대지에서 건축물의 건축면적, 연면적, 층수 또는 높이를 늘리는 것을 말한다.
> 3. "개축"이란 기존 건축물의 전부 또는 일부[내력벽·기둥·보·지붕틀(제16호에 따른 한옥의 경우에는 지붕틀의 범위에서 서까래는 제외한다) 중 셋 이상이 포함되는 경
> 4. "재축"이란 건축물이 천재지변이나 그 밖의 재해(災害)로 멸실된 경우 그 대지에 다음 각 목의 요건을 모두 갖추어 다시 축조하는 것을 말한다.

Chapter 01 건축계획과정

(2) 건축법의 목적과 정의

① 공공복리의 증진
② 건축물 시공의 안전과 기능의 향상
③ 도시경관의 향상
④ 건축물의 대지, 구조, 설비, 시설의 기준과 용도 지정

(3) 건축법의 주요 용어

❶ 대지

지적법에 의해 각 필지로 구획된 토지

> **용어해설**
>
> 필지 : 구분되는 경계를 가지는 토지의 단위로 1개의 필지에 1개의 지번(필지에 부여한 등록번호)과 지목(토지의 사용목적에 따른 구분의 표시)이 부여된다.

❷ 건축물

토지에 정착하는 공작물로 지붕과 기둥 또는 벽이 있는 것과 부수적으로 설치되는 시설물, 지하 또는 고가의 공작물에 설치하는 사무소, 공연장, 점포, 차고, 창고 등을 말한다.

❸ 주요 구조부

건축물의 뼈대를 이루는 기둥, 내력벽, 바닥, 보, 지붕, 계단을 말한다.

❹ 건축

건축이란 토지에 정착되는 공작물을 신축, 증축, 개축, 재축, 이전하는 것을 말한다.

> **용어해설**
>
> - 신축 : 건축물이 없는 대지(기존 건축물이 철거되거나 멸실된 대지를 포함한다.)에 새로 건축물을 축조(築造)하는 것
> - 증축 : 기존 건축물이 있는 대지에서 건축물의 건축면적, 연면적, 층수 또는 높이를 늘리는 것을 말한다.
> - 개축 : 기존 건축물의 전부 또는 일부를 철거하고 그 대지에 종전과 같은 규모의 범위에서 건축물을 다시 축조하는 것을 말한다.
> - 재축 : 건축물이 천재지변이나 그 밖의 재해(災害)로 멸실된 경우 그 대지에 다시 축조하는 것을 말한다.
> - 이전 : 건축물의 주요 구조부를 해체하지 아니하고 같은 대지의 다른 위치로 옮기는 것을 말한다.

❺ 대수선

건축물의 주요 구조부를 크게 수선 및 변경하는 것을 말한다.
(내력벽 $30m^2$ 이상, 기둥, 보, 지붕틀을 3개 이상 수선하는 경우)

> **참고**
>
> 주택사업의 유형
> - 택지 개발: 주택보급을 목적으로 도시지역 및 주변의 토지에 주택건설이 가능하도록 택지를 조성하는 개발 행위
> - 재개발: 주거환경이 낙후된 지역의 상하수도, 도로 등 도시의 기반시설을 정비하고 주택을 신축하는 것
> - 재건축: 노후 주택을 철거 후 동일한 대지에 주택을 신축하는 것
> - 리모델링: 노후 주택의 기능을 향상시키기 위해 대수선 또는 일부를 증축하여 구조적·기능적·미관적 성능 등이 개선되도록 개보수하는 것

❻ 대지면적

대지를 수직 위에서 바라본 수평투영면적으로 건축선이 정해진 경우 건축선과 도로의 사이 대지면적은 제외한다.

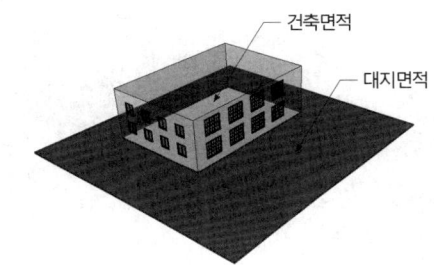

> **용어해설**
>
> - 건축선: 대지에 건축물·공작물을 건축할 수 있는 한계선으로, 대지와 도로의 경계선을 건축선으로 한다.

❼ 건축면적

건축물의 외벽 중심선으로 둘러싸인 부분을 수평투영한 면적을 말한다.

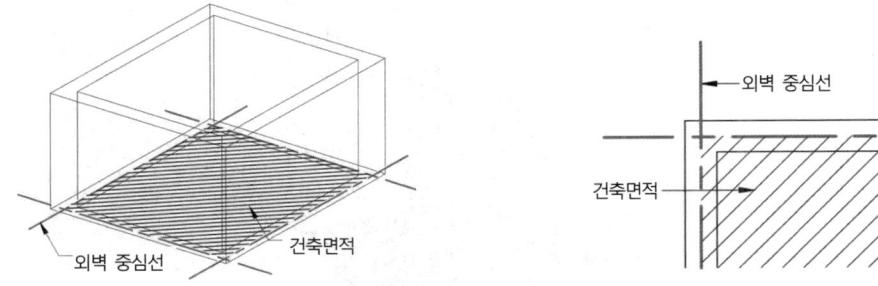

❽ 연면적

대지에 들어선 건축물의 바닥면적 합계로 지하층 및 주차장의 면적은 제외된다.

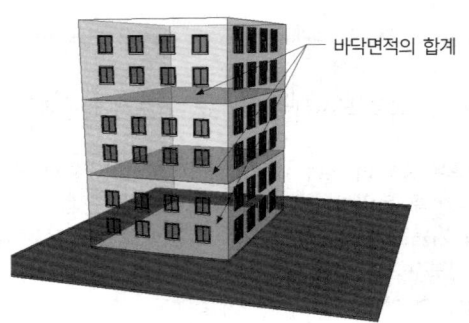

❾ 건폐율
대지면적에 대한 건축면적의 비율을 말한다.

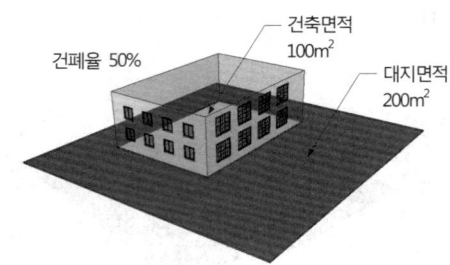

> **☑ 참고**
>
> 도시계획에서는 건축밀도의 제한을 두기 위해 「국토의 계획 및 이용에 관한 법률」에 의한 다음의 범위 내에서 지방자치단체의 조례를 통해 용도지역별로 건폐율을 제한하고 있다.
> - 주거지역 : 70% 이하
> - 상업지역 : 90% 이하
> - 공업지역 : 70% 이하
> - 녹지지역 : 20% 이하

❿ 용적률
건축물의 연면적과 대지면적의 백분율을 말한다.

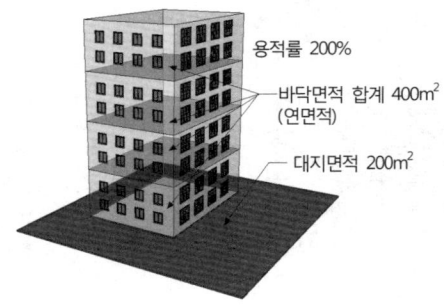

⓫ 건축물의 높이
건축물의 높이는 반자 높이, 층고, 건축물의 높이로 구분되며, 층의 구분이 난해한 경우 4m를 1개 층으로 판단한다.

> **용어해설**
> - 반자 높이 : 실내 바닥면(마감)에서 반자(천장면)까지의 높이
> - 층고 : 건축물 1개층의 높이로, 바닥면(구조)에서 그 위층의 바닥면(구조)까지의 높이

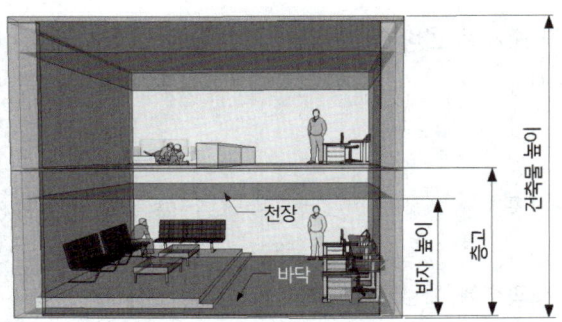

(4) 주택의 정의

① 공동주택
- 아파트 : 주택이면서 층수가 5층 이상인 주택
- 연립주택 : 주택으로 사용되는 1개 동의 연면적이 660m²를 초과하면서 4층 이하의 주택
- 다세대주택 : 주택으로 사용되는 1개 동의 연면적이 660m² 이하이면서 4층 이하의 주택

② 단독주택
- 단독주택 : 일반적인 단독주택
- 다중주택 : 학생이나 회사원 등 다수인이 장기간 거주하는 주택
- 다가구주택 : 주택으로 사용되는 층이 3층 이하, 주택으로 쓰이는 1개 동의 바닥면적이 660m² 이하, 19세대 이하가 거주하는 주택
- 공관 : 공적인 거처로 사용되는 주택

[단독주택과 공동주택의 구분]

구분	세분류	층수	면적
단독주택	공관	-	-
	다중주택	3층 이하	330m² 이하
	다가구주택	3층 이하	660m² 이하
공동주택	다세대주택	4층 이하	660m² 이하
	연립주택	4층 이하	660m² 초과
	아파트	5층 이상	-

* 오피스텔은 업무시설로 주택구분과 관계가 없음

01 연습문제

제1장 건축계획과정

01 다음 중 건축과정의 순서로 올바른 것은?
① 기획 → 설계 → 시공
② 설계 → 기획 → 시공
③ 회의 → 기획 → 시공
④ 기획 → 회의 → 시공

02 다음 중 건축의 계획과정에 해당되지 않는 사항은?
① 요구조건 분석
② 대지 및 환경 분석
③ 형태 및 규모 구상
④ 세부 도면 작성

03 건축계획단계 중 건축주의 요구사항, 문제점 파악, 디자이너의 제안 등을 거치는 단계를 무엇이라 하는가?
① 실시설계   ② 기획
③ 기본설계   ④ 계획

04 건축디자인 과정에서 디자이너가 생각한 공간이나 형태를 형상화하여 그린 그림을 무엇이라 하는가?
① 데생   ② 크로키
③ 에스키스   ④ 포스터

🔒 힌트
 • 데생 : 소묘 및 그림을 뜻하며 주로 선으로 표현한다.
 • 크로키 : 스케치의 종류로 디자인의 구상을 빠른 시간에 생각나는 대로 표현한 그림
 • 에스키스 : 작품을 구상하기 위해 디자이너의 생각을 형상화하여 그리는 밑그림 또는 초안

05 다음 중 건축의 3대 요소가 아닌 것은?
① 구조   ② 기능
③ 미   ④ 자본

06 다음 중 건축의 3대 요소 중 가장 중요시되는 요소?
① 구조   ② 기능
③ 미   ④ 자본

07 건축설계과정 중 건축물의 평면, 입면, 단면의 형태를 결정하는 과정은?
① 기본계획   ② 실시설계
③ 기본설계   ④ 조건설계

08 다음 중 모듈화에 대한 설명으로 잘못된 것은?
① 설계가 단순화되어 생산성을 높일 수 있다.
② 공사비를 절감할 수 있다.
③ 현장에서의 시공이 용이하다.
④ 입면구성이 획일화되어 디자인이 창의적이다.

09 건축공간을 구분하는 유형 중 배색이나 소품, 낮은 계단 등으로 공간을 구분하여 통행이나 시각적 방해를 받지 않는 방법은?
① 차단적 구획
② 상징적 구획
③ 개방적 구획
④ 이상적 구획

정답 1.① 2.④ 3.② 4.③ 5.④ 6.① 7.③ 8.④ 9.②

10 건축공간에 대한 설명 중 옳지 않은 것은?
① 외부 공간은 자연 발생적인 것이 아닌 인간에 의해 의도적으로 만들어진 환경을 말한다.
② 인간은 건축공간을 조형적으로 인식한다.
③ 건축물이 많이 있을 때 건축물에 의해 둘러싸인 공간 전체를 내부 공간이라고 한다.
④ 건축공간을 계획할 때 시각뿐만 아니라 그 밖의 감각 분야까지 충분히 고려해야 한다.

11 다음 주택의 유형 중 단독주택에 해당되지 않는 것은?
① 공관   ② 다세대주택
③ 다가구주택 ④ 다중주택

🔒 힌트 공관 : 정부의 관리가 공적으로 사용하는 주택

12 대지면적에 대한 연면적의 비율을 무엇이라 하는가?
① 용적률   ② 건폐율
③ 건축면적   ④ 바닥면적

13 다음 내용 중 대수선에 대한 내용으로 잘못된 것은?
① 주요 구조부를 크게 수선 및 변경하는 것을 대수선이라 한다.
② 내력벽 30m² 이상 수선 및 변경하는 경우
③ 기둥을 2개 이상 수선 및 변경하는 경우
④ 보와 지붕틀을 3개 이상 수선 및 변경하는 경우

14 다음 건축행위 중 개축에 해당되는 내용으로 올바른 것은?
① 건축물이 없는 대지에 새로 건축물을 축조
② 기존 건축물이 있는 대지에서 건축물의 건축면적, 연면적, 층수 또는 높이를 늘리는 것
③ 기존 건축물의 전부 또는 일부를 철거하고 그 대지에 종전과 같은 규모의 범위에서 건축물을 다시 축조하는 것을 말한다.
④ 건축물이 천재지변이나 그 밖의 재해로 멸실된 경우 그 대지에 다시 축조하는 것을 말한다.

정답 10. ③ 11. ② 12. ① 13. ② 14. ③

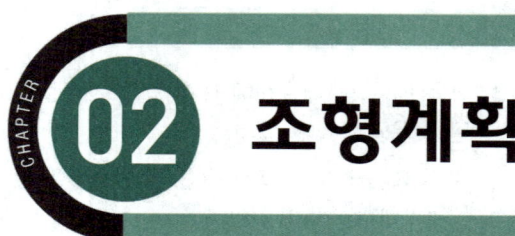

CHAPTER 02 조형계획

SECTION 1 조형의 구성

조형의 형태를 구성하는 요소에는 점, 선, 면, 입체 등이 있다.

(1) 조형요소

❶ 점

주목, 집중되는 느낌

[깨끗한 벽에 있는 창이나 액자는 주목·강조를 표현]

❷ 선
- 수직선 : 고결함과 희망, 상승감, 긴장감 등 종교적인 느낌

[교회, 성당 등 종교건축에서 권위·숭배·고결을 표현]

- 수평선 : 평화로움, 안정감, 영원 등 정지된 느낌

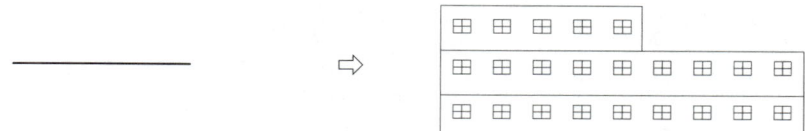

[학교·관공서 등에서 안정감을 표현]

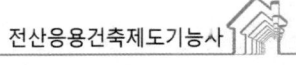

- 사선 : 동적이면서 불안한 느낌, 건축에는 강한 표정을 나타낸다.

[상업건축에서 개성 표현]

❸ 곡선
- 곡선 : 유연하고 동적인 느낌

 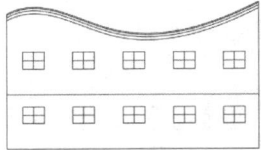

[미술관 · 스포츠센터 등 문화체육시설에 적용]

- 자유곡선 : 자유분방, 풍부한 표정

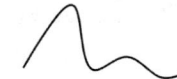

- 기하곡선 : 포물선은 속도감, 쌍곡선은 단순 반복, 와선은 동적인 느낌이 강하다.

 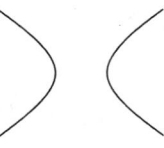 

[포물선]　　　　　　[쌍곡선]　　　　　　[와선]

❹ 면
- 평면 : 단순, 솔직하여 간결한 느낌　　　- 곡면 : 자유로움, 동적이고 유연한 느낌

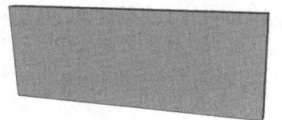　　

- 수직면 : 고결함과 긴장감을 줌.　　　- 수평면 : 안정감과 정지된 느낌

Chapter 02 **조형계획** 75

• 경사면 : 동적이면서 불안한 느낌

(2) 공간의 구성

❶ 보이드(void)

건축공간의 구성 중 내부가 비어 있는 공간으로 홀, 룸, 계단, 복도 등을 보이드라 한다.

❷ 솔리드(solid)

건축공간의 구성 중 내부가 채워져 있는 공간으로 기둥, 보, 벽, 바닥 등을 솔리드라 한다.

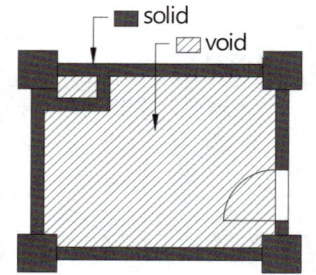

SECTION 2 건축형태의 구성

(1) 조형의 원리

❶ 통일

공통되는 요소에 의해 전체가 하나의 느낌으로 일관되게 보이는 것

❷ 강조

규칙성이나 반복성을 깨뜨려 주의를 환기시키고 단조로움을 해소시키는 것

❸ 조화

부분과 부분 및 부분과 전체에 안정된 관련성을 주어 상호간에 공감을 부여하는 것

❹ 균형

부분과 부분 및 부분과 전체를 무게감이나 시각적인 힘의 균형으로 안정감, 침착한 느낌을 주는 것

❺ 비례

부분과 부분 및 부분과 전체의 수량적 관계로 자연스러운 수적 질서를 부여하는 것으로, 고대 그리스 시대에 사용된 1 : 1.618비율의 황금비가 대표적이다.

(2) 리듬의 종류

리듬은 규칙적인 요소들의 반복으로 디자인에 있어 시각적 질서를 부여한다.

❶ 반복

같은 형식의 구성을 연속적으로 되풀이 나열함으로써 통일된 질서와 운동감을 표현한다.

❷ 계조

크기나 색상의 이행단계로 규칙적·점진적 변화를 표현한다.

❸ 억양

시각적인 힘의 강약으로 단조로움 및 지루함을 막고 동적인 아름다움을 표현한다.

SECTION 3 색채계획

건축물은 실내·실외에 대한 배색계획을 세워 각 실의 환경 및 주변 환경과 조화를 이루어야 한다.

(1) 색의 3요소

❶ 색상

색을 구분하는 요소(빨강, 노랑, 파랑 등)

❷ 명도

색의 밝고 어두운 정도를 나타내는 요소

❸ 채도

색의 선명함과 탁함을 나타내는 요소

(2) 색의 느낌

❶ 색의 명도와 채도에 따른 느낌

구분	명도	채도	비고
높을 경우	진출, 가벼움, 커 보임	진출, 가벼움, 커 보임	난색(따뜻한 색)-진출
낮을 경우	후퇴, 무거움, 작아 보임	후퇴, 무거움, 작아 보임	한색(차가운 색)-후퇴

❷ 색상 대비의 효과

주목성 강조: 흰색 바탕에 빨간색을 사용

시인성 강조: 노란색 바탕에 검정색을 사용

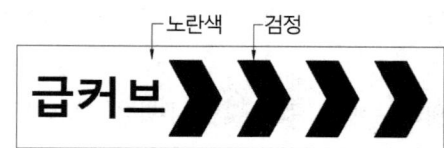

(3) 먼셀 표색계(색상환)

먼셀(Munsell) 표색계는 한국산업규격으로 채택되어 사용되고 있다.

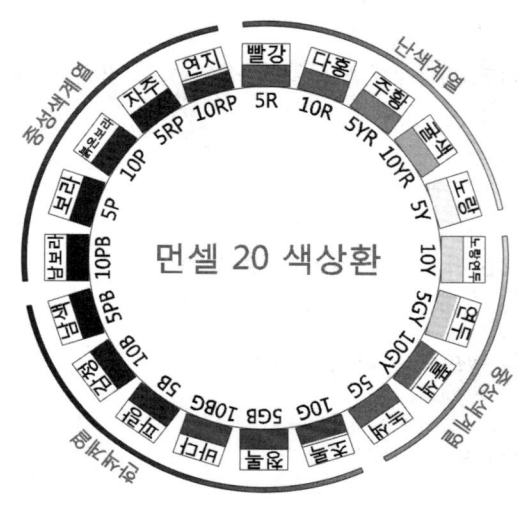

❶ 기본색(5색)

빨강(R), 노랑(Y), 녹색(G), 파랑(B), 보라(P)

❷ 순색(10색)

빨강(R), 주황(YR), 노랑(Y), 연두(GY), 녹색(G), 청록(BG), 파랑(B), 남색(PB), 보라(P), 자주(RP)

❸ 색의 표시기호

먼셀 표색계에서는 색상, 명도/채도 순서로 표시한다.
[예] 빨강 순색→5R 4/14. 여기서, 5R은 색상, 4는 명도, 14는 채도를 뜻한다.

(4) 보색

먼셀 표색계에서 서로 마주보는 반대되는 색으로 두 색광을 혼합하면 백색광과 유사한 색이 된다.

① 빨강의 보색 : 청록
② 보라의 보색 : 연두
③ 파랑의 보색 : 주황

02 연습문제

제2장 조형계획

01 다음 조형요소 중 동적이고 불안한 느낌을 주고 건축에서 강한 표정을 나타낼 수 있는 것은?
① 사선　　　② 수직선
③ 수평선　　④ 곡선

02 형태를 구성하는 요소의 설명으로 옳은 사항은?
① 고딕 건물의 고결하고 종교적인 표정은 수평선이 주는 느낌이다.
② 공간의 크기에 같은 2개의 점이 있을 때 주의력은 하나의 점에만 작용한다.
③ 곡선은 운동감과 속도감을 주며 사선은 우아함과 부드러운 느낌을 준다.
④ 공간에 하나의 점을 두고 관찰자의 시선을 집중시킨다.

03 다음 비율 중 황금비로 옳은 것은?
① 1:2　　　　② 1:1.618
③ 1:1.518　　④ 1:1.168

04 우리나라에서 한국산업규격으로 채택되어 사용하는 표색계는?
① 오스트발트 표색계
② 먼셀 표색계
③ CIE
④ K 표색계

05 먼셀 표색계에서 색을 나타내는 기호 중 빨강의 순색으로 올바른 것은?
① 5R 4/14　　② 5R 14/1
③ 10R 14/1　 ④ 10R 1/14

06 다음 나열된 보색 중 관계가 잘못된 것은?
① 보라-녹색
② 빨강-청록
③ 파랑-주황
④ 노랑-남색

07 색의 3요소에 해당되지 않는 것은?
① 색상　　② 명도
③ 채도　　④ 농도

08 다음 조형요소 중 고결함, 상승감, 숭배 등의 느낌을 주어 종교건축에 많이 사용되는 요소는?
① 사선　　　② 수직선
③ 수평선　　④ 곡선

09 조형의 원리 중 부분과 부분 및 부분과 전체의 무게감을 안정감 있게 하여 차분하고 침착한 느낌을 주는 것은?
① 통일　　② 비례
③ 균형　　④ 강조

정답 1.① 2.④ 3.② 4.② 5.① 6.① 7.④ 8.② 9.③

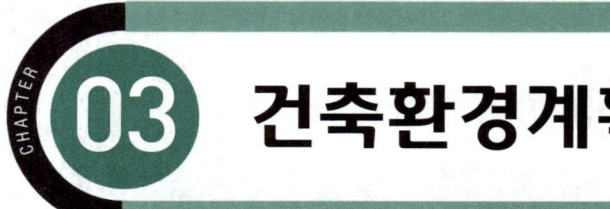

건축환경계획

건축물은 지역의 기후, 지형, 위치 등 환경조건을 고려하여 설계된다.

SECTION 1 열환경

(1) 기온

기온(氣溫)이란 대기의 온도를 말한다.

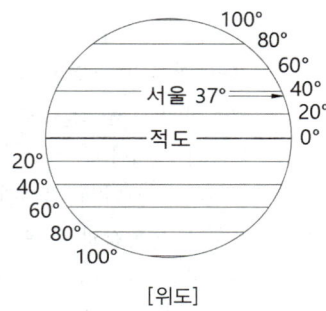

[위도]

❶ 연교차

월평균 기온의 연중 최저 온도와 최고 온도의 차이로 위도의 영향을 받는다.

❷ 일교차

하루 중 최고 온도와 최저 온도의 차이로 지리적 위치와 조건에 영향을 받는다.

❸ 유효온도

유효온도는 실감온도나 감각온도라고도 하며, 온도·습도·기류의 3요소로 측정해 온열감에 대한 감각적 효과를 나타낸다. 성인의 계절별 유효온도는 여름철에 19~23℃, 겨울철에 16~20℃이다.

❹ 체감온도

인체가 느끼는 덥거나 추운 정도를 나타내는 것으로, '느낌온도'라고도 한다. 온도, 습도, 풍속, 일사량 등 기상요인에 따라 결정된다.

(2) 열환경

❶ 열환경 4요소

열환경은 공기의 온도, 습도, 기류, 복사열 4요소로 나누며 온도가 가장 큰 영향을 미친다.

❷ 불쾌지수(DI)

여름철 열과 습도로 인해 사람이 느끼는 불쾌감의 정도를 말하며, 80(DI)이면 땀이 나고 모든 사람이 불쾌감을 느끼게 된다.

(3) 습기와 결로

① 습기
공기 중에 기체나 액체 형태로 포함된 수분을 말한다.

② 절대습도
건조공기 $1m^3$ 중에 포함된 수증기의 무게로 가열, 냉각해도 절대습도는 변하지 않는다.

③ 노점온도
습공기가 포화상태일 때의 온도를 이르며, 수분의 상태를 유지하지 못하고 이슬, 물방울로 맺히는 온도로 결로가 생긴다.

④ 결로
습공기가 차가운 곳에 닿아 수증기가 응축되어 물방울이 맺히는 현상으로, 실내와 실외의 온도 차에 의해 습한 외벽에 주로 발생한다.

⑤ 결로의 원인과 방지
결로는 충분한 환기, 난방, 단열시공으로 방지할 수 있으며 원인은 다음과 같다.
- 실내와 실외의 온도 차
- 실내 습기의 발생
- 부실한 단열시공
- 겨울철 환기량 부족

(4) 열의 이동(전열)

건축물에서 열의 이동은 복사, 대류, 전도로 이동된다.

① 복사
어떤 물체에서 발생된 열에너지가 전달매체가 없이 다른 물체로 직접 이동

② 대류
공기의 순환으로 인해 열에너지가 이동

③ 전도
고체 내부 고온부의 열에너지가 온도가 낮은 부분으로 이동

④ 열관류
고체 양쪽의 유체 온도가 다를 때 고온에서 저온으로 열이 통과하는 현상으로 열전달→열전도→열전달의 과정을 거치게 된다.

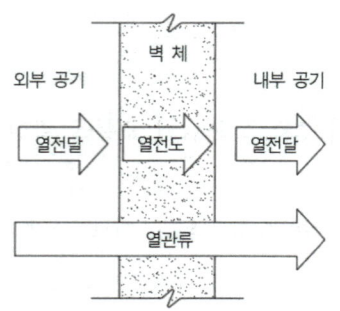

> **참고**
>
> • 열전도율 단위 : kcal/m · h · ℃   • 열관류율 단위 : kcal/m² · h · ℃
>
> ＊ 열전도율 단위는 과거 kcal/m · h · ℃를 사용하였으나 국제단위계(SI, System of International units)를 사용함에 따라 현재는 W/m · K을 사용하고 있다.

SECTION 2 빛(태양)환경

(1) 태양광선의 구성

태양광선은 적외선, 가시광선, 자외선으로 구분된다.

❶ 적외선

화학작용은 거의 없으며 열 효과가 커서 열선이라 불린다.

❷ 가시광선

파장의 범위가 눈으로 지각할 수 있는 빛으로, 파장 범위는 380~780nm(보라, 남색, 파랑, 초록, 노랑, 주황, 빨강)이다.

❸ 자외선

가시광선보다 짧은 파장으로 눈으로 구분할 수 없다. 화학작용, 생육작용, 살균작용을 하며 과하게 노출되면 피부암을 일으킬 수 있다.

(2) 일조

태양광선(햇볕)이 지표면에 내리쬐는 것을 말하며 건축계획에 있어 중요한 조건이 된다.

> **용어해설**
>
> 일조권 : 건축에 있어 법률상 햇볕을 받아 쬘 수 있도록 보호된 권리로, 주변 건물과 가까우면 일조가 불리하다.

❶ 일조율

일출에서 일몰까지, 즉 해가 떠서 지기까지의 시간 중 구름이나 안개, 지형에 차단되지 않고 지표면을 비추는 시간의 비율을 백분율로 나타낸 것(일조시수/가조시수)

> **용어해설**
> - 가조시간(가조시수) : 태양이 떠서 지기까지의 시간으로 계절과 지역에 따라 다르다.
> - 일조시간(일조시수) : 태양이 떠서 지기까지 지표면을 비추는 시간

❷ 영구음영
태양의 고도가 가장 높은 하지에도 종일 음영인 부분으로 영구히 일조가 없는 부분

❸ 종일음영
종일 일조가 없는 부분

❹ 일조조절
일조는 빛의 유입, 냉·난방 에너지, 결로 등 기능적인 부분에 있어 중요한 부분으로서 차양, 발코니, 루버, 흡열유리, 이중유리, 유리블록 등을 설치하여 조절할 수 있다.
- 겨울 : 일조(빛)를 받아들이도록 하는 것이 유리
- 여름 : 일조를 차단하는 것이 유리

> **참고**
> 일조는 춘분과 추분, 동지와 하지의 태양고도를 기준으로 한다.

❺ 일사량
태양의 복사 에너지량

구분	여름	겨울
수평면	크다	작다
남측 수직면	작다	크다

SECTION 3 공기 환경

(1) 실내공기의 오염

공기오염의 척도는 이산화탄소량을 기준으로 한다.

❶ 오염의 원인
- 산소(O_2)의 감소와 이산화탄소(CO_2)의 증가

- 먼지, 공기 중의 세균, 악취, 흡연, 주방에서의 연소
- 건축자재에서 발생되는 유해물질

(2) 실내공기의 환기
환기는 오염된 공기를 배출하여 기준치 이하로 유지하기 위해 필요하다.

❶ 자연환기
바람, 실내와 실외의 온도 차 등 자연적인 요인에 의한 환기방법

❷ 기계환기
급기와 배기 중 한 가지 이상 기계설비를 사용한 환기방법
- 1종 환기 : 급기-기계설비, 배기-기계설비
- 2종 환기 : 급기-기계설비, 배기-자연환기
- 3종 환기 : 급기-자연환기, 배기-기계설비

SECTION 4 채광 및 조명 환경

(1) 조명일반
채광과 인공조명은 실내공간의 특성에 맞도록 유지되어야 각 실의 기능을 다할 수 있다.

❶ 빛의 단위
- 광속 : 광원 전체의 밝기 루멘(lm)으로 표기한다.
- 조도 : 빛을 비추는 장소의 밝기로 럭스(lx)로 표기한다.
- 광도 : 광원에서 특정 방향에 대한 밝기로 칸델라(cd)로 표기한다.
- 휘도 : 광원의 외관상 단위면적당 밝기로 cd/m^2로 표기한다.

(2) 채광
채광은 햇볕을 실내로 유입시키는 것을 말하며 주로 창을 통해 이루어진다.

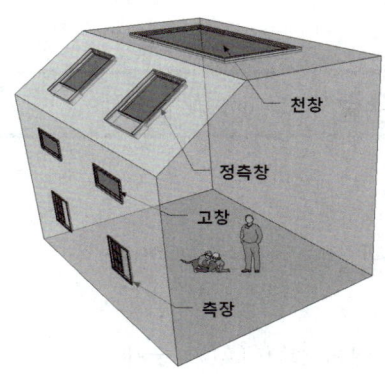

❶ 측창 채광
- 벽에 수직으로 설치된 창으로 조도의 분포가 균일하지 못하다.
- 시공이 용이하고 다른 창에 비하여 눈과 비의 피해가 적다.
- 벽면에 낮게 설치되어 개폐 및 유지관리가 용이하다.

❷ 고창 채광
벽의 높은 위치에 수직으로 설치된다.

❸ 정측창 채광
측창 채광이 어려운 경우나 실의 조도를 높이기 위해 사용된다.

❹ 천창 채광
지붕면에 수평으로 설치되는 창으로 채광효과가 가장 우수하며 조도의 분포가 균일하다.

(3) 인공조명

인공조명은 크게 직접조명, 간접조명으로 구분된다.

❶ 직접조명

장점	• 조명의 효율이 높고 설치비용이 싸다. • 조명을 집중적으로 밝게 할 때 유리하다.	
단점	• 눈부심이 크고 음영의 차이가 크다. • 같은 공간에서도 밝고 어두움의 차이가 있다.	

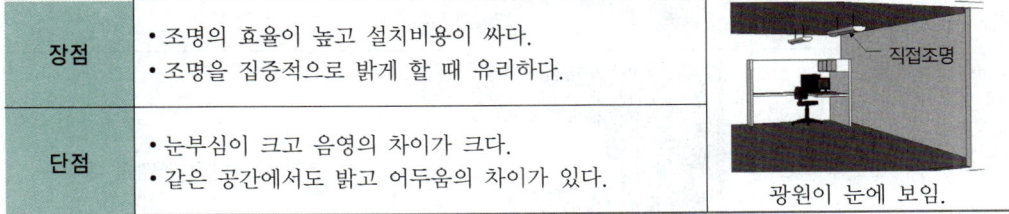

광원이 눈에 보임.

❷ 간접조명

장점	• 균일한 조도를 얻을 수 있다. • 빛이 세지 않아 눈의 피로가 적다.	
단점	• 조명의 효율이 낮고 침체된 분위기가 될 수 있다. • 설치와 유지보수가 어렵다.	

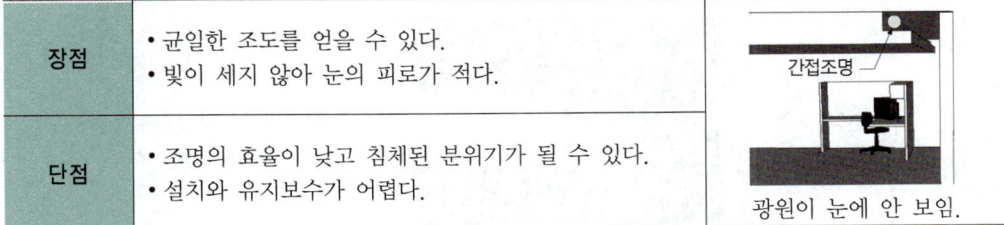

광원이 눈에 안 보임.

(4) 건축화 조명

건축의 일부분인 기둥, 벽, 천장, 바닥과 일체가 되어 빛을 발산하는 조명

❶ 건축화 조명의 장점
- 빛의 발광면을 넓게 할 수 있다.
- 동선 유도 등 기능적으로도 사용될 수 있다.
- 조명설비가 보이지 않아 세련된 느낌을 준다.

❷ 건축화 조명의 단점
  • 설비비용이 많이 든다.
  • 유지보수가 용이하지 않다.
❸ 건축화 조명의 종류

구분		특징
코브 조명	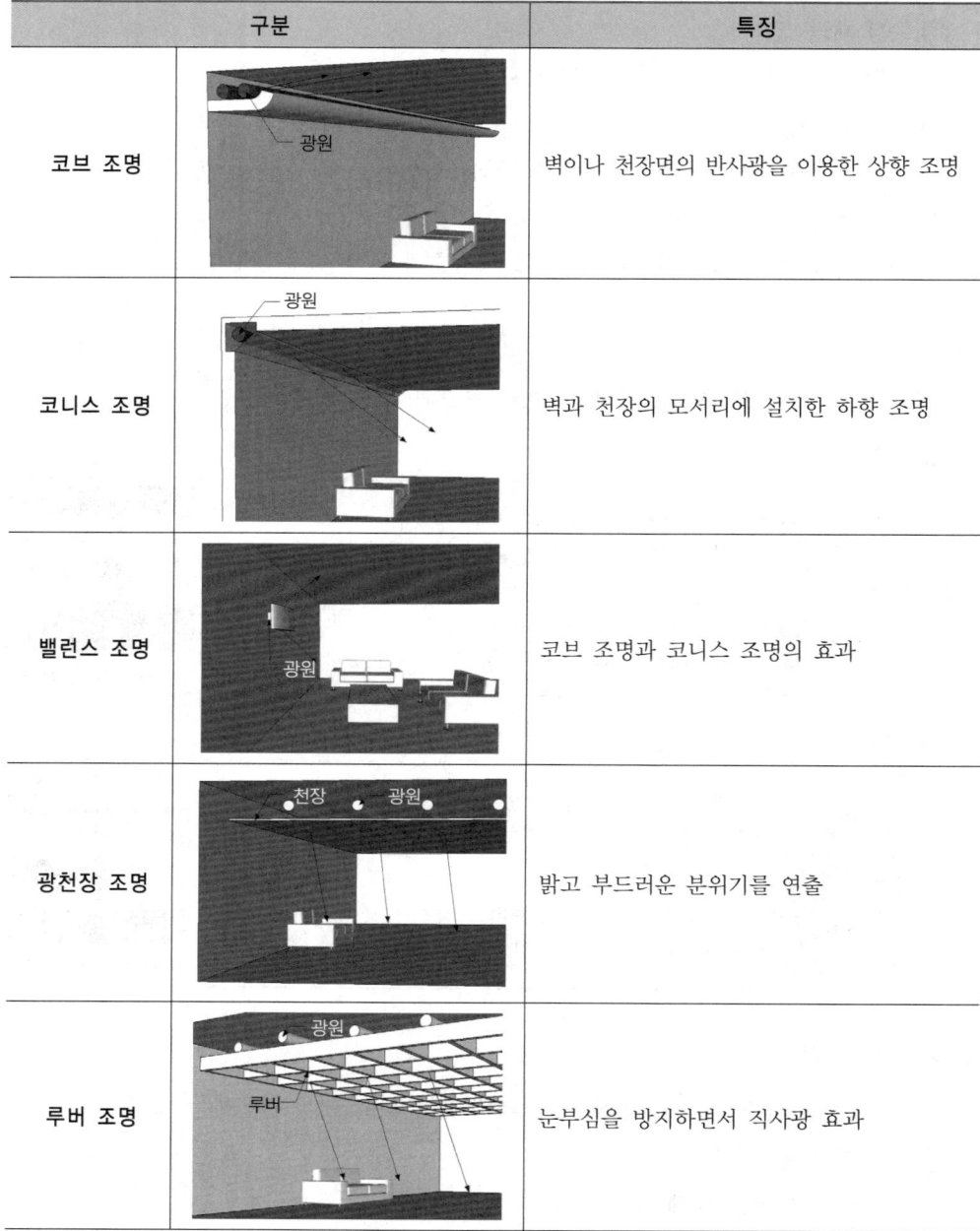	벽이나 천장면의 반사광을 이용한 상향 조명
코니스 조명		벽과 천장의 모서리에 설치한 하향 조명
밸런스 조명		코브 조명과 코니스 조명의 효과
광천장 조명		밝고 부드러운 분위기를 연출
루버 조명		눈부심을 방지하면서 직사광 효과

구분	특징
다운 라이트 (매입등) 	천장에 매립하는 조명방식으로, 조명의 배열이 잘 정돈되어 빌딩, 사무실, 상점 등에 사용

(5) 조명의 설계순서

조명설계 시 공간의 소요조도 결정을 가장 먼저 해야 한다.
① 소요조도 결정
② 광원 선택
③ 조명방식 선택
④ 조명기구 선택
⑤ 조명기구 배치

SECTION 5 음환경

(1) 음일반

① 음의 주파수

1초 동안 왕복 진동하는 횟수를 주파수라고 하며 단위는 Hz를 사용한다. 가청 주파수는 20~20,000Hz이다.

② 음의 세기

단위는 데시벨(dB)을 사용한다.

> **참고**
>
> 소음의 예시
> • 20dB : 나뭇잎이 바람에 부딪히는 소리
> • 40dB : 아이들이 뛰는 소리, 청소기/세탁기 소리
> • 50dB : 성인이 뛰는 소리
> • 70dB : 망치질, 차도의 주행소음
> • 100dB : 공장 가동소리
> *40dB 이상의 소음은 수면에 방해가 될 수 있다.

(2) 잔향

소리를 멈춘 후에도 공간에 소리가 남아 울리는 것을 말한다.

❶ 잔향시간
- 음의 발생을 중지시킨 후 실내의 에너지 밀도가 60dB 감소하는 데 필요한 시간
- 잔향시간이 길면 음이 또렷하지 않고 잔향시간이 없으면 음량이 작아져 듣기 어려워질 수 있다.
- 잔향시간은 공간의 크기에 비례하고 흡음력에 반비례한다.

CHAPTER 03 연습문제

제3장 건축환경계획

01 다음 중 실내환경에서 실감온도의 3요소가 아닌 것은?
① 열복사　② 습도
③ 기류　④ 온도

02 다음 중 습공기가 포화상태일 때의 온도로 수분의 상태를 유지하지 못하고 물방울로 맺히는 온도는?
① 습기온도　② 노점온도
③ 쾌적온도　④ 포화온도

03 결로의 원인으로 잘못된 것은?
① 겨울철 난방으로 인한 내부와 외부의 온도 차이
② 외벽의 부실한 단열시공
③ 겨울철 환기 부족
④ 노후된 보일러

04 열이 이동되는 현상 중 공기의 순환으로 인해 열에너지가 이동되는 것은?
① 복사　② 대류
③ 전도　④ 열관류

05 태양이 떠서 지기까지 구름이나 안개에 차단되지 않고 지표면을 비추는 시간을 무엇이라 하는가?
① 일조시간　② 태조시간
③ 가조시간　④ 일영시간

06 다음 중 현재 사용되고 있는 열관류율의 단위로 올바른 것은?
① $kcal/m \cdot h \cdot ℃$　② $kcal/m^2 \cdot h \cdot ℃$
③ $kcal/cm \cdot h \cdot ℃$　④ $kcal/cm^2 \cdot h \cdot ℃$

07 태양광선 중 열 효과가 커서 열선이라고 불리는 것은?
① 적외선　② 자외선
③ 가시광선　④ 광선

08 실내공기 오염의 척도가 되는 것은?
① 수소　② 산소
③ 이산화탄소　④ 일산화탄소

09 다음 중 1종 환기법으로 바르게 나열된 것은?
① 급기 : 기계, 배기 : 기계
② 급기 : 자연, 배기 : 기계
③ 급기 : 기계, 배기 : 자연
④ 급기 : 자연, 배기 : 자연

10 채광창의 유형 중 지붕면에 설치되어 채광 효과가 우수하고 조도가 균일한 창은?
① 측창　② 천창
③ 정측창　④ 고창

11 다음 조명 중 균일한 조도를 얻을 수 있고 눈의 피로가 적은 조명방식은?
① 직접조명　② 전반확산조명
③ 간접조명　④ 균일조명

정답 1.① 2.② 3.④ 4.② 5.① 6.② 7.① 8.③ 9.① 10.② 11.③

12 다음 건축화 조명에 대한 설명으로 옳지 않은 것은?
① 건축의 일부분인 벽이나 천장 등에 광원을 설치하는 조명방식이다.
② 설비비용이 많이 든다.
③ 유지보수가 간편하다.
④ 조명설비가 직접 보이지 않아 인테리어에 좋다.

13 조명의 설계순서 중 가장 먼저 해야 할 사항은 무엇인가?
① 광원 선택   ② 기구 선택
③ 비용 결정   ④ 조도 결정

14 다음 공간 중 잔향시간이 길어야 유리한 곳은?
① 독서실   ② 학생방
③ 회의실   ④ 영화관

정답 12. ③ 13. ④ 14. ④

CHAPTER 04 주거환경계획

SECTION 1 주택계획과 분류

(1) 주택설계의 방향

① 생활이 쾌적할 수 있도록 한다.
② 가사노동을 줄일 수 있도록 한다.
③ 공간의 사용이 편리해야 한다.
④ 가족의 직업, 생활방식 등 특성과 일치되어야 한다.

(2) 동선계획

① 동선은 가급적 짧게 한다.
② 동선은 가급적 직선으로 단순하게 한다.
③ 서로 다른 동선은 교차되지 않도록 한다.
④ 동선의 3요소는 길이(속도), 빈도, 하중이다.

(3) 주거생활 양식(樣式)의 분류

❶ 한식주택과 양식주택의 특징

분류	양식(洋式)	한식(韓式)
평면	실의 기능적 분리	실의 위치별 분리
구조	바닥이 낮고 개구부가 작다.	바닥이 높고 개구부가 크다.
가구	실에 필요한 가구가 필수적이다.	가구는 부차적이다.
용도	목적에 맞는 단일 용도	다목적 용도
난방	대류	복사

SECTION 2 배치 및 평면계획

(1) 배치계획

① **자연적 조건** : 햇볕을 잘 받을 수 있고 습기가 적으며 배수가 잘 되는 곳으로 지반이 단단해야 한다.
② **사회적 조건** : 교통이 편리하고, 생활하는 데 밀접한 교육, 의료, 체육시설이 갖추어져야 한다.
③ **방위** : 일조가 중요하므로 남향이 유리하다.
④ **대지 위치** : 모양은 남쪽에 도로가 있으며 사각형에 가까운 것이 좋다. 주택은 대지의 북쪽에 위치하도록 하여 대지의 남쪽공간을 확보하는 것이 유리하다.

(2) 평면계획

❶ 주택의 평면계획
- 각 실의 방향은 일조, 통풍, 도로와의 관계 등을 고려하여 결정한다.
- 평면의 모양은 복잡하지 않게 한다.
- 동선을 단순하고 길지 않게 조절하며 내부와 외부공간을 유기적으로 연결시킨다.
- 각 실의 독립성을 확보하고 프라이버시가 유지되도록 한다.
- 실의 성격상 관계있는 실은 인접시키고, 상반되는 실은 격리시킨다.

❷ 공간 성격에 따른 구분

공동공간(사회적 공간)	거실, 식사실, 응접실
개인공간	침실, 노인방, 자녀방, 서재, 작업실
그 외 공간	위생공간-욕실, 화장실, 드레스룸
	통로공간-복도, 계단, 홀, 현관
	노동공간-주방, 다용도실, 세탁실

SECTION 3 단위공간계획

(1) 침실

① 휴식과 수면을 취할 수 있는 개인공간이다.
② 소음이 발생되는 곳을 피하고 정원과 거실에 접하는 것이 좋다.
③ 북쪽은 좋지 않고 남쪽이나 남동쪽으로 한다.
④ 침대 측면이 외벽에 면하지 않도록 배치한다.

(2) 식당

❶ 식당의 크기는 가족의 수, 가구의 크기, 통행공간을 고려해야 한다.

❷ 다이닝 키친(DK)
주방 일부에 식당을 배치한 구성으로 가사노동을 절감시킬 수 있다.

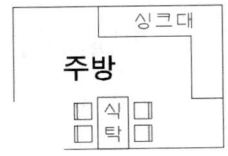

❸ 리빙 다이닝(LD)
거실 일부에 식당을 배치한 구성으로 "다이닝 알코브(dining alcove)"라 하기도 한다.

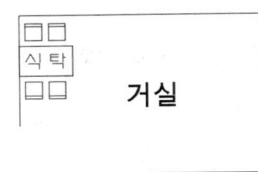

❹ 리빙 다이닝 키친(LDK)
거실 일부에 주방과 식사실을 구성하는 것으로 소규모 주택에 많이 적용된다.

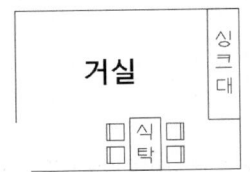

❺ 다이닝 포치
테라스, 정원, 옥상 등 옥외에서 식사를 할 수 있는 공간이다.

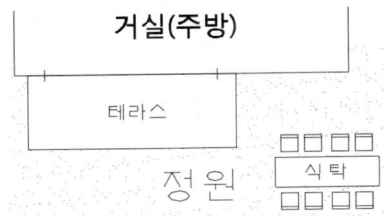

❻ 3LDK
침실 3개, 거실(living), 식당(dining), 주방(kitchen)이 결합된 구성이다.

(3) 주방

❶ 조리과정(주방설비)의 배치

준비대 → 개수대 → 조리대 → 가열대 → 배선대

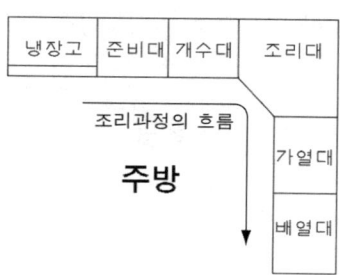

❷ 위생과 관련된 장소로 남쪽이나 동쪽 방향이 좋고, 서쪽은 음식물의 부패 우려가 있으므로 가급적 피해야 한다.

❸ 작업대가 되는 싱크대의 높이는 850mm 내외(820~860mm)가 적당하다.

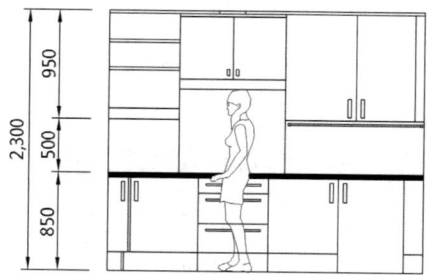

❹ 주방설비(싱크대)의 유형

- 직선형(일렬형) : 규모가 작은 좁은 면적의 주방에 적절하며 동선이 길어질 수 있는 단점이 있다.

- L자형(ㄴ자형) : L자형의 싱크를 벽면에 배치하고 남은 공간은 식탁을 두어 활용할 수 있다.

- U자형(ㄷ자형) : 양측의 벽면을 이용하여 수납공간의 확보가 용이하고 작업의 효율이 매우 높다.

- 병렬형 : 길고 좁은 주방에 유리한 형태로 작업의 동선을 줄일 수 있는 형태지만 작업자가 몸을 앞뒤로 움직여야 하는 불편이 있다.

- 아일랜드형(섬형) : 주방 가운데 조리대와 같은 작업대를 두어 여러 방향에서 작업할 수 있다.

(4) 욕실 및 화장실

욕실이나 화장실은 주방과 같이 수도설비를 사용하는 장소로 설비를 집중시키기 위해 가급적 한 곳에 배치하는 것이 유리하다.

(5) 거실

① 거실의 위치는 주택의 중심에 두는 것이 좋다.
② 현관과 가까이 위치하는 것이 좋으나 직접 면하지 않게 한다.
③ 거실의 방향은 남쪽이 가장 좋으나 배치가 어려운 경우 남동쪽, 남서쪽으로 한다.
④ 거실의 모양은 가구의 배치상 정사각형보다는 직사각형에 가까운 형태가 좋다.
⑤ 거실의 크기는 1인당 4~6m² 정도로 주택 전체의 20~25% 정도가 좋다.

(6) 현관, 복도, 계단(통로)

① 현관은 주택의 내부와 외부를 연결해주는 공간으로 주택의 중심에 두도록 하는 것이 좋다.
② 현관의 위치는 주택의 평면, 대지의 형태, 도로의 위치 등을 고려하여야 하며, 특히 인접한 도로와의 관계를 가장 중요시해야 한다.
③ 현관은 거실이나 복도로 연결되며 경계부분의 단 차이는 150mm 정도로 한다.
④ 현관의 크기는 신발장 등 수납공간을 두고 최소 1.5m×1.8m 정도를 확보해야 좋다.
⑤ 복도는 수평적인 연결통로로 폭은 90~150cm 정도로 한다.
⑥ 계단은 수직적인 연결통로로 폭을 90~150cm 정도로 한다.

SECTION 4 공동주택

(1) 공동주택의 구분

대지, 복도, 주차시설, 계단 등 일부 시설과 설비를 공동으로 사용하는 각 세대가 하나의 건축물에서 독립된 생활을 할 수 있는 구조를 공동주택이라 한다. 공동주택은 아파트, 연립주택, 다세대주택으로 구분되며, 단독주택은 다가구주택, 다중주택, 단독주택, 공관으로 구분된다.

❶ 아파트
5개층 이상의 주택을 아파트라 한다.

❷ 연립주택
660m^2를 초과하고 4개층 이하인 주택을 연립주택이라 한다.

❸ 다세대주택
660m^2 이하이면서 4개층 이하인 주택을 다세대주택이라 한다.

> **참고**
> 1층을 모두 주차장으로 한 필로티(pilotis) 구조는 층수에서 제외한다.

(2) 아파트

❶ 성립요인
도시인구의 급증, 도시생활자의 이동성, 핵가족화로 인해 주거방식이 변하였다.

❷ 주동형식에 따른 구분
- 판상형 : 1개 동의 주호가 한 방향으로 동일한 곳을 바라보는 일자 형태로, 남향으로 배치하면 햇볕이 잘 드는 장점이 있으나 녹지 확보가 어렵고 조망, 단조로운 배치 등의 단점이 있다.

- 탑상형(타워형) : 판상형과 달리 여러 세대를 ㅁ자 모양으로 위로 쌓은 형식으로 조망과 녹지 확보가 용이하나 각 세대 간 방위가 많은 세대를 남향으로 하기 어렵다.

- 복합형 : 1개 동의 주호가 L자, H자, Y자 형식으로 판상형과 탑상형의 장점을 결합한 형태이다.

> ✅ 참고
> 어떤 주동형식이든 일조시간을 확보하기 위해 인동간격을 두어야 한다.

❸ 평면형식에 따른 구분
- 편복도 : 각 층에서 편복도를 통해 각 단위주거로 들어가는 형식으로 통로면적이 크다.

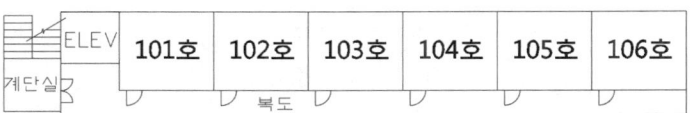

- 중복도 : 편복도와 유사한 형식으로 한쪽이 아닌 양쪽에 단위주거를 배치하여 대지의 이용도가 높다.

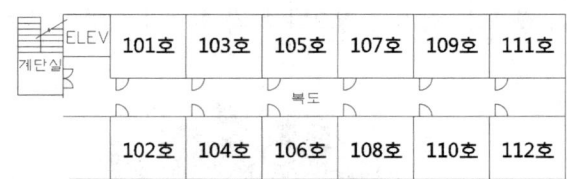

- 계단식(홀형) : 복도를 사용하지 않고 엘리베이터나 계단을 통해 각 단위주거로 들어가는 형식으로 독립성, 채광, 통풍에 유리한 장점이 있다.

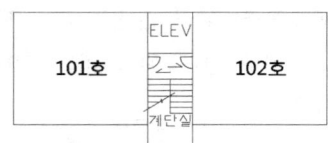

- 집중형 : 중앙의 엘리베이터나 계단 주위로 많은 단위주거를 집중배치한 형식으로 일조, 통풍, 독립성 등 많은 부분에서 불리하다.

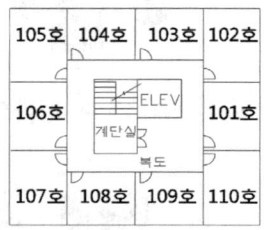

❹ 단면형식에 따른 구분
- 플랫형(단층형) : 단위주거를 1개 층으로 한정한 형식으로 구조가 단순하고 시공이 용이하다.

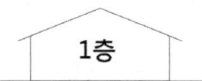

- 메조넷형(복층형) : 단위주거가 2개 층으로 되어 있는 형식으로 통로면적을 절약하고 엘리베이터의 정지층을 줄일 수 있다. 평면계획에 다양한 변화를 줄 수 있으며 독립성, 일조, 통풍 등 여러 조건이 유리한 형식이다.

- 트리플렉스형 : 단위주거가 3개 층으로 되어 있는 형식으로 독립성이 우수하다.

- 스킵플로어형 : 하층과 상층을 반씩 엇갈리게 배치한 형식으로 복도에서 계단을 이용해 각 층과 실로 이동한다. 동선이 길어지는 단점이 있다.

- 필로티형 : 1층을 비워두는 형식으로 주차장이나 정원의 확보가 유리하고 주거공간의 독립성이 우수하다.

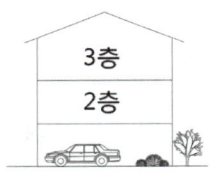

SECTION 5 단지계획

(1) 주택단지계획

❶ 주택단지계획의 과정

목표설정 → 자료조사 및 분석 → 기본계획 → 기본설계 → 실시설계

❷ 주택단지의 구성

주택단지의 단위는 인보구, 근린분구, 근린주구 3개로 구성된다.

구분	호수	인구	면적	시설
인보구	20~40호	100~200명	0.5~2.5ha	어린이놀이터
근린분구	400~500호	2,000명	15~25ha	상점, 약국, 이발소, 유치원 등 소비시설
근린주구	1,600~2,000호	8,000~10,000명	100ha	병원, 초등학교, 우체국, 소방서 등 공공시설

CHAPTER 04 연습문제

제4장 주거환경계획

01 다음 중 주택의 동선계획에 관한 사항으로 옳지 않은 것은?
① 동선은 가급적 길게 한다.
② 동선은 가급적 직선으로 단순하게 한다.
③ 서로 다른 동선은 교차되지 않도록 한다.
④ 동선의 3요소는 길이, 빈도, 하중이다.

02 한식주택과 양식주택의 설명이 잘못된 것은?
① 양식구조는 바닥이 낮고 한식구조는 바닥이 높다.
② 한식구조의 평면은 기능적으로 분리되고, 양식구조는 위치별로 분리된다.
③ 한식구조의 가구는 부차적이다.
④ 양식구조는 대류를 이용한 난방식이다.

03 다음 중 주택의 평면계획에 관한 사항으로 옳지 않은 것은?
① 평면의 모양은 복잡하지 않게 한다.
② 각 실의 독립성을 확보하고 프라이버시가 유지되도록 한다.
③ 실의 성격상 관계있는 실은 격리시키고, 상반되는 실은 인접시킨다.
④ 각 실의 방향은 일조, 통풍, 도로와의 관계 등을 고려하여 결정한다.

04 주택공간의 성격 중 개인공간에 해당되지 않는 공간은?
① 침실
② 서재
③ 작업실
④ 응접실

05 주택에서 식당을 구성하는 방법 중 주방의 일부에 식당을 배치한 구성은?
① 다이닝 키친
② 리빙 다이닝
③ 리빙 다이닝 키친
④ 다이닝 포치

06 식당을 구성하는 방식 중 거실 일부에 주방과 식사실을 모두 배치하는 방식은?
① DK
② LD
③ LDK
④ 3LDK

07 주방의 조리과정에 따른 주방설비의 배치로 올바른 것은?
① 개수대 → 조리대 → 가열대 → 배선대 → 준비대
② 준비대 → 개수대 → 조리대 → 가열대 → 배선대
③ 준비대 → 조리대 → 가열대 → 배선대 → 개수대
④ 조리대 → 준비대 → 개수대 → 가열대 → 배선대

08 주방설비의 유형 중 주방 가운데 조리대와 같은 작업대를 두어 작업대 주변에서 작업을 할 수 있는 설비형태는?
① 직선형(일렬형)
② L자형(ㄴ자형)
③ U자형(ㄷ자형)
④ 아일랜드형

정답 1.① 2.② 3.③ 4.④ 5.① 6.③ 7.② 8.④

09 다음 중 거실에 대한 설명으로 잘못된 것은?
① 거실의 위치는 주택의 한쪽 가장자리에 두는 것이 좋다.
② 현관과 가까이 위치하는 것이 좋으나 직접 면하지 않게 한다.
③ 거실의 방향은 남쪽이 가장 좋으나 배치가 어려운 경우 남동쪽, 남서쪽으로 한다.
④ 거실의 크기는 1인당 4~6m² 정도로 주택 전체의 20~25% 정도가 좋다.

10 공동주택 중 아파트에 대한 설명으로 옳은 것은?
① 15개층 이상의 주택
② 5개층 이상의 주택
③ 660m²를 초과하고 5개층 이상인 주택
④ 660m²를 초과하고 155개층 이상인 주택

11 아파트의 주동 형식 중 1개 동의 주호가 일자 형태로 일조에 유리한 형식은?
① 판상형　　② 탑상형
③ 복합형　　④ 타워형

12 아파트의 평면형식 중 프라이버시가 보호되며 채광, 통풍에 유리한 형식은?
① 집중형
② 계단식형
③ 편복도형
④ 중복도형

13 아파트의 단면형식 중 2개 층으로 된 복층 형태로 엘리베이터의 정지층을 줄이고 독립성, 일조, 통풍에 유리한 형식은?
① 플랫형
② 트리플렉스형
③ 메조넷형
④ 스킵플로어형

14 주택단지의 규모를 나타내는 단위로 잘못된 것은?
① 인보구
② 근린주구
③ 근린분구
④ 근린지구

Part 02 단/원/평/가

01 열과 관련된 용어에 대한 설명으로 틀린 것은?
① 질량 1g의 물체 온도를 1℃ 올리는 데 필요한 열량을 그 물체의 비열이라고 한다.
② 열전도율의 단위로는 W/m·K이 사용된다.
③ 열용량이란 물체에 열을 저장할 수 있는 용량을 뜻한다.
④ 금속재료와 같이 열에 의해 고체에서 액체로 변하는 경계점이 뚜렷한 것을 연화점이라 한다.

02 다음의 주택단지의 단위 중 규모가 가장 작은 것은?
① 인보구   ② 근린분구
③ 근린주구   ④ 근린지구

03 아파트의 단면형식 중 하나로 단위주거가 2개 층에 걸쳐 있는 것은?
① 플랫형   ② 집중형
③ 듀플렉스형   ④ 트리플렉스형

🔒힌트 메조넷형은 하나의 주거단위가 복층을 이루는 구조를 말하며 평면이 2개 층으로 구성되면 듀플렉스, 3개 층으로 구성되면 트리플렉스라 한다.

04 다음 설명에 맞는 환기방식은?

> 급기와 배기 측에 송풍기를 설치하여 정확한 환기량과 급기량 변화에 의해 실내압을 정압 또는 부압으로 유지할 수 있다.

① 제1종   ② 제2종
③ 제3종   ④ 제4종

05 벽체의 열관류율을 계산할 때 필요한 사항이 아닌 것은?
① 상대습도
② 공기층의 열저항
③ 벽체 구성재료의 두께
④ 벽체 구성재료의 열전도율

06 균형의 원리에 관한 설명으로 옳지 않은 것은?
① 크기가 큰 것은 작은 것보다 시각적 중량감이 크다.
② 기하학적 형태가 불규칙적인 형태보다 시각적 중량감이 크다.
③ 색의 중량감은 색의 속성 중 특히 명도, 채도에 따라 크게 작용한다.
④ 복잡하고 거친 질감이 단순하고 부드러운 것보다 시각적 중량감이 크다.

07 주택의 동선계획에 관한 설명으로 잘못된 것은?
① 교통량이 많은 공간은 상호 간 인접 배치하는 것이 좋다.
② 가사노동의 동선은 가능한 남측에 위치하는 것이 좋다.
③ 개인, 사회, 가사노동권의 3개 동선은 상호간 분리하는 것이 좋다.
④ 화장실, 현관, 계단 등과 같이 사용빈도가 높은 공간은 동선을 길게 처리하는 것이 좋다.

정답 1.④ 2.① 3.③ 4.① 5.① 6.② 7.④

08 건축법상 아파트의 정의로 옳은 것은?
① 주택으로 사용되는 층수가 3개층 이상인 주택
② 주택으로 사용되는 층수가 4개층 이상인 주택
③ 주택으로 사용되는 층수가 5개층 이상인 주택
④ 주택으로 사용되는 층수가 6개층 이상인 주택

09 주택에서 식당의 배치유형 중 주방의 일부에 식탁을 설치하거나 식당과 주방을 하나로 구성한 형태는 무엇인가?
① 리빙 키친
② 리빙 다이닝
③ 다이닝 키친
④ 다이닝 테라스

10 건축공간에 대한 설명으로 옳지 않은 것은?
① 인간은 건축공간을 조형적으로 인식한다.
② 건축공간을 계획할 때 시각뿐만 아니라 그 밖의 감각분야까지도 충분히 고려해야 한다.
③ 일반적으로 건축물이 많이 있을 때 건축물에 의해 둘러싸인 공간 전체를 내부공간이라 한다.
④ 외부공간은 자연 발생적인 것이 아니라 인간에 의해 의도적, 인공적으로 만들어진 외부의 환경을 뜻한다.

11 심리적으로 상승감, 존엄성, 엄숙함의 느낌을 주는 선의 종류는?
① 사선
② 곡선
③ 수평선
④ 수직선

12 다음 중 소규모 주택에서 다이닝키친을 선택하는 이유와 가장 거리가 먼 것은?
① 공사비 절약
② 실면적 활용
③ 조리시간 단축
④ 노동력 절감

13 다음 중 건축설계의 진행순서로 올바른 것은?
① 조건파악 → 기본계획 → 기본설계 → 실시설계
② 기본계획 → 조건파악 → 기본설계 → 실시설계
③ 기본설계 → 기본계획 → 조건파악 → 실시설계
④ 조건파악 → 기본설계 → 기본계획 → 실시설계

14 주거공간은 주행동에 의한 개인공간, 사회공간, 가사노동공간 등으로 구분할 수 있다. 다음 중 개인공간에 속하는 것은?
① 식당
② 서재
③ 주방
④ 욕실

15 건축물의 에너지절약을 위한 계획내용으로 옳지 않은 것은?
① 실의 용도 및 기능에 따라 수평·수직으로 조닝계획을 한다.
② 공동주택은 인동간격을 좁게 하여 저층부의 일사 수열량을 감소시킨다.
③ 거실의 층고 및 반자의 높이는 실의 용도와 기능에 영향을 주지 않는 범위 내에서 가능한 낮게 한다.
④ 건축물의 체적에 대한 외피면적의 비 또는 연면적에 대한 외피면적의 비는 가능한 작게 한다.

정답 8. ③ 9. ③ 10. ③ 11. ④ 12. ③ 13. ① 14. ② 15. ②

16 색의 3요소에 속하지 않는 것은?
① 광도 ② 명도
③ 채도 ④ 색상

17 주택의 침실에 관한 설명으로 옳지 않은 것은?
① 방위상 직사광선이 없는 북쪽이 가장 이상적이다.
② 침실은 정적이며 프라이버시 확보가 잘 이루어져야 한다.
③ 침대는 외부에서 출입문을 통해 직접 보이지 않도록 배치하는 것이 좋다.
④ 침실의 위치는 소음원이 있는 쪽은 피하고 정원 등의 공지에 면하도록 하는 것이 좋다.

18 다음 설명에 알맞은 주택 부엌가구의 배치 유형은?

- 양쪽 벽면에 작업대가 마주보도록 배치한 것
- 부엌의 폭이 길이에 비해 넓은 부엌의 형태에 적당한 형식

① L자형 ② 일자형
③ 병렬형 ④ 아일랜드형

19 건축법령상 공동주택에 속하지 않는 것은?
① 아파트 ② 연립주택
③ 다가구주택 ④ 다세대주택

20 직접조명방식에 관한 설명으로 옳지 않은 것은?
① 조명률이 크다.
② 직사 눈부심이 없다.
③ 공장조명에 적합하다.
④ 실내면 반사율의 영향이 적다.

21 주택의 동선계획에 관한 설명으로 옳지 않은 것은?
① 동선은 일상생활의 움직임을 표시하는 선이다.
② 동선이 혼란하면 생활권의 독립성이 상실된다.
③ 동선계획에서 동선을 이용하는 빈도는 무시한다.
④ 개인, 사회, 가사노동권의 3개 동선이 서로 분리되어 간섭이 없어야 한다.

22 벽체의 단열에 관한 설명으로 잘못된 것은?
① 벽체의 열관류율이 클수록 단열성이 낮다.
② 단열은 벽체를 통한 열손실방지와 보온역할을 한다.
③ 벽체의 열관류 저항값이 작을수록 단열 효과는 크다.
④ 조적벽과 같은 중공 구조의 내부에 위치한 단열재는 난방 시 실내 표면온도를 신속히 올릴 수 있다.

23 어떤 하나의 색상에서 무채색의 포함량이 가장 적은 색은?
① 명색
② 순색
③ 탁색
④ 암색

24 공동주택의 단면 형식 중 하나의 주호가 3개 층으로 구성되어 있는 것은 무엇인가?
① 플랫형
② 듀플렉스형
③ 트리플렉스형
④ 스킵플로어형

정답 16. ① 17. ① 18. ③ 19. ③ 20. ② 21. ③ 22. ③ 23. ② 24. ③

25 건축법령상 승용 승강기를 설치하여야 하는 대상으로 옳은 것은?
① 5층 이상으로 연면적 1,000m² 이상인 건축물
② 5층 이상으로 연면적 2,000m² 이상인 건축물
③ 6층 이상으로 연면적 1,000m² 이상인 건축물
④ 6층 이상으로 연면적 2,000m² 이상인 건축물

26 아파트 평면형식 중 집중형에 관한 설명으로 옳지 않은 것은?
① 대지의 이용률이 높다.
② 채광과 통풍이 불리하다.
③ 독립성이 우수하다.
④ 중앙에 엘리베이터나 계단실을 두고 많은 주호를 집중 배치하는 주거형식이다.

27 건축법령에 따른 초고층 건축물의 정의로 옳은 것은?
① 층수가 50층 이상이거나 높이가 150m 이상인 건축물
② 층수가 50층 이상이거나 높이가 200m 이상인 건축물
③ 층수가 100층 이상이거나 높이가 300m 이상인 건축물
④ 층수가 100층 이상이거나 높이가 400m 이상인 건축물

28 한식주택에 관한 설명으로 옳지 않은 것은?
① 공간의 융통성이 낮다.
② 가구는 부수적인 내용물이다.
③ 평면은 실의 위치별 분화이다.
④ 각 실이 마루로 연결된 조합평면이다.

29 다음 설명에 알맞은 형태의 지각심리는?

- 공동운명의 법칙이라고도 한다.
- 유사한 배열로 구성된 형들이 방향성을 지니고 연속되어 보이는 하나의 그룹으로 지각되는 법칙을 말한다.

① 근접성 ② 유사성
③ 연속성 ④ 폐쇄성

30 주거공간을 주행동에 따라 개인, 사회, 노동 공간 등으로 구분할 때, 다음 중 사회공간에 속하지 않는 것은?
① 거실 ② 식당
③ 서재 ④ 응접실

31 한식주택의 특징으로 잘못된 것은?
① 좌식 생활이 중심이다.
② 공간의 융통성이 낮다.
③ 가구는 부수적인 내용물이다.
④ 평면은 실의 위치별 분화이다.

32 실내공기오염의 지표가 되는 오염물질은?
① 먼지
② 산소
③ 이산화탄소
④ 일산화탄소

33 건축허가신청에 필요한 설계도서 중 배치도에 표시하여야 할 사항으로 잘못된 것은?
① 축척 및 방위
② 방화구획 및 방화문의 위치
③ 대지에 접한 도로의 길이 및 너비
④ 건축선 및 대지 경계선으로부터 건축물까지의 거리

정답 25. ④ 26. ③ 27. ② 28. ① 29. ③ 30. ③ 31. ② 32. ③ 33. ②

34 계단실형 아파트의 설명으로 틀린 것은?

① 거주의 프라이버시가 높다.
② 채광, 통풍 등의 거주조건이 양호하다.
③ 통행부 면적을 크게 차지하는 단점이 있다.
④ 계단실에서 직접 각 세대로 접근할 수 있는 유형이다.

35 다음 중 주택공간의 배치계획에서 다른 공간에 비하여 프라이버시 유지가 가장 요구되는 곳은?

① 현관 ② 거실
③ 식당 ④ 침실

36 건축허가신청에 필요한 설계도서에 속하지 않는 것은?

① 배치도 ② 평면도
③ 투시도 ④ 건축계획서

37 사회학자 숑바르 드 로브의 주거면적 기준 중 한계기준으로 옳은 것은?

① 8m²/인 ② 10m²/인
③ 14m²/인 ④ 16.5m²/인

> 힌트
> • 숑바르 드 로브의 1인당 주거면적 기준
> • 숑바르 드 로브 병리기준 : 8m²
> • 숑바르 드 로브 한계기준 : 14m²
> • 숑바르 드 로브 표준기준 : 16m²

38 다음 설명에 알맞은 형태의 종류는?

> • 구체적 형태를 생략 또는 과장의 과정을 거쳐 재구성한 형태이다.
> • 대부분의 경우 재구성된 원래의 형태를 알아보기 어렵다.

① 자연적 형태
② 현실적 형태
③ 추상적 형태
④ 이념적 형태

39 주택의 다이닝 키친에 관한 설명으로 옳지 않은 것은?

① 면적 활용도가 높아 효율적이다.
② 주부의 가사 노동량을 줄일 수 있다.
③ 소규모 주택에서는 적용이 곤란하다.
④ 이상적인 식사공간 분위기 조성이 어렵다.

40 홀형 아파트에 관한 설명으로 옳지 않은 것은?

① 거주의 프라이버시가 높다.
② 통행부 면적이 작아서 건물의 이용도가 높다.
③ 계단실 또는 엘리베이터 홀로부터 직접 주거단위로 들어가는 형식이다.
④ 1대의 엘리베이터에 대한 이용 가능한 세대 수가 가장 많은 형식이다.

정답 34. ③ 35. ④ 36. ③ 37. ③ 38. ③ 39. ③ 40. ④

건축재료일반의 이해

PART 03

Chapter 01. 건축재료의 개요

Chapter 02. 건축재료의 일반적 성질

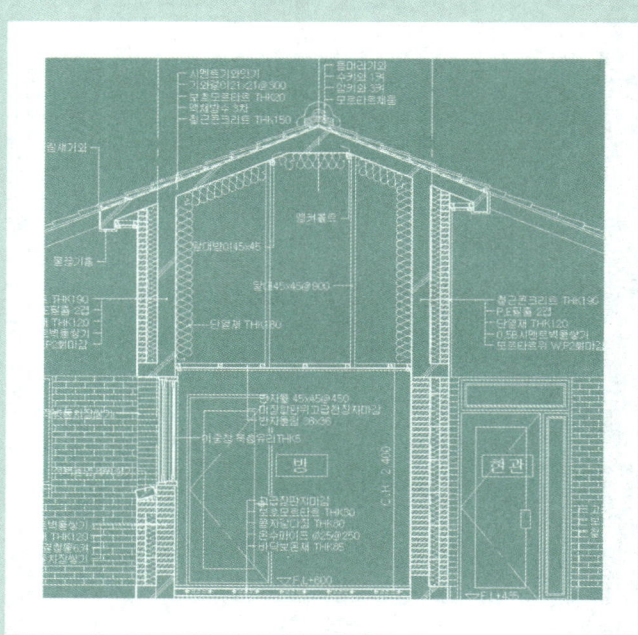

건축물에 사용되는 재료를 "건축재료"라 하며, 시대적으로 문화와 자연적인 조건에 따라 다양한 재료들이 사용된다. 설계자는 건축에 사용되는 재료의 일반적인 성질 및 특징을 이해함으로써 좀 더 우수한 건축물을 설계하고 시공할 수 있다.

01 건축재료의 개요

SECTION 1 건축재료

대표적인 건축재료로 철재, 목재, 석재, 유리, 시멘트, 도료 등이 주로 사용된다.

(1) 건축의 3대 재료

현대 건축에서 유리, 철, 시멘트는 고층화에 이바지한 3대 재료이다.

❶ 유리
주로 창과 문의 재료이지만 현대에 들어서는 벽 등 다양한 구조물에 사용된다.

❷ 철
건축물의 골조(뼈대)를 구성할 뿐만 아니라 각종 설비나 장식적인 부분에도 사용된다.

❸ 시멘트
콘크리트의 주된 재료로서 철과 더불어 골조를 이루는 데 사용된다.

SECTION 2 건축재료의 생산과 발달과정

(1) 현대의 건축재료

현대의 건축재료는 재료의 고성능화, 높은 생산성, 공업화 방향으로 발달하였다.

❶ 고성능
다양한 건축물의 외형을 구성하고 대형화, 고층화를 이루기 위해 건축재료가 고성능화 되었다.

❷ 생산성
효율적인 건축을 위해 에너지를 절약할 수 있도록 발전하였다.

❸ 공업화
유지보수 및 작업능률을 높이고, 시공의 합리화 및 기계화를 위해 건축재료를 규격화 하였다.

SECTION 3 건축재료의 분류

건축재료는 사용되는 용도와 목적, 재료의 생산, 성능 등으로 분류할 수 있다.

(1) 재료의 요구성능에 따른 분류

❶ 구조재
- 재질이 균일하며 내화성 및 내구성이 좋아야 한다.
- 큰 재료를 얻을 수 있으며 가공이 좋아야 한다.

❷ 지붕재
- 외부와 접하므로 방수, 방습, 내화, 내수 등 차단 성능이 우수해야 한다.
- 넓은 판을 구성할 수 있고 외관이 수려해야 좋다.

❸ 마감재(바닥, 벽)
- 마멸, 마모 및 미끄럼이 적으며 관리가 수월해야 좋다.
- 내화, 내구성이 우수하고 외관이 보기 좋아야 한다.

(2) 사용목적에 따른 분류

❶ 구조재
기둥, 보, 벽, 바닥에 사용되는 재료 → 철재, 목재, 콘크리트 등

❷ 마감재(치장재)
실내 및 실외의 장식을 목적으로 사용되는 재료 → 유리, 금속, 점토 등

❸ 차단재
방수, 방습, 방취, 차음, 단열 등에 사용되는 재료 → 아스팔트, 실링재, 도료, 코킹재, 스티로폼 등

> **용어해설**
> - 방습 : 외부의 습기를 막음.
> - 방취 : 악취와 같은 냄새를 막음.
> - 차음 : 외부소리를 차단
> - 단열 : 외부의 열을 차단
> - 실링재 : 재료 사이에 기밀성을 유지하기 위해 주입하는 재료
> - 코킹재 : 실링재의 한 종류로 재료의 이음새나 작은 틈을 메워 수밀, 기밀성을 유지

(3) 제조에 따른 분류

❶ 천연재료(天然材料)

석재, 목재, 골재(모래, 자갈) 등 자연에서 바로 채취가 가능한 재료

[석재]　　　　　　　　[목재]　　　　　　　　[골재]

❷ 인공재료(人工材料)

철재(금속), 합성수지(플라스틱), 도료(페인트), 시멘트(콘크리트), 유리 등

[철재]　　　　　　　　[플라스틱]　　　　　　　　[페인트]

[콘크리트]　　　　　　　　[유리]

(4) 화학적 조성에 의한 분류

❶ 무기질 재료

철·모래·돌과 같은 재료가 원료이며, 강재·석재·시멘트·벽돌·유리 등이 있다.

❷ 유기질 재료

동물과 식물에서 얻은 재료와 석유계 재료로, 목재·아스팔트·도료·접착제·플라스틱 등이 있다.

CHAPTER 01 연습문제

제1장 건축재료의 개요

01 다음 건축재료 중 천연재료에 속하는 것은?
① 목재
② 철근
③ 유리
④ 고분자재료

02 다음 중 건축재료의 제조분야별 분류상 천연재료에 속하지 않는 것은?
① 석재   ② 금속재료
③ 목재   ④ 흙

03 다음 중 건축의 3대 재료가 아닌 것은?
① 목재   ② 시멘트
③ 유리   ④ 철

04 건축구조재료에 요구되는 성질과 가장 거리가 먼 것은?
① 재질이 균일하고 강도가 커야 한다.
② 내화, 내구성이 커야 한다.
③ 가공이 쉬워야 한다.
④ 외관이 미려해야 한다.

05 다음 중 지붕재료에 요구되는 성질과 가장 관계가 먼 것은?
① 외관이 좋은 것이어야 한다.
② 부드러워 가공이 용이한 것이어야 한다.
③ 열전도율이 작은 것이어야 한다.
④ 재료가 가볍고, 방수, 방습, 내화, 내수성이 큰 것이어야 한다.

06 현대 건축재료의 발전 사항과 관련이 없는 것은?
① 고성능
② 생산성
③ 중량화
④ 공업화

07 건축재료 중 바닥재에 요구되는 성능이 아닌 것은?
① 내구성이 우수하고 외관이 좋아야 한다.
② 표면이 매끄럽고 부드러워야 한다.
③ 마멸, 마모 및 미끄러짐이 적어야 한다.
④ 관리가 용이해야 한다.

08 다음 중 재료의 기능에 대한 내용이 옳지 않은 것은?
① 방습-외부의 습기를 막음
② 방취-벌레 등 해충을 막음
③ 차음-외부의 소리를 차단
④ 단열-외부의 열을 차단

09 건축의 3대 재료 중의 하나로 콘크리트의 재료이며 철과 더불어 구조적인 골조로 사용되는 재료는?
① 돌
② 강철
③ 모래
④ 시멘트

정답 1.① 2.② 3.① 4.④ 5.② 6.③ 7.② 8.② 9.④

CHAPTER 02 건축재료의 일반적 성질

SECTION 1 역학적 성질

재료의 역학적 성질에는 탄성, 소성, 점성, 취성 등이 있다.

(1) 탄성
재료가 외력의 영향으로 변형이 생긴 후 다시 외력을 제거하면 본래 형태로 돌아가려고 하는 성질

(2) 소성
재료가 외력의 영향으로 변형이 생긴 후 그 외력을 제거해도 변형된 그대로 유지하는 성질

(3) 전성
때리거나 누르는 힘에 의해 재료가 얇게 펴지는 성질

(4) 연성
재료를 당겼을 때 늘어나는 성질

(5) 취성
재료가 외력에 의해 작은 변형이 생기면 파괴되는 성질

(6) 강성
재료가 외력에 의해 충격 등 힘을 받을 경우 변형에 저항하는 성질

(7) 점성
유체 내부의 힘에 저항하는 성질로 끈적하거나 걸쭉한 정도

(8) 인성

재료가 외력의 힘을 받아 변형이 되면서 파괴되기 전까지 견디는 성질

(9) 경도

재료 굳기의 단단한 정도로 측정방법에는 모스 경도와 브리넬 경도가 있다.

> **용어해설**
> - 모스 경도 : 재료의 긁힘을 기준으로 저항값을 나타냄. 석재와 유리에 주로 사용
> - 브리넬 경도 : 시험재료 표면에 철로 된 구슬을 압입시켜 시험함. 금속이나 목재에 사용

SECTION 2 재료의 강도와 응력

(1) 강도

재료가 외력에 대해 저항하는 정도를 말하며, 강도의 단위는 N/mm^2와 MPa을 사용한다.

(2) 응력

재료에 외력을 가했을 경우 그 외력에 대응하기 위해 재료 내부에서 저항하는 힘을 응력이라 한다.

❶ 압축응력

재료에 수직하중을 가했을 때 부재의 내부에서 저항하는 힘을 말하며 과도한 압축력이 발생하면 재료가 좌굴되거나 파괴될 수 있다.

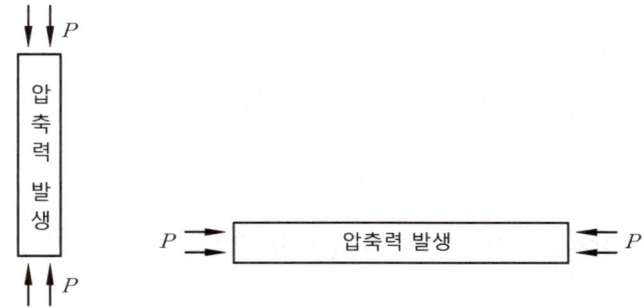

> **용어해설**
> 좌굴 : 압축력이 점차 증가하면서 한순간에 직각 방향으로 휘어지는 현상

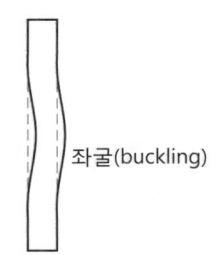

❷ 전단응력

부재의 단면을 따라 서로 밀려 잘려나가는 것에 대해 저항하는 힘

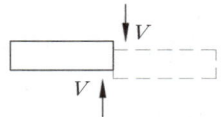

❸ 인장응력

재료를 길이 방향으로 당기는 힘에 대해 부재 내부에서 저항하는 힘

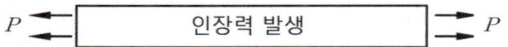

❹ 휨모멘트(bending moment)

휨모멘트 외력에 의해 부재에 생기는 단면력으로 재료를 휘게 하는 힘

SECTION 3 물리적 성질

재료의 물리적 성질에는 비중, 비열, 열전도율 등이 있다.

(1) 비중

물질의 질량과 동일한 부피에 해당하는 물질의 질량과의 비율이며 기체의 비중은 온도와 압력에 따라 달라질 수 있다.

※ 물체의 비중 계산

$$비중 = \frac{물체의 \ 밀도}{물의 \ 밀도}$$

[예] 1. 물의 밀도가 $1g/cm^3$이고, 특정 물체의 밀도가 $1kg/m^3$라면 물의 밀도 $1g/cm^3$를 $1,000kg/m^3$로 대입하여 비중을 구한다.

$$\Rightarrow \frac{1kg/m^3}{1g/cm^3} \rightarrow \frac{1kg/m^3}{1,000kg/m^3} = 0.001$$

[예] 2. 물의 밀도가 $1g/cm^3$이고, 특정 물체의 밀도가 $1kg/cm^3$라면 물체의 밀도 단위를 변경해서 $1,000g/cm^3$로 대입하여 구한다.

$$\Rightarrow \frac{1kg/cm^3}{1g/cm^3} \rightarrow \frac{1,000g/cm^3}{1g/cm^3} = 1,000$$

> **참고**
>
> $1m^3 = 1,000,000cm^3$. $1kg = 1,000g$이므로 물의 밀도 $1g/cm^3$와 $1,000kg/m^3$는 같다.

(2) 비열

1g의 물질을 1℃ 올리는 데 필요한 열량을 비열이라 하며 단위는 cal/kg℃이다.

(3) 열전도율

정해진 시간 동안 뜨거운 물체에서 차가운 물체로 열이 전달되는 에너지의 전도율로 재료의 단열성능은 열전도율이 높을수록 저하되고, 낮을수록 높아진다. 단위는 W/m·K을 사용한다.

[일반적인 재료의 열전도율]

재료명	철재	콘크리트	나무	유리
열전도율	40W/m·K	1W/m·K	0.12W/m·K	0.48W/m·K

(4) 열용량

물질에 열을 저장시킬 수 있는 양을 말하며 단위는 kcal/℃이다.

> **참고**
>
> 비열과 열용량의 국제단위(SI)
> 비열은 J/kg·K, 열용량은 J/K이 사용된다. J(Joule)은 작업에 필요한 에너지를 뜻하고, K(Kelvin)은 온도의 양을 나타낸다.

SECTION 4 내구성 및 내후성

(1) 내구성
외력이 가해지더라도 재료의 원래 상태를 변형 없이 오랜 시간 유지하는 성질

(2) 내후성
재료의 표면이 기온 등 계절에 영향을 받지 않고 오랜 시간 유지하는 성질
[예] 나무는 겉이 썩지 않고 철재는 녹슬지 않는 성질

SECTION 5 기타 성질

(1) 크리프
재료에 지속적으로 외력을 가했을 경우 외력의 증가 없이 시간이 지날수록 변형이 커지는 현상

(2) 푸아송 비
축방향에 하중을 가할 경우 그 방향과 수직인 횡방향에도 변형이 생기는데, 횡방향 변형도와 축방향 변형도의 비를 푸아송 비라 한다(외력에 의해 변형이 생긴 가로와 세로의 변형비율).

푸아송 비 = 가로 변형도/세로 변형도

재료명	철재	콘크리트	코르크
푸아송 비	0.25~0.35	0.1~0.2	0

(3) 흡음률
소리를 흡수하는 성질을 말하며 같은 재료라도 표면적에 따라 달라질 수 있다. 많이 사용되는 재료는 코르크가 대표적이다. 소리를 차단하는 성질은 차음이라 한다.

CHAPTER 02 연습문제

제2장 건축재료의 일반적 성질

01 건축재료의 성질 중 재료에 외력을 가했을 경우 작은 변형만 일어나도 파괴되는 성질을 무엇이라 하는가?
① 취성　② 연성
③ 인성　④ 전성

02 콘크리트구조에서 하중의 증가가 없어도 시간이 경과할수록 변형이 증대되는 현상을 무엇이라 하는가?
① 크리프 현상　② 소성
③ 탄성　④ 전성

03 건축재료의 최대강도를 안전율로 나눈 값은?
① 파괴강도　② 허용강도
③ 휨강도　④ 인장강도

> 힌트: 안전율 = $\dfrac{최대강도}{허용강도}$ → 허용강도 = $\dfrac{최대강도}{안전율}$

04 다음 중 흡음재로 사용하기 가장 적절한 재료는?
① 타일　② 점토
③ 코르크　④ 유리

05 재료에 외력을 가했을 경우 저항하는 응력 중 직각으로 자를 때 생기는 힘은?
① 휨모멘트　② 인장응력
③ 압축응력　④ 전단응력

06 재료에 외력을 가할 경우 저항하는 힘의 응력으로 거리가 먼 것은?
① 압축력
② 장력
③ 인장력
④ 전단력

07 재료의 성질 중 재료의 표면이 기온 등 계절에 영향을 받지 않고 오랜 시간 유지하는 성질을 무엇이라 하는가?
① 내구성
② 내식성
③ 내후성
④ 강성

08 재료의 역학적 성질로 재료를 때려 누르는 힘에 의해 얇게 퍼지는 성질을 무엇이라 하는가?
① 전성　② 연성
③ 점성　④ 소성

09 재료의 긁힘을 기준으로 굳기와 단단한 정도를 측정하는 방법은?
① 피로시험
② 모스 경도
③ 브리넬 경도
④ 경도시험

정답 1.① 2.① 3.② 4.③ 5.④ 6.② 7.③ 8.① 9.②

Part 03 단/원/평/가

01 보통 재료에서는 축방향에 하중을 가할 경우 그 방향과 수직인 횡방향에도 변형이 생기는데, 횡방향 변형도와 축방향 변형도의 비를 무엇이라 하는가?
① 탄성계수비   ② 경도비
③ 푸아송 비   ④ 강성비

02 열과 관련된 용어에 대한 설명으로 틀린 것은?
① 질량 1g의 물체의 온도를 1℃ 올리는 데 필요한 열량을 그 물체의 비열이라고 한다.
② 열전도율의 단위로는 W/m·K이 사용된다.
③ 열용량이란 물체에 열을 저장할 수 있는 용량을 뜻한다.
④ 금속재료와 같이 열에 의해 고체에서 액체로 변하는 경계점이 뚜렷한 것을 연화점이라 한다.

03 재료의 기계적 성질의 하나인 경도에 대한 설명으로 잘못된 것은?
① 경도는 재료의 단단한 정도를 뜻한다.
② 경도는 긁히는 저항도, 새김질에 대한 저항도 등에 따라 표시방법이 다르다.
③ 브리넬 경도는 금속 또는 목재에 적용되는 것이다.
④ 모스 경도는 표면에 생긴 원형 흔적의 표면적을 구하여 압력을 표면적으로 나눈 값이다.

04 건축물에서 방수, 차음, 단열 등을 목적으로 사용되는 재료는?
① 구조재료   ② 마감재료
③ 차단재료   ④ 방화, 내화재료

05 유리와 같이 어떤 힘에 대한 작은 변형만으로도 파괴되는 성질을 무엇이라 하는가?
① 연성   ② 전성
③ 취성   ④ 탄성

06 재료의 내구성에 영향을 주는 요인에 대한 설명 중 틀린 것은?
① 내후성 : 건습, 온도변화, 동해 등에 의한 기후변화 요인에 대한 풍화작용에 저항하는 성질
② 내식성 : 목재의 부식, 철강의 녹 등의 작용에 대해 저항하는 성질
③ 내화학약품성 : 균류, 충류 등의 작용에 대해 저항하는 성질
④ 내마모성 : 기계적 반복작용 등에 대한 마모작용에 저항하는 성질

🔓힌트 염기나 산 등의 화학물에 부식되지 않고 견디는 성질을 내화학성 또는 내화학약품성이라 한다.

07 코르크판의 사용 목적으로 가장 올바른 것은?
① 방송실의 흡음재
② 목구조의 구조재
③ 주방의 치장재
④ 욕실의 마감재

정답 1.③ 2.④ 3.④ 4.③ 5.③ 6.③ 7.①

08 건축구조의 부재에 발생하는 단면력의 종류가 아닌 것은?
① 풍하중   ② 전단력
③ 축방향력 ④ 휨모멘트

09 건축재료에서 물체에 외력이 작용하면 순간적으로 변형이 생겼다가 외력을 제거하면 다시 되돌아가는 현상을 무엇이라 하는가?
① 탄성   ② 소성
③ 점성   ④ 연성

10 화재의 연소방지 및 내화성 향상을 목적으로 하는 재료는 무엇인가?
① 아스팔트   ② 석면시멘트판
③ 실링재   ④ 글라스울

> 힌트
> • 아스팔트 : 건축재료의 아스팔트는 주로 시트형식의 방수재로 많이 사용된다.
> • 석면시멘트판 : 석면과 시멘트를 주 원료로 사용해 경화시킨 판으로 내화 및 단열성이 우수하다.
> • 글라스울 : 유리를 용융시켜 섬유상으로 생성한 것으로 건축에서 보온·보랭재로 사용된다.

11 단열재의 조건으로 옳지 않은 것은?
① 열전도율이 높아야 한다.
② 흡수율이 낮고 비중이 작아야 한다.
③ 내화성, 내부식성이 좋아야 한다.
④ 가공, 접착 등의 시공성이 좋아야 한다.

> 힌트
> 단열재 : 실내의 일정한 온도를 유지하기 위해 외부의 온도를 차단하기 위한 재료

12 다음 중 물의 밀도가 1g/cm³이고, 어느 물체의 밀도가 1kg/m³라 하면 이 물체의 비중은 얼마인가?
① 1   ② 1000
③ 0.001   ④ 0.1

> 힌트 $\dfrac{1\text{kg/m}^3}{1\text{g/cm}^3} \rightarrow \dfrac{1\text{kg/m}^3}{1000\text{kg/m}^3} = 0.001$

13 재료에 가해진 외력을 제거해도 본래 상태로 돌아가지 않고 그대로 형태를 유지하는 성질을 무엇이라 하는가?
① 소성   ② 탄성
③ 전성   ④ 연성

14 재료의 푸아송 비에 관한 설명으로 옳은 것은?
① 횡방향의 변형비를 푸아송 비라 한다.
② 강의 푸아송 비는 대략 0.3 정도이다.
③ 푸아송 비는 푸아송 수라고도 한다.
④ 콘크리트의 푸아송 비는 대략 10 정도이다.

> 힌트
> • 푸아송비는 횡방향 변형도와 축방향 변형도의 비를 말한다.
> • 푸아송수는 푸아송역비라고도 한다.
> • 콘크리트의 푸아송비는 0.1~0.2 정도이다.

15 길고 가는 부재가 압축하중이 증가하여 부재의 길이가 직각 방향으로 변형되어 내력이 급격히 감소하는 현상은?
① 컬럼쇼트닝   ② 응력집중
③ 좌굴   ④ 비틀림

16 재료 관련 용어에 대한 설명 중 옳지 않은 것은?
① 열팽창계수란 온도의 변화에 따라 물체가 팽창, 수축하는 비율을 말한다.
② 비열이란 단위 질량의 물질을 온도 1℃ 올리는 데 필요한 열량을 말한다.
③ 열용량은 물체에 열을 저장할 수 있는 용량을 말한다.
④ 차음률은 음을 얼마나 흡수하느냐 하는 성질을 말하며 재료의 비중이 클수록 작다.

정답 8. ① 9. ① 10. ② 11. ① 12. ③ 13. ① 14. ② 15. ③ 16. ④

17 재료의 역학적 성질에 관한 설명으로 옳지 않은 것은?

① 탄성 : 물체에 외력이 작용하면 순간적으로 변형이 생기지만 외력을 제거하면 원래의 상태로 되돌아가는 성질
② 소성 : 재료에 사용하는 외력이 어느 한도에 도달하면 외력의 증가 없이 변형만이 증대하는 성질
③ 점성 : 유체가 유동하고 있을 때 유체의 내부에 흐름을 저지하려고 하는 내부 마찰저항이 발생하는 성질
④ 인성 : 외력에 파괴되지 않고 가늘고 길게 늘어나는 성질

18 건축재료의 강도구분에 있어서 정적 강도에 해당하지 않는 것은?

① 압축강도　② 충격강도
③ 인장강도　④ 전단강도

🔒 힌트　충격강도는 동적 강도로 볼 수 있다.

19 건축재료의 발전 방향으로 틀린 것은?

① 고성능화　② 현장시공화
③ 공업화　　④ 에너지 절약화

20 다음 중 열전도율이 가장 낮은 것은?

① 콘크리트　② 목재
③ 알루미늄　④ 유리

21 구조용 재료에 요구되는 성질과 관계가 없는 것은?

① 재질이 균일하고 강도가 큰 것
② 색채와 촉감이 우수한 것
③ 가볍고 큰 재료를 용이하게 구할 수 있는 것
④ 내화, 내구성이 큰 것

22 지붕재료에 요구되는 성질과 가장 관계가 먼 것은?

① 외관이 좋은 것이어야 한다.
② 부드러워 가공이 용이한 것이어야 한다.
③ 열전도율이 작은 것이어야 한다.
④ 재료가 가볍고, 방수·방습·내화·내수성이 큰 것이어야 한다.

23 다음 건축재료 중 천연재료에 속하는 것은?

① 목재　　② 철근
③ 유리　　④ 고분자재료

24 다음 중 건축의 3대 재료 중 하나는?

① 목재　　② 플라스틱
③ 알루미늄　④ 철

정답　17. ④　18. ②　19. ②　20. ②　21. ②　22. ②　23. ①　24. ④

PART 04

각종 건축재료의 특성과 용도

Chapter 01. 목재

Chapter 02. 석재

Chapter 03. 벽돌과 블록

Chapter 04. 시멘트와 콘크리트

Chapter 05. 유리, 점토

Chapter 06. 금속 및 철물

Chapter 07. 미장, 도장재료(마감재료)

Chapter 08. 아스팔트(역청재료)

Chapter 09. 합성수지 및 기타 재료

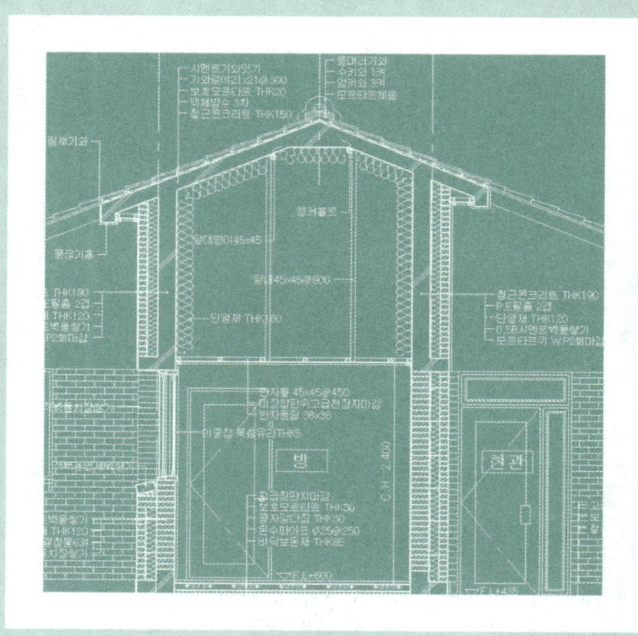

건축재료는 구조적으로 안전하게 유지하고, 기능적으로는 공간을 사용하는 데 편리하며, 시각적으로도 내부와 외부를 아름답게 할 수 있는 중요한 요소이다.

각 재료의 특성과 용도를 명확히 이해함으로써 안전하고 쾌적한 건축을 설계할 수 있다.

01 목재

SECTION 1 목재의 특성

목재의 장점과 단점은 뚜렷하나 종류에 따라 강도, 무늬 등의 특징이 다르다.

(1) 목재 일반

① 조직

목재는 섬유, 물관(도관), 수선, 수지관 등으로 구성된다. 이 중 물관은 활엽수에 있으며 양분과 수분의 통로로 나무의 수종을 구분한다.

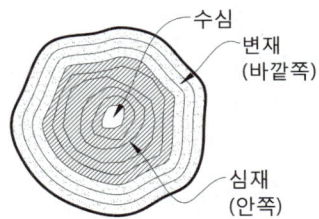

구분	비중	강도	신축성	건축재의 품질
변재	작다	작다	크다	부족함
심재	크다	크다	작다	우수함

② 목재의 구분
- 춘재 : 봄과 여름에 자란 부분으로, 세포가 얇으며 목질이 유연하다.
- 추재 : 가을과 겨울에 자란 부분으로, 세포가 두껍고 목질이 단단하다.

③ 벌목

목재의 벌목은 주로 가을과 겨울에 이루어진다. 날씨가 건조하여 수분이 적어지므로 벌목 후 건조가 쉬우며 무게가 가벼워 운반에도 용이하다. 생나무를 건조하면 함수율 30%에서부터 강도가 증가한다.

④ 목재의 흠
- 옹이 : 줄기와 가지가 교차되는 곳
- 썩정이 : 벌목이나 운반과정 중에 생긴 상처가 변색되거나 부패균으로 인해 목재 내부가 썩어 섬유조직이 분해되는 것
- 껍질박이 : 수목이 성장 중에 나무껍질이 목질부에 파고들어간 상태

- 갈라짐 : 목질부분의 수축으로 목질 내부가 갈라지는 현상
- 송진구멍 : 제재목의 송진이 나오는 구멍

❺ 목재 결에 의한 용도

목재의 결은 크게 곧은결과 널결로 구분된다.
- 곧은결재 : 구조재
- 널결재(무늬결) : 장식재

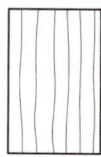
[곧은결재]

[널결재]

(2) 목재의 장점과 단점

❶ 장점
- 천연재료 중의 하나로 자연친화적이며 내장재로 사용될 경우 피톤치드의 분비로 사람에게 이로운 영향을 끼친다.
- 무게가 가볍고 절단 및 가공이 쉬워 다양한 구조를 구성할 수 있다.
- 비중에 비해 강도가 우수하여 장식재는 물론 구조재로도 널리 사용된다.
- 화학성분, 염분에 강하고 열전도율과 열팽창률이 작다.
- 외관이 아름답고 재질의 촉감이 부드럽다.

❷ 단점
- 다른 재료에 비해 착화점이 낮아 화재의 위험성이 크다.
- 흡수성이 커서 기후에 따라 변형 및 부패가 쉽게 생긴다.
- 재질, 방향, 종류에 따라 강도가 다르다.
- 충해, 풍화에 의해 내구성이 저하될 수 있다.

(3) 목재의 성질

❶ 함수율

목재의 함수량은 수종이나 생산지, 수령 등에 따라 달라진다. 함수율은 목재의 강도에 반비례한다.

구분	전건재	기건재	섬유포화점
함수율	0%	15% 내외	30%
특징	섬유포화점의 3배 강도	강도가 우수하고 습기와 균형을 이룬 상태	강도가 커지기 시작함.
함수율 계산공식	목재의 함수율 $= \dfrac{W_1 - W_2}{W_2} \times 100\%$ 여기서, W_1 : 목재편의 중량, W_2 : 절건중량		
용도	구조용재 : 함수율 15% 이하, 수장 및 가구용재 : 함수율 10%		

❷ 비중

목재의 비중은 1.54이며 강도와 비례한다.

❸ 공극률

목재의 공극률이란 전체 용적에서 공기가 포함된 비율을 말한다.

$$\text{목재의 공극률}(V) = \left(1 - \frac{W(\text{절건비중})}{1.54(\text{비중})}\right) \times 100\%$$

❹ 강도

- 함수율이 낮을수록 강도가 증가한다.
- 섬유포화점 이하로 건조되면 강도가 증가한다.
- 심재가 변재에 비해 강도가 더 크다.
- 목재의 인장강도는 콘크리트보다 크다.
- 목재의 비중과 강도는 비례한다.
- 목재에 옹이, 썩정이, 껍질박이 등 흠이 발생된 부분은 강도가 저하된다.
- 섬유방향에 평행한 힘은 가장 강도가 크고 직각방향에 대한 힘은 가장 강도가 약하다.
 (섬유평행방향 인장강도 > 섬유평행방향 압축강도 > 섬유직각방향 인장강도 > 섬유직각방향 압축강도)

❺ 목재의 연소

구분	인화점	착화점	발화점
온도	180℃	260~270℃	400~450℃
연소상태	목재 가스에 불이 붙음. (가스 증발 온도)	불꽃 발생으로 착화 (화재위험 온도)	자연발화

SECTION 2 건조

벌목한 목재는 목재에 맞도록 건조하여 사용해야 한다(생나무 기초말뚝 제외). 목재를 건조하게 되면 부식·변형방지 및 강도가 증대됨과 동시에 하중을 감소시킬 수 있다.

❶ 자연건조
옥외에 쌓아 자연적으로 건조하는 방법으로, 공기건조법과 침수건조법이 있다. 자연건조법은 시간이 많이 걸리고 쉽게 변형되는 단점이 있다.

❷ 인공건조
건조실에 목재를 쌓아놓고 저온과 고온을 조절하여 인공으로 건조시키는 방법으로 증기법, 열기법, 훈연법, 진공법이 있다.

> **용어해설**
> - 증기법 : 건조실을 증기로 가열하여 건조
> - 열기법 : 건조실 내의 공기를 가열하여 건조
> - 훈연법 : 연기를 사용해 건조
> - 진공법 : 고온, 저압 상태에서 수분을 빼내 건조

SECTION 3 방부처리

썩게 하는 균을 사멸하거나 발육을 저지하는 약제를 목재에 주입하여 오랜 시간 썩지 않게 유지시키는 과정이다.

❶ 유용성 방부제의 종류
- **크레오소트** : 흑갈색 용액으로 방부력과 내습성이 우수하고 침투성이 좋아 목재에 깊숙이 주입할 수 있다. 냄새가 좋지 않아 내부보다는 외부에 많이 사용된다.
- **펜타클로로페놀(PCP)** : 크레오소트에 비해 가격이 비싸지만 무색무취이며 방부력이 가장 우수하고, 방부처리 후 페인트칠을 할 수 있다. 용제로 녹여서 사용한다.
- **콜타르** : 목재를 흑갈색으로 변색시키고 페인트칠이 불가능하다.
- **아스팔트** : 목재를 흑색으로 변색시키고 페인트칠이 불가능하다.
- **페인트** : 피막을 형성해 방부·방습되는 방법으로 다양한 색을 사용해 외관을 장식하는 효과가 있다.

❷ 방부제의 처리법
- 도포법 : 건조시킨 후 솔로 바르는 방법
- 침지법 : 방부용액에 일정 시간 담그는 방법
- 상압주입법 : 상온에 담그고 다시 저온에 담그는 방법
- 가압주입법 : 통에 방부제를 넣고 가압시키는 방법
- 생리적 주입법 : 벌목하기 전 나무뿌리에 약품을 주입시키는 방법(효과가 크지 않다.)

SECTION 4 목재의 용도

목재는 종류에 따라 구조재 및 장식재, 마감재로 널리 사용된다.

(1) 합판

❶ 합판의 제조

보통 합판은 3, 5, 7장 등 홀수로 90° 교차하면서 단판에 접착제를 칠해 겹쳐대어 만든다. 접착 시 150℃ 정도의 열압을 사용한다.

- 로터리 베니어 : 회전시켜 만드는 로터리 방식으로 생산율이 높아 가장 많이 사용된다. 넓은 단판을 얻을 수 있고, 원목의 낭비가 다른 제조법에 비해 적다.

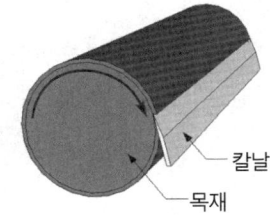

- 슬라이스 베니어 : 대팻날로 상하, 수직 또는 좌우, 수평으로 이동해 얇게 절단하는 방식이다. 넓은 단판은 만들 수 없지만 아름답고 곧은결을 얻을 수 있어 장식용에 많이 사용된다.

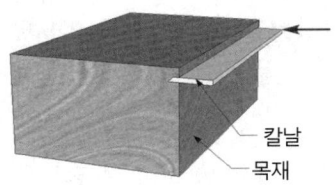

- 소드 베니어 : 얇게 톱으로 켜내는 방식으로 무늬가 아름답고, 결의 무늬가 대칭인 합판을 만들 수 있지만 톱질로 인한 원목의 손실이 많아 비경제적이다.

② 합판의 특징
- 품질이 판재에 비해 균질하다.
- 잘 갈라지지 않고 방향에 따른 강도 차이가 작다.
- 팽창, 수축이 적고 큰 면적의 판과 곡면판을 만들기 쉽다.
- 저렴한 가격으로 아름다운 무늬를 만들 수 있다.

(2) 파티클보드

작은 나무 부스러기 등 목재섬유를 방향성 없이 열을 가해 성형한 판재로 가구, 내장, 창호재 등에 사용된다.

① 파티클보드의 특징
- 강도에 방향성이 없고 변형이 쉽다.
- 방부, 방화성을 높일 수 있다.
- 흡음성과 열의 차단성이 우수하다.
- 두께를 자유롭게 만들 수 있고, 강도가 우수하다.
- 표면이 평활하고 균질한 판을 대량으로 만들 수 있다.

(3) 섬유판

목재의 톱밥, 대팻밥 등 목재의 찌꺼기 같은 식물성 재료를 펄프로 만들어 접착제, 방부제 등을 첨가해 만든다.

① 섬유판의 종류
- 연질섬유판 : 건축의 내장재, 보온재로 사용한다.
- 경질섬유판 : 판의 방향성을 고려할 필요가 없으며 내마모성이 우수하다.

(4) 코르크판

코르크 나무의 껍질을 원료로 가열 · 가압하여 만든다.

① 코르크판의 특징
- 탄성, 단열성, 흡음성 등이 우수하다.
- 흡음성이 우수하여 음악제작 및 감상실, 방송실 등의 마감재와 단열이 필요한 공간에 사용된다.

(5) 기타 수장재료

① 코펜하겐 리브
자유로운 곡선형태를 리브로 만든 것으로 강당, 극장 등에서 벽이나 천장의 음향을 조절하기 위해 사용된다.

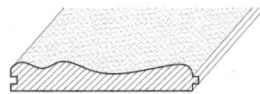

② 플로어링 널
이어붙일 수 있도록 쪽매 가공을 해서 마룻널로 사용된다.

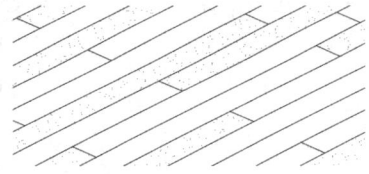

> **용어해설**
> 쪽매 : 좁은 판을 넓은 판으로 만들기 위해 이음 모양을 나타낸 것
>
>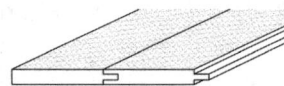

③ 집성목재
단판을 섬유방향과 평행하게 여러 장 붙여 접착한 판으로, 강도를 인위적으로 조정할 수 있고, 응력에 필요한 큰 단면과 아치와 같은 굽은 모양을 만들 수 있다.

④ 인조목재
톱밥, 대팻밥, 나무 찌꺼기 등을 분쇄하여 고열·고압으로 만든 견고한 판을 말한다.

CHAPTER 01 연습문제

제1장 **목재**

01 다음 목재를 설명한 것 중 잘못된 것은?
① 가공이 용이하며 가볍다.
② 아름다워 치장재로도 사용된다.
③ 다른 재료에 비해 열전도율이 높다.
④ 구조재로도 사용이 가능하나 불에 약하다.

02 목재의 기건재 함수율로 옳은 것은?
① 5%   ② 15%
③ 25%   ④ 35%

03 목재의 절대건조 비중이 0.54일 경우 이 목재의 공극률은 얼마인가?
① 65%   ② 54%
③ 35%   ④ 45%

🔒힌트 $\left(1 - \dfrac{W}{1.54}\right) \times 100$

04 목재의 일반적인 자연발화점 온도로 올바른 것은?
① 150℃   ② 250℃
③ 350℃   ④ 450℃

05 파티클보드에 대한 설명으로 옳지 않은 것은?
① 뒤틀리는 등 변형이 쉽게 된다.
② 합판에 비해 휨강도는 떨어지나 강성은 우수하다.
③ 흡음성과 차단성이 나쁘다.
④ 내장재, 가구재 등에 사용될 수 있다.

06 다음 목재의 방부제 설명 중 잘못된 것은?
① 크레오소트 오일은 방부력이 우수하나 냄새가 강하다.
② PCP는 무색무취이며 페인트를 칠할 수 있다.
③ 황산동, 염화아연은 방부력이 있으나 철을 부식시킨다.
④ 약액을 주입하는 생리적 주입법은 효과가 우수하다.

07 다음 중 목재의 인공건조법이 아닌 것은?
① 증기법   ② 열기법
③ 훈연법   ④ 공기법

08 코르크판의 용도로 잘못된 것은?
① 방송실의 흡음재
② 얼음공장의 단열재
③ 전산실의 바닥재
④ 음악실의 불연재

09 강당, 극장 등에 음향조절용으로 쓰이거나 일반 건물의 벽이나 천장에 음향효과를 줄 수 있는 재료는?
① 플로어링 보드
② 코펜하겐 리브
③ 파키트리 블록
④ 합판

정답 1.③ 2.② 3.① 4.④ 5.③ 6.④ 7.④ 8.④ 9.②

10 다음 중 집성목재의 설명으로 잘못된 것은?
① 목재의 강도를 인위적으로 조절할 수 있다.
② 응력에 따라 필요한 단면을 만들 수 있다.
③ 톱밥, 나무부스러기 등을 사용해 만들 수 있다.
④ 길고 단면이 큰 부재를 쉽게 만들 수 있다.

11 유치원이나 유아 놀이방의 바닥재로 가장 적절한 것은?
① 인조석 물갈기 또는 건식갈기
② 플로어링 널
③ 대리석
④ 타일

12 합판의 제조방법 중 회전시켜 만드는 방법으로 생산율이 가장 높아 많이 사용되는 제조법은?
① 로터리 베니어
② 소드 베니어
③ 슬라이스 베니어
④ 슬레이트 베니어

13 목재를 쪽매 가공하여 마루깔기에 많이 사용하는 재료는?
① 모노륨
② 우레탄
③ 집성목재
④ 플로어링 널

14 다음 중 합판의 제조방법이 아닌 것은?
① 로터리 베니어
② 우드 베니어
③ 슬라이스 베니어
④ 소드 베니어

15 합판에 대한 설명 중 잘못된 것은?
① 보통 합판은 2, 4, 6장 등 짝수로 교차하여 만든다.
② 품질이 일반 판재에 비해 균질하다.
③ 수축, 팽창이 적고 곡면판을 만들 수 있다.
④ 갈라짐과 강도의 차이가 작다.

정답 10. ③ 11. ② 12. ① 13. ④ 14. ② 15. ①

CHAPTER 02 석재

SECTION 1 석재 일반

석재는 가장 많이 매장되고 발견되는 재료 중 하나로, 구조재·마감재·콘크리트의 재료 및 골재 등으로 다양하게 사용된다.

(1) 석재의 장단점

① 장점
- 다른 재료에 비하여 압축강도가 크다.
- 불연성, 내구성이 크고 내마멸성, 내수성 또한 좋다.
- 많은 양을 생산할 수 있으며 무늬가 다양하고 아름답다.

② 단점
- 비중이 커서 무거우며 가공이 어렵다.
- 길고 큰 부재를 얻기 까다롭다.
- 압축강도에 비해 인장강도가 약하다.
- 내화도가 낮아 고열에 약하다.

(2) 석재의 구분

석재는 화성암, 수성암, 변성암으로 분류된다.

구분	화성암계	수성암계	변성암계
종류	화강암 안산암 현무암	응회암 사암 석회암 점판암	대리석 트래버틴 사문암

(3) 석재의 가공

순서	1	2	3	4	5
가공	혹두기	정다듬	도드락다듬	잔다듬	물갈기
도구	쇠메	정	도드락망치	날망치	숫돌

SECTION 2 석재의 성질과 용도

(1) 성질

① 석재의 비중은 기건상태를 표준으로 한다.
② 비중이 클수록 압축강도가 커진다.
③ 석재의 인장강도는 압축강도의 1/10~1/20 정도이다.
④ 석재의 압축강도는 화강암 > 대리석 > 안산암 > 사암순이며, 화강암이 가장 단단하다.
⑤ 응회암과 안산암은 내화도가 높고, 화강암은 내화도가 낮다.

(2) 용도

종류	대리석	사문암	석회암	점판암	트래버틴	화강암	안산암
용도	내장재 실내장식재	내장재 장식재	시멘트 원료	지붕재	외장재	구조재 내장재 외장재	외장재

SECTION 3 각종 석재의 특성

(1) 화강암

① 압축강도가 1,500kg/cm² 정도로 석재 중 가장 크고 구조재로도 사용된다.
② 내화도가 낮아 고온이 발생되는 곳은 사용하기 어렵다.
③ 풍화나 마멸에 강해 내장재는 물론 외장재로도 많이 사용된다.
④ 표면에 바탕색과 반점이 있어 아름답다.

(2) 안산암

① 종류가 다양하고 가공하기가 용이해 조각용으로 많이 사용된다.
② 화강암과 같은 화성암계지만 내화도가 높다.

(3) 사암

① 내화성과 흡수성이 크고 가공하기가 쉽다.
② 경량 구조재, 내장재로 사용할 수 있다.

(4) 응회암
① 강도 및 내구성이 작아 구조재로는 적합하지 않다.
② 내화성이 좋고 가공이 용이해 조각용으로 사용된다.

(5) 석회암
① 퇴적암으로 구분되며 주성분은 탄산석회이다.
② 석회나 시멘트의 주원료로 사용된다.

(6) 현무암
① 검은색, 암회색으로 석질이 견고하여 구조재로 사용이 가능하다.
② 암면의 원료로 사용된다.

(7) 대리석
① 석질이 치밀하고 견고하며 주성분은 탄산석회이다.
② 성분에 따라 다양한 색과 무늬를 나타내어 아름답다.
③ 갈아내면 광택을 낼 수 있어 장식재, 마감재로 많이 사용된다.
④ 산과 알칼리 성분에 취약하다.

(8) 트래버틴
① 다공질이며 석질이 균일하지 않다.
② 암갈색을 띠는 무늬가 있어 특수 장식재로 사용된다.

(9) 인조석
대리석, 화강석 등 색과 무늬가 좋은 석재의 종석과 시멘트, 안료 등을 반죽하여 인위적으로 만든 석재이다.

(10) 테라초
인조석의 한 종류로 대리석의 쇄석을 사용하여 대리석과 유사한 색과 무늬가 나타나 마감재로 많이 사용된다.

(11) 암면
안산암, 사문암 등의 원료를 고열로 녹여 솜처럼 만든 것으로 흡음재, 단열재, 불연재로 사용된다.

(12) 점판암
석질이 치밀하고 방수성이 있으며, 얇은 판으로 떼어 지붕이나 벽 재료로 사용된다.

02 연습문제

제2장 석재

01 다음 중 화성암에 속하는 석재는 무엇인가?
① 응회암 ② 안산암
③ 대리석 ④ 점판암

02 석회석이 변해 결정화한 것으로 석질이 견고하고 외관이 우수해 실내 장식재나 조각용으로 많이 사용되는 석재는?
① 응회암 ② 안산암
③ 대리석 ④ 점판암

03 대리석의 한 종류로 암갈색이며 특수 실내 장식재로 사용되는 석재는?
① 석회석 ② 안산암
③ 트래버틴 ④ 화강석

04 건축물의 실내 마감재로 가장 적절한 것은?
① 점판암 ② 안산암
③ 대리석 ④ 석회암

05 도구를 이용한 석재가공순서로 올바른 것은?
① 혹두기 → 정다듬 → 도드락다듬 → 잔다듬 → 물갈기
② 정다듬 → 도드락다듬 → 잔다듬 → 물갈기 → 혹두기
③ 도드락다듬 → 잔다듬 → 물갈기 → 혹두기 → 정다듬
④ 잔다듬 → 물갈기 → 혹두기 → 정다듬 → 도드락다듬

06 석재와 용도가 옳지 않은 것은?
① 테라초-퍼티재료
② 화강석-내장 및 외장재
③ 대리석-고급 장식재
④ 점판암-지붕재

07 다음 석재 중 내화성이 가장 우수한 것은?
① 안산암
② 석회석
③ 대리석
④ 화강암

08 다음 중 흡수율이 가장 작은 재료는?
① 화강석
② 안산암
③ 대리석
④ 점판암

> **해설** 점판암은 지붕재료로 많이 사용된다. 지붕재료는 외기에 접하므로 흡수율이 낮아야 한다.

09 다음 중 석재에 대한 내용으로 올바른 것은?
① 중량이 큰 것은 높은 곳에 사용한다.
② 외벽, 특히 콘크리트 표면에 부착되는 석재는 연석을 피한다.
③ 가공할 때는 되도록 예각으로 만든다.
④ 석재를 구조재로 사용할 경우 인장재로만 사용해야 한다.

정답 1.② 2.③ 3.③ 4.③ 5.① 6.① 7.① 8.④ 9.②

CHAPTER 03 벽돌과 블록

SECTION 1 벽돌

(1) 벽돌의 크기

❶ 시멘트벽돌(콘크리트벽돌)

온전한 상태의 표준형 벽돌 1장 크기는 190mm×90mm×57mm이며 길이방향(190)을 1.0B 라 한다. 쌓기 방법에 따라 다양한 크기로 가공하여 사용한다(1.0B의 B는 Brick의 약자임).

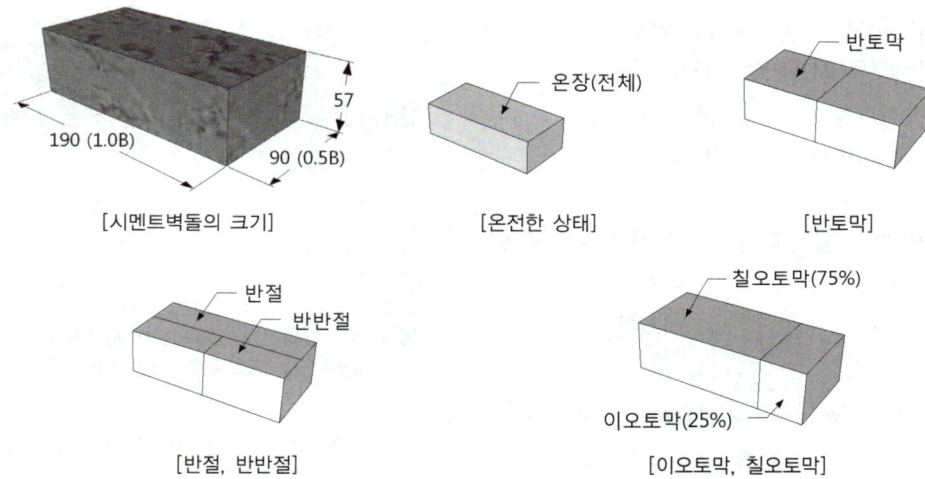

[시멘트벽돌의 크기] [온전한 상태] [반토막]

[반절, 반반절] [이오토막, 칠오토막]

❷ 내화벽돌

높은 온도로 구워낸 벽돌로 굴뚝, 벽난로 등 높은 온도 주변에 사용된다. 벽돌 1장의 크기 는 230mm×114mm×65mm로 시멘트벽돌보다 크다.

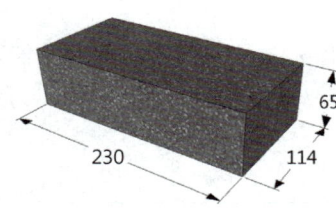

(2) 벽돌쌓기의 재료

① 시멘트벽돌(콘크리트벽돌) : 시멘트 모르타르

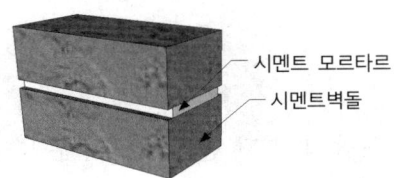

② 내화벽돌 : 내화점토

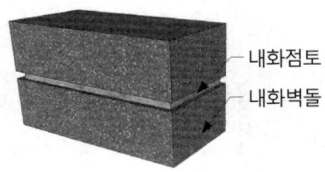

(3) 벽돌의 줄눈

벽돌을 쌓은 후 치장을 목적으로 모양을 내어 마감한다.

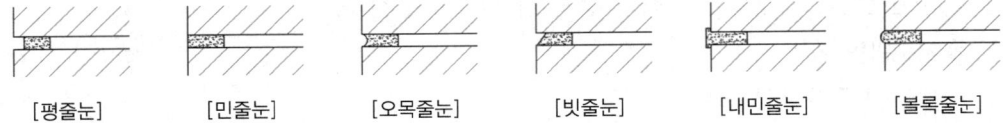

[평줄눈]　　[민줄눈]　　[오목줄눈]　　[빗줄눈]　　[내민줄눈]　　[볼록줄눈]

(4) 벽돌의 특성

벽돌의 재질은 흡수율과 압축강도를 시험한다. 흡수율은 낮을수록 좋다.

① 점토벽돌의 강도와 흡수율(KS L 4201 기준, 2018년 개정)

품질	종류	
	1종	2종
압축강도(MPa)	24.5 이상	14.7 이상
흡수율(%)	10 이하	15 이하

② 콘크리트벽돌의 강도와 흡수율(KS F 4004 기준, 2013년 개정)

품질	종류	
	1종	2종
압축강도(N/mm^2)	13 이상	8 이상
흡수율(%)	7 이하	13 이하

용어해설

- KS : 한국산업표준으로 국가표준을 나타낸다(한국 : KS, 일본 : JIS, 미국 : ANSI).
- KS L 4201 : KS는 한국국가표준, L은 직종 구분, 4201은 분류번호를 나타낸다(L : 요업, F : 건설). 자세한 사항은 'e-나라 표준인증' 홈페이지(https://standard.go.kr)에서 확인할 수 있다.

❸ 적벽돌

1종 적벽돌의 압축강도는 $20.6N/mm^2$ 이상이다.

(5) 기타 벽돌

❶ 다공질벽돌

점토에 30~50%의 톱밥 및 분탄 등을 섞어 구운 벽돌로 일반 벽돌과 크기가 같다. 특히 단열, 방음 성능이 일반 벽돌에 비해 우수하고 톱을 사용한 가공과 못치기를 할 수 있는 벽돌이다.

❷ 과소품벽돌

점토벽돌을 지나치게 구운 벽돌로, 흡수율이 작고 강도가 우수하다. 모양이 고르지 않으며, 장식용으로 많이 사용된다.

❸ 이형벽돌

특수한 용도를 목적으로 모양을 다르게 만든 벽돌이다.

❹ 검정벽돌

불완전연소로 구워내어 색이 검게 된 벽돌을 말한다.

❺ 포도벽돌

바닥 포장용 벽돌이다.

❻ 공중벽돌

속이 비어 있는 벽돌로 단열, 방음 등의 목적으로 사용되는 벽돌이다.

SECTION 2 블록

(1) 블록의 크기

① 일반적으로 사용되는 블록은 BI형으로 크게 3가지로 나누어진다. 구멍 난 곳에 철근과 콘크리트를 넣어 보강할 수 있다.

② 블록의 치수 : 390mm×190mm×100mm, 390mm×190mm×150mm, 390mm×190mm×190mm

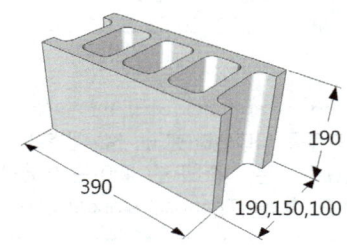

03 연습문제

제3장 **벽돌과 블록**

01 다음 중 표준형 시멘트벽돌의 크기로 올바른 것은?
① 190×90×57 ② 190×90×60
③ 200×100×50 ④ 197×97×57

02 다음 중 벽돌가공에서 칠오토막의 크기는?

①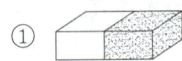

②

③

④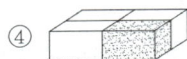

03 다음 중 내화벽돌의 크기로 올바른 것은?
① 230×119×65 ② 230×114×65
③ 235×114×65 ④ 230×114×57

04 다음 중 벽돌의 줄눈 중 평줄눈은?

① 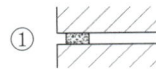 ②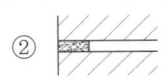

③ 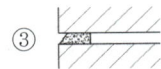 ④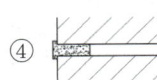

05 벽돌의 품질등급 중에서 1종 점토벽돌의 압축강도는?
① 24.5MPa ② 20.5MPa
③ 17.5MPa ④ 14.7MPa

06 점토벽돌을 지나치게 높은 온도에서 소성하여 강도가 높고 모양이 불규칙하여 장식용으로도 사용되는 벽돌은?
① 이형벽돌 ② 포도벽돌
③ 과소품벽돌 ④ 다공질벽돌

07 분탄, 톱밥 등을 혼합하여 만든 벽돌로 단열, 방음 성능이 우수하고 못 치기를 할 수 있는 벽돌은?
① 이형벽돌 ② 포도벽돌
③ 과소품벽돌 ④ 다공질벽돌

08 내화벽돌이라 함은 소성온도가 얼마 이상이어야 하는가?
① SK11 ② SK21
③ SK26 ④ SK36

> **해설** 내화벽돌의 내화온도(SK는 소성온도를 뜻함)
> 저급벽돌 : SK26~SK29
> 보통벽돌 : SK30~SK33
> 고급벽돌 : SK34~SK42

09 일반적으로 사용되는 블록의 크기로 잘못된 것은?
① 390×190×100 ② 390×190×150
③ 390×190×190 ④ 390×190×180

10 특수목적으로 처음부터 모양을 다르게 만든 벽돌을 무엇이라 하는가?
① 이형벽돌 ② 포도벽돌
③ 과소품벽돌 ④ 다공질벽돌

정답 1.① 2.③ 3.② 4.① 5.① 6.③ 7.④ 8.③ 9.④ 10.①

시멘트와 콘크리트

SECTION 1 시멘트

(1) 시멘트 일반

포틀랜드 시멘트는 19세기 초 영국의 애습딘(J. Aspdin)이 발명하였으며, 19세기 중엽 프랑스의 모니에가 철근콘크리트의 이용법을 개발하였다.

❶ 성분과 원료

시멘트의 성분은 석회, 규사, 알루미나이며 원료는 석회석(65%)을 주원료로 하여 점토, 석고를 혼합하여 만든다.

❷ 비중

시멘트의 비중은 성분, 종류 등에 따라 다르지만 일반적으로 3.05~3.15 정도이다.

❸ 단위용적 중량과 무게

시멘트의 단위용적 중량은 $1,500kg/m^3$이며 1포의 무게는 40kg이다.

❹ 분말도

① 분말도는 시멘트 가루의 입자크기를 말하며 입자가 고운 것을 분말도가 높다고 한다.
② 분말도가 높은 시멘트의 특징
  • 시공연도가 좋다.
  • 재료의 분리현상이 감소한다.
  • 수화반응이 빨라 조기강도가 높다.
  • 풍화되기 쉽다.
  • 수축균열이 크다.

(2) 시멘트의 보관

① 지상에서 높이 30cm 이상 되는 마루판 위에 보관
② 쌓을 수 있는 최대 높이는 13포
③ 보관한 지 3개월 이상 경과되면 테스트 후 사용
④ 시멘트 입하순서대로 사용

(3) 시멘트의 응결과 경화

① 시멘트는 1시간 이후부터 굳기 시작해 10시간 이내에 응결이 끝난다.
② 시멘트 응결에 영향을 주는 요소
  • 분말도가 높을수록 빠르다.
  • 알루민산3석회 성분이 많을수록 빠르다.
  • 온도(기온)가 높을수록 빠르다.
  • 수량이 적을수록 빠르다.
③ 시멘트의 경화를 촉진하기 위해 염화칼슘($CaCl_2$)을 사용하며 많은 양을 사용하면 철근을 부식시킬 수 있다.

(4) 시멘트의 시험법

① 비중 시험 : 르 샤틀리에의 비중병을 사용한다.
② 분말도 시험 : 브레인법을 사용한다.
③ 안정성 시험 : 오토클레이브의 팽창도 시험을 사용한다.

SECTION 2 시멘트의 종류

(1) 시멘트의 분류

시멘트는 목적에 따라 다양한 종류가 사용된다.

❶ 포틀랜드 시멘트
  • 보통 포틀랜드 시멘트
  • 조강 포틀랜드 시멘트
  • 중용열 포틀랜드 시멘트
  • 백색 포틀랜드 시멘트

❷ 혼합 포틀랜드 시멘트
  • 고로 시멘트
  • 플라이애시 시멘트
  • 포졸란 시멘트

❸ 특수 시멘트
  • 알루미나 시멘트
  • 팽창 시멘트

(2) 종류에 따른 시멘트의 특징

❶ 보통 포틀랜드 시멘트
보편화되어 가장 많이 사용되는 시멘트로 일반적인 공사에 사용된다.

❷ 조강 포틀랜드 시멘트
보통 포틀랜드 시멘트에 비해 규산3칼슘 성분이 많아 경화가 빠르고 조기강도가 우수하다. 재령 7일이면 보통 포틀랜드 시멘트의 28일 강도를 가진다.

❸ 중용열 포틀랜드 시멘트
발열량을 작게 하여 조기강도는 저하되나 장기강도가 우수한 시멘트로 특히 방사선 차단, 내수성, 내화학성, 내식성 등 내구성이 우수해 댐, 항만, 해안공사 등 대형 구조물에 사용된다.

❹ 백색 포틀랜드 시멘트
백색점토를 사용해 회색이 아닌 백색을 띠는 시멘트로 건축물의 내부, 외부의 도장 및 마감용으로 사용된다.

❺ 고로 시멘트
선철의 부산물과 포틀랜드 시멘트를 혼합하여 만든 시멘트로 수축, 균열이 적고 바닷물에 대한 저항성이 크다. 응결이 서서히 진행되어 조기강도는 낮지만 장기강도가 우수하다.

❻ 플라이애시 시멘트
플라이애시를 혼합하여 만든 시멘트로 수화열이 적고 장기강도가 우수하다. 수밀성이 크고 콘크리트배합 시 워커빌리티(시공연도)가 우수하다.

❼ 포졸란 시멘트(실리카 시멘트)
포졸란을 혼합하여 만든 시멘트로, 고로 시멘트와 유사한 용도로 사용된다.

❽ 알루미나 시멘트(산화알루미늄 시멘트)
주성분이 알루미나, 생석회 등으로 조기강도가 매우 우수한 시멘트이다. 재령 1일 만에 보통 포틀랜드 시멘트의 재령 28일 강도와 동일한 강도를 갖는다. 수축이 적고 내화성도 우수하여 동절기 공사나 긴급공사에 사용된다.

❾ 팽창 시멘트
타설 후 굳어지면서 적당히 팽창되는 시멘트로 수축과 균열을 방지하는 목적으로 사용된다.

(3) 시멘트 제품

❶ 슬레이트
시멘트와 모래, 석면 등을 혼합하여 압력을 가해 성형한 판으로 지붕재료로 많이 사용한다.

❷ 테라초
시멘트와 대리석의 쇄석을 혼합하여 만든 인조석으로 표면을 갈아 광택을 내어 사용한다.

❸ 리그노이드
마그네시아 시멘트에 탄성재 등을 혼합하여 만든 것으로 바닥 포장재로 사용한다.

❹ 퍼티재료
시멘트에 다양한 충전제를 혼합하여 만든 것으로 퍼티용 제품으로 사용한다.

❺ 두리졸
폐목재를 혼합하여 만든 시멘트판의 일종으로 바닥, 벽, 천장 구조물에 사용한다.

SECTION 3 콘크리트

콘크리트는 시멘트와 물, 골재를 혼합한 것으로 현대 건축에서 없어서는 안 될 절대적인 건축재료이다. 콘크리트는 인장강도가 작아 철근으로 보완하여 철근콘크리트구조에 사용된다.

(1) 콘크리트의 특성

❶ 장점
- 압축강도 및 방청성, 내화성, 내구성, 내수성, 수밀성이 우수하다.
- 철근과 철골의 접착력이 매우 우수하여 구조용으로 광범위하게 사용되고 있다.

❷ 단점
- 자중이 크고 인장강도가 압축강도에 비하여 낮다(압축강도의 1/10 이하).
- 경화과정에서 수축에 의해 균열이 발생되기 쉽다.

❸ 단위용적 중량
- 무근콘크리트 : $2.3 t/m^3$
- 철근콘크리트 : $2.4 t/m^3$

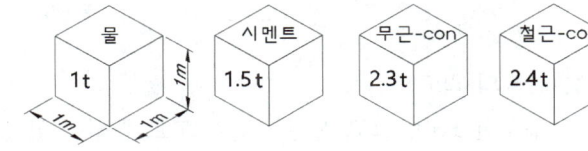

❹ 설계기준
콘크리트의 설계기준강도는 타설 후 28일(4주) 압축강도로 한다.

(2) 골재

골재는 잔골재와 굵은 골재로 구분되며 콘크리트용에 맞는 품질을 사용해야 한다.

❶ 골재의 품질
- 골재 강도는 시멘트풀(시멘트+물)의 최대 강도 이상 되는 것을 사용해야 한다.

- 모양이 구형에 가까우며 표면이 거친 것이 좋다.
- 잔골재와 굵은 골재가 적절히 혼합된 것을 사용한다.
- 진흙이나 불순물이 포함되지 않아야 한다.
- 공극률은 30~40% 정도이다.
- 염분이 포함된 모래를 사용하면 부식의 우려가 있다(모래의 염분 함유량은 0.04% 이하).

❷ 골재의 구분
- 체가름 시험 : 입경 분포를 구하는 시험으로 1조의 표준망 체 80, 40, 20, 10, 5, 2.5, 1.2, 0.6, 0.3, 0.15mm를 사용하여 시험한다.

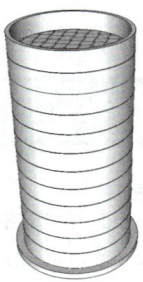

[체가름 시험기]

- 잔골재 : 5mm체에 85% 이상 통과하는 골재
- 굵은 골재 : 5mm체에 85% 이상 남는 골재

❸ 골재의 함수율

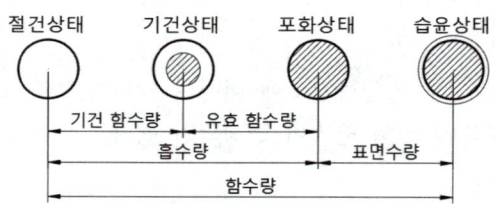

❹ 골재의 입도

입도란 모래, 크고 작은 자갈이 고르게 섞여 있는 정도를 뜻하며, 입도가 좋다는 것은 다양한 크기의 골재가 빈틈 없이 채워진 상태를 말한다. 입도에 따라 콘크리트의 워커빌리티(시공연도), 내구성, 강도 등이 달라질 수 있어 매우 중요하다.

(3) 물시멘트비

❶ 물시멘트비(W/C)

물시멘트비 = 물의 무게 / 시멘트의 무게

❷ 워커빌리티(시공연도)
- 콘크리트를 배합하여 운반에서 타설할 때까지의 시공성을 뜻하며 물시멘트비와 연관된다.
- 워커빌리티의 측정은 슬럼프시험을 가장 많이 사용한다.

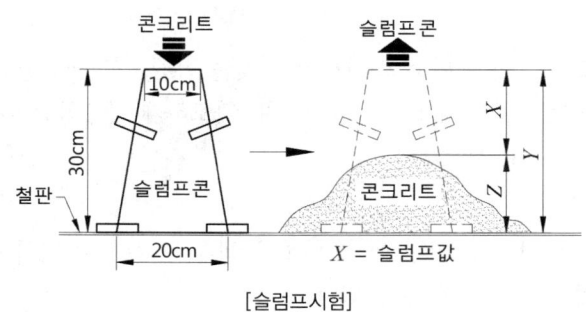

[슬럼프시험]

❸ 강도
물시멘트비는 콘크리트의 강도에 직접적으로 영향을 주며 물시멘트비가 클수록 콘크리트의 강도는 저하된다.

❹ 배합설계
- 콘크리트에 필요한 소요강도를 갖추기 위해 혼화재료의 비율과 배합 및 비빔방법 등을 정하는 것을 배합설계라 한다.
- 배합설계 단계 : 요구성능 및 강도 설정 → 배합조건 설정 → 재료 선정 → 계획배합 설정 → 현장배합 결정

(4) 콘크리트의 혼화제

혼화제란 적은 양을 사용하여 용적에 포함되지 않는 약품을 뜻한다.

❶ AE제
- 콘크리트 내부에 작은 기포를 만들어 작업의 효율성을 높이고 동결융해를 막기 위해 사용된다.
- 화학작용에 대한 저항성이 커지는 등의 장점이 있지만 콘크리트의 강도를 저하시키며 철근과의 부착력을 떨어뜨리는 단점도 있다.
- AE제의 효과
  - 워커빌리티(시공연도) 향상
  - 단위수량 감소, 내구성 증가
  - 동결융해 저항성 향상
  - 기포 증가에 따른 강도 감소

❷ 기포제

콘크리트의 무게를 경량화하고 단열성, 내화성을 증대시키는 데 사용된다.

❸ 방청제

해안공사와 같이 염분으로 인해 철근이 부식되는 것을 막기 위해 사용된다.

❹ 경화촉진제

열을 내어 콘크리트의 경화를 촉진시키는 것을 목적으로 염화칼슘이 사용된다. 염화칼슘의 사용량은 시멘트 중량의 1~2% 정도이며, 과도하게 사용하면 철근을 부식시키고 워커빌리티가 나빠질 수 있다.

❺ 기타 재료

수밀성을 높이는 방수제, 색을 내기 위한 착색제, 사용량이 많아 용적에 포함되는 포졸란이나 플라이애시 등의 혼화재가 있다.

> **용어해설**
> - 혼화제: 양이 적어 용적에 미포함
> - 혼화재: 양이 많아 용적에 포함

(5) 경화과정

❶ 보양

보양이란 콘크리트를 타설한 뒤 적정온도에서 충분한 수분을 공급하고 진동을 방지하는 것을 뜻한다. 적정온도를 유지하는 것이 가장 중요하다.

❷ 레이턴스(laitance)

보양 시 콘크리트 표면에 발생하는 얇은 막을 형성하는 층으로 이어붓기를 할 경우 이 미세물을 제거해야 한다.

❸ 크리프(creep rupture)

시간이 경과함에 따라 하중의 증가 없이 콘크리트의 형태에 변형이 증대되는 현상

❹ 블리딩(bleeding)

콘크리트를 틀(거푸집)에 부어 넣을 때 골재와 시멘트풀이 갈라지고 물이 위로 올라오는 현상

❺ 크랙(crack)

경화 시 콘크리트의 팽창으로 구조물에서 발생되는 균열

(6) 기타 콘크리트

❶ 프리팩트 콘크리트(prepact concrete)
형틀(거푸집)에 골재를 먼저 넣은 후 모르타르를 주입하여 만드는 콘크리트로, 수중 콘크리트 등에 사용되며 프리플레이스트 콘크리트라고도 한다.

❷ 오토클레이브 콘크리트(ALC)
패널과 블록으로 이루어진 경량콘크리트로 단열 및 내화성이 우수하여 벽, 지붕, 바닥 등에 사용된다.

❸ 프리스트레스트 콘크리트(prestressed concrete)
PS강재(피아노선)를 긴장시킨 후 콘크리트를 타설하는 방법으로 장스팬을 구성할 수 있으며 변형이나 균열에 대한 저항이 크다.

❹ 레디믹스트 콘크리트(ready mixed concrete)
공장에서 현장까지 차량으로 운반하면서 시멘트와 골재, 물을 혼합하는 것으로 흔히 레미콘이라 한다.

❺ 경량 콘크리트
콘크리트의 중량을 줄이기 위해 내부에 기포를 넣고 경량 골재를 사용한 콘크리트로, 보온·단열·방음 성능이 우수하다. 건물의 경량화, 칸막이벽, 철골조의 내화피복 등에 사용된다.

❻ 중량 콘크리트
비중이 큰 중정석·철광석 등을 골재로 사용한 콘크리트로, 방사선 차폐용으로 사용된다.

❼ 한중 콘크리트
콘크리트는 평균기온 4℃ 이하에서 응결이 지연되고 동결현상이 나타난다. 겨울철 콘크리트 타설 후 양생기간 중 동결되는 현상을 막기 위해 사용된다.

❽ 서중 콘크리트
30℃ 이상의 높은 기온에서 슬럼프의 저하와 수분 증발을 막기 위해 사용되는 콘크리트로, 여름철에 사용된다.

❾ 프리케스트 콘크리트
철근콘크리트 부재를 공장에서 미리 제작 및 양생하는 것으로, 현장으로 운반해서 조립하여 시공한다. 공장에서 생산하여 공기단축, 비용절감, 품질관리가 용이한 장점이 있다.

CHAPTER 04 연습문제

제4장 **시멘트와 콘크리트**

01 건축재료에 사용되는 시멘트의 비중은?
① 2.5~2.65
② 2.05~2.15
③ 3.05~3.15
④ 4.05~4.15

02 시멘트의 단위용적 중량은 얼마인가?
① 1,200kg/m³
② 1,300kg/m³
③ 1,400kg/m³
④ 1,500kg/m³

03 시멘트의 분말도가 높을수록 발생되는 현상으로 잘못된 것은?
① 수축균열의 발생을 억제시킨다.
② 풍화되기 쉽다.
③ 수화작용이 빠르다.
④ 초기강도가 높다.

04 보통 포틀랜드 시멘트의 배합 후 응결시간으로 옳은 것은?
① 초결 30분 이상, 종결 5시간 이하
② 초결 1시간 이상, 종결 10시간 이하
③ 초결 2시간 이상, 종결 15시간 이하
④ 초결 3시간 이상, 종결 20시간 이하

05 시멘트의 안정성 시험방법으로 옳은 것은?
① 브리넬 경도시험
② 오토클레이브 팽창도시험
③ 슬럼프시험
④ 낙하시험

06 시멘트 모르타르에 사용되는 경화촉진제는?
① 염화칼슘
② 염화칼륨
③ 염화암모니아
④ 염화나트륨

07 시멘트의 성질을 잘못 설명한 것은?
① 보통 포틀랜드 시멘트 한 포의 무게는 40kg이다.
② 시멘트를 쌓아서 보관할 때는 13포대까지 쌓을 수 있다.
③ 분말도가 큰 시멘트일수록 수화반응이 느려 강도의 증진이 작다.
④ 시멘트의 안정성이란 경화 시 팽창하는 정도를 말한다.

08 수화열을 작게 한 시멘트로 매스콘크리트용, 방사능 차폐용으로 사용되는 시멘트는?
① 보통 포틀랜드 시멘트
② 중용열 포틀랜드 시멘트
③ 백색 포틀랜드 시멘트
④ 조강 포틀랜드 시멘트

09 다음 시멘트 중 긴급공사에 가장 적합한 시멘트는?
① 보통 포틀랜드 시멘트
② 중용열 포틀랜드 시멘트
③ 백색 포틀랜드 시멘트
④ 조강 포틀랜드 시멘트

정답 1.③ 2.④ 3.① 4.② 5.② 6.① 7.③ 8.② 9.④

10 구조체에 사용하지 않고 주로 마감용, 인조석의 재료로 사용되는 시멘트는?
① 보통 포틀랜드 시멘트
② 중용열 포틀랜드 시멘트
③ 백색 포틀랜드 시멘트
④ 조강 포틀랜드 시멘트

11 고로 시멘트의 특징으로 잘못된 것은?
① 댐 공사에 많이 사용된다.
② 염분 등 화학성분에 대한 저항성이 크다.
③ 초기강도에 비해 장기강도가 우수하다.
④ 보통 포틀랜드 시멘트보다 비중이 크다.

12 플라이애시 시멘트의 설명으로 잘못된 것은?
① 워커빌리티가 우수하다.
② 초기강도가 우수하다.
③ 수밀성이 우수하다.
④ 수화열이 서서히 발생한다.

13 장기강도의 증진은 없지만 조기강도가 매우 우수하여 긴급공사에 사용되는 시멘트는?
① 고로 시멘트
② 알루미나 시멘트
③ 플라이애시 시멘트
④ 실리카 시멘트

14 철근콘크리트에 사용되는 골재의 설명으로 옳은 것은?
① 골재의 모양은 구형에 가까운 것이 좋다.
② 골재의 표면은 매끈하고 보기 좋은 것이 좋다.
③ 염분이 골고루 섞여 있는 것이 좋다.
④ 잔골재보다 굵은 골재가 많이 섞여야 한다.

15 콘크리트의 성질로 잘못된 것은?
① 인장강도가 우수하다.
② 압축강도가 우수하다.
③ 내화적이다.
④ 내구적이다.

16 골재의 비중이 2.5이면서 단위용적 무게가 1.8kg/L일 때 골재의 공극률은 얼마인가?
① 28%   ② 48%
③ 18%   ④ 36%

해설 공극률={1-(단위용적 중량/비중)}×100

17 크고 작은 골재가 고르게 섞여 있는 정도를 무엇이라고 하는가?
① 공극률
② 입도
③ 혼합률
④ 입자

18 콘크리트의 혼화제 중 미세한 기포를 만들어 동결융해를 방지하고 화학작용에 대한 저항성을 높이기 위해 사용되는 것은?
① 기포제
② AE제
③ 경화촉진제
④ 포졸란

19 콘크리트를 경량화하고 단열, 내화성을 높이기 위해 사용되는 혼화제는?
① 기포제
② AE제
③ 거품제
④ 방수제

정답 10.③ 11.④ 12.② 13.② 14.① 15.① 16.① 17.② 18.② 19.①

20 콘크리트의 물시멘트비(W/C)와 가장 관계가 있는 것은?
① 수명
② 시공연도
③ 강도
④ 공사비

21 콘크리트 강도 중 가장 우수한 것은?
① 인장
② 휨
③ 압축
④ 전단

22 콘크리트의 배합설계과정을 바르게 나타낸 것은?

Ⓐ 요구성능 및 강도 설정
Ⓑ 재료 선정
Ⓒ 배합조건 설정
Ⓓ 계획배합 설정
Ⓔ 현장배합 결정

① Ⓔ→Ⓑ→Ⓒ→Ⓓ→Ⓐ
② Ⓐ→Ⓒ→Ⓑ→Ⓓ→Ⓔ
③ Ⓐ→Ⓑ→Ⓒ→Ⓓ→Ⓔ
④ Ⓑ→Ⓐ→Ⓒ→Ⓔ→Ⓓ

23 다음 그림에서 슬럼프값을 나타낸 것은?

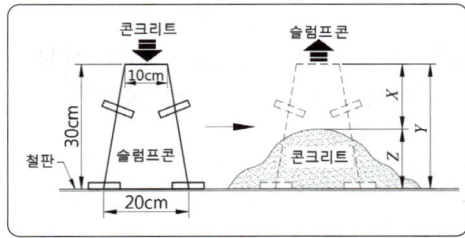

① Y
② Z
③ X
④ X+Y

24 다음 중 콘크리트의 워커빌리티를 시험하는 방법은?
① 체가름시험
② 낙하시험
③ 슬럼프시험
④ 팽창도시험

25 고강도 피아노강선을 사용하는 콘크리트는?
① 프리스트레스트 콘크리트
② 레디믹스트 콘크리트
③ 프리팩트 콘크리트
④ 경량콘크리트

26 거푸집 형틀에 미리 골재를 넣은 후 시멘트 모르타르를 압입시켜 만드는 콘크리트는?
① 프리스트레스트 콘크리트
② 레디믹스트 콘크리트
③ 프리팩트 콘크리트
④ 경량콘크리트

27 포틀랜드 시멘트의 발명과 철근콘크리트 이용법의 시기와 인물이 바르게 나열된 것은?
① 포틀랜드 시멘트 발명-19C 초 애습딘, 철근콘크리트 이용법-19C 중엽 모니에
② 포틀랜드 시멘트 발명-19C 중엽 애습딘, 철근콘크리트 이용법-19C 초 모니에
③ 포틀랜드 시멘트 발명-19C 초 모니에, 철근콘크리트 이용법-19C 중엽 애습딘
④ 포틀랜드 시멘트 발명-19C 중엽 모니에, 철근콘크리트 이용법-19C 초 애습딘

정답 20. ③ 21. ③ 22. ② 23. ④ 24. ③ 25. ① 26. ③ 27. ①

CHAPTER 05 유리, 점토

SECTION 1 유리

(1) 유리 일반
3대 건축재료 중의 하나로 창호 재료에서부터 커튼월까지 다양한 형태로 사용되고 있다.

❶ 주원료
유리는 모래(천연규사)를 주원료로 하며 융해점을 낮추기 위해 유리조각도 사용된다.

❷ 연화점
일반적인 보통유리의 연화점은 740℃이다.

❸ 강도
다른 재료와 달리 창유리의 강도 측정은 휨강도를 기준으로 한다(500~750kg/cm^2).

❹ 투과율
보통유리의 투과율은 90%, 서리유리는 80~85% 정도이다.

❺ 열전도율
보통유리의 전도율은 0.48W/m·K으로 콘크리트의 1/2 수준이다.

❻ 두께
- 박판유리 : 두께 6mm 미만의 유리로 2mm, 3mm, 5mm의 두께가 사용된다.
- 후판유리 : 두께 6mm 이상의 유리로 칸막이벽, 유리문, 가구 등에 사용된다.

(2) 유리 제품의 종류
사용되는 목적과 장소에 따라 다양한 제품들이 사용된다.

❶ 소다석회유리
가장 많이 사용되는 투명유리로 자외선 투과율이 적은 유리다.

❷ 열선흡수유리(단열유리)
철, 니켈, 크롬 등의 재료를 사용해 만든 유리로 엷은 청색을 나타낸다.

❸ 복층유리(페어글라스)
2장이나 3장의 유리를 간격을 두고 만든 유리로 공기층이 생겨 단열효과가 뛰어나다.

❹ 망입유리

철망을 넣은 유리로 파손 시 철망이 남아 도난방지용으로 사용된다.

❺ 강화유리

판유리를 열처리한 것으로 강도는 일반 유리의 3~5배, 충격강도는 7~8배이다. 파손 시 일반 유리처럼 깨지지 않고 모래알처럼 부서지는 것이 특징이다.

❻ 기포유리(폼글라스)

미세한 기포를 삽입한 유리로 단열, 방음성이 우수하나 투과율은 떨어진다.

❼ 프리즘유리

프리즘 원리를 이용하여 만든 유리로 눈부심을 줄이고 광원효과를 높인 유리로 채광용으로 많이 사용된다.

❽ 색유리(스테인드글라스)

유리 표면에 색을 입히거나 색판 조각을 붙여 만든 색유리로 성당, 교회의 장식용 유리로 많이 사용한다.

❾ 접합유리

2장의 유리를 접착제를 사용해 접합한 유리로 파손 시 유리가 비산하는 것을 막을 수 있다.

❿ 유리블록

유리를 사용해 속이 빈 블록이나 벽돌모양으로 만든 제품으로 보온, 장식, 방음용으로 사용된다.

⓫ 안전유리

파손 시 유리가 조각으로 깨져 비산하지 않는 유리로 강화유리, 접합유리, 배강도유리가 해당된다.

⓬ X선 차단유리

산화납(PbO)을 포함시켜 만든 유리로, 병원이나 연구실에 사용된다.

⓭ 로이유리

유리와 유리 사이에 열반사 필름을 넣어 접합한 유리로, 방사율이 낮아 에너지 절약을 목적으로 사용된다.

용어해설

- 배강도유리 : 일반 판유리를 열처리하여 파괴 강도를 높이고 파손 시 파편이 크다.
- 접합유리 : 2장의 유리 사이에 수지층을 넣어 만든 유리로 파손 시 파편이 비산하는 것을 막는다.

SECTION 2 점토

(1) 점토 일반
미세한 흙의 입자로 건조시키면 강성을 가지며 고온에서 구우면 견고하게 굳어지는 재료이다.

❶ 성분

주성분은 규산이며 석영, 적철, 산화철 등이 포함된다. 산화철 성분은 점토의 색상에 영향을 준다(철산화물이 많으면 적색, 석회물질이 많으면 황색).

❷ 비중

점토의 비중은 2.5~2.6 정도이다.

❸ 성질

양질의 점토는 습윤상태에서 점성과 가소성을 나타내고 압축강도는 인장강도의 5배 수준이다.

❹ 제조과정

원료배합 → 반죽 → 성형 → 건조 → 소성

(2) 분류 및 흡수율

점토는 고온에서 소성된 제품일수록 흡수율이 작고, 강도가 높아진다. 토기의 흡수율이 가장 높고 품질은 떨어지며, 자기는 흡수율이 가장 낮고 품질도 우수하다. 점토제품의 소성온도는 저게르추를 사용한다.

구분	소성온도	SK (제게르 추 온도번호)	흡수율
토기	약 800~1,000℃	0.15~0.5	20% 이상
도기	1,100~1,200℃	1~7	10%
석기	1,200~1,300℃	4~12	3~10%
자기	1,250~1,450℃	7~16	0~1%

토기 > 도기 > 석기 > 자기의 순으로 흡수율이 낮다.

> **용어해설**
>
> 제게르 추(Seger cone) : 광물질로 만든 삼각추. 연화온도를 측정하는 고온계로, 독일의 제게르가 고안하였다.

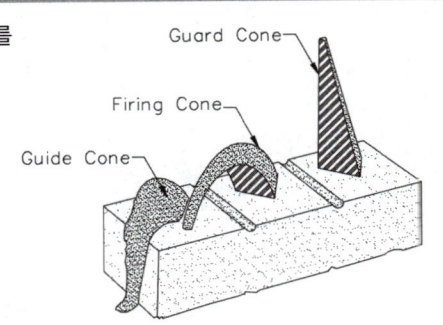

(3) 점토제품

점토는 타일과 위생도기, 장식용품 등으로 만들어진다.
① 토기 : 기와, 벽돌 등
② 도기 : 세면기, 양변기 등 위생도기류
③ 석기 : 클링커 타일, 토관, 꽃병 등 장식용품
④ 자기 : 자기질 타일, 도자기 등

(4) 점토 타일의 종류

① 클링커 타일 : 요철무늬를 넣은 저급품의 바닥타일
② 모자이크 타일 : 욕실 바닥에 많이 사용되는 모자이크 모양의 자기질 타일
③ 보더 타일 : 정사각형 모양이 아닌 가로, 세로의 길이 비율이 3배가 넘는 긴 타일
④ 테라코타 : 양질의 점토를 구워 만들어낸 입체적인 타일로 조각물이나 장식용으로 많이 사용된다.
⑤ 기타 제품
    샤모트 : 소성된 점토를 고운 가루로 분쇄한 재료로, 점성 조절용으로 사용된다.

CHAPTER 05 연습문제

제5장 유리, 점토

01 다음 유리 중 건축물의 창유리로 가장 많이 사용되는 것은?
① 소다석회유리 ② 칼륨유리
③ 석영유리 ④ 망입유리

02 보통 창유리의 강도는 무엇을 기준으로 측정하는가?
① 인장강도 ② 휨강도
③ 압축강도 ④ 전단강도

03 보통 유리의 연화점은 얼마인가?
① 540℃ ② 640℃
③ 740℃ ④ 840℃

04 보통 유리의 열전도율은 콘크리트의 몇 배 정도인가?
① 0.5배 ② 2배
③ 3배 ④ 4배

05 유리 성분 중 자외선을 차단시키는 성분은?
① 산화제이철 ② 황산나트륨
③ 탄산나트륨 ④ 염화칼슘

06 강화유리의 설명으로 잘못된 것은?
① 파괴되면 모래알처럼 부서진다.
② 강도는 일반유리의 5배 정도이다.
③ 열처리 후 가공할 수 없다.
④ 유리 속에 철망을 삽입하여 강도를 높였다.

07 2장이나 3장의 유리를 일정 간격을 두고 내부를 진공상태로 만든 유리로 단열, 차음, 결로방지가 우수한 유리는?
① 복층유리 ② 강화유리
③ 판유리 ④ 접합유리

해설 복층유리는 페어글라스(pair glass)라고도 한다.

08 단열유리의 한 종류로 철, 니켈, 크롬 성분으로 엷은 청색을 띠는 유리는?
① 복층유리 ② 자외선흡수유리
③ 자외선투과유리 ④ 열선흡수유리

09 지하실이나 옥상의 채광용으로 적합한 유리제품은?
① 프리즘타일 ② 폼글라스
③ 글라스 울 ④ 유리블록

해설 프리즘타일은 빛의 확산과 집중원리를 이용하여 만든 유리제품이다.

10 유리에 색을 입힌 것으로 성당의 창이나 상업건축의 장식용으로 사용되는 유리는?
① 페어글라스 ② 폼글라스
③ 스테인드글라스 ④ 유리블록

11 다음 중 점토의 설명으로 옳지 않은 것은?
① 점토의 색상과 관련 있는 성분은 규산이다.
② 점토는 규산 이외에도 석영과 산화철 성분이 포함되어 있다.
③ 흙을 고온에서 구워 굳게 한 재료이다.
④ 점토의 비중은 2.5~2.6 정도이다.

정답 1.① 2.② 3.③ 4.① 5.① 6.④ 7.① 8.④ 9.① 10.③ 11.①

12 점토의 압축강도는 인장강도의 얼마 정도인가?
① 2배　　　② 3배
③ 5배　　　④ 7배

13 점토를 소성하여 분쇄한 재료로 점성을 조절할 때 사용되는 것은?
① 샤모트　　　② 슬래그
③ 펄라이트　　④ 석고

14 점토제품 중에서 소성온도는 가장 높고 흡수율은 가장 낮은 제품은?
① 토기　　　② 도기
③ 석기　　　④ 자기

15 점토제품의 S.K 번호가 의미하는 것은?
① 가격　　　② 소성온도
③ 흡수율　　④ 강도

16 정사각형 모양이 아닌 가로, 세로의 길이 비율이 3배가 넘는 긴 타일은?
① 클링커 타일　　② 모자이크 타일
③ 보더 타일　　　④ 데코 타일

17 양질의 점토를 구워 만들어낸 것으로 조각물이나 장식용으로도 많이 사용되는 것은?
① 자기　　　② 테라코타
③ 보더 타일　④ 도기

정답 12. ③ 13. ① 14. ④ 15. ② 16. ③ 17. ②

06 금속 및 철물

SECTION 1 철강

(1) 철강의 분류

철강은 탄소(C)의 함유량에 따라 구분한다.

구분	탄소함유량	비중
주철(cast iron)	약 2.1 ~ 6.6	약 7.1 ~ 7.5
강(steel)	약 0.025 ~ 2.11	약 7.8

(2) 온도에 의한 강재의 강도

온도	0~250℃	250℃	500℃	600℃	900℃
강도	점점 증가	최대 강도	0℃의 1/2 강도	0℃의 1/3 강도	0℃의 1/10 강도

(3) 열처리법

❶ 불림
가열 후 공기 중에서 서서히 냉각

❷ 풀림
가열 후 노(爐) 속에서 서서히 냉각

❸ 담금질
가열 후 물이나 기름에 급속 냉각

❹ 뜨임
담금질한 다음 200~600℃로 재가열 후 공기 중에서 서서히 냉각(조직을 연화, 안정)

(4) 가공법

❶ 인발 : 철선과 같이 5mm 이하로 형틀을 사용해 가늘게 뽑아내는 방법

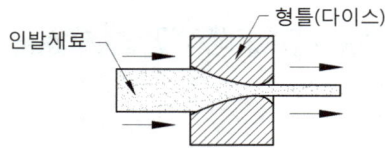

❷ 단조 : 철강을 가열하여 두드림, 압력 등의 힘을 가해 형체를 만드는 방법

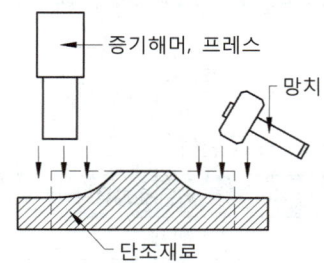

(5) 금속의 부식방지

❶ 부식방지법
- 표면의 습기를 제거하고 깨끗이 한다.
- 표면에 아스팔트 콜타르를 발라준다.
- 금속 종류가 다른 것은 접하지 않게 한다.
- 4산화철과 같은 금속산화물 피막을 만든다.
- 시멘트액 피막을 만든다.

❷ 광명단
철강재의 부식(녹)을 방지하는 페인트로 방청도료로 많이 사용한다.

(6) 응력-변형률 곡선

탄성은 물체에 외력을 가했을 때 변형되지만 그 외력을 제거하면 다시 본래 형태로 되돌아가는 성질이다.

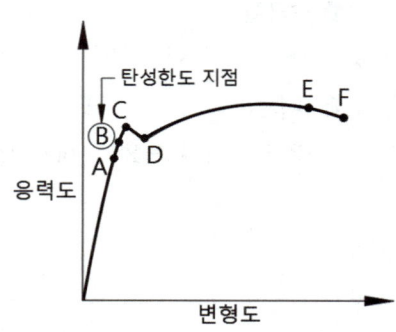

① A : 비례한도가 되는 지점으로 응력과 변형이 비례하는 부분
② B : 탄성한도 지점으로 작용하는 외력을 제거했을 때 변형이 "0"으로 복귀하는 한도 점
③ C : 상항복점
④ D : 하항복점
⑤ E : 최대강도 지점
⑥ F : 파괴강도 지점

> **참고**
> 지속적인 외부 응력이 가해져 탄성한도를 넘으면 변형이 급격히 증가해 포화상태로 되는 것을 항복이라 한다.

(7) 강재의 종류
- 스틸 스트럭처(SS) : 일반구조용 압연강재
- 스틸 뉴(SN) : 건축구조용 압연강재
- 스틸 마린(SM) : 용접구조용 압연강재
- 스틸 파이프 원형(SPS) : 일반구조용 탄소강관
- 스틸 파이프 각형(SPSR, SRT) : 일반구조용 각형 강관
- TMCP : 온도제어 압연강재(극후판 고강도 강재로 초고층 철골건축물에 사용)
- TMCP강의 국내 적용 사례 : 포스코센터, ASEM타워, 목동 하이페리온, 롯데월드타워, 킨텍스, 인천공항 등

SECTION 2 비철금속

(1) 구리(Cu)

❶ 구리의 성질
- 전성과 연성이 커서 늘리거나 펴서 선재, 판재로 가공하기 쉽다.
- 열, 전기의 전도율이 높다.
- 공기 중에서 산화되지는 않으나 습기가 많거나 이산화탄소의 영향을 받으면 청록색의 녹이 발생한다.
- 암모니아, 알칼리, 황산에 취약하다.

❷ 구리의 합금
- 황동 : 구리와 아연을 혼합하여 만든 합금으로 외관이 좋아 창호철물 등에 많이 사용된다.
- 청동 : 구리와 주석을 혼합하여 만든 합금으로 내식성이 크고 주조가 용이하여 건축장식재나 미술공예용으로 많이 사용된다.

(2) 알루미늄(Al)

❶ 알루미늄의 성질
- 은백색을 띠는 금속으로 열전도율이 크고 전성과 연성도 커서 가공성이 좋다.
- 가벼운 무게에 비해 강도가 우수하고 내식성이 크다.
- 산, 알칼리에 약해 다른 금속과 같이 사용할 경우 방식처리를 해야 한다.
- 실내장식재, 가구, 창호 등 다양하게 사용된다.

❷ 알루미늄의 합금
듀랄루민 : 알루미늄에 구리, 마그네슘, 망간을 혼합하여 만든 합금으로 내열성, 내식성이 우수한 고강도의 알루미늄 합금이다.

(3) 기타

❶ 납(Pb, 연)
X선을 차단하는 성능이 우수한 금속

❷ 포금
아연에 납, 구리, 주석을 혼합한 합금으로 주조용으로 사용된다.

❸ 양철판
철판에 주석을 도금한 제품으로 스틸캔 등으로 사용된다.

❹ 함석판
철판에 아연을 도금한 제품으로 지붕의 환기통, 홈통 등에 사용된다.

SECTION 3 창호철물

(1) 문 철물

문을 고정하거나 개폐하는 데 사용되는 철물

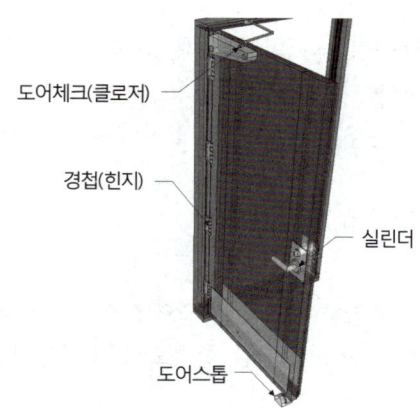

도어체크(클로저)
경첩(힌지)
실린더
도어스톱

❶ 경첩, 자유경첩(hinge)

문과 문틀 사이에 설치되는 철물로 문을 안과 밖으로 개폐할 수 있게 한다.

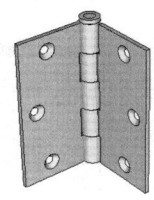

❷ 실린더(cylinder)

잠금장치가 있는 여닫이문의 손잡이 뭉치

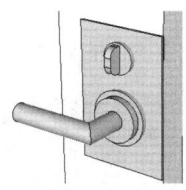

❸ 플로어 힌지(floor hinge)

현관, 상가 등 출입이 잦은 곳의 자재문, 강화도어 바닥에 설치되는 힌지로, 무거운 문을 닫히게 하는 철물이다.

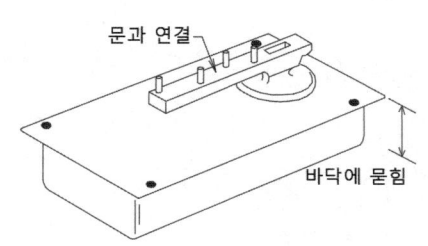

❹ 도어체크(도어클로저)

문 상부에 설치되어 문을 자동으로 닫히게 하는 철물이다.

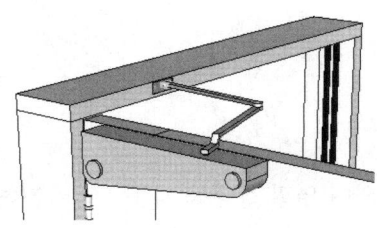

❺ 도어스톱(door stop)

문이 열린 상태가 고정될 수 있도록 지지하는 것으로, 바닥 고정식과 문 고정식이 있다.

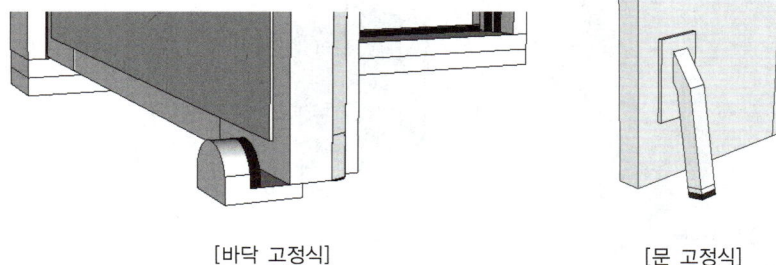

[바닥 고정식]　　　　　　　　　[문 고정식]

❻ 도어캐치(door catch)

여닫이문을 열 때 문 손잡이가 벽에 부딪혀 소음이 나고 파손되는 것을 방지하는 장치

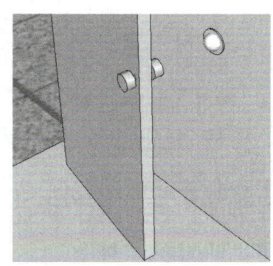

❼ 도어행거

접이문, 주름문, 미닫이문이 이동할 수 있도록 한 장치

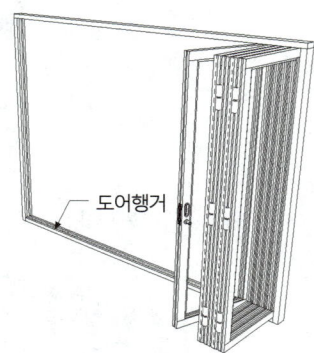

❽ 레버터리 힌지

스프링이 달린 경첩에 의해 열린 상태를 자동으로 유지해 주는 철물로, 공중전화의 문처럼 완전히 닫히지 않게 하는 문에 사용된다.

(2) 창문 및 기타 철물

❶ 크레센트
오르내리창이나 미서기창의 잠금장치로 사용되는 철물이다.

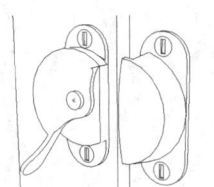 

❷ 멀리언
커튼월 등 창 면적이 클 때 고정시키기 위한 프레임이다.

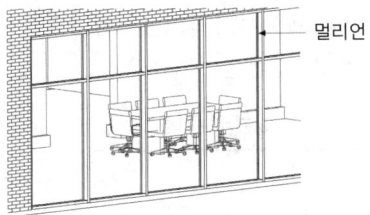

❸ 코너비드
기둥이나 벽의 모서리에 설치하여 미장공사를 쉽게 하고 보호하기 위한 목적으로 사용되는 철물이다.

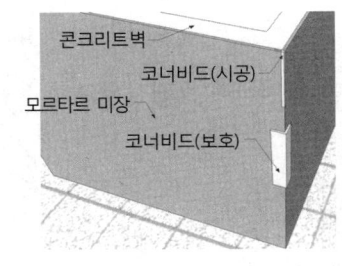 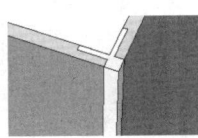

❹ 펀칭메탈
박판(얇은 철판)에 원형이나 마름모 형태 등 다양한 모양을 내어 뚫어 낸 것으로 환기 입구, 덮개, 장식용 소품 등으로 사용된다.

 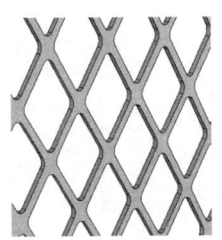

❺ 메탈라스

강판을 잔금으로 갈라 그물모양으로 늘어뜨려 만든 것으로 펜스, 간이계단, 미장바탕 등에 많이 사용된다.

❻ 인서트

콘크리트 슬래브에 행거를 고정시키기 위한 삽입철물로 아래 그림은 경량철골로 된 천장의 행거를 인서트를 사용해 삽입한 모습이다.

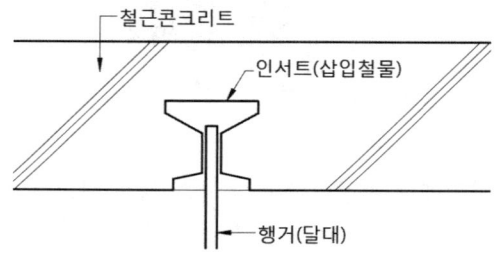

❼ 와이어메시(용접철망)

격자 모양으로 만든 철망으로, 균열을 방지하며 보강블록조와 무근콘크리트의 철근 대용으로 사용된다.

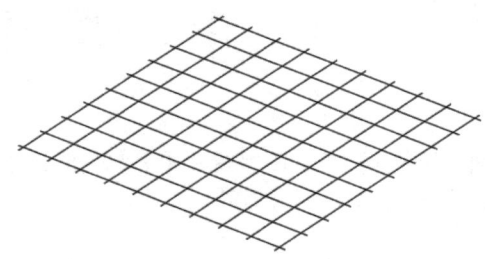

06 연습문제

제6장 금속 및 철물

01 철강의 선철, 강, 순철은 어떤 성분의 함량으로 구분되는가?
① 탄소(C)   ② 황(S)
③ 납(Pb)   ④ 인(P)

02 강재의 강도가 최대일 때의 온도는?
① 0℃   ② 50℃
③ 150℃   ④ 250℃

03 재료의 응력변형에 있어 응력을 가했을 때 변형이 생기지만 그 힘을 제거하면 변형 없이 원형으로 돌아오는 경계점은?
① 항복점   ② 비례한도점
③ 탄성한계점   ④ 강도한계점

04 금속의 열처리방법 중 가열 후 물이나 기름에 급속 냉각시키는 것을 무엇이라 하는가?
① 불림   ② 풀림
③ 담금질   ④ 뜨임

05 금속의 가공법 중 철선과 같이 가늘게 뽑는 방법을 무엇이라 하는가?
① 인발   ② 선발
③ 압축   ④ 세발

06 비철금속 중 황동의 합금재료는?
① 구리+주석   ② 구리+아연
③ 주석+아연   ④ 니켈+아연

07 금속의 부식방지방법으로 잘못된 것은?
① 표면의 습기와 이물질을 제거해 깨끗이 한다.
② 아스팔트 콜타르를 발라준다.
③ 금속 산화물 피막을 만들어 준다.
④ 서로 다른 금속을 이어서 사용한다.

08 알루미늄의 대표적인 합금으로 내열성, 내식성이 우수한 고강도 합금은?
① 듀랄루민
② 강철
③ 스테인리스스틸
④ 함석

09 X선을 차단하는 성능이 우수한 금속은?
① 철   ② 알루미늄
③ 납   ④ 크롬

10 커튼월에 사용되는 프레임으로 창 면적이 클 때 패널을 고정시키기 위한 것은?
① 띠쇠   ② 멀리언
③ 힌지   ④ 인서트

11 콘크리트 슬래브에 행거를 고정시키기 위해 삽입하는 철물은?
① 코너비드   ② 듀벨
③ 힌지   ④ 인서트

정답 1.① 2.④ 3.③ 4.③ 5.① 6.② 7.④ 8.① 9.③ 10.② 11.④

미장, 도장재료(마감재료)

SECTION 1 미장(美匠)재료

흙, 모르타르 등 부착력이 있는 재료를 사용해 바닥, 벽, 천장에 장식과 보호를 목적으로 바르는 재료로, '플라스터'로 불리기도 한다.

(1) 기경성 재료

공기 중의 탄산가스(이산화탄소)와 반응하여 굳는 재료로 석회, 진흙, 회반죽, 돌로마이트 플라스터가 있으며 회반죽이나 진흙은 경화 시 갈라지는 것을 방지하기 위해 풀이나 여물을 넣지만, 돌로마이트는 점성이 좋아 풀을 넣을 필요가 없다.

> **용어해설**
> - 회반죽 : 풀과 여물을 넣은 석회반죽
> - 돌로마이트 플라스터 : 소석회와 수산화 마그네슘을 포함한 백색의 미장재료

(2) 수경성 재료

물과 화학반응하여 굳는 재료로 시멘트와 석고가 있다.

미장재료	기경성	석회질	돌로마이트플라스터, 회반죽, 회사벽
		진흙질	진흙, 황토
	수경성	석고질	석고플라스터, 무수석고
		시멘트질	시멘트모르타르
		인조석	테라초

[미장재료의 구분]

SECTION 2 도장(塗裝)재료

칠을 하여 부식을 막고 바탕을 장식하는 재료로 주로 페인트가 사용된다.

(1) 도장재료의 종류

도장재료는 크게 바니시, 페인트, 에멀션으로 구분되며, 사용되는 용제(희석제)에 따라 수성과 유성으로도 분류된다.

❶ 수성페인트

수용성 교착제를 혼합한 도료로, 대부분 흰색페인트가 많아 색을 내고자 할 경우 조색제를 사용하고, 수성이므로 희석제는 물을 사용한다.

❷ 유성페인트

안료, 건성유 등을 혼합한 산화 건조형 도료로 오일페인트라고 하며, 광택이 나는 견고한 피막이 형성된다. 유성이므로 희석제는 시너(thinner)를 사용한다.

❸ 바니시(varnish)

수지에 휘발성 용제를 혼합한 재료로 흔히 '니스'라고 하며 도막이 투명하고 건조가 느리다.

❹ 에나멜페인트(enamel paint)

니스에 안료를 혼합한 재료로 건조가 빠르고 광택이 우수하여 가구, 차량, 선박 등 다양한 용도로 사용된다.

❺ 래커페인트(lacquer paint)

섬유소에 수지, 가소제, 안료 등을 혼합하여 만든 도료로 빠른 건조와 단단한 도막을 형성한다. 클리어 래커는 도막이 투명하고 건조가 빨라 목재 바탕에 사용된다.

❻ 에멀션페인트(emulsion paint)

수성페인트에 합성수지를 혼합한 페인트로 실내 및 실외 도장에 사용된다.

❼ 광명단(red lead paint)

납을 주성분으로 적색을 띠는 도료로 철재의 부식을 방지하는 데 사용되며 '연단'이라고도 한다.

❽ 오일스테인(oil stain)

유성착색료, 안료를 혼합한 착색제로 목재 바탕에 사용된다.

❾ 기타
- 퍼티(putty) : 도장면의 흠, 구멍, 균열부분을 고르게 메우는 충전재료
- 프라이머(primer) : 도장면을 보호하고, 도료의 부착력을 높이기 위해 도장 전에 바르는 초벌 재료
- 형광도료 : 발광재료를 혼합하여 만든 도료로, 도로용 표지판 등에 사용된다.

(2) 도장방법

❶ 붓칠(brush) : 다양한 크기의 붓으로 도장면이 좁은 부분에 사용된다.

❷ 롤러(paint roller) : 벽면 등 도장면이 평활한 곳에 사용된다.

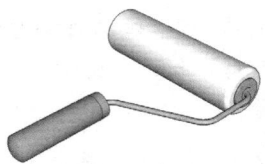

❸ 뿜칠(spray gun) : 분사도장으로 건조가 빠른 도료를 넓은 공간에 도포할 경우 사용된다.

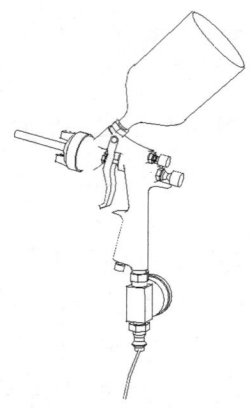

CHAPTER 07 연습문제

제7장 미장, 도장재료(마감재료)

01 건축물의 내부 및 외부의 천장, 벽 등에 롤러나 스프레이건 등을 사용하여 일정한 두께로 마감하는 재료는?
① 접착재료　② 미장재료
③ 도장재료　④ 금속재료

02 다음 미장재료 중 응결방식이 수경성인 재료는?
① 시멘트
② 회반죽
③ 석회
④ 돌로마이트 플라스터

03 회반죽이 경화하는 데 필요한 물질은?
① 공기 중의 산소
② 공기 중의 이산화질소
③ 공기 중의 질소
④ 공기 중의 탄산가스

04 회반죽에 여물을 넣어 사용하는 이유로 올바른 것은?
① 균열을 방지　② 강도를 강화
③ 점성을 향상　④ 경화를 촉진

05 건축도장 공사와 관련된 요구성능으로 관계가 먼 것은?
① 방식　② 방습
③ 방음　④ 방청

06 합성수지 도료의 설명으로 옳지 않은 것은?
① 방화성이 크다.
② 내산, 내알칼리성이 작다.
③ 도막이 견고하다.
④ 건조시간이 빠르다.

07 다음 도료 중 목재의 바탕무늬를 살리기 위해 사용되는 재료는?
① 에나멜페인트　② 래커페인트
③ 수성페인트　④ 클리어래커

08 물에 유성페인트, 수지성 페인트를 혼합하여 만든 액상 페인트로서 칠을 한 후 광택기 나지 않는 도막을 형성하는 것은?
① 바니시　② 셸락
③ 래커　④ 에멀션도료

09 재료와 목적의 연결이 잘못된 것은?
① 오일스테인-착색제
② 크레오소트-용제
③ 퍼티-눈메움제
④ 광명단-방청제

10 도장공사 시 도장면의 흠을 메우고 작업면의 도장이 잘될 수 있도록 바르는 재료는?
① 코킹재료　② 실재
③ 퍼티재료　④ 방청재료

정답 1. ③　2. ①　3. ④　4. ①　5. ③　6. ②　7. ④　8. ④　9. ②　10. ③

아스팔트(역청재료)

SECTION 1 역청재료와 아스팔트 방수

(1) 역청재료(瀝靑材料)

원유의 건류나 증류에 의해 만들어지는 재료로 아스팔트, 콜타르, 피치 등이 있으며 도로의 포장, 방수, 방부, 방진 등에 사용되는 재료이다.

(2) 아스팔트 방수

아스팔트 방수는 8층으로 구성된다. 시공 시 가장 먼저 모르타르 마감면에 아스팔트 프라이머를 도포하고 아스팔트 펠트와 루핑을 3겹으로 깔아 구성한다. 누수를 방지하기 위해 옥상 부분의 난간벽과 같은 부분은 방수층을 수직으로 30~40cm 치켜올려 준다.

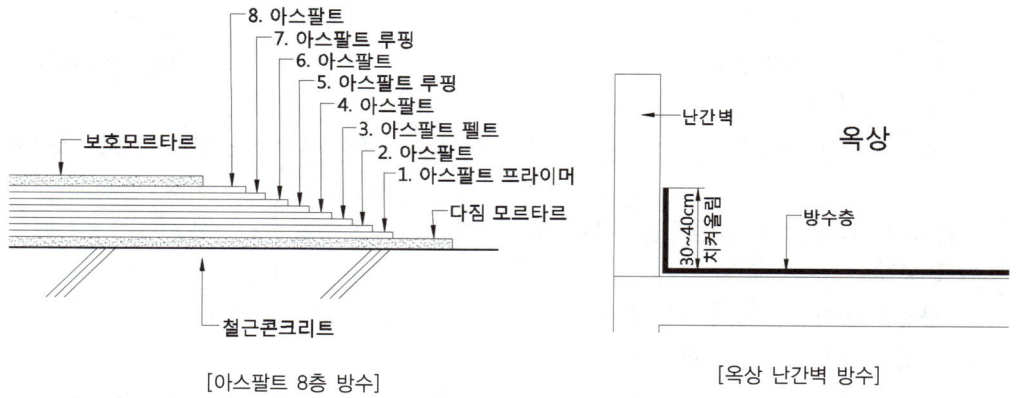

[아스팔트 8층 방수]   [옥상 난간벽 방수]

용어해설
- 아스팔트 프라이머 : 아스팔트를 휘발성 용제로 녹인 것으로 작업면의 접착력을 높이기 위해 사용된다.
- 아스팔트 펠트 : 목면, 양목 등을 사용한 원지에 스트레이트 아스팔트를 침투시켜 만든 방수재
- 아스팔트 루핑 : 펠트 양면에 블로운 아스팔트로 피복하고 표면에 방지제를 살포한 제품

[펠트 시공 1]

[펠트 시공 2]

(3) 아스팔트 8층 방수의 시공

❶ 유형 A

아스팔트 프라이머 → 아스팔트 → <u>아스팔트 펠트</u> → 아스팔트 → 아스팔트 루핑 → 아스팔트 → 아스팔트 루핑 → 아스팔트

❷ 유형 B

아스팔트 프라이머 → 아스팔트 → <u>아스팔트 루핑</u> → 아스팔트 → 아스팔트 루핑 → 아스팔트 → 아스팔트 루핑 → 아스팔트

❸ 아스팔트의 품질검사

- 신도(伸度) : 점성이 있는 고체의 재료가 장력에 의해 길게 늘어나 끊어지는 척도
- 침입도(針入度) : 규정된 온도, 하중, 시간에 침이 시험재료 속으로 침투되는 길이를 측정
- 감온비(減溫比) : 온도에 따른 점도, 경도 등의 영향

SECTION 2 아스팔트 종류와 제품

(1) 석유계 아스팔트

❶ 스트레이트 아스팔트

아스팔트 펠트, 루핑의 바탕 침투제 및 지하실 방수공사에 사용된다.

❷ 블로운 아스팔트

아스팔트 루핑의 표층, 지붕과 옥상 방수 및 아스콘의 재료로 사용된다.

❸ 아스팔트 컴파운드

블로운 아스팔트를 개선한 것으로, 방수제로 사용된다.

(2) 천연 아스팔트

천연 아스팔트로는 레이크 아스팔트가 대표적이다.

❶ 레이크 아스팔트
연화점과 감온성이 낮아 포장, 방수용으로 사용된다.

❷ 록 아스팔트
역청의 함량이 일정하지 않아 품질이 고르지 못하다.

❸ 아스팔타이트
페인트, 왁스, 타일 등의 바닥재료로 사용된다.

(3) 아스팔트 제품

❶ 아스팔트 펠트
목면, 양모, 폐지 등을 혼합해 만든 원지에 아스팔트를 침투시킨 펠트(두루마리 형태)

❷ 아스팔트 루핑
펠트 양면을 블로운 아스팔트로 피복하고 표면에 방지제를 살포한 제품

❸ 아스팔트 싱글
목면, 양모, 폐지 등을 혼합해 만든 원지에 아스팔트를 도포 및 착색한 지붕마감재료

CHAPTER 08 연습문제

제8장 아스팔트(역청재료)

01 아스팔트, 콜타르, 피치 등이 있으며 도로의 포장, 방수, 방부, 방진 등에 사용되는 재료를 무엇이라 하는가?
① 역청재료　② 미장재료
③ 마감재료　④ 퍼티재료

02 아스팔트 8층 방수에서 펠트와 루핑은 몇 겹으로 구성되는가?
① 2겹　② 3겹
③ 4겹　④ 5겹

03 옥상에 아스팔트 방수를 할 경우 적절한 치켜 올림 높이는?
① 10~20cm
② 20~30cm
③ 30~40cm
④ 40~50cm

04 아스팔트의 품질검사 내용이 아닌 것은?
① 감온비　② 침입도
③ 신도　④ 열전도

05 다음 재료 중 천연 아스팔트가 아닌 것은?
① 블로운 아스팔트
② 레이크 아스팔트
③ 록 아스팔트
④ 아스팔타이트

06 아스팔트 제품 중 원지에 아스팔트를 도포 및 착색한 것으로 지붕마감 재료로 사용되는 것은?
① 아스팔트 루핑
② 아스팔트 싱글
③ 아스팔트 펠트
④ 아스콘

07 아스팔트를 휘발성 용제로 녹인 것으로 작업면의 접착력을 높이기 위해 사용되는 재료는?
① 아스팔트 펠트
② 아스팔트 루핑
③ 아스팔트 프라이머
④ 아스팔트 싱글

정답 1.① 2.② 3.③ 4.④ 5.① 6.② 7.③

CHAPTER 09 합성수지 및 기타 재료

SECTION 1 합성수지

섬유, 석탄, 석유 등의 원료를 합성하여 만든 고분자화합물로, 흔히 플라스틱이라 불리며 접착제·건축자재 등으로 많이 사용된다.

(1) 열경화성수지

열을 받으면 단단하게 굳어지는 합성수지로 열을 가해 한 번 성형하면 다시 변형시킬 수 없다.

❶ 실리콘수지
  내수성과 내열성이 높은 수지로 접착력이 우수하여 틈을 메우는 코킹 및 실(seal)재료로 사용된다.

❷ 에폭시수지
  내산, 내식, 내알칼리성이 우수하고, 콘크리트의 균열, 금속의 이음(접착), 항공기 조립 접착에 사용된다.

❸ 페놀수지
  60% 이상의 수지가 전기, 통신 재료로 사용되며, 내수합판, 페인트, 접착재로도 사용된다.

❹ 폴리에스테르수지
  FRP(강화플라스틱)의 재료로 물탱크, 소형 선박, 건축자재로 사용된다.

❺ 멜라민수지
  열과 산에 강하고 전기적 성질도 우수하여 식기, 잡화, 전기 기기 등의 성형재로 사용된다.

❻ 요소수지
  요소와 포르말린으로 만든 것으로, 일용품·장식품·목공용 접착제 등에 사용된다.

(2) 열가소성수지

열을 가하면 녹는 수지로, 열을 가해 성형한 후에도 다시 열을 가해 형태를 변형시킬 수 있다.

① 염화비닐수지
흔히 PVC라 하며 가공이 용이하고 내수, 내화학성이 크다.

② 아크릴수지
무색 투명한 수지로 접착제, 도료, 조명기구 등에 사용된다.

③ 폴리에틸렌수지
에틸렌에서 추출하는 수지로 용기, 식기 등 다양한 용도로 사용된다.

④ 폴리프로필렌수지
프로필렌에서 추출하는 수지로 섬유, 의류, 잡화 등에 사용된다.

SECTION 2 기타 재료

(1) 지붕재료

지붕의 마감재는 기와, 슬레이트, 싱글 등 다양하며 지붕의 형태와 지붕에 사용되는 재료에 따라 지붕의 물매가 달라진다.

> **용어해설**
> 물매 : 지붕의 경사도를 나타내는 용어로 가로 10을 기준으로 하여 세로값의 비로 표기한다.

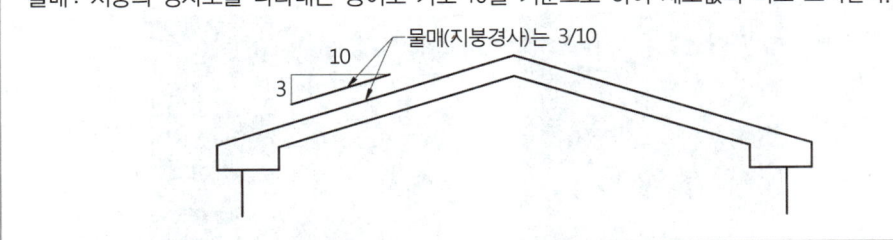

① 슬레이트
골이 있는 판으로, 소형과 대형으로 구분되며 지붕재료로 많이 사용된다. 종류는 천연슬레이트와 석면슬레이트로 나누어지며 천연슬레이트의 경우 주성분은 점판암, 석면슬레이트는 시멘트와 석면을 주재료로 한다. 소형의 적정 물매는 5/10, 대형은 3/10 정도이다.

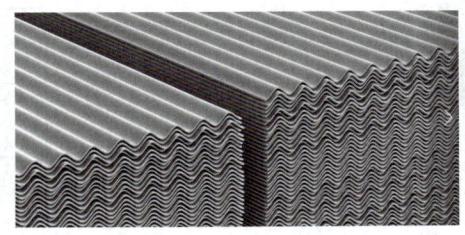

❷ 기와

지붕을 잇는 마감재로 재료에 따라 토기와, 시멘트기와, 금속기와, 플라스틱 경량기와 등으로 나눈다. 시멘트기와의 물매는 3.5/10~4/10, 금속판기와는 2.5/10 정도이다.

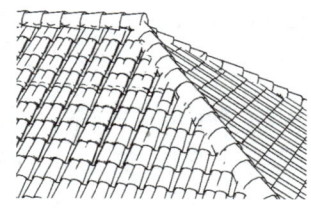 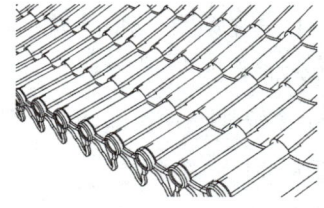

❸ 루프드레인

지붕 위 홈통 입구에 설치되어 이물질을 걸러내 빗물이 잘 흘러가게 하는 철물

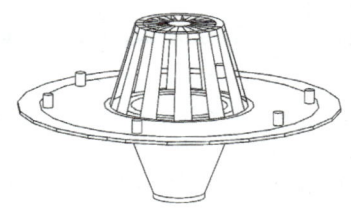 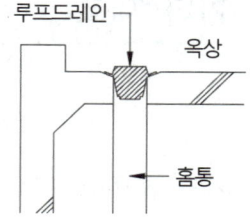

❹ 함석

아연으로 도금한 철판으로 덕트, 차양, 홈통, 후드, 지붕재료 등 다양하게 사용된다.

(2) 지붕 형태

❶ 박공지붕

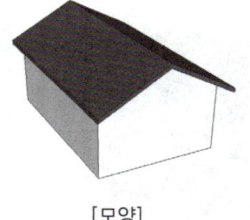 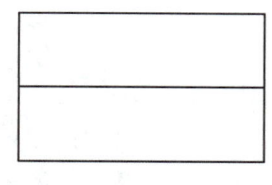

[모양]　　　　　　　　　　　　　[평면]

❷ 모임지붕

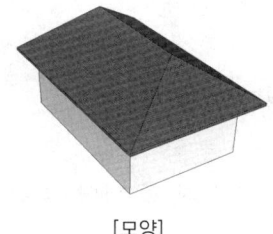

[모양]　　　　　　　　　　　　　　[평면]

❸ 합각지붕

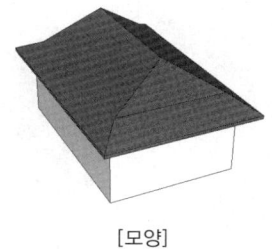 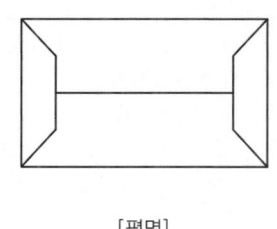

[모양]　　　　　　　　　　　　　　[평면]

❹ 솟을지붕

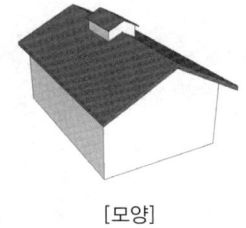 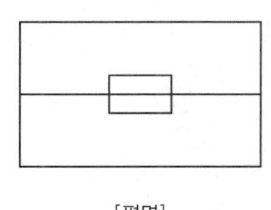

[모양]　　　　　　　　　　　　　　[평면]

❺ 꺾인지붕

[모양]　　　　　　　　　　　　　　[평면]

(3) 보온 단열재

일정한 온도를 유지하기 위해 사용되는 재료로 외기에 접하는 부분인 외벽이나 지붕 등에 시공하여 열손실을 줄여준다. 암면, 코르크, 글래스 울, 발포 스티롤 등 다양한 재료를 사용한다.

(4) 골재

모르타르나 콘크리트에 사용되는 모래나 자갈을 골재라 한다.

❶ 질석

단열용 충전재, 시멘트 모르타르의 골재로 사용된다.

❷ 펄라이트

흑요석, 진주암이 원료이며 경량골재, 콘크리트의 골재 및 단열, 흡음재로도 사용된다.

CHAPTER 09 연습문제

제9장 합성수지 및 기타 재료

01 다음 중 열경화성수지가 아닌 것은?
① 실리콘수지
② 페놀수지
③ 에폭시수지
④ 아크릴수지

02 다음 중 접착력이 우수하여 금속 및 항공기 조립 접합에 사용되는 것은?
① 실리콘수지
② 페놀수지
③ 에폭시수지
④ 아크릴수지

03 다음 중 열가소성수지가 아닌 것은?
① 염화비닐
② 폴리에스테르
③ 폴리에틸렌
④ 폴리프로필렌

04 다음 중 지붕재료와 물매가 적절치 않은 것은?
① 소형 슬레이트 – 5/10
② 대형 슬레이트 – 3/10
③ 시멘트기와 – 3.5/10
④ 금속기와 – 4/10

05 지붕에 설치되어 홈통에 유입되는 이물질을 걸러내는 철물은?
① 긴결철물
② 루프드레인
③ 아스팔트싱글
④ 선홈통

06 다음 평면 중 합각지붕의 평면형태는?
① 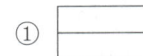 ②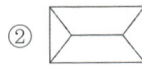
③ 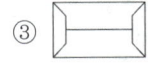 ④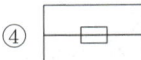

07 콘크리트나 모르타르에 사용되는 모래나 자갈을 무엇이라 하는가?
① 혼화재　　② 돌
③ 충전재　　④ 골재

08 건축재료 중 일정한 온도를 유지하기 위해 사용되는 재료로 외기에 접하는 부분에 시공하여 열손실을 줄여주는 재료는?
① 단열재　　② 차단재
③ 차음재　　④ 발열재

정답 1.④ 2.③ 3.② 4.④ 5.② 6.③ 7.④ 8.①

Part 04 단/원/평/가

01 벽돌 온장의 3/4 크기를 의미하는 벽돌의 명칭은?
① 반절 ② 이오토막
③ 반반절 ④ 칠오토막

02 목재에 관한 설명 중 옳지 않은 것은?
① 섬유포화점 이하에서는 함수율이 감소할수록 목재강도는 증가한다.
② 섬유포화점 이상에서는 함수율이 증가해도 목재강도는 변화가 없다.
③ 가력방향이 섬유에 평행할 경우 압축강도가 인장강도보다 크다.
④ 심재는 일반적으로 변재보다 강도가 크다.

03 다음 점토제품 중 흡수율이 가장 작은 것은?
① 토기 ② 석기
③ 도기 ④ 자기

04 다음 경질 섬유판에 대한 설명으로 옳지 않은 것은?
① 식물섬유를 주원료로 하여 성형한 판이다.
② 신축의 방향성이 크며 소프트 텍스라고도 불린다.
③ 비중이 0.8 이상으로 수장판으로 사용된다.
④ 연질, 반경질 섬유판에 비하여 강도가 우수하다.

05 페인트 안료 중 산화철과 연단은 어떤 색을 만드는 데 쓰이는가?
① 백색 ② 흑색
③ 적색 ④ 황색

> 힌트 산화철 성분이 많이 포함된 재료는 적색을 띤다.

06 회반죽 바름이 공기 중에서 경화되는 과정을 가장 옳게 설명한 것은?
① 물이 증발하여 굳어진다.
② 물과의 화학적인 반응을 거쳐 굳어진다.
③ 공기 중 산소와의 화학작용을 통해 굳어진다.
④ 공기 중 탄산가스와의 화학작용을 통해 굳어진다.

07 합성수지의 종류별 연결이 옳지 않은 것은?
① 열경화성수지 – 멜라민수지
② 열경화성수지 – 폴리에스테르수지
③ 열가소성수지 – 폴리에틸렌수지
④ 열가소성수지 – 실리콘수지

08 다공질벽돌에 관한 설명 중 옳지 않은 것은?
① 방음, 흡음성이 좋지 않고 강도도 약하다.
② 점토에 분탄, 톱밥 등을 혼합하여 소성한다.
③ 비중은 1.5 정도로 가볍다.
④ 톱질과 못치기가 가능하다.

정답 1. ④ 2. ③ 3. ④ 4. ② 5. ③ 6. ④ 7. ④ 8. ①

09 공사현장 등의 사용장소에서 필요에 따라 만드는 콘크리트가 아니고, 주문에 의해 공장생산 또는 믹싱차량으로 제조하여 사용현장에 공급하는 콘크리트는?

① 레디믹스트 콘크리트
② 프리스트레스트 콘크리트
③ 한중 콘크리트
④ AE 콘크리트

10 원유를 증류하고 피치가 되기 전에 유출량을 제한하여 잔류분을 반고체형으로 고형화시켜 만든 것으로 지하실 방수공사에 사용되는 것은?

① 스트레이트 아스팔트
② 블로운 아스팔트
③ 아스팔트 컴파운드
④ 아스팔트 프라이머

11 시멘트의 강도에 영향을 주는 주요 요인이 아닌 것은?

① 시멘트 분말도
② 비빔장소
③ 시멘트 풍화 정도
④ 사용하는 물의 양

12 합성수지 주원료가 아닌 것은?

① 석재 ② 목재
③ 석탄 ④ 석유

13 도장의 목적과 관계하여 도장재료에 요구되는 성능과 가장 거리가 먼 것은?

① 방음 ② 방습
③ 방청 ④ 방식

14 철근콘크리트의 단위용적 중량은 얼마인가?

① $2.4t/m^3$ ② $2.3t/m^3$
③ $2.2t/m^3$ ④ $2.1t/m^3$

🔒힌트 철근콘크리트의 단위용적 중량은 콘크리트에 철근 중량이 포함되므로 무근콘크리트보다 $0.1t/m^3$ 크다.
• 무근콘크리트 : $2.3t/m^3$
• 철근콘크리트 : $2.4t/m^3$

15 돌로마이트에 화강석 부스러기, 모래, 안료 등을 섞어 정벌바름하고 충분히 굳지 않을 때 표면에 거친 솔, 얼레빗 등을 사용하여 거친면으로 마무리하는 방법은?

① 질석 모르타르 바름
② 펄라이트 모르타르 바름
③ 바라이트 모르타르 바름
④ 리신 바름

🔒힌트 리신 바름(lithin coat) : 돌로마이트에 화강석 부스러기를 섞어 바를 수 있는 마감재료

16 목재에 대한 장·단점을 설명한 것으로 옳지 않은 것은?

① 중량에 비해 강도와 탄성이 작다.
② 가공성이 좋다.
③ 충해를 입기 쉽다.
④ 건조가 불충분한 것은 썩기 쉽다.

17 점토벽돌 중 매우 높은 온도로 구워 낸 것으로 모양이 좋지 않고 빛깔은 짙으나 흡수율이 매우 적고 압축강도가 매우 큰 벽돌을 무엇이라 하는가?

① 이형벽돌
② 과소품 벽돌
③ 다공질 벽돌
④ 포도 벽돌

18 건축재료의 사용목적에 의한 분류에 속하지 않는 것은?
① 구조재료 ② 인공재료
③ 마감재료 ④ 차단재료

19 점토를 한 번 소성하여 분쇄한 것으로서 점성 조절재로 이용되는 것은?
① 질석 ② 샤모테
③ 돌로마이트 ④ 고로슬래그

20 유기재료에 속하는 건축재료는?
① 철재 ② 석재
③ 아스팔트 ④ 알루미늄

21 1종 점토벽돌의 압축강도 기준으로 옳은 것은?
① 10.78N/mm² 이상
② 20.59N/mm² 이상
③ 24.50N/mm² 이상
④ 26.58N/mm² 이상

22 유리블록에 대한 설명으로 옳지 않은 것은?
① 장식효과를 얻을 수 있다.
② 단열성은 우수하나 방음성이 취약하다.
③ 정방형, 장방형, 둥근형 등의 형태가 있다.
④ 대형 건물 지붕 및 지하층 천장 등 자연광이 필요한 것에 적합하다.

23 연강판에 일정한 간격으로 금을 내고 늘려서 그물코 모양으로 만든 것으로 모르타르 바탕에 쓰이는 금속제품은?
① 메탈라스
② 펀칭메탈
③ 알루미늄판
④ 구리판

24 시멘트의 응결 및 경화에 영향을 주는 요인 중 가장 거리가 먼 것은?
① 시멘트의 분말도
② 온도
③ 습도
④ 바람

25 결로현상 방지에 가장 좋은 유리는?
① 망입유리 ② 무늬유리
③ 복층유리 ④ 착색유리

26 강의 열처리방법 중 담금질에 의하여 감소하는 것은?
① 강도 ② 경도
③ 신장률 ④ 전기저항

27 건축물의 용도와 바닥재료의 연결 중 적합하지 않은 것은?
① 유치원의 교실 - 인조석 물갈기
② 아파트의 거실 - 플로어링 블록
③ 병원의 수술실 - 전도성 타일
④ 사무소 건물의 로비 - 대리석

🔒 힌트 유치원의 벽과 바닥은 안전사고를 방지하기 위해 충격흡수가 우수한 재료를 사용한다.

28 양털, 무명, 삼 등을 혼합하여 만든 원지에 스트레이트 아스팔트를 침투시켜 만든 두루마리 제품은?
① 아스팔트 싱글 ② 아스팔트 루핑
③ 아스팔트 타일 ④ 아스팔트 펠트

29 나무조각에 합성수지계 접착제를 섞어서 고열·고압으로 성형한 것은?
① 코르크 보드 ② 파티클 보드
③ 코펜하겐 리브 ④ 플로어링 보드

정답 18.② 19.② 20.③ 21.③ 22.② 23.① 24.④ 25.③ 26.③ 27.① 28.④ 29.②

30 점토벽돌의 품질 결정에 가장 중요한 요소는?
① 압축강도와 흡수율
② 제품치수와 함수율
③ 인장강도와 비중
④ 제품모양과 색상

31 블리딩(bleeding)과 크리프(creep)에 대한 설명으로 옳은 것은?
① 블리딩이란 굳지 않은 모르타르나 콘크리트에 있어서 윗면으로 물이 상승하는 현상을 말한다.
② 블리딩이란 콘크리트의 수화작용에 의하여 경화하는 현상을 말한다.
③ 크리프란 하중이 일시적으로 작용하면 콘크리트의 변형이 증가하는 현상을 말한다.
④ 크리프란 블리딩에 의하여 콘크리트 표면에 떠올라 침전된 물질을 말한다.

32 금속에 열을 가했을 때 녹는 온도를 용융점이라 하는데 용융점이 가장 높은 금속은?
① 수은   ② 경강
③ 스테인리스강   ④ 텅스텐

33 다공질이며 석질이 균일하지 못하고 암갈색의 무늬가 있는 것으로 물갈기를 하면 평활하고 광택이 나는 부분과 구멍과 골이 진 부분이 있어 특수한 실내장식재로 이용되는 것은?
① 테라초   ② 트래버틴
③ 펄라이트   ④ 점판암

34 모자이크타일의 재질로 가장 좋은 것은?
① 토기   ② 자기
③ 석기   ④ 도기

35 콘크리트의 강도 중에서 가장 큰 것은?
① 인장강도   ② 전단강도
③ 휨강도   ④ 압축강도

36 혼화재료 중 혼화재에 속하는 것은?
① 포졸란   ② AE제
③ 감수제   ④ 기포제

37 공동(空胴)의 대형 점토제품으로서 주로 장식용으로 난간벽, 돌림대, 창대 등에 사용되는 것은?
① 이형벽돌   ② 포도벽돌
③ 테라코타   ④ 테라초

38 다음 수종 중 침엽수가 아닌 것은?
① 소나무   ② 삼송나무
③ 잣나무   ④ 단풍나무

39 실리카시멘트에 대한 설명 중 옳은 것은?
① 보통 포틀랜드 시멘트에 비해 초기강도가 크다.
② 화학적 저항성이 크다.
③ 보통 포틀랜드 시멘트에 비해 장기강도는 작은 편이다.
④ 긴급공사용으로 적합하다.

40 점토제품의 제법순서를 옳게 나열한 것은?

| ㉠ 반죽 | ㉡ 성형 | ㉢ 건조 |
| ㉣ 원토처리 | ㉤ 원료배합 | ㉥ 소성 |

① ㉣-㉤-㉠-㉡-㉢-㉥
② ㉠-㉡-㉢-㉣-㉤-㉥
③ ㉡-㉢-㉥-㉣-㉤-㉠
④ ㉢-㉥-㉤-㉡-㉣-㉠

정답 30.① 31.① 32.④ 33.② 34.② 35.④ 36.① 37.③ 38.④ 39.② 40.①

41 목재의 방부제 중 수용성 방부제에 속하는 것은?
① 크레오소트 오일
② 불화소다 2% 용액
③ 콜타르
④ PCP

42 목재의 섬유 평행방향에 대한 강도 중 가장 약한 것은?
① 휨강도 ② 압축강도
③ 인장강도 ④ 전단강도

43 탄소함유량이 증가함에 따라 철에 끼치는 영향으로 옳지 않은 것은?
① 연신율의 증가
② 항복강도의 증가
③ 경도의 증가
④ 용접성의 저하

44 미장재료에 대한 설명 중 옳은 것은?
① 회반죽에 석고를 약간 혼합하면 경화속도, 강도가 감소하며 수축균열이 증대된다.
② 미장재료는 단일재료로서 사용되는 경우보다 주로 복합재료로서 사용된다.
③ 결합재에는 여물, 풀 등이 있으며 이것은 직접 고체화에 관계한다.
④ 시멘트 모르타르는 기경성 미장재료로서 내구성 및 강도가 크다.

45 구조재료에 요구되는 성질과 가장 관계가 먼 것은?
① 재질이 균일하여야 한다.
② 강도가 큰 것이어야 한다.
③ 탄력성이 있고 자중이 커야 한다.
④ 가공이 용이한 것이어야 한다.

46 목재의 기건상태의 함수율은 평균 얼마 정도인가?
① 5% ② 10%
③ 15% ④ 30%

47 시멘트의 저장방법 중 틀린 것은?
① 주위에 배수 도랑을 두고 누수를 방지한다.
② 채광과 공기순환이 잘 되도록 개구부를 최대한 많이 설치한다.
③ 3개월 이상 경과한 시멘트는 재시험을 거친 후 사용한다.
④ 쌓기 높이는 13포 이하로 하며, 장기간 보관할 경우 7포 이하로 한다.

48 다음 도료 중 안료가 포함되어 있지 않은 것은?
① 유성페인트 ② 수성페인트
③ 합성수지도료 ④ 유성바니시

49 금속의 부식방지법으로 틀린 것은?
① 상이한 금속은 접촉시켜 사용하지 말 것
② 균질의 재료를 사용할 것
③ 부분적인 녹은 나중에 처리할 것
④ 청결하고 건조상태를 유지할 것

50 콘크리트 강도에 대한 설명 중 옳은 것은?
① 물-시멘트비가 가장 큰 영향을 준다.
② 압축강도는 전단강도의 1/10~1/15 정도로 작다.
③ 일반적으로 콘크리트의 강도는 인장강도를 말한다.
④ 시멘트의 강도는 콘크리트의 강도에 영향을 끼치지 않는다.

정답 41. ② 42. ④ 43. ① 44. ② 45. ③ 46. ③ 47. ② 48. ④ 49. ③ 50. ①

51 블로운 아스팔트를 휘발성 용제로 희석한 흑갈색의 액체로서, 콘크리트, 모르타르 바탕에 아스팔트 방수층 또는 아스팔트 타일 붙이기 시공을 할 때 사용되는 것은?
① 아스팔트 코팅 ② 아스팔트 펠트
③ 아스팔트 루핑 ④ 아스팔트 프라이머

52 합성수지 재료는 어떤 물질에서 얻는가?
① 가죽   ② 유리
③ 고무   ④ 석유

53 수장용 금속제품에 대한 설명으로 옳은 것은?
① 줄눈대 - 계단의 디딤판 끝에 대어 오르내릴 때 미끄럼을 방지한다.
② 논슬립 - 단면형상이 L형, I형 등이 있으며, 벽, 기둥 등의 모서리 부분에 사용된다.
③ 코너비드 - 벽, 기둥 등의 모서리 부분에 미장 바름을 보호하기 위해 사용된다.
④ 듀벨 - 천장, 벽 등에 보드를 붙이고, 그 이음새를 감추는 데 사용된다.

54 목재의 장점에 해당하는 것은?
① 내화성이 좋다.
② 재질과 강도가 일정하다.
③ 외관이 아름답고 감촉이 좋다.
④ 함수율에 따라 팽창과 수축이 작다.

55 목조 주택의 건축용 외장재로만 사용되고 있으나, 표면의 독특한 질감과 문양으로 인해 그 자체가 최종 마감재로 사용되는 경우도 있고 직사각형 모양의 얇은 나무조각을 서로 직각으로 겹쳐지게 배열하고 내수수지로 압착 가공한 판넬을 의미하는 것은?
① 코어합판   ② OSB합판
③ 집성목   ④ 코펜하겐 리브

56 다음 중 내화도가 가장 큰 석재는?
① 화강암   ② 대리석
③ 석회암   ④ 응회암

57 건축재료 중 구조재로 사용할 수 없는 것끼리 짝지어진 것은?
① H형강 - 벽돌
② 목재 - 벽돌
③ 유리 - 모르타르
④ 목재 - 콘크리트

58 목재의 기건상태는 보통 함수율이 몇 %일 때를 기준으로 하는가?
① 0%
② 15%
③ 30%
④ 함수율과 관계없다.

59 목재에 관한 설명 중 틀린 것은?
① 온도에 대한 신축이 비교적 작다.
② 외관이 아름답다.
③ 중량에 비하여 강도와 탄성이 크다.
④ 재질, 강도 등이 균일하다.

60 다음 중 혼합시멘트에 속하지 않는 것은?
① 보통 포틀랜드 시멘트
② 고로 시멘트
③ 착색 시멘트
④ 플라이애시 시멘트

61 벽돌 마름질과 관련하여 다음 중 전체적인 크기가 가장 큰 토막은?
① 이오토막   ② 반토막
③ 반반절   ④ 칠오토막

정답 51. ④ 52. ④ 53. ③ 54. ③ 55. ② 56. ① 57. ③ 58. ② 59. ④ 60. ① 61. ④

62 석재의 종류 중 변성암에 속하는 것은?
① 섬록암　　② 화강암
③ 사문암　　④ 안산암

63 AE제를 콘크리트에 사용하는 가장 중요한 목적은?
① 콘크리트의 강도를 증진하기 위해서
② 동결융해작용에 대하여 내구성을 가지기 위해서
③ 블리딩을 감소시키기 위해서
④ 염류에 대한 화학적 저항성을 크게 하기 위해서

64 비철금속 중 구리에 대한 설명으로 틀린 것은?
① 알칼리성에 대해 강하므로 콘크리트 등에 접하는 곳에 사용이 용이하다.
② 건조한 공기 중에서 산화하지 않으나, 습기가 있거나 탄산가스가 있으면 녹이 발생한다.
③ 연성이 뛰어나고 가공성이 풍부하다.
④ 건축용으로는 박판으로 제작하여 지붕재료로 이용된다.

65 오토클레이브(autoclave) 팽창도 시험은 시멘트의 무엇을 알아보기 위한 것인가?
① 풍화　　② 안정성
③ 비중　　④ 분말도

66 건설공사 표준품셈에 따른 기본벽돌의 크기로 옳은 것은?
① 210mm×100mm×60mm
② 210mm×100mm×57mm
③ 190mm×90mm×57mm
④ 190mm×90mm×60mm

67 미장재료 중 균열 발생이 가장 적은 것은?
① 돌로마이트 플라스터
② 석고 플라스터
③ 회반죽
④ 시멘트 모르타르

68 실을 뽑아 직기에서 제직을 거친 벽지는?
① 직물벽지　　② 비닐벽지
③ 종이벽지　　④ 발포벽지

69 물의 중량이 540kg이고 물시멘트비가 60%일 경우 시멘트의 중량은?
① 3,240kg　　② 1,350kg
③ 1,100kg　　④ 900kg

🔒 힌트 물의 중량 / 물시멘트비 = 시멘트 중량

70 벤젠과 에틸렌으로부터 만든 것으로 벽, 타일, 천장재, 블라인드, 도료, 전기용품으로 쓰이며, 특히 발포제품은 저온 단열재로 널리 쓰이는 수지는?
① 아크릴수지　　② 염화비닐수지
③ 폴리스티렌수지　　④ 폴리프로필렌수지

정답 62. ③ 63. ② 64. ① 65. ② 66. ③ 67. ② 68. ① 69. ④ 70. ③

PART 05

일반구조의 이해

Chapter 01. 건축구조의 일반사항

Chapter 02. 기초와 지정

Chapter 03. 목구조

Chapter 04. 벽돌, 블록, 돌구조(조적구조)

Chapter 05. 철근콘크리트구조

Chapter 06. 철골구조

Chapter 07. 기타 구조시스템

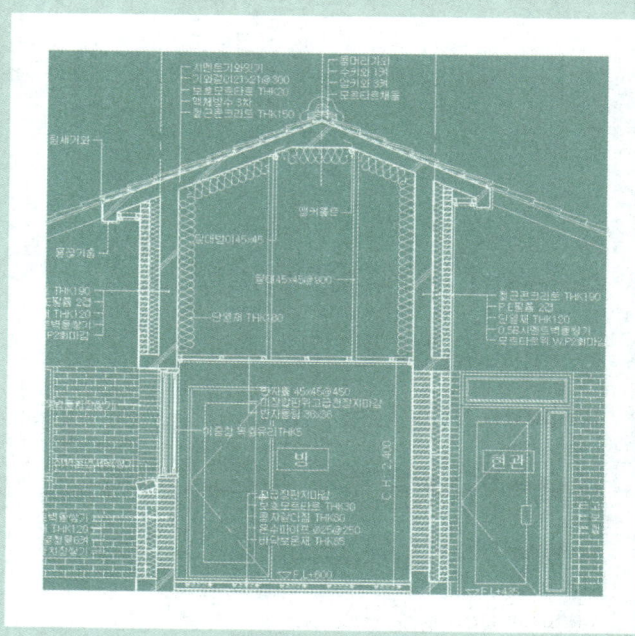

건축구조물은 다양한 재료와 방식을 사용하여 건축물이 지니는 목적에 적합한 안전한 구조를 형성해야 한다. 건축구조는 재료에 의한 구분과 결구방식에 따라 구분할 수 있다.

건축구조의 일반사항

SECTION 1 건축구조의 개념

(1) 건축구조(building construction)

목적에 부합하는 재료를 사용하여 건축물의 자중은 물론 외력과 환경요인에 있어 구조적으로 안전한 건축물의 골조 일체를 말하며, 건축물의 3요소(구조, 기능, 미) 중 가장 중요한 부분이다.

(2) 구조의 명칭

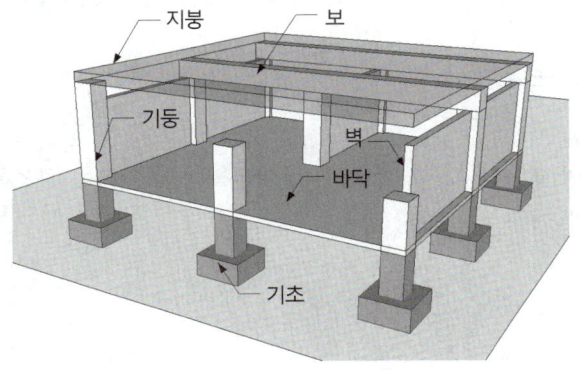

❶ 기초(foundation)

건축물 하중을 지탱하고 지반에 고정 및 안정시키기 위한 하부 구조물로 지반, 건축물의 구조와 규모 등에 따라 다양한 기초가 있다.

❷ 바닥(floor)

층을 구분하면서 연직하중을 받는 평면적인 구조부분으로 철근콘크리트구조에서는 바닥 슬래브(slab)라 한다.

> **용어해설**
> - 연직하중 : 중력 방향으로 작용하는 힘으로 건축물의 고정하중, 적재하중 등이 해당된다.
> - 슬래브 : 철근콘크리트로 된 넓은 판상 형태의 바닥구조물로 주로 바닥과 지붕 부분을 뜻한다.

❸ 기둥(column)

건축물의 지붕, 바닥, 보 등 상부의 하중을 받아 하부로 전달하는 수직 구조재로 구조와 재료에 따라 다양한 종류가 있다.

❹ 벽(wall)

외부와 내부, 내부와 내부를 구분하는 수직 구조재로 벽의 위치와 구조에 따라 크게 내력벽과 비내력벽으로 나누어진다.

❺ 보(girder)

기둥에 연결한 수평 구조재로 상부와 지붕의 하중을 기둥에 전달한다. 구조형식에 따라 명칭이 다르며 위치, 크기, 모양에 따라 다양한 종류가 있다.

❻ 지붕(roof)

눈, 비, 햇볕 등 외부환경으로부터 건축물을 보호하는 덮개 부분이다. 지붕은 구조적인 형태가 그대로 외부로 노출되어 외장에 있어 상징적인 부분이 된다.

SECTION 2 건축구조의 분류

(1) 구조형식에 의한 분류

❶ 가구식(架構式)

목재와 철골(빔)과 같은 긴 부재를 끼워 맞추거나 조립하여 골조를 만드는 구조로, 목구조와 철골구조가 가구식에 해당된다.

- 목구조

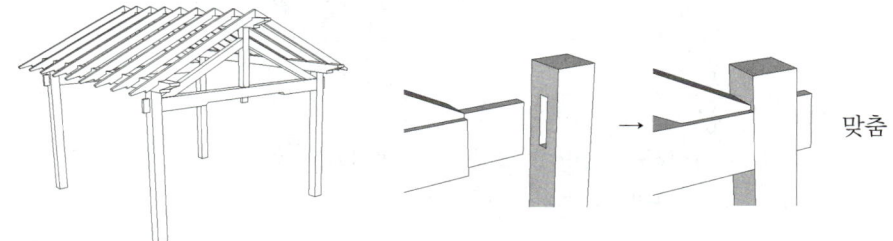

맞춤

- 철골구조(강구조)

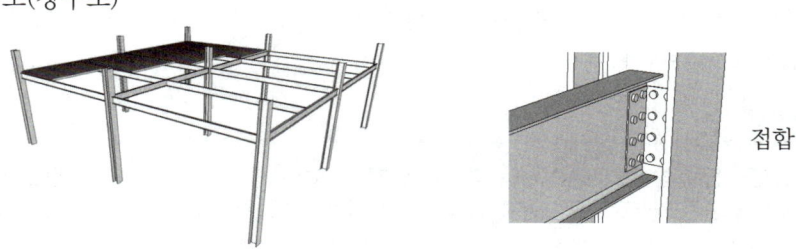

접합

❷ 조적식(組積式)

구조의 주체를 돌이나 벽돌, 블록을 쌓아서 만든 구조로 내구성은 우수하나 지진 등 횡력에 취약하다. 돌구조, 블록구조, 벽돌구조가 조적식 구조에 해당된다.

❸ 일체식(一體式)

골조를 이루는 주요 구조체를 접합·조립하지 않고 하나의 일체로 구성한 구조로 철근콘크리트구조가 일체식 구조에 해당된다.

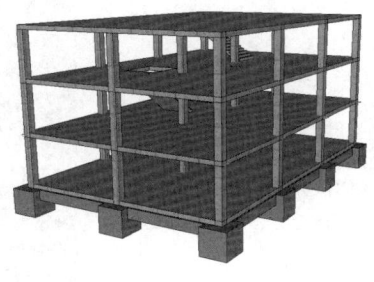
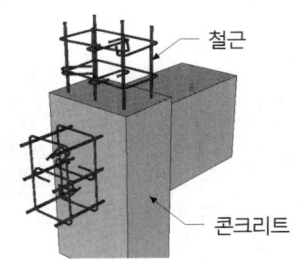

(2) 공법에 의한 분류

❶ 건식(乾式)

공사에 물을 사용하지 않는 건축공법으로 공기(공사기간)가 짧다. 목구조, 철골구조 등이 건식에 해당된다.

❷ 습식(濕式)

공사에 물을 사용하는 건축공법으로 공기가 길다. 벽돌구조, 철근콘크리트구조 등이 습식에 해당된다.

❸ 조립식(組立式)

구조에 해당되는 기초, 기둥, 벽, 바닥, 보 등을 공장에서 생산하여 현장에서 조립하는 공법이다.

  ㉠ 장점
  - 공장에서 대량생산이 가능하고 공사비를 절감할 수 있다.
  - 기계화된 장비로 시공하여 공기를 단축시킬 수 있다.

ⓒ 단점
- 각 구조부를 조립하므로 접합부를 일체화하기 어렵다.
- 공장생산으로 인한 자재 운송 및 공급반경에 한계가 있다.

(3) 재료에 의한 분류

❶ 목구조(木構造)
건축물의 구조체 재료를 나무로 구성하는 구조형식으로, 주로 주택이나 소형 건축물에 많이 사용된다.

[목구조]

❷ 벽돌, 돌, 블록구조
건축물의 구조체 재료를 벽돌, 돌, 블록으로 구성하는 구조형식으로, 주로 주택이나 소형 건축물에 많이 사용된다.

[조적구조(벽돌, 돌, 블록구조)]

❸ 철근콘크리트구조(reinforced concrete construction)
건축물의 구조체 재료를 철근과 콘크리트로 구성하는 구조형식으로, RC구조라고도 한다.

[철근콘크리트구조]

❹ 철골구조(강구조)
건축물의 구조체 재료를 철골(강재)로 구성하는 구조형식으로, 각각의 재료를 리벳, 볼트, 용접 등의 방법으로 접합하여 조립하는 구조이다.

[철골구조]

❺ 철골철근콘크리트구조(steel framed reinforced concrete construction)
건축물의 구조체 재료를 철골, 철근, 콘크리트로 구성하는 구조형식으로, SRC구조라고도 한다. 철골을 중심으로 철근과 콘크리트로 보강해 고층 건물에 많이 사용된다.

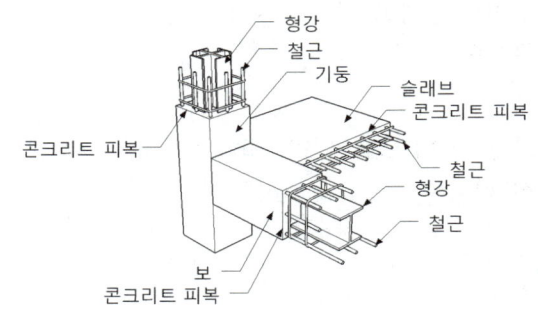

[철골철근콘크리트구조]

SECTION 3 각 구조의 특징

(1) 목구조(나무구조)

❶ 장점
- 자중이 가볍고 가공이 용이하다.
- 건식구조로 공기가 짧다.
- 나무 고유의 무늬와 색이 있어 외관이 우수하다.

❷ 단점
- 충해, 부패, 화재에 의한 피해가 크다.
- 다른 구조에 비해 강도와 내구력이 떨어진다.
- 원재료의 특성상 큰 부재를 얻기 어렵다.

(2) 벽돌, 돌, 블록구조(조적식)

❶ 장점
- 벽돌구조는 내구성과 방화성이 우수하다.
- 돌구조는 내구성이 우수하며 외관이 수려하고 웅장하다.
- 블록구조는 공사비가 저렴하며 단열과 방음이 우수하다.

❷ 단점
- 횡력에 대한 저항력이 약해 지진에 취약하다.
- 재료 간 접착을 사용한 쌓기구조로 균열이 발생되기 쉽다.
- 돌구조는 재료비용이 크고 시공이 어려워 공기가 길다.

(3) 철근콘크리트구조(RC구조)

① 장점
- 내구, 내화, 내진적인 우수한 구조이다.
- 국부적인 보강이 가능하고 설계가 자유롭다.
- 유지보수가 용이하다.

② 단점
- 자중이 크고, 습식공법으로 공기가 길다.
- 균일한 시공이 어렵다.

(4) 철골구조(강구조)

① 장점
- 공장에서의 부재반입 및 건식공법으로 공기가 짧다.
- 장스팬 설계가 가능하다(넓은 공간을 구성하는 데 유리).
- 해체가 용이하다.

> **용어해설**
> 장스팬 : 기둥과 기둥의 간격으로 경간이라고도 한다.

② 단점
- 강재 사용으로 인해 공사비가 비싸다.
- 내화성이 떨어져 화재에 취약하다.

(5) 철골철근콘크리트구조(SRC구조)

① 장점
- 대규모 공사에 적합하다.
- 내구, 내화, 내진적인 우수한 구조이다.

② 단점
- 시공이 복잡하며 공기가 길다.
- 공사비가 비싸다.

CHAPTER 01 연습문제

제1장 건축구조의 일반사항

01 주요 구조부 중 기둥에 연결한 수평 구조재로 상부와 지붕의 하중을 기둥에 전달하는 것은?
① 벽   ② 보
③ 바닥   ④ 기초

02 건축구조의 구성방식 중 구조형식에 의한 분류에 포함되지 않는 것은?
① 가구식   ② 조적식
③ 일체식   ④ 건식

03 벽돌구조, 철근콘크리트구조와 같이 물을 사용하여 공기가 길어지는 건축공법은?
① 건식   ② 습식
③ 일체식   ④ 조적식

04 다음 중 조립식 구조의 장점으로 잘못된 것은?
① 대량생산
② 공사비를 절감
③ 공기단축
④ 구조의 일체화

05 구조형식 중 SRC구조로 불리며 철골을 중심으로 철근과 콘크리트를 사용한 구조는?
① 보강블록구조
② 철근콘크리트구조
③ 철골철근콘크리트구조
④ 강구조

06 다음 중 목구조의 장점이 아닌 것은?
① 가공이 용이
② 공기가 짧음
③ 우수한 내구력
④ 우수한 외관

07 다음 구조 중 지진에 가장 취약한 구조는?
① 블록구조
② 철근콘크리트구조
③ 철골철근콘크리트구조
④ 목구조

08 건식공법을 사용한 구조로 장스팬 설계가 가능하고 공사기간이 짧은 구조는?
① 보강블록구조
② 철근콘크리트구조
③ 철골구조
④ 목구조

09 건축의 3요소 중 가장 중요시되는 사항은?
① 기능   ② 구조
③ 미   ④ 이윤

10 외관이 수려하고 공사비가 저렴한 장점이 있지만 횡력에 약해 지진에 취약한 구조는?
① RC 구조   ② 조적식 구조
③ 강구조   ④ 나무구조

정답 1.② 2.④ 3.② 4.④ 5.③ 6.③ 7.① 8.③ 9.② 10.②

기초와 지정

SECTION 1 기초

기초(foundation)란 기둥, 벽, 바닥 등 건축물의 상부 하중을 받아 지반으로 전달해 건축물의 안정을 위한 최하층 구조를 말한다.

(1) 줄기초(연속기초)

조적식 구조에 많이 사용되는 기초로 벽체를 따라 연속되게 상부구조를 받치는 구조이다.
줄기초의 기초판 두께는 20cm 이상으로 하여야 하며 밑창콘크리트의 두께는 5cm로 한다.

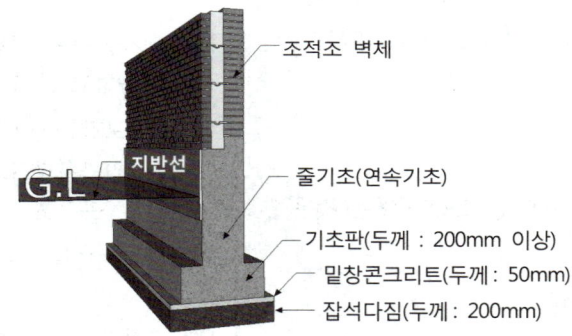

(2) 독립기초

하나의 기둥을 독립적인 하나의 기초판으로 받치는 기초

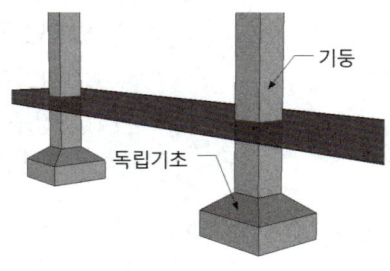

(3) 온통기초(매트기초)

건축물 하부 전체 또는 지하실 공간을 모두 콘크리트판으로 만든 기초로 지반이 약하거나 기초판의 넓이가 커야 할 경우 사용된다.

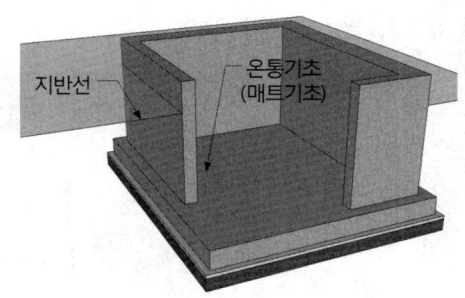

(4) 복합기초

2개 이상의 기둥을 하나의 기초판으로 받치는 기초

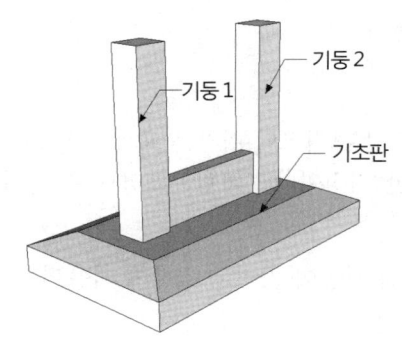

(5) 잠함기초(케이슨기초)

원형, 타원형, 장방형의 철근콘크리트 중공 통을 지상에서 제작하여 통 내부를 굴착해 침하시키는 공법이다.

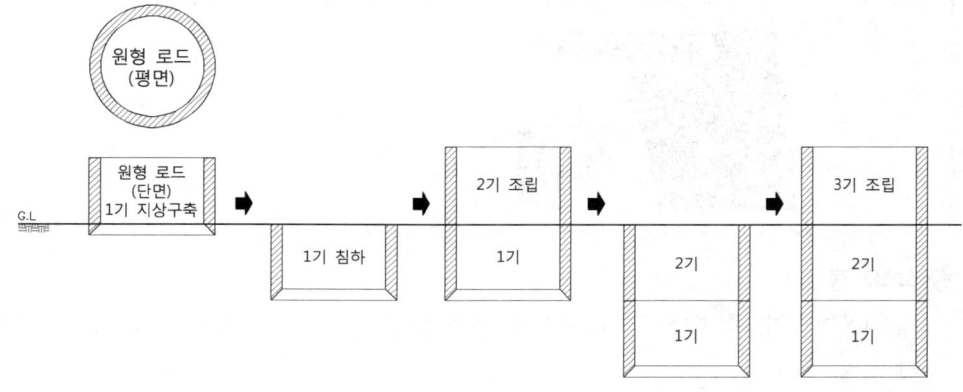

SECTION 2 지정

지정(地定)이란 기초를 받쳐 지탱하는 구조물로, 기초와 지반의 지지력을 보강한다. 지정의 종류로는 모래지정, 잡석지정, 자갈지정, 말뚝지정이 있다.

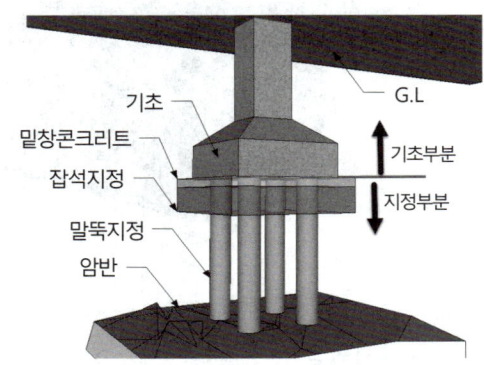

(1) 얕은 지정

❶ 밑창콘크리트지정

잡석지정 등 기초 위에 상부 기초의 위치를 표시하기 위해 먹을 매기는 부분으로 5cm 정도 무근콘크리트를 타설한 지정이다. '버림콘크리트'로 불리기도 한다.

❷ 모래지정

연약한 지반에서 건물의 하중이 가벼운 경우에 사용되는 지정으로 기초 바닥에 모래를 다져넣어 지반을 보강한다.

❸ 자갈지정

자갈을 5cm 내외로 깔고 래머 등으로 다져넣어 지반을 보강한다.

> **용어해설**
>
> 래머: 가솔린 기관의 폭발력을 이용한 다짐용 기계로, 지면을 타격하면서 다짐한다.
>
>

❹ 잡석지정

배수나 방습처리를 위해 20cm 내외로 둥근 돌을 세워서 깔고 자갈로 다져넣어 지반을 보강한다.

(2) 말뚝지정

말뚝지정은 말뚝 직경의 2.5배 이상의 간격을 두고 설치한다.

❶ 나무말뚝지정

소나무 · 미송 등의 목재를 껍질을 벗겨 사용하고 말뚝은 60cm 이상 간격을 둔다. 나무말뚝의 머리부분은 상수면 이하에 두어 부패를 방지해야 된다.

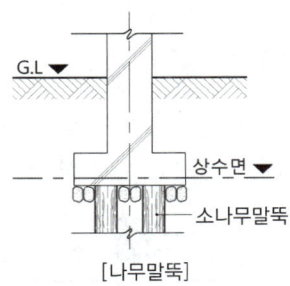

[나무말뚝]

❷ 기성 콘크리트말뚝지정(철근콘크리트말뚝)

공장에서 제조하고 현장으로 운반해 사용하는 말뚝으로, 75cm 이상 간격을 둔다.

❸ 제자리 콘크리트말뚝지정(현장타설말뚝)

지반을 굴착해 현장에서 콘크리트를 부어 넣어 양생시켜 만든 말뚝으로, 90cm 이상 간격을 둔다.

❹ 철제말뚝지정(강제말뚝)

강관과 H형강을 사용한 말뚝으로 90cm 이상 간격을 둔다.

SECTION 3 부동침하

지반이 구조물의 하중을 이기지 못하여 부분적으로 침하되는 현상을 말한다.

(1) 부동침하의 원인

① 연약한 지반
② 경사지반
③ 증축
④ 이질지정, 일부지정
⑤ 주변 건물의 지나친 굴착
⑥ 지하수의 이동

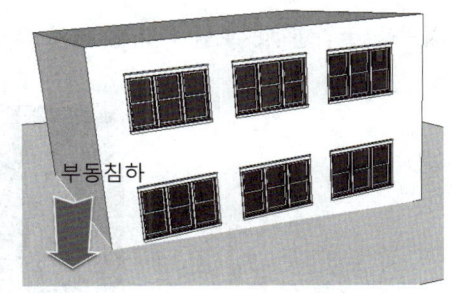

(2) 연약지반의 상부구조 대책

① 구조물의 경량화
② 구조물의 강성 강화
③ 인접건물과 먼 거리 확보
④ 구조물의 길이를 짧게

(3) 지반의 허용지내력(地耐力)

① 지상의 하중을 떠받치는 지반이 견디는 힘으로 최대한의 하중으로 표시한다.
② 허용지내력의 크기는 경암반 > 연암반 > 자갈 > 모래 > 점토순이다.

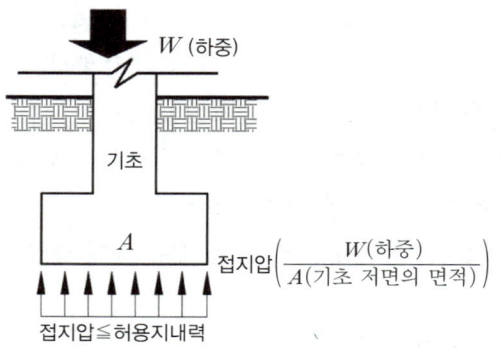

SECTION 4 터파기

건축물의 기초, 지하를 만들기 위해 흙을 굴착하는 것을 말하며 독립기초 파기, 줄기초 파기, 온통파기 등이 있다.

(1) 흙막이 공법

지반을 굴착할 때 토압에 의해 굴착 주변의 지반이 침하되거나 붕괴되는 것을 방지하는 벽

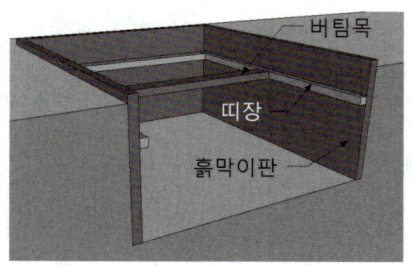

❶ 오픈컷공법(open cut method)
터파기 주변의 토사가 무너지지 않도록 안식각의 경사를 2배 정도 두어 굴착하는 공법

❷ 버팀대공법
굴착 시 주변의 토사가 무너지는 것을 방지하는 버팀목과 흙막이판을 설치하는 공법

❸ 아일랜드공법(island method)
굴착의 규모가 큰 경우 중앙을 먼저 파낸 후 주변의 흙을 굴착하는 공법

❹ 트렌치공법
아일랜드공법의 역순으로 진행되는 방법으로, 가장자리를 먼저 파내고 그 부분에 구조체를 축조하는 공법

(2) 터파기 공사 시 나타나는 현상

❶ 파이핑(piping)
땅속에 흐르는 물이 약한 부분으로 집중되어 흙막이벽의 토사가 누수로 함몰되는 현상

❷ 히빙(heaving)
흙막이벽 바깥쪽 흙이 안으로 밀려 바닥면이 볼록하게 솟아오르는 현상

❸ 보일링(boiling)
모래지반 굴착 시 지하수위가 굴착 저면보다 높을 때 지하수로 인해 지면의 모래가 부풀거나 솟아오르는 현상

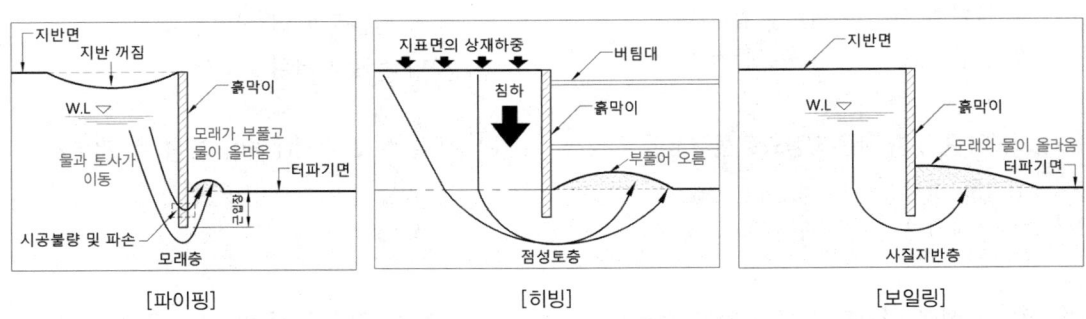

[파이핑]   [히빙]   [보일링]

❹ 흙막이 부실공사에 의한 피해
- 흙막이와 주변 구조물이 파손
- 공사 주변의 지반이 침하
- 저면의 흙이 지지력을 상실하면서 붕괴
- 지반침하에 의한 통신케이블 등 지하매설물 파손

❺ 방지대책
- 지하수위 저하
- 차수성(물막음)이 높은 흙막이를 설치
- 흙막이 벽체를 지반에 깊이 묻고(근입장), 경질지반에 지지
- 하부 지반을 보강하고, 강성이 강한 공법으로 시공

CHAPTER 02 연습문제

제2장 기초와 지정

01 지반이 연약하거나 하중이 커서 기초판의 넓이를 크게 할 경우 사용되는 기초 형식은?
① 줄기초 ② 독립기초
③ 잠함기초 ④ 온통기초

02 조적식 구조에 많이 사용되는 기초로 벽을 따라 연속적인 형태의 기초는?
① 줄기초 ② 독립기초
③ 복합기초 ④ 온통기초

03 견고한 지반인 경우 지상에서 원통이나 사각통 틀을 내려 앉혀 콘크리트를 부어넣는 기초 형식은?
① 줄기초 ② 독립기초
③ 잠함기초 ④ 온통기초

04 지정의 종류 중 얕은 지정으로 옳지 않은 것은?
① 잡석지정 ② 자갈지정
③ 모래지정 ④ 말뚝지정

05 말뚝지정의 설명으로 옳지 않은 것은?
① 나무말뚝, 기성 콘크리트말뚝, 철제말뚝 등이 있다.
② 말뚝의 간격은 말뚝지름의 2.5배 이상 거리를 두어야 한다.
③ 나무말뚝의 머리는 상수면 위에서 잘라야 한다.
④ 기성 콘크리트말뚝은 75cm 이상 간격을 둔다.

06 다음 중 부동침하의 원인으로 볼 수 없는 것은?
① 연약한 지반 ② 경사지반
③ 지나친 증축 ④ 구조의 경량화

07 다음 중 부동침하의 원인은?
① 일부 지정
② 전체 지정
③ 단단한 지반
④ 구조물의 길이를 짧게 설계

08 연약지반 상부구조 대책으로 적절치 않은 것은?
① 구조물의 중량화
② 구조물의 강성 강화
③ 인접건물과 먼 거리를 확보
④ 구조물의 거리를 짧게

09 다음 중 허용지내력이 가장 큰 것은?
① 점토 ② 암반
③ 모래 ④ 자갈

10 터파기 공법 중 주변에 토사가 무너지지 않도록 안식각을 크게 하여 굴착하는 공법은?
① 오픈컷공법 ② 아일랜드공법
③ 버팀대공법 ④ 트렌치컷공법

11 흙막이 부재 중 토압과 수압을 지탱시키기 위해 벽면에 대는 부재는?
① 말뚝 ② 장선
③ 멍에 ④ 띠장

정답 1.④ 2.① 3.③ 4.④ 5.③ 6.④ 7.① 8.① 9.② 10.① 11.④

CHAPTER 03 목구조

SECTION 1 목구조의 특성

(1) 목구조의 장점과 단점

❶ 장점
- 비중에 비해 강도가 우수하다.
- 가벼우며 가공이 용이하다.
- 건식구조에 속하므로 공기가 짧다.

❷ 단점
- 수축과 팽창으로 인해 변형될 우려가 있다.
- 고층 및 대규모 건축에 불리하다.
- 불에 약하며 부패 및 충해의 우려가 있다.

SECTION 2 토대와 기둥

(1) 토대

기둥을 받치는 부재로 상부의 하중을 분산하여 기초에 전달하는 역할을 한다.

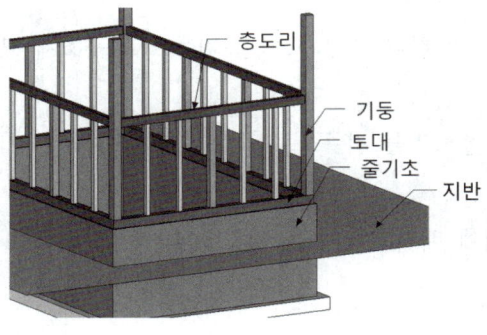

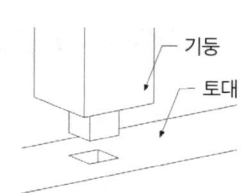
[기둥과 토대의 맞춤 : 짧은장부맞춤]

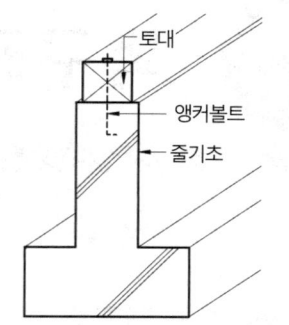
[기초 토대의 보강철물 : 앵커볼트 고정]

① 토대와 기초의 연결은 앵커볼트를 사용한다.
② 토대는 습기가 차지 않도록 지반에서 높게 설치하는 것이 좋다.
③ 방부처리가 된 낙엽송이나 소나무 등을 사용한다.
④ 토대의 크기는 기둥과 같거나 약간 크게 한다.
⑤ 토대와 기둥은 짧은장부맞춤으로 한다.

(2) 기둥

목구조의 기둥은 위치와 크기에 따라 통재기둥, 평기둥, 샛기둥으로 구분한다.

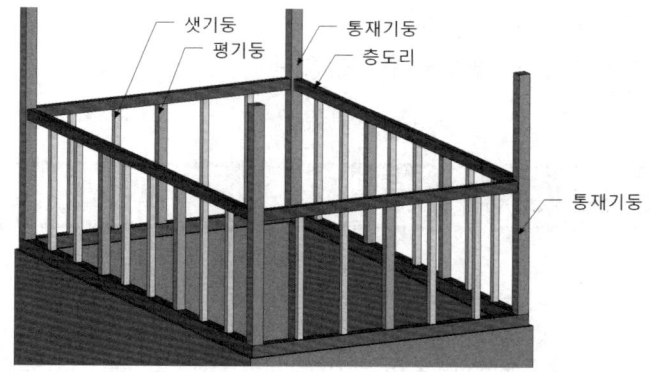

❶ 통재기둥
아래층에서 위층까지 하나의 부재로 된 기둥으로 구조체 모서리에 배치된다.

❷ 평기둥
통재기둥 사이에 층도리를 기준으로 각 층별로 배치되는 기둥

❸ 샛기둥
기둥과 기둥 사이에 배치되는 작은 기둥으로 약 40~60cm 간격으로 배치하는 기둥

SECTION 3 벽체와 마루

(1) 벽체구조

한식구조는 심벽식, 양식구조는 평벽식을 사용한다.

❶ 심벽식

한식구조에 사용되는 심벽식은 기둥의 일부가 외부로 노출되는 구조이다.

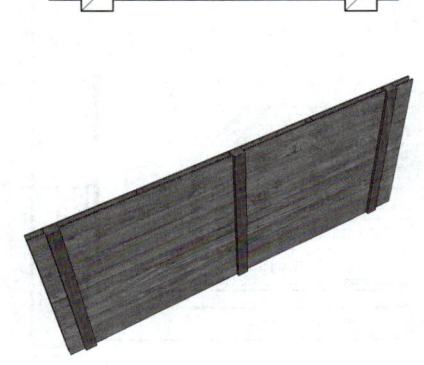

❷ 평벽식

양식구조에 사용되는 평벽식은 기둥이 외부로 노출되지 않는 구조로 내진, 내풍에 유리하다.

(2) 목조 판벽

❶ 징두리 판벽
- 내벽(칸막이벽) 하부를 보호하고 장식을 겸하는 벽으로, 바닥에서 1~1.5m 높이로 설치한다.
- 징두리 판벽은 걸레받이, 두겁대, 띠장으로 구성된다.

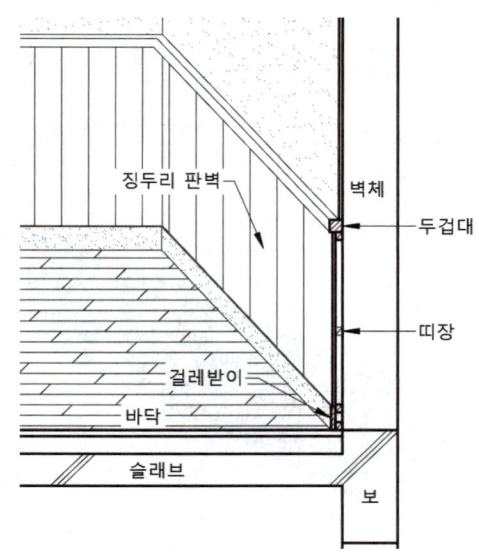

❷ 턱솔비늘 판벽
기둥이나 샛기둥, 벽에 널판을 반턱으로 맞춰 붙인 판벽

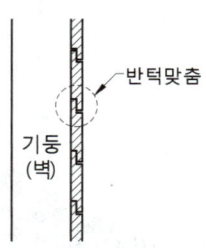

(3) 1층 마루

1층에 구성하는 마루는 동바리마루와 납작마루가 있다.

❶ 동바리마루
수직부재인 동바리 위에 멍에, 장선을 놓고 마룻널(플로어링 널)로 마감한다. 지반에서 최소 450mm 이상 거리를 두어 냉기를 차단한다.

- 깔기순서 : 호박돌 → 동바리 → 멍에 → 장선 → 밑창널 → 마룻널

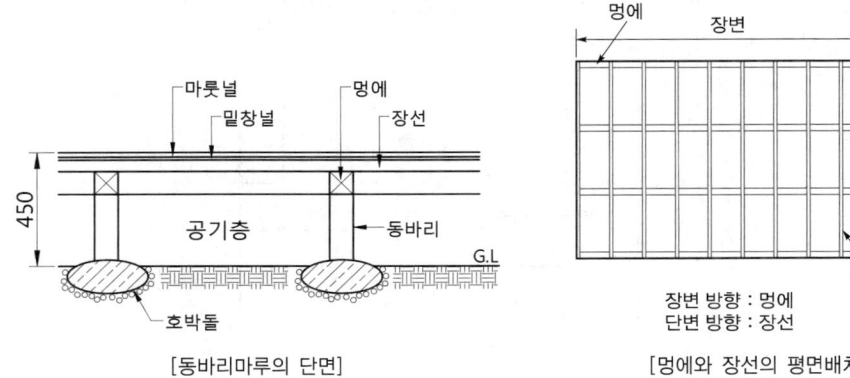

[동바리마루의 단면]　　　　[멍에와 장선의 평면배치]

❷ 납작마루

공장의 창고와 같이 사람이 거주하지 않고 물건을 보관하는 장소에 사용되는 마루로, 호박돌 위에 낮은 높이로 마룻널을 깐다.

- 깔기순서 : 슬래브(호박돌) → 멍에 → 장선 → 밑창널 → 마룻널

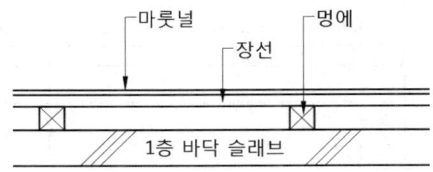

(4) 2층 마루

공간의 크기에 따라 홑마루, 보마루, 짠마루로 구분된다.

❶ 홑마루

간사이가 2.5m 이하일 때 보나 멍에를 사용하지 않아 장선마루라고도 한다. 장선을 걸쳐 대고, 그 위에 마룻널을 깐다.

- 깔기순서 : 장선 → 마룻널

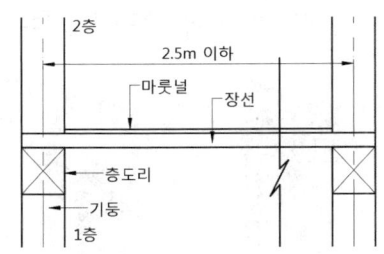

> **용어해설**
> 간사이 : 기둥과 기둥 사이의 거리

❷ 보마루

간사이가 2.5~6.4m일 때 보를 걸고 장선을 받혀 마룻널을 깐다.
- 깔기순서 : 보 → 장선 → 마룻널

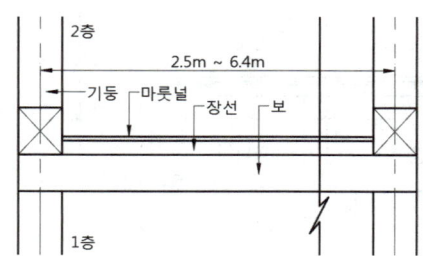

❸ 짠마루

간사이가 6.4m 이상일 때 보를 걸고 장선을 받혀 마룻널을 깐다.
- 깔기순서 : 큰 보 → 작은 보 → 장선 → 마룻널

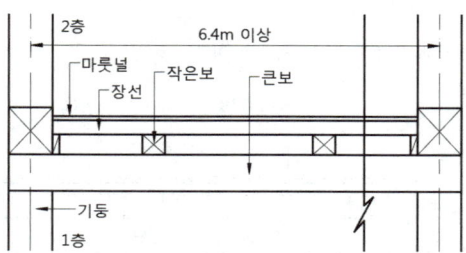

SECTION 4 창호와 반자(천장)

(1) 목재 창호의 구조

❶ 양판문

문틀(울거미)을 짜서 중간에 판자나 유리를 끼워 넣은 형식의 문이다.

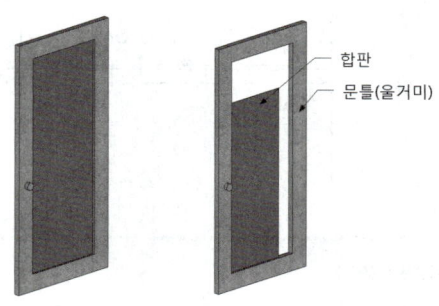

❷ 플러시문

문틀(울거미)을 짜서 중간에 살을 30cm 간격으로 배치해 양면에 판자를 붙인 형식의 문이다.

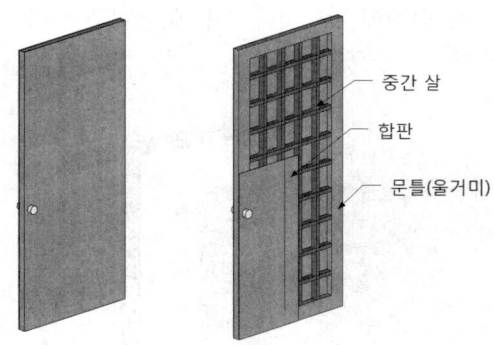

❸ 문선과 풍소란

㉠ 문선 : 벽과 문 사이의 틈을 가려서 보기 좋게 한다.

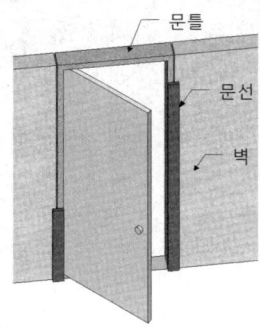

㉡ 풍소란 : 미서기문 등 창호의 맞닿는 부분에 방풍을 목적으로 턱솔이나 딴혀를 대어 물리게 한다.

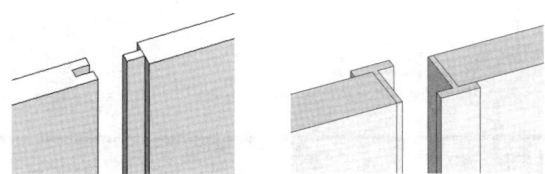

❹ 미서기창(문)의 홈

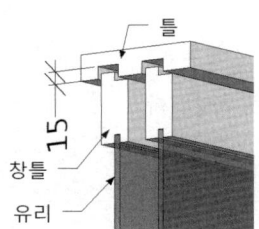

(2) 반자구조

천장을 가린 구조체로 각종 설비나 구조물이 보이지 않게 가려 외관을 보기 좋게 한다. 반자는 크게 두 가지 유형으로, 상층에 바닥이나 지붕에 달아맨 달반자와 바닥판 밑을 마감재로 바른 제물반자로 나누어진다.

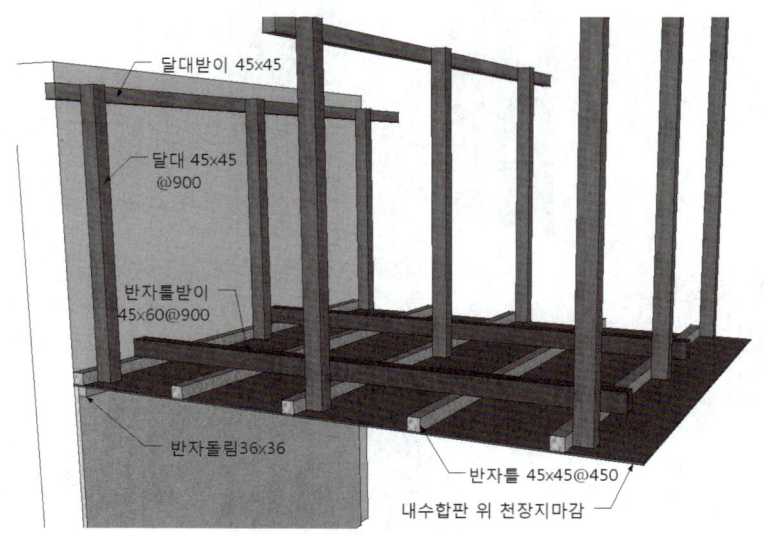

(3) 반자의 종류

① 우물반자
반자틀을 우물정자(격자)로 짜고 반자널을 반자틀 위에 덮거나 턱솔을 파서 끼운 반자

② 구성반자
응접실, 접견실 등 장식과 음향효과가 필요한 장소에 층을 두거나 벽과 거리를 두어 구성하는 반자

SECTION 5 계단

(1) 계단

계단은 챌판, 디딤판, 옆판으로 구성된다.

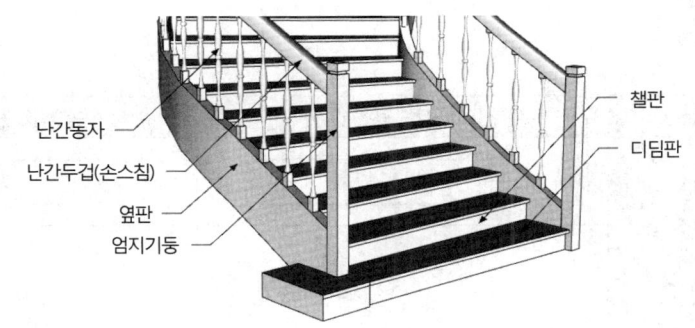

① 디딤판
발을 딛는 부분의 수평부재

② 챌판
디딤판과 디딤판을 연결하는 수직부재

③ 옆판
디딤판을 받치기 위해 계단 양옆에 붙이는 판

④ 계단멍에
계단의 넓이가 1.2m 이상일 경우 디딤판의 처짐, 진동을 막기 위한 계단의 하부 보강재

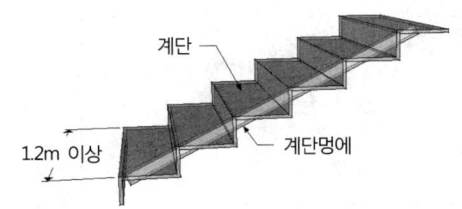

(2) 난간

난간은 난간두겁, 엄지기둥, 난간동자로 구성된다.

① 난간두겁(손스침)
난간에서 손으로 잡고 갈 수 있도록 한 부분

② 난간동자
난간두겁과 계단 사이의 가는 기둥

③ 엄지기둥
난간의 양 끝을 지지하는 굵은 난간동자

(3) 계단의 종류

❶ 곧은계단

구분	참이 없는 곧은계단	참이 있는 곧은계단
평면		
입체		

❷ 꺾은계단

구분	ㄱ자 형태	ㄷ자 형태
평면		
입체		

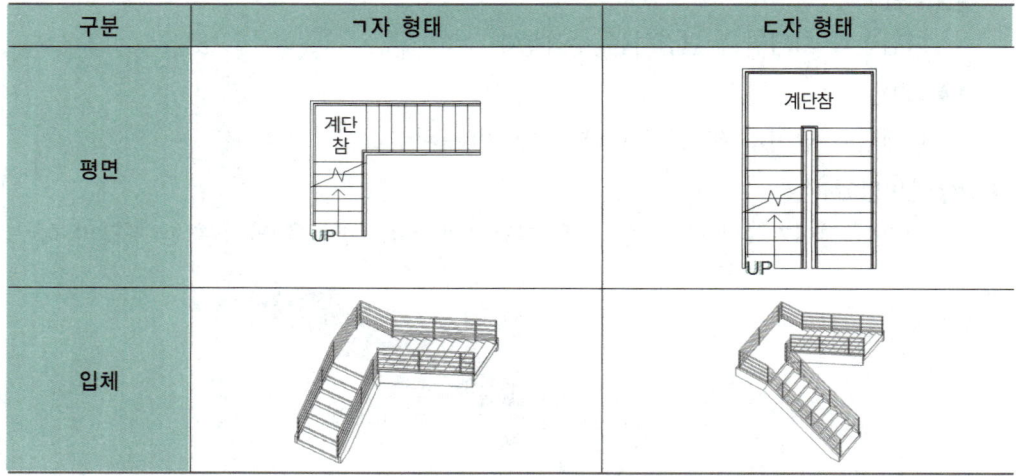

❸ 돌음계단

평면	
입체	

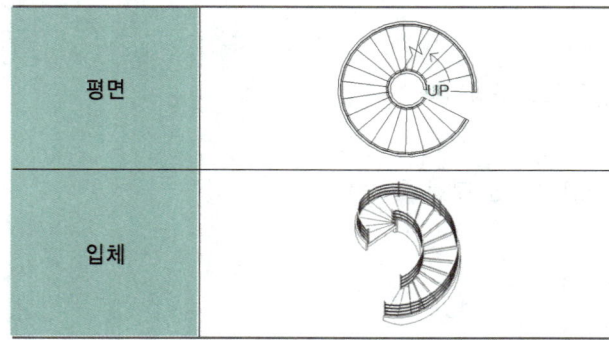

용어해설

계단참 : 계단에 단의 수가 많은 경우 폭을 넓게 하여 방향을 바꾸거나 쉬어가는 부분으로, 계단의 높이가 3,000mm를 넘을 경우 3,000mm 이내에 1,200mm 이상의 계단참을 설치해야 한다.

SECTION 6 지붕

(1) 왕대공
중앙에 대공이 있는 양식 지붕틀 구조로 비교적 큰 규모의 지붕에 사용된다.

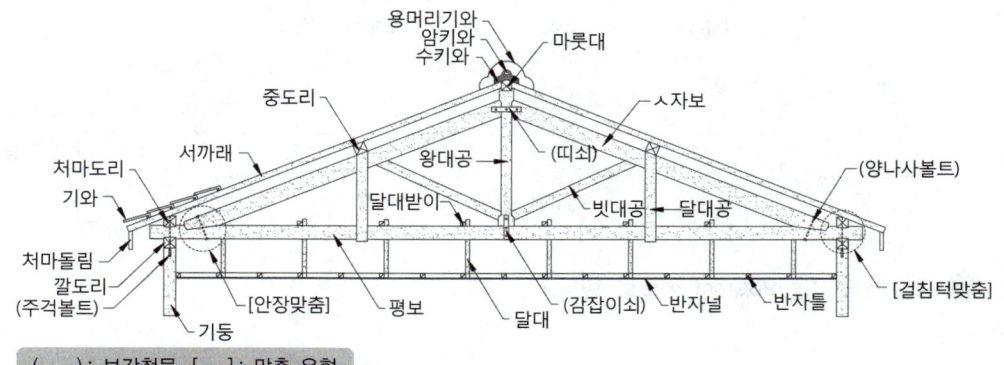

( ) : 보강철물, [ ] : 맞춤 유형

❶ 부재의 크기

ㅅ자보 > 평보 > 왕대공 > 빗대공 > 달대공
(100×200) (180×150) (105×100) (100×90) (100×50)

❷ 부재의 응력
- 압축재 : ㅅ자보, 빗대공
- 인장재 : 평보, 왕대공, 달대공

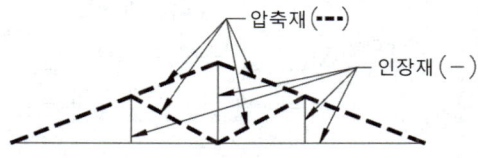

❸ 부재의 맞춤
- 평보와 ㅅ자보 : 안장맞춤
- 처마도리, 평보, 깔도리 : 걸침턱맞춤

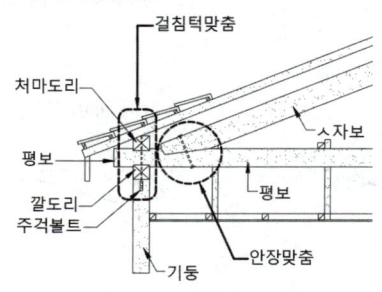

(2) 절충식

왕대공 지붕틀에 비해 단순하며 소규모 지붕에 사용된다.

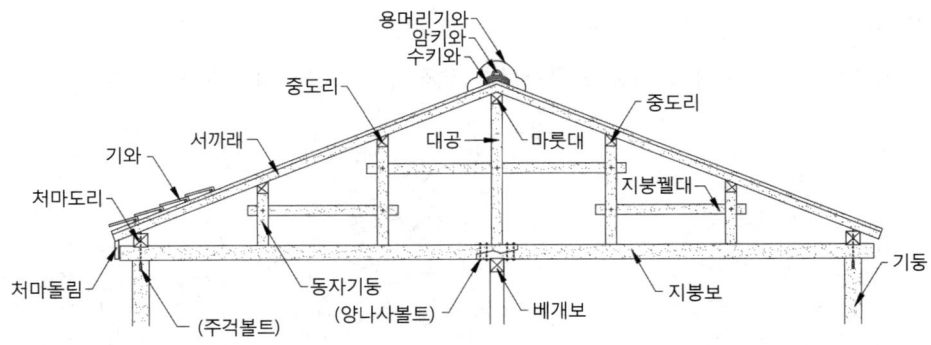

❶ 대공의 간격은 900mm 정도로 한다.

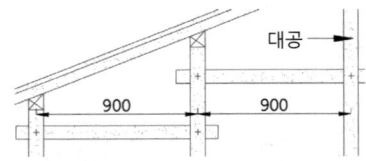

❷ 우미량

절충식 모임지붕틀의 짧은 보를 뜻한다.

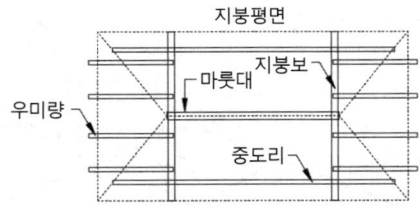

(3) 물매와 지붕의 모양

물매는 지붕의 경사도를 뜻하는 용어로 가로값 10을 기준으로 세로값의 크기로 표기한다.

❶ 물매의 표기

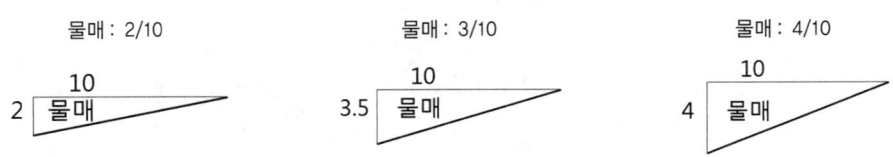

❷ 지붕의 모양

구분	박공지붕	모임지붕	합각지붕	솟을지붕	꺾인지붕	톱날지붕
평면						
입체						

❸ 물매의 경사
- 되물매 : 지붕의 경사가 45°로 물매가 10/10인 경우
- 된물매 : 지붕의 경사가 45°보다 큰 경우

❹ 지붕재료에 따른 물매
- 슬레이트 : 4.5/10~5/10
- 금속판기와 : 2.5/10
- 알루미늄판 : 1/10
- 평기와 : 4/10
- 아스팔트 루핑 : 3/10

SECTION 7 부속재료 및 이음과 맞춤

(1) 목구조의 보강재

주요 구조부의 하중을 분산시키고 구조를 안정적으로 유지시키는 재료를 보강재라 한다.

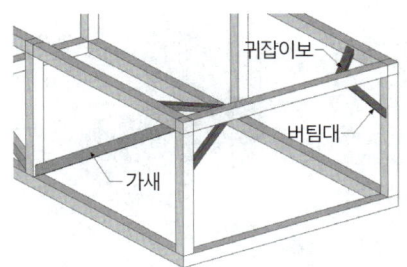

❶ 가새
기둥의 상부와 기둥의 하부를 대각선 빗재로 고정해 수평외력에 저항하는 가장 효과적인 보강재다.

❷ 버팀대
기둥과 수직으로 연결된 보를 대각선 빗재로 고정해 수평외력에 저항한다.

❸ 귀잡이
바닥 등 수평으로 직교하는 부재를 대각선 빗재로 고정해 수평 외력에 저항한다. 위치에 따라 귀잡이토대, 귀잡이보로 구분된다.

(2) 목재의 이음과 맞춤

❶ 이음
재를 길이 방향으로 연속되게 이어서 접합하는 것으로 듀벨, 꺾쇠, 띠쇠를 사용해 이음부를 보강한다.

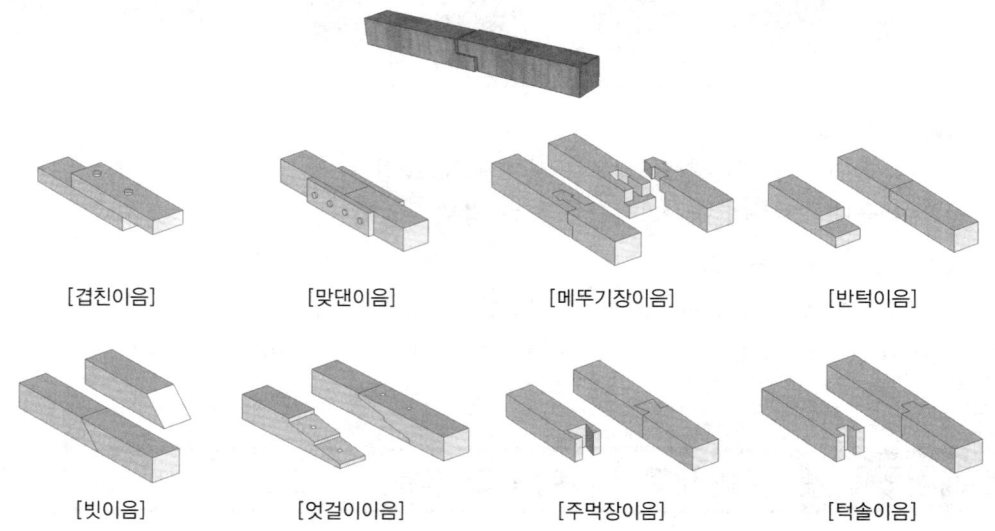

[겹친이음]   [맞댄이음]   [메뚜기장이음]   [반턱이음]

[빗이음]   [엇걸이이음]   [주먹장이음]   [턱솔이음]

❷ 맞춤
재를 직각이나 대각선으로 접합하는 것으로 주걱볼트, 감잡이쇠를 사용해 맞춤부를 보강한다.

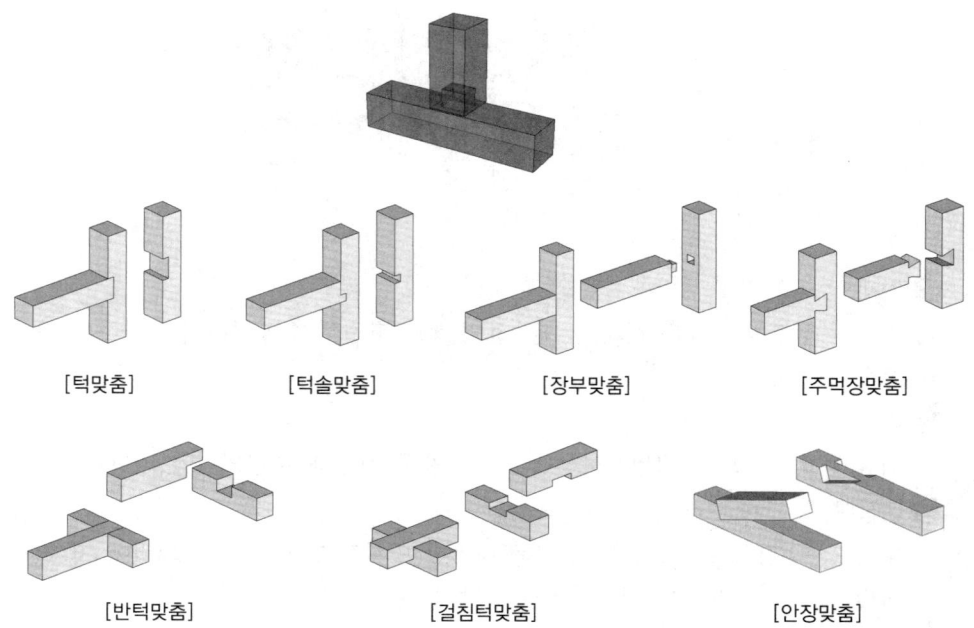

[턱맞춤]   [턱솔맞춤]   [장부맞춤]   [주먹장맞춤]

[반턱맞춤]   [걸침턱맞춤]   [안장맞춤]

(3) 목구조의 보강철물

각 재료의 맞춤과 이음부를 단단히 고정시키는 재료를 보강철물이라 한다.

❶ 주걱볼트
기둥과 처마도리를 접합

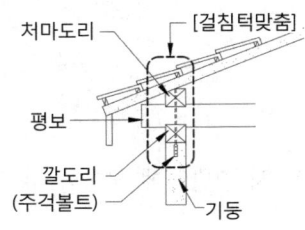

❷ 감잡이쇠
왕대공과 평보를 접합

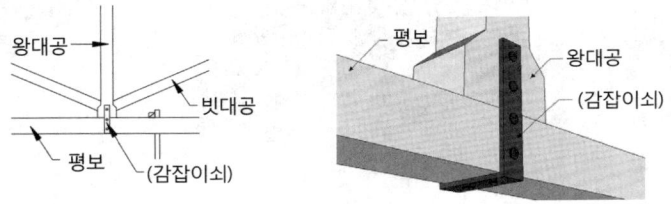

❸ 띠쇠
토대와 기둥, 평기둥과 층도리, ㅅ자보와 왕대공을 접합

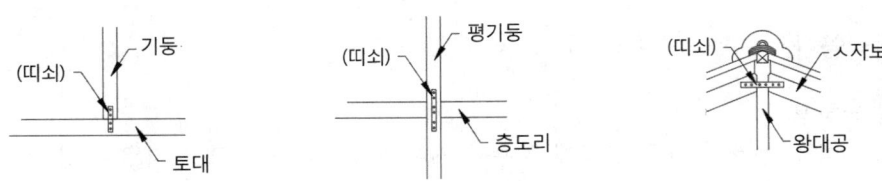

❹ 안장쇠
큰 보와 작은 보를 설치할 때 사용되는 안장모양의 철물

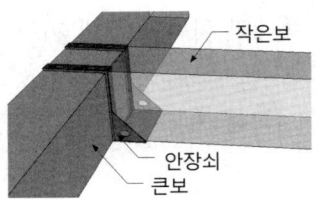

⑤ 꺾쇠
ㅅ자보와 중도리를 접합

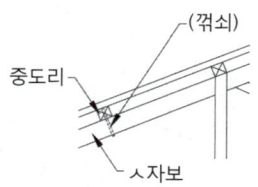

⑥ 듀벨
산지의 일종으로 목재 이음 시 전단력에 저항할 수 있도록 사용되는 철물로 다양한 크기와 모양이 있다.

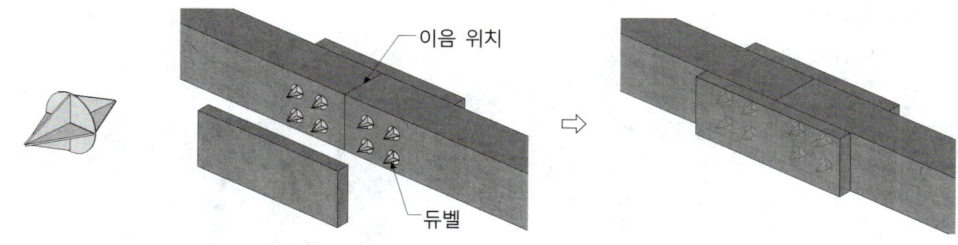

SECTION 8 한식구조

(1) 한식공사

① 마름질
사용될 부재의 크기에 맞게 치수를 재어 널결이나 직각으로 자르는 일

② 치목
부재로 사용할 목재를 깎고 다듬는 일

③ 바심질
마름질, 대패질을 마치고 목재의 맞춤을 위해 끼워지는 부분을 깎아내는 일

④ 입주
바심질을 끝낸 목재를 각 위치에 기둥으로 세우고, 보로 거는 등 맞추는 일

⑤ 상량
지붕의 보를 올린다는 뜻으로 기둥에 보를 얹고, 마룻대에 해당하는 종도리를 올리는 일

(2) 한식구조의 기둥

주(柱)는 기둥을 뜻한다.

① 누주(樓柱)

한식 기둥에서 2층에 배치된 기둥으로 흔히 다락기둥이라고도 한다.

② 동자주(童子柱)

보 위에 올리는 짧은 기둥으로 중도리와 종보를 받친다.

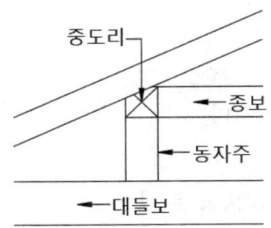

③ 고주(高柱)

해당 층에서 다른 기둥보다 높은 기둥으로 동자주를 겸하는 기둥이다.

④ 활주(活柱)

처마 끝 추녀의 뿌리를 받치는 기둥이다.

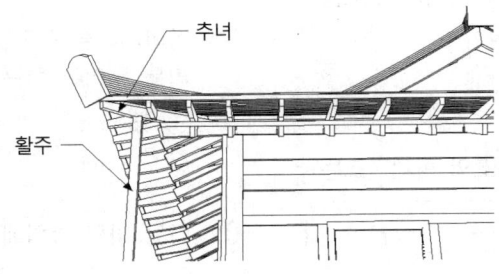

CHAPTER 03 연습문제

제3장 목구조

01 목구조의 장점으로 잘못된 것은?
① 비중에 비해 강도가 우수하다.
② 가벼우며 가공이 용이하다.
③ 건식구조에 속하므로 공기가 짧다.
④ 고층 및 대규모 건축에 유리하다.

02 기둥을 받치는 부재로 상부의 하중을 분산하여 기초에 전달하는 부재는?
① 말뚝   ② 토대
③ 줄기초   ④ 층도리

03 아래층에서 위층까지 하나의 부재로 된 기둥으로 구조체 모서리에 배치되는 부재는?
① 통재기둥 ② 평기둥
③ 샛기둥   ④ 가새

04 다음 그림과 같은 한식구조의 벽체구조는?

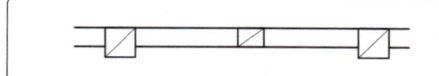

① 부축벽   ② 내력벽
③ 심벽식   ④ 평벽식

05 내벽(칸막이벽) 하부를 보호하고 장식을 겸하는 벽으로 바닥에서 1~1.5m 높이로 설치하는 벽은?
① 부축벽   ② 징두리판벽
③ 걸레받이   ④ 비늘판벽

06 징두리판벽의 구성 부재가 아닌 것은?
① 걸레받이   ② 두겁대
③ 띠장   ④ 선대

07 다음 그림과 같이 기둥이나 샛기둥에 널판을 반턱으로 맞춰 붙인 판벽을 무엇이라 하는가?

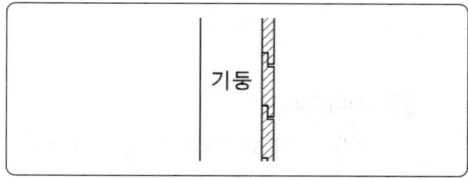

① 징두리판벽   ② 턱솔비늘판벽
③ 널판벽   ④ 부축벽

08 동바리마루는 지반에서 최소 얼마 이상 거리를 두어야 하는가?
① 350mm   ② 400mm
③ 450mm   ④ 500mm

09 다음 마루 그림에서 A부분의 명칭은?

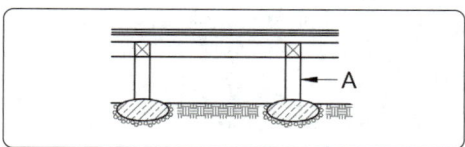

① 멍에   ② 동바리
③ 장선   ④ 밑둥잡이

10 공장이나 창고에 사용되는 마루로 호박돌 위에 낮은 높이로 마룻널을 까는 마루는?
① 동바리마루   ② 보마루
③ 홑마루   ④ 납작마루

정답 1.④ 2.② 3.① 4.③ 5.② 6.④ 7.② 8.③ 9.② 10.④

11 문틀을 짜서 중간에 살을 배치해 양면에 판자를 붙인 형식의 문은?
① 양판문 ② 플러시문
③ 판자문 ④ 울거미문

12 미서기문이나 창의 맞닿는 부분에 방풍을 목적으로 턱솔이나 딴혀를 대어 물려지게 한 것은?
① 풍소란 ② 문선
③ 문홈   ④ 띠장

13 계단의 넓이가 1.2m 이상일 경우 디딤판의 처짐, 진동을 막기 위한 계단의 하부 보강재는?
① 챌판   ② 디딤판
③ 계단멍에 ④ 엄지기둥

14 다음 계단 중 계단참이 없는 계단은?

①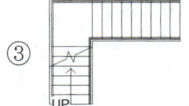

②

③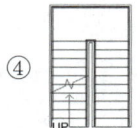

④

15 중앙에 대공이 있는 양식 지붕틀 구조로 비교적 큰 규모의 지붕에 사용되는 지붕형식은?
① 달대공 ② 빗대공
③ 왕대공 ④ 절충식

16 왕대공 지붕틀에서 인장재에 해당되지 않는 부재는?
① 평보   ② 왕대공
③ 달대공 ④ 빗대공

17 다음 지붕틀 부재 중 걸침턱맞춤이 아닌 것은?
① ㅅ자보 ② 평보
③ 처마도리 ④ 깔도리

18 지붕틀 형식 중 지붕구조가 단순하며 소규모 지붕에 사용되는 지붕은?
① 달대공 ② 빗대공
③ 왕대공 ④ 절충식

19 지붕 물매의 표기방법으로 옳은 것은?
① 3/5   ② 4/6
③ 3/8   ④ 3/10

20 지붕 물매 표기 중 되물매에 해당되는 것은?
① 3/10   ② 10/10
③ 15/10 ④ 5/10

21 다음 그림의 지붕모양과 일치하는 지붕은?

① 모임지붕 ② 합각지붕
③ 솟을지붕 ④ 박공지붕

22 지붕모양 중 합각지붕을 표시한 평면표시로 옳은 것은?

①    ②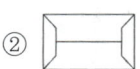

③    ④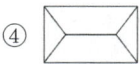

23 목구조의 보강재로 볼 수 없는 것은?
① 귀잡이보   ② 버팀대
③ 가새   ④ 토대

24 재를 직각이나 대각선으로 접합하는 것을 무엇이라 하는가?
① 이음   ② 맞춤
③ 붙임   ④ 끼움

25 목재 이음에 사용되는 철물로 전단력에 저항을 위해 사용되는 철물은?
① 듀벨   ② 띠쇠
③ 꺾쇠   ④ 안장쇠

26 한식공사에서 기둥에 보를 얹고, 마룻대에 해당하는 종도리를 올리는 일을 무엇이라 하는가?
① 마름질
② 치목
③ 바심질
④ 상량

27 한옥 기둥을 뜻하는 용어 중 추녀의 뿌리를 받치는 기둥은 무엇인가?
① 고주   ② 동자주
③ 활주   ④ 누주

정답 23. ④ 24. ② 25. ① 26. ④ 27. ③

벽돌, 블록, 돌구조(조적구조)

SECTION 1 벽돌구조

(1) 구조

벽돌구조는 조적식 구조의 하나로 시멘트벽돌(콘크리트벽돌), 적벽돌(붉은벽돌), 내화벽돌, 콘크리트 등을 사용해 주요 구조를 구성한다.

❶ 벽돌의 크기와 가공

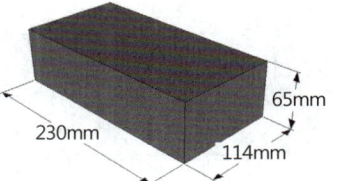

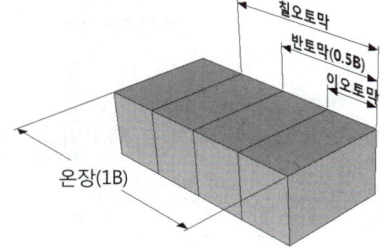

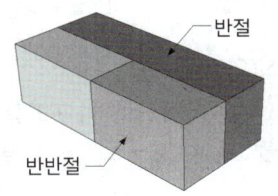

❷ 벽돌조의 구조한계

- 벽돌조 벽체의 두께는 벽 높이의 1/20 이상이어야 한다.
- 벽돌조 기둥의 두께는 기둥 높이의 1/10 이상이어야 한다.
- 벽돌조 내력벽의 최대길이는 10m를 넘을 수 없다.
- 벽돌조의 최상층 내력벽의 높이는 4m를 넘을 수 없다.
- 벽돌조의 내력벽 공간은 80m^{2}를 넘을 수 없다.

❸ 내어 쌓기의 한계
- 벽돌을 내어 쌓을 경우 2.0B를 넘을 수 없다.
- 1단씩 내쌓기 할 경우 1/8B 두께로 쌓는다.
- 2단씩 내쌓기 할 경우 1/4B 두께로 쌓는다.

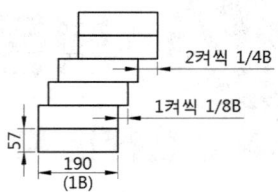

(2) 쌓기법

목적에 따라 벽돌을 길이 방향과 마구리 방향으로 다양하게 쌓을 수 있으며 통줄눈 쌓기보다 막힌줄눈 쌓기가 하중을 분산시켜 더 튼튼하다.

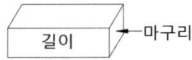

- 길이 쌓기

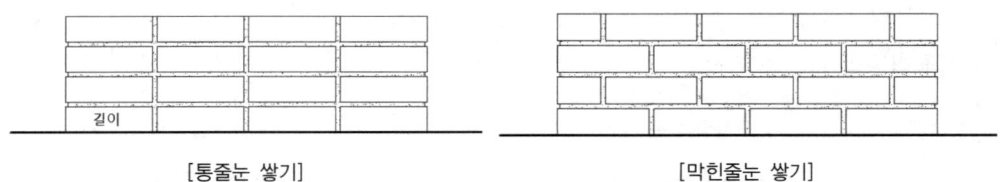

[통줄눈 쌓기]   [막힌줄눈 쌓기]

- 마구리 쌓기

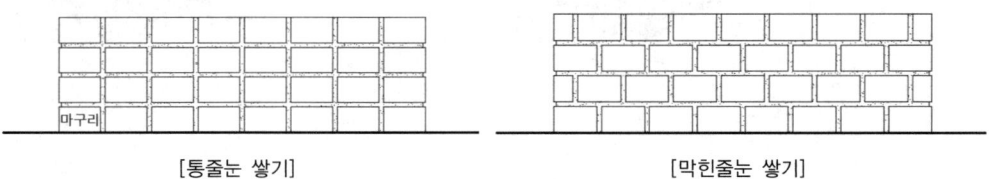

[통줄눈 쌓기]   [막힌줄눈 쌓기]

❶ 영식(영국식) 쌓기

쌓는 단을 길이와 마구리를 번갈아 가면서 쌓고 벽의 끝단에서 이오토막을 사용해 마무리 한다. 영식 쌓기는 가장 튼튼한 쌓기법이다.

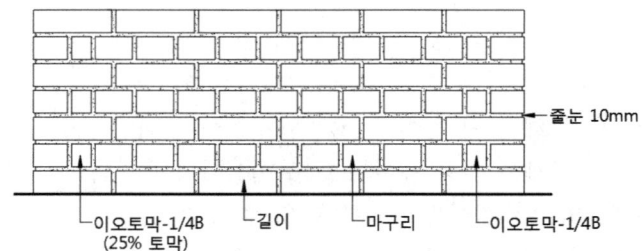

❷ 네덜란드식(화란식) 쌓기

쌓기법이 영식 쌓기와 동일하나 벽의 끝단에서 칠오토막을 사용해 모서리가 튼튼하다.

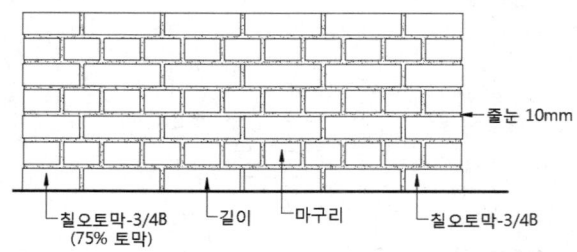

❸ 불식(프랑스식) 쌓기

한 단에 마구리와 길이를 번갈아가며 쌓고 벽의 끝단에 이오토막을 사용한다.

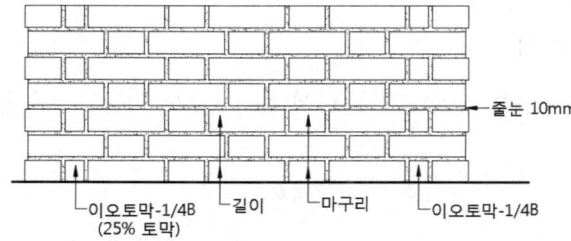

❹ 미식(미국식) 쌓기

시작하는 단과 마지막 단에는 마구리쌓기, 중간은 길이로 쌓는 방법으로 마구리쌓기 끝단에는 이오토막을 사용한다.

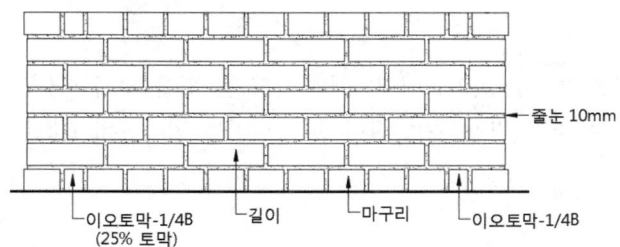

❺ 영롱쌓기

장식을 목적으로 사각형이나 십자형태로 구멍을 내어 쌓는다.

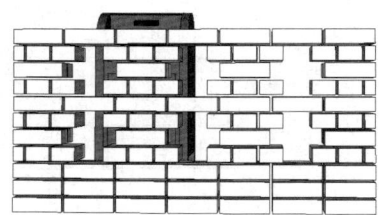

(3) 줄눈의 종류

벽돌 등 조적재료를 쌓을 때마다 시멘트 모르타르를 사용해 쌓는데 이 접합되는 부분을 줄눈이라 한다.

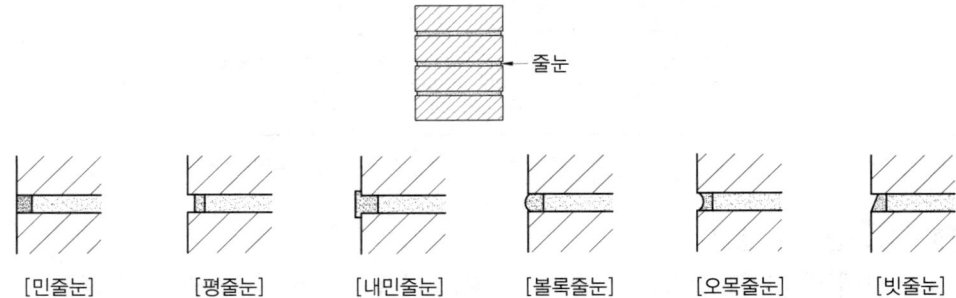

(4) 쌓기 규정 및 홈 파기

시멘트 모르타르를 사용해 쌓아나간다. 단이 높아질수록 벽돌의 하중을 받아 한 번에 많이 쌓을 수 없다.

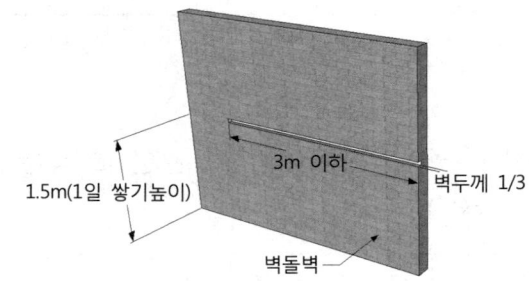

① 1일 벽돌쌓기의 높이는 1.2m 이내, 최대 1.5m를 넘을 수 없다(17~20단).
② 배관 등 설비를 묻기 위한 홈은 길이 3m, 깊이는 벽두께의 1/3을 넘을 수 없다.

(5) 벽돌조 기초

벽돌조와 같은 조적조의 기초는 줄기초(연속기초)가 적합하다.

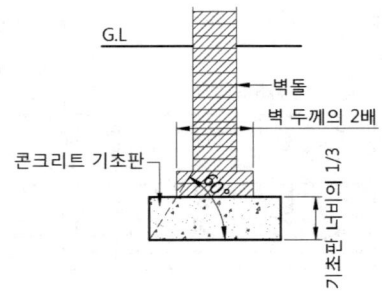

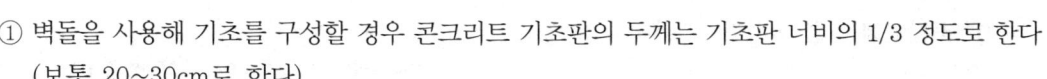

① 벽돌을 사용해 기초를 구성할 경우 콘크리트 기초판의 두께는 기초판 너비의 1/3 정도로 한다 (보통 20~30cm로 한다).
② 벽돌 하부의 길이는 벽두께의 2배 정도로 한다.
③ 벽돌 쌓기의 각도는 60° 이상으로 한다.

(6) 벽돌조 테두리보

기본적으로 테두리보의 높이는 벽두께의 1.5배 이상이어야 한다.
① 1층 테두리보의 높이는 250mm 이상으로 한다.
② 2층 테두리보의 높이는 300mm 이상으로 한다.
③ 테두리보는 벽체를 일체화하여 강성을 높인다.
④ 기초의 부동침하, 지진 등의 피해를 완화시킨다.
⑤ 수축균열을 방지한다.
⑥ 1층 건물의 벽길이 5m 이하, 벽두께가 높이의 1/16 이상은 목조 테두리보가 가능하다.

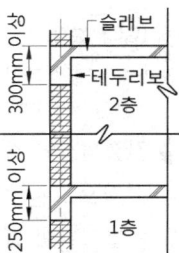

(7) 공간벽 쌓기(단열벽 쌓기)

외벽은 벽돌과 벽돌 중간에 공기층, 단열재를 두어 공간벽으로 쌓는다. 벽돌과 벽돌 사이에는 구조의 일체화, 긴결을 목적으로 긴결철물을 설치한다.

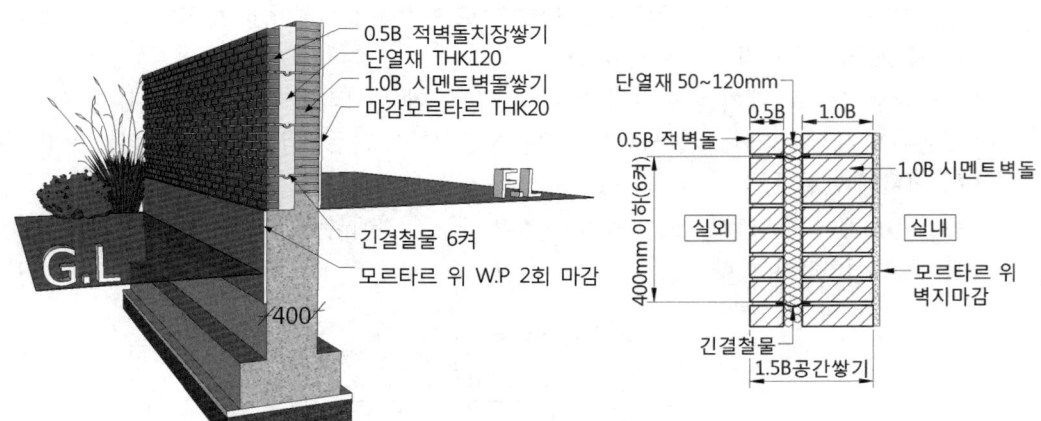

❶ 공간벽에 따른 벽두께

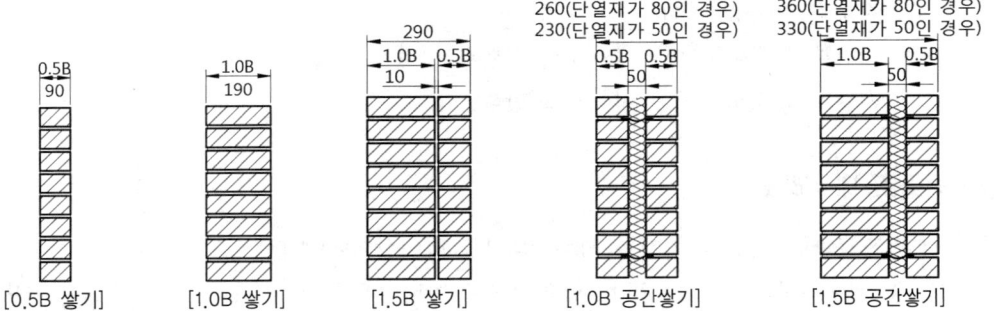

* 벽두께의 계산 예
  단열재가 120mm인 1.5B 공간쌓기의 벽두께 ⇒ 1.0B(190mm) + 단열재(120mm) + 0.5B(90mm) = 400mm

❷ 긴결철물의 설치 거리
  수직으로는 40cm 이하, 수평으로는 90cm 이하마다 긴결철물을 설치한다.

❸ 긴결철물의 재료
  긴결철물은 띠쇠, #8철선, 철근 등으로 설치할 수 있다.

(8) 개구부

벽돌구조는 조적구조의 한계로 개구부의 크기가 제한되며, 개구부 크기에 따라 보강재를 설치해야 한다.

① 각 벽의 개구부의 폭은 벽 길이의 1/2을 넘을 수 없다.
② 1.8m를 넘는 창이나 문은 상부에 철근콘크리트 인방을 설치해야 하며 인방은 해당 벽에 좌우로 각 20cm 이상 걸치도록 해야 한다.
③ 개구부를 상하로 배치할 경우 수직 간에 60cm 이상 거리를 확보해야 한다.
④ 개구부 벽에 대린벽이 교차하는 경우 대린벽 중심에서 벽두께의 2배 이상 거리를 두고 개구부를 설치해야 한다.
⑤ 동일한 벽체에 연속해서 개구부를 두는 경우 개구부 간에 수평거리를 벽두께의 2배 이상 거리를 두고 설치해야 한다.

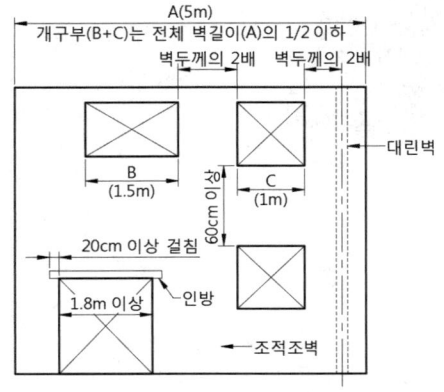

(9) 아치

조적조 구조에서 개구부 상부의 구조를 지지하기 위해 벽돌을 쐐기모양으로 만들어서 곡선적으로 쌓아올리는 구조이다. 아치 구조는 인장력은 받지 않고 압축력만을 받는다.

> **용어해설**
>
> 쐐기모양 –

❶ 본아치
벽돌을 쐐기모양으로 제작하여 사용하므로 줄눈의 모양이 일정하다.

❷ 막만든아치
벽돌을 쐐기모양으로 다듬어 사용해 쌓는다.

❸ 거친아치
벽돌을 가공하지 않고 줄눈을 쐐기모양으로 작업해 쌓는다.

❹ 층두리아치
아치의 너비가 넓을 경우 여러 겹으로 겹쳐서 쌓는다.

SECTION 2 블록구조

(1) 구조

블록구조는 모르타르로 쌓아올린 조적식 블록구조와 블록 속에 철근과 콘크리트를 부어 넣은 보강블록조로 나누어지며 BI형 블록의 크기는 390×190×100, 390×190×150, 390×190×190 3가지로 나누어진다.

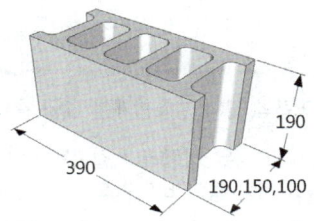

① 블록조의 벽체두께는 벽 높이의 1/16 이상으로 한다.
② 블록조의 1일 쌓기 높이는 1.5m를 넘지 못한다(7단).

③ 블록조 기초보의 높이는 처마높이의 1/12 이상 또는 60cm 이상으로 하며 단층인 경우는 45cm 이상으로 한다.

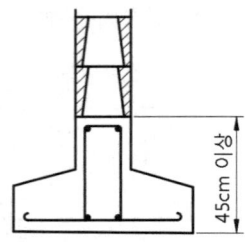

[단층 건물의 기초높이]

④ 블록조의 내력벽 길이는 10m 이하로 하며 초과 시 부축벽이나 붙임기둥을 설치한다.
⑤ 블록조 최상층의 벽 높이는 4m를 넘지 못한다.

(2) 보강블록조

보강블록은 블록 속에 철근과 콘크리트를 부어 넣은 구조이다.
① 보강블록조의 벽체두께는 15cm 이상으로 한다.
② 보강블록조의 벽량은 15cm/m² 이상으로 한다.
③ 철근배근의 정착길이
- 모서리 D13, 그 외 D10
- 세로철근 테두리보의 40d
- 가로철근 40d, 이음 25d

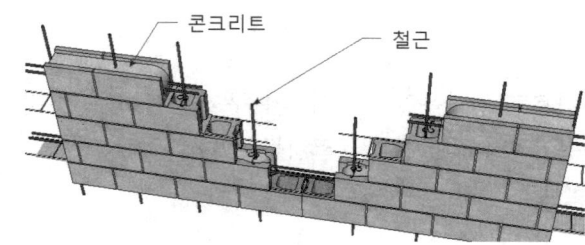

용어해설

벽량(壁量, quantity of wall) : 내력벽 길이의 총합계를 해당 층의 바닥면적으로 나눈 값을 말한다.

[예] 보강블록조의 바닥면적이 60m²일 경우 내력벽의 길이는 얼마 이상으로 하는가?
벽량(15cm/m²)=내력벽의 길이/해당 층의 바닥면적

(3) 거푸집 블록조

ㄱ자형, ㄷ자형, T자형, ㅁ자형 등으로 살의 두께가 얇고 속이 빈 블록구조로 쌓은 구조로 콘크리트의 거푸집으로 사용된다.

❶ 단점
- 시공품질에 대한 판단이 어렵다.
- 부어넣기 이음새가 많고 강도가 좋지 않다.
- 충분한 다짐이 어렵다.

❷ 장점
- 블록 속에 콘크리트를 부어 넣어 수직하중과 수평하중에 저항한다.
- 거푸집으로 시공한 블록을 해체하지 않아도 된다.

SECTION 3 돌구조

(1) 구조

돌구조는 외관이 장중하고 압축강도가 크지만 인장강도는 약한 구조이다.

(2) 쌓기법

❶ 바른층 쌓기

벽돌과 블록처럼 일정한 높이로 수평이 맞도록 규칙적으로 쌓는다.

❷ 허튼층 쌓기

규칙이 없이 쌓는 방법으로 막쌓기라고도 한다.

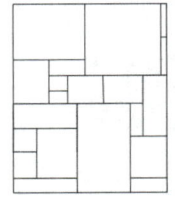

❸ 층지어 쌓기

허튼층 쌓기와 유사하지만 가로 줄눈을 수평이 되게 쌓는다.

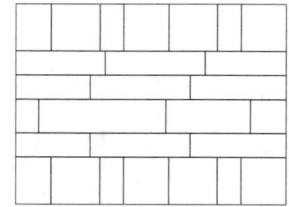

(3) 석재의 부분별 명칭

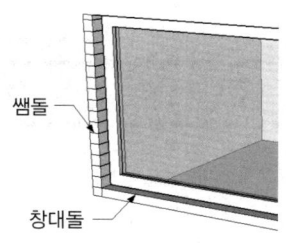 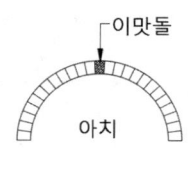 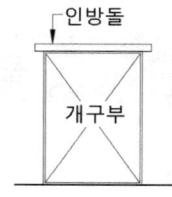

❶ 인방돌

　　창문이나 문 개구부 상부에 하중 분산을 목적으로 올리는 돌

❷ 창대돌

　　창문틀 밑에 대어 창문을 받치는 돌

❸ 쌤돌

　　창문 양쪽 수직면에 대어 마감하는 돌

❹ 이맛돌

　　반원 아치 가운데 끼워 넣는 돌

CHAPTER 04 연습문제

제4장 벽돌, 블록, 돌구조(조적구조)

01 벽돌조와 같은 조적식 구조에 적합한 기초는?
① 줄기초 ② 온통기초
③ 독립기초 ④ 복합기초

02 벽돌조 기초에서 기초 하부의 콘크리트 기초판의 두께는 너비의 얼마 정도인가?
① 1/2 ② 1/3
③ 1/4 ④ 1/5

03 다음 그림은 콘크리트 줄기초이다. 기초판 A의 두께로 적절한 것은?

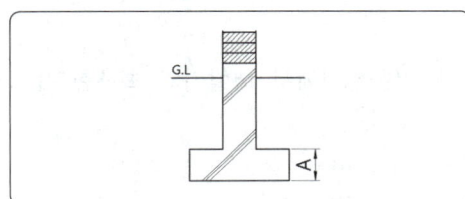

① 5cm ② 10cm
③ 15cm ④ 20cm

04 벽돌쌓기의 종류 중에서 모서리 부분에 반절 또는 이오토막을 사용하면서 가장 튼튼한 쌓기법은?
① 영식 쌓기 ② 미식 쌓기
③ 네덜란드식 쌓기 ④ 불식 쌓기

05 벽돌쌓기의 종류 중에서 모서리 부분에 칠오토막을 사용하는 쌓기법은?
① 영식 쌓기 ② 미식 쌓기
③ 네덜란드식 쌓기 ④ 불식 쌓기

06 벽돌벽 구조 중 방음, 방습, 단열을 목적으로 벽돌을 이중으로 하고 중간에 공기층을 두어 쌓는 방식은?
① 층지어쌓기 ② 층두리쌓기
③ 공간쌓기 ④ 내어쌓기

07 다음 줄눈의 그림과 명칭이 옳은 것은?

① 평줄눈 -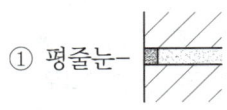

② 민줄눈 -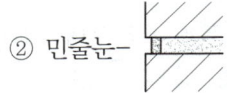

③ 볼록줄눈 -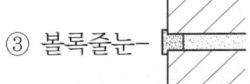

④ 빗줄눈 -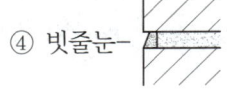

08 벽돌조에서 콘크리트 웃인방을 설치해야 하는 문골의 너비로 적절한 것은?
① 1.5m 이상 ② 1.8m 이상
③ 2m 이상 ④ 2.5m 이상

09 벽돌조로 구성된 개구부 사이의 수직 간 거리는 얼마 이상 간격을 두어야 하는가?
① 40cm 이상 ② 50cm 이상
③ 60cm 이상 ④ 70cm 이상

정답 1.① 2.② 3.④ 4.① 5.③ 6.③ 7.④ 8.② 9.③

10 조적식 구조에서 대린벽으로 구획된 벽은 개구부 폭을 얼마 이하로 해야 하는가?
① 벽 길이의 1/2 이하
② 벽 길이의 1/3 이하
③ 벽 길이의 1/5 이하
④ 상관없음

11 조적구조에서 내력벽으로 구성된 바닥면적은 최대 얼마인가?
① 50m²
② 60m²
③ 70m²
④ 80m²

12 조적식으로 구성한 벽의 설명으로 잘못된 것은?
① 벽돌조 벽체의 두께는 벽 높이의 1/12 이상이어야 한다.
② 벽돌조 내력벽의 최대길이는 10m를 넘을 수 없다.
③ 벽돌조의 최상층 내력벽의 높이는 4m를 넘을 수 없다.
④ 벽돌조의 내력벽 공간은 80m²를 넘을 수 없다.

13 벽돌조의 벽체두께는 벽 높이의 얼마 이상으로 해야 하는가?
① 1/10　② 1/12
③ 1/15　④ 1/20

14 벽돌구조의 외벽을 1.5B 공간쌓기(단열재 80)로 할 경우 벽의 두께로 적절한 것은?
① 280　② 360
③ 370　④ 380

15 조적구조에 사용되는 연결철물(긴결재)의 설치 간격으로 옳은 것은?
① 수직 : 40cm 이하, 수평 : 90cm 이하
② 수직 : 90cm 이하, 수평 : 40cm 이하
③ 수직 : 60cm 이하, 수평 : 90cm 이하
④ 수직 : 90cm 이하, 수평 : 60cm 이하

16 벽돌조에서 배관설치를 위한 벽의 홈파기에 대한 설명으로 옳은 것은?
① 홈은 길이 1m, 깊이는 벽두께의 1/6을 넘을 수 없다.
② 홈은 길이 2m, 깊이는 벽두께의 1/5을 넘을 수 없다.
③ 홈은 길이 3m, 깊이는 벽두께의 1/4을 넘을 수 없다.
④ 홈은 길이 3m, 깊이는 벽두께의 1/3을 넘을 수 없다.

17 벽돌쌓기에서 내쌓기의 최대한계는 얼마인가?
① 1.0B　② 2.0B
③ 2.5B　④ 3.0B

18 돌구조 개구부 상부에 걸쳐대어 하중을 분산시키는 수평부재는?
① 쌤돌　② 인방돌
③ 창대돌　④ 호박돌

19 돌구조에서 창의 수직 모서리 양쪽에 세워서 쌓는 돌을 무엇이라 하는가?
① 쌤돌
② 인방돌
③ 창대돌
④ 호박돌

정답　10. ①　11. ④　12. ①　13. ④　14. ②　15. ①　16. ④　17. ②　18. ②　19. ①

20 보강블록조 기초의 하부 콘크리트 D의 높이로 적절한 것은?

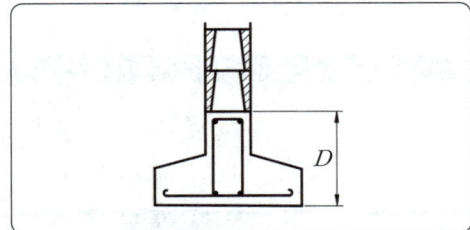

① 35cm 이상　② 40cm 이상
③ 45cm 이상　④ 50cm 이상

21 보강블록조의 내력벽 두께는 최소 얼마 이상이어야 하는가?

① 15cm 이상　② 20cm 이상
③ 25cm 이상　④ 30cm 이상

22 보강블록조의 내력벽 벽량은 얼마 이상이어야 하는가?

① 15cm/m²　② 20cm/m²
③ 25cm/m²　④ 30cm/m²

23 보강블록조의 바닥면적이 40m²일 때 내력벽의 길이는 얼마인가?

① 5m 이상　② 6m 이상
③ 7m 이상　④ 8m 이상

힌트: 보강블록조의 벽량은 바닥면적 1m²당 15cm이다.

24 돌쌓기 방법 중 규칙 없이 줄눈이 고르지 않게 쌓는 방법으로 막쌓기라고도 하는 쌓기법은?

① 바른층쌓기　② 허튼층쌓기
③ 층지어쌓기　④ 층두리쌓기

25 벽돌쌓기 방법 중 상부 하중을 분산시켜 튼튼하게 쌓을 수 있는 쌓기는?

① 길이쌓기　② 마구리쌓기
③ 통줄눈쌓기　④ 막힌줄눈쌓기

26 아치쌓기 중 벽돌을 쐐기모양으로 제작하여 사용하는 아치는?

① 본아치　② 막만든아치
③ 거친아치　④ 층두리아치

정답 20. ③ 21. ① 22. ① 23. ② 24. ② 25. ④ 26. ①

CHAPTER 05 철근콘크리트구조

SECTION 1 철근콘크리트구조(reinforced concrete construction)

(1) 구조

압축력에 강한 콘크리트에 인장력을 보완하기 위해 철근을 뼈대로 구성한 구조이다.

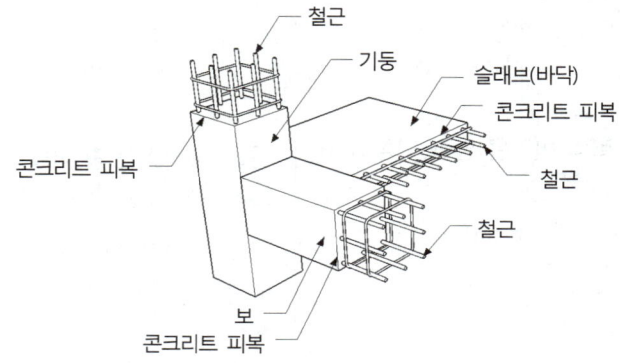

(2) 특성

❶ 장점
- 부재의 크기, 형상을 제한 없이 자유롭게 구성할 수 있다.
- 철근을 콘크리트로 피복한 일체식 구조로 내화성, 내구성, 내진성, 내풍성이 우수하다.
- 콘크리트와 철근의 특성을 보완한 구조로 압축력과 인장력에 모두 강하다.

❷ 단점
- 철근콘크리트는 시공 시 날씨의 영향을 많이 받는다.
- 콘크리트는 날씨 등 양생조건이 나쁘면 강도에 영향을 주고, 균일한 시공이 어렵다.
- 물을 사용한 습식구조로 공기가 길다.

SECTION 2 철근콘크리트구조의 종류

(1) 라멘구조

기둥, 보, 슬래브가 일체화되어 건축물의 하중에 저항하는 구조

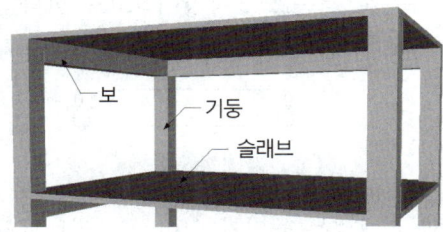

(2) 벽식구조

기둥과 보가 없고 슬래브와 벽을 일체화시킨 구조로 아파트에 많이 사용된다.

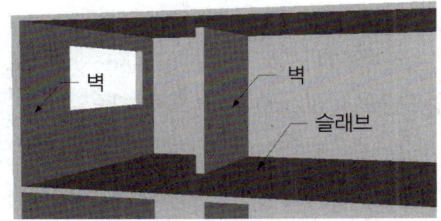

(3) 무량판구조(플랫슬래브)

보를 없애는 대신 슬래브의 두께를 150mm 이상 두껍게 하여 하중에 저항하는 구조로 천장의 공간을 확보하고 층고를 낮게 할 수 있다. 슬래브와 기둥의 접합부는 드롭패널(지판)과 캐피털(주두)로 구성된다.

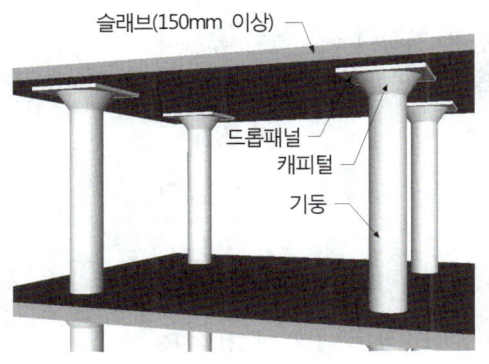

SECTION 3 철근의 사용과 이음

(1) 철근

① 원형철근
표면에 돌기가 없는 매끈한 철근으로 봉강이라고도 한다.

② 이형철근
철근의 표면에 마디와 리브라는 돌기가 있어 콘크리트와의 부착응력이 높은 철근이다.

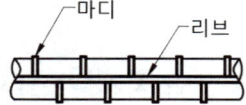

③ 철근의 표기
원형철근의 지름은 ϕ, 이형철근은 D(Deformed-bar)로 표기하고 @는 재의 간격이다.
예 지름 13mm 이형철근을 250mm 간격으로 배근

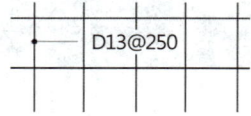

(2) 철근의 이음

① 겹침이음의 이음길이
- 철근이 길이가 부족하여 이어야 할 경우 겹쳐지는 부분의 길이를 뜻하며 결속선을 사용해 이음한다.
- D35 이상의 철근은 겹침이음을 하지 않는다.
- 이음길이는 압축력을 받는 부분은 25d 이상, 인장력을 받는 부분에서는 40d 이상으로 한다.

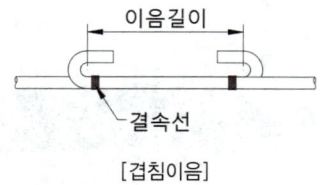

[겹침이음]

❷ 철근 이음의 종류

철근의 이음은 겹침이음 외에도 나사이음, 용접이음과 슬리브 압착이음, 슬리브 충전이음 등이 있다.

(3) 철근의 사용과 부착강도

① 가는 철근을 여러 개 사용하면 콘크리트의 단면을 크게 하지 않고도 부착강도를 높일 수 있다.
② 철근은 주로 D10~D25 규격을 많이 사용한다.
③ 응력이 발생되는 곳은 철근의 배근 간격을 촘촘히 한다.
④ 부착강도는 콘크리트의 압축강도, 철근의 주장(둘레), 정착길이에 비례한다.

(4) 철근의 정착

콘크리트에 고정시키기 위해 일정 길이만큼 꺾어 묻는 것을 정착이라 한다. 인장정착은 300mm 이상, 압축정착은 200mm 이상 정착시킨다.

❶ 정착위치
- 기둥 철근 : 기초
- 보 철근 : 기둥
- 작은보 철근 : 보
- 벽 철근 : 기둥, 보, 바닥
- 슬래브 철근 : 보, 벽

❷ 정착기준

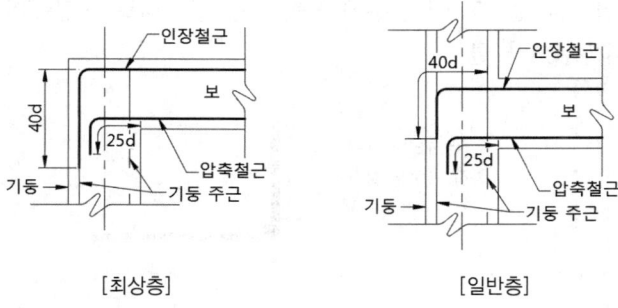

[최상층]   [일반층]

> 용어해설
> • 40d : 철근 지름의 40배
> • D25 : 지름 25mm 이형철근

(5) 거푸집

콘크리트구조물을 일정한 크기로 만들기 위해 설치하는 틀을 거푸집이라 한다. 철제 거푸집의 경우 여러 번 사용할 수 있지만 알칼리에 의한 오염가능성이 높고, 목재 거푸집은 사용 가능횟수가 적지만 오염의 가능성은 낮다.

❶ 거푸집의 조건
- 형상과 치수가 정확하고 변형이 없어야 한다.
- 외력에 손상되지 않도록 내구성이 있어야 한다.
- 조립 및 제거가 용이하고 반복적으로 재사용할 수 있는 것이 좋다.
- 거푸집의 간격을 유지하기 위해 부속철물로 세퍼레이터(격리재)를 사용한다.

❷ 거푸집 재료에 따른 사용횟수
- 쪽널 거푸집 : 약 3회
- 합판 거푸집 : 약 5회
- 철제 거푸집 : 약 100회

SECTION 4 콘크리트의 피복과 기초

(1) 콘크리트의 피복

콘크리트 피복은 철근의 부식을 방지하고 화재 시 고온으로 인해 강도가 저하되는 것을 막는다.

❶ 피복두께

콘크리트가 철근을 감싸고 있는 두께를 뜻하며, 콘크리트 표면에서 가장 가까운 철근까지의 거리를 피복두께라 한다.

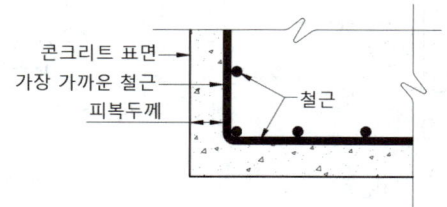

❷ 부분별 피복두께

피복두께는 슬래브(바닥) < 기둥 < 기초순으로 두껍다.

구분	기초	기둥, 보	슬래브, 벽	기타
흙에 접하는 부분	8cm	-	-	수중타설하는 경우 10cm 이상
흙에 접하지 않는 부분	-	4cm	2cm 이상	

(2) 기초

❶ 기초보(지중보)

독립기초에서 기초와 기초를 연결하는 보를 말한다. 기초보로 연결된 기초는 움직임을 억제하여 단단하게 연결되고 부동침하를 방지한다.

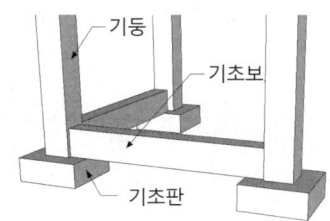

SECTION 5 기둥

(1) 기둥의 철근

기둥은 장방형(사각) 기둥과 원형 기둥으로 구분된다.

❶ 기둥의 철근 수량

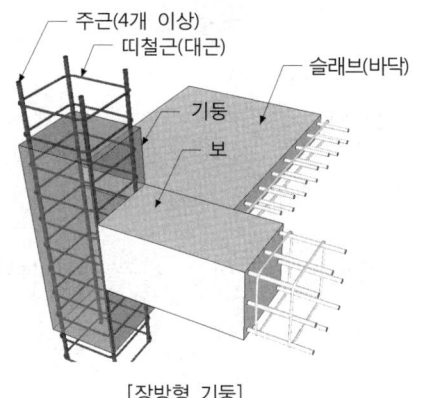

[장방형 기둥]

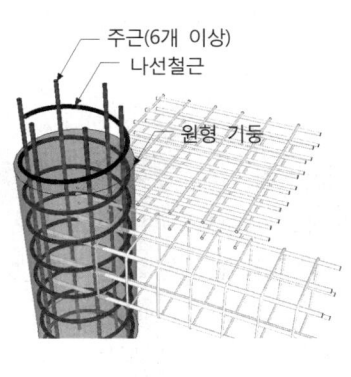

[원형 기둥]

❷ 기둥의 철근 배근

- 기둥의 주근은 D13 이상을 사용한다.
- 수직으로 뻗은 주근의 좌굴을 방지하기 위해 띠철근(대근), 나선철근을 배근해야 한다.
- 주근의 간격은 철근 지름의 1.5배 이상, 25mm 이상, 자갈 최대지름의 1.25배 이상으로 해야 한다.
- 띠철근의 배근은 주근 지름의 16배 이하, 띠철근 지름의 48배 이하, 기둥 단면의 최소 폭 이하 중 가장 작은 값으로 한다.

(2) 기둥의 크기와 배치

① 기둥의 최소 단면적은 600cm² 이상으로 한다.
② 기둥의 최소 단면치수는 20cm 이상, 기둥 간사이의 1/15 이상으로 한다.
③ 4개의 기둥으로 30m² 내외의 바닥면적을 지지할 수 있다.
④ 상층과 하층의 기둥은 동일한 위치에 오도록 배치한다.

SECTION 6 보

(1) 보의 철근

보의 철근은 주근과 늑근(스트럽)으로 구분된다.

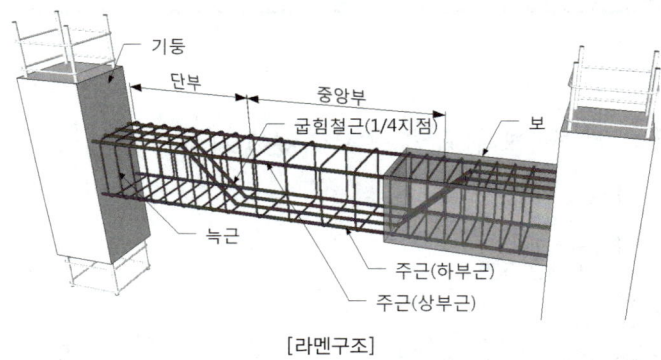

[라멘구조]

❶ 보의 철근 배근
- 보의 주근은 D13 이상을 사용한다.
- 주근의 간격은 25mm 이상, 자갈 최대지름의 1.25배 이상, 철근 공칭지름의 1.5배 이상으로 한다.
- 주근의 이음 위치는 인장력과 휨응력이 가장 작은 위치에서 이음한다.
- 주근은 단부에서는 상부에 많이 배근하고 중앙부는 하부에 많이 배근한다.

용어해설
공칭지름 : 이형철근의 단위길이 무게와 같은 원형철근의 지름

❷ 늑근(스트럽)
- 보의 전단력에 대한 저항강도를 높이기 위해 사용된다.
- 늑근은 D6 이상의 철근을 사용하며 중앙부보다 양단부에 많이 배근한다.
- 늑근의 갈고리(hook) 구부림 각도는 90~135°로 한다.

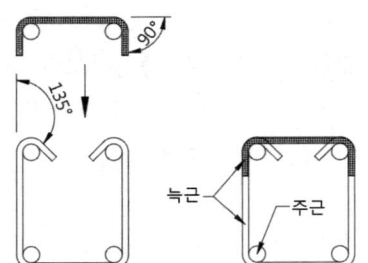

> **용어해설**
> 전단력 : 부재의 직각 방향으로 힘이 작용했을 때 부재를 절단하는 힘

❸ 단순보

1개의 부재가 2개 지점에 지지되어 걸쳐진 보

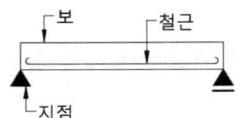

❹ 연속보

3개 이상의 지점에 고정되어 지지하는 보

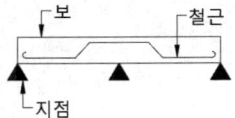

❺ 내민보

보의 지지점 외부로 돌출되어 캔틸레버 형식으로 된 보로 한 부분만 고정된다.

(2) 보의 크기와 배치

❶ 철근콘크리트 보의 춤(높이)은 기둥 간사이의 1/10~1/12로 한다.

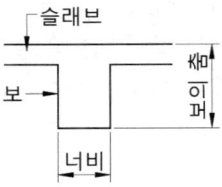

❷ 작은 보의 배치는 중앙부의 집중하중을 줄이기 위해 큰 보 사이에 짝수로 배치한다.

❸ 헌치

보의 양단부인 기둥과 교차되는 부분은 중앙부보다 단면을 크게 하여 보의 휨, 전단력에 대한 저항강도를 높이기 위해 사용된다. 구조가 노출되는 공간에서는 시각적으로 안정감을 주는 효과도 있다.

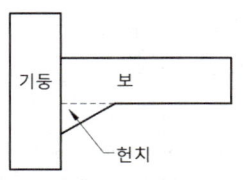

SECTION 7 바닥(슬래브)

슬래브(slab)는 연직하중을 받는 넓은 판상형 부재를 일컫는 말로 주로 철근콘크리트로 된 바닥을 뜻한다.

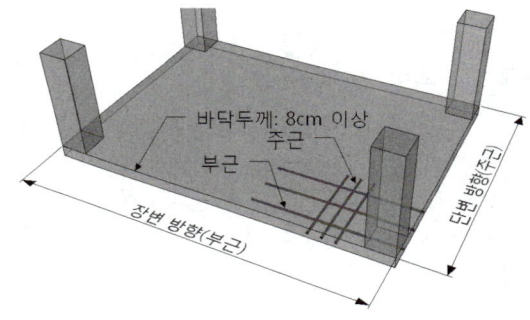

(1) 슬래브의 철근

① 슬래브는 단변과 장변으로 구분되며 단변 방향에 주근, 장변 방향에는 부근(배력근)을 배근한다.
② 슬래브는 D10 이상의 철근으로 배근한다.
③ 단변 방향의 철근은 20cm 이하, 장변 방향의 철근은 30cm 이하로 배근한다.
④ 장변과 단변의 굽힘 철근 위치는 단변의 1/4 지점에서 배근한다.

(2) 슬래브의 크기와 형태

① 철근콘크리트 2방향 슬래브의 최소두께는 8cm 이상으로 한다.

② 2방향 슬래브의 단변과 장변의 비율은 λ(변장비)$= ly$(장변길이)$/lx$(단변길이)≤ 2
   → 장변 방향의 길이가 단변 방향 길이의 2배보다 작거나 같은 길이
③ 1방향 슬래브 변장비는 $\lambda > 2$이며 최소두께는 10cm 이상으로 한다.

SECTION 8 벽체

(1) 벽체의 철근

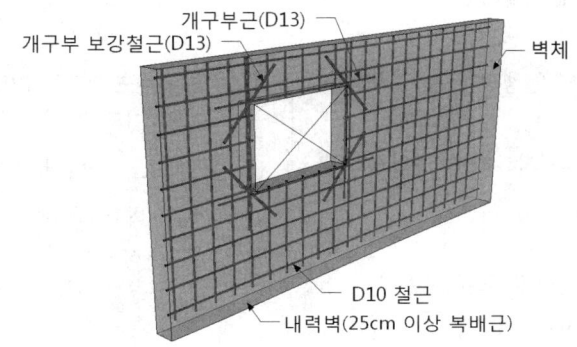

① 내력벽은 D10 이상의 철근으로 배근한다.
② 개구부에는 D13 이상의 철근을 2개 이상 사용하여 보강한다.
③ 내력벽의 두께가 25cm 이상인 경우 복배근으로 한다.

[단배근]   [복배근]

(2) 벽체의 두께와 배치

① 지하실 내력벽, 기초 벽의 두께는 최소 20cm 이상으로 한다.
② 내력벽의 두께는 수직이나 수평 지지점 간의 거리 중 짧은 거리의 1/25 이상, 100mm 이상으로 한다.
③ 내진벽의 위치는 상층과 하층의 위치가 같도록 배치한다.

05 연습문제

제5장 **철근콘크리트구조**

01 철근콘크리트의 구조원리에 대한 설명으로 틀린 것은?
① 콘크리트와 철근이 강력하게 부착되어 철근의 좌굴을 방지한다.
② 콘크리트는 인장에 저항하고 철근은 압축력에 저항한다.
③ 콘크리트와 철근의 열팽창계수는 거의 동일하다.
④ 콘크리트가 철근을 피복하여 내화성, 내구성이 우수하다.

02 철근콘크리트의 특징으로 옳은 것은?
① 물을 사용한 습식구조로 공기가 길어질 수 있다.
② 부재의 크기, 형상을 자유롭게 구성할 수 없다.
③ 압축력에는 강하지만 인장력에 취약한 구조이다.
④ 날씨 등 양생조건에 관계없이 균일한 시공을 할 수 있다.

03 철근콘크리트구조의 종류로 볼 수 없는 것은?
① 라멘구조   ② 벽식구조
③ 무량판구조   ④ 트러스구조

04 플랫슬래브는 보를 없애고 슬래브의 두께를 두껍게 한 구조이다. 슬래브의 두께로 적절한 것은?
① 80mm   ② 100mm
③ 120mm   ④ 150mm

05 옥외의 공기와 흙에 접하지 않는 부분의 철근콘크리트보는 피복두께를 얼마 이상으로 하는가?
① 40mm   ② 30mm
③ 20mm   ④ 10mm

06 철근콘크리트의 피복두께가 큰 부분부터 나열된 것은?
① 기초 > 바닥 > 기둥
② 기둥 > 바닥 > 기초
③ 기둥 > 기초 > 바닥
④ 기초 > 기둥 > 바닥

07 다음 거푸집의 설명으로 잘못된 것은?
① 목재 거푸집은 오염의 가능성이 크고 강재 거푸집은 적다.
② 거푸집은 콘크리트의 형태를 유지시키고 굳지 않은 콘크리트를 보호한다.
③ 지반이 무르거나 좋지 않으면 기초 거푸집을 설치한다.
④ 철제 거푸집의 경우 약 100회 정도 사용이 가능하다.

08 거푸집의 간격을 유지하기 위해 사용되는 부속철물은?
① 듀벨
② 세퍼레이터
③ 띠장
④ 띠쇠

정답 1.② 2.① 3.④ 4.④ 5.① 6.④ 7.① 8.②

09 철근콘크리트보에 사용되는 철근의 최소 지름은?
① D9
② D10
③ D13
④ D16

10 철근콘크리트보의 주철근 간격으로 옳은 것은?
① 주근 지름의 1.25배
② 자갈 최대지름의 1.5배
③ 2.5cm 이상
④ 기둥 단면의 최소치수 이상

11 철근콘크리트보에 늑근을 배근하는 가장 큰 이유는?
① 철근과 콘크리트의 부착력 증가
② 휨모멘트에 저항
③ 전단력에 저항
④ 압축력에 저항

12 철근콘크리트보에 발생되는 전단력에 저항하기 위해 배근하는 철근은?
① 띠철근
② 나선형 철근
③ 대근
④ 스트럽

13 철근콘크리트보에 대한 설명으로 옳지 않은 것은?
① 보에 하중이 가해지면 휨모멘트와 전단력이 생긴다.
② 보의 헌치는 압축력에 대한 저항강도를 높인다.
③ 보의 늑근은 전단력에 대한 저항강도를 높인다.
④ 보의 주근은 D13 이상을 사용한다.

14 철근콘크리트구조에서 보의 춤은 기둥 간사이의 얼마가 적절한가?
① 1/10~1/12
② 1/12~1/15
③ 1/15~1/20
④ 1/20~1/25

15 보의 양단부 단면을 크게 하여 휨, 전단력이 저항하기 위한 부분을 무엇이라 하는가?
① 스트럽
② 헌치
③ 슬래브
④ 후프

16 작은 보를 배치할 때 큰 보 사이에 짝수로 배치하는 이유로 적절한 것은?
① 비용감소
② 공기단축
③ 집중하중 감소
④ 시공의 용이

17 철근콘크리트보에서 주근의 이음 위치로 가장 적절한 것은?
① 휨모멘트와 인장력이 작게 발생되는 위치
② 압축력과 인장력이 강하게 발생되는 위치
③ 단부와 가까운 곳
④ 시공하기 용이한 곳

18 철근의 표면에 부착력을 높이기 위한 돌기를 무엇이라 하는가?
① 마디, 리브
② 스트럽, 마디
③ 마디, 헌치
④ 리브, 스트럽

19 철근의 정착길이로 올바른 것은?

① 인장정착 : 100mm, 압축정착 : 200mm
② 인장정착 : 200mm, 압축정착 : 300mm
③ 인장정착 : 300mm, 압축정착 : 200mm
④ 인장정착 : 200mm, 압축정착 : 100mm

20 다음 그림과 같은 일반층에서 A부분의 철근과 B부분의 정착길이로 옳은 것은?

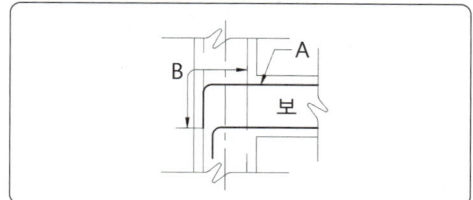

① A : 압축철근, B : 25d
② A : 인장철근, B : 25d
③ A : 압축철근, B : 40d
④ A : 인장철근, B : 40d

21 철근콘크리트 연속보의 배근으로 적절한 배근법은?

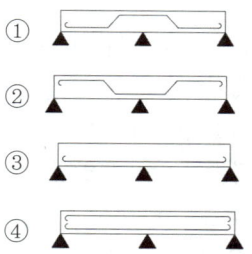

22 다음 그림과 같이 철근을 배근하는 보는?

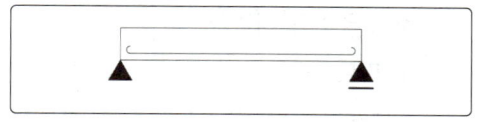

① 연속보 ② 단순보
③ 작은 보 ④ 큰 보

23 철근콘크리트의 피복두께로 옳은 것은?

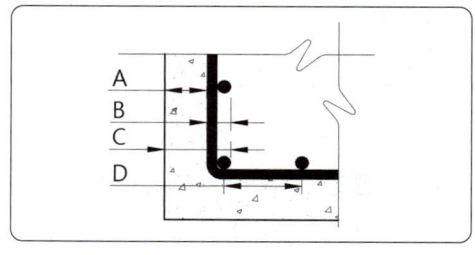

① A ② B
③ C ④ D

24 철근의 겹침 길이와 정착길이의 결정요인으로 볼 수 없는 것은?

① 철근의 종류
② 콘크리트의 강도
③ 갈고리의 유무
④ 기능공의 숙련도

25 이형철근의 압축측 정착에 대한 내용으로 올바른 것은?

① 정착길이는 철근의 항복강도가 클수록 길어진다.
② 정착길이는 철근의 항복강도가 작을수록 길어진다.
③ 정착길이는 항상 200mm 미만으로 한다.
④ 정착길이는 항상 200mm 이상으로 한다.

26 철근정착에 대한 설명으로 잘못된 것은?

① 정착길이는 철근의 지름이 클수록 짧다.
② 정착길이는 철근의 항복강도가 클수록 길어진다.
③ 정착길이는 콘크리트의 강도가 클수록 짧다.
④ 철근과 콘크리트의 부착응력을 확대한다.

정답 19. ③ 20. ④ 21. ① 22. ② 23. ① 24. ④ 25. ① 26. ①

27 기초와 기초를 서로 구속 및 움직임을 억제하여 부동침하를 방지하는 부분은?
① 연속보
② 기초보
③ 단순보
④ 연속기초

28 철근콘크리트 기둥의 최소 단면적은?
① 400cm²   ② 500cm²
③ 600cm²   ④ 700cm²

29 철근콘크리트 장방형 기둥의 주근은 최소 몇 개인가?
① 4   ② 5
③ 6   ④ 7

30 철근콘크리트 원형 기둥의 주근은 최소 몇 개인가?
① 4   ② 5
③ 6   ④ 7

31 철근콘크리트 기둥의 최소 단면치수는 기둥 간사이의 얼마 이상으로 해야 하는가?
① 1/10   ② 1/12
③ 1/15   ④ 1/20

32 철근콘크리트의 압축부재에 대한 설명으로 잘못된 것은?
① 장방형 기둥의 최소 철근 수는 4개이다.
② 기둥의 최소 단면적은 400cm² 이상이다.
③ 기둥의 최소 단면치수는 200mm이다.
④ 주근의 좌굴을 방지하기 위해 띠철근을 사용한다.

33 철근콘크리트 기둥의 띠철근 간격으로 적절한 것은?
① 주근 지름의 16배 이하
② 주근 지름의 8배 이하
③ 띠철근 지름의 16배 이하
④ 20cm 이하

34 철근콘크리트 사각형 기둥에서 대근이 하는 가장 큰 역할은?
① 주근의 좌굴방지
② 기둥 단면 보강
③ 기둥의 변형방지
④ 콘크리트의 부착력 증강

35 바닥 슬래브의 주근 간격으로 적절한 것은?
① D10@200
② D12@250
③ D15@300
④ D20@350

36 1방향 슬래브의 배근방법으로 옳은 것은?
① 장변으로만 배근한다.
② 단변으로만 배근한다.
③ 단변은 주근, 장변은 온도철근을 배근한다.
④ 단변은 온도철근, 장변은 주근을 배근한다.

37 2방향 슬래브의 가로와 세로의 변장비로 적절한 것은?(단변 lx, 장변 ly)
① $\lambda = ly/lx \geq 2$
② $\lambda = lx/ly \geq 2$
③ $\lambda = ly/lx \leq 2$
④ $\lambda = lx/ly \leq 2$

정답 27.② 28.③ 29.① 30.④ 31.③ 32.② 33.① 34.① 35.① 36.③ 37.③

38 2방향 슬래브의 단변길이가 3m일 경우 장변의 최대길이로 옳은 것은?
① 3m ② 4m
③ 5m ④ 6m

39 철근콘크리트 슬래브의 배근 내용으로 적절치 않은 것은?
① 두께는 최소 10cm 이상이다.
② 단변 방향의 철근 간격은 200mm 이하로 한다.
③ 장변 방향의 철근 간격은 300mm 이하로 한다.
④ 인장철근은 D10 이상으로 한다.

40 다음 그림과 같은 구조로 옳은 것은?

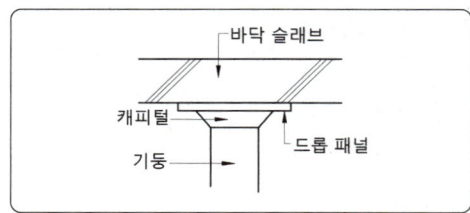

① 라멘구조 ② 벽식구조
③ 철골구조 ④ 무량판구조

41 천장의 달대를 철근콘크리트 슬래브에 묻을 수 있도록 고정시키는 철물의 명칭은?
① 캐피털 ② 드롭패널
③ 세퍼레이터 ④ 인서트

42 철근콘크리트 벽체의 개구부에 사용되는 보강철근으로 적절한 것은?
① D9
② D10
③ D13
④ D20

43 철근콘크리트구조의 내력벽의 두께가 25cm 이상인 경우 올바른 배근은?
① 단배근
② 복배근
③ 나선철근 배근
④ 스트럽 배근

44 철근콘크리트구조의 원형기둥에서 주근의 좌굴방지를 위해 사용되는 철근은?
① 띠철근
② 대근
③ 나선철근
④ 온도철근

45 철근콘크리트보에서 늑근의 갈고리 구부림 각도로 적절한 것은?
① 15~30°
② 30~45°
③ 45~90°
④ 90~135°

정답 38. ④ 39. ① 40. ④ 41. ④ 42. ③ 43. ② 44. ③ 45. ④

CHAPTER 06 철골구조

SECTION 1 철골구조(steel frame construction)의 특성

건물의 뼈대를 강재를 사용해 볼트, 리벳, 용접으로 접합하는 구조로 공기가 짧고 내구성이 우수한 구조이다.

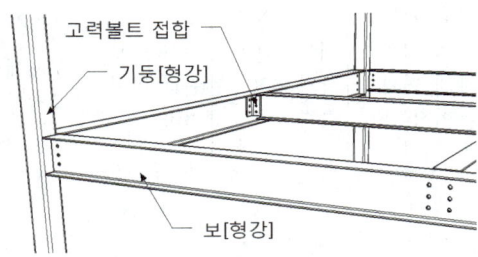

(1) 철골구조의 장점과 단점

❶ 장점
- 구조체 자중에 비해 강도가 우수하다.
- 건식구조로 공기가 짧다.
- 강재의 품질검토가 용이하다.
- 장스팬을 구성할 수 있다.

❷ 단점
- 고온에서 강도가 저하되어 열과 화재에 취약하다.
- 부식의 우려가 있다.
- 가늘고 긴 재료를 사용하는 가구식 구조로 변형과 좌굴되기 쉽다.

SECTION 2 철골(강)재의 접합

(1) 리벳접합

강판에 구멍을 내어 리벳을 때려 넣는 접합으로, 접합력은 좋으나 소음이 크고 작업능률이 낮다.

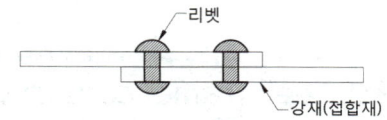

❶ 리벳 용어

용어	게이지라인 (gauge line)	게이지 (gauge)	피치 (pitch)	클리어런스 (clearance)	중심선	연단거리	그립 (grip)
내용	재축 방향의 리벳중심선	게이지라인 간의 거리, 재의 면과 게이지라인의 거리	게이지라인 상의 리벳 간격	수직재의 면과 리벳의 거리	구조체의 중심선	게이지라인에서 재의 끝부분까지의 거리	접합하는 재료의 두께

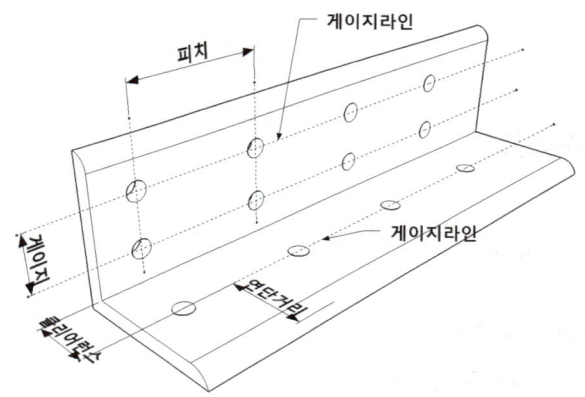

❷ 시공

- 강재 단부에는 리벳을 2개 이상 박는다.
- 리벳치기의 표준피치는 리벳지름의 3~4배, 최소 2.5배 이상으로 한다.
- 리벳접합으로 접합하는 강판의 두께는 리벳지름의 5배 이하로 한다.
- 현장치기 리벳의 가열온도는 600~1,100℃로 한다.

❸ 리벳과 리벳구멍의 크기

리벳지름	20mm 미만의 리벳	20mm 이상의 리벳	32mm 이상의 리벳
리벳구멍의 크기	리벳지름+1mm	리벳지름+1.5mm	리벳지름+2.0mm

❹ 리벳의 종류

[둥근 리벳]   [평리벳]   [민리벳(접시리벳)]

(2) 고력볼트접합

접합부를 강하게 죄어 마찰력을 이용한 볼트접합이다.

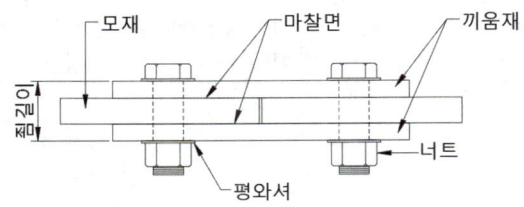

❶ 특징
- 높은 마찰력을 이용한 접합으로 인장력만 작용한다.
- 접합부의 강성과 피로강도가 높다.
- 작업이 용이하고 공기를 단축시켜 현장에서 많이 사용된다.
- 일반볼트의 구멍은 볼트보다 0.5mm 정도 크게 뚫는다.
- 고력볼트의 구멍

볼트지름(d)	구멍지름
$d < 27$	$d+2.0$mm
$d \geq 27$	$d+3.0$mm

(3) 용접

접합부의 금속에 열과 압력을 가하여 직접 결합시키는 방법으로 금속에 따라 다양한 종류가 있다.

❶ 장점
- 접합부를 일체로 구성할 수 있다.
- 작업에 소음이 적고 접합부의 강성이 높다.
- 이음이 자유롭고 강재의 양을 절약할 수 있다.

❷ 단점
- 접합재가 열과 압력에 의해 변형될 우려가 있다.

- 접합재의 재질적 영향을 많이 받는다.
- 비용이 많이 들고 시간이 많이 걸린다.
- 기능공의 의존도가 높고 편차가 크다.

❸ 용접결함과 발생원인

언더컷 (under cut)	블로 홀 (blow hole)	균열 (crack)	오버랩 (over rap)	피트 (pit)
과한 용접전류와 아크의 장시간 사용	냉각 시 공기가 생성되어 공극이 발생	인, 황 등에 의한 고온 균열, 내부응력이 용접강보다 클 때 균열이 발생	용접재와 모재가 융합되지 않고 겹침, 전류가 약할 때 발생됨.	기공이 발생되어 용접부에 구멍이 생김.

(4) 핀 접합

핀에 의한 접합방법으로 휨모멘트가 전달되지 않게 한다.

❶ 시공

접합면의 줄눈을 좁게 하고 수축균열, 충격에 주의해야 한다.

SECTION 3 철골구조의 보

(1) 보의 종류

❶ 형강보
- 공장에서 만들어진 단일재로 H형강, I형강 등을 그대로 사용하는 보로 웨브와 플랜지로 구분된다.
- 재를 그대로 사용하므로 가공절차와 조립이 단순하다.
- 보의 휨내력은 플랜지 플레이트로 보강할 수 있다.
- 재료가 절약되어 경제적이다.

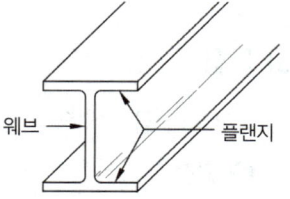

❷ 판보(플레이트보)
- 단일재를 사용한 보가 작아 큰 보가 필요한 경우에 쓰이는 조립보이다.
- 판보의 춤은 기둥 간사이의 1/10~1/12 정도로 한다.
- 판보는 플랜지 플레이트, 웨브 플레이트, 플랜지 앵글과 보강재인 커버 플레이트, 스티프너로 구성된다.

- 스티프너는 웨브의 좌굴을 방지할 목적으로 사용된다.
- 판보의 플랜지 플레이트는 리벳접합 시 3장 정도이며, 4장을 넘을 수 없다.

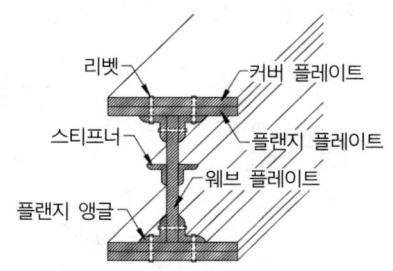

❸ 트러스보
- 간사이가 15m를 넘는 경우, 보의 춤(높이)이 1m 이상 되는 경우에 사용한다.
- 트러스보는 플랜지, 동바리, 경사재, 거싯 플레이트로 구성된다.

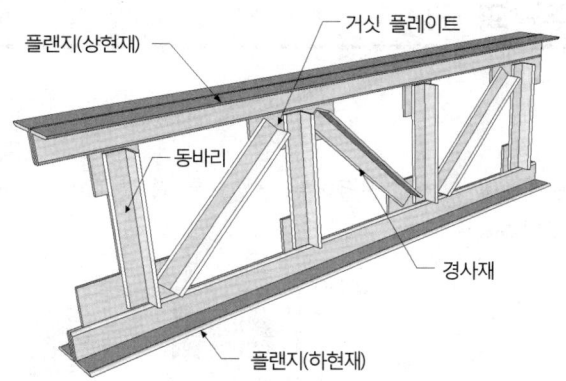

❹ 래티스보
- 플랜지에 ㄱ자 형강을 대고 웨브재를 45°, 60° 내외의 경사각도로 접합한다.
- 웨브의 두께는 6~12mm, 너비는 60~120mm 내외로 한다.
- 주로 작은 규모의 지붕틀로 사용된다.

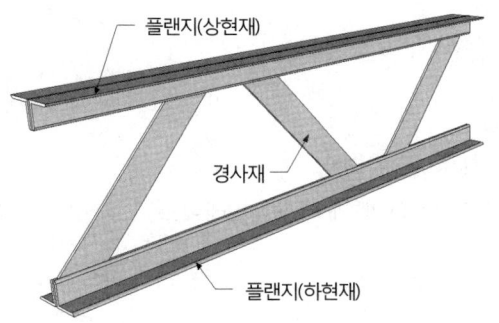

❺ 격자보
- 플랜지에 ㄱ자 형강을 대고 웨브재를 90° 직각으로 접합한다.
- 콘크리트로 피복해 철골철근콘크리트에 사용된다.

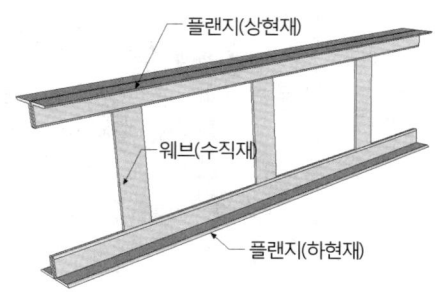

SECTION 4 주각과 기둥

(1) 주각

주각은 기둥이 받는 하중을 기초로 전달하는 부분으로 윙 플레이트, 베이스 플레이트, 클립 앵글, 사이드 앵글로 구성된다.

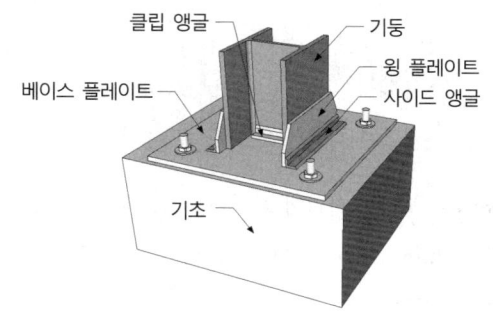

(2) 기둥

❶ 기둥의 종류
- 단일재 : I형강, H형강, 강관
- 조립재 : 보와 같은 형식의 래티스, 플레이트, 트러스 형식이 사용된다.

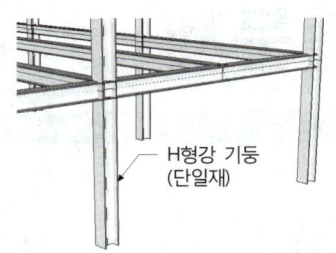

❷ 시공
- 철골기둥의 이음 위치는 시공의 편의상 바닥으로부터 1m 정도에서 한다.
- 구조물의 하중에 따라 단일재와 조립재로 구분하여 사용한다.
- I형강은 간사이가 크고 기둥 간격이 좁은 공장이나 체육관 등에 유리하다.
- 강관이나 십자형강은 가로, 세로가 등간격인 사무소와 같은 건축물에 유리하다.

SECTION 5 바닥

(1) 바닥의 종류

❶ 데크 플레이트

철골구조에서 사용되는 바닥용 철판으로 보 위에 데크 플레이트를 깔고 경량콘크리트로 슬래브를 만든다.

❷ 구조

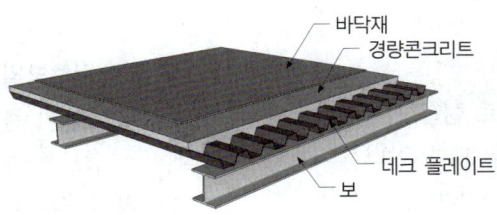

06 연습문제

제6장 **철골구조**

01 철골구조의 특징으로 잘못된 것은?
① 벽돌구조에 비하여 수평력이 강하다.
② 고온에 약하므로 화재에 대비한 피복이 필요하다.
③ 넓은 공간을 확보하기 위한 장스팬구조가 가능하다.
④ 철근콘크리트구조에 비하여 동절기 공사에 어려움이 있다.

02 철골구조의 구조형식상 분류에 속하지 않는 구조는?
① 강관구조　② 트러스구조
③ 라멘구조　④ 입체구조

03 다음 중 철골구조에 사용되는 접합방법이 아닌 것은?
① 용접　② 리벳접합
③ 볼트접합　④ 맞춤접합

04 철골구조에서 리벳과 리벳의 중심 간 거리는 최소 리벳지름의 몇 배 이상으로 하는가?
① 1.5배　② 2.5배
③ 3배　④ 3.5배

05 철골구조에서 리벳으로 접합하는 부재의 총 두께는 리벳지름의 몇 배 이하인가?
① 2배　② 3배
③ 4배　④ 5배

06 리벳접합과 관련된 용어 중 클리어런스의 뜻으로 옳은 것은?
① 리벳과 수직재면과의 거리
② 리벳의 중심선
③ 리벳과 리벳의 거리
④ 리벳으로 접합하는 재의 총두께

07 강재접합에서 볼트를 사용할 경우 볼트의 구멍크기로 적절한 것은?
① 볼트보다 0.5mm 크게 뚫는다.
② 볼트보다 0.6mm 크게 뚫는다.
③ 볼트보다 0.7mm 크게 뚫는다.
④ 볼트지름과 같게 뚫는다.

08 철골구조에서 접합재 간의 마찰력을 이용한 접합방법은?
① 리벳접합　② 용접
③ 고력볼트접합　④ 볼트접합

09 용접의 결함으로 볼 수 없는 것은?
① 언더컷　② 블로 홀
③ 앤드탭　④ 오버랩

10 플레이트보의 부재에 해당되지 않는 것은?
① 플랜지 플레이트
② 웨브 플레이트
③ 스티프너
④ 베이스 플레이트

정답　1.④　2.①　3.④　4.②　5.④　6.①　7.①　8.③　9.③　10.④

11 플레이트보에서 웨브의 좌굴을 방지하기 위해 설치하는 보강재는?
① 커버 플레이트   ② 플랜지 앵글
③ 스티프너   ④ 웨브 플레이트

12 철골구조의 판보에서 플랜지 플레이트는 몇 장까지 가능한가?
① 2장   ② 3장
③ 4장   ④ 5장

13 다음 형강보에서 상부와 하부의 날개모양으로 된 A부분의 명칭은?

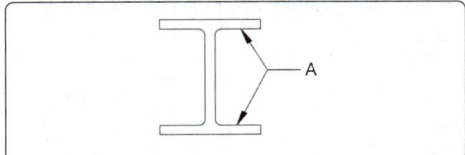

① 윙 플레이트   ② 플레이트
③ 웨브   ④ 플랜지

14 보에 사용되는 스티프너에 대한 설명으로 잘못된 것은?
① 하중점 스티프너는 집중하중을 보강하기 위해 사용된다.
② 하중점 스티프너는 4개의 형강을 사용하지만 하중이 작은 경우 2개의 형강을 사용한다.
③ 중간 스티프너는 웨브의 좌굴을 방지하기 위해 사용된다.
④ 중간 스티프너는 I자 형태의 형강을 사용한다.

> **힌트**
> • 하중점 스티프너 : 집중하중에 대한 보강재로 4개를 사용하지만 하중이 작은 경우 2개만 사용한다.
> • 중간 스티프너 : 중간에 배치되는 좌굴방지 보강재

15 판보의 춤은 기둥 간사이의 얼마 정도로 하는가?
① 간사이의 1/10~12
② 간사이의 1/12~15
③ 간사이의 1/15~18
④ 간사이의 1/18~20

16 철골구조의 간사이가 15m를 넘고 보의 춤이 1m를 넘는 경우 판보 대신 사용하는 조립보는?
① 형강보   ② 트러스보
③ 래티스보   ④ 격자보

17 철골조에서 주각의 재료로 잘못된 것은?
① 윙 플레이트   ② 베이스 플레이트
③ 사이드 앵글   ④ 커버 플레이트

18 철골조에서 기초와 기둥을 접합하는 구조부로 올바른 것은?
① 커버 플레이트   ② 주각
③ 토대   ④ 기초보

19 철골구조에서 형강 자체를 사용한 단일재 기둥으로 볼 수 없는 것은?
① 강관   ② H형강
③ I형강   ④ 트러스

20 철골구조의 바닥구조에서 경량콘크리트를 타설할 때 사용되는 A부분의 재료는?

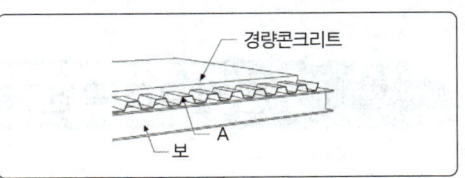

① 플레이트   ② 윙 플레이트
③ 커버 플레이트   ④ 데크 플레이트

정답 11. ③ 12. ③ 13. ④ 14. ④ 15. ① 16. ② 17. ④ 18. ② 19. ④ 20. ④

07 기타 구조시스템

SECTION 1 철골철근콘크리트구조

(1) 구조

철골철근콘크리트구조(steel framed reinforced concrete construction)는 철골 뼈대(형강)에 철근을 두르고 콘크리트를 부어넣어 일체로 만든 구조이다. 철골구조와 철근콘크리트구조의 장점을 혼합한 구조로 합성구조, SRC구조라고도 한다.

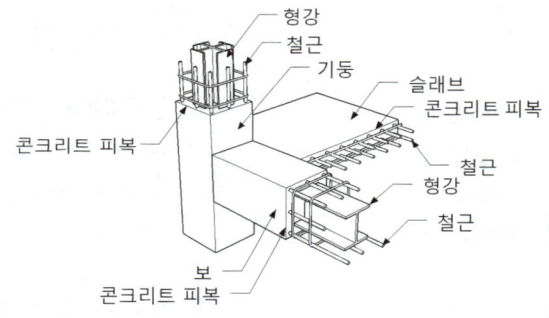

(2) 특징

① 철골구조에 비해 내화성이 우수하다.
② 철근콘크리트에 비해 자중이 가볍다.
③ 기둥의 간사이는 5~8m 정도로 뼈대에 사용되는 철골은 H형강이 많이 사용된다.
④ 철골의 좌굴방지, 구속효과, 콘크리트의 강도 등을 증진시킨다.

SECTION 2 셸구조(곡면구조; shell structure)

(1) 구조

곡면판의 역학적 특징을 활용한 구조로, 주로 지붕구조에 사용되며 원통 셸, 돔, 원뿔, 막구조 등이 있다.

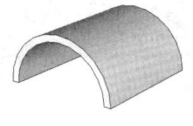  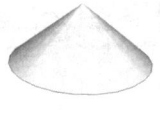 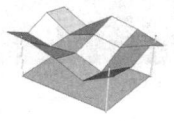

[원통 셸]　　　[돔]　　　[원뿔]　　　[막구조]

(2) 특징

① 간사이가 넓은 지붕에 사용한다.
② 경량이면서 내력이 큰 구조물에 사용한다.
③ 대표적인 유명 건축물로는 시드니의 오페라하우스가 있다.

[시드니 오페라하우스]

SECTION 3 막구조(membrane structure)

(1) 구조

셸구조의 하나로 인장력을 가한 케이블에 막을 씌운 구조로 유형에 따라 골조막, 공기막, 서스펜션 막구조 등이 있다.

(2) 특징

① 구조적으로 인장과 전단력에 견디는 막을 쓰는 것으로 한정한다.
② 대표적인 유명 건축물로는 상암동 월드컵경기장이 있다.

[상암동 월드컵경기장]

SECTION 4 절판구조(folded plate structure)

(1) 구조

얇은 판을 접은 형태를 이용해 큰 강성을 낼 수 있는 구조이다.

(2) 특징

① 배근이 복잡하다.
② 대표적인 재료로는 데크 플레이트가 있다.

SECTION 5 현수구조(suspension structure)

(1) 구조

주요 구조부를 케이블로 달아매어 인장력으로 지탱하는 구조이다.

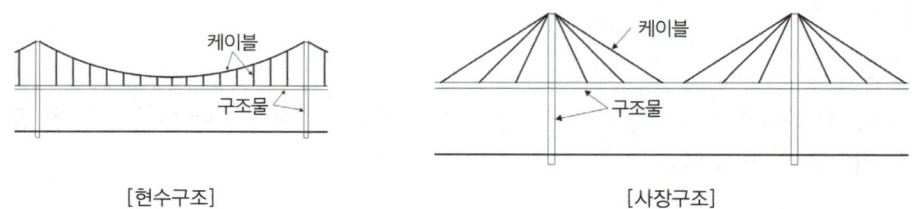

[현수구조]   [사장구조]

(2) 특징

① 교량 공사에 많이 사용되며 현수구조와 사장구조가 있다.
② 대표적인 구조물로는 서해대교(사장구조), 광안대교(현수구조) 등이 있다.

[서해대교]   [광안대교]

SECTION 6 튜브구조(tube structure)

(1) 구조

초고층 건물에 사용되는 구조형식으로 내부는 비어 있고 외부 벽체에 강한 피막을 구축한다.

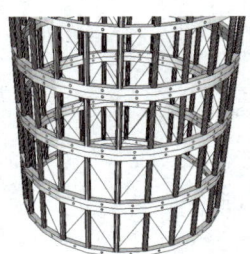

(2) 특징

① 내부를 비워두는 구조로 넓은 공간을 구성할 수 있다.
② 외벽의 외피로 인한 개구부 구성에 어려움이 있다.
③ 대표적인 건축물로는 시카고의 윌리스타워 등이 있다.

SECTION 7 커튼월(curtain wall)

(1) 구조

하중을 받지 않는 외벽을 뜻하며 비내력 칸막이벽이라고도 한다. 건축물의 외벽을 유리로 적용해 사용되고 있다.

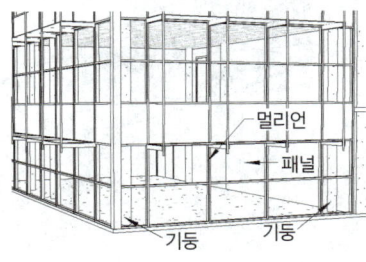

(2) 특징

① 현대적이고 도시적인 외장으로서의 강점이 있으나 에너지 효율이 떨어진다.
② 칸막이 패널, 프레임(멀리언) 등 규격화하여 대량생산이 가능하다.

SECTION 8 트러스구조(trussed structure)

(1) 구조

목재나 강재를 삼각형의 그물 모양으로 구성한 구조로 부재에 휨과 전단력이 발생되지 않는다.

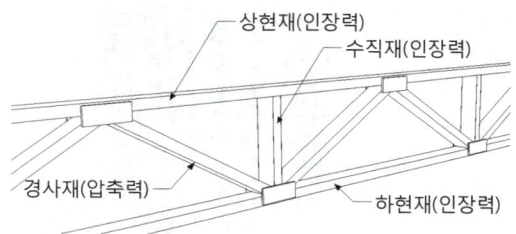

(2) 특징

① 교량, 지붕 등 넓은 공간이 필요한 경우에 사용된다.
② 트러스 뼈대의 경사부재는 압축력을 받고, 수직부재와 수평부재는 인장력을 받는다.

SECTION 9 입체구조(space frame construction)

(1) 구조

선재(트러스)를 입체적으로 구성해 스페이스 프레임이라고도 한다. 모든 부재가 동일한 면에 있지 않은 구조로 넓은 공간을 구성할 때 사용되는 구조이다.

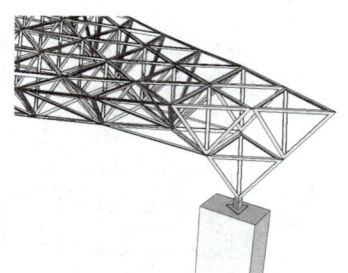

(2) 특징

① 실내 체육시설, 집회장 등 내부 공간이 넓은 건축물에 사용된다.
② 각 부재 간의 구속력으로 좌굴이 쉽게 발생되지 않는 구조이다.

SECTION 10 무량판구조(mushroom construction)

(1) 구조

뼈대를 구성하는 방식의 하나로 플랫슬래브구조(flat slab structure)라고도 한다. 슬래브와 기둥 사이에 보가 없어 슬래브에서 발생된 하중을 드롭 패널을 통해 기둥이 받아 바닥으로 전달한다.

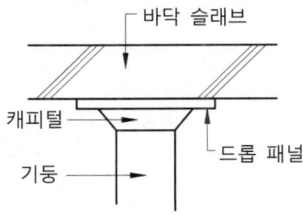

(2) 특징

① 보가 없으므로 공간의 활용도가 높다.
② 대표적인 건축물로는 붕괴된 삼풍백화점이 있다.
③ 두꺼운 슬래브로 인해 고정하중이 증가된다.

CHAPTER 07 연습문제

제7장 기타 구조시스템

01 다음 건축물 중 박막 곡면구조(셸)의 대표적인 건축물은?
① 시드니의 오페라하우스
② 상암동 월드컵경기장
③ 국회의사당
④ 63빌딩

02 상암동 월드컵경기장의 지중구조로 볼 수 있는 구조는?
① 셸구조 ② 막구조
③ 돔구조 ④ 절판구조

03 데크 플레이트와 같이 얇은 판을 접은 형태를 이용해 큰 강성을 낼 수 있는 구조는?
① 셸구조 ② 막구조
③ 돔구조 ④ 절판구조

04 교량공사에 많이 사용되는 구조로 구조부를 케이블로 달아매어 인장력으로 지탱하는 구조는?
① 셸구조 ② 튜브구조
③ 사장구조 ④ 트러스구조

05 넓은 공간을 구성하며 초고층 건물에 사용되는 구조로 내부는 비어 있고 외피에 강한 피막을 구축하는 구조는?
① 셸구조 ② 튜브구조
③ 사장구조 ④ 트러스구조

06 커튼월구조에서 유리패널을 지지해 뼈대 역할을 하는 프레임을 무엇이라 하는가?
① 패널 ② 멀리언
③ 가새 ④ 트러스

07 강재를 삼각형의 그물 모양으로 구성한 구조로 교량, 지붕 등 넓은 구조에 사용되는 구조는?
① 셸구조 ② 튜브구조
③ 사장구조 ④ 트러스구조

08 트러스를 입체적으로 구성한 구조로 체육시설, 집회장 등 넓은 구조에 사용되는 구조는?
① 스페이스 프레임
② 돔구조
③ 막구조
④ 트러스구조

09 다음 그림은 보가 없는 플랫슬래브구조의 바닥과 기둥 부분이다. A부분은 무엇인가?

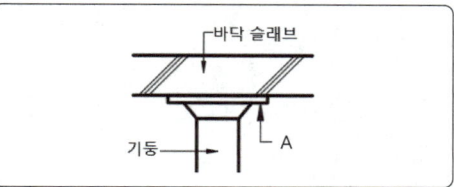

① 캐피털
② 드롭패널
③ 작은보
④ 주두

정답 1.① 2.② 3.④ 4.③ 5.② 6.② 7.④ 8.① 9.②

10 다음 그림과 같이 주 탑에서 상판을 케이블로 달아맨 구조는?

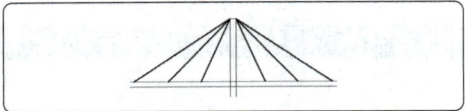

① 와이어구조　② 현수구조
③ 사장구조　　④ 트러스구조

11 형강에 철근을 두르고 콘크리트를 부어넣어 일체로 만든 구조로 SRC구조라고도 하는 것은?

① 철골구조
② 철근콘크리트구조
③ 철근철골콘크리트구조
④ 철골철근콘크리트구조

정답　10. ③　11. ④

Part 05 단/원/평/가

01 2방향 슬래브의 단변이 3m인 경우 장변의 최대 길이는?
① 4m   ② 5m
③ 6m   ④ 7m

02 철근콘크리트 벽체에서 두께가 얼마 이상일 때 복배근을 하여야 하는가?
① 15cm   ② 20cm
③ 25cm   ④ 30cm

03 벽돌조 공간쌓기의 긴결철물에 관한 설명 중 옳지 않은 것은?
① 긴결철선의 굵기는 #8 정도로 사용한다.
② 긴결철물의 수직거리는 40cm 미만으로 한다.
③ 긴결철물의 수평간격은 90cm를 넘지 않게 한다.
④ 벽면적 1m²마다 하나 정도를 사용한다.

04 조적조에서 개구부 상부의 인방보는 좌우의 벽에 몇 cm 이상 물리게 해야 하는가?
① 10cm   ② 20cm
③ 30cm   ④ 40cm

05 벽돌벽체에서 벽돌을 2켜씩 내쌓기 할 때 얼마 정도 내쌓는 것이 적절한가?
① 1/2B   ② 1/4B
③ 1/5B   ④ 1/8B

06 공장에서 생산된 쐐기모양의 벽돌을 사용해 쌓는 아치는?
① 본아치
② 거친아치
③ 막만든아치
④ 층두리아치

07 철근콘크리트구조의 원리에 대한 설명으로 옳은 것은?
① 콘크리트와 철근이 강력히 부착되면 철근이 좌굴될 수 있다.
② 콘크리트는 압축력에 강하므로 부재의 압축력을 부담한다.
③ 콘크리트와 철근의 선팽창계수는 약 10배의 차이가 있어 응력의 흐름이 원활하다.
④ 콘크리트는 내구성과 내화성이 약해 철근을 별도의 재료로 보호해야 한다.

08 건축구조 중 벽돌이나 블록 등을 사용해 쌓아올리는 구성방식은?
① 가구식 구조
② 일체식 구조
③ 습식구조
④ 조적식 구조

09 하중을 지지하지 않는 유리벽으로 멀리언과 유리패널을 사용한 건물의 바깥벽 구조는?
① 셀구조   ② 철골구조
③ 현수구조   ④ 커튼월구조

정답 1.③ 2.③ 3.④ 4.② 5.② 6.① 7.② 8.④ 9.④

10 보강콘크리트 블록조에서 벽량은 얼마 이상으로 해야 하는가?
① 10cm/m² ② 15cm/m²
③ 20cm/m² ④ 25cm/m²

11 지붕의 물매가 10/10인 경우 경사의 각도로 옳은 것은?
① 15° ② 30°
③ 45° ④ 60°

12 철근콘크리트보의 좌굴을 방지하기 위해 배근하는 철근은?
① 주근 ② 원형철근
③ 띠철근 ④ 늑근

13 블록으로 거푸집을 만들어 그 사이에 콘크리트를 부어넣어 보강한 것으로서 수평하중 및 수직하중을 견딜 수 있는 구조는?
① 보강블록조
② 조적식 블록조
③ 장막벽 블록조
④ 거푸집 블록조

14 줄눈을 10mm로 하고 기본벽돌(점토벽돌)로 2.0B 쌓기를 하였을 경우 벽두께로 올바른 것은?
① 200mm ② 290mm
③ 300mm ④ 390mm

15 철근콘크리트 슬래브 중 캔틸레버와 같이 가늘고 긴 슬래브는?
① 1방향 슬래브 ② 2방향 슬래브
③ 3방향 슬래브 ④ 4방향 슬래브

16 철근콘크리트 40m²일 때 보강콘크리트블록조의 내력벽 길이의 총합계는 최소 얼마 이상이어야 하는가?
① 4m
② 6m
③ 8m
④ 10m

17 철골구조의 보에 사용되는 스티프너의 설명 중 옳지 않은 것은?
① 하중점 스티프너는 집중하중에 보강용으로 쓰인다.
② 중간 스티프너는 웨브의 좌굴을 막기 위해 쓰인다.
③ 보통 4개의 형강으로 사용하나 하중이 작을 때는 2개의 형강으로 만든다.
④ 보통 I형강으로 만든다.

18 벽돌조 내력벽에 관한 다음 설명 중 옳지 않은 것은?
① 통줄눈이 되지 않도록 조절한다.
② 내력벽으로 둘러싸인 바닥면적은 80m² 이내로 한다.
③ 테두리보의 춤은 벽두께의 1.5배 이상으로 한다.
④ 이중벽 쌓기일 경우 두 벽을 전부 내력벽으로 간주한다.

19 다음 중 막구조의 대표적인 건축물은?
① 세종문화회관
② 시드니 오페라하우스
③ 인천대교
④ 상암동 월드컵경기장

정답 10. ② 11. ③ 12. ④ 13. ④ 14. ④ 15. ① 16. ② 17. ④ 18. ④ 19. ④

20 철근콘크리트 기둥의 철근 중 주근의 좌굴을 방지하기 위해 배근하는 철근은?
① 원형철근　② 띠철근
③ 온도철근　④ 배력근

21 건축구조의 구성방식에 의한 분류 중 하나로 건식공법을 사용하며 목재와 철골을 주로 사용하는 구조는?
① 가구식 구조
② 캔틸레버 구조
③ 조적식 구조
④ RC 구조

22 조적조에서 대린벽으로 구획된 각 벽에 있어서 개구부 폭의 합계는 그 벽 길이의 얼마 이하로 하는가?
① 1/2　② 1/3
③ 1/4　④ 1/8

23 철골보 중 하중이나 간사이가 증가되면 사용할 수 없는 것은?
① 플레이트보　② 트러스보
③ 형강보　④ 래티스보

24 측압에 대한 설명으로 옳지 않은 것은?
① 토압은 지하 외벽에 작용하는 대표적인 측압이다.
② 콘크리트 타설 시 슬럼프값이 낮을수록 거푸집에 작용하는 측압이 크다.
③ 벽체가 받는 측압을 경감시키기 위하여 부축벽을 세운다.
④ 지하수위가 높을수록 수압에 의한 측압이 크게 작용한다.

25 왕대공 지붕틀에서 중도리를 직접 받쳐주는 것은?
① 처마도리　② ㅅ자보
③ 깔도리　④ 평보

26 벽돌쌓기법 중 모서리 또는 끝부분에 이오토막을 사용하는 가장 튼튼한 쌓기법은?
① 영식 쌓기
② 프랑스식 쌓기
③ 네덜란드식 쌓기
④ 미국식 쌓기

27 한옥구조에서 처마 끝 추녀의 뿌리를 받치는 기둥은?
① 고주　② 누주
③ 찰주　④ 활주

28 구조와 관련 건축물의 연결이 잘못된 것은?
① 현수구조-금문교
② 셸구조-시드니 오페라하우스
③ 절판구조-서해대교
④ 막구조-상암 월드컵경기장

29 철근콘크리트구조에서 온도철근의 역할로 올바르지 않은 것은?
① 건조수축에 의한 균열방지
② 온도변화에 따른 수축, 팽창의 균열방치
③ 구조적으로 취약한 부분의 보강
④ 주근의 좌굴방지

30 개구부나 창문의 틀 둘레에 쌓은 돌로 측면석이라고도 불리는 돌의 이름은?
① 쌤돌　② 고막이돌
③ 두겁돌　④ 이맛돌

31 보강블록조의 내력벽 구조에 관한 설명 중 옳지 않은 것은?

① 벽두께는 층수가 많을수록 두껍게 하며 최소 두께는 150mm 이상으로 한다.
② 수평력에 강하게 하려면 벽량을 증가시킨다.
③ 위층의 내력벽과 아래층의 내력벽은 바로 위·아래에 위치하게 한다.
④ 벽길이의 합계가 같을 때 벽길이를 크게 분할하는 것보다 짧은 벽이 많이 있는 것이 좋다.

32 철근콘크리트기둥의 배근에 관한 설명 중 틀린 것은?

① 기둥을 보강하는 세로철근, 즉 축방향 철근이 주근이 된다.
② 나선철근은 주근의 좌굴과 콘크리트가 수평으로 터져 나가는 것을 구속한다.
③ 주근의 최소 개수는 사각형이나 원형 띠철근으로 둘러싸인 경우 6개, 나선철근으로 둘러싸인 경우 4개로 하여야 한다.
④ 비합성 압축부재의 축방향 주철근 단면적은 전체 단면적의 0.01배 이상, 0.08배 이상으로 해야 한다.

33 철근콘크리트구조에 관한 내용으로 옳은 것은?

① 역학적으로 인장력에 주로 저항하는 부분은 콘크리트이다.
② 콘크리트가 철근을 피복하므로 철골구조에 비해 내화성이 우수하다.
③ 콘크리트와 철근은 선팽창계수의 차이가 커서 일체화가 어렵다.
④ 콘크리트는 알칼리성이므로 철근의 부식을 막기 위해서는 혼화제를 사용해야 한다.

34 조적식 구조에서 개구부가 1.8m 이상인 경우 인방보는 좌우의 벽체에 얼마 이상 물려야 하는가?

① 200mm   ② 400mm
③ 600mm   ④ 800mm

35 조적구조에 대한 설명으로 틀린 것은?

① 조적재를 모르타르로 쌓아서 벽체를 축조하는 구조
② 일반적으로 벽돌구조 건축은 풍압력, 지진력, 기타 인위적 횡력에 약해 고층, 대규모 건물에 부적당하다.
③ 아치는 개구부의 상부 하중을 지지하기 위하여 조적재를 곡선형으로 쌓아서 인장력만 작용되는 구조이다.
④ 조적재로는 벽돌, 블록, 석재 등이 있다.

36 목구조기둥에 대한 설명으로 옳지 않은 것은?

① 중층 건물의 상·하층 기둥이 길게 한 재로 된 것은 토대이다.
② 활주는 추녀뿌리를 받친 기둥이고, 단면은 원형과 팔각형이 많다.
③ 심벽식 기둥은 노출된 형식을 말한다.
④ 기둥의 형태가 밑둥부터 위로 올라가면서 점차 가늘어지는 것을 흘림기둥이라 한다.

37 반자구조의 구성부재로 옳은 것은?

① 장선   ② 달대
③ 멍에   ④ 인방

38 다음 구조형식 중 셸구조인 것은?

① 잠실 운동장
② 파리 에펠탑
③ 서울 월드컵경기장
④ 시드니 오페라하우스

정답 31.④ 32.③ 33.② 34.① 35.③ 36.① 37.② 38.④

39 역학구조상 상부의 하중을 받는 내력벽은?
① 장막벽 ② 칸막이벽
③ 전단벽 ④ 커튼월

40 다음 각 구조에 대한 설명으로 잘못된 것은?
① PC의 접합 응력을 향상시키기 위해 기둥에 CFT를 적용한다.
② 초고층 골조의 강성을 증대시키기 위해 아웃리거(out rigger)를 설치한다.
③ 프리스트레스트구조(pre-stressed)에서 강성을 증대시키기 위해 강선에 미리 인장을 작용한다.
④ 철골구조 접합부의 피로강도를 증진하기 위해 고력볼트를 접합한다.

41 철골구조의 플레이트보에서 웨브의 좌굴을 방지하는 부재는 무엇인가?
① 스티프너
② 플랜지
③ 리벳
④ 베이스플레이트

42 조적조에서 대린벽으로 구획된 각 벽에 있어서 개구부 폭의 합계는 그 벽길이의 얼마 이하로 하는가?
① 1/2 ② 1/3
③ 1/4 ④ 1/8

43 I형강의 웨브를 톱니모양으로 절단한 후 구멍이 생기도록 맞추고 용접하여 구멍을 각 층의 배관에 이용하도록 한 보는?
① 트러스보 ② 판보
③ 래티스보 ④ 허니컴보

44 철골 트러스의 상현재에 휨모멘트가 생기지 않게 하려면 중도리는 어느 곳에 배치하는 것이 제일 좋은가?
① 상현재의 절점위치에
② 절점과 절점 간의 4등분점
③ 절점과 절점 간의 중앙부분에
④ 절점을 피한 불규칙한 위치에

45 목구조의 부재 중 가새의 설명으로 옳지 않은 것은?
① 벽체를 안정형 구조로 만든다.
② 구조물에 가해지는 수평력보다는 수직력에 대한 보강을 위한 것이다.
③ 힘의 흐름상 인장력과 압축력에 모두 저항할 수 있다.
④ 가새를 결손시켜 내력상 지장을 주면 안 된다.

46 벽돌쌓기에서 처음 한 켜는 마구리쌓기, 다음 켜는 길이쌓기를 교대로 쌓는 것으로 통줄눈이 생기지 않으며 가장 튼튼한 쌓기법은?
① 영국식 쌓기 ② 네덜란드식 쌓기
③ 프랑스식 쌓기 ④ 미국식 쌓기

47 보강블록조의 바닥면적이 40m²일 때 내력벽의 벽량을 만족하는 벽 길이는?
① 4m 이상 ② 6m 이상
③ 8m 이상 ④ 10m 이상

48 강구조의 기둥 종류 중 앵글·채널 등으로 대판을 플랜지에 직각으로 접합한 것을 무엇이라 하는가?
① H형강기둥 ② 래티스기둥
③ 격자기둥 ④ 강관기둥

정답 39.③ 40.① 41.① 42.① 43.④ 44.① 45.② 46.① 47.② 48.③

49 부재의 축에 대해 직각방향으로 힘이 작용하여 작용면을 따라 절단하려고 하는 힘을 무엇이라 하는가?
① 전단력　② 인장력
③ 휨모멘트　④ 압축력

50 철근콘크리트구조에 있어서 철근 피복의 최소 두께가 큰 것부터 차례로 나열된 것은?
① 기초-기둥-바닥
② 기초-바닥-기둥
③ 기둥-기초-바닥
④ 기둥-바닥-기초

51 창문이나 문 위에 걸쳐대어 상부에서 오는 하중을 받는 수평부재는?
① 인방돌
② 창대돌
③ 문지방돌
④ 쌤돌

52 트러스 구조에 대한 설명으로 옳은 것은?
① 경사재와 수직재는 전단력을 받는다.
② 풍하중과 적설하중은 구조계산 시 고려하지 않는다.
③ 부재에 휨모멘트 및 전단력이 발생한다.
④ 구성부재를 규칙적인 3각형으로 배열하면 구조적으로 안정된다.

53 목재 반자구조에서 달대의 설치 간격으로 가장 적절한 것은?
① 30cm
② 50cm
③ 90cm
④ 150cm

54 목재의 접합에서 두 재가 길이방향으로 길게 짜여지는 것을 무엇이라 하는가?
① 이음　② 맞춤
③ 벽선　④ 쪽매

55 보강블록구조에 대한 설명으로 틀린 것은?
① 내력벽의 양이 많을수록 횡력에 저항하는 힘이 커진다.
② 철근은 굵은 것을 조금 넣는 것보다 가는 것을 많이 넣는 것이 좋다.
③ 철근의 정착이음은 기초보와 테두리보에 둔다.
④ 내력벽의 벽량은 최소 $25cm/m^2$이다.

56 처음 한 켜는 마구리쌓기, 다음 한 켜는 길이쌓기를 교대로 쌓는 방식으로 통줄눈이 생기지 않고 내력벽에 많이 사용되는 쌓기법은?
① 미국식 쌓기　② 프랑스식 쌓기
③ 영국식 쌓기　④ 영롱쌓기

57 다음 보기 중 목재의 이음과 관련된 것은?
① 버트레스　② 타이바(tie bar)
③ 리벳　④ 듀벨

58 아치벽돌 중 사다리꼴 모양으로 특별히 주문제작하여 쓴 것을 무엇이라 하는가?
① 본아치　② 막만든아치
③ 거친아치　④ 층두리아치

59 바닥 등의 슬래브를 케이블로 매단 구조는?
① 공기막구조　② 현수구조
③ 커튼월구조　④ 셸구조

정답　49. ①　50. ①　51. ①　52. ④　53. ③　54. ①　55. ④　56. ③　57. ④　58. ①　59. ②

60 조적조에서 내력벽으로 둘러싸인 부분의 바닥면적으로 적절하지 않은 것은?
① 40m²　　② 60m²
③ 80m²　　④ 100m²

61 철근콘크리트기둥에서 띠철근의 수직 간격으로 잘못된 것은?
① 기둥 단면의 최소 치수 이하
② 종방향 철근지름의 16배 이하
③ 띠철근 지름의 48배 이하
④ 기둥 높이의 0.1배 이하

62 초고층 건물의 구조시스템 중 가장 적절한 것은?
① 내력벽 시스템
② 장막벽 시스템
③ 튜브구조
④ 조적구조

63 기초에 대한 설명으로 틀린 것은?
① 매트기초는 부동침하가 우려되는 건물에 유리하다.
② 파일기초는 연약지반에 적합하다.
③ 기초에 사용되는 철근콘크리트의 두께는 두꺼울수록 인장력에 대한 저항력이 우수하다.
④ RCD파일은 현장 타설하는 말뚝기초의 하나이다.

64 기본형 벽돌(190×90×57)을 사용한 벽돌벽 1.5B 공간쌓기의 두께는 얼마인가? (단, 단열재 공간은 80mm)
① 32cm　　② 33cm
③ 35cm　　④ 36cm

65 건축물에서 큰 보의 간사이에 작은 보를 짝수로 배치할 때 장점은?
① 미관이 뛰어나다.
② 큰 보의 중앙부에 작용하는 하중이 작아진다.
③ 층고를 낮출 수 있다.
④ 공사하기가 용이하다.

66 하중전달과 지지방법에 따른 막구조의 종류에 해당하지 않는 것은?
① 골조막구조　　② 현수막구조
③ 공기지지구조　　④ 절판막구조

67 막구조에 대한 설명으로 틀린 것은?
① 넓은 공간을 덮을 수 있다.
② 힘의 흐름이 불명확하여 구조해석이 어렵다.
③ 막재에서 항시 압축응력이 작용되도록 설계해야 한다.
④ 응력이 집중되는 부위는 파손되지 않도록 조치해야 한다.

68 가새는 통상적으로 구조물의 어떤 힘에 저항하는가?
① 횡력　　② 전단력
③ 지내력　　④ 압축력

69 돌쌓기 1켜의 높이는 모두 동일한 것을 쓰고 수평줄눈이 일직선으로 통하게 일치되도록 쌓는 방식은?
① 바른층쌓기
② 허튼층쌓기
③ 층지어쌓기
④ 허튼쌓기

정답 60.④ 61.④ 62.③ 63.③ 64.④ 65.② 66.④ 67.③ 68.① 69.①

70 철근콘크리트기둥에서 주근 주위를 수평으로 둘러감아 주근의 좌굴방지를 위해 사용되는 철근은?
① 대근 ② 배력근
③ 수축철근 ④ 온도철근

71 다음 건축구조의 분류 중 습식구조에 해당되는 것은?
① 조적구조 ② 철골구조
③ 조립식 구조 ④ 목구조

72 목구조에서 기둥에 대한 설명으로 틀린 것은?
① 마루, 지붕 등의 하중을 토대로 전달하는 수직 구조재이다.
② 통재기둥은 2층 이상의 기둥 전체를 하나의 단일재로 사용되는 기둥이다.
③ 평기둥은 각 층별로 각 층의 높이에 맞게 배치되는 기둥이다.
④ 샛기둥은 본기둥 사이에 세워 벽체를 이루는 기둥으로 상부 하중의 대부분을 받는다.

73 목조마루의 수직 부재를 무엇이라 하는가?
① 턴버클 ② 동바리
③ 멍에 ④ 꿸대

74 다음 보기 중 건축구조에 관한 기술로 옳은 것은?
① 철골구조는 공사비가 싸고 내화적이다.
② 목구조는 친화감이 있으나 부패하기 쉽다.
③ 철근콘크리트구조는 건식구조로 동절기 공사가 용이하다.
④ 돌구조는 횡력과 진동에 강하다.

75 건축물을 구성하는 주요 구조에 포함되는 것은?
① 반자 ② 지붕
③ 기와 ④ 천장

76 지반이 연약하거나 기둥에 전달되는 하중이 커서 기초판이 넓어야 할 경우 적용되는 기초로 건물의 하부 또는 지하실 전체를 기초판으로 하는 기초는?
① 잠함기초 ② 온통기초
③ 독립기초 ④ 복합기초

77 현장이 아닌 공장에서 먼저 제작하여 현장에서 짜맞춘 구조로 규격화할 수 있고, 대량 생산이 가능하며 공사기간을 단축할 수 있는 구조의 양식은?
① 조립식 구조
② 습식 구조
③ 조적식 구조
④ 일체식 구조

78 다음 중 인장링이 필요한 구조는?
① 트러스구조
② 막구조
③ 절판구조
④ 돔구조

79 철골구조에서 H형강보의 플랜지 부분에 커버플레이트를 사용하는 가장 큰 목적은?
① H형강의 부식을 방지
② 집중하중에 의한 전단력 감소
③ 덕트 배관 등에 사용할 수 있는 개구부를 확보
④ 휨내력을 보강

정답 70.① 71.① 72.④ 73.② 74.② 75.② 76.② 77.① 78.④ 79.④

80 철근콘크리트구조에 사용되는 철근에 관한 내용으로 옳은 것은?
① 압축력에 취약한 부분에 철근을 배근한다.
② 철근을 합산한 총단면적이 같을 때 가는 철근을 사용하는 것이 부착응력을 증대시킬 수 있다.
③ 철근의 이음길이는 콘크리트 압축강도와는 무관하다.
④ 철근의 이음은 인장력이 큰 곳에서 한다.

81 구조물의 자중도 지지하기 어려운 평면체를 아코디언과 같은 주름을 잡아 지지하중을 증대시킨 구조는?
① 절판구조 ② 셀구조
③ 돔구조   ④ 입체트러스

82 철근콘크리트구조에서 콘크리트가 철근을 감싸는 두께를 무엇이라 하는가?
① 보호두께 ② 피복두께
③ 미장두께 ④ 최소두께

83 목조계단 너비가 1.2m 이상이 되면 챌판의 중간부에 디딤판의 휨, 보행진동을 막기 위하여 보강재를 댄다. 이 보강재의 명칭은?
① 계단멍에 ② 계단받이보
③ 계단옆판 ④ 엄지기둥

84 건축물 부동침하의 원인으로 틀린 것은?
① 지반이 동결작용할 때
② 지하수의 수위가 변경될 때
③ 주변 건축물에서 깊게 굴착할 때
④ 기초를 온통기초로 설계할 때

85 보강콘크리트블록조의 벽량에 대한 설명으로 잘못된 것은?
① 내력벽 길이의 총합계를 그 층의 건물면적으로 나눈 값을 말한다.
② 내력벽의 벽량은 15cm/m^2 이상 되도록 한다.
③ 큰 건물에 비해 작은 건물일수록 벽량을 증가시킬 필요가 있다.
④ 벽량을 증가시키면 횡력에 저항하는 힘이 커진다.

86 고력볼트접합에 대한 설명으로 옳은 것은?
① 고력볼트접합의 종류는 마찰접합이 유일하다.
② 접합부의 강성이 작다.
③ 피로강도가 크다.
④ 수동 공구를 사용해 접합부가 일정하지 않고 부위별 강도가 다르다.

87 석재 중 각주형의 사각형 형태의 돌로 축벽이나 계단 등에 사용되는 것은?
① 마름돌   ② 각석
③ 견칫돌   ④ 다듬돌

88 철골보에 관한 설명 중 틀린 것은?
① 형강보는 주로 I형강과 H형강이 많이 쓰인다.
② 판보는 웨브에 철판을 대고 상·하부에 플랜지 철판을 용접하거나 ㄱ형강을 접합한 것이다.
③ 허니컴보는 I형강을 절단하여 구멍이 나게 맞추어 용접한 보이다.
④ 래티스보에 접합판(gusset plate)을 대서 접합한 보를 격자보라 한다.

89 철근콘크리트 원형 기둥에는 주근을 최소 몇 개 이상 배근해야 하는가?
① 2개　　② 4개
③ 6개　　④ 8개

90 철골공사 시 바닥슬래브를 타설하기 전에 철골보 위에 설치하여 바닥판 등으로 사용하는 절곡된 얇은 판을 무엇이라 하는가?
① 윙플레이트
② 데크플레이트
③ 베이스플레이트
④ 메탈라스

91 철근콘크리트보에 관한 설명으로 틀린 것은?
① 단순보는 중앙에 연직 하중을 받으면 휨모멘트와 전단력이 생긴다.
② T형 보는 압축력을 슬래브가 일부 부담한다.
③ 보 단부의 헌치는 주로 압축력을 보강하기 위해 만든다.
④ 캔틸레버보에는 통상적으로 단면 상부에 철근을 배근한다.

92 기본벽돌(190×90×57)의 2.0B 쌓기 시 두께는 얼마인가? (단, 공간쌓기가 아님.)
① 280mm　　② 290mm
③ 380mm　　④ 390mm

93 네모돌을 수평줄눈이 부분적으로만 연속되게 쌓고 일부 상하 세로줄눈이 통하게 하는 쌓기 방식은?
① 허튼층쌓기
② 허튼쌓기
③ 바른층쌓기
④ 층지어쌓기

94 선재를 삼각형이나 다각형 모양으로 입체적으로 결합해 만든 구조로 각 부재 간 구속력이 강해 장스팬구조에 사용되는 구조는?
① 막구조
② 셸구조
③ 현수구조
④ 입체트러스구조

정답　89. ③　90. ②　91. ③　92. ④　93. ①　94. ④

PART 06

건축설비의 이해

Chapter 01. 급·배수 및 위생설비
Chapter 02. 냉·난방 및 공기조화설비
Chapter 03. 조명 및 전기설비
Chapter 04. 가스 및 소화설비
Chapter 05. 통신 및 수송설비

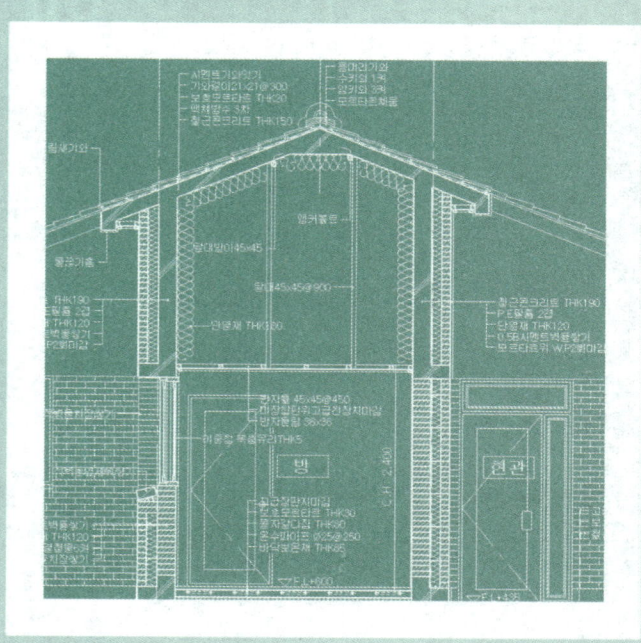

건축설비란 건축물의 기능과 수명을 향상시키고 사람이 사용하는 데 있어 위생·안전 및 쾌적한 환경을 유지하는 데 필요한 설비를 뜻한다.

CHAPTER 01 급·배수 및 위생설비

건축물에 필요한 생활용수를 공급하고 오·폐수 및 빗물을 처리할 수 있는 설비를 급수·배수설비라 한다.

SECTION 1 급수설비

급수설비란 건축물에서 필요한 물(음료, 위생 등)을 공급하기 위한 설비를 뜻한다.

(1) 급수방식

❶ 수도직결방식
수도관에 직접 연결하는 방식으로 오염 가능성이 적고 위생적이다. 주로 주택이나 소규모 건축물에 사용된다.

❷ 고가탱크방식
옥상에 물탱크를 두어 일정한 수압으로 사용할 수 있다. 고가수조 또는 옥상탱크방식이라고도 하며 대규모 급수방식에 사용된다. 저수량이 확보되어 단수 시에도 공급이 가능한 장점이 있다.

❸ 압력탱크방식
물탱크를 지하에 공기의 압력으로 급수하는 방식으로 수압이 일정치 않고, 비싼 설치비와 잦은 고장이 단점이다.

❹ 부스터방식
수도관에서 저장탱크로 물을 저수한 후 급수펌프로 급수하는 방식이다.

(2) 급수배관방식

❶ 상향식 배관법
- 장점 : 수평 주관을 노출시켜 설치하므로 유지보수가 용이하다.
- 단점 : 고층에서는 마찰손실로 인해 압력이 저하된다.

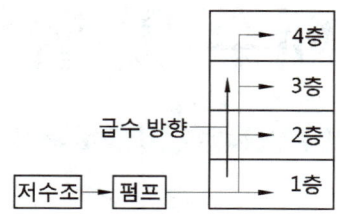

❷ 하향식 배관법
- 장점 : 효율적인 급수가 가능하고 수압이 일정하다.
- 단점 : 수평주관을 매립시키므로 유지보수가 불리하다.

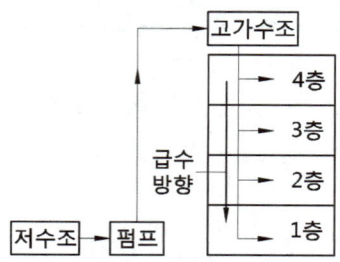

❸ 상하향 혼합배관법

1~2층은 상향식으로 배관하고, 3층 이상은 옥상의 탱크를 사용해 하향식으로 배관하여 설비의 비용이 비싸진다.

❹ 배관공사 시 주의사항
- 배관 보호를 위해 슬리브(sleeve)배관을 설치한다.
- 유체와 공기의 흐름이 원만하도록 구배를 준다.
- 배관 내의 공기를 제거하기 위해 공기빼기밸브를 설치한다.
- 수격작용 방지대책을 세운다.

❺ 수격작용(water hammer)
- 배관 내부의 압력 상승으로 인해 발생되는 현상으로, 진동 및 소음을 유발하며 현상이 지속될 경우 배관이 파손될 수 있다.
- 방지대책으로는 밸브를 서서히 열고 닫기, 수격방지기 설치, 에어챔버(공기실) 설치, 배관 관경을 크게 하고 유속을 느리게 하는 방법 등이 있다.

(3) 급탕설비

열원(증기, 가스, 전기 등)으로 물을 가열해 온수를 공급하는 설비
① 급탕온도는 60℃가 기준이다.

② 급탕방식은 개별식(개별난방)과 중앙식(중앙난방)으로 구분된다.
③ 개별 급탕방식은 순간식, 저탕식, 기수혼합식으로 구분된다.
- 순간식 : 가열관에 공급된 물이 가열관을 통과하면서 가열(세면기, 욕실, 주방 등)
- 저탕식 : 온수를 저장하여 특정 시간에 다량의 온수를 공급(학교, 기숙사, 공장 등)
- 기수혼합식 : 저탕조에 증기를 불어넣어 가열하는 방식(병원, 공장 등)

④ 급탕배관은 20mm 이상을 사용한다.

(4) 수질용어

① SS(Suspended Solid) : 오염원인이 되는 부유물질로서 ppm으로 나타낸다.
② DO(Dissolved Oxygen) : 물속에 용해되어 있는 산소의 양을 나타낸다.
③ COD(Chemical Oxygen Demand) : 화학적 산소요구량으로 수질 오탁의 지표
④ BOD(Biological Oxygen Demand) : 생물화학적 산소요구량으로 수질의 오염농도를 나타낸다.

SECTION 2 배수설비

배수설비란 빗물이나 건축물에서 사용된 오수, 폐수, 빗물 등을 외부로 내보내는 설비를 뜻한다.

(1) 배수방식

❶ 중력식 배수
중력을 이용해 자연적으로 배수되는 방식

❷ 기계식 배수
동력을 사용하는 펌프를 사용해 배수되는 방식으로 중력을 사용하지 못하는 지층에서 사용된다.

> ✅ **참고**
>
> **배수배관의 종류**
> - 오수배관 : 대/소변 및 가축의 분뇨를 배출
> - 배수배관 : 주방, 화장실, 주차장, 기계실에서 사용한 물을 배출
> - 우수배관 : 우천으로 인한 옥상 및 건물 외부의 우수를 배출
> - 특수배관 : 병원, 연구소 등에서 발생되는 화학계, 방사선계 오염수를 배출

(2) 트랩

배수관의 유해가스와 벌레, 물의 역류를 봉수를 두어 방지하는 장치로, 설치장소에 따라 다양한 종류가 있다.

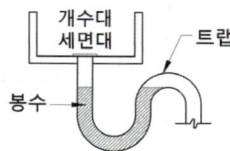

❶ S트랩

세면대, 대변기 등에 사용하는 관 트랩으로 사이펀작용에 의해 봉수의 파괴가 쉽다.

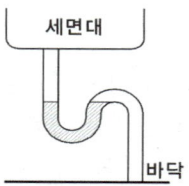

> **용어해설**
> 사이펀작용 : 통에 가득찬 물이 높은 곳에서 낮은 곳으로 흘러가는 현상

❷ P트랩

위생기구에 사용되는 관 트랩으로 벽체 내부로 관이 연결된다. 수밀이 안정되어 S트랩보다 봉수의 파괴가 적다.

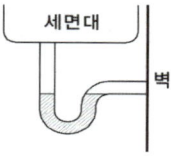

❸ U트랩

수평관에 사용되는 관 트랩으로 유속이 저하된다. 하수관의 가스역류방지에 사용된다.

❹ 드럼트랩(drum trap)

주방의 개수대에 많이 사용되는 트랩으로 관을 사용한 S, P트랩에 비해 봉수의 파괴가 적다.

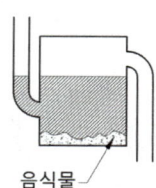

❺ 그리스트랩(grease trap)

배수의 기름기가 배수관 내부에 부착되어 막히는 것을 방지하기 위해 설치한다.

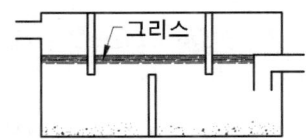

❻ 벨트랩(bell trap)

욕실 등 바닥 배수에 사용되는 종(bell)형태의 트랩으로 바닥의 머리카락 등 이물질을 걸러 낸다.

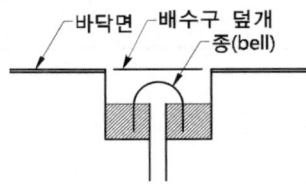

❼ 트랩의 조건
- 간단한 구조
- 봉수파괴 방지
- 청소 및 관리가 용이
- 자가세정 작용
- 내식성, 내구성이 우수

(3) 봉수의 파괴원인

❶ 자기 사이펀 작용

통에 가득찬 물이 높은 곳에서 낮은 곳으로 흘러가는 현상

❷ 모세관 현상

머리카락 등 가느다란 이물질을 따라 봉수가 느린 속도로 흐르는 현상

❸ 증발

오랜 시간 동안 사용하지 않아 자연적으로 증발하는 현상

❹ 흡출작용

수직관 가까이 트랩이 설치되면 수직관의 물이 낙하하면서 진공으로 인해 봉수가 배출되는 현상

❺ 분출작용

수평주관과 수직주관이 교차하는 부분에서 배수속도에 의해 발생되는 현상

(4) 통기관

통기관은 배관 내의 압력을 조절해 배수의 흐름을 원활하게 하고, 봉수를 보호한다.

❶ 각개 통기관

위생기구의 트랩마다 각각의 통기관을 세우는 방식으로 통기효과가 가장 우수하다.

❷ 루프 통기관

여러 개의 트랩에 통기보호를 위해 설치하는 방식으로 8개까지 가능하다.

❸ 결합 통기관

수직으로 된 주관을 통기 수직주관에 연결하는 방식

SECTION 3 위생기구

(1) 위생기구의 종류

❶ 세면대

일반적으로 크기가 작은 것을 수세기, 큰 것을 세면기라 하며 가정용의 설치높이는 750mm 정도이다. 설치 유형에 따라 끼움식, 부착식, 팔걸이식 등 다양하다.

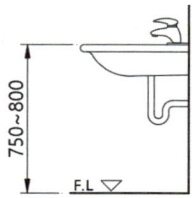

❷ 대변기

소변 및 대변용 위생기구로 사용방법에 따라 좌변기와 양변기가 있다.

[좌변기]

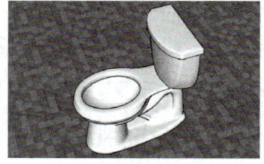

[양변기]

(2) 대변기의 세정방식

❶ 로 탱크(low tank) 방식

저수탱크를 낮은 곳에 설치하는 방식으로 유지보수가 용이하다.

 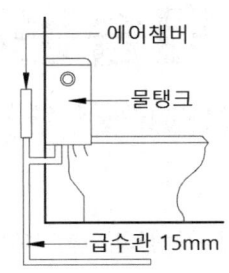

❷ 하이 탱크(high tank) 방식
저수탱크를 높은 곳에 설치하는 방식으로 소음이 큰 단점이 있다.

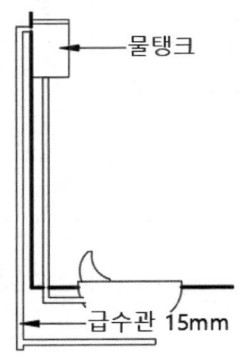

❸ 세정 밸브(flush valve) 방식
급수관에 직접 연결하여 일정량의 물로 세정하는 방식으로, 연속세정이 가능하나 유지보수가 어렵다. 급수관의 지름이 25mm이므로 호텔, 사무실 등에 사용된다.

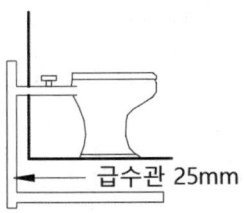

❹ 기압 탱크(pressure tank) 방식
탱크에 저수된 압력수로 세정하는 방식으로 빠른 세정이 가능하다.

CHAPTER 01 연습문제

제1장 급·배수 및 위생설비

01 급수설비 중 오염의 가능성이 가장 적은 방식은?
① 수도직결방식 ② 고가탱크방식
③ 압력탱크방식 ④ 부스터방식

02 다음 중 옥상탱크방식이라고도 하며 대규모 급수가 가능하고 단수에도 공급이 가능한 급수설비는?
① 수도직결방식 ② 고가탱크방식
③ 압력탱크방식 ④ 부스터방식

03 수질 관련 용어 중 생물화학적 산소요구량을 뜻하는 것은?
① BOD ② PH
③ DO ④ SS

04 급수설비의 배관방식 중 수압이 일정하지만 수평주관을 매립시켜 유지보수가 어려운 방식은?
① 상향식 배관법
② 하향식 배관법
③ 상하향 혼합배관법
④ 매립식 배관법

05 열원을 사용해 물을 데워 온수를 공급하는 설비를 무엇이라 하는가?
① 급수설비 ② 난방설비
③ 온수설비 ④ 급탕설비

06 다음 중 급탕온도의 기준으로 적절한 것은?
① 100℃ ② 80℃
③ 60℃ ④ 40℃

07 배수관의 유해가스를 차단하고 역류를 방지하는 장치를 무엇이라 하는가?
① 엘보 ② 수평주관
③ 배관 ④ 트랩

08 A가 지시하는 것으로 올바른 것은?

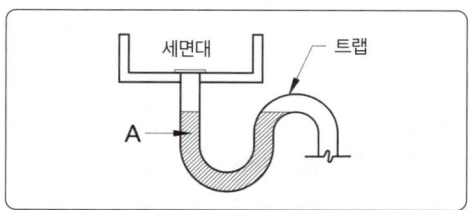

① 엘보 ② 수평주관
③ 배관 ④ 봉수

09 트랩 중 주방용 개수기에 사용하는 것으로 일반적인 관 트랩에 비해 봉수의 파괴가 적은 트랩은?
① 벨트랩 ② 그리스트랩
③ 드럼트랩 ④ P트랩

10 배수의 기름기가 배수관 내부에 부착되어 막히는 것을 방지하는 트랩은?
① 벨트랩 ② 그리스트랩
③ 드럼트랩 ④ P트랩

정답 1.① 2.② 3.① 4.② 5.④ 6.③ 7.④ 8.④ 9.③ 10.②

11 봉수의 파괴원인 중 머리카락 등의 가는 이물질을 따라 느린 속도로 봉수가 빠지는 현상은?

① 자기 사이펀 작용
② 모세관 현상
③ 증발
④ 흡출작용

12 트랩에 설치되는 장치로 배관 내의 압력을 조절하고 봉수를 보호하는 것은?

① 통기관   ② 트랩
③ 수평주관   ④ 드럼

13 가정용 세면기의 설치 높이로 올바른 것은?

① 650mm
② 750mm
③ 850mm
④ 950mm

14 대변기의 세정방식 중 급수관에 직접 연결되어 25mm 급수관으로 세정되는 방식은?

① 로 탱크(low tank) 방식
② 하이 탱크(high tank) 방식
③ 기압 탱크(pressure tank) 방식
④ 세정 밸브(flush valve) 방식

정답 11. ② 12. ① 13. ② 14. ④

냉·난방 및 공기조화설비

건물 내부의 온도, 습도를 실내공간의 목적 및 요구에 따라 조절하는 설비를 공기조화설비라 한다.

SECTION 1 난방방식의 분류

실내 난방방식은 직접난방과 간접난방으로 구분된다.

(1) 직접난방

방열기, 온수파이프 등으로 공기를 직접 데우는 방식을 말한다.
① 증기난방
② 복사난방
③ 온수난방

(2) 간접난방

공기와 열교환시킨 온풍을 덕트를 통해 각 실로 유입시키는 방식으로 온풍난방이 간접난방에 해당된다.

SECTION 2 난방설비의 종류

(1) 온수난방

현열을 이용한 난방으로 보일러를 사용해 데운 온수를 방열기를 통해 난방하는 방식이다.

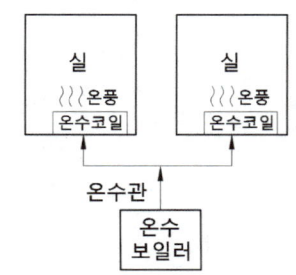

> **용어해설**
> - 잠열: 잠겨 있는 열로, 액체에서 기체로 상태를 전환하는 데 사용되는 열 → 증기난방에 사용
> - 현열: 액체를 가열하여 온도를 변화시키는 데 사용되는 열 → 온수난방에 사용

❶ 장점
- 실내온도, 온수온도를 쉽게 조절할 수 있다.
- 현열을 이용하여 난방의 쾌감도가 높다.
- 난방을 꺼도 일정 시간 유지된다.
- 보일러의 사용이 쉽고 안전하다.

❷ 단점
- 설비비용이 비싸다.
- 온수순환으로 인해 예열시간이 길어진다.
- 동절기에 장시간 사용하지 않으면 동결될 수 있다.

(2) 증기난방

보일러에서 만든 증기를 라디에이터 등의 방열기로 보내 수증기의 잠열로 난방한다. 증기난방 시 방열기의 위치는 창문 아래가 좋다.

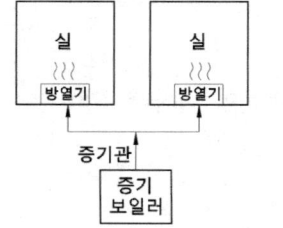
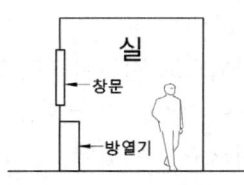

❶ 장점
- 잠열을 사용하므로 열의 운반효율이 우수하다.
- 증기의 순환과 예열시간이 온수난방에 비해 빠르다.
- 방열면적이 온수난방에 비해 작다.
- 설비 및 유지비용이 적게 든다.

❷ 단점
- 온수난방에 비해 난방의 쾌감도가 떨어진다.
- 보일러를 관리하는 데 전문지식이 필요하다.
- 소음이 많고 방열량의 조절이 쉽지 않다.

❸ 종류
- 중력환수식 : 구배와 중력을 사용해 보일러에 환수
- 기계환수식 : 펌프를 사용해 보일러에 환수
- 진공환수식 : 환수관에 진공펌프를 두어 응축수의 흐름을 촉진

(3) 복사난방

온수가 지나는 파이프 코일이나 전열선을 벽, 바닥, 천장에 매입하는 방법으로, 열전달 매체가 없는 난방방식(주택에 많이 사용되는 온돌난방)이다.

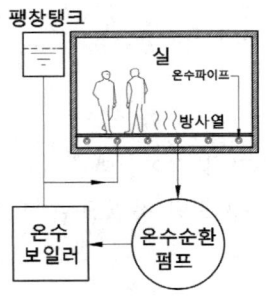

① 장점
- 실내의 온도분포가 균일하고 쾌감도가 높다.
- 방열기가 필요하지 않다.
- 개방된 공간도 난방효율이 있다.

② 단점
- 건축과 일체화되므로 시공이 어렵고 비용이 비싸다.
- 매립면에 균열이 일어나기 쉽다.
- 매립되어 유지보수가 어렵다.
- 방열량 조절이 쉽지 않다.

(4) 지역난방

중앙난방 기계실에 보일러 플랜트를 설치하여 일정 구역이나 다수의 건물로 고압의 증기, 온수를 공급하는 방식이다.

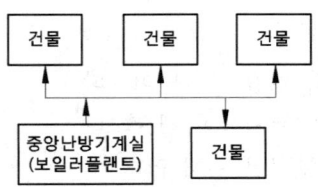

① 장점
- 각 건물에 굴뚝이 필요 없다.
- 대기오염을 줄일 수 있다.
- 화재위험이 감소한다.
- 설비면적이 감소한다.

❷ 단점
- 배관의 길이가 길어 열의 손실이 크다.
- 개별적인 난방운영이 어렵다.

SECTION 3 환기법

실내의 각종 공기오염을 해결하기 위해서는 환경설비가 필요하다.

(1) 자연환기

① 바람과 풍압에 의한 자연환기
② 실내·외의 온도 차에 의한 자연환기

(2) 기계환기

구분	급기(유입)	배기(배출)	비고
제1종 환기법	기계(송풍기)	기계(배풍기)	가장 우수한 환기
제2종 환기법	기계(송풍기)	자연배기	공장에서 많이 사용
제3종 환기법	자연급기	기계(배풍기)	주방이나 욕실에 사용

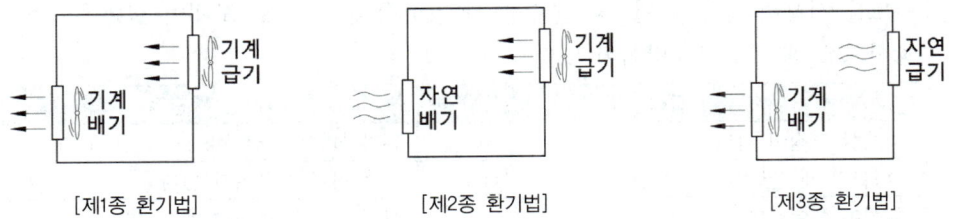

[제1종 환기법]   [제2종 환기법]   [제3종 환기법]

(3) 환기량

환기에 의해 실내로 공급되고, 실외로 배출되는 단위시간당 공기의 양
① 1인 1시간당 환기량 규준은 30m³/인h 이상
② 환기횟수 = $\dfrac{환기량(m^3/h)}{실용적(m^3)}$

SECTION 4 공기조화설비(air conditioning)

공기조화설비란 실내의 공기를 사용공간에 맞게 제어하는 설비다. 공기조화의 4대 요소인 온도, 습도, 청정, 기류를 제어하여 실내 공기를 쾌적하게 한다.

(1) 열매 구분에 의한 공기조화방식

① 전공기식(全空氣式)
공기조화기로 냉풍과 온풍을 만들어 송풍하는 방식으로 단일덕트, 이중덕트, 멀티존 유닛방식이 있다.

장점	단점
누수 하자가 없다.	설비면적이 크다.
유지관리가 용이하다.	동절기에 난방을 하지 않는 경우 동파 우려가 있다.
건축 중이거나 완공 후에도 대응이 용이하다.	대형 덕트의 시공으로 건축면적이 증가한다.

② 수공기식(水空氣式)
냉수와 온수에 의해 실내공기를 냉각시켜 실내온도를 조절하는 방식으로 각층 유닛방식이 있다.

장점	단점
덕트가 작아 면적의 소모가 적다.	실내 배관의 누수 발생 우려가 있다.
동파 우려가 없다.	

③ 전수방식(全水方式)
덕트를 사용하지 않고 냉수와 온수를 배관을 통해 각 실로 보내어 실내온도를 조절하는 방식으로 팬코일 유닛방식이 있다.

장점	단점
기계실 면적이 작다.	유지관리가 복잡하다.
각 실의 개별제어가 가능하다.	누수 하자의 우려가 있다.
증설이 용이하다.	실내 설비로 면적이 축소된다.

④ 냉매식(冷媒式)
덕트와 배관을 사용하지 않고 설치현장에서 냉매 배관으로 실내온도를 조절하는 방식이다.

장점	단점
기계실이 필요 없다.	소음 및 진동이 발생한다.
개별제어로 에너지가 절약된다.	실내 면적이 축소된다.

(2) 설치방식에 의한 공기조화방식

열매 형식	구분	방식	특징
전공기식	단일덕트방식 (single duct system)	공기조화의 기본방식으로 주덕트에서 각 실로 보내고 환기하는 방식	• 유지보수가 용이하지만 개별 제어가 불가능하다. • 중소 규모의 건물에 적합하다.
전공기식	이중덕트방식 (dual-duct system)	냉풍과 온풍 덕트를 구분해 2개로 만들어 송풍하는 방식	각 실별로 여러 조건에 맞는 공기조화를 설정할 수 있다.
전공기식	멀티존 유닛방식 (multi-zone unit system)	공기조화기에서 냉풍과 온풍을 만들어 공기를 혼합해 각 실로 송풍하는 방식	• 설비를 한 곳에 집중시킬 수 있다. • 중소 규모의 건물에 적합하다.
수공기식	각층 유닛방식 (every floor unit system)	각 층이나 구역별로 공기조화 유닛을 설치하는 방식	• 각 층별로 공기조화를 설정할 수 있다. • 대규모 건물에 적합하다.
전수방식	팬코일 유닛방식 (fan coil unit system)	소형 공기조화기를 각 실에 설치하는 방식	호텔의 객실, 주택, 병원, 아파트에 사용되며 강당, 극장과 같은 큰 공간은 적합하지 않다.

(3) 기타 설비

❶ 흡수식 냉동기

기체의 흡수성을 이용한 냉동기로 응축기, 증발기, 흡수기, 열교환기, 가열기로 구성되며 재생기로 고압과 저압을 조절한다.

❷ 터보 냉동기

전기를 동력으로 냉매 압축기를 사용하는 방식이다. 대용량 냉동기로 단일 냉매, 혼합 냉매 등을 사용하며 고압가스안전관리 적용 대상에 포함된다.

CHAPTER 02 연습문제

제2장 냉·난방 및 공기조화설비

01 다음 중 직접난방에 해당되지 않는 것은?
① 증기난방
② 복사난방
③ 온수난방
④ 온풍난방

02 온수난방의 장점으로 잘못된 것은?
① 실내온도, 온수온도를 쉽게 조절할 수 있다.
② 현열을 이용하여 난방의 쾌감도가 낮다.
③ 난방을 꺼도 일정 시간 유지된다.
④ 보일러의 사용이 쉽고 안전하다.

03 증기난방의 설명으로 잘못된 것은?
① 온수난방에 비해 난방의 쾌감도가 떨어진다.
② 보일러를 관리하는 데 전문지식이 필요하다.
③ 소음이 많고 방열량의 조절이 쉽지 않다.
④ 방열기는 창문 아래 두지 않는다.

04 복사난방의 설명으로 잘못된 것은?
① 실내의 온도분포가 균일하고 쾌감도가 높다.
② 개방된 공간도 난방효율이 있다.
③ 매립되어 유지보수가 쉽다.
④ 발열량 조절이 쉽지 않다.

05 지역난방에 대한 설명으로 잘못된 것은?
① 각 건물에 굴뚝이 필요 없다.
② 대기오염을 줄일 수 있다.
③ 화재위험이 크다.
④ 설비면적이 감소한다.

06 제2종 환기법의 급기와 배기방식으로 옳은 것은?
① 급기-기계, 배기-기계
② 급기-자연, 배기-기계
③ 급기-기계, 배기-자연
④ 급기-자연, 배기-자연

07 소형 공조기를 각 실에 배치하는 공기조화방식으로 주로 실의 크기가 작은 호텔의 객실, 병원, 주택 등에 사용되는 것은?
① 단일덕트방식
② 이중덕트방식
③ 각층 유닛방식
④ 팬코일 유닛방식

08 각 층이나 구역별로 공기조화하는 방식으로 대규모 건물에 적합한 방식은?
① 단일덕트방식
② 이중덕트방식
③ 각층 유닛방식
④ 팬코일 유닛방식

정답 1.④ 2.② 3.④ 4.③ 5.③ 6.③ 7.④ 8.③

CHAPTER 03 조명 및 전기설비

건축물의 원만한 기능유지를 위한 전등, 콘센트 등 전기적인 동력이 필요한 설비를 전기설비라 한다.

SECTION 1 조명설비

(1) 조명방식

조명방식	형태	특징
직접조명		• 조명효율이 좋고 설비비용이 저렴하다. • 밝고 어두운 정도의 차이가 적다. • 천장면의 반사영향이 적다.
반직접조명		
전반확산조명		
반간접조명		직접조명과 간접조명의 중간 정도의 효율과 밝기를 가진다.
간접조명		조도가 가장 균일하면서 음영이 적지만 효율은 가장 좋지 않다.
건축화 조명		• 건축물의 일부인 천장, 벽, 기둥에 조명기구를 매입 및 부착하여 건축물과 일체화한 조명이다. • 종류는 광천장 조명, 코브 조명, 밸런스 조명, 루버 조명, 코니스 조명 등이 있다.

(2) 조명설계순서

소요조도 결정 → 전등 종류 결정 → 조명방식 및 조명기구 결정 → 광원 수량 및 배치 → 광속 계산

SECTION 2 전기설비

(1) 전기일반

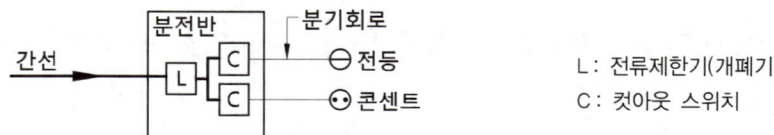

① 간선
주 동력선에서 분기되어 나온 전선으로 주택에서 각 실의 콘센트로 전원을 공급한다. 간선의 배선방식으로는 평행식, 루프식(병용식), 나뭇가지식(수지상식)으로 구분한다.

② 분전반
배전반에서 배선된 간선을 분기 배선하는 장치

③ 분기회로
간선을 분전반을 통해 사용목적에 따라 분할한 배선

④ 변압기
전기에너지의 전압을 높이거나 낮추는 장치

⑤ 예비전원설비
정전 등 비상시에 사용할 수 있는 전기공급장치

⑥ 변전설비
배전선에서 수전한 고압을 필요한 전압으로 낮추는 장치

⑦ 차단기
과전류, 과전압 등으로 인한 상태를 자동적으로 차단하는 장치

⑧ 접지
대지로 이상전류를 방류하거나 의도적으로 전기회로의 전류를 대지 또는 전도체에 연결시켜 감전 등의 전기사고를 예방하는 장치

⑨ 전력퓨즈
고압의 전기회로나 장치의 단락보호를 위해 차단기 대용으로 사용되는 퓨즈로 한류형 퓨즈는 릴레이나 변성기가 필요 없다.

> **용어해설**
> • 퓨즈: 과전류 차단장치
> • 릴레이: 신호의 연결/단락을 제어하는 스위치
> • 변성기: 전류값을 변경하는 장치

⑩ 가스계량기

가스배관을 통과하는 가스의 부피를 측정하는 설비로 전기개폐기에서 60cm 이상 거리를 두어 설치해야 한다.

(2) 피뢰설비

벼락으로부터 건축물의 피해를 방지하기 위한 설비로 전류를 지반으로 방전시킨다.

❶ 설치대상

건축물의 높이가 20m 이상이면 피뢰설비를 해야 한다.

❷ 보호각도

일반건축물은 60°, 위험물은 45° 이내로 한다.

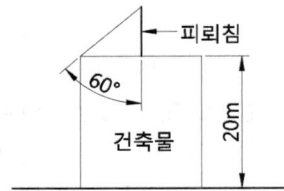

❸ 피뢰설비 유형

- 돌침 방식 : 금속체를 피보호물에서 돌출시켜 수뢰부로 하는 방식으로 작은 건축물에 사용되는 일반적인 방식이다.
- 수평도체 방식 : 피보호 건축물에 수평도체를 가설하여 도체를 통해 대지로 방류하는 방식이다.
- 매시도체 방식 : 보호대상물 주위를 일정한 간격을 두어 망상도체로 감싸는 방식으로 특수한 목적의 건축물에 사용된다.

(3) 전기법칙

❶ 플레밍의 왼손법칙

자기장 내부에 있는 도선에 전류가 흐를 때 자기장의 방향, 전류의 방향, 도선이 받는 힘의 방향을 결정하는 법칙

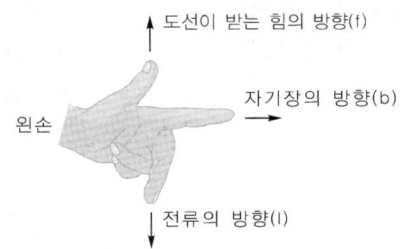

❷ 옴의 법칙

전류의 세기는 가해진 전압에 정비례하고, 도체의 저항에는 반비례한다는 법칙으로 전압의 크기가 V, 전류의 세기가 I, 전기저항을 R이라고 할 때 $V = IR$이다.

CHAPTER 03 연습문제

제3장 조명 및 전기설비

01 조명형식 중 조도가 가장 균일하지만 효율이 떨어지는 조명은?
① 직접조명
② 전반확산조명
③ 간접조명
④ 건축화 조명

02 조명기구를 건축물 일부에 부착 또는 매립하여 건축물과 일체화한 조명은?
① 직접조명
② 전반확산조명
③ 간접조명
④ 건축화 조명

03 다음 중 조명설계 시 가장 먼저 이루어져야 하는 것은?
① 소요조도 결정
② 전등 종류 결정
③ 조명방식 및 조명기구 결정
④ 광원 수량 및 배치

04 주 동력선에서 분기되어 나온 전선으로 주택에서 각 실로 전원을 공급하는 전선은?
① 동력선
② 간선
③ 분선
④ 배선

05 정전 등 비상시에 사용할 수 있는 전기공급 설비는?
① 비상전원설비
② 예비전원설비
③ 보조전원설비
④ 저장전원설비

06 벼락으로부터 건축물의 피해를 방지하기 위한 설비로 전류를 지반으로 방전시키는 설비는?
① 피뢰설비
② 방전설비
③ 벼락설비
④ 전류피해설비

07 피뢰설비를 해야 하는 건축물의 높이는?
① 8m
② 10m
③ 15m
④ 20m

08 다음 전기법칙 중 회로의 저항에 흐르는 전류의 세기는 인가된 전압크기와 비례하고 저항과는 반비례한다는 법칙은?
① 플레밍의 법칙
② 키르히호프의 제1법칙
③ 키르히호프의 제2법칙
④ 옴의 법칙

정답 1.③ 2.④ 3.① 4.② 5.② 6.① 7.④ 8.④

CHAPTER 04 가스 및 소화설비

화재 시 필요한 소화기, 소화전, 스프링클러, 드렌처 등 화재진압에 사용되는 각종 설비를 소화설비라 한다.

SECTION 1 가스설비

가스설비란 가스를 건축물로 공급해 공장이나 주택에서 난방, 취사 등으로 사용하는 설비이다.

(1) 가스의 종류

❶ 액화천연가스(LNG)
- 천연가스에서 메테인을 추출해 냉각시켜 만든다.
- 공기보다 가벼워 비교적 안전하다.
- 저장시설을 두어 배관을 통해 공급해야 한다.
- 천연가스보다 우수하고 청결하다.

❷ 액화석유가스(LPG)
- 공기보다 무겁지만 화력이 좋다.
- 액화하여 용기에 담아 가정용과 공업용으로 사용할 수 있다.
- 누설 시 가연 한계의 하한이 낮아 폭발위험이 있다.

(2) 가스공급과 설비의 위치

❶ 공급방식

가스의 공급방식으로 압에 따라 구분된다. 거리가 가까운 곳은 중저압으로 공급하고, 먼 곳은 고압으로 공급한다.

❷ 가스설비의 위치

가스는 편리하기도 하지만 위험성이 있어 안전하게 사용되어야 하므로 다음과 같은 장소에 설치해야 한다.

- 사용목적에 적합하고 사용이 용이해야 한다.
- 열에 의한 위험성이 없어야 한다.
- 연소에 따른 급기와 배기가 원만해야 한다.
- 관리와 점검이 수월해야 한다.

❸ 가스배관
- 가스계량기는 전기설비와 60cm 이상 거리를 두고 설치한다.
- 가스배관과 전기콘센트 등의 설비는 30cm 이상 거리를 두고 설치한다.
- 지중매설은 60cm 이상, 8m 이하의 도로는 100cm 이상, 8m 이상의 도로는 120cm 이상 깊이로 매설한다.

SECTION 2 소화설비

(1) 소화설비

소화설비란 건물에 발생한 화재를 초기단계에 소화하는 설비이다.

❶ 옥내소화전, 소화기
옥내 벽에 설치되는 소화전으로 호스와 노즐이 보관되어 있다.

[옥내소화전] [소화기]

❷ 옥외소화전
옥외에 설치하는 소화전으로 주택가, 공장 등의 주요 시설에 설치되며 단구식, 쌍구식, 부동식 등으로 구분한다.

[쌍구식]

❸ 스프링클러(sprinkler)

배관을 천장으로 연결하여 천장면에 설치된 분사기구로 발화 초기에 작동하는 자동소화설비이다.

❹ 연결살수설비

소방용 펌프차에서 송수구를 통해 보내진 압력수로 소화하는 설비로, 실내의 살수헤드 유형에 따라 폐쇄형과 개방형으로 구분된다.

[매립형 송수구]

[노출형 송수구]

❺ 드렌처

건물의 외벽이나 창에 설치되는 설비로 화재 시 수막을 형성해 화염을 막아 주변으로 연소되는 것을 방지시킨다.

(2) 경보 및 감지설비

화재발생 시 열, 연기, 불꽃을 감지하여 소리나 빛으로 화재발생을 알리는 설비이다.

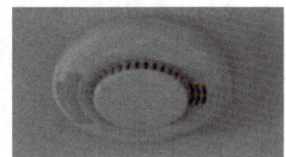

❶ 경보설비의 종류
- 차동식 : 온도변화의 이상을 감지하여 작동
- 정온식 : 설정한 온도에 도달하면 작동
- 보상식 : 차동식과 정온식 두 가지 기능으로 작동
- 광전식 : 연기를 감지하여 작동

❷ 피난설비

화재 등의 재난 발생 시 피난을 목적으로 사용되는 설비로 유도등, 유도표지가 있다.

[피난구 유도등]

[통로 유도등]

[객석 유도등]

CHAPTER 04 연습문제

제4장 가스 및 소화설비

01 다음 중 액화석유(LP)가스의 특징이 아닌 것은?
① 천연가스보다 우수하고 청결하다.
② 공기보다 무겁지만 화력이 좋다.
③ 액화하여 용기에 담아 가정용과 공업용으로 사용할 수 있다.
④ 누설 시 가연 한계의 하한이 낮아 폭발위험이 있다.

02 가스설비의 위치로 적절하지 않은 것은?
① 사용목적에 적합하고 사용이 용이해야 한다.
② 열에 의한 위험성이 없어야 한다.
③ 누설을 방지하기 위해 밀폐되어야 한다.
④ 관리와 점검이 수월해야 한다.

03 소화설비 중 배관을 천장으로 연결하여 천장면에 설치된 분사기구로 발화 초기에 작동하는 설비는?
① 옥내소화전 ② 스프링클러
③ 연결살수설비 ④ 천장분사설비

04 다음 소화설비 중 건물의 외벽이나 창에 설치되는 설비로 화재 시 수막을 형성해 화염을 막아 주변으로 연소되는 것을 방지하는 설비는?
① 옥내소화전 ② 스프링클러
③ 연결살수설비 ④ 드렌처

05 다음 화재경보설비 중 일정한 온도에 도달하면 작동되는 화재감지기는?
① 차동식
② 정온식
③ 보상식
④ 광전식

06 다음 설비 중 피난설비로 보기 어려운 것은?
① 소화전
② 유도등
③ 완강기
④ 유도표시

07 화재 시 열이나 연기, 불꽃을 감지하여 화재 발생을 알리는 설비를 무엇이라 하는가?
① 소화설비
② 감지설비
③ 피난설비
④ 살수설비

08 옥내 벽에 설치되는 소화전으로 호스와 노즐이 보관되어 있는 소화설비는?
① 드렌처
② 연결살수설비
③ 비상소화설비
④ 옥내소화전

정답 1.① 2.③ 3.② 4.④ 5.② 6.① 7.② 8.④

통신 및 수송설비

통신설비란 건물의 내부 및 외부의 통신을 위한 인터폰, 전화, 인터넷 설비를 말하며, 엘리베이터, 에스컬레이터 등 동력에 의해 사람이나 화물을 운반하는 설비를 수송설비라 한다.

SECTION 1 통신설비

건물 내·외부에서 현재의 상황이나 정보를 주고받는 장치이다.

(1) 구내교환설비

건물 내부의 상호 간 연락은 물론 내부와 외부를 연락하기 위한 설비를 구내교환설비라 한다.

(2) 인터폰설비

건물 구내(옥내) 전용의 통화연락을 위한 설비를 인터폰설비라 하고, 연결 유형으로는 모자식, 상호식, 복합식이 있다.

(3) 표시설비

건물의 현재 상황이나 정보를 알 수 있도록 숫자, 램프 등을 사용해 다수의 사람에게 알리는 장치를 표시설비라 한다.

SECTION 2 수송설비

동력을 사용하여 사람이나 물건을 수직·수평적으로 이동시켜주는 장치이다.

(1) 엘리베이터(승강기)

동력을 사용해 승강로(케이지)를 수직으로 이동시켜 사람이나 물품을 수송한다. 설비면적은 적으나 승객이나 화물을 싣고 출발해 각 층에 정지하는 일주시간이 길어지면 수송효율이 떨어진다.

> **용어해설**
> 일주시간 : 엘리베이터가 출발기준층에서 승객을 싣고 출발해 각 층에 서비스한 후 출발기준층으로 돌아와 다음 서비스를 위해 대기하기까지의 총시간

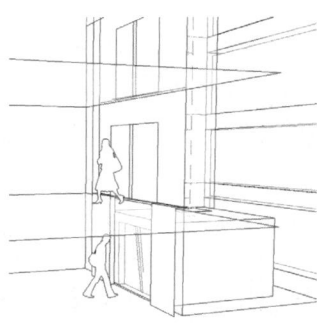

(2) 에스컬레이터

30° 이하 계단모양의 컨베이어로 트러스, 발판, 레일로 구성된다. 최대속도는 안전을 위해 30m/min 이하로 운행한다.

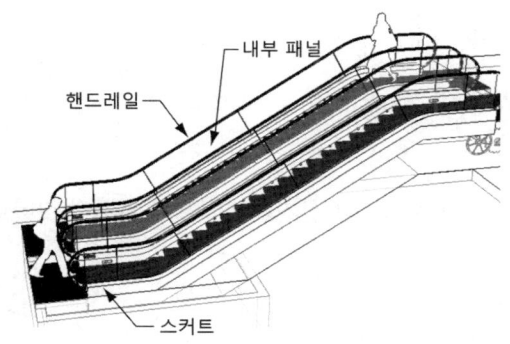

❶ 구성요소
- 뉴얼 : 난간의 끝부분
- 스커트 : 스텝, 벨트와 연결되는 난간의 수직인 부분
- 난간데크 : 핸드레일 가이드 측면과 만나 상부 커버를 형성하는 난간의 가로 부분
- 내부패널 : 스커트와 핸드레일 가이드 사이의 패널
- 핸드레일 : 사람이 탑승하여 안전을 위해 손으로 잡는 부분

❷ 수송능력(난간 폭 기준)
- 800형 : 탑승폭이 800mm로 시간당 6,000명
- 1200형 : 탑승폭이 1,200mm로 시간당 9,000명

(3) 컨베이어벨트

설비면적이 크지만 정지하지 않고 연속적으로 수송이 가능하여 대기시간 없이 물건을 이동시킬 수 있다.

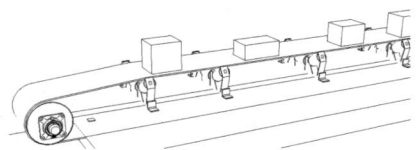

(4) 롤러 컨베이어

컨베이어벨트의 유형 중 하나로 이동경로 바닥에 롤러를 이용한 수송설비다. 롤러 위로 물건을 굴려서 이동시킨다.

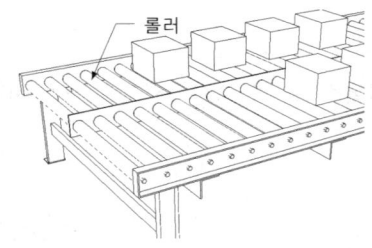

(5) 무빙워크(이동보도)

수평이나 10~15° 경사로를 사람이나 물건을 이동시키는 수송설비로 공항, 대형마트, 지하철 등에 사용되고 있다.

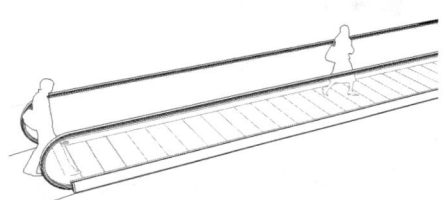

CHAPTER 05 연습문제

제5장 통신 및 수송설비

01 건물 내부의 상호 간 연락과 내부와 외부를 연락하기 위한 설비를 무엇이라 하는가?
① 무선설비
② 통신설비
③ 구내교환설비
④ 인터폰설비

02 건물 구내(옥내) 전용의 통화연락을 위한 설비는?
① 무선설비
② 통신설비
③ 구내교환설비
④ 인터폰설비

03 수송설비 중 승강로(케이지)를 수직으로 이동시켜 사람이나 물품을 수송한다. 설비면적은 적으나 정지의 빈도가 높으면 수송효율이 떨어지는 수송설비는?
① 엘리베이터
② 에스컬레이터
③ 컨베이어벨트
④ 롤러 컨베이어

04 에스컬레이터의 경사도와 운행속도로 적절한 것은?
① 경사 : 10° 이하, 속도 : 30m/min 이하
② 경사 : 30° 이하, 속도 : 30m/min 이하
③ 경사 : 30° 이하, 속도 : 10m/min 이하
④ 경사 : 20° 이하, 속도 : 20m/min 이하

05 설비면적이 크지만 정지하지 않고 연속적으로 수송이 가능하여 대기시간 없이 사람이나 물건을 이동시킬 수 있는 설비는?
① 엘리베이터
② 에스컬레이터
③ 컨베이어벨트
④ 롤러 컨베이어

06 에스컬레이터의 구성요소로 옳지 않은 것은?
① 뉴얼
② 롤러
③ 스커트
④ 난간테크

07 1200형 에스컬레이터의 시간당 수송인원으로 적절한 것은?
① 1,000명
② 3,000명
③ 6,000명
④ 9,000명

08 엘리베이터가 출발 기준층에서 승객을 싣고 출발해 각 층에 서비스한 후 출발 기준층으로 돌아와 다음 서비스를 위해 대기하기까지의 총시간을 무엇이라 하는가?
① 일주시간
② 주행시간
③ 주행사이클
④ 운송시간

정답 1.③ 2.④ 3.① 4.② 5.③ 6.② 7.④ 8.①

Part 06 단/원/평/가

01 에스컬레이터의 구성요소 중 핸드레일 가이드 측면과 만나고 상부 커버를 형성하는 난간의 가로요소는?
① 뉴얼
② 스커트
③ 난간데크
④ 내부패널

02 건물의 일조조절을 위해 사용되는 것이 아닌 것은?
① 차양
② 루버
③ 발코니
④ 플랜지

03 다음의 자동화재탐지설비의 감지기 중 연기감지기에 해당하는 것은?
① 광전식
② 차동식
③ 정온식
④ 보상식

04 증기난방방식에 관한 설명으로 옳지 않은 것은?
① 예열시간이 온수난방에 비해 짧다.
② 온수난방에 비해 한랭지에서 동결의 우려가 적다.
③ 증발잠열을 이용하기 때문에 열의 운반능력이 크다.
④ 온수난방에 비해 부하변경에 따른 방열량 조절이 용이하다.

05 압력탱크식 급수방법에 관한 설명으로 옳은 것은?
① 급수공급압력이 일정하다.
② 정전 시에도 급수가 가능하다.
③ 단수 시에 일정량의 급수가 가능하다.
④ 위생성 측면에서 가장 바람직한 방법이다.

06 액화석유가스(LPG)에 관한 설명으로 옳지 않은 것은?
① 공기보다 가볍다.
② 용기(bomb)에 넣을 수 있다.
③ 가스절단 등 공업용으로도 사용된다.
④ 프로판가스(propane gas)라고도 한다.

07 수·변전실의 위치선정 시 고려사항으로 옳지 않은 것은?
① 외부로부터의 수전이 편리한 위치로 한다.
② 용량의 증설에 대비한 면적을 확보할 수 있는 장소로 한다.
③ 사용부하의 중심에서 멀고, 수전 및 배전거리가 긴 곳으로 한다.
④ 화재, 폭발의 우려가 있는 위험물제조소나 저장소 부근은 피한다.

08 흡수식 냉동기의 구성에 해당하지 않는 것은?
① 증발기
② 재생기
③ 압축기
④ 응축기

정답 1.③ 2.④ 3.① 4.④ 5.③ 6.① 7.③ 8.③

09 기온·습도·기류의 3요소의 조합에 의한 실내 온열감각을 기온의 척도로 나타낸 것은?
① 유효온도　② 작용온도
③ 등가온도　④ 불쾌지수

10 증기난방에 관한 설명으로 옳지 않은 것은?
① 계통별 용량제어가 곤란하다.
② 온수난방에 비해 예열시간이 길다.
③ 증발잠열을 이용하는 난방방식이다.
④ 부하변동에 따른 실내방열량의 제어가 곤란하다.

11 지역난방(district heating)에 관한 설명으로 옳지 않은 것은?
① 각 건물의 설비면적이 증가된다.
② 각 건물마다 보일러 시설을 할 필요가 없다.
③ 설비의 고도화에 따라 도시의 매연을 경감시킬 수 있다.
④ 각 건물에서는 위험물을 취급하지 않으므로 화재위험이 적다.

12 가스계량기는 전기개폐기로부터 최소 얼마 이상 떨어져 설치하여야 하는가?
① 20cm　② 30cm
③ 45cm　④ 60cm

13 복사난방에 관한 설명으로 옳은 것은?
① 방열기 설치를 위한 공간이 요구된다.
② 실내의 온도분포가 균등하고 쾌감도가 높다.
③ 대류식 난방으로 바닥면의 먼지 상승이 많다.
④ 열용량이 작기 때문에 방열량 조절이 용이하다.

14 다음 중 실내조명 설계순서에서 가장 먼저 이루어져야 할 사항은?
① 조명방식의 선정
② 소요조도의 결정
③ 전등 종류의 결정
④ 조명기구의 배치

15 건축물의 에너지 절약을 위한 계획내용으로 옳지 않은 것은?
① 공동주택은 인동간격을 넓게 하여 저층부의 일사수열량을 증대시킨다.
② 건물의 창호는 가능한 작게 설계하고, 특히 열손실이 많은 북측의 창면적은 최소화한다.
③ 건축물은 대지의 향, 일조 및 풍향 등을 고려하여 배치하고, 남향 또는 남동향 배치를 한다.
④ 거실의 층고 및 반자 높이는 실의 온도와 기능에 지장을 주지 않는 범위 내에서 가능한 높게 한다.

16 금속체를 피보호물에서 돌출시켜 수뢰부로 하는 것으로 투영면적이 비교적 작은 건축물에 적합한 피뢰설비방식은?
① 돌침　② 가공지선
③ 케이지방식　④ 수평도체 방식

17 LP가스에 관한 설명으로 옳지 않은 것은?
① 비중이 공기보다 크다.
② 발열량이 크며 연소 시 필요한 공기량이 많다.
③ 가스가 누설되어도 공기 중에 흡수되기 때문에 안전성이 높다.
④ 석유정제과정에서 채취된 가스를 압축냉각해서 액화시킨 것이다.

18 전기설비에서 간선의 배선방식에 속하지 않는 것은?
① 평행식　② 루프식
③ 나뭇가지식　④ 직각방식

19 다음 중 개별 급탕방식에 속하지 않는 것은?
① 순간식　② 저탕식
③ 직접 가열식　④ 기수 혼합식

20 공기조화방식 중 전공기방식에 관한 설명으로 옳지 않은 것은?
① 덕트 스페이스가 필요하다.
② 중간기에 외기냉방이 가능하다.
③ 실내에 배관으로 인한 누수의 우려가 없다.
④ 팬코일 유닛방식, 유인 유닛방식 등이 있다.

21 배수트랩의 종류에 속하지 않는 것은?
① S트랩　② 벨트랩
③ 버킷트랩　④ 드럼트랩

22 소방시설은 소화설비, 경보설비, 피난설비, 소화활동설비 등으로 구분할 수 있다. 다음 중 소화활동설비에 속하지 않는 것은?
① 제연설비　② 옥내소화전설비
③ 연결송수관설비　④ 비상콘센트설비

23 과전류가 통과하면 가열되어 끊어지는 용융 회로개방형의 가용성 부분이 있는 과전류보호장치는?
① 퓨즈　② 캐비닛
③ 배전반　④ 분전반

24 다음과 같이 정의되는 전기설비용어는?

> 대지에 이상전류를 방류 또는 계통구성을 위해 의도적이거나 우연하게 전기회로를 대지 또는 대지를 대신하는 전도체에 연결하는 전기적인 접속

① 접지　② 절연
③ 피복　④ 분기

25 에스컬레이터의 설명으로 옳지 않은 것은?
① 수송량에 비해 점유면적이 작다.
② 대기시간이 없고 연속적인 수송설비이다.
③ 수송능력이 엘리베이터의 1/2 정도로 작다.
④ 승강 중 주위가 오픈되므로 주변 광고효과가 있다.

26 다음과 같은 특징을 갖는 급수방식은?

> • 급수압력이 일정하다.
> • 단수 시에도 일정량의 급수를 계속할 수 있다.
> • 대규모의 급수수요에 쉽게 대응할 수 있다.

① 수도직결방식
② 압력수조방식
③ 펌프직송방식
④ 고가수조방식

27 다음 설명에 맞는 환기방식은?

> 급기와 배기측에 송풍기를 설치하여 정확한 환기량과 급기량 변화에 의해 실내압을 정압 또는 부압으로 유지할 수 있다.

① 제1종　② 제2종
③ 제3종　④ 제4종

정답 18.④ 19.③ 20.④ 21.③ 22.② 23.① 24.① 25.③ 26.④ 27.①

28 증기난방에 관한 설명으로 옳지 않은 것은?
① 예열시간이 온수난방에 비해 짧다.
② 방열면적을 온수난방보다 작게 할 수 있다.
③ 난방부하의 변동에 따른 방열량 조절이 용이하다.
④ 증발잠열을 이용하기 때문에 열의 운반 능력이 크다.

29 드렌처설비에 관한 설명으로 옳은 것은?
① 화재의 발생을 신속하게 알리기 위한 설비이다.
② 소화전에 호스와 노즐을 접속하여 건물 각 층 내부의 소정 위치에 설치한다.
③ 인접건물에 화재가 발생하였을 때 수막을 형성함으로써 화재의 연소를 방재하는 설비이다.
④ 소방대 전용 소화전인 송수구를 통하여 실내로 물을 공급하는 설비이다.

30 직접조명방식에 관한 설명으로 옳지 않은 것은?
① 조명률이 크다.
② 직사 눈부심이 없다.
③ 공장조명에 적합하다.
④ 실내면 반사율의 영향이 적다.

31 증기, 가스, 전기, 석탄 등을 열원으로 하는 물의 가열장치를 설치하여 온수를 만들어 공급하는 설비는?
① 급수설비
② 급탕설비
③ 배수설비
④ 오수정화설비

32 자동화재탐지설비의 감지기 중 열감지기에 속하지 않는 것은?
① 광전식   ② 차동식
③ 정온식   ④ 보상식

33 다음 설명에 맞는 공기조화방식은?

- 전공기방식의 특성이 있다.
- 냉풍과 온풍을 혼합하는 혼합상자가 필요 없다.

① 단일덕트방식
② 2중덕트방식
③ 멀티존 유닛방식
④ 팬코일 유닛방식

34 실내공기오염의 지표가 되는 오염물질은?
① 먼지   ② 산소
③ 이산화탄소 ④ 일산화탄소

35 엘리베이터가 출발기준층에서 승객을 싣고 출발하여 각 층에 서비스한 후 출발기준층으로 되돌아와 다음 서비스를 위해 대기하는 데까지의 총시간은?
① 주행시간   ② 승차시간
③ 일주시간   ④ 가속시간

36 건물 각 층 벽면에 호스, 노즐, 소화전 밸브를 내장한 소화전함을 설치하고 화재 시에는 호스를 끌어낸 후 화재발생지점에 물을 뿌려 소화시키는 설비를 무엇이라 하는가?
① 드렌처설비
② 옥내소화전설비
③ 옥외소화전설비
④ 스프링클러설비

정답 28. ③ 29. ③ 30. ② 31. ② 32. ① 33. ① 34. ③ 35. ③ 36. ②

37 증기난방에 관한 설명으로 옳지 않은 것은?
① 예열시간이 짧다.
② 한랭지에서는 동결의 우려가 적다.
③ 증기의 현열을 이용하는 난방이다.
④ 부하변동에 따른 실내 방열량의 제어가 곤란하다.

38 다음 설명에 알맞은 통기방식은?

> • 각 기구의 트랩마다 통기관을 설치한다.
> • 트랩마다 통기되기 때문에 가장 안정도가 높은 방식이다.

① 각개통기방식 ② 루프통기방식
③ 회로통기방식 ④ 신정통기방식

39 에스컬레이터에 관한 설명으로 옳지 않은 것은?
① 수송량에 비해 점유면적이 작다.
② 엘리베이터에 비해 수송능력이 작다.
③ 대기시간이 없는 연속적인 수송설비이다.
④ 연속 운행되므로 전원설비에 부담이 적다.

40 건축화 조명에 속하지 않는 것은?
① 코브 조명 ② 루버 조명
③ 코니스 조명 ④ 펜던트 조명

41 전동기 직결의 소형 송풍기, 냉·온수 코일 및 필터 등을 갖춘 실내형 공조기를 각 실에 설치하여 중앙기계실로부터 냉수 또는 온수를 공급 받아 공기조화를 하는 방식은?
① 2중덕트방식
② 단일덕트방식
③ 멀티존 유닛방식
④ 팬코일 유닛방식

42 개별식 급탕방식에 속하지 않는 것은?
① 순간식 ② 저탕식
③ 직접 가열식 ④ 기수혼합식

43 배수트랩의 봉수파괴원인에 속하지 않는 것은?
① 증발 ② 간접배수
③ 모세관 현상 ④ 유도 사이펀 작용

44 액화석유가스(LPG)에 관한 설명으로 잘못된 것은?
① 공기보다 무겁다.
② 용기(bomb)에 넣을 수 있다.
③ 가스절단 등 공업용으로도 사용된다.
④ 천연가스보다 우수하고 청결하다.

45 공기조화방식 중 팬코일 유닛방식에 관한 설명으로 옳지 않은 것은?
① 전공기방식에 속한다.
② 각 실에 수배관으로 인한 누수우려가 있다.
③ 덕트방식에 비해 유닛의 위치변경이 쉽다.
④ 유닛을 창문 밑에 설치하면 콜드 드래프트를 줄일 수 있다.

46 다음과 같이 정의되는 엘리베이터 관련 용어는?

> 엘리베이터가 출발기준층에서 승객을 싣고 출발하여 각 층에 서비스한 후 출발기준층으로 되돌아와 다음 서비스를 위해 대기하는 데 까지의 총시간

① 승차시간 ② 일주시간
③ 주행시간 ④ 서비스시간

47 온도·습도·기류의 3요소의 조합에 의한 실내 온열감각을 기온의 척도로 나타낸 것은?

① 유효온도
② 노점온도
③ 등가온도
④ 불쾌지수

48 압력탱크식 급수방식에 대한 설명으로 맞는 것은?

① 급수 공급압력이 일정하지 않다.
② 단수 시에 급수가 불가능하다.
③ 전력공급 차단 시에도 급수가 가능하다.
④ 위생성 측면에서 가장 이상적인 방법이다.

49 전력퓨즈에 관한 설명으로 틀린 것은?

① 재투입이 불가능하다.
② 과전류에서 용단될 수도 있다.
③ 소형으로 큰 차단용량을 가졌다.
④ 릴레이는 필요하나 변성기는 필요하지 않다.

50 LP가스에 대한 설명으로 틀린 것은?

① 비중이 공기보다 작다.
② 발열량이 크며 연소 시에 필요한 공기량이 많다.
③ 누설 시 가연한계의 하한이 낮아 폭발위험이 있다.
④ 석유정제과정에서 채취된 가스를 압축냉각해서 액화시킨 것이다.

51 공기조화방식 중 이중덕트방식에 대한 설명으로 잘못된 것은?

① 혼합상자에서 소음과 진동이 발생
② 냉풍과 온풍으로 인한 혼합손실이 발생
③ 전수방식이므로 냉·온수관 전기배선 등을 실내에 설치
④ 단일덕트방식에 비해 덕트 샤프트 및 덕트 스페이스를 크게 차지

52 1200형 에스컬레이터의 공칭수송능력은?

① 4,800인/h ② 6,000인/h
③ 7,200인/h ④ 9,000인/h

정답 47.① 48.① 49.④ 50.① 51.③ 52.④

부록 I

과년도 출제문제

- 2014년도 출제문제
- 2015년도 출제문제
- 2016년도 출제문제

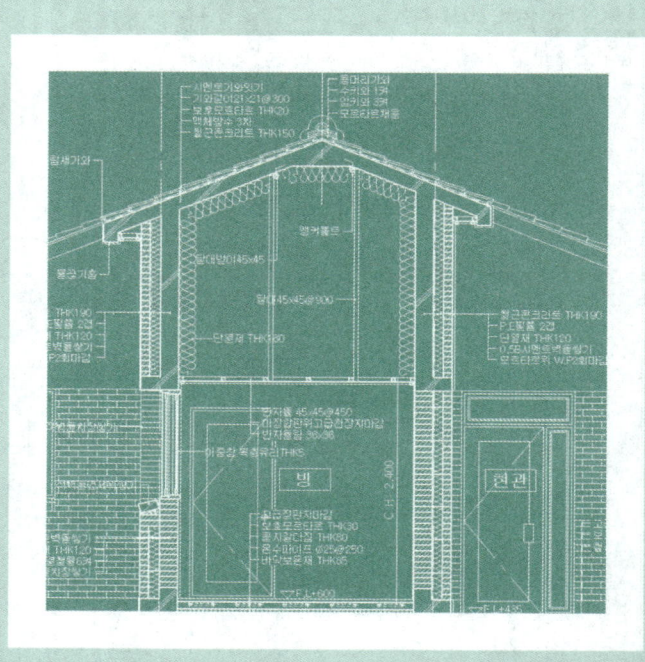

2014 과년도 출제문제

전산응용건축제도기능사

2014 제1회 출제문제 (2014년 1월 26일 시행)

01 석구조에서 문이나 창문 등의 개구부 위에 걸쳐대어 상부에서 오는 하중을 받는 수평 부재는?

① 창대돌   ② 문지방돌
③ 쌤돌   ④ 인방돌

해설 인방돌은 개구부 위에 걸쳐대어 상부 하중을 분산시킨다.

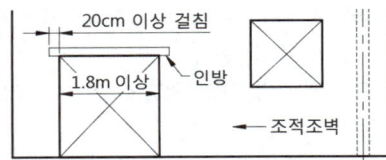

02 시드니 오페라하우스와 같이 박막 곡면구조는 어떤 구조인가?

① 돔구조   ② 절판구조
③ 쉘구조   ④ PC구조

해설 시드니 오페라하우스의 지붕은 곡면을 사용한 쉘구조의 대표적인 사례이다.

03 상암 월드컵경기장의 지붕구조로 볼 수 있는 구조는?

① 막구조   ② 쉘구조
③ 절판구조 ④ 돔구조

해설 상암 월드컵경기장의 지붕은 방패연을 딴 막구조의 대표적인 사례이다.

04 철근콘크리트 내진벽의 배치에 관한 설명으로 잘못된 것은?

① 위층과 아래층에서 동일한 위치에 배치한다.
② 균형을 고려하여 평면상으로 둘 이상의 교점을 가지도록 배치한다.
③ 상부층에 많은 양의 벽체를 설치한다.
④ 하중을 고르게 부담하도록 배치한다.

해설 철근콘크리트의 내진벽은 하부층에 많이 배치하는 것이 유리하다.

05 벽돌구조에서 개구부 위와 그 바로 위의 개구부와의 최소 수직거리 기준은?

① 10cm 이상   ② 20cm 이상
③ 40cm 이상   ④ 60cm 이상

해설 개구부 설치 시 문골과 그 위 문골의 수직거리는 60cm 이상으로 한다.

06 지진력(횡력)에 대하여 저항시킬 목적으로 구성한 벽의 종류는?

① 내진벽   ② 장막벽
③ 칸막이벽 ④ 대린벽

해설
- 장막벽 : 벽체 자중 이외에 하중을 받지 않는 칸막이벽
- 칸막이벽 : 건축물 내부의 공간을 구획하는 벽
- 대린벽 : 서로 인접하거나 직각으로 교차하는 벽

정답 1.④ 2.③ 3.① 4.③ 5.④ 6.①

07 목조벽체에 사용되는 가새에 대한 설명 중 옳지 않은 것은?
① 목조벽체를 수평력에 견디게 하고 안정한 구조로 하기 위한 것이다.
② 가새는 45°에 가까울수록 유리하다.
③ 가새의 단면은 크면 클수록 좌굴할 우려가 없다.
④ 뼈대가 수평방향으로 교차되는 하중을 받으면 가새에는 압축응력과 인장응력이 번갈아 일어난다.

해설 목조벽체에서 가새의 단면을 크게 하면 좌굴될 수 있다.

08 철골구조에서 축방향력, 전단력 및 모멘트에 대해 모두 저항할 수 있는 접합은?
① 전단접합　　② 모멘트 접합
③ 핀접합　　　④ 롤러 접합

해설 모멘트 접합은 철골구조에 발생되는 축방향력과 전단력에 저항할 수 있다.

09 잡석 지정을 할 필요가 없는 비교적 양호한 지반에서 사용되는 지정방식은?
① 자갈지정
② 제자리 콘크리트말뚝지정
③ 나무말뚝지정
④ 기성 콘크리트말뚝지정

해설 말뚝지정은 지반이 연약하여 암반까지 지정을 내려야 할 경우 사용된다.

10 벽돌조에서 대린벽으로 구획된 벽의 길이가 7m일 때 개구부의 폭의 합계는 총 얼마까지 가능한가?
① 1.75m　　② 2.3m
③ 3.5m　　　④ 4.7m

해설 벽돌조에서 대린벽으로 구획된 벽의 개구부는 벽길이의 1/2 이하로 해야 한다.

11 조적식 구조로만 짝지어진 것은?
① 철근콘크리트구조 - 벽돌구조
② 철골구조 - 목구조
③ 벽돌구조 - 블록구조
④ 철골철근콘크리트구조 - 돌구조

해설 조적식 구조 : 돌구조, 블록구조, 벽돌구조 등 재료를 쌓아 올려 구조체를 만드는 방식이다.

12 보강 블록조에 대한 설명으로 옳지 않은 것은?
① 내력벽의 길이의 합계는 그 층의 바닥면적 $1m^2$당 0.15m 이상이 되어야 한다.
② 내력벽으로 둘러싸인 부분의 바닥면적은 $80m^2$를 넘지 않아야 한다.
③ 내력벽의 두께는 100mm 이상으로 한다.
④ 내력벽은 그 끝부분과 벽의 모서리부분에 12mm 이상의 철근을 세로로 배치한다.

해설 보강블록조의 내력벽 두께는 150mm 이상으로 한다.

13 온도철근(배력근)의 역할과 가장 거리가 먼 것은?
① 균열방지
② 응력의 분산
③ 주철근의 간격유지
④ 주근의 좌굴방지

해설 온도철근(배력근)의 역할
균열방지, 응력의 분산, 주철근의 간격유지 등

14 2방향 슬래브가 되기 위한 조건으로 옳은 것은?
① (장변/단변)≤2
② (장변/단변)≤3
③ (장변/단변)>2
④ (장변/단변)>3

해설 2방향 슬래브의 장변은 단변길이의 2배를 넘지 않는다.

정답 7.③　8.②　9.①　10.③　11.③　12.③　13.④　14.①

15 철근콘크리트보의 형태에 따른 철근배근으로 옳지 않은 것은?

① 단순보의 하부에는 인장력이 작용하므로 하부에 주근을 배치한다.
② 연속보에서는 지지점 부분의 하부에서 인장력을 받기 때문에, 이곳에 주근을 배치하여야 한다.
③ 내민보는 상부에 인장력이 작용하므로 상부에 주근을 배치한다.
④ 단순보에서 부재의 축에 직각인 스터럽(늑근)의 간격은 단부로 갈수록 촘촘하게 한다.

[해설] 연속보의 지지점 부근에서는 상부에서 인장력이 작용하므로 상부에 주근을 배근해야 한다.

16 아치의 추력에 적절히 저항하기 위한 방법이 아닌 것은?

① 아치를 서로 연결하여 교점에서 추력을 상쇄
② 버트레스(buttress) 설치
③ 타이바(tie bar) 설치
④ 직접 저항할 수 있는 상부구조 설치

[해설] 아치의 추력을 저항하기 위해서는 직접 저항할 수 있는 하부구조를 설치해야 한다.

17 벽돌쌓기에서 길이쌓기켜와 마구리쌓기켜를 번갈아 쌓고 벽의 모서리나 끝에 반절이나 이오토막을 사용한 것은?

① 영식 쌓기   ② 영롱 쌓기
③ 미식 쌓기   ④ 화란식 쌓기

[해설] 영식 쌓기는 이오토막을 사용한 가장 튼튼한 쌓기법

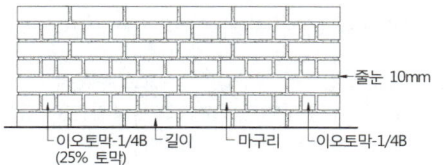

18 계단의 종류 중 재료에 의한 분류에 해당되지 않는 것은?

① 석조계단   ② 철근콘크리트계단
③ 목조계단   ④ 돌음계단

[해설] 돌음계단은 계단의 모양에 따른 분류에 해당된다.

19 벽돌 온장의 3/4 크기를 의미하는 벽돌의 명칭은?

① 반절   ② 이오토막
③ 반반절   ④ 칠오토막

[해설] 칠오토막은 벽돌 온장(100%)의 3/4(75%) 크기이다.

20 2층 마루 중에서 큰 보 위에 작은 보를 걸고 그 위에 장선을 대고 마룻널을 깐 것은?

① 동바리마루   ② 짠마루
③ 홑마루   ④ 납작마루

[해설] 짠마루는 2층 마루에 사용되는 구조로 큰 보 위에 작은 보를 걸고 장선을 대어 마룻널을 까는 마루구조이다.

21 목재에 관한 설명 중 옳지 않은 것은?

① 섬유포화점 이하에서는 함수율이 감소할수록 목재강도는 증가한다.
② 섬유포화점 이상에서는 함수율이 증가해도 목재강도는 변화가 없다.
③ 가력방향이 섬유에 평행할 경우 압축강도가 인장강도보다 크다.
④ 심재는 일반적으로 변재보다 강도가 크다.

[해설] 목재의 강도는 섬유 방향에 대한 인장강도가 가장 우수하다.

22 페인트 안료 중 산화철과 연단은 어떤 색을 만드는 데 쓰이는가?

① 백색   ② 흑색
③ 적색   ④ 황색

[해설] 재료에 산화철 성분이 많으면 적색을 띤다.

정답 15. ② 16. ④ 17. ① 18. ④ 19. ④ 20. ② 21. ③ 22. ③

23 한국산업표준(KS)에서 건설부문의 분류기호는?

① F ② B
③ K ④ M

해설 KS 분류기호
B : 기계, K : 섬유, M : 화학

24 건축재료 중 벽, 천장 재료에 요구되는 성질이 아닌 것은?

① 외관이 좋은 것이어야 한다.
② 시공이 용이한 것이어야 한다.
③ 열전도율이 큰 것이어야 한다.
④ 차음이 잘 되고 내화, 내구성이 큰 것이어야 한다.

해설 벽과 천장에 사용되는 건축재료는 열전도율이 작아야 좋다.

25 다음 점토제품 중 흡수율이 가장 작은 것은?

① 토기 ② 석기
③ 도기 ④ 자기

해설 점토제품의 흡수율 : 토기 > 도기 > 석기 > 자기

26 경질 섬유판에 대한 설명으로 옳지 않은 것은?

① 식물섬유를 주원료로 하여 성형한 판이다.
② 신축의 방향성이 크며 소프트 텍스라고도 불린다.
③ 비중이 0.8 이상으로 수장판으로 사용된다.
④ 연질, 반경질 섬유판에 비하여 강도가 우수하다.

해설 신축 방향성이 큰 것은 연질 섬유판이다.

27 회반죽 바름이 공기 중에서 경화되는 과정을 가장 옳게 설명한 것은?

① 물이 증발하여 굳어진다.
② 물과의 화학적인 반응을 거쳐 굳어진다.
③ 공기 중 산소와의 화학작용을 통해 굳어진다.
④ 공기 중 탄산가스와의 화학작용을 통해 굳어진다.

해설 회반죽은 기경성 재료로 공기 중의 탄산가스와 화학작용해 경화한다.

28 합성수지의 종류별 연결이 옳지 않은 것은?

① 열경화성수지 – 멜라민수지
② 열경화성수지 – 폴리에스테르수지
③ 열가소성수지 – 폴리에틸렌수지
④ 열가소성수지 – 실리콘수지

해설 실리콘수지는 열경화성수지로 분류된다.

29 다공질벽돌에 관한 설명 중 옳지 않은 것은?

① 방음, 흡음성이 좋지 않고 강도도 약하다.
② 점토에 분탄, 톱밥 등을 혼합하여 소성한다.
③ 비중은 1.5 정도로 가볍다.
④ 톱질과 못치기가 가능하다.

해설 다공질벽돌은 점토, 톱밥, 분탄을 혼합하여 만든 벽돌로 단열과 방음성능이 우수하다.

30 시멘트의 강도에 영향을 주는 주요 요인이 아닌 것은?

① 시멘트 분말도
② 비빔장소
③ 시멘트 풍화 정도
④ 사용하는 물의 양

해설 시멘트 강도에 영향을 주는 요소는 분말도, 풍화 정도, 물의 양 등이 있으며, 그중 물의 양이 강도에 가장 큰 영향을 준다.

정답 23. ① 24. ③ 25. ④ 26. ② 27. ④ 28. ④ 29. ① 30. ②

31. 공사현장 등의 사용장소에서 필요에 따라 만드는 콘크리트가 아니고, 주문에 의해 공장생산 또는 믹싱차량으로 제조하여 사용현장에 공급하는 콘크리트는?
   ① 레디믹스트 콘크리트
   ② 프리스트레스트 콘크리트
   ③ 한중 콘크리트
   ④ AE 콘크리트

   해설 레미콘이라 불리는 레디믹스트 콘크리트는 공장주문에 의해 이동하면서 콘크리트를 현장으로 공급한다.

32. 원유를 증류하고 피치가 되기 전에 유출량을 제한하여 잔류분을 반고체형으로 고형화시켜 만든 것으로 지하실 방수공사에 사용되는 것은?
   ① 스트레이트 아스팔트
   ② 블로운 아스팔트
   ③ 아스팔트 컴파운드
   ④ 아스팔트 프라이머

   해설 스트레이트 아스팔트는 원유를 증류해서 만든 것으로 지하실 방수에 사용된다.

33. 합성수지의 주원료가 아닌 것은?
   ① 석재   ② 목재
   ③ 석탄   ④ 석유

   해설 합성수지는 녹말, 석유, 석탄, 유지, 목재섬유 등을 합성시켜 만든다.

34. 목재에 대한 장·단점을 설명한 것으로 옳지 않은 것은?
   ① 중량에 비해 강도와 탄성이 작다.
   ② 가공성이 좋다.
   ③ 충해를 입기 쉽다.
   ④ 건조가 불충분한 것은 썩기 쉽다.

   해설 목재는 중량에 비해 강도와 탄성이 크다.

35. 도장의 목적과 관계하여 도장재료에 요구되는 성능과 가장 거리가 먼 것은?
   ① 방음   ② 방습
   ③ 방청   ④ 방식

   해설 도장(페인트)의 목적과 성능 : 방습, 방청, 방식

36. 돌로마이트에 화강석 부스러기, 모래, 안료 등을 섞어 정벌바름하고 충분히 굳지 않을 때 표면에 거친 솔, 얼레빗 등을 사용하여 거친면으로 마무리하는 방법은?
   ① 질석 모르타르 바름
   ② 펄라이트 모르타르 바름
   ③ 바라이트 모르타르 바름
   ④ 리신 바름

   해설 리신 바름 : 미장공법 중의 하나로 돌로마이트에 화강석 부스러기, 모래, 안료 등을 섞어서 시공한다.

37. 재료가 외력을 받아 파괴될 때까지의 에너지 흡수능력, 즉 외형의 변형을 나타내면서도 파괴되지 않는 성질로 맞는 것은?
   ① 전성   ② 인성
   ③ 경도   ④ 취성

   해설 전성 : 재료가 외력을 받으면 넓게 펴지는 성질
   경도 : 재료의 단단한 정도
   취성 : 재료가 외력을 받으면 파괴되는 성질

38. 점토벽돌 중 매우 높은 온도로 구워낸 것으로 모양이 좋지 않고 빛깔은 짙으나 흡수율이 매우 적고 압축강도가 매우 큰 벽돌을 무엇이라 하는가?
   ① 이형벽돌
   ② 과소품벽돌
   ③ 다공질벽돌
   ④ 포도벽돌

   해설 과소품벽돌은 지나치게 높은 온도에서 구워낸 벽돌로 기초쌓기, 장식용으로 사용된다.

정답 31.① 32.① 33.① 34.① 35.① 36.④ 37.② 38.②

39 콘크리트의 각종 강도 중 가장 큰 것은?
① 압축강도   ② 인장강도
③ 휨강도   ④ 전단강도

해설 콘크리트는 압축강도가 가장 우수하다.

40 건축재료의 사용목적에 의한 분류에 속하지 않는 것은?
① 구조재료   ② 인공재료
③ 마감재료   ④ 차단재료

해설 사용목적에 따른 건축재료의 구분
• 구조재료
• 마감재료
• 차단재료
• 방화 및 내화재료

41 다음 중 물체의 절단한 위치를 표시하거나, 경계선으로 사용되는 선은?
① 굵은 실선   ② 가는 실선
③ 1점쇄선   ④ 파선

해설 일점쇄선은 중심선 이외에도 절단선이나 경계선으로도 사용된다.

42 다음 중 공간의 레이아웃(layout)과 가장 밀접한 관계를 갖는 것은?
① 재료계획   ② 동선계획
③ 설비계획   ④ 색채계획

해설 동선계획은 사람이나 물건이 이동되는 것을 계획하는 것으로 공간의 배치(layout)와 관계가 깊다.

43 과전류가 통과하면 가열되어 끊어지는 용융 회로개방형의 가용성 부분이 있는 과전류 보호장치는?
① 퓨즈   ② 차단기
③ 배전반   ④ 단로스위치

해설 퓨즈는 과전류가 흐르면 열로 인해 녹아서 끊어진다.

44 다음의 결로 현상에 관한 설명 중 ( ) 안에 알맞은 것은?

> 습도가 높은 공기를 냉각하여 공기 중의 수분이 그 이상은 수증기로 존재할 수 없는 한계를 ( )라 하며, 이 공기가 ( ) 이하의 차가운 벽면 등에 닿으면 물방울이 맺힌다. 이를 결로현상이라고 한다.

① 절대습도   ② 상대습도
③ 습구온도   ④ 노점온도

해설 노점온도 : 수증기가 물방울로 맺히는 온도이다.

45 투시도에 관한 설명으로 옳지 않은 것은?
① 투시도에 있어서 투사선은 관측자의 시선으로서, 화면을 통과하여 시점에 모이게 된다.
② 투사선이 1점으로 모이기 때문에 물체의 크기는 화면 가까이 있는 것보다 먼 곳에 있는 것이 커 보인다.
③ 투시도에서 수평면은 시점높이와 같은 평면 위에 있다.
④ 화면에 평행하지 않은 평행선들은 소점으로 모인다.

해설 투사선이 1점으로 모이기 때문에 물체의 크기는 화면 가까이 있는 것보다 먼 곳에 있는 것이 작게 보인다.

46 다음의 단면용 재료표시기호가 의미하는 것은?

① 석재   ② 인조석
③ 벽돌   ④ 목재의 치장재

해설 석재(자연석)의 단면 표시기호는 실선과 파선을 교대로 그어 표시한다.

47 다음 설명에 알맞은 색의 대비와 관련된 현상은?

> 어떤 두 색이 맞닿아 있을 경우, 그 경계의 언저리가 경계로부터 멀리 떨어져 있는 부분보다 색의 3속성별로 색상대비, 명도대비, 채도대비의 현상이 더욱 강하게 일어나는 현상

① 동시 대비 ② 연변 대비
③ 한란 대비 ④ 유사 대비

해설 연변 대비 : 두 가지 색이 가까이 접해 있을 경우 접하는 경계부분에서 강한 색채대비가 나타난다.

48 건축도면에 선을 그을 때 유의사항에 관한 설명으로 옳지 않은 것은?

① 선과 선이 각을 이루어 만나는 곳은 정확하게 작도가 되도록 한다.
② 선의 굵기를 조절하기 위해 중복하여 여러 번 긋지 않도록 한다.
③ 파선이나 점선은 선의 길이와 간격이 일정해야 한다.
④ 선의 굵기는 도면의 축척이 다르더라도 항상 일정해야 한다.

해설 선의 굵기는 축척과 용도에 따라 다르게 표현한다.

49 주택의 동선계획에 관한 설명으로 옳지 않은 것은?

① 상호 간의 상이한 유형의 동선은 분리한다.
② 교통량이 많은 동선을 가능한 길게 처리하는 것이 좋다.
③ 가사노동의 동선은 가능한 남측에 위치시키는 것이 좋다.
④ 개인, 사회, 가사노동공간의 3개 동선은 상호 간 분리하는 것이 좋다.

해설 동선계획에 있어 교통량이 많은 동선을 가능한 짧게 처리하는 것이 좋다.

50 건축물의 묘사도구 중 여러 가지 색상을 가지고 있고 색의 층이 일정하고 도면이 깨끗하고 선명하며 농도를 정확히 나타낼 수 있는 것은?

① 연필   ② 물감
③ 색연필 ④ 잉크

해설 잉크는 다양한 색상을 사용할 수 있으며 묘사도구 중 가장 선명하고 깨끗한 표현이 가능하다.

51 에스컬레이터에 관한 설명으로 옳지 않은 것은?

① 수송능력이 엘리베이터에 비해 작다.
② 대기시간이 없고 연속적인 수송설비이다.
③ 연속 운전되므로 전원설비에 부담이 적다.
④ 건축적으로 점유면적이 적고, 건물에 걸리는 하중이 분산된다.

해설 에스컬레이터는 연속적인 수송설비로 수송능력은 엘리베이터의 약 10배 정도이다.

52 건축법상 건축물의 노후화를 억제하거나 기능 향상 등을 위하여 대수선하거나 일부 증축하는 행위로 정의되는 것은?

① 재축   ② 개축
③ 리모델링 ④ 리노베이션

해설 리모델링 : 노후 건물의 개선을 촉진하기 위해 2001년에 시행된 제도

53 공동주택의 2세대 이상이 공동으로 사용하는 복도의 유효폭은 최소 얼마 이상이어야 하는가?

① 90cm   ② 120cm
③ 150cm ④ 180cm

해설 2세대 이상이 거주하는 공동주택의 복도폭은 원만한 통행을 위해 120cm 이상이어야 한다.

정답 47. ② 48. ④ 49. ② 50. ④ 51. ① 52. ③ 53. ②

54 급기와 배기측에 송풍기를 설치하여 정확한 환기량과 급기량 변화에 의해 실내압을 정압(+) 또는 부압(-)으로 유지할 수 있는 환기방법은?

① 중력환기 ② 제1종 환기
③ 제2종 환기 ④ 제3종 환기

해설 제1종 환기설비는 급기와 배기 모두를 기계식으로 하는 설비이다.

55 스터럽(늑근)이나 띠철근을 철근 배근도에서 표시할 때 일반적으로 사용하는 선은?

① 가는 실선 ② 파선
③ 굵은 실선 ④ 2점쇄선

해설 배근도에서 주근은 굵은 실선, 띠철근 및 늑근은 가는 실선으로 표현한다.

56 다음과 같은 특징을 갖는 주택 부엌가구의 배치유형은?

> 작업 동선은 줄일 수 있지만 몸을 앞뒤로 전환하는 데 불편하다. 양쪽 벽면에 작업대가 마주 보도록 배치한 것으로 부엌의 폭이 길이에 비해 넓은 부엌에 적절하다.

① L자형 ② U자형
③ 병렬형 ④ 아일랜드형

해설 병렬형 주방은 작업대가 마주 보는 형태로 몸을 돌려가면서 작업해야 하는 불편함이 있다.

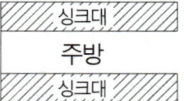

57 공간을 폐쇄적으로 완전 차단하지 않고 공간의 영역을 분할하는 상징적 분할에 이용되는 것은?

① 커튼 ② 고정벽
③ 블라인드 ④ 바닥의 높이 차

해설 커튼, 고정벽, 블라인드는 시각적으로 차단된다.

58 LPG에 관한 설명으로 옳지 않은 것은?

① 공기보다 가볍다.
② 액화석유가스이다.
③ 주성분은 프로판, 프로필렌, 부탄 등이다.
④ 석유정제 과정에서 채취된 가스를 압축 냉각해서 액화시킨 것이다.

해설 LPG는 공기보다 무거워 누설되면 폭발의 위험이 있다.

59 한식주택과 양식주택에 관한 설명으로 옳지 않은 것은?

① 한식주택의 실은 복합용도이다.
② 양식주택의 평면은 실의 기능별 분화이다.
③ 한식주택은 개구부가 크며 양식주택은 개구부가 작다.
④ 한식주택에서 가구는 주요한 내용물로서의 기능을 한다.

해설 한식주거의 가구는 부수적이며 양식주거의 가구는 주요한 요소이다.

60 주택계획에서 다이닝 키친(dining kitchen)에 관한 설명으로 옳지 않은 것은?

① 공간 활용도가 높다.
② 주부의 동선이 단축된다.
③ 소규모 주택에 적합하다.
④ 거실의 일단에 식탁을 꾸며 놓은 것이다.

해설 다이닝 키친은 주방에 식탁을 구성한 형식이다.

2014 제2회 출제문제 (2014년 4월 6일 시행)

01 목조 벽체에 포함되지 않는 것은?
① 샛기둥 ② 평기둥
③ 가새   ④ 주각

[해설] 주각은 철골구조의 기둥부분으로 기초와 맞닿는 기둥의 하부를 말한다.

02 강구조의 특징을 설명한 것 중 옳지 않은 것은?
① 강도가 커서 부재를 경량화할 수 있다.
② 콘크리트구조에 비해 강도가 커서 바닥 진동 저감에 유리하다.
③ 부재가 세장하여 좌굴하기 쉽다.
④ 연성구조이므로 취성파괴를 방지할 수 있다.

[해설] 콘크리트구조에 비해 강도는 크나 바닥진동 저감에 불리하다.

03 벽돌쌓기 방법 중 프랑스식 쌓기에 대한 설명으로 옳은 것은?
① 한 켜 안에 길이쌓기와 마구리쌓기를 병행하여 쌓는 방법이다.
② 처음 한 켜는 마구리쌓기, 다음 한 켜는 길이쌓기를 교대로 쌓는 방법이다.
③ 5~6켜는 길이쌓기로 하고, 다음 켜는 마구리쌓기를 하는 방식이다.
④ 모서리 또는 끝부분에 칠오토막을 사용하여 쌓는 방법이다.

[해설] 프랑스식(불식) 쌓기는 한 단에 마구리와 길이를 번갈아가며 쌓고 벽의 끝단에 이오토막을 사용한다.

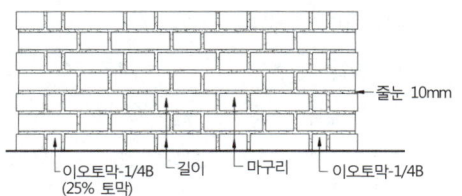

04 블록구조에 테두리보를 설치하는 이유로 옳지 않은 것은?
① 횡력에 의해 발생하는 수직균열의 발생을 막기 위해
② 세로철근의 정착을 생략하기 위해
③ 하중을 균등히 분포시키기 위해
④ 집중하중을 받는 블록의 보강을 위해

[해설] 블록구조에 테두리보는 세로철근을 정착하여 구조를 보강할 수 있다.

05 은행, 호텔 등의 출입구에 통풍 및 기류를 방지하고 출입인원을 조절할 목적으로 쓰이며 원통형을 기준으로 3~4개의 문으로 구성된 것은?
① 미닫이문   ② 플러시문
③ 양판문   ④ 회전문

[해설] 회전문은 통풍과 기류를 방지하고 출입 인원을 조절할 목적으로 쓰인다.

06 철근콘크리트구조의 특성으로 옳지 않은 것은?
① 내구, 내화, 내풍적이다.
② 목구조에 비해 자체중량이 크다.
③ 압축력에 비해 인장력에 대한 저항능력이 뛰어나다.
④ 시공의 정밀도가 요구된다.

[해설] 철근콘크리트구조는 인장력에 비해 압축력에 대한 저항능력이 뛰어난 구조이다.

07 강구조의 주각부분에 사용되지 않는 것은?
① 윙 플레이트   ② 데크 플레이트
③ 베이스 플레이트 ④ 클립 앵글

[해설] 주각은 철골구조의 기둥부분이며, 데크 플레이트는 바닥판 재료에 해당된다.

[정답] 1.④ 2.② 3.① 4.② 5.④ 6.③ 7.②

08 입체트러스구조에 대한 설명으로 옳은 것은?

① 모든 방향에 대한 응력을 전달하기 위하여 절점은 항상 자유로운 핀(pin) 집합으로만 이루어져야 한다.
② 풍하중과 적설하중은 구조계산 시 고려하지 않는다.
③ 기하학적인 곡면으로는 구조적 결함이 많이 발생하기 때문에 주로 평면 형태로 제작된다.
④ 구성부재를 규칙적인 3각형으로 배열하면 구조적으로 안정이 된다.

해설 입체트러스(스페이스 프레임)의 특징
• 축방향력으로만 응력을 전달하기 위하여 절점은 항상 자유로운 핀(pin) 집합으로만 이루어져야 한다.
• 구조계산 시 풍하중과 적설하중을 고려해야 한다.
• 기하학적인 곡면은 구조적 결함이 적어 주로 곡면 형태로 제작된다.
• 구성부재를 규칙적인 3각형으로 배열하면 구조적으로 안정이 된다.

09 보가 없이 바닥판을 기둥이 직접 지지하는 슬래브는?

① 드롭 패널 ② 플랫슬래브
③ 캐피털 ④ 워플 슬래브

해설 플랫슬래브(무량판) 구조

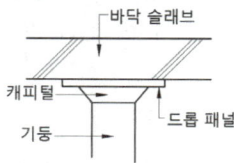

10 벽돌조에서 내력벽의 두께는 당해 벽 높이의 최소 얼마 이상으로 해야 하는가?

① 1/8 ② 1/12
③ 1/16 ④ 1/20

해설 벽돌조의 내력벽 두께는 벽 높이의 1/20 이상으로 한다.

11 기둥과 기둥 사이의 간격을 나타내는 용어는?

① 아치 ② 스팬
③ 트러스 ④ 버트레스

해설 • 아치 : 상부 하중을 수직 방향의 압축력으로 전달되도록 한 곡선으로 쌓은 구조
• 트러스 : 부재가 삼각형 모양으로 조립된 구조
• 버트레스 : 외벽의 바깥쪽에 보강을 목적으로 쌓은 부벽

12 목재 왕대공 지붕틀에 사용되는 부재와 연결철물의 연결이 옳지 않은 것은?

① ㅅ자보와 평보 – 안장쇠
② 달대공과 평보 – 볼트
③ 빗대공과 왕대공 – 꺾쇠
④ 대공 밑잡이와 왕대공 – 볼트

해설 • ㅅ자보와 평보 – 볼트(양나사볼트)
• 큰 보와 작은 보 – 안장쇠

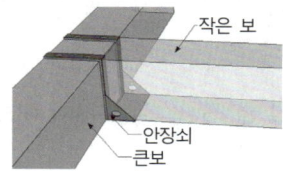

13 연약지반에 건축물을 축조할 때 부동침하를 방지하는 대책으로 옳지 않은 것은?

① 건물의 강성을 높일 것
② 지하실을 강성체로 설치할 것
③ 건물의 중량을 크게 할 것
④ 건물은 너무 길지 않게 할 것

해설 연약지반에서는 건물의 중량을 작게 한다.

14 건물의 주요 뼈대를 공장제작한 후 현장에 운반하여 짜맞춘 구조는?

① 조적식 구조 ② 습식구조
③ 일체식 구조 ④ 조립식 구조

해설 조립식 구조는 주요 구조부를 공장에서 제작해 현장에서 조립한다.

정답 8.④ 9.② 10.④ 11.② 12.① 13.③ 14.④

15 철근콘크리트 기초보에 대한 설명으로 옳지 않은 것은?

① 부동침하를 방지한다.
② 주각의 이동이나 회전을 원활하게 한다.
③ 독립기초를 상호 간 연결한다.
④ 지진 발생 시 주각에서 전달되는 모멘트에 저항한다.

해설 기초보는 주각의 이동이나 회전을 고정하여 지지한다.

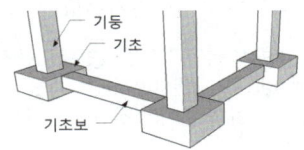

16 철근콘크리트구조 형식으로 가장 부적합한 것은?

① 트러스구조   ② 라멘구조
③ 벽식구조   ④ 플랫슬래브구조

해설 트러스구조는 철골구조 형식이다.

17 슬래브의 장변과 단변의 길이의 비를 기준으로 한 슬래브에 해당하는 것은?

① 플랫 슬래브   ② 2방향 슬래브
③ 장선 슬래브   ④ 원형식 슬래브

해설 2방향 슬래브 : 장변의 길이가 단변의 2배 이하

18 목제 플러시문(flush door)에 대한 설명으로 옳지 않은 것은?

① 울거미를 짜고 중간살을 25cm 이내의 간격으로 배치한 것이다.
② 뒤틀림 변형이 심한 것이 단점이다.
③ 양면에 합판을 교착한 것이다.
④ 위에는 조그마한 유리창경을 댈 때도 있다.

해설 플러시문은 울거미를 짜고 중간살을 대어 뒤틀림과 변형이 적다.

19 내면에 균일한 인장력을 분포시켜 얇은 합성수지 계통의 천을 지지하여 지붕을 구성하는 구조는?

① 입체트러스구조   ② 막구조
③ 철판구조   ④ 조적식 구조

해설 막구조는 합성수지 등 천과 같은 막을 케이블로 지지하여 지붕을 구성한 구조이다.

20 벽돌 내쌓기에서 한 켜씩 내쌓을 때의 내미는 길이는?

① 1/2B   ② 1/4B
③ 1/8B   ④ 1B

해설 벽돌의 내쌓기
• 1단씩 내쌓기 : 1/8B   • 2단씩 내쌓기 : 1/4B
• 내쌓기 한도 : 2B

21 점토를 한 번 소성하여 분쇄한 것으로서 점성 조절재로 이용되는 것은?

① 질석   ② 샤모테
③ 돌로마이트   ④ 고로슬래그

해설 샤모테는 소성한 점토를 분쇄한 것으로 점성 조절재로 사용된다.

22 유기재료에 속하는 건축재료는?

① 철재   ② 석재
③ 아스팔트 ④ 알루미늄

해설 • 무기질 재료 : 흙, 금속, 점토, 시멘트 등
• 유기질 재료 : 목재, 섬유판, 아스팔트, 합성수지 등

23 1종 점토벽돌의 압축강도 기준으로 옳은 것은?

① 10.78N/mm² 이상
② 20.59N/mm² 이상
③ 24.50N/mm² 이상
④ 26.58N/mm² 이상

해설 1종 점토벽돌의 압축강도 : 24.50N/mm² 이상 (24.5MPa)

24 유리블록에 대한 설명으로 옳지 않은 것은?
① 장식효과를 얻을 수 있다.
② 단열성은 우수하나 방음성이 취약하다.
③ 정방형, 장방형, 둥근형 등의 형태가 있다.
④ 대형 건물 지붕 및 지하층 천장 등 자연광이 필요한 것에 적합하다.

해설 유리블록은 단열성, 방음성, 외관 등이 우수하다.

25 연강판에 일정한 간격으로 금을 내고 늘려서 그물코 모양으로 만든 것으로 모르타르 바탕에 쓰이는 금속제품은?
① 메탈라스   ② 펀칭메탈
③ 알루미늄판   ④ 구리판

해설 메탈라스 : 절목을 넣은 얇은 강판으로 미장용 바탕재나 인테리어 장식재로 사용된다.

26 보기의 ㉠과 ㉡에 알맞은 것은?

> 대부분의 물체에는 완전(㉠)체, 완전(㉡)체는 없으며, 대개 외력의 어느 한도 내에서는 (㉠) 변형을 하지만 외력이 한도에 도달하면 (㉡) 변형을 한다.

① ㉠ 소성, ㉡ 탄성
② ㉠ 인성, ㉡ 취성
③ ㉠ 취성, ㉡ 인성
④ ㉠ 탄성, ㉡ 소성

해설 • 탄성 : 외력을 가하면 변형이 생기나 외력을 제거하면 다시 복원되는 성질
• 소성 : 외력이 어느 한도에 도달하면 외력의 증가 없이 변형만이 증대하는 성질

27 시멘트의 응결 및 경화에 영향을 주는 요인 중 가장 거리가 먼 것은?
① 시멘트의 분말도   ② 온도
③ 습도   ④ 바람

해설 시멘트의 응결은 분말도, 온도, 습도의 영향을 받는다.

28 결로현상 방지에 가장 좋은 유리는?
① 망입유리   ② 무늬유리
③ 복층유리   ④ 착색유리

해설 복층유리는 2장의 유리를 공기층을 두어 만든 것으로 단열 효과가 우수하다.

29 강의 열처리방법 중 담금질에 의하여 감소하는 것은?
① 강도   ② 경도
③ 신장률   ④ 전기저항

해설 담금질은 높은 온도로 가열된 강을 물이나 기름에 냉각시키는 것으로 강도는 증대하나 신장률은 감소한다.
* 신장률 : 재료의 처음 길이와 절단했을 때의 길이의 비

30 건축물의 용도와 바닥재료의 연결 중 적합하지 않은 것은?
① 유치원의 교실 - 인조석 물갈기
② 아파트의 거실 - 플로어링 블록
③ 병원의 수술실 - 전도성 타일
④ 사무소 건물의 로비 - 대리석

해설 유치원의 교실 바닥은 안전과 밀접하므로 마룻널을 사용한다.

31 양털, 무명, 삼 등을 혼합하여 만든 원지에 스트레이트 아스팔트를 침투시켜 만든 두루마리 제품은?
① 아스팔트 싱글   ② 아스팔트 루핑
③ 아스팔트 타일   ④ 아스팔트 펠트

해설 아스팔트 펠트는 원지에 스트레이트 아스팔트를 침투시켜 만든 방수재료이다.

32 한국산업표준(KS)의 부문별 분류 중 옳은 것은?
① A : 토건   ② B : 기계
③ D : 섬유   ④ F : 기본

해설 A : 기본, D : 금속, F : 건설(토목·건축)

33 나무조각에 합성수지계 접착제를 섞어서 고열, 고압으로 성형한 것은?

① 코르크 보드
② 파티클 보드
③ 코펜하겐 리브
④ 플로어링 보드

해설 파티클 보드는 나무조각에 접착제를 섞어 고열로 성형한 제품이다.

34 다음 중 점토벽돌의 품질 결정에 가장 중요한 요소는?

① 압축강도와 흡수율
② 제품치수와 함수율
③ 인장감도와 비중
④ 제품모양과 색깔

해설 점토제품의 품질은 흡수율과 압축강도를 기준으로 한다.

35 금속에 열을 가했을 때 녹는 온도를 용융점이라 하는데 용융점이 가장 높은 금속은?

① 수은
② 경강
③ 스테인리스강
④ 텅스텐

해설 금속의 용융점
수은 : -38°, 경강 : 1,500°,
스테인리스강 : 1,400°, 텅스텐 : 3,400°

36 다공질이며 석질이 균일하지 못하고 암갈색의 무늬가 있는 것으로 물갈기를 하면 평활하고 광택이 나는 부분과 구멍과 골이 진 부분이 있어 특수한 실내장식재로 이용되는 것은?

① 테라초
② 트래버틴
③ 펄라이트
④ 점판암

해설
• 점판암 : 지붕재료
• 테라초 : 인조대리석(바닥마감)
• 펄라이트 : 탄소강을 가열하여 추출한 조직

37 블리딩(bleeding)과 크리프(creep)에 대한 설명으로 옳은 것은?

① 블리딩이란 굳지 않은 모르타르나 콘크리트에 있어서 윗면으로 물이 상승하는 현상을 말한다.
② 블리딩이란 콘크리트의 수화작용에 의하여 경화하는 현상을 말한다.
③ 크리프란 하중이 일시적으로 작용하면 콘크리트의 변형이 증가하는 현상을 말한다.
④ 크리프란 블리딩에 의하여 콘크리트 표면에 떠올라 침전된 물질을 말한다.

해설
• 블리딩 : 굳지 않은 모르타르나 콘크리트에 있어서 윗면으로 물이 상승하는 현상을 말한다.
• 크리프 : 하중의 증가 없이 시간이 경과하면서 변형이 증대되는 현상

38 모자이크타일의 재질로 가장 좋은 것은?

① 토기
② 자기
③ 석기
④ 도기

해설 점토제품의 품질은 압축강도와 흡수율이 기준이 된다. 압축강도는 높을수록, 흡수율은 낮을수록 우수한 제품이다.
• 점토의 흡수율 : 자기<석기<도기<토기
• 점토의 압축강도 : 자기>석기>도기>토기

39 혼화재료 중 혼화재에 속하는 것은?

① 포졸란
② AE제
③ 감수제
④ 기포제

해설 콘크리트의 혼화재료
• 혼화재 : 많은 양을 넣어 콘크리트 용적에 포함되는 재료로 포졸란, 플라이애시, 고로슬래그 등이 있다.
• 혼화제 : 소량을 넣어 반죽된 콘크리트 용적에 포함되지 않는 재료로 AE제, 기포제, 발포제, 착색제 등이 있다.

정답 33.② 34.① 35.④ 36.② 37.① 38.② 39.①

40 콘크리트의 강도 중에서 가장 큰 것은?
① 인장강도 ② 전단강도
③ 휨강도 ④ 압축강도

해설 콘크리트는 압축강도가 크고 인장강도가 약하다.

41 통기방식 중 트랩마다 통기되기 때문에 가장 안정도가 높은 방식은?
① 루프 통기방식 ② 결합 통기방식
③ 각개 통기방식 ④ 신정 통기방식

해설 각개 통기방식은 각 기구의 트랩마다 통기관을 설치한다.

42 다음 설명에 알맞은 거실의 가구배치 형식은?

- 서로 시선이 마주쳐 다소 딱딱하고 어색한 분위기를 만들 우려가 있다.
- 일반적으로 가구 자체가 차지하는 면적이 커지므로 실내공간이 좁아 보일 수 있다.

① 대면형 ② 코너형
③ 직선형 ④ 자유형

해설 위에서 말하는 거실 가구는 소파와 테이블을 뜻한다. 코너형 : ㄱ배치, 직선형 : 일자배치, 대면형 : 11자배치, 자유형 : 캐릭터나 조형적 형태를 활용한 개성적인 배치

43 다음의 창호기호 표시가 의미하는 것은?

① 강철창
② 강철그릴
③ 스테인리스스틸창
④ 스테인리스스틸그릴

해설 창호기호의 상단은 창호의 번호를 표기하고 하단에는 창호의 구분과 재료의 기호를 표기한다. SW는 스틸 창문의 표시기호이다.

44 급수펌프, 양수펌프, 순환펌프 등으로 건축설비에 주로 사용되는 펌프는?
① 왕복식 펌프 ② 회전식 펌프
③ 피스톤 펌프 ④ 원심식 펌프

해설 건축설비에 주로 사용되는 원심식은 원심력을 이용해 에너지를 발생시키는 펌프이다.

45 동선의 3요소에 속하지 않는 것은?
① 속도 ② 빈도
③ 하중 ④ 방향

해설 동선의 3요소 : 길이, 빈도, 하중
* 동선의 3요소 중 '길이'는 동선에 따른 이동시간을 뜻하는 것으로 '속도'라고도 한다.

46 투시도법의 시점에서 화면에 수직하게 통하는 투사선의 명칭으로 옳은 것은?
① 소점 ② 시점
③ 시선축 ④ 수직선

해설
- 소점 : 평행선이 투영 화면상에 하나로 모이는 점
- 시점 : 바라보는 사람의 눈 위치
- 시선축 : 화면에 수직으로 통하는 투사선

47 건축법상 다음과 같이 정의되는 용어는?

건축물이 천재지변이나 그 밖의 재해로 인해 멸실된 경우 그 대지에 종전과 같은 규모로 다시 축조하는 것은 (　　)이다.

① 신축 ② 증축
③ 재축 ④ 개축

해설
- 신축 : 건축물이 없는 대지에 새로 건축물을 축조
- 증축 : 기존 건축물이 있는 대지에서 건축물의 건축면적, 연면적, 층수 또는 높이를 늘리는 것
- 개축 : 기존 건축물의 전부 또는 일부를 철거하고 그 대지에 종전과 같은 규모 범위에서 건축물을 다시 축조하는 것을 말한다.
- 재축 : 건축물이 천재지변이나 그 밖의 재해(災害)로 멸실된 경우 그 대지에 다시 축조하는 것을 말한다.

정답 40. ④ 41. ③ 42. ① 43. ① 44. ④ 45. ① 46. ③ 47. ③

48 주택의 현관에 관한 설명으로 옳지 않은 것은?

① 한 가정에 대한 첫 인상이 형성되는 공간이다.
② 현관의 위치는 도로와의 관계, 대지의 형태 등에 의해 결정된다.
③ 현관의 조명은 부드러운 확산광으로 구석까지 밝게 비추는 것이 좋다.
④ 현관의 벽체는 저명도·저채도의 색채로, 바닥은 고명도·고채도의 색채로 계획하는 것이 좋다.

해설 현관의 벽체는 고명도·고채도의 색채로, 바닥은 저명도·저채도의 색채로 계획하는 것이 좋다.

49 건축물의 층의 구분이 명확하지 아니한 건축물의 경우, 건축물의 높이 얼마마다 하나의 층으로 산정하는가?

① 3m   ② 3.5m
③ 4m   ④ 4.5m

해설 건축물의 층의 구분이 명확하지 아니한 건축물의 경우 4m마다 1개 층으로 산정한다.

50 건축물의 입체적인 표현에 관한 설명 중 옳지 않은 것은?

① 같은 크기라도 명암이 진한 것이 돋보인다.
② 윤곽이나 명암을 그려 넣으면 크기와 방향을 느끼게 된다.
③ 같은 크기와 농도로 된 점들은 동일 평면상에 위치한 것으로 보인다.
④ 굵기가 다르고 크기가 같은 직사각형 중 굵은 선의 직사각형이 후퇴되어 보인다.

해설 굵기가 다르고 크기가 같은 직사각형 중 굵은 선의 직사각형이 전진되어 보이고 가는 선의 직사각형은 후퇴되어 보인다.

51 건축도면의 크기 및 방향에 관한 설명으로 옳지 않은 것은?

① A3 제도용지의 크기는 A4 제도용지의 2배이다.
② 접은 도면의 크기는 A4의 크기를 원칙으로 한다.
③ 평면도는 남쪽을 위로 하여 작도함을 원칙으로 한다.
④ A3 크기의 도면은 길이 방향을 좌우 방향으로 놓은 위치를 정위치로 한다.

해설 평면도는 북쪽을 위로 하여 작도함을 원칙으로 한다.

52 배경을 검정으로 하였을 경우, 다음 중 가시도가 가장 높은 색은?

① 노랑   ② 주황
③ 녹색   ④ 파랑

해설 검정색 배경 위에 노랑색이 가시도가 가장 높아 주의 표시나 교통표지판 등에 활용된다.

53 건축도면에서 보이지 않는 부분의 표시에 사용되는 선의 종류는?

① 파선   ② 가는 실선
③ 1점쇄선   ④ 2점쇄선

해설
• 가는 실선 : 치수선, 지시선, 인출선 등
• 1점쇄선 : 중심선, 기준선, 경계선 등
• 2점쇄선 : 가상선, 1점쇄선과 구분되어야 할 경우 등

54 소방시설은 소화설비, 경보설비, 피난설비, 소화용수설비, 소화활동설비로 구분할 수 있다. 다음 중 소화설비에 속하지 않는 것은?

① 연결살수설비   ② 옥내소화전설비
③ 스프링클러설비   ④ 물분무소화설비

해설 연결살수설비는 소화활동설비에 해당된다.

정답 48. ④ 49. ③ 50. ④ 51. ③ 52. ① 53. ① 54. ①

55 건축물의 묘사에 있어서 묘사도구로 사용하는 연필에 관한 설명으로 옳지 않은 것은?
① 다양한 질감 표현이 불가능하다.
② 밝고 어두움의 명암 표현이 가능하다.
③ 지울 수 있으나 번지거나 더러워질 수 있다.
④ 심의 종류에 따라서 무른 것과 딱딱한 것으로 나누어진다.

[해설] 연필은 밝은 부분에서 어두운 부분까지 명암은 물론 다양한 질감을 표현 할 수 있다.

56 메탈할라이드 램프에 관한 설명으로 옳지 않은 것은?
① 휘도가 높다.
② 시동전압이 높다.
③ 효율은 높으나 연색성이 나쁘다.
④ 램프 하나당 광속이 많고 배광제어가 용이하다.

[해설] 메탈할라이드 램프는 비교적 효율과 연색성이 좋아 옥외조명에 사용되고 있다.

57 다음 설명에 알맞은 공간의 조형형식은?

> 동일한 형태나 공간의 연속으로 이루어진 구조적 형식으로서 격자형이라고도 불리며 형과 공간뿐만 아니라 경우에 따라서는 크기, 위치, 방위도 동일하다.

① 직선식   ② 방사식
③ 그물망식   ④ 중앙집중식

[해설] 그물망식(격자형식)은 공간의 연속성이 있으며 경우에 따라 공간의 크기, 위치, 방위도 동일할 수 있다.

58 표면결로의 방지방법에 관한 설명으로 옳지 않은 것은?
① 실내에서 발생하는 수증기를 억제한다.
② 환기에 의해 실내 절대습도를 저하한다.
③ 직접가열이나 기류촉진에 의해 표면온도를 상승시킨다.
④ 낮은 온도로 난방시간을 길게 하는 것보다 높은 온도로 난방시간을 짧게 하는 것이 결로방지에 효과적이다.

[해설] 낮은 온도로 난방시간을 길게 하는 것이 결로방지에 효과적이다.

59 주거단지의 단위 중 초등학교를 중심으로 한 단위는?
① 인보구   ② 근린지구
③ 근린분구   ④ 근린주구

[해설] 주택호수가 1600~2000호가 되는 단위는 근린주구로 초등학교가 들어선다.
• 인보구(20~40호) : 놀이터 중심
• 근린분구(400~500호) : 후생, 복지, 소비시설 중심
• 근린주구(1,600~2,000호) : 초등학교 중심

60 강재 표시방법 2L-125×125×6에서 6이 나타내는 것은?
① 수량   ② 길이
③ 높이   ④ 두께

[해설] 강재의 표시-2L-125×125×6
2L(L형강 2개)-125(높이)×125(너비)×6(두께)

[정답] 55.① 56.③ 57.③ 58.④ 59.④ 60.④

2014 제4회 출제문제 (2014년 7월 20일 시행)

01 절충식 구조에서 지붕보와 처마도리의 연결을 위한 보강철물로 사용되는 것은?
① 주걱볼트   ② 띠쇠
③ 감잡이쇠   ④ 갈고리 볼트

해설 절충식 지붕틀의 지붕보와 처마도리는 주걱볼트로 연결해 보강한다.

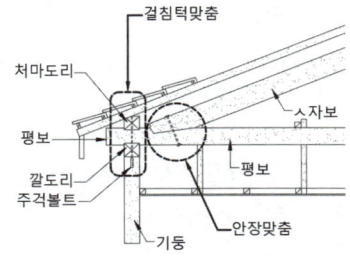

02 채광만을 목적으로 하고 환기를 할 수 없는 밀폐된 창은?
① 회전창   ② 오르내리창
③ 미닫이창   ④ 붙박이창

해설
• 붙박이창 : 창틀에 고정되어 열리지 않는 창
• 채광 : 실내로 햇빛이 들어오게 함
• 환기 : 공기를 순환

03 철근콘크리트 단순보의 철근에 관한 설명 중 옳지 않은 것은?
① 인장력에 저항하는 재축 방향의 철근을 보의 주근이라 한다.
② 압축측에도 철근을 배근한 보를 복근보라 한다.
③ 전단력을 보강하여 보의 주근 주위에 둘러서 감은 철근을 늑근이라 한다.
④ 늑근은 단부보다 중앙부에서 촘촘하게 배치하는 것이 원칙이다.

해설 늑근은 중앙부보다 단부에서 촘촘하게 배치하는 것이 원칙이다.

04 건물의 하부 전체 또는 지하실 전체를 하나의 기초판으로 구성한 기초는?
① 독립기초   ② 줄기초
③ 복합기초   ④ 온통기초

해설
• 독립기초 : 기둥 하나를 받치는 독립된 기초
• 줄기초 : 벽을 따라 연속으로 구성된 기초
• 복합기초 : 독립기초와 줄기초의 복합형태

05 보와 기둥 대신 슬래브와 벽이 일체가 되도록 구성한 구조는?
① 라멘구조   ② 플랫슬래브구조
③ 벽식구조   ④ 아치구조

해설 아파트와 같이 바닥 슬래브와 벽이 일체가 되는 구조를 철근콘크리트 벽식구조라 한다.

06 송풍에 의한 내압으로 외기압보다 약간 높은 압력을 주고, 압력에 의한 장력으로 공간 및 구조적인 안정성을 추구한 건축구조는?
① 절판구조   ② 공기막구조
③ 셸구조   ④ 현수구조

해설
• 절판구조 : 얇은 강판을 접어 큰 강성을 내는 구조
• 셸구조 : 곡면판을 역학적으로 이용한 구조
• 현수구조 : 주요 구조부를 케이블로 달아매는 구조

07 그림 중 꺾인지붕(curb roof)의 평면모양은?

해설
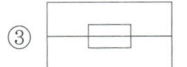 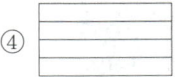
 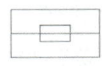
박공지붕   모임지붕   솟을지붕

정답 1.① 2.④ 3.④ 4.④ 5.③ 6.② 7.④

08 다음 중 압축력이 발생하지 않는 구조시스템은?
① 케이블 구조 ② 트러스구조
③ 절판구조   ④ 철골구조

해설 케이블 구조는 구조물의 하중을 케이블이 지지하는 구조로 인장력만 발생한다.

09 가구식 구조에 대한 설명으로 옳은 것은?
① 각 재료를 접착제를 이용하여 쌓아 만든 구조
② 목재, 강재 등 가늘고 긴 부재를 접합하여 뼈대를 만드는 구조
③ 철근콘크리트구조와 같이 전 구조체가 일체가 되도록 한 구조
④ 물을 사용하는 공정을 가진 구조

해설 가구식(架構式) : 목재와 철골(빔)과 같은 긴 부재를 끼워맞추거나 조립하여 골조를 만드는 구조로, 목구조와 철골구조가 가구식에 해당된다.

10 주로 철재 또는 금속재 거푸집에 사용되는 철물로서 지주를 제거하지 않고 슬래브 거푸집만 제거할 수 있도록 한 것은?
① 드롭헤드   ② 컬럼밴드
③ 캠버   ④ 와이어클리퍼

해설 • 컬럼밴드 : 기둥 이음에 사용
• 캠버 : 거푸집 지주 밑에 꽂아 넣어 높이를 조정
• 와이어클리퍼 : 철근용 절단기구

11 난간벽, 박공벽 위에 덮은 돌로서 빗물막이와 난간 동자받이의 목적 이외에 장식도 겸하는 돌은?
① 돌림띠   ② 두겁돌
③ 창대돌   ④ 문지방돌

해설 두겁돌은 난간벽에 설치되어 빗물막이 겸 장식을 겸하는 돌이다.

12 블록조의 테두리보에 대한 설명으로 옳지 않은 것은?
① 벽체를 일체화하기 위해 설치한다.
② 테두리보의 너비는 보통 그 밑의 내력벽의 두께보다는 작아야 한다.
③ 세로철근의 끝을 장착할 필요가 있을 때 정착 가능하다.
④ 상부의 하중을 내력벽에 고르게 분산시키는 역할을 한다.

해설 테두리보의 너비는 보통 그 밑의 내력벽의 두께와 같게 하거나 약간 크게 해야 한다.

13 목조 왕대공 지붕틀에서 압축력과 휨모멘트를 동시에 받는 부재는?
① 빗대공   ② 왕대공
③ ㅅ자보   ④ 평보

해설 왕대공 지붕틀의 ㅅ자보는 압축력과 휨모멘트를 동시에 받는다.

14 목구조에서 토대와 기둥의 맞춤으로 가장 알맞은 것은?
① 짧은 장부 맞춤 ② 빗턱 맞춤
③ 턱솔 맞춤   ④ 걸침턱 맞춤

해설 토대와 기둥의 맞춤은 장부 맞춤으로 한다.

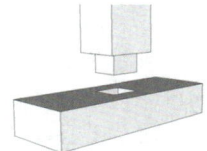

15 목조벽체를 수평력에 견디게 하고 안정한 구조로 하는 데 필요한 부재는?
① 멍에   ② 장선
③ 가새   ④ 동바리

해설 가새는 목조벽에 대각선으로 연결하여 수평력을 보강한다.

정답 8.① 9.② 10.① 11.② 12.② 13.③ 14.① 15.③

16 H형강, 판보 또는 래티스보 등에서 보의 단면 상하에 날개처럼 내민 부분을 지칭하는 용어는?

① 웨브 ② 플랜지
③ 스티프너 ④ 거싯 플레이트

해설 H형강 판보

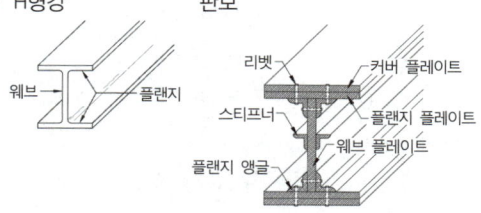

17 상대적으로 얇고 길이가 짧은 부재를 상하, 경사로 연결하여 장스팬의 길이를 확보할 수 있는 구조는?

① 철근콘크리트구조
② 블록구조
③ 트러스구조
④ 프리스트레스트구조

해설 트러스구조

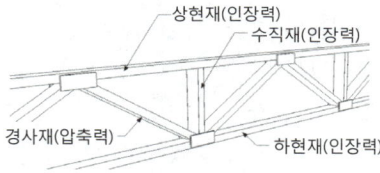

18 강구조에 관한 설명 중 옳지 않은 것은?

① 내구, 내화적이다.
② 좌굴의 가능성이 있다.
③ 철근콘크리트조에 비해 경량이다.
④ 고층건물이나 장스팬구조에 적당하다.

해설 철골구조는 구조적으로 내구적이나 고온에서 강도가 저하되어 화재에 약하다.

19 벽돌벽체 내쌓기에서 벽체의 내밀 수 있는 한도는?

① 1.0B ② 1.5B
③ 2.0B ④ 2.5B

해설 벽돌벽 쌓기에서 내쌓기
1켜씩 : 1/8B, 2켜씩 : 1/4B, 내쌓기 한도 : 2.0B

20 모임지붕, 합각지붕 등의 측면에서 동자즈를 세우기 위하여 처마도리와 지붕보에 걸쳐 댄 보를 무엇이라 하는가?

① 서까래 ② 우미량
③ 중도리 ④ 충량

해설 우미량

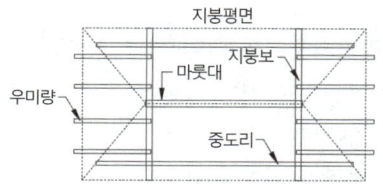

21 생석회와 규사를 혼합하여 고온, 고압으로 양생하면 수열반응을 일으키는데 여기에 기포제를 넣어 경량화한 기포콘크리트는?

① ALC제품 ② 흄관
③ 듀리졸 ④ 플렉시블 보드

해설
• 흄관 : 철근콘크리트로 만든 원통형 관
• 듀리졸 : 폐목재를 가공한 두꺼운 판이나 블록
• 플렉시블 보드 : 유연성이 우수한 판

22 단위질량의 물질을 온도 1℃ 올리는 데 필요한 열량을 무엇이라 하는가?

① 열용량 ② 비열
③ 열전도율 ④ 연화점

해설 질량이 1g인 물체를 1℃ 올리는 데 필요한 열량(cal/g℃)을 비열이라 한다.

정답 16. ② 17. ③ 18. ① 19. ③ 20. ② 21. ① 22. ②

23 공동(空胴)의 대형 점토제품으로서 주로 장식용으로 난간벽, 돌림대, 창대 등에 사용되는 것은?

① 이형벽돌　② 포도벽돌
③ 테라코타　④ 테라초

해설　테라코타는 고온에서 소성한 대형 점토제품으로 내화성과 장식효과가 우수하여 내장 및 외장재료로 사용된다.

24 다음 수종 중 침엽수가 아닌 것은?

① 소나무　② 삼송나무
③ 잣나무　④ 단풍나무

해설　단풍나무는 활엽수에 해당된다.

25 실리카시멘트에 대한 설명 중 옳은 것은?

① 보통 포틀랜드 시멘트에 비해 초기강도가 크다.
② 화학적 저항성이 크다.
③ 보통 포틀랜드 시멘트에 비해 장기강도는 작은 편이다.
④ 긴급공사용으로 적합하다.

해설　실리카(포졸란) 시멘트
- 보통 포틀랜드 시멘트에 비해 초기강도가 낮다.
- 화학적 저항성이 크다.
- 보통 포틀랜드 시멘트에 비해 장기강도는 좋은 편이다.
- 초기강도가 낮아 긴급공사용으로 적합하지 않다.

26 목재의 방부제 중 수용성 방부제에 속하는 것은?

① 크레오소트 오일
② 불화소다 2% 용액
③ 콜타르
④ PCP

해설　유용성 방부제 : 크레오소트, 콜타르, 펜타클로로페놀(PCP), 아스팔트

27 점토제품의 제법순서를 옳게 나열한 것은?

　㉠ 반죽　　㉡ 성형
　㉢ 건조　　㉣ 원토처리
　㉤ 원료배합　㉥ 소성

① ㉣-㉤-㉠-㉡-㉢-㉥
② ㉠-㉡-㉢-㉣-㉤-㉥
③ ㉡-㉢-㉥-㉣-㉤-㉠
④ ㉢-㉥-㉤-㉡-㉣-㉠

해설　점토제품의 제법순서
원토처리-원료배합-반죽-성형-건조-소성

28 목재의 섬유 평행방향에 대한 강도 중 가장 약한 것은?

① 휨강도　② 압축강도
③ 인장강도　④ 전단강도

해설　섬유 평행방향에 대한 목재의 강도 순서
인장강도 > 휨강도 > 압축강도 > 전단강도

29 탄소함유량이 증가함에 따라 철에 끼치는 영향으로 옳지 않은 것은?

① 연신율의 증가
② 항복강도의 증가
③ 경도의 증가
④ 용접성의 저하

해설　탄소함량이 많을수록 강도는 좋아지나 연신율은 낮아진다.

30 구조재료에 요구되는 성질과 가장 관계가 먼 것은?

① 재질이 균일하여야 한다.
② 강도가 큰 것이어야 한다.
③ 탄력성이 있고 자중이 커야 한다.
④ 가공이 용이한 것이어야 한다.

해설　구조용 재료는 자중이 작아야 좋다.

정답　23.③　24.④　25.②　26.②　27.①　28.④　29.①　30.③

31 미장재료에 대한 설명 중 옳은 것은?
① 회반죽에 석고를 약간 혼합하면 경화속도, 강도가 감소하며 수축균열이 증대된다.
② 미장재료는 단일재료로서 사용되는 경우보다 주로 복합재료로서 사용된다.
③ 결합재에는 여물, 풀 등이 있으며 이것은 직접 고체화에 관계한다.
④ 시멘트 모르타르는 기경성 미장재료로서 내구성 및 강도가 크다.

[해설]
- 단일재료 : 철골구조의 형강처럼 하나의 재료만으로 시공되는 재료
- 복합재료 : 콘크리트나 모르타르처럼 여러 가지 재료를 혼합하여 시공되는 재료

32 목재의 기건상태의 함수율은 평균 얼마 정도인가?
① 5%   ② 10%
③ 15%   ④ 30%

[해설] 목재의 기건상태는 대기 중의 습도와 목재의 함수율(15%)이 균형을 이룬 상태다.

33 블로운 아스팔트를 휘발성 용제로 희석한 흑갈색의 액체로서, 콘크리트, 모르타르 바탕에 아스팔트 방수층 또는 아스팔트 타일 붙이기 시공을 할 때 사용되는 것은?
① 아스팔트 코팅
② 아스팔트 펠트
③ 아스팔트 루핑
④ 아스팔트 프라이머

[해설] 아스팔트 프라이머는 방수층이나 타일시공의 바탕재료로 가장 먼저 사용되는 재료이다.

34 다음 도료 중 안료가 포함되어 있지 않은 것은?
① 유성페인트   ② 수성페인트
③ 합성수지도료 ④ 유성바니시

[해설] 안료 : 물이나 기름에 녹지 않는 분말색소

35 시멘트의 저장방법 중 틀린 것은?
① 주위에 배수도랑을 두고 누수를 방지한다.
② 채광과 공기순환이 잘 되도록 개구부를 최대한 많이 설치한다.
③ 3개월 이상 경과한 시멘트는 재시험을 거친 후 사용한다.
④ 쌓기 높이는 13포 이하로 하며, 장기간 보관할 경우 7포 이하로 한다.

[해설] 시멘트에 습기가 있으면 굳어지므로 개구부를 작게 두는 것이 좋다.

36 금속의 부식방지법으로 틀린 것은?
① 상이한 금속은 접촉시켜 사용하지 말 것
② 균질의 재료를 사용할 것
③ 부분적인 녹은 나중에 처리할 것
④ 청결하고 건조상태를 유지할 것

[해설] 금속에 발생된 녹은 시공 전에 바로 제거해야 한다.

37 콘크리트 강도에 대한 설명 중 옳은 것은?
① 물-시멘트비가 가장 큰 영향을 준다.
② 압축강도는 전단강도의 1/10~1/15 정도로 작다.
③ 일반적으로 콘크리트의 강도는 인장강도를 말한다.
④ 시멘트의 강도는 콘크리트의 강도에 영향을 끼치지 않는다.

[해설] **콘크리트의 강도**
- 물-시멘트비가 가장 큰 영향을 준다.
- 전단강도는 압축강도의 1/10 이하로 작다.
- 일반적으로 콘크리트의 강도는 압축강도를 말한다.
- 시멘트의 강도는 콘크리트의 강도에 영향을 끼친다.

38 합성수지 재료는 어떤 물질에서 얻는가?
① 가죽   ② 유리
③ 고무   ④ 석유

[해설] 석유와 석탄은 합성수지의 원료가 된다.

정답 31. ② 32. ③ 33. ④ 34. ④ 35. ② 36. ③ 37. ① 38. ④

39 수장용 금속제품에 대한 설명으로 옳은 것은?
① 줄눈대 – 계단의 디딤판 끝에 대어 오르내릴 때 미끄럼을 방지한다.
② 논슬립 – 단면형상이 L형, I형 등이 있으며, 벽, 기둥 등의 모서리 부분에 사용된다.
③ 코너비드 – 벽, 기둥 등의 모서리 부분에 미장 바름을 보호하기 위해 사용된다.
④ 듀벨 – 천장, 벽 등에 보드를 붙이고, 그 이음새를 감추는 데 사용된다.

[해설]
- 줄눈대 : 보드, 금속판 등의 줄눈에 대는 재료
- 논슬립 : 계단의 디딤판 끝에 대어 오르내릴 때 미끄럼을 방지
- 듀벨 : 목재의 이음 시 전단력을 보강하는 철물

40 목재의 장점에 해당하는 것은?
① 내화성이 좋다.
② 재질과 강도가 일정하다.
③ 외관이 아름답고 감촉이 좋다.
④ 함수율에 따라 팽창과 수축이 작다.

[해설] 목재의 특징
- 내화성이 좋지 않아 화재에 취약하다.
- 재질과 방향에 따른 강도가 일정하지 않다.
- 외관이 아름답고 감촉이 좋다.
- 함수율에 따라 팽창과 수축이 크다.

41 부엌의 일부분에 식사실을 두는 형태로 부엌과 식사실을 유기적으로 연결하여 노동력 절감이 가능한 것은?
① D(Dining)
② DK(Dining Kitchen)
③ LD(Living Dining)
④ LK(Living Kitchen)

[해설] 다이닝 키친은 주방의 일부에 식사실을 구성한 형태로 소규모 주택에 활용된다.

42 주거공간을 주된 행동에 의해 개인공간, 사회공간, 가사노동공간 등으로 구분할 경우, 다음 중 사회공간에 속하는 것은?
① 서재 ② 식당
③ 부엌 ④ 다용도실

[해설]
- 노동공간 : 육체적인 노동이 행해지는 공간
- 개인공간 : 프라이버시가 확보되는 사적인 공간
- 사회공간 : 가족구성원과 소통하는 공간

43 온수난방과 비교한 증기난방의 특징으로 옳지 않은 것은?
① 예열시간이 짧다.
② 열의 운반능력이 크다.
③ 난방의 쾌감도가 높다.
④ 방열면적을 작게 할 수 있다.

[해설] 증기난방은 복사난방인 온수난방에 비해 난방의 쾌감도가 낮다.

44 조적조 벽체를 제도하는 순서로 가장 알맞은 것은?

ⓐ 축척과 구정 설정
ⓑ 지반선과 벽체 중심선 작도
ⓒ 치수와 명칭을 기입
ⓓ 벽체와 연결부 작성
ⓔ 재료표시
ⓕ 치수선과 인출선 작도

① ⓐ – ⓑ – ⓒ – ⓓ – ⓔ – ⓕ
② ⓐ – ⓑ – ⓓ – ⓕ – ⓔ – ⓒ
③ ⓐ – ⓑ – ⓓ – ⓔ – ⓕ – ⓒ
④ ⓐ – ⓕ – ⓑ – ⓒ – ⓓ – ⓔ

[해설] 조적조 벽체의 제도순서
㉠ 축척과 구정 설정
㉡ 지반선과 벽체 중심선 작도
㉢ 벽체와 연결부 작성
㉣ 재료표시
㉤ 치수선과 인출선 작도
㉥ 치수와 명칭을 기입

정답 39. ③ 40. ③ 41. ② 42. ② 43. ③ 44. ③

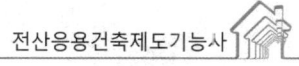

45 제도에서 묘사에 사용되는 도구에 관한 설명으로 옳지 않은 것은?
① 물감으로 채색할 때 불투명 표현은 포스터 물감을 주로 사용한다.
② 잉크는 여러 가지 모양의 펜촉 등을 사용할 수 있어 다양한 묘사가 가능하다.
③ 잉크는 농도를 정확하게 나타낼 수 있고, 선명하게 보이기 때문에 도면이 깨끗하다.
④ 연필은 지울 수 있는 장점이 있는 반면에 폭넓은 명암이나 다양한 질감 표현이 불가능하다.

[해설] 연필은 지울 수 있는 장점과 폭넓은 명암이나 다양한 질감 표현이 가능하다.

46 고딕성당에서 존엄성, 엄숙함 등의 느낌을 주기 위해 사용된 선은?
① 사선 ② 곡선
③ 수직선 ④ 수평선

[해설]
• 수평선 : 평화로움, 안정감, 영원 등 정지된 느낌
• 사선 : 동적이면서 불안한 느낌, 건축에는 강한 표정을 나타냄
• 곡선 : 유연하고 동적인 느낌

47 건축물의 에너지절약을 위한 단열계획으로 옳지 않은 것은?
① 외벽 부위는 내단열로 시공한다.
② 건물의 창호는 가능한 작게 설계한다.
③ 태양열 유입에 의한 냉방부하 저감을 위하여 태양열 차폐장치를 설치한다.
④ 외피의 모서리 부분은 열교가 발생하지 않도록 단열재를 연속적으로 설치하고 충분히 단열되도록 한다.

[해설] 외벽은 외단열로 시공하는 것이 에너지가 절약된다.

48 주택의 동선계획에 관한 설명으로 옳지 않은 것은?
① 동선에는 독립적인 공간을 두지 않는다.
② 동선은 가능한 짧게 처리하는 것이 좋다.
③ 서로 다른 동선은 교차하지 않도록 한다.
④ 가사노동의 동선은 가능한 남측에 위치시킨다.

[해설] 주택의 동선은 독립적인 공간을 확보하는 것이 좋다.

49 소방시설은 소화설비, 경보설비, 피난설비, 소화용수설비, 소화활동설비로 구분할 수 있다. 다음 중 경보설비에 속하지 않는 것은?
① 누전경보기
② 비상방송설비
③ 무선통신보조설비
④ 자동화재탐지설비

[해설] 무선통신보조설비는 소화활동설비에 해당된다.

50 주택지의 단위 분류에 속하지 않는 것은?
① 인보구 ② 근린분구
③ 근린주구 ④ 근린지구

[해설] 주택단지의 분류
• 인보구(20~40호) : 놀이터 중심
• 근린분구(400~500호) : 후생, 복지, 소비시설 중심
• 근린주구(1,600~2,000호) : 초등학교 중심

51 배수관 속의 악취, 유독가스 및 벌레 등이 실내로 침투하는 것을 방지하기 위하여 설치하는 것은?
① 트랩 ② 플랜지
③ 부스터 ④ 스위블이음쇠

[해설] 트랩은 배관에 봉수를 만들어 악취나 벌레의 유입을 막는다.

정답 45. ④ 46. ③ 47. ① 48. ① 49. ③ 50. ④ 51. ①

52 실제 길이가 16m인 직선을 축척이 1/200인 도면에 표현할 경우, 도면에서 직선 길이는?

① 0.8mm ② 8mm
③ 80mm ④ 800mm

해설 16m=1600cm=16,000mm → 16,000mm÷200=80mm

53 다음은 건축도면에 사용하는 치수의 단위에 대한 설명이다. ( ) 안에 공통으로 들어갈 내용은?

> 치수의 단위는 ( )를 원칙으로 하고, 이때 단위기호는 표기하지 않는다. 치수 단위가 ( )가 아닐 경우에는 단위 기호를 표기하거나 그 밖의 다른 방법으로 그 단위를 표기한다.

① cm ② mm
③ m ④ Nm

해설 건축도면에 사용되는 단위는 mm 사용을 원칙으로 하며 단위는 표기는 하지 않고 생략한다. mm단위를 사용하지 않는 경우에는 해당 단위를 표시한다.

54 할로겐램프에 관한 설명으로 옳지 않은 것은?

① 휘도가 높다.
② 청백색으로 연색성이 나쁘다.
③ 흑화가 거의 일어나지 않는다.
④ 광속이나 색온도의 저하가 적다.

해설 연색성이란 광원에 따라 비추는 물체의 색이나 느낌이 다르게 보이는 현상으로, 할로겐 원소를 사용한 할로겐램프는 연색성이 좋고 휘도가 높다.

55 스킵플로어형 공동주택에 관한 설명으로 옳지 않은 것은?

① 복도 면적이 증가한다.
② 액세스(access) 동선이 복잡하다.
③ 엘리베이터의 정지 층수를 줄일 수 있다.
④ 동일한 주거동에 각기 다른 모양의 세대 배치계획이 가능하다.

해설 스킵플로어형은 계단실에서 단위주거에 도달하는 형식으로, 복도의 면적이 감소하고 프라이버시를 확보할 수 있다.

56 다음 중 단면도를 그려야 할 부분과 가장 거리가 먼 것은?

① 설계자의 강조부분
② 평면도만으로 이해하기 어려운 부분
③ 전체 구조의 이해를 필요로 하는 부분
④ 시공자의 기술을 보여주고 싶은 부분

해설 단면도는 평면도만으로는 이해하기 어렵고, 각 부분의 구조를 명확하게 해석하기 위한 목적으로 작성하게 된다.

57 도면 각 부분의 표기를 위한 지시선의 사용 방법으로 옳지 않은 것은?

① 지시선은 곡선사용을 원칙으로 한다.
② 지시대상이 선인 경우 지적 부분은 화살표를 사용한다.
③ 지시대상이 면인 경우 지적 부분은 채워진 원을 사용한다.
④ 지시선은 다른 제도선과 혼동되지 않도록 가늘고 명료하게 그린다.

해설 지시선(인출선)의 작도
- 직선으로 60°로 긋는 것을 원칙으로 하나 부득이한 경우 30~45°로 긋는다.
- 지시되는 쪽의 화살표를 점으로도 표시할 수 있다.
- 2개 이상의 지시선을 그을 때 평행으로 긋는다.

58 한국산업표준(KS)에 따른 건축도면에 사용되는 척도에 속하지 않는 것은?

① 1/1 ② 1/4
③ 1/80 ④ 1/250

해설 건축제도통칙의 축척 24종
2/1, 5/1, 1/1, 1/2, 1/3, 1/4, 1/5, 1/10, 1/20, 1/25, 1/30, 1/40, 1/50, 1/100, 1/200, 1/250, 1/300, 1/500, 1/600, 1/1000, 1/1200, 1/2000, 1/2500, 1/3000, 1/5000, 1/6000

정답 52.③ 53.② 54.② 55.① 56.④ 57.① 58.③

59 다음은 건축물의 층수 산정에 관한 기준 내용이다. ( ) 안에 알맞은 것은?

> 층의 구분이 명확하지 아니한 건축물은 그 건축물의 높이 ( )마다 하나의 층으로 보고 그 층수를 산정해야 한다.

① 2.5m   ② 3m
③ 3.5m   ④ 4m

해설 건축법상 건축물의 층이 명확하지 않은 경우 4m마다 1개 층으로 보고 층수를 산정한다.

60 다음에서 설명하는 묘사방법으로 옳은 것은?

> • 선으로 공간을 한정하고 명암으로 음영을 넣는 방법
> • 평면은 같은 명암의 농도로 그리고 곡면은 농도의 변화를 주어 묘사

① 단선에 의한 묘사방법
② 명암처리로만 묘사한 방법
③ 여러 선에 의한 묘사방법
④ 단선과 명암에 의한 묘사방법

해설 단선과 명암에 의한 묘사방법은 선으로 공간을 한정하고 명암으로 음영을 넣고, 곡면의 표현은 농도 변화를 주어 묘사한다.

정답 59. ④ 60. ④

2014 제5회 출제문제 (2014년 10월 11일 시행)

01 철골로 된 보의 종류에서 형강의 단면을 그대로 이용하므로 부재의 가공절차가 간단하고 기둥과 접합도 단순한 것은?
① 조립보
② 형강보
③ 래티스보
④ 트러스보

해설 형강보는 I형강, H형강 등의 제품을 그대로 사용해 가공절차가 간단하다.

02 목구조의 토대에 대한 설명으로 틀린 것은?
① 기둥에서 내려오는 상부의 하중을 기초에 전달하는 역할을 한다.
② 토대에는 바깥토대, 칸막이토대, 귀잡이 토대가 있다.
③ 연속기초 위에 수평으로 놓고 앵커볼트로 고정시킨다.
④ 이음으로 사개연귀이음과 주먹장이음이 주로 사용된다.

해설 토대의 이음은 반턱, 메뚜기장, 주먹장이음을 사용하며 띠쇠와 볼트로 이음부를 보강한다.

03 다음은 조적조 내력벽 위에 설치하는 테두리보에 관한 설명이다. ( ) 안에 알맞은 숫자는?

1층 건축물로서 벽두께가 벽 높이의 1/16 이상이거나 벽길이가 ( )m 이하인 경우에는 목조로 된 테두리보를 설치할 수 있다.

① 3
② 4
③ 5
④ 6

해설 목조 테두리보를 설치 할 수 있는 경우는 건축물의 규모가 작은 1층 건물로서 벽두께가 높이의 1/16 이상이거나 벽 길이가 5m인 경우에 가능하다.

04 장방형 슬래브에서 단변 방향으로 배치하는 인장 철근의 명칭은?
① 늑근
② 온도철근
③ 주근
④ 배력근

해설 장방형 : 사각형 모양
바닥 슬래브의 단면에 배근되는 철근을 주근(인장철근), 장변에 배근되는 철근은 부근(배력근)이다.

05 목재의 마구리를 감추면서 창문 등의 마무리에 이용되는 맞춤은?
① 연귀맞춤
② 장부맞춤
③ 통맞춤
④ 주먹장맞춤

해설 연귀맞춤 : 마구리를 45°로 따내어 맞추는 방식으로 마구리 부분이 감추어진다.

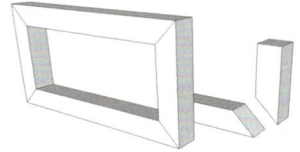

06 수직부재가 축방향으로 외력을 받았을 때 그 외력이 증가해가면 부재의 어느 위치에서 갑자기 휘어버리는 현상을 의미하는 용어는?
① 폭렬
② 좌굴
③ 컬럼쇼트닝
④ 크리프

해설
• 폭렬 : 콘크리트의 표면이 비산해서 단면이 손상되는 현상
• 컬럼쇼트닝 : 기둥의 축소량
• 크리프 : 하중의 증가 없이 시간이 경과하면서 변형이 증대되는 현상

07 한식건축에서 추녀뿌리를 받치는 기둥의 명칭은?
① 평기둥
② 누주
③ 통재기둥
④ 활주

정답 1.② 2.④ 3.③ 4.③ 5.① 6.② 7.④

08 구조형식 중 서로 관계가 먼 것끼리 연결된 것은?

① 박판구조 – 곡면구조
② 가구식 구조 – 목구조
③ 현수식 구조 – 공기막구조
④ 일체식 구조 – 철근콘크리트구조

해설 현수구조 : 주요 구조체를 케이블을 사용해 매다는 방식으로 사장구조 등이 있다.

09 철골구조의 용접 부분에서 발생하는 용접 결함이 아닌 것은?

① 언더컷(under cut)
② 블로홀(blow hole)
③ 오버랩(over lap)
④ 엔드탭(end tab)

해설 엔드탭은 용접작업 시 결함이 생기지 않도록 하는 보조도구이다.

10 보강블록조에서 내력벽의 벽량은 최소 얼마 이상으로 하여야 하는가?

① $15cm/m^2$ ② $20cm/m^2$
③ $25cm/m^2$ ④ $28cm/m^2$

해설 보강블록조의 내력벽 벽량은 최소 $15cm/m^2$ 이상이다.

11 건물의 지붕에 적용된 공기막구조에 대하여 옳게 설명한 것은?

① 구조재의 자중이 무거워 장스팬구조에 불리하다.
② 내외부의 기압의 차를 이용하여 공간을 확보한다.
③ 아치를 양방향으로 확장한 형태다.
④ 얇은 두께의 콘크리트 내부에 섬유막을 포함하였다.

12 연직하중은 철골에 부담시키고 수평하중은 철골과 철근콘크리트의 양자가 같이 대항하도록 한 구조는?

① 철골철근콘크리트구조
② 셸구조
③ 절판구조
④ 프리스트레스트구조

해설
• 연직하중 : 구조물에 중력 방향(수직)으로 작용하는 힘
• 수평하중 : 지진, 풍압, 토압 등 수평으로 작용하는 힘
철골철근콘크리트구조는 철골구조와 철근콘크리트구조의 장점을 결합한 구조로 연직하중은 철골, 수평하중은 철골과 철근콘크리트가 부담하는 구조이다.

13 대린벽으로 구획된 벽돌조 내력벽의 벽길이가 7m일 때 개구부의 폭의 합계는 최대 얼마 이하로 하는가?

① 3m   ② 3.5m
③ 4m   ④ 4.5m

해설 대린벽으로 구획된 벽돌조의 개구부는 벽 길이의 1/2 이하로 한다.

14 철근콘크리트 기둥에 철근 배근 시 띠철근의 수직 간격으로 가장 알맞은 것은? (단, 기둥 단면 400mm×400mm, 주근지름 13mm, 띠철근지름 10mm)

① 200mm   ② 250mm
③ 400mm   ④ 480mm

해설 철근콘크리트 기둥의 띠철근 간격
기둥의 최소치수 이하, 띠철근 직경의 48배 이하, 주근 직경의 16배 이하 중 가장 작은 값으로 한다. 기둥 최소치수 이하는 400mm, 띠철근 직경의 48배 이하는 480mm, 주근 직경의 16배 이하는 208mm. 이 중 가장 작은 값은 208mm 이하이므로 띠철근 간격은 200mm로 한다.

정답 8. ③ 9. ④ 10. ① 11. ② 12. ① 13. ② 14. ①

15 각종 건축구조에 관한 설명 중 틀린 것은?
① 철근콘크리트구조는 다양한 거푸집형상에 따른 성형성이 뛰어나다.
② 조적식 구조는 각 재료를 접착재료를 사용해 쌓아 만든 구조이며 벽돌구조, 블록구조 등이 있다.
③ 목구조는 철근콘크리트구조에 비하여 무게가 가볍지만 내화, 내구적이지 못하다.
④ 강구조는 일체식 구조로 재료 자체의 내화성이 높고 고층 구조에 적합하다.

16 조립식 구조의 특성으로 틀린 것은?
① 각 부품과의 접합부가 일체화되기가 어렵다.
② 정밀도가 낮은 단점이 있다.
③ 공장생산이 가능하다.
④ 기계화 시공으로 단기완성이 가능하다.

[해설] 조립식 구조는 공장에서 부품을 생산하므로 정밀도가 높고 균질하다.

17 조적식 구조인 내력벽의 콘크리트 기초판에서 기초벽의 두께는 최소 얼마 이상으로 하여야 하는가?
① 150mm ② 200mm
③ 250mm ④ 300mm

[해설] 조적식 구조인 내력벽의 기초벽은 두께 최소 250mm 이상을 원칙으로 한다.

18 석재의 이음 시 연결철물 등을 이용하지 않고 석재만으로 된 이음은?
① 꺾쇠이음 ② 은장이음
③ 촉이음 ④ 제혀이음

[해설] 제혀이음은 철물을 사용하지 않고 석재에 홈을 만들어 끼우는 이음방식이다.

19 서스펜션 케이블(suspension cable)에 의한 지붕구조는 케이블의 어떠한 저항력을 이용한 것인가?
① 휨모멘트 ② 압축력
③ 인장력 ④ 전단력

20 기성 콘크리트말뚝을 타설할 때 말뚝직경(D)에 대한 말뚝중심 간 거리 기준으로 옳은 것은?
① 1.5D 이상 ② 2.0D 이상
③ 2.5D 이상 ④ 3.0D 이상

[해설] 기성 콘크리트말뚝의 중심 간 거리는 말뚝직경의 2.5배 이상, 750mm 이상으로 한다.

21 목조주택의 건축용 외장재로만 사용되고 있으나, 표면의 독특한 질감과 문양으로 인해 그 자체가 최종 마감재로 사용되는 경우도 있고 직사각형 모양의 얇은 나무조각을 서로 직각으로 겹쳐지게 배열하고 내수수지로 압착 가공한 패널을 의미하는 것은?
① 코어합판 ② OSB합판
③ 집성목 ④ 코펜하겐 리브

[해설]
• 코어합판 : 심재를 사용해 만든 합판으로 강도가 우수함
• 집성목 : 단판을 여러 장 겹쳐 접착한 목재
• 코펜하겐 리브 : 표면을 넓은 곡면판으로 만든 장식 및 음향조절용 마감재

22 건축재료 중 구조재로 사용할 수 없는 것끼리 짝지어진 것은?
① H형강 – 벽돌
② 목재 – 벽돌
③ 유리 – 모르타르
④ 목재 – 콘크리트

[해설] 유리는 창호 및 치장재료로 사용되고 모르타르는 재료의 접착용이나 마감재로 사용된다.

정답 15. ④ 16. ② 17. ③ 18. ④ 19. ③ 20. ③ 21. ② 22. ③

23 다음 중 내화도가 가장 큰 석재는?
① 화강암   ② 대리석
③ 석회암   ④ 응회암

[해설]
• 응회암 : 약 1,000℃
• 대리석, 석회암, 화강암 : 약 800℃

24 목재의 기건상태는 보통 함수율이 몇 %일 때를 기준으로 하는가?
① 0%   ② 15%
③ 30%   ④ 함수율과 관계없다.

[해설] 목재의 기건상태 함수율은 약 15% 정도이다.

25 목재에 관한 설명 중 틀린 것은?
① 온도에 대한 신축이 비교적 적다.
② 외관이 아름답다.
③ 중량에 비하여 강도와 탄성이 크다.
④ 재질, 강도 등이 균일하다.

[해설] 목재는 섬유 방향에 따른 재질과 강도가 균일하지 않다.

26 다음 중 목재의 역학적 성질에 대한 설명이 틀린 것은?
① 섬유포화점 이하에서는 강도가 일정하나 섬유포화점 이상에서는 함수율이 증가함에 따라 강도는 증가한다.
② 목재는 조직 가운데 공간이 있기 때문에 열의 전도가 더디다.
③ 목재의 강도는 비중 및 함수율 이외에도 섬유 방향에 따라서도 차이가 있다.
④ 목재의 압축강도는 옹이가 있으면 감소한다.

[해설] 목재는 함수율이 30% 이하에서 강도가 증가하기 시작한다. 함수율과 강도는 반비례하여 전건상태일 때 강도가 가장 크다.

27 건축재료의 각 성능과 연관된 항목들이 올바르게 짝지어진 것은?
① 역학적 성능 – 연소성, 인화성, 용융성, 발연성
② 화학적 성능 – 강도, 변형, 탄성계수, 크리프, 인성
③ 내구성능 – 산화, 변질, 풍화, 충해, 부패
④ 방화, 내화성능 – 비중, 경도, 수축, 수분의 투과와 반사

[해설]
• 역학적 성능 : 강도, 강성 등 구조적 성능
• 화학적 성능 : 침식, 부식, 산화 등
• 방화, 내화 성능 : 불연성, 내열성 등

28 다음 중 혼합시멘트에 속하지 않는 것은?
① 보통 포틀랜드 시멘트
② 고로 시멘트
③ 착색 시멘트
④ 플라이애시 시멘트

[해설] 혼합시멘트 : 2종 이상의 시멘트를 혼합하거나 보통 포틀랜드 시멘트에 성능을 개량하기 위해 특수한 혼합재를 넣은 시멘트.
보통 포틀랜드 시멘트는 일반 포틀랜드 시멘트에 속한다.

29 바닥재료를 타일로 마감할 경우의 내용으로 잘못된 것은?
① 접착력을 높이기 위해 타일 뒷면에 요철을 만든다.
② 바닥타일은 미끄럼 방지를 위해 유약을 사용하지 않는다.
③ 보통 클링커타일은 외부바닥용으로 사용한다.
④ 외장타일은 내장타일보다 강도가 약하고 흡수율이 높다.

[해설] 외장타일은 외부에 그대로 노출되므로 내장타일보다 강도가 강하고 흡수율이 낮아야 한다.

[정답] 23. ④ 24. ② 25. ④ 26. ① 27. ③ 28. ① 29. ④

30 벽돌 마름질과 관련하여 다음 중 전체적인 크기가 가장 큰 토막은?

① 이오토막 ② 반토막
③ 반반절 ④ 칠오토막

해설
- 전체 크기(온장) : 100%
- 칠오토막 : 75%
- 반토막 : 50%
- 이오토막, 반반절 : 25%

31 석재의 종류 중 변성암에 속하는 것은?

① 섬록암 ② 화강암
③ 사문암 ④ 안산암

해설 변성암에는 대리석, 사문암 등이 있다.

32 AE제를 콘크리트에 사용하는 가장 중요한 목적은?

① 콘크리트의 강도를 증진하기 위해서
② 동결융해작용에 대하여 내구성을 가지기 위해서
③ 블리딩을 감소시키기 위해서
④ 염류에 대한 화학적 저항성을 크게 하기 위해서

해설 AE제는 독립된 미세기포를 생성시켜 동결융해작용에 저항한다.

33 건설공사 표준품셈에 따른 기본벽돌의 크기로 옳은 것은?

① 210mm×100mm×60mm
② 210mm×100mm×57mm
③ 190mm×90mm×57mm
④ 190mm×90mm×60mm

해설 우리나라에서 사용되는 표준형 벽돌의 크기
190mm×90mm×57mm

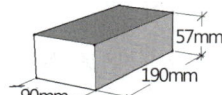

34 다음 중 20세기 3대 건축재료에 해당하지 않는 것은?

① 강철 ② 유리
③ 시멘트 ④ 합성수지

해설 20세기 건축에 이바지한 3대 재료 : 철, 시멘트, 유리

35 다음 비철금속 중 구리에 대한 설명으로 틀린 것은?

① 알칼리성에 대해 강하므로 콘크리트 등에 접하는 곳에 사용이 용이하다.
② 건조한 공기 중에서 산화하지 않으나, 습기가 있거나 탄산가스가 있으면 녹이 발생한다.
③ 연성이 뛰어나고 가공성이 풍부하다.
④ 건축용으로는 박판으로 제작하여 지붕재료로 이용된다.

해설 구리는 알칼리성 재료에 침식된다.

36 오토클레이브(autoclave) 팽창도 시험은 시멘트의 무엇을 알아보기 위한 것인가?

① 풍화 ② 안정성
③ 비중 ④ 분말도

해설 시멘트 시험 종류
- 르 샤틀리에 비중병 시험 : 시멘트 비중
- 표준체법 : 시멘트 분말도
- 오토클레이브 팽창도 시험 : 시멘트 안정성

37 다음 미장재료 중에서 균열 발생이 가장 적은 것은?

① 돌로마이트 플라스터
② 석고 플라스터
③ 회반죽
④ 시멘트 모르타르

해설 석고는 점성이 우수하여 여물이나 풀을 사용하지 않아도 될 만큼 균열의 발생이 적다.

정답 30.④ 31.③ 32.② 33.③ 34.④ 35.① 36.② 37.②

38 실을 뽑아 직기에서 제직을 거친 벽지는?
① 직물벽지 ② 비닐벽지
③ 종이벽지 ④ 발포벽지

해설
- 비닐벽지 : 염화비닐을 주재료로 한 벽지
- 종이벽지 : 종이를 주재료로 한 벽지
- 발포벽지 : 돌기가 있으며 일부분이 두꺼워 쿠션감이 있는 벽지

39 물의 중량이 540kg이고 물시멘트비가 60%일 경우 시멘트의 중량은?
① 3,240kg ② 1,350kg
③ 1,100kg ④ 900kg

해설 물시멘트비=물의 중량/시멘트의 중량×100(%)
→ 540/60×100=900

40 벤젠과 에틸렌으로부터 만든 것으로 벽, 타일, 천장재, 블라인드, 도료, 전기용품으로 쓰이며, 특히 발포제품은 저온 단열재로 널리 쓰이는 수지는?
① 아크릴수지   ② 염화비닐수지
③ 폴리스티렌수지 ④ 폴리프로필렌수지

해설
- 아크릴수지 : 내약품성, 전기절연성, 내수성이 우수하고 투명도가 뛰어나 다양한 유리제품에 사용된다.
- 염화비닐수지 : 흔히 PVC라고 하며 내수성, 내화학약품성이 좋으며 저수조, 필름, 타일 등 다양한 제품에 사용된다.
- 폴리프로필렌수지 : 열가소성수지로 내약품성, 내열성 등이 우수하여 실내장식품, 장난감, 가구, 이불솜, 돗자리 등 생활용품에 많이 사용된다.

41 도면의 표시사항과 기호의 연결이 옳지 않은 것은?
① 면적 – A ② 높이 – H
③ 반지름 – R ④ 길이 – V

해설 길이– L, 용적– V

42 조적조에서 외벽 1.5B 공간쌓기 벽체의 두께는 얼마인가? (단, 표준형 벽돌, 공기층 80mm)
① 190mm ② 290mm
③ 330mm ④ 360mm

해설 1.5B 공간쌓기(1.0B+공기층+0.5B)의 두께
1.0B=190, 공기층=80, 0.5B=90
→ 190+80+90=360mm

43 다음 중 계획설계도에 속하지 않는 것은?
① 구상도 ② 조직도
③ 배치도 ④ 동선도

해설 배치도는 실시설계에 해당되는 도면이다.

44 건축에서의 모듈적용에 관한 설명으로 옳지 않은 것은?
① 공사기간이 단축된다.
② 대량생산이 용이하다.
③ 현장작업이 단순하다.
④ 설계작업이 복잡하다.

해설 자재의 기본 단위를 적용한 모듈의 장점
- 현장작업이 단순하다.
- 설계작업이 단순하다.
- 공사기간이 단축된다.
- 대량생산이 용이하다.

45 건축물의 계획과 설계과정 중 계획단계에 해당하지 않는 것은?
① 세부 결정도면 작성
② 형태 및 규모의 구상
③ 대지 조건파악
④ 요구조건분석

해설 건축설계의 계획단계
- 형태 및 규모의 구상
- 대지 조건파악
- 요구조건분석

정답 38.① 39.④ 40.③ 41.④ 42.④ 43.③ 44.④ 45.①

46 다음 중 건물의 일조조절에 이용되지 않는 것은?
① 차양　　② 루버
③ 이중창　④ 블라인드

해설 일조조절은 실내로 들어오는 빛의 양을 조절하는 것을 말한다.

47 건축계획과정 중 평면계획에 관한 설명으로 옳지 않은 것은?
① 평면계획은 일반적으로 동선계획과 함께 진행된다.
② 실의 배치는 상호 유기적인 관계를 가지도록 계획한다.
③ 평면계획 시 공간 규모와 치수를 결정한 후 각 공간에서의 생활행위를 분석한다.
④ 평면계획은 2차원적인 공간의 구성이지만, 입면 설계의 수평적 크기를 나타내기도 한다.

해설 평면계획 시 각 공간에서의 생활행위를 분석한 후 공간의 규모와 치수를 결정한다.

48 트랩(trap)의 봉수파괴원인과 가장 관계가 먼 것은?
① 증발 현상　　② 수격 작용
③ 모세관 현상　④ 자기 사이펀 작용

해설 봉수파괴의 원인
사이펀 작용, 모세관 현상, 증발, 분출 등

49 건축제도에서 불규칙한 곡선을 그릴 때 사용하는 제도용구는?
① 삼각자　　② 스케일
③ 자유곡선자　④ 만능제도기

해설
• 삼각자 : 사선, 수직선을 작도
• 스케일 : 축척에 맞추어 크기를 표시하거나 측정
• 만능제도기 : 수평선, 평행선을 작도

50 건축법령상 다음과 같이 정의되는 용어는?

> 건축물이 천재지변이나 그 밖의 재해로 멸실된 경우 그 대지에 종전과 같은 규모의 범위에서 다시 축조하는 것

① 신축　② 이전
③ 개축　④ 재축

해설
• **신축** : 건축물이 없는 대지에 새로 건축물을 축조하는 것을 말한다.
• **증축** : 기존 건축물이 있는 대지에서 건축물의 건축면적, 연면적, 층수 또는 높이를 늘리는 것을 말한다.
• **개축** : 기존 건축물의 전부 또는 일부를 철거하고 그 대지에 종전과 같은 규모 범위에서 건축물을 다시 축조하는 것을 말한다.
• **재축** : 건축물이 천재지변이나 그 밖의 재해(災害)로 멸실된 경우 그 대지에 다시 축조하는 것을 말한다.
• **이전** : 건축물의 주요 구조부를 해체하지 아니하고 같은 대지의 다른 위치로 옮기는 것을 말한다.

51 건축제도통칙에 따른 투상법의 원칙은?
① 제1각법　② 제2각법
③ 제3각법　④ 제4각법

해설 우리나라 투상법은 제도 통칙[KS F 1501]에 따라 제3각법을 사용한 작도를 원칙으로 한다.

52 주택의 주방과 식당 계획 시 가장 중요하게 고려하여야 할 사항은?
① 채광　　② 조명배치
③ 작업동선　④ 색채조화

해설 주택에서 가사노동이 이루어지는 주방과 식당은 작업의 동선계획이 우선되어야 한다.

53 다음 중 동선의 길이를 가장 짧게 할 수 있는 부엌가구의 배치형태는?
① 일자형　② ㄱ자형
③ 병렬형　④ ㄷ자형

해설 ㄷ자형 부엌은 면적을 많이 차지하고 동선이 짧다.

정답 46. ③　47. ③　48. ②　49. ③　50. ④　51. ③　52. ③　53. ④

54 건축제도의 치수 및 치수선에 관한 설명으로 옳지 않은 것은?

① 치수는 특별히 명시하지 않는 한 마무리 치수로 표시한다.
② 협소한 간격이 연속될 때에는 인출선을 사용하여 치수를 쓴다.
③ 치수선의 양 끝 표시는 화살 또는 점으로 표시할 수 있으며 같은 도면에서 2종을 혼용할 수도 있다.
④ 치수 기입은 치수선에 평행하게 도면의 왼쪽에서 오른쪽으로, 아래로부터 위로 읽을 수 있도록 기입한다.

[해설] 도면에서 치수선 화살표 모양 2종을 혼용해서 사용하지 않는다.

55 공기조화방식의 열반송매체에 의한 분류 중 전수방식에 속하는 것은?

① 단일 덕트 방식
② 이중 덕트 방식
③ 팬코일 유닛 방식
④ 멀티존 유닛 방식

[해설]
• 전수방식 : 팬코일 방식
• 전공기방식 : 단일 덕트 방식, 이중 덕트 방식, 멀티존 유닛 방식

56 다음은 건축법령상 지하층의 정의이다. ( ) 안에 알맞은 것은?

> 지하층이란 건축물의 바닥이 지표면 아래에 있는 층으로서 바닥에서 지표면까지의 평균 높이가 해당 층 높이의 ( ) 이상인 것을 말한다.

① 1/2   ② 1/3
③ 2/3   ④ 3/4

[해설] 건축법에서 말하는 지하층은 지표면 아래에 있는 층으로 바닥에서 지표면까지의 평균 높이가 해당 층 높이의 1/2 이상인 층을 말한다.

57 건축물의 표현방법에 관한 설명으로 옳지 않은 것은?

① 단선에 의한 표현방법은 종류와 굵기에 유의하여 단면선, 윤곽선, 모서리선, 표면의 조직선 등을 표현한다.
② 여러 선에 의한 표현방법에서 평면은 같은 간격의 선으로, 곡면은 선의 간격을 달리하여 표현한다.
③ 단선과 명암에 의한 표현방법은 선으로 공간을 한정시키고 명암으로 음영을 넣는 방법으로 농도에 변화를 주어 표현한다.
④ 명암처리만을 사용한 표현방법에서 면이나 입체를 한정시키고 돋보이게 하기 위하여 공간상 입체의 윤곽선을 굵은 선으로 명확히 그린다.

[해설] 면이나 입체를 한정시키는 방법은 여러 선에 의한 도사이다.

58 다음 중 주택의 현관 바닥면에서 실내 바닥면까지의 높이 차로 가장 적당한 것은?

① 5cm   ② 15cm
③ 30cm   ④ 40cm

[해설] 현관 바닥과 실내 바닥의 단 차이는 10~20cm 정도로 한다.

59 다음 설명에 알맞은 아파트 평면형식은?

> • 프라이버시 확보가 유리하다.
> • 통행부의 면적이 작아 건물의 이용도가 높다.
> • 좁은 대지에서 집약적 주거형식이 가능하다.

① 편복도형   ② 중복도형
③ 계단실형   ④ 집중형

[해설] 계단실형(홀형)은 복도를 사용하지 않아 통행부 면적이 감소하고 엘리베이터를 통해 각 주호로 출입하므로 프라이버시 확보에 유리하다.

정답 54.③ 55.③ 56.① 57.④ 58.② 59.③

60 직접 조명에 관한 설명으로 옳지 않은 것은?

① 조명의 효율이 좋다.
② 그림자가 강하게 생긴다.
③ 눈부심이 일어나기 쉽다.
④ 실내의 조도분포가 균일하다.

해설 실내의 조도가 균일한 조명은 간접조명이다.

정답 60. ④

2015 과년도 출제문제

전산응용건축제도기능사

2015 제1회 출제문제 (2015년 1월 25일 시행)

01 보강블록구조에 대한 설명으로 틀린 것은?
① 내력벽의 양이 많을수록 횡력에 저항하는 힘이 커진다.
② 철근은 굵은 것을 조금 넣는 것보다 가는 것을 많이 넣는 것이 좋다.
③ 철근의 정착이음은 기초보와 테두리보에 둔다.
④ 내력벽의 벽량은 최소 20cm/m²이다.

[해설] 벽량이란 내력벽 길이의 총합계를 해당 층의 면적으로 나눈 값으로 보강콘크리트 블록조 내력벽의 벽량은 15cm/m²이다.

02 처음 한 켜는 마구리쌓기, 다음 한 켜는 길이쌓기를 교대로 쌓는 방식으로 통줄눈이 생기지 않고 내력벽에 많이 사용되는 쌓기법은?
① 미국식 쌓기   ② 프랑스식 쌓기
③ 영국식 쌓기   ④ 영롱 쌓기

[해설] 영국식 쌓기 : 가장 튼튼한 쌓기로 모서리에 이오토막을 사용

03 바닥 등의 슬래브를 케이블로 매단 구조는?
① 공기막구조   ② 현수구조
③ 커튼월구조   ④ 셸구조

[해설] 현수구조와 사장구조는 케이블을 통해 하중을 기둥으로 전달한다.

04 다음 보기 중 인장력과 관계가 없는 것은?
① 버트레스
② 타이바(tie bar)
③ 현수구조의 케이블
④ 인장링

[해설] 버트레스는 버팀벽으로 횡력과 관련된다.

05 아치벽돌 중 사다리꼴 모양으로 특별히 주문제작하여 쓴 것을 무엇이라 하는가?
① 본아치   ② 막만든아치
③ 거친아치   ④ 층두리아치

[해설]
• 층두리아치 : 넓은 공간에서 층을 겹쳐 쌓은 아치
• 본아치 : 공장에서 쐐기모양으로 만든 벽돌을 사용
• 막만든아치 : 벽돌을 쐐기모양으로 다듬어서 사용
• 거친아치 : 보통벽돌을 사용해 줄눈을 쐐기모양으로 한 아치

06 철근콘크리트기둥에서 띠철근의 수직 간격으로 잘못된 것은?
① 기둥단면의 최소치수 이하
② 종방향 철근지름의 16배 이하
③ 띠철근 지름의 48배 이하
④ 기둥 높이의 0.1배 이하

[해설] 철근콘크리트 기둥의 띠철근 수직 간격
• 종방향 철근지름의 16배 이하
• 기둥단면의 최소치수 이하
• 띠철근 지름의 48배 이하

[정답] 1.④ 2.③ 3.② 4.① 5.① 6.④

07 조적조에서 내력벽으로 둘러싸인 부분의 바닥면적은 몇 m² 이하로 해야 하는가?

① 80m² ② 90m²
③ 100m² ④ 120m²

해설 조적식 구조에서 내력벽으로 둘러싸인 바닥면적은 80m²를 넘을 수 없다.

08 초고층 건물의 구조시스템 중 가장 적합하지 않은 것은?

① 내력벽시스템 ② 아웃리거시스템
③ 튜브시스템 ④ 가새시스템

해설 내력벽 구조는 상부 하중과 내력벽 자중을 하부 벽체에 전달하는 구조로 초고층보다는 저층구조에 적합하다.

09 기본형 벽돌(190×90×57)을 사용한 벽돌벽 1.5B의 두께는 얼마인가? (단, 공간쌓기 아님)

① 23cm ② 28cm
③ 29cm ④ 34cm

해설 1.5B 쌓기의 두께
1.0B(190) + 모르타르 줄눈(10) + 0.5B(90) = 290mm

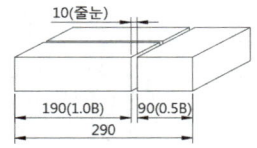

10 건축물에서 큰 보의 간사이에 작은 보를 짝수로 배치할 때 장점은?

① 미관이 뛰어나다.
② 큰 보의 중앙부에 작용하는 하중이 작아진다.
③ 층고를 낮출 수 있다.
④ 공사하기가 용이하다.

해설 큰 보의 간사이에 작은 보를 짝수로 배치하면 중앙부분의 휨모멘트가 작아진다.

11 하중전달과 지지방법에 따른 막구조의 종류에 해당하지 않는 것은?

① 골조막구조 ② 현수막구조
③ 공기막구조 ④ 절판막구조

해설 막구조의 종류 : 현수막구조, 공기막구조, 골조막구조

12 기초에 대한 설명으로 틀린 것은?

① 매트기초는 부동침하가 우려되는 건물에 유리하다.
② 파일기초는 연약지반에 적합하다.
③ 기초에 사용되는 철근콘크리트의 두께는 두꺼울수록 인장력에 대한 저항력이 우수하다.
④ RCD파일은 현장타설하는 말뚝기초의 하나이다.

해설 기초에 사용되는 철근콘크리트의 두께가 두꺼울수록 전단력에 대한 저항을 크게 할 수 있다.

13 막구조에 대한 설명으로 틀린 것은?

① 넓은 공간을 덮을 수 있다.
② 힘의 흐름이 불명확하여 구조해석이 어렵다.
③ 막재에서 항시 압축응력이 작용되도록 설계해야 한다.
④ 응력이 집중되는 부위는 파손되지 않도록 조치해야 한다.

해설 막구조의 막은 인장력에 저항하도록 설계된다.

14 구조물의 횡력을 보강하기 위해 통상적으로 사용되는 부재는?

① 기둥 ② 슬래브
③ 보 ④ 가새

해설 가새는 수평방향으로 작용하는 횡력에 대한 보강재로 사용된다.

정답 7.① 8.① 9.③ 10.② 11.④ 12.③ 13.③ 14.④

15 돌쌓기 1켜의 높이는 모두 동일한 것을 쓰고 수평줄눈이 일직선으로 통하게 쌓는 방식은?

① 바른층쌓기
② 허튼층쌓기
③ 층지어쌓기
④ 허튼쌓기

해설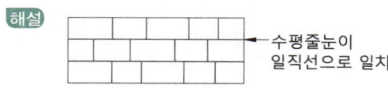
수평줄눈이 일직선으로 일치

16 철근콘크리트 기둥에서 주근 주위를 수평으로 둘러감은 철근은 무엇인가?

① 띠철근 ② 배력근
③ 수축철근 ④ 온도철근

해설 띠철근(대근)은 철근콘크리트 기둥의 주근을 둘러감아 주근의 좌굴을 방지하고 결속한다.

17 철근콘크리트 공사에서 거푸집을 받치는 가설재를 무엇이라 하는가?

① 턴버클 ② 동바리
③ 세퍼레이터 ④ 스페이서

해설
• 턴버클 : 당긴 철선을 조이는 공구
• 세퍼레이터 : 거푸집의 간격 격리재
• 스페이서 : 거푸집과 철근 사이의 간격 격리재

18 다음 보기 중 건축구조에 관한 기술로 옳은 것은?

① 철골구조는 공사비가 싸고 내화적이다.
② 목구조는 친화감이 있으나 부패하기 쉽다.
③ 철근콘크리트구조는 건식구조로 동절기 공사가 용이하다.
④ 돌구조는 횡력과 진동에 강하다.

해설
• 철골구조 : 공사비가 비싸고 불에 약하다.
• 철근콘크리트구조 : 물을 사용하는 습식구조이다.
• 조적구조인 돌구조 : 횡력, 진동에 취약하다.

19 다음 건축구조의 분류 중 일체식 구조에 해당되는 것은?

① 조적구조
② 철골철근콘크리트구조
③ 조립식 구조
④ 목구조

해설 일체식 구조는 주요 구조체인 기둥, 바닥, 보, 벽 등을 일체화한 구조로, 철근콘크리트구조와 철골철근콘크리트구조가 있다.

20 목구조에서 기둥에 대한 설명으로 틀린 것은?

① 마루, 지붕 등의 하중을 토대로 전달하는 수직 구조재이다.
② 통재기둥은 2층 이상의 기둥 전체를 하나의 단일재로 사용되는 기둥이다.
③ 평기둥은 각 층별로 각 층의 높이에 맞게 배치되는 기둥이다.
④ 샛기둥은 본기둥 사이에 세워 벽체를 이루는 기둥으로 상부 하중의 대부분을 받는다.

해설 목구조 상부의 하중은 통재기둥과 본기둥이 받는다.

21 한국산업표준(KS)의 분류 중 건설에 해당되는 것은?

① KS D ② KS F
③ KS E ④ KS M

해설 KS D : 금속부문, KS E : 광산부문, KS M : 화학부문

22 내장재로 사용되는 판재 중 목질계와 가장 거리가 먼 것은?

① 합판류
② 강화석고보드
③ 파티클보드
④ 섬유판

해설 강화석고보드는 무기질계의 시멘트 제품이다.

정답 15. ① 16. ① 17. ② 18. ② 19. ② 20. ④ 21. ② 22. ②

23 점토벽돌에 붉은색을 갖게 하는 성분은?
① 산화철　　　② 석회
③ 산화나트륨　④ 산화마그네슘

해설 산화철성분은 적색을 띠게 한다.

24 미장재료 중 석고플라스터에 대한 설명으로 잘못된 것은?
① 알칼리성이므로 유성페인트 마감을 할 수 없다.
② 수화하여 굳으므로 내부까지 동일한 경도가 된다.
③ 방화성이 크다.
④ 원칙적으로 해초 또는 풀을 사용하지 않는다.

해설 석고플라스터는 약산성이며 페인트칠이 가능하다.

25 다음 중 조강포틀랜드 시멘트에 대한 설명은?
① 생산되는 시멘트의 대부분을 차지하며 혼합시멘트의 베이스시멘트로 사용된다.
② 장기강도를 지배하는 성분이 함유되어 수화속도를 지연시켜 수화열을 작게 한 시멘트이다.
③ 콘크리트의 수밀성이 높고 경화에 따른 수화열이 크므로 낮은 온도에서도 강도의 발생이 크다.
④ 내황산염성이 크기 때문에 댐공사에 사용되고 건축용 매스콘크리트에도 사용한다.

해설
- 보통 포틀랜드 시멘트 : 생산되는 시멘트의 대부분을 차지하며 혼합시멘트의 베이스시멘트로 사용된다.
- 중용열 포틀랜드 시멘트 : 장기강도를 지배하는 성분이 함유되어 수화속도를 지연시켜 수화열을 작게 한 시멘트이다.
- 내황산염 포틀랜드 시멘트 : 내황산염성이 크기 때문에 댐공사에 사용되고 건축용 매스콘크리트에도 사용한다.

26 건축물에서 방수, 차음, 단열 등을 목적으로 사용되는 재료는?
① 구조재료　　② 마감재료
③ 차단재료　　④ 방화, 내화재료

해설 목적에 따른 건축재료의 구분
- 구조재 : 기둥, 벽, 보, 바닥 등에 사용
- 마감재 : 장식, 치장 등에 사용
- 방화 및 내화재 : 화재의 연소 방지와 내화성을 향상
- 차단재 : 방수, 방음, 단열을 목적으로 사용

27 열과 관련된 용어에 대한 설명이 틀린 것은?
① 질량 1g의 물체의 온도를 1℃ 올리는 데 필요한 열량을 그 물체의 비열이라고 한다.
② 열전도율의 단위로는 W/m·K이 사용된다.
③ 열용량이란 물체에 열을 저장할 수 있는 용량을 뜻한다.
④ 금속재료와 같이 열에 의해 고체에서 액체로 변하는 경계점이 뚜렷한 것을 연화점이라 한다.

해설 금속재료와 같이 열에 의해 고체에서 액체로 변하는 경계점이 뚜렷한 것을 용융점이라 한다.

28 재료의 기계적 성질의 하나인 경도에 대한 설명으로 잘못된 것은?
① 경도는 재료의 단단한 정도를 뜻한다.
② 경도는 긁히는 저항도, 새김질에 대한 저항도 등에 따라 표시방법이 다르다.
③ 브리넬 경도는 금속 또는 목재에 적용되는 것이다.
④ 모스 경도는 표면에 생긴 원형 흔적의 표면적을 구하여 압력을 표면적으로 나눈 값이다.

해설 모스 경도는 재료표면의 긁힘에 대한 저항성을 나타낸다.

정답 23. ① 24. ① 25. ③ 26. ③ 27. ④ 28. ④

29 다음 합금의 구성요소로 틀린 것은?
① 황동=구리+아연
② 청동=구리+납
③ 포금=구리+주석+아연+납
④ 듀랄루민=알루미늄+구리+마그네슘+망간

해설 청동은 구리와 주석의 합금이다.

30 보통 재료에서는 축방향에 하중을 가할 경우 그 방향과 수직인 횡방향에도 변형이 생기는데, 횡방향 변형도와 축방향 변형도의 비를 무엇이라 하는가?
① 탄성계수비 ② 경도비
③ 푸아송 비   ④ 강성비

해설 축방향에 하중을 가해 횡방향과 축방향의 변형된 비를 푸아송 비라 한다.

31 건축재료의 발전 방향으로 틀린 것은?
① 고성능화 ② 현장시공화
③ 공업화   ④ 에너지 절약화

해설 건축재료는 고성능화, 공업화에 의한 생산성 증대, 에너지를 절약할 수 있는 방향으로 발전되고 있다.

32 각종 점토제품에 대한 설명 중 틀린 것은?
① 테라코타는 대형 점토제품으로 주로 장식용에 사용된다.
② 모자이크 타일은 일반적으로 자기질이다.
③ 토관은 토기질의 저급점토를 원료로 하여 건조 소성시킨 제품으로 주로 환기통, 연통 등에 사용된다.
④ 포도벽돌은 벽돌에 오지물을 칠해 소성한 벽돌로 건물의 내외장 또는 장식에 사용된다.

해설 오지벽돌은 벽돌에 오지물을 칠해 소성한 벽돌로 건물의 내장 및 외장재로 사용된다.

33 목재를 건조하는 목적으로 틀린 것은?
① 중량의 경감
② 강도 및 내구성 증진
③ 도장 및 약제주입 방지
④ 부패균의 발생 방지

해설 목재를 건조시키면 중량이 가벼워지고 강도 및 내구성이 증진되며 부패균의 발생을 방지할 수 있다.

34 시멘트 혼화제인 AE제를 사용하는 가장 큰 목적은?
① 동결 융해작용에 대한 내구성을 가지기 위해
② 압축강도를 증가시키기 위해
③ 모르타르나 콘크리트에 색을 내기 위해
④ 모르타르나 콘크리트에 방수성능을 위해

해설 AE제의 사용 목적은 동결 융해작용에 대한 내구성을 높이기 위함이다.

35 유리와 같이 어떤 힘에 대한 작은 변형만으로도 파괴되는 성질을 무엇이라 하는가?
① 연성 ② 전성
③ 취성 ④ 탄성

해설
• 연성 : 인장력을 가했을 때 늘어나는 성질
• 전성 : 얇게 펴지는 성질
• 탄성 : 외력을 제거하면 다시 원래 상태로 돌아오는 성질

36 콘크리트 타설 후 비중이 무거운 시멘트와 골재 등이 침하되면서 물이 분리 상승하여 미세한 부유물질과 함께 콘크리트 표면으로 떠오르는 현상을 무엇이라 하는가?
① 레이턴스 ② 초기 균열
③ 블리딩   ④ 크리프

해설
• 블리딩 : 골재의 압력에 의해 콘크리트 면으로 미세물질과 물이 올라오는 현상
• 레이턴스 : 블리딩으로 인해 미세물질이 형성한 얇은 막

정답 29.② 30.③ 31.② 32.④ 33.③ 34.① 35.③ 36.③

37 다음 중 기경성 재료는?
① 혼합 석고 플라스터
② 보드용 석고 플라스터
③ 돌로마이트 플라스터
④ 순석고 플라스터

해설
• 기경성 재료 : 석회, 돌로마이트
• 수경성 재료 : 시멘트, 석고

38 주로 페놀, 요소, 멜라민수지 등 열경화성 수지에 응용되는 가장 일반적인 성형법은?
① 압축성형법   ② 이송성형법
③ 주조성형법   ④ 적층성형법

해설 열경화성수지는 압축성형법이 사용된다.

39 다음 수지 중 천연수지가 아닌 것은?
① 송진   ② 니트로셀룰로오스
③ 다마르   ④ 셸락

해설 니트로셀룰로오스 : 천연수지인 셀룰로오스에 황산과 질산을 혼합해 만든 물질

40 목재의 강도에 관한 설명으로 틀린 것은?
① 섬유포화점 이하의 상태에서는 건조하면 함수율이 낮아지고 강도가 커진다.
② 옹이는 강도를 감소시킨다.
③ 일반적으로 비중이 클수록 강도가 크다.
④ 섬유포화점 이상의 상태에서 함수율이 높을수록 강도가 작아진다.

해설 섬유포화점 이상의 상태에서 함수율과 강도는 무관하다.

41 배수트랩의 종류에 속하지 않는 것은?
① S트랩   ② 벨트랩
③ 버킷트랩   ④ 드럼트랩

해설 버킷트랩은 증기난방에 사용되는 트랩이다.

42 배경을 표현하는 방법으로 옳지 않은 것은?
① 건물 앞의 것은 사실적으로, 멀리 있는 것은 단순히 그린다.
② 건물의 용도와는 무관하게 가능한 한 세밀한 그림으로 표현한다.
③ 공간과 구조, 그리고 그들의 관계를 표현하는 요소들에 지장을 주어서는 안 된다.
④ 표현에서는 크기와 무게, 배치는 도면 전체의 구성요소가 고려되어야 한다.

해설 배경의 표현은 주변환경, 축척, 용도 등을 고려하여 필요한 경우에만 적절히 표현한다.

43 한국산업표준(KS)의 건축제도통칙에 규정된 척도가 아닌 것은?
① 5/1   ② 1/1
③ 1/400   ④ 1/6000

해설 건축제도통칙의 축척 24종
2/1, 5/1, 1/1, 1/2, 1/3, 1/4, 1/5, 1/10, 1/20, 1/25, 1/30, 1/40, 1/50, 1/100, 1/200, 1/250, 1/300, 1/500, 1/600, 1/1000, 1/1200, 1/2000, 1/2500, 1/3000, 1/5000, 1/6000

44 다음 중 건축도면에 사람을 그려 넣는 목적과 가장 거리가 먼 것은?
① 스케일감을 나타내기 위해
② 공간의 용도를 나타내기 위해
③ 공간 내 질감을 나타내기 위해
④ 공간의 깊이와 높이를 나타내기 위해

해설 건축도면에 인물이나 차량을 표현하면 건축물의 축척, 용도, 공간의 깊이와 높이를 대략적으로 알 수 있다.

45 건축제도에서 가장 굵게 표시되는 것은?
① 치수선   ② 격자선
③ 단면선   ④ 인출선

해설 단면선은 건축제도에서 가장 굵은 선으로 표현한다.

정답 37.③ 38.① 39.② 40.④ 41.③ 42.② 43.③ 44.③ 45.③

46 다음의 주택단지의 단위 중 규모가 가장 작은 것은?

① 인보구　　② 근린분구
③ 근린주구　④ 근린지구

해설 주택단지의 규모
- 인보구 : 20~40호
- 근린분구 : 400~500호
- 근린주구 : 1,600~2,000호

47 도면에 쓰는 기호와 표시내용이 틀린 것은?

① V – 용적　　② W – 높이
③ A – 면적　　④ R – 반지름

해설 도면의 기호 중 너비(폭)는 W, 높이는 H로 표기한다.

48 조적조 벽체 그리기를 할 때 순서로 옳은 것은?

> ㉠ 제도용지에 테두리선을 긋고 축척에 맞게 구도를 잡는다.
> ㉡ 단면선과 입면선을 구분하여 그리고, 각 부분에 재료표시를 한다.
> ㉢ 지반선과 벽체의 중심선을 긋고 기초의 깊이와 벽체의 너비를 정한다.
> ㉣ 치수선과 인출선을 긋고 치수와 명칭을 기입한다.

① ㉠-㉡-㉢-㉣　② ㉢-㉠-㉡-㉣
③ ㉠-㉢-㉡-㉣　④ ㉡-㉠-㉢-㉣

해설 조적조의 벽체작성 순서
테두리선 긋고 축척 설정 → 중심선, 지반선을 긋고 기초와 벽체 크기 표시 → 단면선과 입면선을 그리고 부분별 재료를 표시 → 치수선, 인출선, 문자를 기입

49 소방시설은 소화설비, 경보설비, 피난설비, 소화활동설비 등으로 구분할 수 있다. 다음 중 소화활동설비에 속하지 않는 것은?

① 제연설비　　　② 옥내소화전설비
③ 연결송수관설비　④ 비상콘센트설비

해설 옥내소화전설비는 소화설비로 구분된다.

50 아파트의 단면형식 중 하나로 단위주거가 2개 층에 걸쳐 있는 것은?

① 플랫형　　② 집중형
③ 듀플렉스형　④ 트리플렉스형

해설
- 플랫형 : 한 주호가 한 개 층으로 구성
- 집중형 : 한 개 층에 여러 주호가 집중적으로 구성
- 트리플렉스형 : 하나의 주호가 3개 층으로 구성

51 주택의 동선계획에 관한 설명으로 잘못된 것은?

① 교통량이 많은 공간은 상호 간 인접 배치하는 것이 좋다.
② 가사노동의 동선은 가능한 남측에 위치하는 것이 좋다.
③ 개인, 사회, 가사노동권의 3개 동선은 상호 간 분리하는 것이 좋다.
④ 화장실, 현관, 계단 등과 같이 사용빈도가 높은 공간은 동선을 길게 처리하는 것이 좋다.

해설 사용빈도가 높은 공간의 동선은 짧게 처리하는 것이 좋다.

52 벽체의 열관류율을 계산할 때 필요한 사항이 아닌 것은?

① 상대습도
② 공기층의 열저항
③ 벽체 구성재료의 두께
④ 벽체 구성재료의 열전도율

해설 열관류율과 상대습도는 관련이 없다.

53 건물 내부의 입면을 정면에서 바라보고 그리는 내부입면도는?

① 배근도　② 전개도
③ 설비도　④ 구조도

해설
- 배근도 : 철근의 배근 상태를 표현
- 설비도 : 전기, 위생, 소방 설비를 표현
- 구조도 : 기초, 지붕, 골조 등을 표현

정답 46. ①　47. ②　48. ③　49. ②　50. ③　51. ④　52. ①　53. ②

54 균형의 원리에 관한 설명으로 옳지 않은 것은?
① 크기가 큰 것은 작은 것보다 시각적 중량감이 크다.
② 기하학적 형태가 불규칙적인 형태보다 시각적 중량감이 크다.
③ 색의 중량감은 색의 속성 중 특히 명도, 채도에 따라 크게 작용한다.
④ 복잡하고 거친 질감이 단순하고 부드러운 것보다 시각적 중량감이 크다.

[해설] 기하학적 형태가 불규칙적인 형태보다 시각적 중량감이 작게 느껴진다.

55 다음 설명에 맞는 환기방식은?

> 급기와 배기측에 송풍기를 설치하여 정확한 환기량과 급기량 변화에 의해 실내압을 정압 또는 부압으로 유지할 수 있다.

① 제1종 ② 제2종
③ 제3종 ④ 제4종

[해설]
• 제1종 환기법 : 송풍기와 배풍기를 사용
• 제2종 환기법 : 송풍기와 자연배기를 사용
• 제3종 환기법 : 자연급기와 배풍기를 사용

56 건축공간에 대한 설명으로 옳지 않은 것은?
① 인간은 건축공간을 조형적으로 인식한다.
② 건축공간을 계획할 때 시각뿐만 아니라 그 밖의 감각분야까지도 충분히 고려해야 한다.
③ 일반적으로 건축물이 많이 있을 때 건축물에 의해 둘러싸인 공간 전체를 내부공간이라 한다.
④ 외부공간은 자연 발생적인 것이 아니라 인간에 의해 의도적, 인공적으로 만들어진 외부의 환경을 뜻한다.

[해설] 내부공간은 벽을 경계로 안쪽에 둘러싸인 공간이다.

57 건축법상 아파트의 정의로 옳은 것은?
① 주택으로 사용되는 층수가 3개 층 이상인 주택
② 주택으로 사용되는 층수가 4개 층 이상인 주택
③ 주택으로 사용되는 층수가 5개 층 이상인 주택
④ 주택으로 사용되는 층수가 6개 층 이상인 주택

[해설] 건축법상 아파트는 주택으로 사용되는 층수가 5개 층 이상인 주택을 말한다.

58 주택에서 식당의 배치유형 중 주방의 일부에 식탁을 설치하거나 식당과 주방을 하나로 구성한 형태는 무엇인가?
① 리빙 키친 ② 리빙 다이닝
③ 다이닝 키친 ④ 다이닝 테라스

[해설] 다이닝(dining) : 식당, 키친(kitchen) : 주방

59 다음과 같이 정의되는 전기설비용어는?

> 대지에 이상전류를 방류 또는 계통구성을 위해 의도적이거나 우연하게 전기회로를 대지 또는 대지를 대신하는 전도체에 연결하는 전기적인 접속

① 접지 ② 절연
③ 피복 ④ 분기

[해설]
• 절연 : 전기 부도체로 둘러 싸매는 것
• 피복 : 전기 절연재나 두꺼운 재료로 전선을 씌우는 것
• 분기 : 간선에서 차단기를 거쳐 부하에 이르는 배선을 나누는 것

60 1점쇄선의 용도에 속하지 않는 것은?
① 상상선 ② 중심선
③ 기준선 ④ 참고선

[해설] 상상선은 2점쇄선을 사용한다.

정답 54.② 55.① 56.③ 57.③ 58.③ 59.① 60.①

2015 제2회 출제문제 (2015년 4월 4일 시행)

01 건축물을 구성하는 주요 구조재에 포함되지 않는 것은?
① 기둥 ② 기초
③ 슬래브 ④ 천장

[해설] 건축물의 구조 부분에 해당되는 것은 기둥, 바닥, 벽, 기초, 보 등이다.

02 지반이 연약하거나 기둥에 전달되는 하중이 커서 기초판이 넓어야 할 경우 적용되는 기초로 건물의 하부 또는 지하실 전체를 기초판으로 하는 기초는?
① 잠함기초 ② 온통기초
③ 독립기초 ④ 복합기초

[해설] 온통기초는 지반이 약해 바닥 전체를 콘크리트 기초판으로 사용한다.

03 현장이 아닌 공장에서 먼저 제작하여 현장에서 짜맞춘 구조로 규격화할 수 있고, 대량생산이 가능하며 공사기간을 단축할 수 있는 구조의 양식은?
① 조립식 구조 ② 습식구조
③ 조적식 구조 ④ 일체식 구조

[해설]
- 습식구조 : 철근콘크리트와 같이 물을 사용하는 구조로 공기가 길다.
- 조적식 구조 : 벽돌구조, 블록구조가 해당되며 모르타르 등을 사용해 쌓아 올리는 구조이다.
- 일체식 구조 : 철근콘크리트와 같이 구조체를 일체화시킨 구조를 말한다.

04 다음 중 인장링이 필요한 구조는?
① 트러스구조 ② 막구조
③ 절판구조 ④ 돔구조

[해설] 인장링과 압축링은 돔구조의 상부와 하부에 사용된다.

05 철골구조에서 H형강보의 플랜지 부분에 커버 플레이트를 사용하는 가장 큰 목적은?
① H형강의 부식을 방지
② 집중하중에 의한 전단력 감소
③ 덕트 배관 등에 사용할 수 있는 개구부를 확보
④ 휨내력을 보강

[해설] 커버 플레이트를 사용하면 단면계수가 커져 휨내력을 증대시킬 수 있다.

06 철근콘크리트구조에 사용되는 철근에 관한 내용으로 잘못된 것은?
① 인장력이 취약한 부분에 철근을 배근한다.
② 철근을 합산한 총단면적이 같을 때 가는 철근을 사용하는 것이 부착응력을 증대시킬 수 있다.
③ 철근의 이음길이는 콘크리트 압축강도와는 무관하다.
④ 철근의 이음은 인장력이 작은 곳에서 한다.

[해설] 콘크리트의 압축강도와 철근의 부착강도는 비례한다.

07 구조물의 자중도 지지하기 어려운 평면체를 아코디언과 같은 주름을 잡아 지지하중을 증대시킨 구조는?
① 절판구조 ② 셸구조
③ 돔구조 ④ 입체트러스

[해설] 절판구조

정답 1.④ 2.② 3.① 4.④ 5.④ 6.③ 7.①

08 다음 도면에서 철근의 피복두께는?

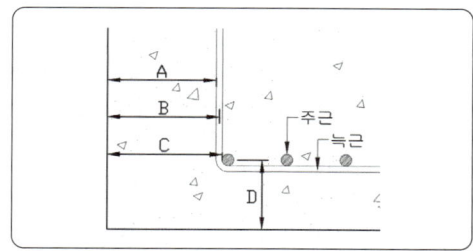

① A ② B
③ C ④ D

해설 철근의 피복두께는 콘크리트의 표면에서 가장 가까운 철근까지의 거리를 뜻한다.

09 다음 도면에서 화살표가 지시하는 A의 명칭으로 올바른 것은?

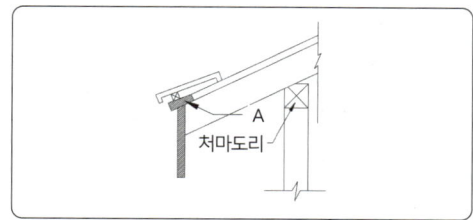

① 평고대 ② 처마돌림
③ 골막이널 ④ 박공널

해설 평고대는 처마 끝 서까래 위의 평평한 횡목을 말한다.

10 보강콘크리트 블록조의 벽량에 대한 설명으로 잘못된 것은?

① 내력벽 길이의 총합계를 그 층의 건물면적으로 나눈 값을 말한다.
② 내력벽의 벽량은 15cm/m² 이상 되도록 한다.
③ 큰 건물에 비해 작은 건물일수록 벽량을 증가시킬 필요가 있다.
④ 벽량을 증가시키면 횡력에 저항하는 힘이 커진다.

해설 큰 건물에 비해 작은 건물일수록 벽량을 감소시킨다.

11 건축물 부동침하의 원인으로 틀린 것은?

① 지반이 동결작용할 때
② 지하수의 수위가 변경될 때
③ 주변 건축물에서 깊게 굴착할 때
④ 기초를 크게 설계할 때

해설 부동침하의 원인으로는 연약층, 증축, 경사지반, 지하수위, 주변 건축물의 토목공사 등이 있다.

12 고력볼트접합에 대한 설명으로 틀린 것은?

① 고력볼트접합의 종류는 마찰접합이 유일하다.
② 접합부의 강성이 크다.
③ 피로강도가 크다.
④ 정확한 계기공구로 죄어 일정하고 균일하고 정확한 강도를 얻을 수 있다.

해설 고력볼트의 접합은 마찰접합과 인장접합이 있다.

13 철골보에 관한 설명 중 틀린 것은?

① 형강보는 주로 I형강과 H형강이 많이 쓰인다.
② 판보는 웨브에 철판을 대고 상하부에 플랜지 철판을 용접하거나 ㄱ형강을 접합한 것이다.
③ 허니컴보는 I형강을 절단하여 구멍이 나게 맞추어 용접한 보이다.
④ 래티스보에 접합판(gusset plate)을 대서 접합한 보를 격자보라 한다.

해설 격자보는 플랜지에 웨브재를 직각으로 댄 보를 말한다.

14 철근콘크리트 사각형 기둥에는 주근을 최소 몇 개 이상 배근해야 하는가?

① 2개 ② 4개
③ 6개 ④ 8개

해설
• 철근콘크리트 사각형 기둥의 철근 : 4개 이상
• 철근콘크리트 원형, 다각형 기둥의 철근 : 6개 이상

정답 8.① 9.① 10.③ 11.④ 12.① 13.④ 14.②

15 면이 각각 30cm인 정방형에 가까운 네모뿔형의 돌로서 석축에 사용되는 돌은?

① 마름돌　② 각석
③ 견칫돌　④ 다듬돌

해설
- 마름돌 : 석재를 일정한 치수로 잘라낸 돌
- 각석 : 단면이 각형으로 긴 돌
- 다듬돌 : 표면을 다듬어 적절한 크기로 가공한 돌

16 철골공사 시 바닥슬래브를 타설하기 전에 철골보 위에 설치하여 바닥판 등으로 사용하는 절곡된 얇은 판을 무엇이라 하는가?

① 윙 플레이트　② 데크 플레이트
③ 베이스 플레이트　④ 메탈라스

해설 데크 플레이트는 절판구조에 해당된다.

17 입체구조시스템의 하나로서 축방향으로만 힘을 받는 직선재를 핀으로 결합하여 효율적으로 힘을 전달하는 구조시스템은 무엇인가?

① 막구조　② 셸구조
③ 현수구조　④ 입체트러스구조

해설
- 막구조 : 케이블과 막을 사용
- 현수구조 : 케이블을 사용해 하중을 기둥에 전달
- 셸구조 : 곡면판을 사용한 구조

18 구조용 재료에 요구되는 성질과 관계가 없는 것은?

① 재질이 균일하고 강도가 큰 것
② 색채와 촉감이 우수한 것
③ 가볍고 큰 재료를 용이하게 구할 수 있는 것
④ 내화, 내구성이 큰 것

해설 구조용 재료는 마감재에 가려지므로 색채와 질감은 요구 성질과 무관하다.

19 철근콘크리트보에 관한 설명으로 틀린 것은?

① 단순보는 중앙에 연직하중을 받으면 휨모멘트와 전단력이 생긴다.
② T형 보는 압축력을 슬래브가 일부 부담한다.
③ 보 단부의 헌치는 주로 압축력을 보강하기 위해 만든다.
④ 캔틸레버보에는 통상적으로 단면 상부에 철근을 배근한다.

해설 단면을 크게 한 헌치는 휨모멘트나 전단력에 저항하기 위해 만든다.

20 기본벽돌(190×90×57)의 1.5B 쌓기 시 두께는 얼마인가? (단, 공간쌓기가 아님)

① 280mm　② 290mm
③ 310mm　④ 320mm

해설 1.5B 쌓기의 두께
1.0B(190)+모르타르 줄눈(10)+0.5B(90)=290mm

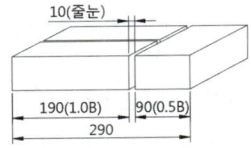

21 네모돌을 수평줄눈이 부분적으로만 연속되게 쌓고 일부 상하 세로줄눈이 통하게 하는 쌓기 방식은?

① 허튼층쌓기
② 허튼쌓기
③ 바른층쌓기
④ 층지어쌓기

해설 허튼층쌓기

정답 15.③ 16.② 17.④ 18.② 19.③ 20.② 21.①

22 수지의 종류 중 천연수지계에 속하지 않는 것은 무엇인가?
① 송진
② 셸락
③ 다마르
④ 니트로셀룰로오스

[해설] 니트로셀룰로오스 : 천연수지인 셀룰로오스에 황산과 질산을 혼합해 만든 물질

23 방수재료 중 액체상태의 재료가 아닌 것은?
① 방수공사용 아스팔트
② 아스팔트 루핑
③ 폴리머시멘트 페이스트
④ 아크릴고무계 방수재

[해설] 아스팔트 루핑은 방수용으로 만든 얇은 판이다.

24 재료의 내구성에 영향을 주는 요인에 대한 설명 중 틀린 것은?
① 내후성 : 건습, 온도변화, 동해 등에 의한 기후변화 요인에 대한 풍화작용에 저항하는 성질
② 내식성 : 목재의 부식, 철강의 녹 등의 작용에 대해 저항하는 성질
③ 내화학약품성 : 균류, 충류 등의 작용에 대해 저항하는 성질
④ 내마모성 : 기계적 반복작용 등에 대한 마모작용에 저항하는 성질

[해설] 내화학약품성이란 침식 등 화학적인 작용에 저항하는 성질이다.

25 파티클보드의 특성에 관한 설명으로 틀린 것은?
① 칸막이, 가구 등에 많이 사용된다.
② 열의 차단성이 우수하다.
③ 가공성이 비교적 양호하다.
④ 강도에 방향성이 있어 뒤틀림이 거의 없다.

[해설] 파티클보드는 강도의 방향성이 없다.

26 겨울철의 콘크리트공사, 해안공사, 긴급공사에 사용되는 시멘트는?
① 보통 포틀랜드 시멘트
② 알루미나 시멘트
③ 팽창 시멘트
④ 고로 시멘트

[해설]
• 보통 포틀랜드 시멘트 : 일반적인 공사
• 알루미나 시멘트 : 해안공사, 긴급공사
• 고로 시멘트 : 해수공사, 댐공사
• 팽창 시멘트 : 시멘트의 수축성 균열방지 시멘트

27 한국산업표준 분류 중 건설에 해당되는 기호는?
① A
② D
③ F
④ P

[해설] A : 기본, D : 금속, P : 의료

28 미장재료 중 돌로마이트 플라스터에 대한 설명으로 틀린 것은?
① 수축과 균열이 발생하기 쉽다.
② 소석회에 비해 작업성이 좋다.
③ 점도가 약해 해초풀로 반죽한다.
④ 공기 중의 탄산가스와 반응하여 경화한다.

[해설] 돌로마이트 플라스터는 점도가 크고 변색이 없지만 수축률이 커서 여물을 사용해 균열을 방지한다.

29 강화 판유리에 대한 설명으로 틀린 것은?
① 열처리한 후에는 절단, 연마 등의 가공을 해야 한다.
② 보통 판유리의 3~5배 강도를 가진다.
③ 파편에 의한 부상이 다른 유리에 비해 적다.
④ 유리를 500~600℃로 가열한 다음 특수장치를 이용하여 급랭시킨 것이다.

[해설] 강화유리는 열처리 후 절단 등 가공을 할 수 없다.

[정답] 22. ④ 23. ② 24. ③ 25. ④ 26. ② 27. ③ 28. ③ 29. ①

30 목재의 기건상태 함수율로 올바른 것은?
① 7% ② 15%
③ 21% ④ 25%

해설 목재의 함수율
전건상태 : 0%, 기건상태 : 15%, 섬유포화점 : 30%

31 향후 건축재료의 발전방향이 아닌 것은?
① 고품질 ② 합리화
③ 프리패브화 ④ 현장시공화

해설 미래의 건축재료는 고품질화, 합리화, 프리패브화로 발전해야 한다.

32 물체에 외력이 작용되면 순간적으로 변형이 생기지만 외력을 제거하면 다시 원래 상태로 복귀하는 성질은?
① 소성 ② 점성
③ 탄성 ④ 연성

해설
- 소성 : 외력을 가했다가 제거하면 다시 원형으로 복원되지 않는 성질
- 연성 : 인장력에 의해 늘어나는 성질
- 점성 : 유체 내부의 흐름을 저지하는 내부의 마찰 저항

33 목재의 보존성을 높이고 충해 및 변색방지를 위한 방부법이 아닌 것은?
① 도포법 ② 저장법
③ 침지법 ④ 주입법

해설 목재의 방부법 : 도포법, 침지법, 주입법

34 알루미늄의 주요 특성에 대한 설명 중 틀린 것은?
① 알칼리에 강하다.
② 열전도율이 높다.
③ 강성, 탄성계수가 작다.
④ 용융점이 낮다.

해설 알루미늄은 가공성이 우수하나 산, 알칼리, 염에 약하다.

35 바닥재를 플로어링 널로 마감할 경우 목재의 수종으로 부적합한 것은?
① 참나무 ② 너도밤나무
③ 단풍나무 ④ 마디카

해설 마디카는 조각용이나 몰딩으로 많이 사용되는 수종이다.

36 암모니아가스에 침식되므로 외부 화장실 등에 사용하기 어려운 금속은?
① 구리 ② 스테인리스
③ 주석 ④ 아연

해설 구리는 산과 알칼리에 약하다.

37 목구조에 사용되는 금속의 긴결철물 중 2개의 부재접합에 끼워 전단력에 저항하도록 사용되는 철물은?
① 감잡이쇠 ② ㄱ자쇠
③ 안장쇠 ④ 듀벨

해설
- 감잡이쇠 : 띠쇠를 ㄷ자 모양으로 만든 것으로 평보와 왕대공의 맞춤에 사용
- ㄱ자쇠 : 띠쇠를 ㄱ자 모양으로 만든 것으로 수평재와 수직재의 맞춤에 사용
- 안장쇠 : 안장 모양으로 큰 보와 작은 보 접합 시 사용

38 요소수지에 대한 설명으로 틀린 것은?
① 착색이 용이하지 못하다.
② 마감재, 가구재 등에 사용된다.
③ 내수성이 약하다.
④ 열경화성이다.

해설 요소수지는 착색이 자유롭다.

39 건축제도에서 투상법의 작도원칙은?
① 제1각법 ② 제2각법
③ 제3각법 ④ 제4각법

해설 우리나라 건축제도통칙에서는 제3각법을 원칙으로 한다.

정답 30.② 31.④ 32.③ 33.② 34.① 35.④ 36.① 37.④ 38.① 39.③

40 양철판의 구성에 대해 옳게 나타낸 것은?

① 철판에 납을 도금
② 철판에 아연을 도금
③ 철판에 주석을 도금
④ 철판에 알루미늄을 도금

해설 양철판은 철판에 주석을 도금한 판

41 재료의 열에 대한 성질 중 착화점에 대한 설명으로 옳은 것은?

① 재료에 열을 계속 가하면 불에 닿지 않고도 자연 발화하게 되는 온도
② 재료에 열을 계속 가하면 열분해를 일으켜 증발가스가 발생하며 불에 닿으면 쉽게 발화하는 온도
③ 금속재료와 같이 열에 의하여 고체에서 액체로 변하는 경계점의 온도
④ 아스팔트나 유리와 같이 금속이 아닌 물질이 열에 의하여 액체로 변하는 온도

해설
- 착화점 : 재료에 열을 계속 가하면 열분해를 일으켜 증발가스가 발생하며 불에 닿으면 쉽게 발화하는 온도
- 자연발화점 : 재료에 열을 계속 가하면 불에 닿지 않고도 자연 발화하게 되는 온도
- 용융점 : 금속재료와 같이 열에 의하여 고체에서 액체로 변하는 경계점의 온도
- 연화점 : 아스팔트나 유리와 같이 금속이 아닌 물질이 열에 의하여 액체로 변하는 온도

42 에스컬레이터의 설명으로 옳지 않은 것은?

① 수송량에 비해 점유면적이 작다.
② 대기시간이 없고 연속적인 수송설비이다.
③ 수송능력이 엘리베이터의 1/2 정도로 작다.
④ 승강 중 주위가 오픈되므로 주변 광고효과가 있다.

해설 에스컬레이터의 수송능력은 엘리베이터의 10배 정도이다.

43 심리적으로 상승감, 존엄성, 엄숙함의 느낌을 주는 선의 종류는?

① 사선　　② 곡선
③ 수평선　④ 수직선

해설
- 사선 : 불안한 느낌
- 곡선 : 부드럽고 여성스러운 느낌
- 수평선 : 평화롭고 안전한 느낌

44 도면에는 척도를 표기해야 하는데 그림의 형태가 치수에 비례하지 않을 경우 사용되는 방법으로 옳은 것은?

① US　　② DS
③ NS　　④ KS

해설 *NS= No Scale
"축척 : NS"는 축척이 없음을 뜻한다.

45 다음과 같은 특징을 갖는 급수방식은?

- 급수압력이 일정하다.
- 단수 시에도 일정량의 급수를 계속할 수 있다.
- 대규모의 급수수요에 쉽게 대응할 수 있다.

① 수도직결방식　② 압력수조방식
③ 펌프직송방식　④ 고가수조방식

해설 고가수조방식의 특징
- 급수압력이 일정하다.
- 단수 시에도 일정량의 급수를 계속할 수 있다.
- 대규모의 급수 수요에 쉽게 대응할 수 있다.

46 다음 중 소규모 주택에서 다이닝 키친을 선택하는 이유와 가장 거리가 먼 것은?

① 공사비 절약
② 실면적 활용
③ 조리시간 단축
④ 노동력 절감

해설 다이닝 키친은 주방에 식당을 꾸민 것으로 공간 활용, 동선, 비용과 관련되며 조리시간과는 관련이 없다.

정답 40. ③　41. ②　42. ③　43. ④　44. ③　45. ④　46. ③

47 실제 길이 16m를 축척 1/200인 도면에 표시할 경우 도면상의 길이는?

① 80cm ② 8cm
③ 8m   ④ 8mm

해설 16m/200=0.08m → 8cm

48 다음 중 건축설계의 진행순서로 올바른 것은?

① 조건파악 → 기본계획 → 기본설계 → 실시설계
② 기본계획 → 조건파악 → 기본설계 → 실시설계
③ 기본설계 → 기본계획 → 조건파악 → 실시설계
④ 조건파악 → 기본설계 → 기본계획 → 실시설계

해설 건축설계의 진행순서
기획 → 설계 → 시공으로 설계단계에서는 조건파악 → 기본계획 → 기본설계 → 실시설계순으로 진행된다.

49 과전류가 통과하면 가열되어 끊어지는 용융회로개방형의 가용성 부분이 있는 과전류보호장치는?

① 퓨즈   ② 캐비닛
③ 배전반   ④ 분전반

해설
- 캐비닛: 배전반이나 분전반을 넣는 것
- 배전반: 차단기, 개폐기 등 설비를 부착시킨 집합체
- 분전반: 분기 개폐기를 집중시킨 것

50 주거공간은 주행동에 의한 개인공간, 사회공간, 가사노동공간 등으로 구분할 수 있다. 다음 중 개인공간에 속하는 것은?

① 식당   ② 서재
③ 주방   ④ 거실

해설
- 노동공간: 주방
- 개인공간: 침실, 작업실, 서재
- 공동공간: 식당, 거실

51 건축제도의 글자에 관한 설명으로 옳지 않은 것은?

① 숫자는 아라비아 숫자를 원칙으로 한다.
② 왼쪽에서부터 가로쓰기를 원칙으로 한다.
③ 글자체는 수직 또는 30° 경사의 명조체로 쓰는 것을 원칙으로 한다.
④ 글자의 크기는 각 도면의 상황에 맞추어 알아보기 쉬운 크기로 한다.

해설 건축제도의 글자체는 수직 또는 15° 경사의 고딕체로 쓰는 것을 원칙으로 한다.

52 제도용지에 관한 내용으로 옳지 않은 것은?

① A0 용지의 넓이는 약 $1m^2$이다.
② A2 용지의 크기는 A0 용지의 1/4이다.
③ 제도용지의 가로와 세로의 길이비는 $\sqrt{2}$: 1이다.
④ 큰 도면을 접을 때에는 A3의 크기로 접는 것을 원칙으로 한다.

해설 도면은 큰 도면을 접을 때 A4의 크기로 접는 것을 원칙으로 한다.

53 건축물의 에너지 절약을 위한 계획내용으로 옳지 않은 것은?

① 실의 용도 및 기능에 따라 수평·수직으로 조닝계획을 한다.
② 공동주택은 인동간격을 좁게 하여 저층부의 일사 수열량을 감소시킨다.
③ 거실의 층고 및 반자의 높이는 실의 용도와 기능에 영향을 주지 않는 범위 내에서 가능한 낮게 한다.
④ 건축물의 체적에 대한 외피면적의 비 또는 연면적에 대한 외피면적의 비는 가능한 작게 한다.

해설 공동주택은 에너지 절약을 위해 인동간격을 넓게 하여 저층부의 일사 수열량을 증대시킨다.

정답 47. ② 48. ① 49. ① 50. ② 51. ③ 52. ④ 53. ②

54 건축도면에서 보이지 않는 부분을 표시하는 데 사용되는 선은?

① 파선　　　② 굵은 실선
③ 가는 실선　④ 일점쇄선

해설
- 굵은 실선 : 단면선, 외형선
- 가는 실선 : 치수선, 지시선
- 일점쇄선 : 중심선, 기준선

55 색의 3요소에 속하지 않는 것은?

① 광도　② 명도
③ 채도　④ 색상

해설 색의 3요소 : 색상, 명도, 채도

56 증기난방에 관한 설명으로 옳지 않은 것은?

① 예열시간이 온수난방에 비해 짧다.
② 방열면적을 온수난방보다 작게 할 수 있다.
③ 난방부하의 변동에 따른 방열량 조절이 용이하다.
④ 증발잠열을 이용하기 때문에 열의 운반 능력이 크다.

해설 증기난방은 난방부하의 변동에 따른 방열량 조절이 어렵다.

57 주택의 침실에 관한 설명으로 옳지 않은 것은?

① 방위상 직사광선이 없는 북쪽이 가장 이상적이다.
② 침실은 정적이며 프라이버시 확보가 잘 이루어져야 한다.
③ 침대는 외부에서 출입문을 통해 직접 보이지 않도록 배치하는 것이 좋다.
④ 침실의 위치는 소음원이 있는 쪽은 피하고 정원 등의 공지에 면하도록 하는 것이 좋다.

해설 침실의 위치는 일조와 통풍이 좋은 남쪽과 동쪽이 유리하며 북쪽은 피하는 것이 좋다.

58 다음 설명에 알맞은 주택 부엌가구의 배치 유형은?

- 양쪽 벽면에 작업대가 마주보도록 배치한 것
- 부엌의 폭이 길이에 비해 넓은 부엌의 형태에 적당한 형식

① L자형　② 일자형
③ 병렬형　④ 아일랜드형

해설 주방 작업대의 배치
- L자형(ㄴ자형) : L자형의 싱크를 벽면에 배치하고 남은 공간을 식탁을 두어 활용할 수 있다.
- 직선형(일자형) : 규모가 작은 좁은 면적의 주방에 적절하며 동선이 길어질 수 있는 단점이 있다.
- 아일랜드형(섬형) : 주방 가운데 조리대와 같은 작업대를 두어 여러 방향에서 작업할 수 있다.

59 건축법령상 공동주택에 속하지 않는 것은?

① 아파트　　② 연립주택
③ 다가구주택　④ 다세대주택

해설 다가구주택은 단독주택에 해당된다.

60 드렌처 설비에 관한 설명으로 옳은 것은?

① 화재의 발생을 신속하게 알리기 위한 설비이다.
② 소화전에 호스와 노즐을 접속하여 건물 각 층 내부의 소정 위치에 설치한다.
③ 인접건물에 화재가 발생하였을 때 수막을 형성함으로써 화재의 연소를 방재하는 설비이다.
④ 소방대 전용 소화전인 송수구를 통하여 실내로 물을 공급하는 설비이다.

해설 드렌처 설비

← 수막 형성

정답 54.① 55.① 56.③ 57.① 58.③ 59.③ 60.③

2015 제4회 출제문제 (2015년 7월 19일 시행)

01 모임지붕 일부에 박공지붕을 같이 한 것으로 화려하고 격식이 있으며 대규모 건축물에 적합한 한식지붕의 구조는?
① 외쪽지붕 ② 솟을지붕
③ 합각지붕 ④ 방형지붕

해설
- 외쪽지붕 : 한쪽으로만 경사진 가장 단순한 지붕
- 솟을지붕 : 공장에 환기를 목적으로 사용되는 지붕
- 방형지붕 : 모임지붕 형태의 정사각형 모양으로 지붕의 경사면이 한 점에 만나는 지붕

02 지반의 부동침하 원인이 아닌 것은?
① 이질지층 ② 이질지정
③ 연약지반 ④ 연속기초

해설 부동침하의 원인으로는 이질지정, 연약한 지반, 지하수위, 주변의 깊은 굴착 등이 있다.

03 철골구조에서 사용되는 접합방법에 포함되지 않는 것은
① 용접접합 ② 듀벨 접합
③ 고력볼트접합 ④ 핀접합

해설 듀벨은 목구조의 이음에 사용되는 철물이다.

04 입체트러스 제작에 사용되는 구성요소로서 최소 도형에 해당되는 것은?
① 삼각형 또는 사각형
② 사각형 또는 오각형
③ 사각형 또는 육면체
④ 오각형 또는 육면체

해설 트러스의 제작은 삼각형이나 사각형 모양으로 한다.

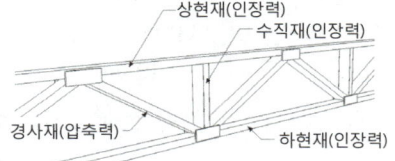

05 벽돌벽 줄눈에서 상부의 하중을 전 벽면에 균등하게 분산시키도록 해주는 줄눈은?
① 빗줄눈 ② 막힌줄눈
③ 통줄눈 ④ 오목줄눈

해설 벽돌구조에서 상부의 하중을 균등하게 분산시키기 위해 막힌줄눈으로 벽돌을 쌓는다.

06 큰 보 위에 작은 보를 걸고 그 위에 장선을 대고 마룻널을 깐 2층 마루는?
① 홑마루 ② 보마루
③ 짠마루 ④ 동바리마루

해설
- 홑마루 : 보를 사용하지 않고 마룻널을 깐 마루
- 보마루 : 보를 설치하고 장선 위에 마룻널을 깐 마루
- 동바리마루 : 동바리 구조로 설치한 마루

07 조적조 벽체 내쌓기의 내미는 최대값은?
① 1.0B ② 1.5B
③ 2.0B ④ 2.5B

해설 조적조 벽체의 내쌓기
- 1단씩 내쌓기 : 1/8B
- 2단씩 내쌓기 : 1/4B
- 내쌓기 한도 : 2.0B

08 기둥 1개의 하중을 1개의 기초판으로 부담시키는 기초의 형식은?
① 독립푸팅기초
② 복합푸팅기초
③ 연속기초
④ 온통기초

해설
- 복합기초 : 2개의 기둥을 1개의 기초판이 지지
- 온통기초 : 지하실과 같이 바닥 전체를 기초판으로 구성
- 연속기초(줄기초) : 조적조에 많이 사용되는 기초로 벽을 따라 연속적으로 길게 기초판을 구성

정답 1.③ 2.④ 3.② 4.① 5.② 6.③ 7.③ 8.①

09 기둥의 종류 중 2층 건물의 아래층에서 위층까지 하나로 된 기둥의 명칭은?
① 샛기둥   ② 통재기둥
③ 평기둥   ④ 동바리

해설) 목구조 기둥 중 1층과 2층에 걸쳐 하나의 형태를 이루는 기둥을 통재기둥이라 한다.

10 수직재가 수직하중을 받는 과정의 임계상태에서 기하학적으로 갑자기 변화하는 현상을 무엇이라 하는가?
① 전단파단   ② 응력
③ 좌굴   ④ 인장항복

해설) 좌굴 : 수직재가 수직하중을 받는 과정에서 응력을 이기지 못하고 형태가 변형되는 현상

11 플레이트보에 사용되는 부재의 명칭으로 부적당한 것은?
① 커버 플레이트   ② 웨브 플레이트
③ 스티프너   ④ 베이스 플레이트

해설) 베이스 플레이트는 철골구조의 주각에 사용되는 철판이다.

12 절판구조의 장점으로 가장 거리가 먼 것은?
① 강성을 얻기 쉽다.
② 슬래브의 두께를 얇게 할 수 있다.
③ 음향 성능이 우수하다.
④ 철근의 배근이 용이하다.

해설) 절판구조는 얇은 강판을 접어 바닥을 구성하는 구조로 공간이 협소하여 철근의 배근이 어렵다.

13 보강블록조에서 내력벽의 두께는 최소 얼마 이상이어야 하는가?
① 50mm   ② 100mm
③ 150mm   ④ 200mm

해설) 보강블록조에서 내력벽의 두께는 15cm 이상으로 한다.

14 절충식 지붕틀의 특징으로 틀린 것은?
① 지붕보에 휨이 발생하므로 구조적으로는 불리하다.
② 지붕의 하중은 수직부재를 통하여 지붕보에 전달된다.
③ 한식구조와 절충식 구조는 구조상 유사하다.
④ 작업이 복잡하며 대규모 건물에 적당하다.

해설) 절충식 지붕틀 : 소규모, 왕대공지붕틀 : 대규모

15 셸구조에 대한 설명으로 틀린 것은?
① 얇은 곡면 형태의 판을 사용한 구조이다.
② 가볍고 강성이 우수한 구조 시스템이다.
③ 넓은 공간을 필요로 할 때 이용된다.
④ 재료는 텐트, 천막과 같은 특수천을 사용한다.

해설) 천막, 특수한 천을 사용하는 것은 막구조에 해당된다.

16 목구조에 대한 설명으로 옳지 않은 것은?
① 전각·사원 등의 동양 고전식 구조법이다.
② 가구식 구조에 속한다.
③ 친화감이 있고 미려하나 부패에 취약하다.
④ 재료의 수급상 큰 단면이나 긴 부재를 얻기가 쉽다.

해설) 목구조의 단점
충해, 화재에 취약하며 재료의 수급상 큰 단면이나 긴 부재를 얻기가 어렵다.

17 조적식에서 내력벽으로 둘러싸인 부분의 바닥면적은 최대 몇 m^2 이하로 해야 하는가?
① $40m^2$ ② $60m^2$
③ $80m^2$ ④ $100m^2$

해설) 조적식 구조의 내력벽 공간은 $80m^2$ 이하로 한다.

정답) 9.② 10.③ 11.④ 12.④ 13.③ 14.④ 15.④ 16.④ 17.③

18 벽돌조에서 내력벽에 직각으로 교차하는 벽은 무엇인가?

① 대린벽   ② 중공벽
③ 장막벽   ④ 칸막이벽

해설
• 중공벽(단열벽) : 벽돌과 벽돌 사이에 공간을 둔 벽
• 장막벽(칸막이벽) : 비내력벽으로 실내의 공간을 구분하는 벽

19 다음 중 아치의 너비가 클 때 아치를 여러 겹으로 둘러쌓아 만든 것은?

① 층두리 아치   ② 거친 아치
③ 본 아치   ④ 막만든 아치

해설
• 본아치 : 쐐기모양의 벽돌을 제작하여 사용
• 거친 아치 : 줄눈을 쐐기모양으로 하고 일반 벽돌을 사용
• 막만든 아치 : 일반 벽돌을 쐐기모양으로 다듬어 사용

20 건물의 수장 부분에 속하지 않는 것은?

① 외벽   ② 보
③ 홈통   ④ 반자

해설 수장(修粧) : 건축마감 및 마무리 공사에 해당되는 부분으로 미장, 몰딩, 걸레받이, 철물시공 등을 포함한다.

21 목재의 방부제로 사용하지 않는 것은?

① 크레오소트 오일   ② 콜타르
③ 페인트   ④ 테레빈유

해설 목재용 방부재 : 크레오소트, 콜타르, 페인트, 아스팔트 등

22 건축생산에 사용되는 건축재료의 발전 방향과 가장 관계가 먼 것은?

① 비표준화   ② 고성능화
③ 에너지 절약화   ④ 공업화

해설 건축재료의 발전 방향
규격화, 고성능화, 공업화, 에너지 절약, 기계화 등

23 합판의 특징으로 옳지 않은 것은?

① 판재에 비해 균질하다.
② 방향에 따라 강도의 차가 크다.
③ 너비가 큰 판을 얻을 수 있다.
④ 함수율 변화에 의한 신축변형이 적다.

해설 합판은 제작 시 단판을 여러 장 교차시켜 만들어 방향에 따른 강도 차가 적다.

24 코르크판의 사용 목적으로 잘못된 것은?

① 방송실의 흡음재
② 제빙공장의 단열재
③ 전산실의 바닥재
④ 내화건물의 불연재

해설 코르크판은 섬유재질로 불에 약하다.

25 점토제품 중 소성온도가 가장 높은 제품은?

① 토기   ② 석기
③ 자기   ④ 도기

해설 점토제품의 소성온도
토기<도기<석기<자기의 순으로 소성온도가 높다.

26 재료의 안전성과 관련된 설명으로 잘못된 것은?

① 망입판 유리는 깨어지는 경우 파편이 튀지 않아 안전하다.
② 모든 석재는 화열에 대한 내력이 크기 때문에 붕괴의 위험이 적다.
③ 방화도료는 가연성 물질에 도장하여 인화, 연소를 방지한다.
④ 석고는 초기방화와 연소지연 역할이 우수하며 무기질 섬유로 보강하여 내화성능을 높이기도 한다.

해설 석재는 화열에 대한 내력이 작기 때문에 붕괴의 위험이 크다.

정답 18.① 19.① 20.② 21.④ 22.① 23.② 24.④ 25.③ 26.②

27 재료와 용도의 연결이 옳지 않은 것은?
① 테라코타 : 구조재, 흡음재
② 테라초 : 바닥면의 수장재
③ 시멘트 모르타르 : 외벽용 마감재
④ 타일 : 내·외벽, 바닥면의 수장재

해설 테라코타는 점토제품으로 구조용으로는 적합하지 않다.

28 건축재료에서 물체에 외력이 작용하면 순간적으로 변형이 생겼다가 외력을 제거하면 다시 되돌아가는 현상을 무엇이라 하는가?
① 탄성 ② 소성
③ 점성 ④ 연성

해설
• 연성 : 늘어나는 성질
• 점성 : 유체 내에서 서로 접촉하는 정도로 끈끈한 성질
• 소성 : 외력을 가했을 때 한계에 도달하면 외력이 없어도 변형이 증대되는 성질

29 다음 중 황동에 대한 설명으로 옳은 것은?
① 주석과 니켈을 주체로 한 합금이다.
② 구리와 아연을 주체로 한 합금이다.
③ 구리와 주석을 주체로 한 합금이다.
④ 구리와 알루미늄을 주체로 한 합금이다.

해설 황동 : 구리+아연, 청동 : 구리+주석

30 목재의 강도에 관한 설명 중 잘못된 것은?
① 습윤상태가 건조상태일 때보다 강도가 크다.
② 목재의 강도는 가력 방향과 섬유 방향의 관계에 따라 현저한 차이가 있다.
③ 비중이 큰 목재는 가벼운 목재보다 강도가 크다.
④ 심재가 변재에 비하여 강도가 크다.

해설 목재는 함수율이 낮고, 건조시킬수록 강도가 커진다.

31 시멘트가 공기 중의 습기를 받아 천천히 수화반응을 일으켜 작은 알갱이 모양으로 굳어졌다가 이것이 계속 진행되면 주변의 시멘트와 달라붙어 큰 덩어리로 굳어진다. 이 현상은?
① 응결 ② 소성
③ 경화 ④ 풍화

해설
• 응결 : 타설된 시멘트가 시간이 지나면서 굳어지는 현상
• 소성 : 외력을 가한 후 제거해도 본래 상태로 되돌아가지 않는 성질
• 경화 : 시멘트가 응결을 거쳐 조직의 강도가 커지는 현상

32 코너비드를 사용하기에 가장 올바른 곳은?
① 난간 손잡이 ② 창호 손잡이
③ 벽체 모서리 ④ 나선형 계단

해설 코너비드는 미장시공을 용이하게 하고, 시공된 모서리를 보호하는 철물이다.

33 굳지 않은 콘크리트의 컨시스턴시를 측정하는 방법이 아닌 것은?
① 플로시험
② 리몰딩시험
③ 슬럼프시험
④ 르 샤틀리에 비중병 시험

해설 르 샤틀리에 비중병 시험은 시멘트의 비중을 시험하는 방법이다.

34 재료가 반복하중을 받는 경우 정적 강도보다 낮은 강도에서 파괴되는 응력의 한계로 맞는 것은?
① 정적 강도 ② 충격강도
③ 크리프 강도 ④ 피로강도

해설
• 정적 강도 : 하중을 서서히 가해 발생되는 강도
• 충격강도 : 하중을 갑자기 가해 발생되는 강도
• 크리프 강도 : 지속적인 하중을 가하는 강도

정답 27.① 28.① 29.② 30.① 31.④ 32.③ 33.④ 34.④

35 벽 및 천장재료에 요구되는 성질로 옳지 않은 것은?

① 열전도율이 큰 것이어야 한다.
② 차음성이 좋아야 한다.
③ 내화, 내구적이어야 한다.
④ 시공이 용이한 것이어야 한다.

해설 벽이나 천장의 재료는 열전도율이 작아야 한다.

36 어느 목재의 절대건조비중이 0.54일 때 목재의 공극률은 얼마인가?

① 약 65%   ② 약 54%
③ 약 46%   ④ 약 35%

해설 목재의 공극률 = 1−(절대건조비중/1.54)×100
→ 1−(0.54/1.54)×100 = 약 65%

37 다음 창호 부속철물 중 경첩으로 유지할 수 없는 무거운 자재 여닫이문에 사용되는 것은?

① 플로어 힌지   ② 피벗 힌지
③ 레버터리 힌지 ④ 도어체크

해설 플로어 힌지는 바닥에 설치되는 창호철물로 강화유리 등 무거운 문을 닫히게 하는 창호철물이다.

38 일반적으로 벌목을 실시하기에 계절적으로 가장 좋은 시기는?

① 봄   ② 여름
③ 가을   ④ 겨울

해설 날씨가 추울수록 수액의 건조가 빨라 벌목하기 좋다.

39 석재의 표면마감방법 중 인력에 의한 방법에 해당되지 않는 것은?

① 정다듬   ② 혹두기
③ 버너 마감 ④ 도드락 다듬

해설 정다듬, 혹두기, 도드락다듬은 정이나 망치를 사용한다.

40 초기강도가 높고 양생기간 및 공기를 단축할 수 있어 긴급공사에 사용되는 시멘트는?

① 중용열 시멘트
② 조강 포틀랜드 시멘트
③ 백색 시멘트
④ 고로 시멘트

해설
• 중용열 포틀랜드 시멘트 : 댐공사, 방사능차단 성능
• 백색 포틀랜드 시멘트 : 미장, 도장 등 마감공사용
• 고로 시멘트 : 해안공사, 대형 구조물에 사용

41 다음 중 주택의 입면도 그리기 순서에서 가장 먼저 이루어져야 할 사항은?

① 처마선을 그린다.
② 지반선을 그린다.
③ 개구부 높이를 그린다.
④ 재료의 마감표시를 한다.

해설 도면작성 시 가장 먼저 하는 것은 도면의 구도를 잡아 구조체의 중심이나 기준선을 작성하는 것이 일반적이다.

42 정방형의 건물이 다음과 같이 표현되는 투시도는?

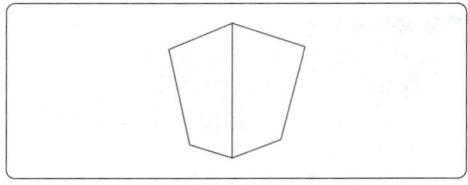

① 등각 투상도   ② 1소점 투시도
③ 2소점 투시도 ④ 3소점 투시도

해설
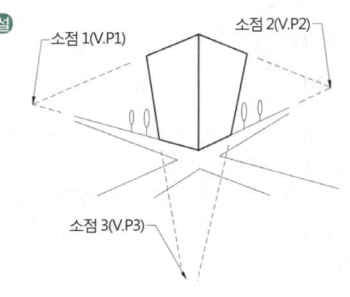

정답 35.① 36.① 37.① 38.④ 39.③ 40.② 41.② 42.④

43 직접조명방식에 관한 설명으로 옳지 않은 것은?

① 조명률이 크다.
② 직사 눈부심이 없다.
③ 공장조명에 적합하다.
④ 실내면 반사율의 영향이 적다.

[해설] 직접조명방식은 광원이 그대로 노출되는 방식으로 효율은 좋으나 눈부심이 발생하는 단점이 있다.

44 어떤 하나의 색상에서 무채색의 포함량이 가장 적은 색은?

① 명색   ② 순색
③ 탁색   ④ 암색

[해설]
- 명색 : 순색에 흰색을 혼합
- 탁색 : 순색에 회색을 혼합
- 암색 : 순색에 검정을 혼합
- 순색 : 무채색이 포함되지 않은 순수한 색

45 공동주택의 단면형식 중 하나의 주호가 3개 층으로 구성되어 있는 것은 무엇인가?

① 플랫형   ② 듀플렉스형
③ 트리플렉스형   ④ 스킵플로어형

[해설] 주택의 단면형식
- 플랫형(단층형) : 1개 층에 1개의 주호
- 듀플렉스형 : 1개 층에 2개의 주호
- 스킵플로어형 : 상하층이 반 층씩 엇갈리는 구조

46 증기, 가스, 전기, 석탄 등을 열원으로 하는 물의 가열장치를 설치하여 온수를 만들어 공급하는 설비는?

① 급수설비   ② 급탕설비
③ 배수설비   ④ 오수정화설비

[해설]
- 급수설비 : 물 공급을 위한 설비
- 급탕설비 : 온수 공급을 위한 설비
- 배수설비 : 생활오수, 빗물 등을 배출하는 설비
- 오수정화설비 : 공장, 농장, 축사 등의 폐수를 정화하여 배출하는 설비

47 주택의 동선계획에 관한 설명으로 옳지 않은 것은?

① 동선은 일상생활의 움직임을 표시하는 선이다.
② 동선이 혼란하면 생활권의 독립성이 상실된다.
③ 동선계획에서 동선을 이용하는 빈도는 무시한다.
④ 개인, 사회, 가사노동권의 3개 동선이 서로 분리되어 간섭이 없어야 한다.

[해설] 동선계획에서 지켜야 할 사항 : 길이, 빈도, 하중

48 벽체의 단열에 관한 설명으로 잘못된 것은?

① 벽체의 열관류율이 클수록 단열성이 낮다.
② 단열은 벽체를 통한 열손실방지와 보온 역할을 한다.
③ 벽체의 열관류 저항값이 작을수록 단열 효과는 크다.
④ 조적벽과 같은 중공구조의 내부에 위치한 단열재는 난방 시 실내 표면온도를 신속히 올릴 수 있다.

[해설] 벽체의 열관류 저항값이 클수록 단열 효과도 크다.

49 건축법령상 승용 승강기를 설치하여야 하는 대상 건축물 기준으로 옳은 것은?

① 5층 이상으로 연면적 1,000㎡ 이상인 건축물
② 5층 이상으로 연면적 2,000㎡ 이상인 건축물
③ 6층 이상으로 연면적 1,000㎡ 이상인 건축물
④ 6층 이상으로 연면적 2,000㎡ 이상인 건축물

[해설] 건축법상 6층 이상으로 연면적 2000㎡ 이상인 건축물은 승강기를 설치해야 한다.

[정답] 43. ② 44. ② 45. ③ 46. ② 47. ③ 48. ③ 49. ④

50 도면작도 시 유의사항으로 잘못된 것은?

① 숫자는 아라비아 숫자를 원칙으로 한다.
② 용도에 따라서 선의 굵기를 구분한다.
③ 글자체는 수직 또는 15° 경사의 고딕체로 쓰는 것을 원칙으로 한다.
④ 축척과 도면의 크기에 관계없이 모든 도면에서 글자의 크기는 같아야 한다.

해설 도면에 표기되는 문자의 크기는 도면의 종류와 목적에 따라 다르게 한다.

51 아파트 평면형식 중 집중형에 관한 설명으로 옳지 않은 것은?

① 대지의 이용률이 높다.
② 채광과 통풍이 불리하다.
③ 독립성이 우수하다.
④ 중앙에 엘리베이터나 계단실을 두고 많은 주호를 집중 배치하는 주거형식이다.

해설 아파트의 집중형 구조는 채광, 통풍, 프라이버시는 불리하나 주호를 집중시켜 대지의 이용률은 높다.

52 자동화재 탐지설비의 감지기 중 열감지기에 속하지 않는 것은?

① 광전식   ② 차동식
③ 정온식   ④ 보상식

해설 광전식은 연기를 감지해 작동하는 방식이다.

53 건축허가신청에 필요한 설계도서 중 배치도에 표시하여야 할 사항으로 잘못된 것은?

① 축척 및 방위
② 방화구획 및 방화문의 위치
③ 대지에 접한 도로의 길이 및 너비
④ 건축선 및 대지경계선으로부터 건축물까지의 거리

해설 배치도에 실의 구분과 개구부의 위치는 표시되지 않는다.

54 건축법령에 따른 초고층 건축물의 정의로 옳은 것은?

① 층수가 50층 이상이거나 높이가 150m 이상인 건축물
② 층수가 50층 이상이거나 높이가 200m 이상인 건축물
③ 층수가 100층 이상이거나 높이가 300m 이상인 건축물
④ 층수가 100층 이상이거나 높이가 400m 이상인 건축물

해설 건축법상 층수가 50층 이상이거나 높이가 200m 이상인 건축물은 초고층 건물로 정의한다.

55 이형철근의 직경이 13mm이고 배근 간격이 150mm일 때 도면 표시법으로 옳은 것은?

① ϕ13@150   ② 150ϕ13
③ D13@150   ④ @150D13

해설 철근의 배근 표시법
- 철근의 지름 : 원형철근 – ϕ, 이형철근 – D
- 배근 간격 : @
- 표시방법 : 철근의 지름@배근 간격

56 다음 설명에 맞는 공기조화방식은?

- 전공기방식의 특성이 있다.
- 냉풍과 온풍을 혼합하는 혼합상자가 필요 없다.

① 단일덕트방식
② 2중덕트방식
③ 멀티존 유닛방식
④ 팬코일 유닛방식

해설
- 팬코일 유닛방식 : 수공기방식
- 2중덕트방식 : 냉풍, 온풍 2개의 덕트를 설치하는 방식
- 멀티존 유닛방식 : 냉풍과 온풍을 혼합공기로 운영하는 방식

정답 50. ④ 51. ③ 52. ① 53. ② 54. ② 55. ③ 56. ①

57 다음 설명에 알맞은 형태의 지각심리는?

- 공동운명의 법칙이라고도 한다.
- 유사한 배열로 구성된 형들이 방향성을 지니고 연속되어 보이는 하나의 그룹으로 지각되는 법칙을 말한다.

① 근접성 ② 유사성
③ 연속성 ④ 폐쇄성

해설 유사한 배열을 사용해 연속되게 보이면서 방향성을 나타내는 것은 연속성과 관련된다.

58 다음 그림에서 A방향의 투상면이 정면도일 때 C방향의 투상면은 어떤 도면인가?

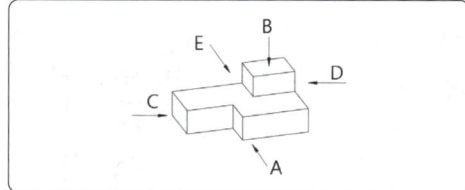

① 저면도 ② 배면도
③ 좌측면도 ④ 우측면도

해설 정면인 A를 기준으로 우측이 우측면도, 좌측이 좌측면도이다.

59 주거공간을 주행동에 따라 개인, 사회, 노동 공간 등으로 구분할 때, 다음 중 사회공간에 속하지 않는 것은?

① 거실 ② 식당
③ 서재 ④ 응접실

해설
- 사회적 공간 : 거실, 식사실 등
- 개인공간 : 침실, 작업실, 서재 등
- 노동공간 : 주방, 세탁실 등

60 한식주택의 특징으로 잘못된 것은?

① 좌식 생활이 중심이다.
② 공간의 융통성이 낮다.
③ 가구는 부수적인 내용물이다.
④ 평면은 실의 위치별 분화이다.

해설 한식주택의 공간은 명확한 목적이 있는 공간이 정해진 것이 아닌 취침, 휴식, 작업 등 다양한 행위를 할 수 있다.

2015 제5회 출제문제
(2015년 10월 10일 시행)

01 지붕물매 중 되물매에 해당하는 것은?
① 4cm   ② 5cm
③ 10cm   ④ 12cm

해설 **지붕물매**
- 되물매 : 지붕의 경사가 45°로 물매가 10/10인 경우
- 된물매 : 지붕의 경사가 45°보다 큰 경우

02 다음 조건에서 철근콘크리트보의 중량은?

- 보의 단면 너비 : 40cm
- 보의 높이 : 60cm
- 보의 길이 : 900cm
- 철근콘크리트보의 단위중량 : 2,400kg/m³

① 5,184kg   ② 518.4kg
③ 2,592kg   ④ 259.2kg

해설 $40cm \times 60cm \times 900cm \times 2400kg/m^3 \rightarrow$
$0.4m \times 0.6m \times 9m \times 2,400kg/m^3 = 5,184kg$

03 목조 벽체에 관한 설명으로 옳지 않은 것은?
① 평벽은 양식구조에 많이 쓰인다.
② 심벽은 한식구조에 많이 쓰인다.
③ 심벽에서는 기둥이 노출된다.
④ 꿸대는 주로 평벽에 사용한다.

해설 꿸대는 심벽식 구조에서 기둥과 기둥에 대는 가로재이다.

04 다음 ( )에 알맞은 용어는?

아치구조는 상부에서 오는 수직하중이 아치의 축선에 따라 좌우로 나누어져 밑으로 ( )만을 전달하게 한 것이다.

① 인장력   ② 압축력
③ 휨모멘트 ④ 전단력

해설 아치는 상부의 압축력을 아치곡선 따라 분산시키는 구조이다.

05 다음 그림은 일반 반자의 뼈대를 나타낸 것이다. 각 기호의 명칭이 옳지 않은 것은?

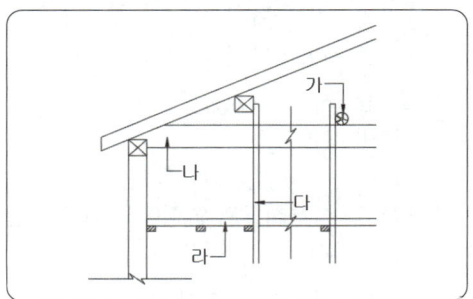

① 가 – 달대받이   ② 나 – 지붕보
③ 다 – 달대   ④ 라 – 처마도리

해설 라 – 반자틀받이

06 철근콘크리트구조의 특성으로 옳지 않은 것은?
① 부재의 크기와 형상을 자유자재로 제작할 수 있다.
② 내화성이 우수하다.
③ 작업방법, 기후 등에 영향을 받지 않으므로 균질한 시공이 가능하다.
④ 철골조에 비해 내식성이 뛰어나다.

해설 철근콘크리트구조는 습식 공법을 사용하므로 기후에 영향을 받는다.

07 철근콘크리트구조에서 최소 피복두께의 목적에 해당되지 않는 것은?
① 철근의 부식방지 ② 철근의 연성 감소
③ 철근의 내화   ④ 철근의 부착

해설 **콘크리트 피복의 목적**
- 철근의 부식을 방지
- 내화성을 높임
- 철근의 부착력을 높임

정답 1.③ 2.① 3.④ 4.② 5.④ 6.③ 7.②

08 다음 중 콘크리트 설계기준 강도를 의미하는 것은?
① 콘크리트 타설 후 28일 인장강도
② 콘크리트 타설 후 28일 압축강도
③ 콘크리트 타설 후 7일 인장강도
④ 콘크리트 타설 후 7일 압축강도

해설 콘크리트의 설계기준 강도는 콘크리트 타설 후 28일 압축강도이다.

09 창호와 창호철물의 연결에서 상호 관련성이 없는 것은?
① 오르내리창 – 크레센트
② 여닫이문 – 도어체크
③ 행거도어 – 실린더
④ 자재문 – 자유경첩

해설 행거도어는 벽 상부에 문을 달아매는 방식으로 레일, 댐퍼 등의 철물이 필요하며 실린더는 여닫이문의 잠금장치이다.

10 보와 기둥 대신 슬래브와 벽이 일체가 되도록 구성한 구조를 무엇이라 하는가?
① 라멘구조   ② 플랫슬래브구조
③ 벽식구조   ④ 셸구조

해설 기둥 역할을 벽이 대신하는 아파트와 같은 구조를 벽식구조라 한다.

11 횡력을 받는 벽을 지지하기 위해서 설치하는 구조물은?
① 버트레스   ② 커튼월
③ 타이바   ④ 컬럼밴드

해설
• 커튼월 : 건축물 외장에 사용되는 하중을 받지 않는 유리벽
• 타이바 : 아치구조 하단에 밖으로 퍼지는 것을 막아주는 막대모양의 부재
• 컬럼밴드 : 거푸집널을 지지하는 부재

12 스틸 하우스에 대한 설명으로 옳지 않은 것은?
① 벽체가 얇기 때문에 결로현상이 없다.
② 공사기간이 짧고 자재의 낭비가 적다.
③ 내부 변경이 용이하고 공간 활용이 우수하다.
④ 얇은 천장을 통해 방의 차음이 문제된다.

해설 스틸하우스는 벽체의 두께가 얇아 결로현상이 발생될 수 있다.

13 다음 중 플레이트보의 구성과 가장 관계가 적은 것은?
① 커버 플레이트   ② 웨브 플레이트
③ 스티프너   ④ 데크 플레이트

해설 데크 플레이트는 얇은 강판을 절판모양으로 만든 바닥용 자재이다.

14 강제계단의 특징으로 틀린 것은?
① 건식구조이다.
② 형태구성이 비교적 자유롭다.
③ 철근콘크리트 계단에 비해 무게가 무겁다.
④ 내화성이 부족하다.

해설 강제계단은 철근콘크리트에 비해 무게가 가볍다.

15 기본벽돌(190mm×90mm×57mm)로 벽두께를 1.0B로 쌓을 때 두께는 얼마인가?
① 90mm   ② 190mm
③ 210mm   ④ 290mm

해설 표준형 벽돌의 크기 : 190(길이)×90(마구리)×57(높이)
1.0B=190mm, 0.5B=90mm이다.

정답 8. ② 9. ③ 10. ③ 11. ① 12. ① 13. ④ 14. ③ 15. ②

16 사각형 단면의 철근콘크리트 기둥에서 띠철근을 사용하는 가장 큰 목적은?

① 주근의 좌굴방지
② 주근 단면을 보강
③ 콘크리트의 압축강도 증가
④ 콘크리트의 수축과 변형을 방지

해설 철근콘크리트 기둥의 띠철근(대근)의 주된 목적은 압축력에 의한 주근의 좌굴을 방지하는 것이다.

17 건축구조의 부재에 발생하는 단면력의 종류가 아닌 것은?

① 풍하중   ② 전단력
③ 축방향력   ④ 휨모멘트

해설 풍하중은 하중의 종류로 구분된다.

18 테라코타에 대한 설명으로 옳지 않은 것은?

① 장식용 점토 소성 제품이다.
② 건축물의 난간, 주두, 돌림띠 등에 사용된다.
③ 일반 석재보다 무겁고 1개의 크기는 $1m^3$ 이상이 적당하다.
④ 복잡한 형태는 형틀에 점토를 부어 넣어 만들 수 있다.

해설 테라코타는 점토제품으로 일반 석재보다 가볍고 $0.5m^3$ 이하의 크기로 사용된다.

19 운모계와 사문암계 광석으로서 800~1,000℃로 가열하면 부피가 5~6배로 팽창되고 비중이 0.2~0.4인 다공질 경석으로 단열, 흡음, 보온효과가 있는 것은 무엇인가?

① 부석   ② 탄각
③ 질석   ④ 펄라이트

해설 질석은 운모계와 사문암계의 광석으로 보온 및 단열재로 사용된다.

20 목구조에서 버팀대와 가새에 대한 설명 중 옳지 않은 것은?

① 가새의 경사는 45°에 가까울수록 좋다.
② 가새는 하중의 방향에 따라 압축응력과 인장응력이 번갈아 일어난다.
③ 버팀대는 가새보다 수평력에 강한 뼈체를 구성한다.
④ 버팀대는 기둥단면에 적당한 크기의 것을 쓰고 기둥 따내기도 되도록 적게 한다.

해설 가새는 버팀대보다 수평력에 대한 안정성을 높이는 보강재다.

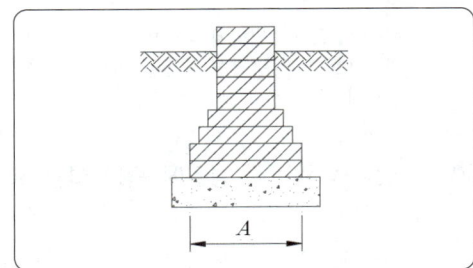

21 벽돌조의 기초에서 "A"의 길이는 얼마 정도가 가장 적당한가? (단, t는 벽두께)

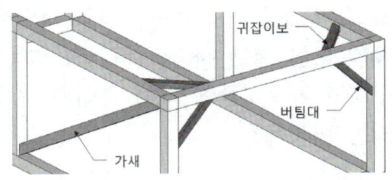

① $1t$ ② $2t$
③ $3t$ ④ $4t$

해설 벽돌조 기초 하부의 너비는 벽두께의 2배로 한다.

22 화재의 연소방지 및 내화성 향상을 목적으로 하는 재료는 무엇인가?

① 아스팔트   ② 석면시멘트판
③ 실링재   ④ 글라스울

해설 석면시멘트는 내화성이 우수하여 지붕재, 마감재, 설비재료 등으로 많이 사용된다.

23 트러스구조에 대한 설명으로 틀린 것은?
① 지점의 중심선과 트러스 절점의 중심선은 가능한 일치시킨다.
② 항상 인장력을 받는 경사재의 단면이 가장 크다.
③ 트러스의 부재 중에는 응력을 거의 받지 않는 경우도 있다.
④ 트러스 부재의 절점은 핀접합으로 본다.

[해설] 인장력과 압축력을 받는 부재는 작용하는 응력에 따라 단면의 면적을 달리한다.

24 콘크리트구조물에서 하중을 지속적으로 작용시켜 놓을 경우 하중의 증가가 없음에도 불구하고 지속하중에 의해 견디지 못해 변형되는 현상은?
① 액상화 ② 블리딩
③ 레이턴스 ④ 크리프

[해설]
• 액상화 : 지반의 충격에 의해 전단강도가 작아지는 현상
• 블리딩 : 골재의 압력에 의해 미세물이 올라오는 현상
• 레이턴스 : 블리딩에 의해 생긴 미세물이 얇은 막을 형성하는 현상

25 시멘트의 일반적 성질에 관한 설명으로 옳은 것은?
① 시멘트의 강도는 콘크리트의 강도에 영향을 주지 않는다.
② 시멘트의 분말이 미세할수록 건조수축은 작아져 균열이 발생하지 않는다.
③ 시멘트와 물을 혼합시키면 포졸란 반응이 일어난다.
④ 일반적으로 분말도가 큰 시멘트일수록 응결 및 강도의 증진율이 크다.

[해설]
• 시멘트의 강도는 콘크리트의 강도에 영향을 준다.
• 시멘트의 분말이 미세할수록 건조수축이 커진다.
• 시멘트와 물을 혼합하면 수화반응이 일어난다.

26 다음 중 결로현상 방지에 가장 좋은 유리는?
① 무늬유리 ② 강화판유리
③ 복층유리 ④ 망입유리

[해설] 복층유리는 2장의 유리를 공기층을 두어 만든 유리로 단열효과가 우수하다.

27 열경화성수지 중 건축용으로는 글라스섬유로 강화된 평판 또는 판상제품으로 주로 사용되는 것은?
① 아크릴수지 ② 폴리에스테르수지
③ 염화비닐수지 ④ 폴리에틸렌수지

[해설] FRP(섬유강화플라스틱)판은 폴리에스테르수지로 만든 판상형 제품이다.

28 돌로마이트 플라스터에 관한 설명으로 옳지 않은 것은?
① 가소성이 커서 풀이 필요없다.
② 경화 시 수축률이 매우 크다.
③ 수경성이므로 외벽바름에 적당하다.
④ 강알칼리성이므로 건조 후 바로 유성페인트를 칠할 수 없다.

[해설] 돌로마이트 플라스터는 기경성이다.

29 목면, 마사, 양모, 폐지 등을 혼합하여 만든 원지에 스트레이트 아스팔트를 침투시킨 두루마리 제품은 무엇인가?
① 아스팔트 루핑
② 아스팔트 싱글
③ 아스팔트 펠트
④ 아스팔트 프라이머

[해설]
• 아스팔트 루핑 : 펠트에 스트레이트 아스팔트를 침투시킨 방수재료
• 아스팔트 싱글 : 아스팔트를 도포한 지붕잇기 재료
• 아스팔트 프라이머 : 아스팔트를 녹인 것으로 방수의 바탕재로 사용

[정답] 23. ② 24. ④ 25. ④ 26. ③ 27. ② 28. ③ 29. ③

30 다음 목재 재료 중 일반건물의 벽에 수장재료로 사용되는 것은?
① 플로어링 널   ② 코펜하겐 리브
③ 파키트리 패널   ④ 파키트리 블록

해설 코펜하겐 리브는 극장, 강당 등에 음향조절 및 장식용 마감재로 사용된다.

31 강재의 인장강도가 최대일 때 온도는 대략 몇 도인가?
① 0℃   ② 150℃
③ 250℃   ④ 500℃

해설 온도변화에 따른 강재의 강도
0~250℃까지 강도가 증가해 250℃에서 최대 강도를 보이며 이후 서서히 강도가 낮아져 500℃에서는 1/2 정도로 낮아진다.

32 KS F 3126(치장 목질 마루판)에서 요구하는 치장 목질 마루판의 성능기준과 관련된 시험항목에 해당되지 않는 것은?
① 내마모성
② 압축강도
③ 접착성
④ 포름알데히드 방산량

해설 치장 목질 마루판의 성능 시험항목
내마모성, 접착성, 포름알데히드 방산량 등

33 점토제품 중 타일에 대한 설명으로 옳지 않은 것은?
① 자기질 타일의 흡수율은 3% 이하이다.
② 일반적으로 모자이크 타일은 건식법으로 제조된다.
③ 클링커 타일은 석기질이다.
④ 도기질 타일은 외장용으로만 사용할 수 있다.

해설 도기질 타일은 흡수율이 높아 내장용으로 많이 사용된다.

34 화강암에 대한 설명으로 틀린 것은?
① 내화성은 석재 중에서 가장 큰 편이다.
② 주요 광물은 석영과 장석이다.
③ 콘크리트용 골재로도 사용된다.
④ 구조재 및 수장재로 사용된다.

해설 화강암은 석재 중에서 내화도가 낮다.

35 다음 중 재료와 용도의 연결이 잘못된 것은?
① 테라초 – 벽, 바닥의 수장재
② 트래버틴 – 내벽 등의 수장재
③ 타일 – 내외벽, 바닥의 수장재
④ 테라코타 – 흡음재

해설 테라코타는 장식용 점토제품이다.

36 다음 중 열전도율이 가장 낮은 것은?
① 콘크리트   ② 목재
③ 알루미늄   ④ 유리

해설 열전도율
목재 < 콘크리트 < 유리 < 알루미늄

37 다음 중 결합재의 하나로 미장재료에 혼입하여 보강, 균열방지의 역할을 하는 섬유질 재료는?
① 풀   ② 여물
③ 골재   ④ 안료

해설 결합재
진흙, 시멘트, 점토 등의 재료에 넣어 응집력이나 결집력을 높이고 균열을 방지하는 재료

38 목재의 착색에 사용하는 도료 중 가장 적당한 것은?
① 오일스테인   ② 연단도료
③ 클리어래커   ④ 크레오소트유

해설 오일스테인은 침투율이 크고, 퇴색이 적어 목재의 착색용으로 많이 사용된다.

정답 30.② 31.③ 32.② 33.④ 34.① 35.④ 36.② 37.② 38.①

39 단열재의 조건으로 옳지 않은 것은?
① 열전도율이 높아야 한다.
② 흡수율이 낮고 비중이 작아야 한다.
③ 내화성, 내부식성이 좋아야 한다.
④ 가공, 접착 등의 시공성이 좋아야 한다.

[해설] 건축용 단열재의 조건
• 열전도율이 낮아야 한다.
• 흡수율이 낮고 비중이 작아야 한다.
• 내화성, 내부식성이 좋아야 한다.
• 가공, 접착 등의 시공성이 좋아야 한다.

40 금속의 부식작용에 대한 설명으로 옳지 않은 것은?
① 동판과 철판을 같이 사용하면 부식방지에 효과적이다.
② 산성인 흙속에서는 대부분의 금속재가 부식된다.
③ 습기 및 수중에 탄산가스가 존재하면 부식작용은 한층 촉진된다.
④ 철판의 자른 부분 및 구멍을 뚫은 주위는 다른 부분보다 빨리 부식된다.

[해설] 서로 다른 금속을 잇대어 사용하면 부식의 우려가 있다.

41 실내공기오염의 지표가 되는 오염물질은?
① 먼지   ② 산소
③ 이산화탄소   ④ 일산화탄소

[해설] 공기오염의 척도는 이산화탄소 농도를 기준으로 한다.

42 건축제도에서 반지름을 표시하는 기호는?
① D ② ϕ
③ R ④ W

[해설] D : 지름, ϕ : 지름, R : 반지름, W : 너비(폭)

43 대지에 이상전류를 방류 또는 계통구성을 위해 의도적이거나 우연하게 전기회로를 대지 또는 대지를 대신하는 전도체에 연결하는 전기적인 접속을 무엇이라 하는가?
① 접지   ② 분기
③ 절연   ④ 배전

[해설] • 분기 : 옥내 배선 간선에서 전선을 나누는 것
• 절연 : 전기가 흐르지 않도록 하는 것
• 배전 : 발전소 전력을 수용자에게 공급하는 것

44 엘리베이터가 출발기준층에서 승객을 싣고 출발하여 각 층에 서비스한 후 출발기준층으로 되돌아와 다음 서비스를 위해 대기하는 데까지의 총시간은?
① 주행시간   ② 승차시간
③ 일주시간   ④ 가속시간

[해설] • 주행시간 : 엘리베이터가 이동하는 시간
• 승차시간 : 승객이 내리고 타는 시간
• 가속시간 : 속도를 가속하는 시간

45 한식주택에 관한 설명으로 옳지 않은 것은?
① 공간의 융통성이 낮다.
② 가구는 부수적인 내용물이다.
③ 평면은 실의 위치별 분화이다.
④ 각 실이 마루로 연결된 조합평면이다.

[해설] 한식주거의 실은 식사, 취침, 작업 등을 할 수 있는 다용도로 공간의 융통성이 높다.

46 계단실형 아파트의 설명으로 틀린 것은?
① 거주의 프라이버시가 높다.
② 채광, 통풍 등의 거주조건이 양호하다.
③ 통행부 면적을 크게 차지하는 단점이 있다.
④ 계단실에서 직접 각 세대로 접근할 수 있는 유형이다.

[해설] 계단식 아파트는 복도가 아닌 계단을 통해 각 주호로 출입하므로 통행부 면적이 적다.

정답 39. ① 40. ① 41. ③ 42. ③ 43. ① 44. ③ 45. ① 46. ③

47 다음 중 단면도에 표시되는 사항은?

① 반자높이 ② 주차동선
③ 건축면적 ④ 대지경계선

해설 단면도에는 반자높이, 층고, 처마높이, 건물높이, 구조체의 두께 등이 표시된다.

48 다음 중 주택공간의 배치계획에서 다른 공간에 비하여 프라이버시 유지가 가장 요구되는 곳은?

① 현관 ② 거실
③ 식당 ④ 침실

해설 침실은 개인공간이므로 프라이버시를 확보해야 한다.

49 건축제도의 치수 기입에 관한 설명으로 올바른 것은?

① 치수는 특별히 명시하지 않는 한 마무리 치수로 표시한다.
② 치수 기입은 치수선을 중단하고 선의 중앙에 기입하는 것이 원칙이다.
③ 치수의 단위는 밀리미터(mm)를 원칙으로 하며, 반드시 단위기호를 표시해야 한다.
④ 치수 기입은 치수선에 평행하게 도면의 오른쪽에서 왼쪽으로 읽을 수 있도록 표기한다.

해설 건축제도의 치수 기입
• 치수는 특별히 명시하지 않는 한 마무리 치수로 표시한다.
• 치수 기입은 치수선의 가운데 선 위로 기입하는 것이 원칙이다.
• 치수의 단위는 밀리미터(mm)를 원칙으로 mm단위는 표시하지 않는다.
• 치수 기입은 치수선에 평행하게 도면의 왼쪽에서 오른쪽으로 읽을 수 있도록 표기한다.

50 투상도의 종류 중 X,Y,Z의 기본 축이 120°씩 화면으로 나누어 표시되는 것은?

① 등각투상도 ② 유각투상도
③ 이등각투상도 ④ 부등각투상도

해설 등각투상도

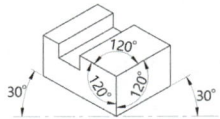

51 건축허가신청에 필요한 설계도서에 속하지 않는 것은?

① 배치도 ② 평면도
③ 투시도 ④ 건축계획서

해설 건축허가에 필요한 설계도서(문서와 도면)
계획서, 시방서, 평면도, 입면도, 단면도, 구조도, 실내감도, 설비도 등

52 사회학자 숑바르 드 로브의 주거면적 기준 중 한계기준으로 옳은 것은?

① $8m^2$/인 ② $10m^2$/인
③ $14m^2$/인 ④ $16.5m^2$/인

해설 숑바르 드 로브의 주거면적 기준
병리기준 : $8m^2$, 한계기준 : $14m^2$, 표준기준 : $16m^2$

53 건물 각 층 벽면에 호스, 노즐, 소화전 밸브를 내장한 소화전함을 설치하고 화재 시에는 호스를 끌어낸 후 화재발생지점에 물을 뿌려 소화시키는 설비를 무엇이라 하는가?

① 드렌처 설비 ② 옥내소화전 설비
③ 옥외소화전 설비 ④ 스프링클러 설비

해설 옥내소화전

54 증기난방에 관한 설명으로 옳지 않은 것은?
① 예열시간이 짧다.
② 한랭지에서는 동결의 우려가 적다.
③ 증기의 현열을 이용하는 난방이다.
④ 부하변동에 따른 실내 방열량의 제어가 곤란하다.

해설 증기난방은 잠열을 이용한 방식이다.

55 다음 설명에 알맞은 통기방식은?

- 각 기구의 트랩마다 통기관을 설치한다.
- 트랩마다 통기되기 때문에 가장 안정도가 높은 방식이다.

① 각개통기방식 ② 루프통기방식
③ 회로통기방식 ④ 신정통기방식

해설 각개통기방식은 각 기구의 트랩마다 통기관을 설치한다.

56 다음 설명에 알맞은 형태의 종류는?

- 구체적 형태를 생략 또는 과장의 과정을 거쳐 재구성한 형태이다.
- 대부분의 경우 재구성된 원래의 형태를 알아보기 어렵다.

① 자연적 형태 ② 현실적 형태
③ 추상적 형태 ④ 이념적 형태

해설 추상적 형태는 본연의 형태를 과장하거나 재구성하여 알아보기 어렵다.

57 투시도법에 사용되는 용어의 표시가 잘못된 것은?
① 시점 : E.P ② 소점 : S.P
③ 화면 : P.P ④ 수평면 : H.P

해설
- 소점 : V.P(Vanishing Point)
- 정점 : S.P(Station Point)

58 제도용지 A2의 크기는 A0용지의 얼마 정도의 크기인가?
① 1/2 ② 1/4
③ 1/8 ④ 1/16

해설 제도용지의 크기(A사이즈)

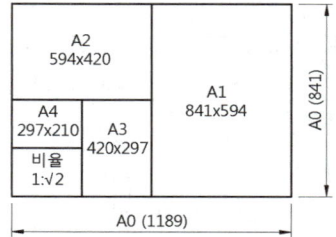

59 주택의 다이닝 키친에 관한 설명으로 옳지 않은 것은?
① 면적 활용도가 높아 효율적이다.
② 주부의 가사 노동량을 줄일 수 있다.
③ 소규모 주택에서는 적용이 곤란하다.
④ 이상적인 식사공간 분위기 조성이 어렵다.

해설 다이닝 키친
주방에 식당을 구성한 형식으로 소규모 주택에 적합하다.

60 형태의 조화로서 황금비례의 비율은?
① 1 : 1 ② 1 : 1.414
③ 1 : 1.618 ④ 1 : 3.141

해설 황금비
어떤 길이를 둘로 나누었을 때 짧은 부분과 긴 부분의 비와 긴 부분과 전체 길이의 비가 1 : 1.618인 비율이다.

정답 54. ③ 55. ① 56. ③ 57. ② 58. ② 59. ③ 60. ③

2016 과년도 출제문제

전산응용건축제도기능사

2016 제1회 출제문제 (2016년 1월 24일 시행)

01 2방향 슬래브는 슬래브의 단변에 대한 장변의 길이비가 얼마 이하이여야 하는가?
① 1/2　② 1
③ 2　④ 3

[해설] 2방향 슬래브의 장변은 단변의 2배를 넘지 않는다.
$\lambda = ly / lx \leq 2$

02 철근콘크리트구조의 배근에 대한 설명으로 틀린 것은?
① 기둥 하부의 주근은 기초판에 크게 구부려 깊게 정착시킨다.
② 압축측에도 철근을 배근한 보를 복근보라고 한다.
③ 단순보의 주근은 중앙부에서는 하부에 많이 넣어야 한다.
④ 슬래브의 철근은 단변 방향보다 장변 방향에 많이 넣어야 한다.

[해설] 슬래브의 단변 방향에 주근이 배근되므로 장변보다는 단변에 철근을 많이 배근한다.

03 벽돌벽체에서 벽돌을 1켜씩 내쌓기할 때 얼마 정도 내쌓는 것이 적절한가?
① 1/2B　② 1/4B
③ 1/5B　④ 1/8B

[해설] 벽돌의 내쌓기 : 1켜씩은 1/8B, 2켜씩은 1/4B이며 최대 2.0B 정도로 한다.

04 벽돌구조에서 방음, 단열, 방습을 위해 벽돌벽을 이중으로 하고 중간에 공간을 두는 쌓기는?
① 공간쌓기　② 들여쌓기
③ 내쌓기　④ 기초쌓기

[해설] 공간쌓기란 벽돌을 공간을 두고 양쪽으로 두 줄로 쌓아 방음, 단열 등의 효과가 있어 외벽에 시공한다.

05 합성골조에 관한 설명으로 옳지 않은 것은?
① CFT(콘크리트 충전 강관기둥)에서는 내부 콘크리트가 강관의 급격한 국부좌굴을 방지한다.
② 코어(core)의 전단벽에 횡력에 대한 강성을 증대시키기 위하여 철골빔을 설치한다.
③ 데크 플레이트(deck plate)는 합성슬래브의 한 종류이다.
④ 스터드 볼트(stud bolt)는 철골기둥을 연결하는데 사용한다.

[해설] 스터드 볼트
양쪽 끝 모두 수나사로 되어 있는 나사로서 플랜지 등 타공하기 어렵고, 고압이 필요한 경우 사용된다.

정답 1.③ 2.④ 3.④ 4.① 5.④

06 개구부 상부의 하중을 지지하기 위하여 돌이나 벽돌을 곡선형으로 쌓은 구조는?
① 골조구조　　② 아치구조
③ 린텔구조　　④ 트러스구조

해설
- 골조구조 : 기둥과 보를 사용한 구조
- 린텔구조 : 인방구조
- 트러스구조 : 부재를 삼각형 모양으로 조립한 구조

07 외관이 중요시되지 않는 아치는 보통벽돌을 쓰고 줄눈을 쐐기모양으로 한다. 이 아치는?
① 본아치　　② 거친아치
③ 막만든아치　　④ 층두리아치

해설
- 층두리아치 : 넓은 공간에서 층을 겹쳐 쌓은 아치
- 본아치 : 공장에서 쐐기모양으로 만든 벽돌을 사용
- 막만든아치 : 벽돌을 쐐기모양으로 다듬어서 사용

08 철근콘크리트구조의 원리에 대한 설명으로 옳지 않은 것은?
① 콘크리트와 철근이 강력히 부착되면 철근의 좌굴이 방지된다.
② 콘크리트는 압축력에 강하므로 부재의 압축력을 부담한다.
③ 콘크리트와 철근의 선팽창계수는 약 10배의 차이가 있어 응력의 흐름이 원활하다.
④ 콘크리트는 내구성과 내화성이 있어 철근을 피복 및 보호한다.

해설 콘크리트와 철근의 선팽창계수가 거의 같지 않으면 철근콘크리트구조로 시공할 수 없다.

09 건축구조의 구성방식에 따른 분류에 속하지 않는 것은?
① 가구식 구조　　② 일체식 구조
③ 습식구조　　④ 조적식 구조

해설
- 구성방식에 의한 분류 : 가구식, 조적식, 일체식
- 공법에 의한 분류 : 습식, 건식, 조립식

10 곡면판이 지니는 역학적 특성을 응용한 구조로서 외력은 주로 판의 면내력으로 전달되기 때문에 경량이고 내력이 큰 구조물을 구성할 수 있는 것은?
① 셸구조　　② 철골구조
③ 현수구조　　④ 커튼월구조

해설
- 철골구조 : 강재를 사용한 구조
- 현수구조 : 구조물을 달아매는 구조
- 커튼월구조 : 하중을 지지하지 않는 유리로 된 외벽구조

11 조적조에서 내력벽의 길이는 최대 얼마 이하로 하는가?
① 6m　　② 8m
③ 10m　　④ 15m

해설 조적조 내력벽의 최대길이는 10m 이하이다.

12 철근콘크리트보에 늑근을 사용하는 주된 목적은?
① 보의 전단 저항력을 증대시키기 위해
② 철근과 콘크리트의 부착력을 증대시키기 위해
③ 보의 강성을 증대시키기 위해
④ 보의 휨저항을 증대시키기 위해

해설 철근콘크리트보에 배근되는 늑근(스터럽)은 전단력에 대한 저항을 높이기 위해 배근되며 중앙부보다는 단부에 많이 배근한다.

13 블록의 중공부에 철근과 콘크리트를 부어넣어 보강한 것으로서 수평하중 및 수직하중을 견딜 수 있는 구조는?
① 보강블록조　　② 조적식 블록조
③ 장막벽 블록조　　④ 차폐용 블록조

해설 블록의 구멍 난 공간에 철근과 콘크리트로 보강한 구조를 보강블록조라 한다.

정답 6. ②　7. ②　8. ③　9. ③　10. ①　11. ③　12. ①　13. ①

14 지붕의 물매 중 되물매의 경사로 옳은 것은?
① 15° ② 30°
③ 45° ④ 60°

해설 물매의 구분
45° 미만 : 평물매, 45° : 되물매, 45° 초과 : 된물매

15 줄눈을 10mm로 하고 기본벽돌(점토벽돌)로 1.5B 쌓기를 하였을 경우 벽두께로 올바른 것은?
① 200mm ② 290mm
③ 400mm ④ 490mm

해설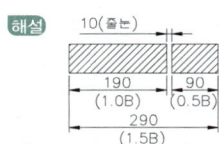

16 철근콘크리트 1방향 슬래브의 최소두께는 얼마인가?
① 80mm ② 90mm
③ 100mm ④ 120mm

해설 1방향 슬래브의 최소두께는 100mm 이상으로 해야 한다.

17 조적구조에서 테두리보의 역할과 거리가 먼 것은?
① 벽체를 일체화하여 벽체의 강성을 증대시킨다.
② 벽체 폭을 크게 줄일 수 있다.
③ 기초의 부동침하나 지진발생 시 지반반력의 국부집중에 따른 벽의 직접 피해를 완화시킨다.
④ 수직 균열을 방지하고, 수축 및 균열 발생을 최소화한다.

해설 조적구조의 테두리보는 벽체의 상부 하중을 고르게 분산시키고 구조 전체의 강성을 높인다.

18 바닥면적 40m²일 때 보강콘크리트블록조의 내력벽 길이의 총합계는 최소 얼마 이상이어야 하는가?
① 4m ② 6m
③ 8m ④ 10m

해설 보강콘크리트블록조의 벽량은 $15cm/m^2$
→ $15cm/m^2 \times 40m^2 = 600cm$ → 6m

19 트러스를 곡면으로 구성하여 돔을 형성하는 것은?
① 와렌 트러스
② 실린더 셸
③ 회전 셸
④ 레티스 돔

해설
• 와렌 트러스 : 수직재가 없고 사재를 사용한 구조
• 실린더 셸 : 평면을 회전시킨 곡면 셸 구조
• 회전 셸 : 곡면을 회전시킨 구면 셸 구조

20 각종 시멘트의 특성에 관한 설명 중 옳지 않은 것은?
① 중용열 포틀랜드 시멘트에 의한 콘크리트는 수화열이 작다.
② 실리카 시멘트에 의한 콘크리트는 초기강도가 크고 장기강도는 낮다.
③ 조강 포틀랜드 시멘트에 의한 콘크리트는 수화열이 크다.
④ 플라이애시 시멘트에 의한 콘크리트는 내해수성이 크다.

해설 실리카 시멘트 : 장기강도가 우수하며 수밀성과 해수에 대한 저항성이 우수하다.

21 수성암에 속하지 않는 것은?
① 사암 ② 안산암
③ 석회암 ④ 응회암

해설 안산암은 화성암으로 분류된다.

정답 14. ③ 15. ② 16. ③ 17. ② 18. ② 19. ④ 20. ② 21. ②

22 철골구조의 보에 사용되는 스티프너에 대한 설명으로 옳지 않은 것은?

① 하중점 스티프너는 집중하중에 대한 보강용으로 쓰인다.
② 중간 스티프너는 웨브의 좌굴을 방지하기 위해 쓰인다.
③ 재축에 나란하게 설치한 것을 수평 스티프너라고 한다.
④ 커버 플레이트와 동일한 용어로 사용된다.

해설 스티프너는 웨브의 좌굴을 방지하는 보강재이며 커버플레이트는 플랜지의 단면을 보강하는 재료이다.

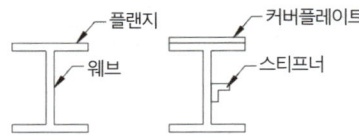

23 점토에 톱밥이나 분탄 등을 혼합하여 소성시킨 것으로 절단, 못치기 등의 가공성이 우수하며 방음 및 흡음성이 좋은 벽돌은?

① 이형벽돌   ② 포도벽돌
③ 다공벽돌   ④ 내화벽돌

해설
• **이형벽돌** : 일반벽돌과 치수와 형태가 다른 벽돌
• **포도벽돌** : 도로 포장용 벽돌
• **내화벽돌** : 내화점토로 만든 벽돌

24 알루미늄의 성질에 관한 설명 중 옳지 않은 것은?

① 전기나 열의 전도율이 크다.
② 전성 및 연성이 풍부하며 가공이 용이하다.
③ 산, 알칼리에 강하다.
④ 대기 중에서의 내식성은 순도에 따라 다르다.

해설 알루미늄은 산과 알칼리 성분에 약하다.

25 시멘트 저장 시 유의해야 할 사항으로 옳지 않은 것은?

① 시멘트는 개구부와 가까운 곳에 쌓여 있는 것부터 사용해야 한다.
② 지상 30cm 이상 되는 마루 위에 적재해야 하며, 그 창고는 방습설비가 완전해야 한다.
③ 3개월 이상 저장한 시멘트 또는 습기를 머금은 것으로 생각되는 시멘트는 반드시 사용 전 재시험을 실시해야 한다.
④ 포대에 들어 있는 시멘트는 13포대 이상 쌓으면 안 되고, 특히 장기간 저장할 때는 7포대 이상으로 쌓지 않는다.

해설 시멘트는 창고에 입하된 순서대로 사용해야 하므로 개구부에서 멀리 있는 시멘트부터 사용해야 한다.

26 물의 밀도가 1g/cm³이고 어느 물체의 밀도가 1kg/m³라 하면 이 물체의 비중은 얼마인가?

① 1   ② 1000
③ 0.001   ④ 0.1

해설 물의 밀도는 $1\text{g/cm}^3 (1000\text{kg/m}^3)$로
$$\frac{1\text{kg/m}^3}{1\text{g/cm}^3} \rightarrow \frac{1\text{kg/m}^3}{1000\text{kg/m}^3} = 0.001$$

27 목재의 성질에 관한 설명으로 잘못된 것은?

① 함수율이 적어질수록 목재는 수축하며 수축률은 방향에 따라 다르다.
② 함수율의 변동에 따라 목재의 강도에 변동이 있다.
③ 침엽수와 활엽수의 수축률은 차이가 있다.
④ 목재를 섬유포화점 이하로만 건조시키면 부패방지가 가능하다.

해설 목재의 부패균은 20% 이하의 습도에서 사멸되므로 섬유포화점인 30% 이하의 습도에서는 부패방지가 어렵다.

정답 22. ④ 23. ③ 24. ③ 25. ① 26. ③ 27. ④

28 황동의 합금구성으로 옳은 것은?
① Cu + Zn   ② Cu + Ni
③ Cu + Sn   ④ Cu + Mn

[해설] 황동은 구리와 아연의 합금이다.
구리 : Cu, 아연 : Zn

29 목재제품 중 파티클보드에 대한 설명으로 잘못된 것은?
① 합판에 비해 휨강도는 떨어지나 면 내 강성은 우수하다.
② 강도에 방향성이 거의 없다.
③ 두께는 비교적 자유롭게 선택할 수 있다.
④ 음 및 열의 차단성이 나쁘다.

[해설] 파티클보드는 음 및 열에 대한 차단 성능이 우수하다.

30 다음 각 재료의 주 용도로 옳지 않은 것은?
① 테라초 – 바닥마감재
② 트래버틴 – 특수실내장식재
③ 타일 – 내외벽, 바닥의 수장재
④ 테라코타 – 흡음재

[해설] 테라코타는 장식용으로 사용되는 점토제품이다.

31 석재 표면을 구성하고 있는 조직은 무엇인가?
① 석목   ② 석리
③ 층리   ④ 도리

[해설]
• 석목 : 쉽게 쪼개질 수 있는 면
• 석리 : 석재 표면을 구성하고 있는 조직
• 층리 : 퇴적 시 발생된 층

32 19세기 중엽 철근콘크리트의 실용적인 사용법을 개발한 사람은?
① 모니에   ② 케오프스
③ 애습딘   ④ 안토니오

[해설] 조셉 애습딘(영국) : 시멘트 개발 19세기 초

33 골재의 함수상태에 관한 설명으로 옳지 않은 것은?
① 절건상태는 골재를 완전 건조시킨 상태이다.
② 기건상태는 골재를 대기 중에 방치하여 건조시킨 것으로 내부에 약간의 수분이 있는 상태이다.
③ 표건상태는 골재 내부는 포수 상태이며 표면은 건조한 상태이다.
④ 습윤상태는 표면에 물이 붙어 있는 상태로 보통 자갈의 흡수량은 골재 중량의 50% 내외이다.

[해설] 잔골재 및 굵은 골재의 흡수율은 3% 이하로 규정하고 있다.

34 석고보드 제품의 단면형상에 따른 종류에 해당되지 않는 것은?
① 칩보드   ② 평보드
③ 테파드보드   ④ 베벨보드

[해설] 칩보드는 파티클보드처럼 조각난 목재를 접착재를 사용해 만든 제품 중 하나이다.

35 재료의 푸아송비에 관한 설명으로 옳은 것은?
① 횡방향의 변형비를 푸아송비라 한다.
② 강의 푸아송비는 대략 0.3 정도이다.
③ 푸아송비는 푸아송수라고도 한다.
④ 콘크리트의 푸아송비는 대략 10 정도이다.

[해설] 푸아송비는 세로 방향의 변형에 대한 가로 방향의 변형비를 말하며, 콘크리트의 푸아송비는 1/6~1/12 정도이다.

36 재료의 분류 중 천연재료에 속하지 않는 것은?
① 목재   ② 대나무
③ 플라스틱재료   ④ 아스팔트

[해설] 아스팔트는 석유원유에서 휘발 성분이 빠진 잔류물로 천연재료에 해당된다.

[정답] 28. ① 29. ④ 30. ④ 31. ② 32. ① 33. ④ 34. ① 35. ② 36. ③

37 재료에 사용하는 외력이 어느 한도에 도달하면 외력의 증가 없이 변형만이 증대하는 성질을 무엇이라 하는가?

① 소성　　　② 탄성
③ 전성　　　④ 연성

해설
- 탄성 : 외력을 가하면 변형이 생기나 외력을 제거하면 다시 복원되는 성질
- 전성 : 재료에 힘을 가했을 때 넓게 퍼지는 성질
- 연성 : 재료를 당겼을 때(인장력) 늘어나는 성질

38 다음 중 평균적으로 압축강도가 가장 큰 석재는?

① 화강암　　② 사문암
③ 사암　　　④ 대리석

해설
- 화강암 : 1450~2000kg/cm²
- 사문암 : 970~1000kg/cm²
- 사암 : 350~370kg/cm²
- 대리석 : 1000~1700kg/cm²

39 목재의 공극이 전혀 없는 상태의 비중을 무엇이라 하는가?

① 기건비중　　② 진비중
③ 절건비중　　④ 겉보기비중

해설
- 기건비중 : 기건상태의 비중
- 절건비중 : 절건상태의 비중
- 겉보기비중 : 골재의 건조 중량을 표면건조포화상태의 용적으로 나눈 비중

40 건축물의 표면 마무리, 인조석 제조 등에 사용되며 구조체의 축조에는 거의 사용되지 않는 시멘트는?

① 조강 포틀랜드 시멘트
② 플라이애시 시멘트
③ 백색 포틀랜드 시멘트
④ 고로슬래그 시멘트

해설 백색 포틀랜드 시멘트는 미장, 도장 등 주로 마감공사에 사용된다.

41 다음 설명에 알맞은 주택 부엌의 유형은?

- 작업대의 길이가 2m 정도인 소형 주방가구가 배치된 간이 부엌의 형식
- 사무실이나 독신자 아파트에 주로 설치

① 키친 네트　　② 오픈 키친
③ 리빙 키친　　④ 다이닝 키친

해설
- 리빙 키친(living kitchen) : 거실, 식당, 부엌을 하나로 한 소규모 주택에 사용
- 다이닝 키친(dining kitchen) : 부엌의 일부에 식당을 구성
- 오픈 키친(open kitchen) : 주택이 아닌 음식점의 개방된 주방 형식

42 먼셀표색계에서 기본색이 되는 5색이 아닌 색은?

① 노랑　　　② 파랑
③ 연두　　　④ 보라

해설 먼셀표색계의 기본 5색 : 빨강(R), 노랑(Y), 녹색(G), 파랑(B), 보라(P)

43 태양광선 가운데 적외선에 의한 열적 효과를 무엇이라 하는가?

① 일사　　　② 채광
③ 살균　　　④ 일영

해설
- 일사 : 적외선에 의한 열적 효과
- 채광 : 햇빛을 창을 통해 실내로 유입
- 일영 : 해의 그림자

44 도시가스 배관 시 가스계량기와 전기점멸기의 이격거리는 최소 얼마 이상으로 하는가?

① 30cm　　　② 50cm
③ 60cm　　　④ 90cm

해설 도시가스 배관의 이격거리
- 가스관과 전선 : 30cm 이상
- 전기점멸기와 가스계량기 : 30cm 이상
- 전기개폐기 : 60cm 이상
- 절연하지 않은 전선 : 15cm

정답 37. ① 38. ① 39. ② 40. ③ 41. ① 42. ③ 43. ① 44. ①

45 다음 중 계획설계도에 속하는 것은?
① 동선도　② 배치도
③ 전개도　④ 평면도

해설
• 계획설계도 : 구상도, 조직도, 동선도, 면적도표 등
• 실시설계도
– 일반도 : 배치도, 평면도, 입면도, 단면도, 창호도 등
– 구조도 : 배근도, 부분상세도, 일람표 등

46 에스컬레이터에 관한 설명으로 옳지 않은 것은?
① 수송량에 비해 점유면적이 작다.
② 엘리베이터에 비해 수송능력이 작다.
③ 대기시간이 없는 연속적인 수송설비이다.
④ 연속 운행되므로 전원설비에 부담이 적다.

해설 에스컬레이터의 수송능력은 엘리베이터의 10배 정도이다.

47 건축화 조명에 속하지 않는 것은?
① 코브 조명　② 루버 조명
③ 코니스 조명　④ 펜던트 조명

해설 건축화 조명이란 건축의 일부분인 기둥, 벽, 바닥과 일체가 되어 빛을 발산하는 조명을 말한다. 펜던트는 천장에 매단 형식으로 직접조명에 가깝다.

48 건축공간에 관한 설명으로 옳지 않은 것은?
① 인간은 건축공간을 조형적으로 인식한다.
② 내부공간은 일반적으로 벽과 지붕으로 둘러싸인 건물 안쪽의 공간을 말한다.
③ 외부공간은 자연 발생적인 것으로 인간에 의해 의도적으로 만들어지지 않는다.
④ 공간을 편리하게 이용하기 위해서는 실의 크기와 모양, 높이 등이 적당해야 한다.

해설 건축의 외부공간도 내부공간과 동일하게 인공적으로 만들어진 환경이다.

49 건축제도에서 치수 기입에 관한 설명으로 틀린 것은?
① 치수는 특별히 명시하지 않는 한 마무리 치수로 표시한다.
② 협소한 간격이 연속될 때에는 인출선을 사용하여 치수를 쓴다.
③ 치수 기입은 치수선을 중단하고 선의 중앙에 기입하는 것이 원칙이다.
④ 치수의 단위는 밀리미터(mm)를 원칙으로 하고, 이때 단위기호는 쓰지 않는다.

해설 건축제도의 치수 기입은 치수선을 끊지 않고 치수선 중앙에 기입하는 것이 원칙이다.

50 실제 길이 16m는 축척 1/200의 도면에서 얼마의 길이로 표시되는가?
① 32mm　② 40mm
③ 80mm　④ 160mm

해설 $16m \div 200 = 0.08m \rightarrow 80mm$

51 건축제도의 글자에 관한 설명으로 옳지 않은 것은?
① 숫자는 아라비아 숫자를 원칙으로 한다.
② 문장은 왼쪽에서부터 가로쓰기를 원칙으로 한다.
③ 글자체는 수직 또는 15° 경사의 명조체로 쓰는 것을 원칙으로 한다.
④ 4자리 이상의 수는 3자리마다 휴지부를 찍거나 간격을 둠을 원칙으로 한다.

해설 건축제도의 글자는 15° 경사의 고딕체 사용을 원칙으로 한다.

정답 45.① 46.② 47.④ 48.③ 49.③ 50.③ 51.③

52 전동기 직결의 소형 송풍기, 냉·온수 코일 및 필터 등을 갖춘 실내형 공조기를 각 실에 설치하여 중앙기계실로부터 냉수 또는 온수를 공급받아 공기조화를 하는 방식은?

① 2중덕트방식　② 단일덕트방식
③ 멀티존 유닛방식　④ 팬코일 유닛방식

[해설]
- 2중덕트방식 : 냉풍, 온풍 2개의 덕트를 설치하는 방식
- 단일덕트방식 : 패키지형 공조기를 사용하는 방식
- 멀티존 유닛방식 : 냉풍과 온풍을 혼합공기로 운영하는 방식

53 다음과 같은 창호의 평면 표시기호의 명칭으로 옳은 것은?

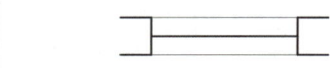

① 회전창　② 붙박이창
③ 미서기창　④ 미닫이창

[해설]
- 회 전 창 :
- 미서기창 :
- 미닫이창 :

54 시각적 중량감에 관한 설명으로 옳지 않은 것은?

① 어두운 색이 밝은 색보다 시각적 중량감이 크다.
② 차가운 색이 따뜻한 색보다 시각적 중량감이 크다.
③ 기하학적 형태가 불규칙적인 형태보다 시각적 중량감이 크다.
④ 복잡하고 거친 질감이 단순하고 부드러운 것보다 시각적 중량감이 크다.

[해설] 시각적인 중량감은 기하학적 형태가 불규칙적인 형태보다 작다.

55 건축도면에서 중심선, 절단선의 표시에 사용되는 선의 종류는?

① 실선　② 파선
③ 1점쇄선　④ 2점쇄선

[해설]
- 파선 : 숨어 있거나 가려진 부분을 표시
- 실선 : 외형이나 치수선 등을 표시
- 2점쇄선 : 1점쇄선과 구분하거나 가상선을 표시

56 홀형 아파트에 관한 설명으로 옳지 않은 것은?

① 거주의 프라이버시가 높다.
② 통행부 면적이 작아서 건물의 이용도가 높다.
③ 계단실 또는 엘리베이터 홀로부터 직접 주거단위로 들어가는 형식이다.
④ 1대의 엘리베이터에 대한 이용 가능한 세대 수가 가장 많은 형식이다.

[해설] 홀형(계단실형)의 엘리베이터는 복도를 두지 않고 직접 단위주거로 도달하는 형식으로 효율이 낮다.

57 개별식 급탕방식에 속하지 않는 것은?

① 순간식　② 저탕식
③ 직접 가열식　④ 기수 혼합식

[해설]
- 개별식 급탕방식 : 순간식, 저탕식, 기수 혼합식
- 중앙식 급탕방식 : 직접 가열식

58 다음 설명에 알맞은 주택의 구성형식은?

- 소규모 주택에서 많이 사용
- 거실 내에 부엌과 식사실을 설치
- 실을 효율적으로 사용할 수 있음

① K형　② D형
③ LD형　④ LDK형

[해설] LDK(Living Dining Kitchen)형은 거실에 부엌과 식사실을 모두 설치한 형식이다.

정답 52.④ 53.② 54.③ 55.③ 56.④ 57.③ 58.④

59 다음 중 단독주택의 현관 위치 결정에 가장 큰 영향을 주는 것은?
① 현관의 크기 ② 대지의 방위
③ 대지의 크기 ④ 도로의 위치

해설 현관의 위치는 대지의 형태, 방위, 주택의 규모 등 다양한 요인을 고려해야 하며, 특히 인접 도로와의 관계를 중요시한다.

60 건축법령상 건축에 속하지 않는 것은?
① 증축 ② 이전
③ 개축 ④ 대수선

해설 신축, 증축, 개축, 재축, 이전이 건축법상 건축에 해당된다.

2016 제2회 출제문제
(2016년 4월 2일 시행)

01 다음 중 입체구조에 해당되지 않는 구조는?
① 절판구조 ② 아치구조
③ 셸구조   ④ 돔구조

[해설] 절판, 셸, 돔구조는 공간을 구성하는 지붕이 있지만 아치구조는 평면적인 2차원에 가까운 구조이다.

02 다음 중 셸구조의 대표적인 건축물은?
① 세종문화회관
② 시드니 오페라하우스
③ 인천대교
④ 상암동 월드컵경기장

[해설]
- 세종문화회관 : 철근콘크리트구조
- 인천대교 : 사장구조
- 상암동 월드컵경기장 : 막구조

03 열려진 여닫이문을 저절로 닫히게 하는 장치를 무엇이라 하는가?
① 문버팀쇠   ② 도어스톱
③ 도어체크   ④ 크레센트

[해설]
- 문버팀쇠 : 열린 문의 위치를 고정하는 철물
- 도어스톱 : 여닫이문을 고정하는 철물
- 크레센트 : 오르내리창이나 미서기창의 잠금 철물

04 건축구조의 구성방식에 의한 분류 중 하나로, 구조체인 기둥과 보를 부재의 접합에 의해서 축조하는 방법으로 뼈대를 삼각형 모양으로 만들 수 있는 구조는 무엇인가?
① 가구식 구조   ② 캔틸레버 구조
③ 조적식 구조   ④ 습식구조

[해설]
- 습식구조 : 건축 시공 시 물을 사용하는 공법
- 캔틸레버 구조 : 한쪽은 고정되고 다른 한쪽을 내밀어 돌출시킨 구조물
- 조적식 구조 : 벽돌이나 블록 등을 쌓아 올린 구조

05 길고 가는 부재가 압축하중이 증가하여 부재의 길이가 직각 방향으로 변형되어 내력이 급격히 감소하는 현상은?
① 컬럼쇼트닝   ② 응력집중
③ 좌굴   ④ 비틀림

[해설]
- 컬럼쇼트닝 : 기둥의 축소량
- 응력집중 : 하중이 한 곳으로 집중되는 현상
- 비틀림 : 회전력을 받을 때 발생되는 변형

06 다음 중 개구부 설치에 가장 많은 제약을 받는 구조는?
① 벽돌구조   ② 철근콘크리트구조
③ 철골구조   ④ 목구조

[해설] 조적구조의 개구부 조건
- 문골너비 1.8m 이상은 상부 인방 설치(20cm 물림)
- 개구부의 폭은 벽 길이의 1/2 이하
- 상하 배치 시 60cm 이상 거리를 두고 설치 등

07 강구조의 조립보 중 웨브에 철판을 쓰고 상하부에 플랜지 철판을 용접하며, 커버플레이트나 스티프너로 보강할 수 있는 것은?
① 허니컴보   ② 래티스보
③ 트러스보   ④ 판보

[해설] 판보의 플랜지는 커버 플레이트로 보강하고, 웨브에는 스티프너로 보강한다.

08 벽돌쌓기법 중 모서리 또는 끝부분에 칠오토막을 사용하는 것은?
① 영국식 쌓기   ② 프랑스식 쌓기
③ 네덜란드식 쌓기   ④ 미국식 쌓기

[해설]
- 영국식 쌓기 : 가장 튼튼한 쌓기로 모서리에 이오토막을 사용
- 네덜란드식 쌓기 : 영국식 쌓기와 유사하지만 모서리에 칠오토막을 사용

정답 1.② 2.② 3.③ 4.① 5.③ 6.① 7.④ 8.③

09 측압에 대한 설명으로 옳지 않은 것은?

① 토압은 지하 외벽에 작용하는 대표적인 측압이다.
② 콘크리트 타설 시 슬럼프값이 낮을수록 거푸집에 작용하는 측압이 크다.
③ 벽체가 받는 측압을 경감시키기 위하여 부축벽을 세운다.
④ 지하수위가 높을수록 수압에 의한 측압이 크게 작용한다.

해설 콘크리트의 슬럼프값이 클수록 거푸집에 작용하는 측압은 커진다.

10 옆에서 산지치기로 하고 중간은 빗물리게 한 이음으로 주로 토대, 처마도리, 중도리 등에 쓰이는 것은?

① 엇걸이 산지이음
② 빗이음
③ 엇빗이음
④ 겹침이음

해설
- 빗이음 : 두 부재를 사선으로 비스듬히 잇는 이음
- 엇빗이음 : 두 부재를 반으로 나누어 반대 경사로 이음
- 겹침이음 : 두 부재를 겹쳐 못이나 볼트 등으로 이음

11 케이블을 이용한 구조로만 연결된 것은?

① 현수구조 - 사장구조
② 현수구조 - 셸구조
③ 절판구조 - 사장구조
④ 막구조 - 돔구조

해설 현수구조와 사장구조는 케이블을 통해 하중을 기둥으로 전달한다.

현수구조    사장구조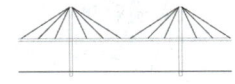

12 한옥구조에서 다락기둥이 의미하는 것은?

① 고주   ② 누주
③ 찰주   ④ 활주

해설
- 고주(高柱) : 한 개 층의 높이보다 높아 동자주를 겸하는 기둥
- 누주(樓柱) : 누각(다락)의 기둥으로 사용되는 굵고 긴 나무
- 찰주(刹柱) : 심초석 위에 세워 중심을 유지하는 기둥
- 활주(活柱) : 처마 끝의 추녀를 받치는 기둥

13 철근콘크리트구조에서 각 철근의 주된 역할로 올바르지 않은 것은?

① 띠철근 : 휨모멘트에 저항
② 온도철근 : 균열방지
③ 후크 : 철근의 정착
④ 늑근 : 전단력의 보강

해설 기둥의 주근을 감싼 띠철근은 전단력을 보강하고 주근의 위치고정 및 좌굴을 방지한다.

14 철근콘크리트 기둥의 배근에 관한 설명 중 틀린 것은?

① 기둥을 보강하는 세로철근, 즉 축방향 철근이 주근이 된다.
② 나선철근은 주근의 좌굴과 콘크리트가 수평으로 터져 나가는 것을 구속한다.
③ 주근의 최소 개수는 사각형이나 원형 띠철근으로 둘러싸인 경우 6개, 나선철근으로 둘러싸인 경우 4개로 하여야 한다.
④ 비합성 압축부재의 축방향 주철근 단면적은 전체 단면적의 0.01배 이상, 0.08배 이상으로 해야 한다.

해설 주근의 최소 개수는 사각형이나 원형 띠철근으로 둘러싸인 경우 4개, 나선철근으로 둘러싸인 경우 6개로 하여야 한다.

정답 9. ② 10. ① 11. ① 12. ② 13. ① 14. ③

15 반원 아치의 중앙에 들어가는 돌의 이름은 무엇인가?

① 쌤돌   ② 고막이돌
③ 두겁돌 ④ 이맛돌

해설 반원아치의 이맛돌 위치

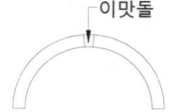

16 보강블록조의 내력벽 구조에 관한 설명 중 옳지 않은 것은?

① 벽두께는 층수가 많을수록 두껍게 하며 최소 두께는 150mm 이상으로 한다.
② 수평력에 강하게 하려면 벽량을 증가시킨다.
③ 위층의 내력벽과 아래층의 내력벽은 바로 위아래에 위치하게 한다.
④ 벽길이의 합계가 같을 때 벽길이를 크게 분할하는 것보다 짧은 벽이 많이 있는 것이 좋다.

해설 벽길이의 합계가 같을 때 벽길이를 크게 분할하는 것보다 짧은 벽이 많이 있는 것은 좋지 않다.

17 철근콘크리트구조에 관한 내용으로 옳지 않은 것은?

① 역학적으로 인장력에 주로 저항하는 부분은 콘크리트이다.
② 콘크리트가 철근을 피복하므로 철골구조에 비해 내화성이 우수하다.
③ 콘크리트와 철근의 선팽창계수가 거의 같아 일체화에 유리하다.
④ 콘크리트는 알칼리성이므로 철근의 부식을 막는 기능을 한다.

해설 역학적으로 인장력에 주로 저항하는 부분은 철근이고, 압축력에 저항하는 부분은 콘크리트이다.

18 조적식 구조에서 하나의 층에 있어서의 개구부와 그 바로 위층에 있는 개구부와의 수직거리는 최소 얼마 이상으로 하여야 하는가?

① 200mm   ② 400mm
③ 600mm   ④ 800mm

해설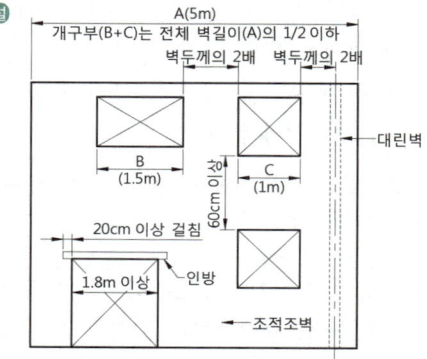

19 구조적으로 가장 안정된 상태의 아치를 잘 설명한 것은?

① 아치의 하단 단면의 크기를 작게 하여 공간의 활용도를 높였다.
② 상부 하중을 견딜 수 있도록 포물선의 형태로 설치하였다.
③ 응력의 집중현상을 방지할 수 있도록 절점을 많이 설치하였다.
④ 수직 방향의 응력만 유지될 수 있도록 하단에 이동단을 설치하였다.

해설 아치의 형태는 포물선(반원) 형태로 설치해야 상부의 하중을 잘 받을 수 있다.

20 철골부재의 용접접합 작업 시 활용되는 보강재 또는 부위가 아닌 것은?

① 엔드탭
② 뒷댐재
③ 웨브 플레이트
④ 스캘럽

해설 웨브 플레이트는 철골보를 형성하는 강판 재료이다.

정답 15. ④ 16. ④ 17. ① 18. ③ 19. ② 20. ③

21 다음 중 오르내리창에 사용되는 철물은?

① 나이트래치 ② 도어스톱
③ 모노로크 ④ 크레센트

해설
- 나이트래치 : 밖에서는 열쇠를 사용해야 열리는 창호의 철물
- 도어스톱 : 여닫이문의 열린 위치를 고정하는 철물
- 모노로크 : 문 손잡이 내부의 실린더를 사용한 잠금장치

22 한국산업표준의 분류에서 건설부문의 분류기호는?

① B ② D
③ F ④ H

해설 한국산업표준 분류기호
B : 기계, D : 금속, H : 식료품

23 경질 섬유판에 대한 설명으로 잘못된 것은?

① 식물섬유를 주원료로 하여 성형한 것이다.
② 신축의 방향성이 크며 소프트 텍스라고도 한다.
③ 비중이 0.8 이상으로 수장판으로 사용된다.
④ 연질, 반경질 섬유판에 비하여 강도가 우수하다.

해설
- 연질 섬유판 : 신축의 방향성이 크다.
- 경질 섬유판 : 신축의 방향성이 작다.

24 지붕재료에 요구되는 성질과 가장 관계가 먼 것은?

① 외관이 좋은 것이어야 한다.
② 부드러워 가공이 용이한 것이어야 한다.
③ 열전도율이 작은 것이어야 한다.
④ 재료가 가볍고, 방수·방습·내화·내수성이 큰 것이어야 한다.

해설 건축재료 중 가공이 용이한 것은 구조용으로 사용된다.

25 AE제를 사용한 콘크리트에 관한 설명 중 옳지 않은 것은?

① 물-시멘트비가 일정한 경우 공기량을 증가시키면 압축강도가 증가한다.
② 시공연도가 좋아지므로 재료분리가 적어진다.
③ 동결융해작용에 의한 마모에 대하여 저항성을 증대시킨다.
④ 철근에 대한 부착강도가 감소한다.

해설 AE제는 미세한 공기방울을 생성하는 혼화제로, 많이 사용되는 경우 콘크리트의 단면적이 감소해 압축강도가 낮아진다.

26 점토에 톱밥이나 분탄 등의 가루를 혼합하여 소성한 것으로 절단, 못치기 등의 가공성이 우수한 것은?

① 이형벽돌 ② 다공질벽돌
③ 내화벽돌 ④ 포도벽돌

해설
- 이형벽돌 : 모양을 목적에 맞게 제작한 벽돌
- 내화벽돌 : 내화점토를 사용해 내화성이 우수한 벽돌
- 포도벽돌 : 마모, 충격에 강해 포장용으로 사용되는 벽돌

27 회반죽 바름에서 여물을 넣는 주된 이유는?

① 균열을 방지하기 위해
② 점성을 높이기 위해
③ 경화속도를 높이기 위해
④ 경도를 높이기 위해

해설 회반죽에 여물을 넣어주면 배합된 재료가 결속되어 균열을 방지할 수 있다.

28 다음 건축재료 중 천연재료에 속하는 것은?

① 목재 ② 철근
③ 유리 ④ 고분자재료

해설
- 천연재료 : 석재, 목재, 흙 등
- 인공재료 : 유리, 금속, 합성수지 등

정답 21. ④ 22. ③ 23. ② 24. ② 25. ① 26. ② 27. ① 28. ①

29 다음 소지의 질에 의한 타일의 구분에서 흡수율이 가장 큰 것은?
① 자기질　② 석기질
③ 도기질　④ 클링커타일

해설 점토의 흡수성
토기 > 도기 > 석기 > 자기
*클링커타일은 석기질 점토로 만든 바닥용 타일

30 석재의 성인에 의한 분류 중 수성암에 속하지 않는 것은?
① 사암　② 이판암
③ 석회암　④ 안산암

해설 안산암은 화산암이다.
성인(成因) : 사물이 만들어진 원인

31 시멘트를 제조할 때 최고온도까지 소성이 이루어진 후에 공기를 이용하여 급랭시켜 소성물을 배출하게 되면 화산암과 같은 검은 입자가 나오는데 이 검은 입자를 무엇이라 하는가?
① 포졸란　② 시멘트클링커
③ 플라이애시　④ 광재

해설
• 포졸란 : 광물질 분말로 콘크리트의 혼화재료
• 플라이애시 : 석탄재로 콘크리트의 혼화재료
• 광재 : 철광 제련 시 생성되는 비금속

32 다음 그림이 나타내는 창호철물은?

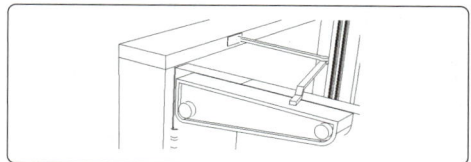

① 경첩　② 도어클로저
③ 코너비드　④ 도어스톱

해설
• 경첩 : 여닫이 창호에 사용되는 힌지
• 코너비드 : 미장을 쉽게 하고 모서리를 보호
• 도어스톱 : 여닫이문을 열린 상태로 고정하는 철물

33 염분이 섞인 모래를 사용한 철근콘크리트에서 가장 염려되는 현상은?
① 건조수축 발생
② 철근 부식
③ 슬럼프 저하
④ 초기강도 저하

해설 염분은 철을 부식시킨다.

34 일반적으로 창유리의 강도가 뜻하는 것은?
① 휨강도　② 압축강도
③ 인장강도　④ 전단강도

해설 일반적으로 창유리의 강도는 휨강도를 뜻한다.

35 목재의 종류에 관계없이 목재를 구성하고 있는 섬유질의 평균적인 진비중값으로 옳은 것은?
① 0.5　② 0.67
③ 1.54　④ 2.4

해설 목재의 진비중은 거의 일정하여 1.54 정도이다.

36 재료의 역학적 성질에 관한 설명으로 옳지 않은 것은?
① 탄성 : 물체에 외력이 작용하면 순간적으로 변형이 생기지만 외력을 제거하면 원래의 상태로 되돌아가는 성질
② 소성 : 재료에 사용하는 외력이 어느 한도에 도달하면 외력의 증가 없이 변형만이 증대하는 성질
③ 점성 : 유체가 유동하고 있을 때 유체의 내부에 흐름을 저지하려고 하는 내부 마찰저항이 발생하는 성질
④ 인성 : 외력에 파괴되지 않고 가늘고 길게 늘어나는 성질

해설 외력에 파괴되지 않고 길게 늘어나는 성질은 전성이다.

정답 29. ③　30. ④　31. ②　32. ②　33. ②　34. ①　35. ③　36. ④

37 집성목재의 장점에 속하지 않는 것은?
① 목재의 강도를 인공적으로 조절할 수 있다.
② 응력에 따라 필요한 단면을 만들 수 있다.
③ 길고 단면이 큰 부재를 간단히 만들 수 있다.
④ 톱밥, 대패밥, 나무 부스러기를 이용하므로 경제적이다.

[해설] 집성목재는 얇은 단판을 여러 장 겹쳐서 만든다.

38 래커를 도장할 때 사용되는 희석제로 가장 적합한 것은?
① 유성페인트   ② 크레오소트유
③ PCP   ④ 시너

[해설] 래커페인트의 희석제는 래커용 시너를 사용한다.

39 중용열 포틀랜드 시멘트에 대한 설명으로 옳은 것은?
① 초기강도 증진을 위한 시멘트이다.
② 급속공사, 동기공사 등에 유리하다.
③ 발열량이 적고 경화가 느린 것이 특징이다.
④ 수화속도가 빨라 한중 콘크리트 시공에 적합하다.

[해설] 중용열 포틀랜드 시멘트
• 발열량이 적고 경화가 느려 장기강도가 우수하다.
• 댐공사, 방사능 차폐용에 사용된다.
• 수화반응 속도가 느려 매스콘크리트용으로 사용된다.

40 다음 중 아파트의 평면형식에 따른 분류에 속하지 않는 것은?
① 홀형   ② 복도형
③ 탑상형   ④ 집중형

[해설]
• 평면형식에 따른 구분 : 홀형(계단식), 복도형, 집중형
• 주동형식에 따른 구분 : 판상형, 탑상형(타워형), 복합형

41 재료 관련 용어에 대한 설명 중 옳지 않은 것은?
① 열팽창계수란 온도의 변화에 따라 물체가 팽창·수축하는 비율을 말한다.
② 비열이란 단위질량의 물질을 온도 1℃ 올리는 데 필요한 열량을 말한다.
③ 열용량은 물체에 열을 저장할 수 있는 용량을 말한다.
④ 차음률은 음을 얼마나 흡수하느냐 하는 성질을 말하며 재료의 비중이 클수록 작다.

[해설]
• 차음 : 음을 차단
• 흡음 : 음을 흡수

42 배수트랩의 봉수파괴원인에 속하지 않는 것은?
① 증발   ② 간접배수
③ 모세관 현상   ④ 유도 사이펀 작용

[해설] 봉수파괴의 원인
사이펀 작용, 흡출작용, 증발과 분출, 모세관 현상 등

43 다음과 같이 정의되는 전기 관련 용어는?

> 대지에 이상전류를 방류 또는 계통구성을 위해 의도적이거나 우연하게 전기회로를 대지 또는 대지를 대신하는 전도체에 연결하는 전기적인 접속

① 절연   ② 접지
③ 피뢰   ④ 피복

[해설]
• 절연 : 전기 부도체로 싸매는 것
• 피뢰 : 벼락의 피해를 예방하거나 피함.
• 피복 : 도체의 손상과 인체의 감전을 방지

44 동선계획에서 고려되는 동선의 3요소에 속하지 않는 것은?
① 길이   ② 빈도
③ 하중   ④ 공간

[해설] 동선의 3요소 : 길이, 빈도, 하중

정답 37. ④ 38. ④ 39. ③ 40. ③ 41. ④ 42. ② 43. ② 44. ④

45 액화석유가스(LPG)에 관한 설명으로 잘못된 것은?

① 공기보다 가볍다.
② 용기(bomb)에 넣을 수 있다.
③ 가스절단 등 공업용으로도 사용된다.
④ 프로판가스(propane gas)라고도 한다.

해설 액화석유가스는 공기보다 무거워 바닥으로 내려앉는다.

46 공기조화방식 중 팬코일 유닛방식에 관한 설명으로 옳지 않은 것은?

① 전공기방식에 속한다.
② 각 실에 수배관으로 인한 누수 우려가 있다.
③ 덕트 방식에 비해 유닛의 위치 변경이 쉽다.
④ 유닛을 창문 밑에 설치하면 콜드 드래프트를 줄일 수 있다.

해설 팬코일 유닛방식은 전수방식에 속한다.

47 건축도면의 표시기호와 표시사항의 연결이 옳지 않은 것은?

① V - 용적
② Wt - 너비
③ ϕ - 지름
④ THK - 두께

해설 W=너비

48 부엌의 일부에 간단히 식당을 꾸민 형식은?

① 리빙 키친
② 다이닝 포치
③ 다이닝 키친
④ 다이닝 테라스

해설
• 리빙 키친 : 거실, 식사실 및 부엌을 겸한 형식
• 다이닝 포치 : 포치에 식사실을 둔 형식
• 다이닝 테라스 : 테라스에 식사실을 둔 형식

49 건축도면에서 치수 단위?

① mm
② cm
③ m
④ km

해설 건축도면에서 사용되는 단위는 mm를 원칙으로 한다.

50 건축법령상 공동주택에 해당되지 않는 것은?

① 기숙사
② 연립주택
③ 다가구주택
④ 다세대주택

해설 공동주택 : 아파트, 다세대주택, 연립주택, 기숙사 등
단독주택 : 다가구주택, 단독주택, 공관 등

51 주택의 식당 및 부엌에 관한 설명으로 옳지 않은 것은?

① 식당의 색채는 채도가 높은 한색계통이 바람직하다.
② 식당은 부엌과 거실의 중간에 위치하는 게 좋다.
③ 부엌의 작업대는 준비대→개수대→조리대→가열대→배선대의 순서로 배치한다.
④ 키친네트는 작업대 길이가 2m 정도인 소형 주방가구가 배치된 간이 부엌의 형태이다.

해설 식욕을 돋우는 색상은 빨강, 주황, 노랑 등 난색계열의 색상이다.

52 주택의 침실에 관한 설명으로 옳지 않은 것은?

① 어린이 침실은 주간에는 공부를 할 수 있고, 유희실을 겸하는 것이 좋다.
② 부부침실은 주택 내의 공동 공간으로서 가족생활의 중심이 되도록 한다.
③ 침실의 크기는 사용하는 인원수, 침구의 종류, 가구의 종류, 통로 등의 사항에 따라 결정한다.
④ 침실의 위치는 소음의 원인이 되는 도로쪽은 피하고, 정원 등의 공지에 면하도록 한다.

해설 부부의 침실은 사적인 공간으로 독립성이 확보되어야 하며 가족생활의 중심이 되는 장소는 거실이다.

정답 45.① 46.① 47.② 48.③ 49.① 50.③ 51.① 52.②

53 다음과 같이 정의되는 엘리베이터 관련 용어는?

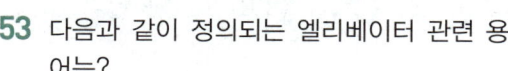
엘리베이터가 출발기준층에서 승객을 싣고 출발하여 각 층에 서비스한 후 출발기준층으로 되돌아와 다음 서비스를 위해 대기하는 데까지의 총시간

① 승차시간 ② 일주시간
③ 주행시간 ④ 서비스시간

해설 일주시간이란 승객을 싣고 운행한 후 다시 기준층으로 돌아오는 시간이다.

54 색의 지각적 효과에 관한 설명으로 옳지 않은 것은?

① 명시도에 가장 영향을 끼치는 것은 채도 차이다.
② 일반적으로 고명도, 고채도의 색이 주목성이 높다.
③ 고명도, 고채도, 난색계의 색은 진출, 팽창되어 보인다.
④ 명도가 높은 색은 외부로 확산되려는 현상을 나타낸다.

해설 명시도에 가장 영향을 주는 것은 명도이다.

55 창호의 재질별 기호가 옳지 않은 것은?

① W : 목재   ② SS : 강철
③ P : 합성수지 ④ A : 알루미늄합금

해설 Ss : 스테인리스스틸, S : 강철

56 다음 중 건축도면 작도에서 가장 굵은 선으로 표현해야 할 것은?

① 인출선 ② 해칭선
③ 단면선 ④ 치수선

해설 단면선은 절단된 부분을 작도하는 선으로 가장 굵은 선으로 작도한다.

57 다음 중 단면도를 그릴 때 가장 먼저 이루어져야 할 것은?

① 지반선의 위치를 결정한다.
② 마루, 천장의 윤곽선을 작성한다.
③ 기둥의 중심선은 일점쇄선으로 작성한다.
④ 내·외벽, 지붕을 그리고 필요한 치수를 기입한다.

해설 단면도의 일반적인 작성과정
지반선→구조체 중심선→구조체 두께선→개구부 위치선→지붕선→천장선→문자기입→치수기입

58 일반 평면도의 표현내용에 속하지 않는 것은?

① 실의 크기
② 보의 높이 및 크기
③ 창문과 출입구의 구별
④ 개구부의 위치 및 크기

해설 보의 높이와 크기는 단면도에 표시된다.

59 기온·습도·기류의 3요소의 조합에 의한 실내온열감각을 기온의 척도로 나타낸 것은?

① 유효온도 ② 작용온도
③ 등가온도 ④ 불쾌지수

해설 유효온도는 실내기온의 척도이다.

60 디자인의 기본 원리 중 성질이나 질량이 전혀 다른 둘 이상의 것이 동일한 공간에 배열될 때 서로의 특징을 한층 더 돋보이게 하는 현상은?

① 대비 ② 통일
③ 리듬 ④ 강조

해설 대비는 서로 다른 요소의 조합으로 시각적으로 강한 인상을 준다.

정답 53. ② 54. ① 55. ② 56. ③ 57. ① 58. ② 59. ① 60. ①

2016 제4회 출제문제
(2016년 7월 10일 시행)

01 목구조 기둥에 대한 설명으로 옳지 않은 것은?
① 중층건물의 상·하층 기둥이 길게 한 재로 된 것은 토대이다.
② 활주는 추녀뿌리를 받친 기둥이고, 단면은 원형과 팔각형이 많다.
③ 심벽식 기둥은 노출된 형식을 말한다.
④ 기둥의 형태가 밑둥부터 위로 올라가면서 점차 가늘어지는 것을 흘림기둥이라 한다.

해설 목구조 건축물에서 상층과 하층을 통한 하나로 된 기둥을 통재기둥이라 한다.

02 다음 구조형식 중 셸구조인 것은?
① 잠실운동장
② 파리 에펠탑
③ 서울 월드컵경기장
④ 시드니 오페라하우스

해설
• 잠실종합운동장 : 철근콘크리트구조
• 파리 에펠탑 : 철골(트러스)구조
• 상암 월드컵경기장 : 막구조

03 신축 이음(expansion joint)을 설치해야 하는 위치와 관련이 없는 것은?
① 기존 건물과의 접합부분
② 저층의 긴 건물과 고층 건물의 접속부분
③ 복잡한 평면부분의 교차부분
④ 단면이 균일한 소규모의 바닥판 부분

해설 신축줄눈의 설치
• 건물의 길이가 긴 경우
• 지반이나 기초가 다른 경우
• 서로 다른 구조가 이어진 경우
• 평면이 복잡하거나 증축이 되는 경우

04 반자구조의 구성부재로 잘못된 것은?
① 반자돌림대
② 달대
③ 변재
④ 달대받이

해설 천장 반자는 반자돌림, 달대, 달대받이, 반자틀 등으로 구성된다.

05 역학구조상 비내력벽에 포함되지 않는 벽은?
① 장막벽
② 칸막이벽
③ 전단벽
④ 커튼월

해설 비내력벽 : 건축물의 하중을 받지 않는 벽으로 장막벽, 칸막이벽, 커튼월 등이 해당된다.

06 다음 각 구조에 대한 설명으로 잘못된 것은?
① PC의 접합응력을 향상시키기 위해 기둥에 CFT를 적용한다.
② 초고층 골조의 강성을 증대시키기 위해 아웃리거(out rigger)를 설치한다.
③ 프리스트레스구조(pre-stressed)에서 강성을 증대시키기 위해 강선에 미리 인장을 작용한다.
④ 철골구조 접합부의 피로강도 증진을 위해 고력볼트를 접합한다.

해설 CFT는 Concrete Filled steel Tube로 콘크리트를 채운 고강도 강관기둥이다.

07 2개소의 개구부를 가진 조적식 구조에서 대린벽으로 구획된 벽의 길이가 6m일 때 최대 개구부의 폭 합계로 옳은 것은?
① 6m
② 4m
③ 3m
④ 2m

해설 대린벽으로 구획된 벽의 개구부는 벽 길이의 1/2 이하로 한다.

정답 1.① 2.④ 3.④ 4.③ 5.③ 6.① 7.③

08 철골구조의 플레이트보에서 스티프너는 웨브의 무엇을 방지하는가?

① 처짐　　② 좌굴
③ 진동　　④ 블리딩

해설　스티프너는 웨브의 좌굴을 방지한다.

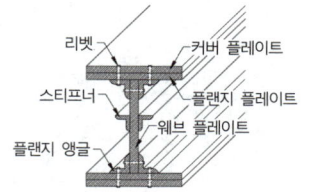

09 I형강의 웨브를 톱니모양으로 절단한 후 구멍이 생기도록 맞추고 용접하여 구멍을 각 층의 배관에 이용하도록 한 보는?

① 트러스보　　② 판보
③ 래티스보　　④ 허니컴보

해설
- 트러스보 : 플레이트보의 웨브에 빗재와 수직재 사용
- 판보 : 웨브에 철판을 사용하고 상·하부에 플랜지 철판을 사용
- 래티스보 : 상·하 플랜지에 ㄱ자 형강을 사용

10 보강콘크리트 블록조 단층에서 내력벽의 벽량은 최소 얼마 이상으로 하는가?

① $10cm/m^2$　　② $15cm/m^2$
③ $20cm/m^2$　　④ $25cm/m^2$

해설　벽량이란 내력벽 길이의 총합계를 해당 층의 면적으로 나눈 값으로 보강콘크리트 블록조 내력벽의 벽량은 $15cm/m^2$이다.

11 강구조의 기둥 종류 중 앵글·채널 등으로 대판을 플랜지에 직각으로 접합한 것을 무엇이라 하는가?

① H형강기둥　　② 래티스기둥
③ 격자기둥　　　④ 강관기둥

해설　격자기둥 : 앵글과 채널을 사용해 격자식으로 조립한 기둥으로 강구조에 사용된다.

12 트러스의 종류 중 상현재와 하현재 사이에 수직재로 구성된 것은?

① 플랫 트러스　　② 워런 트러스
③ 하우 트러스　　④ 비렌딜 트러스

해설
플랫 트러스　　워런 트러스

하우 트러스　　비렌딜 트러스
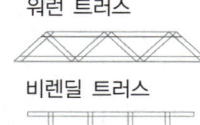

13 목구조의 부재 중 가새의 설명으로 옳지 않은 것은?

① 벽체를 안정형 구조로 만든다.
② 구조물에 가해지는 수평력보다는 수직력에 대한 보강을 위한 것
③ 힘의 흐름상 인장력과 압축력에 모두 저항할 수 있다.
④ 가새를 결손시켜 내력상 지장을 주면 안 된다.

해설　가새는 기둥의 상부와 하부를 연결해 수평력에 저항한다.

14 벽돌쌓기에서 처음 한 켜는 마구리쌓기, 다음 켜는 길이쌓기를 교대로 쌓는 것으로 통줄눈이 생기지 않으며 가장 튼튼한 쌓기법은?

① 영국식 쌓기
② 네덜란드식 쌓기
③ 프랑스식 쌓기
④ 미국식 쌓기

해설　영국식 쌓기는 길이와 마구리를 번갈아 쌓고 이오토막을 사용하는 가장 튼튼한 쌓기법이다.

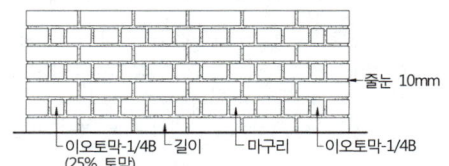

정답　8. ②　9. ④　10. ②　11. ③　12. ④　13. ②　14. ①

15 하중의 작용방향에 따른 하중분류에서 수평하중에 포함되지 않는 것은?
  ① 활하중   ② 풍하중
  ③ 수압   ④ 벽토압

  해설 수평하중이란 수평방향으로 작용하는 힘의 총칭으로 풍하중, 수압, 토압, 지진하중 등이 해당된다.

16 현장치기 콘크리트 중 수중에서 타설하는 콘크리트의 최소 피복두께는?
  ① 60mm   ② 80mm
  ③ 100mm ④ 12mm

  해설 현장치기 피복두께
  • 수중타설 : 100mm
  • 영구히 흙에 접하는 부분 : 80mm
  • 옥외 공기 중에 노출되는 부분 : 40~60mm
  • 공기 중이나 접하지 않는 부분 : 20~40mm

17 트러스구조에 대한 설명으로 옳은 것은?
  ① 모든 방향에 대한 응력을 전달하기 위하여 절점은 강접합으로만 이루어져야 한다.
  ② 풍하중과 적설하중은 구조계산 시 고려하지 않는다.
  ③ 부재에 휨모멘트 및 전단력이 발생한다.
  ④ 구성부재를 규칙적인 3각형으로 배열하면 구조적으로 안정된다.

  해설 트러스구조
  목재나 강재를 삼각형으로 연결한 구조
  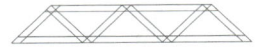

18 목재 반자구조에서 반자틀받이의 설치 간격으로 가장 적절한 것은?
  ① 30cm   ② 50cm
  ③ 90cm   ④ 150cm

  해설 반자틀받이는 900mm 간격으로 달대에 매단다.

19 창문이나 문 위에 걸쳐대어 상부에서 오는 하중을 받는 수평부재는?
  ① 인방돌   ② 창대돌
  ③ 문지방돌 ④ 쌤돌

  해설 인방돌은 개구부 상부에 걸쳐대어 하중을 분산시킨다.

20 목재의 접합에서 두 재가 직각 또는 경사로 짜여지는 것을 무엇이라 하는가?
  ① 이음   ② 맞춤
  ③ 벽선   ④ 쪽매

  해설 • 이음 : 목재를 길게 접합

  • 맞춤 : 목재를 직각이나 대각선으로 접합

21 시멘트 저장 시 유의해야 할 사항으로 옳지 않은 것은?
  ① 시멘트는 개구부와 가까운 곳에 쌓여 있는 것부터 사용해야 한다.
  ② 지상 30cm 이상 되는 마루 위에 적재해야 하며 그 창고는 방습설비가 완전해야 한다.
  ③ 3개월 이상 저장한 시멘트 또는 습기에 노출된 시멘트는 반드시 사용 전에 재시험해야 한다.
  ④ 포대에 들어 있는 시멘트는 13포대 이상 쌓으면 안 되며 특히 장기간 저장할 경우에는 7포대 이상 쌓지 않는 것을 원칙으로 한다.

  해설 시멘트 저장고는 반입구와 반출구를 따로 두고 먼저 반입된 순서로 사용한다.

정답 15. ① 16. ③ 17. ④ 18. ③ 19. ① 20. ② 21. ①

22 각 석재의 용도로 옳지 않은 것은?
① 화강암-외장재 ② 점판암-지붕재
③ 석회암-구조재 ④ 대리석-장식재

해설 석회암은 주로 시멘트의 원료로 사용된다.

23 콘크리트용 골재에 대한 설명으로 옳지 않은 것은?
① 골재의 강도는 경화된 시멘트풀의 최대 강도 이하이어야 한다.
② 골재의 표면은 거칠고, 모양은 원형에 가까운 것이 좋다.
③ 골재는 잔 것과 굵은 것이 고루 혼합된 것이 좋다.
④ 골재는 유해량 이상의 염분을 포함하지 않는다.

해설 골재는 시멘트풀의 최대 강도 이상인 것을 사용한다.

24 M.D.F에 대한 설명으로 옳지 않은 것은?
① 톱밥, 나무조각 등을 사용한 인공 목재이다.
② 고정철물을 사용한 곳은 재시공이 어렵다.
③ 천연목재보다 강도가 작다.
④ 천연목재보다 습기에 약하다.

해설 MDF는 목질재료, 목섬유, 접착제를 고온, 고압으로 성형하여 조직이 치밀하고 강도가 우수하다.

25 콘크리트, 모르타르 바탕에 아스팔트 방수층 또는 아스팔트 타일 붙이기 시공을 할 때의 초벌용 재료는?
① 아스팔트 프라이머
② 아스팔트 컴파운드
③ 블로운 아스팔트
④ 아스팔트 루핑

해설 프라이머는 주재료를 시공하기 전 접착력을 증대시키기 위해 바탕재료로 사용된다.

26 인조석에 사용되는 각종 안료로서 옳지 않은 것은?
① 트래버틴 ② 황토
③ 주토 ④ 산화철

해설 트래버틴은 대리석의 일종으로 장식재나 마감재로 사용된다.

27 목재에서 힘을 받는 섬유소 간의 접착제 역할을 하는 것은?
① 도관세포 ② 헤미셀룰로오스
③ 리그닌 ④ 탄닌

해설 목재의 리그닌은 섬유소 간 접착제 역할을 한다.

28 석고보드에 대한 설명으로 옳지 않은 것은?
① 부식이 진행되지 않고 충해를 받지 않는다.
② 팽창 및 수축의 변형이 크다.
③ 흡수로 인해 강도가 현저하게 저하된다.
④ 단열성이 우수하다.

해설 석고보드는 팽창 및 수축이 적어 시공 후 뒤틀림 등의 변형이 적다.

29 목재의 심재에 대한 설명으로 잘못된 것은?
① 목질부 중 수심 부근에 있는 것을 말한다.
② 변형이 적고 내구성이 좋아 활용성이 높다.
③ 오래된 나무일수록 폭이 넓다.
④ 색깔이 엷고 비중이 적다.

해설 목질부의 심재는 색이 진하고, 세포가 고화되어 비중이 크다.

30 석재의 조직 중 석재의 외관 및 성질과 가장 관계가 깊은 것은?
① 조암광물 ② 석리
③ 절리 ④ 석목

해설 석리는 석재의 표면조직을 뜻하는 것으로 석재의 외관 및 성질과 관련된다.

정답 22.③ 23.① 24.③ 25.① 26.① 27.③ 28.② 29.④ 30.②

31 넓은 기계 대패로 나이테를 따라 두루마리를 펴듯이 연속적으로 벗기는 방법으로 얼마든지 넓은 베니어를 얻을 수 있고 원목의 낭비를 줄일 수 있는 제조법은?

① 소드 베니어
② 로터리 베니어
③ 반 로터리 베니어
④ 슬라이스드 베니어

[해설] 로터리 베니어의 합판제조는 80~90% 정도를 차지한다.

32 건축재료의 강도구분에 있어서 정적 강도에 해당하지 않는 것은?

① 압축강도　② 충격강도
③ 인장강도　④ 전단강도

[해설] 정적 강도란 외력이 서서히 가해질 때의 강도로 압축강도, 인장강도, 전단강도가 해당되며, 충격강도는 동적 강도로 구분된다.

33 10cm×10cm인 목재를 400kN의 힘으로 잡아당겼을 때 끊어졌다면 이 목재의 최대 인장강도는?

① 4MPa　② 40MPa
③ 400MPa　④ 4000MPa

[해설] MPa(메가파스칼)
1파스칼은 $1m^2$당 1N의 힘이 작용할 때의 압력
1MPa = 1,000,000Pa = 1,000kPa
→ 400kN/(10cm×10cm) → 400,000N/(0.1m×0.1m)
= 40000000Pa = 40MPa

34 건축물의 내구성에 영향을 주는 환경요인에 해당되지 않는 것은?

① 해풍　② 지진
③ 화재　④ 광택

[해설] 건축물의 내구성에 영향을 주는 환경요인으로는 태풍, 지진, 화재 등의 자연재해와 금속의 부식, 부패, 해충의 영향으로 내구성이 약해지기도 한다.

35 파티클보드에 대한 설명으로 틀린 것은?

① 변형이 적고 음 및 열의 차단성이 우수함
② 상판, 칸막이벽, 가구 등이 널리 사용됨
③ 수분과 습도에 강하므로 별도의 방습 및 방수처리가 불필요하다.
④ 합판에 비해 휨강도는 떨어지나 면내 강성은 우수하다.

[해설] 파티클보드는 습기에 취약하다.

36 다음 중 한중 콘크리트의 시공에 적합한 시멘트는?

① 조강 포틀랜드 시멘트
② 고로 시멘트
③ 백색 포틀랜드 시멘트
④ 플라이애시 시멘트

[해설] 한중 콘크리트는 날씨가 추운 동절기 공사에 사용되는 것으로, 조기강도가 우수한 조강 포틀랜드 시멘트를 사용한다.

37 안전유리로서 판유리를 약 600℃까지 가열하여 급랭시켜 만드는 유리는?

① 보통판유리　② 복층유리
③ 무늬유리　④ 강화유리

[해설] 강화유리는 일반 판유리를 열처리하여 만든 유리로 파괴될 때 작은 조각으로 분산되어 일반유리보다 안전하다.

38 길이가 5m인 생나무가 전건상태에서 길이가 4.5m로 줄었다면 수축률은 얼마인가?

① 6%　② 10%
③ 12%　④ 14%

[해설] 목재의 전수축률(%)
$$\frac{생나무의\ 길이 - 전건상태의\ 길이}{생나무의\ 길이} \times 100$$
$$= \frac{5-4.5}{5} \times 100 = 10\%$$

[정답] 31.② 32.② 33.② 34.④ 35.③ 36.① 37.④ 38.②

39 목재의 부패조건으로 가장 거리가 먼 것은?
① 적당한 온도 ② 수분
③ 목재의 밀도 ④ 공기

해설 목재가 부패하기 좋은 조건은 적당한 온도, 수분과 양분, 공기가 필요하다.

40 시멘트 분말도에 대한 설명으로 틀린 것은?
① 분말도가 클수록 수화작용이 빠르다.
② 분말도가 클수록 초기강도의 발생이 빠르다.
③ 분말도가 클수록 강도증진율이 빠르다.
④ 분말도가 클수록 초기균열이 적다.

해설 시멘트의 분말도가 크면 균열의 원인이 된다.

41 건축형태의 구성원리 중 일반적으로 규칙적인 요소들의 반복으로 디자인에 시각적인 질서를 부여하는 통제된 운동감각을 무엇이라 하는가?
① 리듬 ② 균형
③ 강조 ④ 조화

해설
- 균형: 시각적인 균형을 이루면 안정감을 준다.
- 강조: 형태나 색상, 패턴 등을 달리하여 특정 부분을 부각시킨다.
- 통일: 공통요소를 일관되게 사용하여 전체가 조화를 이루게 한다.

42 건축도면에 사용되는 글자에 관한 설명으로 옳지 않은 것은?
① 숫자는 로마 숫자를 원칙으로 한다.
② 문장은 왼쪽에서부터 가로쓰기를 한다.
③ 글자체는 수직 또는 15° 경사의 고딕체로 한다.
④ 글자의 크기는 각 도면의 상황에 맞추어 알아보기 쉽게 한다.

해설 건축도면에 표기되는 숫자는 아라비아 숫자를 사용한다.

43 압력탱크식 급수방식에 대한 설명으로 맞는 것은?
① 급수 공급압력이 일정하다.
② 단수 시에 일정량의 급수가 가능하다.
③ 전력공급 차단 시에도 급수가 가능하다.
④ 위생성 측면에서 가장 이상적인 방법이다.

해설 압력탱크식 급수방식의 단점
- 공급압력이 일정하지 않다.
- 전력공급이 차단되면 급수가 불가능하다.
- 수도직결방식에 비해 위생적이지 않다.

44 단면도에 표기되는 사항과 거리가 먼 것은?
① 층높이
② 창대높이
③ 부지경계선
④ 지반에서 1층 바닥까지의 높이

해설 단면도는 건축물을 수직으로 절단된 단면을 표현한 것으로 높이와 관련된 층높이, 창대높이, 반자높이 등 높이 정보를 알 수 있다.

45 다음의 아파트 평면형식 중 일조와 환기조건이 가장 불리한 것은?
① 홀형 ② 집중형
③ 편복도형 ④ 중복도형

해설 한 개 층에 여러 가구를 집중시키면 일조조건이 나빠지고 창을 내기가 어렵게 된다.

46 각 실내의 입면으로 벽의 형상, 치수, 마감 상세 등을 나타낸 도면을 무엇이라 하는가?
① 평면도 ② 전개도
③ 배치도 ④ 단면상세도

해설
- 전개도: 실내 벽면의 형상, 크기, 마감을 표현한 도면
- 입면도: 실외 벽면의 개구부, 형상, 크기, 마감을 표현한 도면

정답 39. ③ 40. ④ 41. ① 42. ① 43. ② 44. ③ 45. ② 46. ②

47 복층형 공동주택에 대한 설명으로 옳지 않은 것은?

① 공용 통로면적을 절약할 수 있다.
② 상하층의 평면이 똑같아 평면 구성이 자유롭다.
③ 엘리베이터의 정지 층수가 적어지므로 운영면에서 효율적이다.
④ 1개의 단위주거가 2개 층 이상에 걸쳐 있는 공동주택을 일컫는다.

해설 복층형 주거 형식은 1개의 주호가 2개 층을 사용하는 형태로 상층과 하층의 평면구성이 같을 수 없다.

48 직경 13mm의 이형철근을 100mm 간격으로 배치할 때 도면표시방법은?

① D13#100
② D13@100
③ ϕ13#100
④ ϕ13@100

해설 D13의 D는 이형철근의 지름을 나타내며, @100의 @는 철근의 간격을 뜻한다.

49 먼셀표색계에서 5R 4/14로 표시된 색의 명도는?

① 1
② 4
③ 5
④ 14

해설 5R 4/14의 5R은 순색 빨강을 뜻하며, 4는 명도, 14는 채도를 뜻한다.

50 전력퓨즈에 관한 설명으로 틀린 것은?

① 재투입이 불가능하다.
② 과전류에서 용단될 수도 있다.
③ 소형으로 큰 차단용량을 가졌다.
④ 릴레이는 필요하나 변성기는 필요하지 않다.

해설 전력퓨즈는 릴레이와 변성기가 필요하지 않다.

51 투시도에 사용되는 용어의 기호표시가 잘못된 것은?

① 화면 – P.P
② 기선 – G.L
③ 시점 – V.P
④ 수평면 – H.P

해설 시점 : E.P(eye point), 소점 : V.P(vanishing point)

52 LP가스에 대한 설명으로 틀린 것은?

① 비중이 공기보다 크다.
② 발열량이 크며 연소 시에 필요한 공기량이 많다.
③ 누설이 된다 해도 공기 중에 흡수되기 때문에 안전성이 높다.
④ 석유정제과정에서 채취된 가스를 압축냉각해서 액화시킨 것이다.

해설 LP가스는 공기보다 무거워 누설되면 폭발 위험성이 있다.

53 동선의 3요소에 포함되지 않는 것은?

① 길이
② 빈도
③ 방향
④ 하중

해설 동선의 3요소 : 길이, 빈도, 하중

54 다음 그림의 치수기입방법 중 틀린 것은?

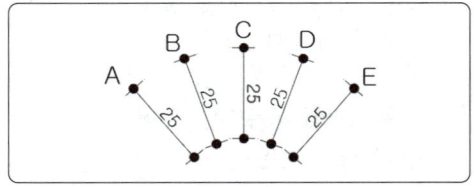

① A
② B
③ C
④ D

해설 올바른 표기

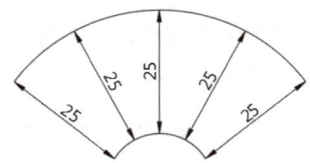

정답 47.② 48.② 49.② 50.④ 51.③ 52.③ 53.③ 54.③

55 프랑스의 사회학자 숑바르 드 로브가 설정한 주거면적기준 중 거주자의 신체적 및 정신적인 건강에 악영향을 끼칠 수 있는 병리기준은?

① 8m² 이하 ② 14m² 이하
③ 16m² 이하 ④ 18m² 이하

해설 기준별 주거면적
• 코르노 : 16m²
• 국제주거회의 : 15m²
• 숑바르 드 로브 : 병리 – 8m², 한계 – 14m², 표준 – 16m²

56 주택의 부엌에서 작업 삼각형(work triangle)의 구성에 포함되지 않는 것은?

① 냉장고 ② 배선대
③ 개수대 ④ 가열대

해설 부엌의 작업 삼각형은 개수대, 가열대, 냉장고를 잇는 선을 말한다.

57 공기조화방식 중 이중덕트방식에 대한 설명으로 잘못된 것은?

① 혼합상자에서 소음과 진동이 발생
② 냉풍과 온풍으로 인한 혼합손실이 발생
③ 전수방식이므로 냉·온수관 전기배선 등을 실내에 설치
④ 단일덕트방식에 비해 덕트 샤프트 및 덕트 스페이스를 크게 차지

해설 이중덕트방식은 전공기방식이다.

58 다음 중 도면에서 가장 굵은 선으로 표현해야 할 것은?

① 치수선 ② 경계선
③ 기준선 ④ 단면선

해설
• 단면선 : 굵은 실선
• 치수선 : 가는 실선
• 기준선, 경계선 : 1점쇄선

59 실내의 잔향시간에 관한 설명으로 옳지 않은 것은?

① 실의 용적에 비례한다.
② 실의 흡음력에 비례한다.
③ 일반적으로 잔향시간이 짧을수록 명료도는 높아진다.
④ 음악을 주목적으로 하는 실의 경우는 잔향시간을 비교적 길게 계획하는 것이 좋다.

해설 잔향시간은 소리가 공기 중에 머무는 시간으로 흡음력에 반비례한다.

60 1200형 에스컬레이터의 공칭수송능력은?

① 4,800인/h ② 6,000인/h
③ 7,200인/h ④ 9,000인/h

해설 1,200형 에스컬레이터는 탑승 폭이 1,200mm로 성인 2명이 단에 오를 수 있으며 시간당 9,000명을 수송할 수 있다.

정답 55.① 56.② 57.③ 58.④ 59.② 60.④

부록 II

CBT 필기시험 안내 및 기출 복원문제

- 큐넷의 CBT 필기시험 체험하기
- CBT 기출 복원문제
- CBT 기출 복원문제 정답 및 해설

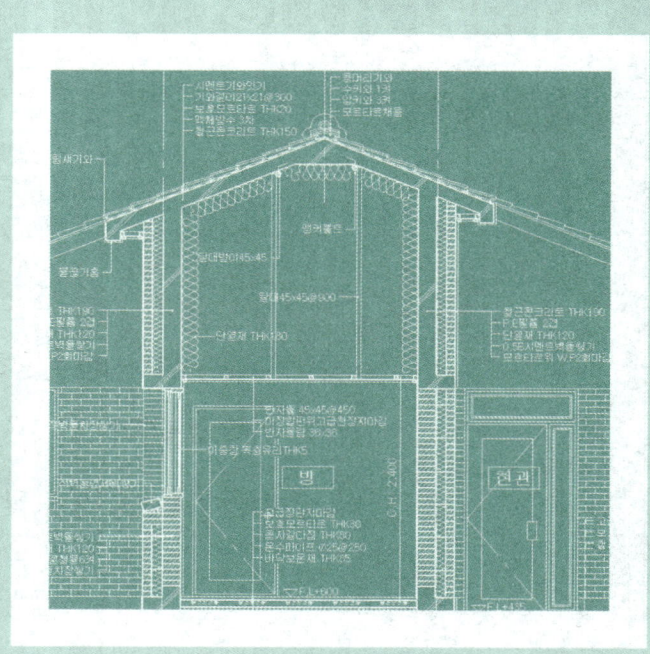

큐넷의 CBT 필기시험 체험하기

SECTION 1 새로 도입된 CBT 시험방식

2016년 4회까지는 시험지(종이)와 OMR 답안카드를 사용한 PBT 시험방식으로 시험 종료 이후 시험지를 가지고 퇴실할 수 있었지만 2016년 5회부터는 시험방식이 CBT시험으로 변경되었습니다.

(1) CBT시험

전자문제지인 CBT(Computer Based Testing) 형식으로 변경되었습니다. 컴퓨터용 사인펜으로 마킹하는 방법이 아닌 모니터 화면으로 문제를 풀고 답을 체크하면서 진행합니다. 컴퓨터를 사용한 시험이므로 시험결과를 바로 확인할 수 있습니다.

(2) CBT시험 과정

❶ 수험자 정보확인

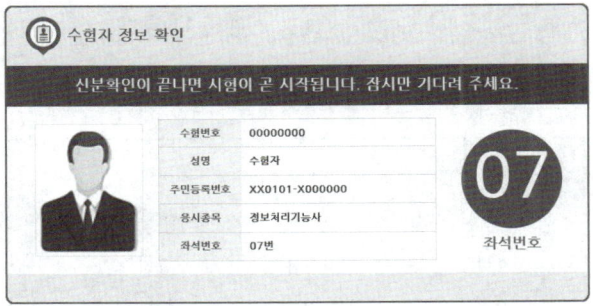

❷ 안내 및 유의사항 등을 확인

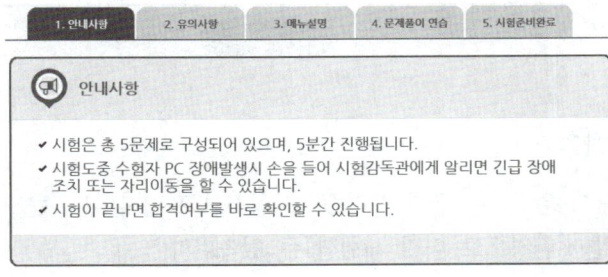

❸ 문제의 보기 번호나 답안 표기란의 번호를 클릭해 시험 진행

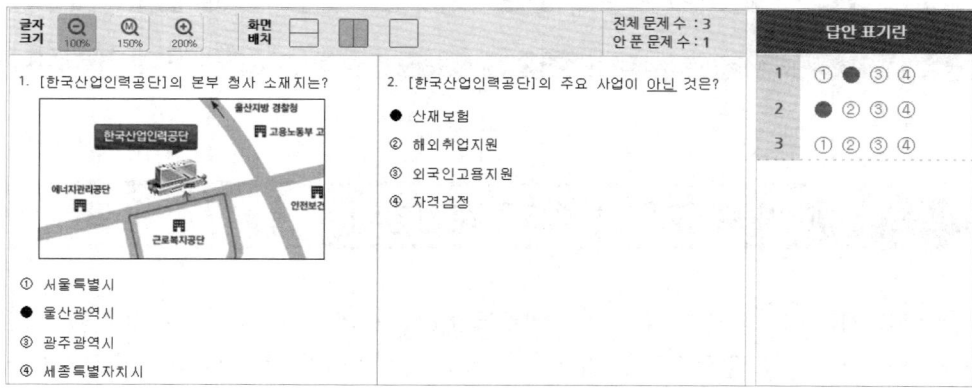

❹ 답안 제출

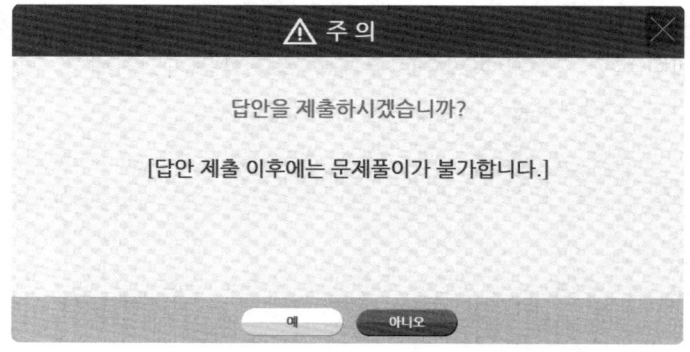

❺ 결과 확인

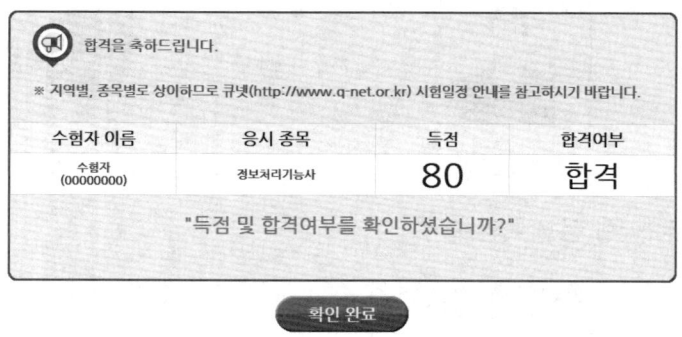

(3) CBT시험 체험하기

한국산업인력공단이 운영하는 국가 자격증·시험정보 포털사이트 "큐넷"에서 실제로 시험을 응시하는 것과 동일한 환경으로 미리 체험할 수 있습니다.

❶ "큐넷"을 검색하여 홈페이지에 접속합니다.

❷ 큐넷 홈페이지 우측 아래에서 CBT 체험하기 버튼을 클릭합니다.

❸ CBT 필기 자격시험 체험하기 버튼을 클릭해 CBT시험 가상체험을 시작합니다. 필기시험 응시 전 필히 큐넷의 CBT웹체험 서비스를 이용해서 실제 시험에서 당황하는 일이 없도록 합니다.

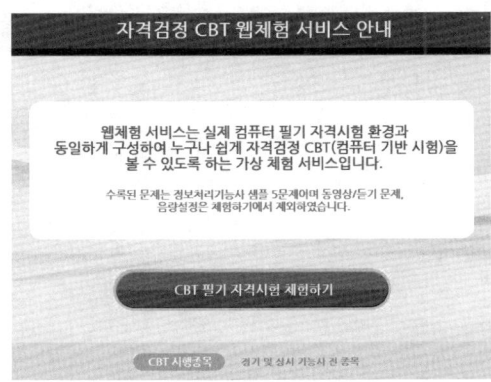

SECTION 2 수험자 유의사항

① 학습일자와 성명을 확인합니다.

② 시험 도중 수험자의 PC에 장애가 발생한 경우 손을 들어 시험감독관에게 알려 조치를 취하거나 자리를 이동합니다.

③ 답은 각 문제마다 요구하는 가장 적합한 답 1개만 선택합니다.

④ 부정행위는 퇴실 조치 및 시험무효, 3년간 응시자격이 정지됩니다.

⑤ 시험 진행 시 부정행위를 하지 않도록 합니다.

2017년 제2회(B형) 기출 복원문제

자격종목	시험시간	학습일자	점 수
전산응용건축제도기능사	60분		

본 문제는 2017년도 시험에 응시한 수험생의 기억을 토대로 기출문제와 출제범위 내에서 재구성한 문제입니다. 실제 출제되었던 문제와 다소 차이가 있을 수 있습니다.

정답 및 해설 : p. 541

[제도]

01 건축도면에 표기되는 글자의 설명으로 옳은 것은?
① 글자 표기에 대한 규정이 없음.
② 가로쓰기를 원칙으로 한다.
③ 글자의 크기는 높이로 한다.
④ 4자리 수는 3자리에 휴지부를 찍거나 간격을 두어야 한다.

02 다음 묘사용구 중 사용 후 지울 수 있는 장점이 있지만 번지는 단점이 있는 것은?
① 물감 ② 마커
③ 잉크 ④ 연필

03 실제 길이가 16m인 선을 축척 1/200로 도면에 표현할 경우 도면에서의 직선길이는 얼마인가?
① 8mm ② 80mm
③ 800mm ④ 8,000mm

04 건설부문의 KS 분류기호로 옳은 것은?
① A ② B
③ F ④ D

05 건축제도 표기에서 반지름을 나타내는 기호는?
① R ② D
③ A ④ T

06 투시도법에 사용되는 용어의 설명으로 잘못된 것은?
① 시점-E.P ② 화면-P
③ 수평면-H.P ④ 소점-S.P

[계획]

07 단지계획에서 근린분구로 볼 수 있는 주택호수의 규모는?
① 100~200호 ② 200~300호
③ 400~500호 ④ 1000~1500호

08 형태를 구성하는 요소의 설명으로 옳은 것은?
① 공간에 하나의 점을 둘 경우 관찰자의 시선을 집중시킬 수 있다.
② 수평선은 고결하고 종교적인 느낌을 준다.
③ 곡선은 역동적이고 생동감 넘치는 에너지와 운동감 및 속도감을 주고 사선은 우아한 느낌을 준다.
④ 공간에 크기가 같은 2개의 점이 있을 경우 주의력은 하나의 점에 집중된다.

09 다음 중 주택 현관의 위치를 결정하는 요인 중 가장 큰 영향을 주는 것은?
① 현관의 규모
② 현관의 디자인
③ 대지의 크기
④ 도로와의 관계

10 건축법 용어의 설명으로 잘못된 것은?
① 건축이란 건축물을 신축, 증축, 재축, 개축하거나 이전하는 것을 말한다.
② 리모델링이란 노후화된 건축물을 기능의 향상 등을 위해 대수선하거나 일부를 증축하는 것을 말한다.
③ 대수선이란 기둥, 보, 주계단, 장막벽의 구조 또는 형태를 수선하는 것을 말한다.
④ 거실은 건축물 내부에서 거주, 집무, 오락 등 이와 유사한 목적을 위하여 사용된다.

11 모듈화에 대한 설명으로 옳지 않은 것은?
① 건축용 자재의 대량생산이 용이하다.
② 생산 원가가 내려간다.
③ 설계가 복잡하고 어려워진다.
④ 작업이 단순하여 공기가 단축된다.

12 침실의 위치에 대한 설명으로 옳지 않은 것은?
① 현관에서 떨어진 곳이 좋다.
② 테라스, 정원 등에 면하지 않는 것이 좋다.
③ 도로 쪽을 피하고 독립성이 있어야 한다.
④ 일조와 통풍이 좋은 남쪽이 좋다.

13 다음 주택 중 단독주택으로 볼 수 없는 것은?
① 다중주택
② 공관
③ 다세대주택
④ 다가구주택

14 주택공간의 성격 중 거실에 해당되는 공간은?
① 개인공간
② 사회적 공간
③ 노동공간
④ 위생공간

15 주방설비의 유형 중 주방 가운데 조리대와 같은 작업대를 두어 작업대 주변에서 작업을 할 수 있는 설비형태는?
① 직선형(일렬형)
② L자형(ㄴ자형)
③ U자형(ㄷ자형)
④ 아일랜드형

16 아파트의 평면형식에 의한 분류로 보기 어려운 것은?
① 홀형
② 편복도형
③ 중복도형
④ 메조넷형

[재료 일반]

17 재료의 최대강도를 안전율로 나눈 값을 무엇이라 하는가?
① 허용강도
② 휨강도
③ 파괴강도
④ 전단강도

18 현대건축에서 건축재료의 발전 방향으로 옳지 않은 것은?
① 현장시공화
② 프리패브화
③ 합리화
④ 고품질화

19 목적에 따른 건축재료의 분류로 옳지 않은 것은?
① 구조재료
② 마감재료
③ 단열재료
④ 인공재료

20 철과 비교한 목재의 설명으로 옳지 않은 것은?
① 열전도가 크다.
② 열팽창률이 작다.
③ 내화성이 작다.
④ 가공이 용이하다.

21. 다음 중 구리와 구리합금에 대한 설명으로 잘못된 것은?
   ① 황동은 구리와 주석의 합금이다.
   ② 청동은 황동과 비교하여 주조성과 내식성이 우수하다.
   ③ 구리는 연성이며 가공성이 용이하다.
   ④ 구리는 염수에서 부식된다.

[재료 특성]

22. 다음 중 표준형 점토벽돌의 크기로 옳은 것은? (단위: mm)
   ① 200×90×57   ② 190×90×57
   ③ 190×90×60   ④ 210×90×57

23. 점토제품 중 흡수율이 가장 작은 것은?
   ① 토기   ② 도기
   ③ 석기   ④ 자기

24. 주로 지하실이나 옥상의 채광용으로 쓰이며 빛을 확산시키거나 집중시킬 목적으로 사용되는 유리제품은?
   ① 프리즘글라스   ② 복층유리
   ③ 망입유리   ④ 폼글라스

25. 다음 중 점토제품으로 볼 수 없는 것은?
   ① 테라코타   ② 타일
   ③ 내화벽돌   ④ 테라초

26. KS 규정에서 보통 포틀랜드 시멘트의 응결시간은?
   ① 초결 10분 이상, 종결 1시간 이하
   ② 초결 30분 이상, 종결 5시간 이하
   ③ 초결 60분 이상, 종결 10시간 이하
   ④ 초결 120분 이상, 종결 20시간 이하

27. 다음 중 2장의 유리를 공기층을 두어 만든 제품으로 단열성능이 우수한 제품은?
   ① 로이유리   ② 유리블록
   ③ 프리즘유리   ④ 복층유리

28. 아스팔트의 품질시험 내용으로 옳지 않은 것은?
   ① 신도   ② 침입도
   ③ 감온비   ④ 인장강도

29. 점토의 성질에 대한 설명으로 잘못된 것은?
   ① 비중은 2.5~2.6 정도이다.
   ② 입자가 클수록 가소성이 우수하다.
   ③ 압축강도는 인장강도의 약 5배 정도이다.
   ④ 좋은 점토는 습윤 상태에서 현저한 가소성을 보인다.

30. 콘크리트의 배합에서 물시멘트비와 가장 관계가 깊은 사항은?
   ① 강도   ② 내화성
   ③ 내수성   ④ 내동해성

31. 타일의 길이가 폭의 3배 이상인 것으로 장식용으로 많이 사용되는 타일은?
   ① 모자이크 타일
   ② 보더 타일
   ③ 논슬립 타일
   ④ 스크래치 타일

32. 벽돌의 크기에서 전체의 3/4 크기에 해당하는 벽돌 크기는?
   ① 온장   ② 칠오토막
   ③ 반토막   ④ 이오토막

33 다음 중 열가소성수지로 볼 수 없는 것은?
① 초산비닐수지
② 염화비닐수지
③ 염화비닐렌수지
④ 페놀수지

34 다음 점토제품 중 소성온도가 가장 높은 것은?
① 토기   ② 도기
③ 석기   ④ 자기

35 목재의 기건상태의 함수율은 평균 얼마 정도인가?
① 5%   ② 10%
③ 15%   ④ 30%

36 유리의 강도 기준으로 옳은 것은?
① 압축강도   ② 휨강도
③ 인장강도   ④ 전단강도

[일반 구조]
37 철골구조에서 플레이트보의 구성부재가 아닌 것은?
① 래티스
② 플랜지앵글
③ 스티프너
④ 커버 플레이트

38 지붕구조 중 가볍고 투명성이 우수하여 채광이 필요한 넓은 지붕에 가장 적절한 구조는?
① 케이블구조
② 절판구조
③ 셸구조
④ 막구조

39 입체구조시스템의 하나로 축방향의 힘만 받는 직선재를 핀으로 결합하여 효율적인 구조는?
① 입체트러스구조   ② 현수구조
③ 셸구조   ④ 막구조

40 벽돌구조에서 개구부의 위와 바로 위 개구부의 최소 수직거리는 얼마 이상으로 하는가?
① 50cm   ② 60cm
③ 90cm   ④ 100cm

41 다음 지붕의 평면모양 중 꺾인지붕 모양으로 옳은 것은?
①    ②
③    ④

42 옥외의 공기나 흙에 접하지 않는 현장치기 콘크리트보의 최소 피복두께는?
① 20mm   ② 30mm
③ 40mm   ④ 50mm

43 다음 그림 중 철근콘크리트의 연속보의 배근으로 옳은 것은?

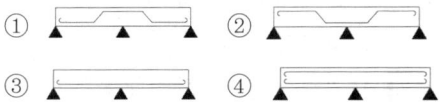

44 벽의 종류와 기능의 설명으로 잘못된 것은?
① 내력벽-건물의 하중을 지지함
② 비내력벽-칸막이벽으로 공간을 분리함
③ 옹벽의 부축벽-벽의 횡력을 보강
④ 커튼월-벽돌을 사용해 쌓은 벽

45 다음 중 철골구조의 구조형식으로 볼 수 없는 것은?
① 강관구조
② 라멘구조
③ 입체구조
④ 트러스구조

46 평면 형태로 시공이 쉽고 구조적 강성이 우수하여 넓은 지붕구조로 적합한 구조는?
① PC구조　② 절판구조
③ 셸구조　④ 돔구조

47 아치의 추력에 저항하기 위한 방법으로 적절하지 않은 것은?
① 아치를 연결하여 교점에서 추력을 상쇄
② 버트레스를 설치
③ 타이바를 설치
④ 추력에 직접 저항하는 상부구조를 설치

48 조적조에서 문꼴 상호 간의 수평거리는 벽 두께의 몇 배 이상으로 하는가?
① 1.5배　② 2배
③ 2.5배　④ 3배

49 휨모멘트나 전단력을 견디게 하기 위해 사용되는 것으로 보 단부의 단면을 중앙부의 단면보다 크게 하는 것을 무엇이라 하는가?
① 지중보　② 래티스보
③ 플랫슬래브　④ 헌치

50 창문이나 출입문 등 개구부 상부에 걸쳐 대어 하중을 분산시키는 것은?
① 쌤돌　② 창대
③ 인방　④ 이맛돌

51 기초공사 시 잡석지정을 할 필요가 없는 비교적 양호한 지반에 사용하는 지정은?
① 모래지정
② 자갈지정
③ 나무말뚝지정
④ 콘크리트말뚝지정

52 계단의 종류 중 재료에 의한 분류로 옳은 것은?
① 돌음계단
② 나선형 계단
③ 곧은계단
④ 목조계단

53 온도조절철근의 기능 설명으로 관련이 없는 것은?
① 주근의 좌굴을 방지
② 주근의 간격을 유지
③ 응력을 분산
④ 균열을 방지

54 벽돌구조에서 대린벽으로 구획된 벽의 길이가 7m일 경우 개구부의 최대 폭으로 옳은 것은?
① 5m　② 4m
③ 3.5m　④ 2.5m

55 간사이가 15m일 때 지붕 경사가 2cm 물매인 트러스의 높이는?
① 1m　② 1.5m
③ 2m　④ 2.5m

[설비]

56 건축물 외벽이나 지붕에 설치하여 인접건물에 화재가 발생했을 때 수막으로 화재의 연소를 방지하는 설비는?
① 스프링클러설비
② 드렌처설비
③ 연결살수설비
④ 옥내소화전설비

57 다음 중 증기난방의 설명으로 옳지 않은 것은?
① 예열시간이 온수난방에 비해 짧다.
② 온수난방에 비해 부하 변동에 따른 방열량 조절이 쉽다.
③ 증발잠열을 이용하므로 열의 운반능력이 크다.
④ 온수난방에 비해 한랭지에서는 동결의 우려가 적다.

58 급탕방식 중 개별식 급탕방식에 속하지 않는 것은?
① 순간식
② 기수혼합식
③ 저탕식
④ 직접가열식

59 실내의 조명설계 과정 중 가장 먼저 진행되는 것은?
① 조명기구의 배치
② 조명종류의 결정
③ 소요조도의 결정
④ 조명방식의 결정

60 1200형 에스컬레이터의 공칭수송능력으로 옳은 것은?
① 3,000인/h
② 5,000인/h
③ 7,000인/h
④ 9,000인/h

2017년 제5회 기출 복원문제

자격종목	시험시간	학습일자	점 수
전산응용건축제도기능사	60분		

본 문제는 2017년도 시험에 응시한 수험생의 기억을 토대로 기출문제와 출제범위 내에서 재구성한 문제입니다. 실제 출제되었던 문제와 다소 차이가 있을 수 있습니다.

∥정답 및 해설 : p. 544∥

[제도]

01 배치도, 평면도 등의 도면은 어느 쪽을 위로 하여 작도하는 것을 원칙으로 하는가?
① 동쪽
② 서쪽
③ 남쪽
④ 북쪽

02 조적조 벽체를 제도하는 순서로 가장 알맞은 것은?

> ⓐ 축척과 구도 설정
> ⓑ 지반선과 벽체 중심선 작도
> ⓒ 치수와 명칭을 기입
> ⓓ 벽체와 연결부 작성
> ⓔ 재료표시
> ⓕ 치수선과 인출선 작도

① ⓐ - ⓑ - ⓒ - ⓓ - ⓔ - ⓕ
② ⓐ - ⓑ - ⓓ - ⓕ - ⓔ - ⓒ
③ ⓐ - ⓑ - ⓓ - ⓔ - ⓕ - ⓒ
④ ⓐ - ⓕ - ⓑ - ⓒ - ⓓ - ⓔ

03 다음에서 설명하는 묘사방법으로 옳은 것은?

> • 선으로 공간을 한정시키고 명암으로 음영을 넣는 방법
> • 평면은 같은 명암의 농도로 하여 그리고 곡면은 농도의 변화를 주어 묘사

① 단선에 의한 묘사방법
② 명암처리만으로 하는 묘사방법
③ 여러 선에 의한 묘사방법
④ 단선과 명암에 의한 묘사방법

04 건축도면의 치수 기입방법에 관한 설명으로 옳은 것은?
① 치수는 특별히 명시하지 않는 한 마무리 치수로 표시한다.
② 치수 기입은 치수선 중앙 아랫부분에 기입하는 것이 원칙이다.
③ 치수 기입은 치수선에 평행하게 도면의 오른쪽에서 왼쪽으로, 위로부터 아래로 읽을 수 있도록 기입한다.
④ 치수선의 양끝은 화살 또는 점으로 혼용해서 사용할 수 있으며 같은 도면에서 치수선이 작은 것은 점으로 표시한다.

05 건설부문의 KS 분류기호로 옳은 것은?
① A
② B
③ F
④ D

06 건축제도의 기본사항에 관한 설명으로 옳지 않은 것은?
① 투상법은 제3각법으로 작도함을 원칙으로 한다.
② 접은 도면의 크기는 A3의 크기를 원칙으로 한다.
③ 평면도, 배치도 등은 북을 위로 하여 작도함을 원칙으로 한다.
④ 입면도, 단면도 등은 위아래 방향을 도면지의 위아래와 일치시키는 것을 원칙으로 한다.

07 건축도면에서 다음과 같은 단면용 재료표시 기호가 나타내는 것은?

① 석재 ② 인조석
③ 목재의 치장재 ④ 목재의 구조재

08 묘사용구 중 트레이싱지에 컬러를 표현하기에 가장 적합한 재료는?
① 잉크 ② 유성마커펜
③ 연필 ④ 수채물감

09 실제 길이가 16m인 선을 축척 1/200로 도면에 표현할 경우 도면에서의 직선길이는 얼마인가?
① 8mm ② 80mm
③ 800mm ④ 8000mm

10 건축제도에서 선의 내용으로 잘못된 것은?
① 굵은 실선-단면의 윤곽을 표시
② 가는 실선-표시선 이후를 생략
③ 1점쇄선-중심이나 기준, 경계 등을 표시
④ 2점쇄선-1점쇄선과 구분할 때 표시

11 건물벽 직각 방향에서 건물의 외관을 그린 도면은?
① 평면도 ② 배치도
③ 입면도 ④ 단면도

12 한국산업표준(KS)에 따른 건축도면에 사용되는 척도에 속하지 않는 것은?
① 1/5 ② 1/10
③ 1/15 ④ 1/20

[계획]

13 주거공간을 주행동에 따라 개인공간, 사회공간, 노동공간 등으로 구분할 때, 다음 중 사회공간에 해당되지 않는 것은?
① 거실 ② 식당
③ 서재 ④ 응접실

14 주택의 식당 및 부엌에 관한 설명으로 옳지 않은 것은?
① 식당의 색채는 채도가 높은 한색계통이 바람직하다.
② 식당은 부엌과 거실의 중간 위치에 배치하는 것이 좋다.
③ 부엌의 작업대는 준비대→개수대→조리대→가열대→배선대의 순서로 배치한다.
④ 키친네트는 작업대 길이가 2m 정도인 소형 주방가구가 배치된 간이 부엌의 형태이다.

15 디자인의 기본원리 중 성질이나 질량이 전혀 다른 둘 이상의 것이 동일한 공간에 배열될 때 서로의 특징을 한층 더 돋보이게 하는 현상은?
① 대비 ② 통일
③ 리듬 ④ 강조

16 다음 주택 중 단독주택으로 볼 수 없는 것은?
① 다중주택 ② 공관
③ 다세대주택 ④ 다가구주택

17 먼셀표색계에서 기본색이 되는 5색이 아닌 색은?
① 노랑 ② 파랑
③ 연두 ④ 보라

18 건축행위의 내용으로 잘못된 것은?
① 신축 : 건축물이 없는 대지에 새로 건축물을 축조
② 증축 : 기존 건축물이 있는 대지에서 건축물의 건축면적, 연면적, 층수 또는 높이를 늘리는 것
③ 개축 : 기존 건축물의 전부 또는 일부를 철거하고 그 대지에 종전과 같은 규모보다 크고 확장해서 건축물을 다시 축조하는 것을 말한다.
④ 재축 : 건축물이 천재지변이나 그 밖의 재해(災害)로 멸실된 경우 그 대지에 다시 축조하는 것을 말한다.

[재료 일반]

19 물의 밀도가 1g/cm³이고 어느 물체의 밀도가 1kg/m³라 하면 이 물체의 비중은 얼마인가?
① 1   ② 1000
③ 0.001   ④ 0.1

20 유리와 같이 어떤 힘에 대한 작은 변형으로도 파괴되는 재료의 성질을 나타내는 용어는?
① 연성   ② 전성
③ 취성   ④ 탄성

21 건축재료의 화학적 조성에 의한 분류 중 유기질 재료가 아닌 것은?
① 목재   ② 역청재료
③ 합성수지   ④ 석재

[재료 특성]

22 목재의 기건상태의 함수율은 평균 얼마 정도인가?
① 5%   ② 10%
③ 15%   ④ 30%

23 목재의 역학적 성질에 대한 설명 중 틀린 것은?
① 섬유포화점 이하에서는 강도가 일정하나 섬유포화점 이상에서는 함수율이 증가함에 따라 강도는 증가한다.
② 목재는 조직 가운데 공간이 있기 때문에 열의 전도가 더디다.
③ 목재의 강도는 비중 및 함수율 이외에도 섬유 방향에 따라서도 차이가 있다.
④ 목재의 압축강도는 옹이가 있으면 감소한다.

24 건축물의 내외면 마감, 각종 인조석 제조에 사용되는 시멘트는?
① 실리카시멘트
② 조강 포틀랜드 시멘트
③ 팽창시멘트
④ 백색 포틀랜드 시멘트

25 콘크리트 내부에 미세한 기포를 발생시켜 콘크리트의 작업성과 동결융해 저항성능을 향상시키는 혼화제는?
① 기포제
② AE제
③ 방청제
④ 방수제

26 다공질 벽돌에 대한 설명으로 옳지 않은 것은?
① 원료인 점토에 탄가루와 톱밥, 겨 등의 유기질 가루를 혼합하여 성형, 소성한 것이다.
② 비중이 1.2~1.5 정도인 경량 벽돌이다
③ 단열 및 방음성이 좋으나 강도는 약하다.
④ 톱질과 못 박기가 어렵다.

27 강화 판유리에 대한 설명으로 틀린 것은?
① 열처리한 후에는 절단, 연마 등의 가공을 해야 한다.
② 보통판유리의 3~5배 강도를 가진다.
③ 파편에 의한 부상이 다른 유리에 비해 적다.
④ 유리를 500~600℃로 가열한 다음 특수 장치를 이용하여 급랭시킨 것이다.

28 접착성이 매우 우수하여 금속, 유리, 플라스틱, 도자기, 목재, 고무 등 다양한 재료에 사용될 수 있는 접착제는?
① 에폭시수지　② 멜라민수지
③ 요소수지　　④ 페놀수지

29 콘크리트에 사용하는 골재의 요구성능으로 옳지 않은 것은?
① 내구성과 내화성이 큰 것이어야 한다.
② 유해한 불순물과 화학적 성분을 함유하지 않는 것이어야 한다.
③ 입형은 각이 구형이나 입방체에 가까운 것이어야 한다.
④ 흡수율이 높은 것이어야 한다.

30 절대조건비중이 0.3인 목재의 공극률은?
① 60.5%　② 70.5%
③ 80.5%　④ 90.5%

31 테라코타에 대한 설명으로 옳지 않은 것은?
① 장식용 점토 소성제품이다.
② 건축물의 난간, 주두, 돌림띠 등에 사용된다.
③ 일반 석재보다 무겁고 1개의 크기는 $1m^3$ 이상이 적당하다.
④ 복잡한 형태는 형틀에 점토를 부어 넣어 만들 수 있다.

32 다음 중 콘크리트의 시공연도 시험방법으로 주로 쓰이는 것은?
① 슬럼프시험　② 낙하시험
③ 체가름시험　④ 표준관입시험

33 실을 뽑아 직기에서 제직을 거친 벽지는?
① 직물벽지　② 비닐벽지
③ 종이벽지　④ 발포벽지

34 바닥용 타일 중 비닐타일에 대한 설명으로 옳지 않은 것은?
① 일반사무실이나 점포에서 사용되고 있다.
② 염화비닐수지에 석면, 탄산칼슘 등의 충전제를 배합해서 만든다.
③ 반경질비닐타일, 연질비닐타일, 퓨어비닐타일 등이 있다.
④ 의장성, 내마모성은 양호하나 경제성, 시공성이 떨어진다.

35 다음 중 파티클보드의 특성에 대한 설명으로 옳지 않은 것은?
① 큰 면적의 판을 만들 수 있다.
② 표면이 평활하고 경도가 크다.
③ 방충, 방부성은 비교적 작은 편이다.
④ 못, 나사못의 지지력은 목재와 거의 같다.

36 다음 중 유성 페인트의 특징으로 옳지 않은 것은?
① 주성분은 보일류와 안료이다.
② 광택을 좋게 하기 위하여 바니시를 가하기도 한다.
③ 수성페인트에 비해 건조시간이 오래 걸린다.
④ 콘크리트에 가장 적합한 도료이다.

[일반 구조]

37 조적조에 대한 설명으로 옳지 않은 것은?
① 내력벽의 길이는 10m 이하로 한다.
② 벽돌벽을 이중으로 하고 중간을 띄어 쌓는 법을 공간쌓기라 한다.
③ 문꼴의 너비가 2m 정도일 때에는 목재 또는 석재 인방보를 설치한다.
④ 영롱쌓기는 벽돌벽 등에 장식적으로 구멍을 내어 쌓는 것이다.

38 다음 중 철근의 정착길이의 결정요인과 가장 관계가 먼 것은?
① 철근의 종류
② 콘크리트의 강도
③ 갈고리의 유무
④ 물-시멘트 비

39 바닥면적이 40m²일 때 보강콘크리트블록조의 내력벽 길이의 총합계는 최소 얼마 이상이어야 하는가?
① 4m ② 6m
③ 8m ④ 10m

40 표준형 점토벽돌로 1.5B쌓기를 할 경우 벽체의 두께는 얼마인가? (공간쌓기 아님)
① 280mm ② 290mm
③ 310mm ④ 320mm

41 건물의 하부나 지하실 등 넓은 면적을 슬래브로 구성한 기초는?
① 독립기초
② 온통기초
③ 줄기초
④ 복합기초

42 목구조에서 통재기둥에 한편맞춤이 될 때 통재기둥과 층도리의 맞춤방법으로서 가장 적합한 것은?
① 쌍장부 넣고 띠쇠로 보강
② 빗턱통을 넣고 내다지장부맞춤 - 벌림쐐기치기
③ 걸침턱맞춤으로 하고 감잡이쇠로 보강
④ 걸침턱맞춤으로 하고 주걱볼트로 보강

43 왕대공 지붕틀에서 중도리를 직접 받쳐주는 것은?
① 처마도리 ② ㅅ자보
③ 깔도리   ④ 평보

44 철골보에 관한 설명 중 틀린 것은?
① 형강보는 주로 I형강과 H형강이 많이 쓰인다.
② 판보는 웨브에 철판을 대고 상하부에 플랜지 철판을 용접하거나 ㄱ형강을 접합한 것이다.
③ 허니컴보는 I형강을 절단하여 구멍이 나게 맞추어 용접한 보이다.
④ 래티스보에 접합판(gusset plate)을 대서 접합한 보를 격자보라 한다.

45 처음 한 켜는 마무리쌓기, 다음 한 켜는 길이쌓기를 교대로 쌓는 방식으로 통줄눈이 생기지 않고 가장 튼튼해서 내력벽에 많이 사용되는 쌓기법은?
① 미국식 쌓기
② 프랑스식 쌓기
③ 영국식 쌓기
④ 영롱 쌓기

46 철근콘크리트보에 늑근을 배근하는 가장 큰 이유는?
① 철근과 콘크리트의 부착력 증가
② 휨모멘트에 저항
③ 전단력에 저항
④ 압축력에 저항

47 라멘구조에 대한 설명으로 옳지 않은 것은?
① 예로는 철근콘크리트구조가 있다.
② 기둥과 보의 절점이 강접합되어 있다.
③ 기둥과 보에 휨응력이 발생하지 않는다.
④ 내부 벽의 설치가 자유롭다.

48 다음 중 용접의 결함으로 볼 수 없는 것은?
① 언더컷 ② 블로우홀
③ 엔드탭 ④ 오버랩

49 목재의 접합에서 두 재가 직각 또는 경사로 짜여지는 것을 무엇이라 하는가?
① 이음 ② 맞춤
③ 벽선 ④ 쪽매

50 2방향 슬래브는 슬래브의 장변이 단변에 대해 길이의 비가 얼마 이하일 때부터 적용할 수 있는가?
① 0.5배 이하 ② 1배 이하
③ 1.5배 ④ 2배 이하

51 벽돌벽 줄눈에서 상부의 하중을 전 벽면에 균등하게 분포시키도록 하는 줄눈은?
① 빗줄눈
② 막힌줄눈
③ 통줄눈
④ 오목줄눈

52 철골구조의 플레이트보에서 웨브의 두께가 품에 비해서 얇을 때, 웨브의 국부 좌굴을 방지하기 위해 사용하는 것은?
① 데크 플레이트(deck plate)
② 턴버클(turn buckle)
③ 베니션 블라인드(venetion blind)
④ 스티프너(stiffener)

53 조립식 구조의 특성 중 옳지 않은 것은?
① 공장생산이 가능하다.
② 대량생산이 가능하다.
③ 기계화 시공으로 단기완성이 가능하다.
④ 각 부품과 일체화하기 쉽다.

54 건축구조의 구성방식에 의한 분류 중 하나로, 구조체인 기둥과 보를 부재의 접합에 의해서 축조하는 방법으로 뼈대를 삼각형 모양으로 만들 수 있는 구조는 무엇인가?
① 가구식 구조
② 캔틸레버 구조
③ 조적식 구조
④ 습식구조

55 철근콘크리트구조에서 휨모멘트가 커서 보의 단부 아래쪽으로 단면을 크게 한 것은?
① T형보 ② 지중보
③ 플랫슬래브 ④ 헌치

[설비]
56 다음의 자동화재 탐지설비의 감지기 중 연기감지기에 해당하는 것은?
① 광전식 ② 차동식
③ 정온식 ④ 보상식

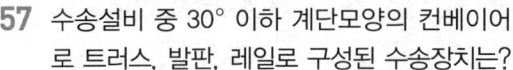

57 수송설비 중 30° 이하 계단모양의 컨베이어로 트러스, 발판, 레일로 구성된 수송장치는?
① 엘리베이터
② 에스컬레이터
③ 컨베이어벨트
④ 롤러 컨베이어

58 증기, 가스, 전기, 석탄 등을 열원으로 하는 물의 가열장치를 설치하여 온수를 만들어 공급하는 설비는?
① 급수설비
② 급탕설비
③ 배수설비
④ 오수정화설비

59 주택에서 옥내배선도에 기입해야 할 사항으로 가장 관계가 먼 것은?
① 전등의 위치
② 가구의 배치
③ 콘센트의 위치 및 종류
④ 배선의 상향 및 하향의 표시

60 다음 중 지붕의 빗물을 지상으로 유도하기 위해 설치하는 것은?
① 아스팔트 루핑
② 선홈통
③ 기와
④ 석면 슬레이트

2018년 제2회 기출 복원문제

자격종목	시험시간	학습일자	점 수
전산응용건축제도기능사	60분		

본 문제는 2018년도 시험에 응시한 수험생의 기억을 토대로 기출문제와 출제범위 내에서 재구성한 문제입니다. 실제 출제되었던 문제와 다소 차이가 있을 수 있습니다.

정답 및 해설 : p. 547

01 건축물의 묘사에 있어서 묘사도구로 사용하는 연필에 관한 설명으로 옳지 않은 것은?
① 다양한 질감 표현이 가능하다.
② 밝고 어두움의 명암 표현이 불가능하다.
③ 지울 수 있으나 번지거나 더러워질 수 있다.
④ 심의 종류에 따라서 무른 것과 딱딱한 것으로 나누어진다.

02 건축제도에서 보이지 않는 부분을 표시하는 데 사용하는 선의 종류는?
① 파선   ② 1점쇄선
③ 2점쇄선   ④ 가는 실선

03 실제 길이가 16m인 직선을 축척이 1/200인 도면에 표현할 경우, 직선의 도면 길이는?
① 0.8mm   ② 8mm
③ 80mm   ④ 800mm

04 투상도 중 모양을 정확하게 표시할 수 있어 한국산업규격으로 사용되고 있는 방법은?
① 1각법   ② 2각법
③ 3각법   ④ 4각법

05 한국산업표준(KS)의 분류기호 중 건설을 나타내는 것은?
① K   ② W
③ E   ④ F

06 투시도 용어 중 물체와 시점 사이에 기면과 수직한 직립 평면을 나타내는 것은?
① 지반면(G.P)
② 화면(P.P)
③ 수평면(H.P)
④ 기선(G.L)

07 모임지붕 일부에 박공지붕을 같이 한 것으로 화려하고 격식이 있으며 대규모 건축물에 적합한 한식지붕의 구조는?
① 외쪽지붕   ② 솟을지붕
③ 합각지붕   ④ 방형지붕

08 건축법령상 건축에 속하지 않는 것은?
① 증축   ② 이전
③ 개축   ④ 대수선

09 주택에서 부엌의 일부에 간단한 식탁을 설치하거나 식당과 부엌을 하나로 구성한 형태는?
① 리빙키친
② 다이닝키친
③ 리빙다이닝
④ 다이닝테라스

10 온열지표 중 하나인 유효온도(실감온도)와 가장 관계가 먼 것은?
① 기온   ② 복사열
③ 습도   ④ 기류

11 주거공간을 주행동에 따라 개인공간, 사회공간, 노동공간 등으로 구분할 때, 다음 중 사회공간에 해당되지 않는 것은?
① 거실　　② 식당
③ 서재　　④ 응접실

12 건축법령상 공동주택에 해당되지 않는 것은?
① 기숙사　　② 연립주택
③ 다가구주택　　④ 다세대주택

13 다음 중 일반 평면도의 표현 내용에 속하지 않는 것은?
① 실의 크기
② 보의 높이 및 크기
③ 창문과 출입구의 구별
④ 개구부의 위치 및 크기

14 공동주택의 평면형식 중 편복도형에 관한 설명으로 옳지 않은 것은?
① 복도에서 각 세대로 접근하는 유형이다.
② 엘리베이터 이용률이 홀(hall)형에 비해 낮다.
③ 각 세대의 거주성이 균일한 배치구성이 가능하다.
④ 계단 및 엘리베이터가 직접적으로 각 층에 연결된다.

15 형틀에 골재를 미리 넣은 후 모르타르를 주입하여 만드는 콘크리트로 수중콘크리트 등에 사용되는 것은?
① 프리팩트 콘크리트
② 오토클레이브 콘크리트
③ 프리스트레스트 콘크리트
④ 레디믹스트 콘크리트

16 AE제를 사용한 콘크리트의 특징이 아닌 것은?
① 동결융해작용에 대하여 내구성을 갖는다.
② 작업성이 좋아진다.
③ 수밀성이 좋아진다.
④ 압축강도가 증가한다.

17 표준형 점토벽돌로 1.5B(1.0B+75mm+0.5B) 공간쌓기를 할 경우 벽체의 두께는 얼마인가?
① 475mm　　② 455mm
③ 375mm　　④ 355mm

18 다음 중 옥상 아스팔트 방수층에서 부착력을 증가시키기 위하여 바탕에 제일 먼저 바르는 것은?
① 스트레이트 아스팔트
② 아스팔트 프라이머
③ 아스팔트 싱글
④ 블로운 아스팔트

19 포틀랜드 시멘트 클링커에 철용광로로부터 나온 슬래그를 급랭한 급랭슬래그를 혼합하여 이에 응결시간 조정용 석고를 혼합하여 분쇄한 것으로 수화열이 적어 매스콘크리트용으로 사용할 수 있는 시멘트는?
① 백색 포틀랜드 시멘트
② 조강 포틀랜드 시멘트
③ 고로 시멘트
④ 알루미나 시멘트

20 회반죽이 공기 중에서 굳을 때 필요한 물질은?
① 산소　　② 수증기
③ 탄산가스　　④ 질소

21 시멘트의 강도에 영향을 주는 주요 요인이 아닌 것은?
① 분말도　　② 비빔장소
③ 풍화 정도　④ 사용하는 물의 양

22 길이 5m인 생나무가 전건상태에서 길이가 4.5m로 되었다면 수축률은 얼마인가?
① 6%　　② 10%
③ 12%　④ 14%

23 원유를 증류하고 피치가 되기 전에 유출량을 제한하여 잔류분을 반고체형으로 고형화시켜 만든 것으로 지하실 방수공사에 사용되는 것은?
① 스트레이트 아스팔트
② 블로운 아스팔트
③ 아스팔트 컴파운드
④ 아스팔트 프라이머

24 건축물의 용도와 바닥재료의 연결 중 적합하지 않은 것은?
① 유치원의 교실 – 인조석 물갈기
② 아파트의 거실 – 플로어링 블록
③ 병원의 수술실 – 전도성 타일
④ 업무시설 건물의 로비 – 대리석

25 목재의 기건상태의 함수율은 평균 얼마 정도인가?
① 5%　　② 10%
③ 15%　④ 30%

26 점토제품 중 소성온도가 가장 높은 제품은?
① 토기　② 석기
③ 자기　④ 도기

27 재료의 최대강도를 안전율로 나눈 값을 무엇이라 하는가?
① 허용강도　② 휨강도
③ 파괴강도　④ 전단강도

28 KS 규정에서 보통 포틀랜드 시멘트의 응결시간은?
① 초결 10분 이상, 종결 1시간 이하
② 초결 30분 이상, 종결 5시간 이하
③ 초결 60분 이상, 종결 10시간 이하
④ 초결 120분 이상, 종결 20시간 이하

29 접착성이 매우 우수하여 금속, 유리, 플라스틱, 도자기, 목재, 고무 등 다양한 재료에 사용될 수 있는 접착제는?
① 에폭시수지　② 멜라민수지
③ 요소수지　　④ 페놀수지

30 벽 및 천장재로 사용되는 것으로 강당, 집회장 등의 음향조절용으로 쓰이거나 일반건물의 벽 수장재로 사용하여 음향효과를 거둘 수 있는 목재 가공품은?
① 파키트리 패널　② 플로어링 합판
③ 코펜하겐 리브　④ 파키트리 블록

31 건축재료의 생산방법에 따른 분류 중 1차적인 천연재료가 아닌 것은?
① 흙　　② 모래
③ 석재　④ 콘크리트

32 건축재료에서 물체에 외력이 작용하면 순간적으로 변형이 생겼다가 외력을 제거하면 다시 되돌아가는 현상을 무엇이라 하는가?
① 탄성　② 소성
③ 점성　④ 연성

33 콘크리트 중 공장에서 현장까지 차량으로 운반하면서 시멘트와 골재, 물을 혼합해 현장에서 바로 사용할 수 있는 것은?
① 프리팩트 콘크리트
② 오토클레이브 콘크리트
③ 프리스트레스트 콘크리트
④ 레디믹스트 콘크리트

34 석재의 가공에서 돌의 표면을 쇠메로 쳐서 대강 다듬는 일을 의미하는 용어는?
① 물갈기
② 정다듬
③ 혹두기
④ 잔다듬

35 유리에 함유되어 있는 성분 가운데 자외선을 차단하는 성분은?
① 황산나트륨($NaSO_4$)
② 탄산나트륨(Na_2CO_3)
③ 산화제2철(Fe_2O_3)
④ 산화제1철(FeO)

36 현장치기 콘크리트 중 수중에서 타설하는 콘크리트의 최소 피복두께는?
① 60mm
② 80mm
③ 100mm
④ 12mm

37 콘크리트에서의 최소 피복두께의 목적에 해당되지 않는 것은?
① 철근의 부식방지
② 철근의 연성 감소
③ 철근의 내화
④ 철근의 부착

38 다음 재해방지 성능상의 분류 중 지진에 의한 피해를 방지할 수 있는 구조는?
① 방화구조
② 내화구조
③ 방공구조
④ 내진구조

39 목조 벽체에서 기둥 맨 위 처마부분에 수평으로 거는 가로재로서 기둥머리를 고정하는 것은?
① 처마도리
② 샛기둥
③ 깔도리
④ 펠대

40 벤딩모멘트나 전단력을 견디게 하기 위해 보 단면을 중앙부의 단면보다 증가시킨 부분은?
① 헌치(hunch)
② 주두(capital)
③ 스터럽(stirrup)
④ 후프(hoop)

41 울거미를 짜고 중간에 살을 25cm 이내 간격으로 배치하여 양면에 합판을 교착하여 만든 문은?
① 접문
② 플러시문
③ 띠장문
④ 도듬문

42 바닥 등의 슬래브를 케이블로 매단 특수구조는?
① 공기막구조
② 셸구조
③ 커튼월구조
④ 현수구조

43 벽돌 벽체 내쌓기에서 벽돌을 2켜씩 내쌓기할 경우 내쌓는 부분의 길이는 얼마 이내로 하는가?
① 1/2B
② 1/4B
③ 1/6B
④ 1/8B

44 곡면판의 역학적 이점을 살려서 큰 간사이의 지붕을 만들 수 있는 구조는?
① 절판구조   ② 셸구조
③ 현수구조   ④ 철근콘크리트구조

45 다음 중 온도철근(배력근)의 역할과 거리가 먼 것은?
① 균열방지
② 응력의 분산
③ 주철근의 간격유지
④ 주근의 좌굴방지

46 철근콘크리트보에서 전단력을 보강하여 보의 주근 주위에 둘러감은 철근은?
① 띠철근   ② 스터럽
③ 벤트근   ④ 배력근

47 벽돌조에 있어서 1.0B 공간쌓기의 벽두께로 옳은 것은? (단, 벽돌은 표준형을 사용하고, 공간은 75mm로 한다.)
① 180mm   ② 255mm
③ 265mm   ④ 285mm

48 막상(膜狀) 재료로 공간을 덮어 건물 내외의 기압 차를 이용한 풍선 모양의 지붕구조를 무엇이라 하는가?
① 공기막구조   ② 현수구조
③ 곡면판 구조 ④ 입체 트러스구조

49 라멘구조에 대한 설명으로 옳지 않은 것은?
① 예로는 철근콘크리트구조가 있다.
② 기둥과 보의 절점이 강접합되어 있다.
③ 기둥과 보에 휨응력이 발생하지 않는다.
④ 내부 벽의 설치가 자유롭다.

50 연속기초라고도 하며 조적조의 벽기초 또는 콘크리트 연속기초로 사용되는 것은?
① 줄기초   ② 독립기초
③ 온통기초 ④ 푸팅기초

51 블록의 중공부에 철근과 콘크리트를 부어넣어 보강한 것으로서 수평하중 및 수직하중을 견딜 수 있는 구조는?
① 보강블록조
② 조적식 블록조
③ 콘크리트블록조
④ 철근블록조

52 구조형식 중 삼각형 뼈대를 하나의 기본형으로 조립하여 각 부재에는 축방향력만 생기도록 한 구조는?
① 트러스구조
② PC구조
③ 플랫슬래브구조
④ 조적구조

53 4변으로 지지되는 슬래브로서 서로 직각되는 두 방향으로 주철근을 배치하는 슬래브는?
① 1방향 슬래브
② 2방향 슬래브
③ 데크 플레이트 슬래브
④ 캐피탈

54 창문이나 출입문 등의 문꼴 위에 걸쳐 대어 상부에서 오는 하중을 받는 수평재는?
① 창쌤돌
② 창대돌
③ 문지방돌
④ 인방돌

55 철골구조의 보에 사용되는 스티프너에 대한 설명으로 옳지 않은 것은?
① 하중점 스티프너는 집중하중에 대한 보강용으로 쓰인다.
② 중간 스티프너는 웨브의 좌굴을 방지하기 위해 쓰인다.
③ 재축에 나란하게 설치한 것을 수평 스티프너라고 한다.
④ 커버 플레이트와 동일한 용어로 사용된다.

56 벼락으로부터 피해를 방지하기 위해 일반건축물에 설치되는 피뢰침의 보호각도는?
① 30°
② 45°
③ 60°
④ 75°

57 다음과 같은 특징을 갖는 공기조화방식은?

- 전공기방식의 특징이다.
- 냉풍과 온풍을 혼합하는 혼합상자가 필요없어 소음과 진동이 적다.
- 각 실이나 존의 부하변동에 즉시 대응할 수 없다.

① 단일덕트방식
② 이중덕트방식
③ 멀티유닛방식
④ 팬코일유닛방식

58 급기와 배기에 모두 기계장치를 사용한 환기방식으로 실내외의 압력 차를 조정할 수 있는 것은?
① 중력환기법
② 제1종 환기법
③ 제2종 환기법
④ 제3종 환기법

59 할로겐램프에 관한 설명으로 옳지 않은 것은?
① 휘도가 높다.
② 청백색으로 연색성이 나쁘다.
③ 흑화가 거의 일어나지 않는다.
④ 광속이나 색온도의 저하가 적다.

60 증기, 가스, 전기, 석탄 등을 열원으로 하는 물의 가열장치를 설치하여 온수를 만들어 공급하는 설비는?
① 급수설비
② 급탕설비
③ 배수설비
④ 오수정화설비

2018년 제4회 기출 복원문제

자격종목	시험시간	학습일자	점 수
전산응용건축제도기능사	60분		

본 문제는 2018년도 시험에 응시한 수험생의 기억을 토대로 기출문제와 출제범위 내에서 재구성한 문제입니다. 실제 출제되었던 문제와 다소 차이가 있을 수 있습니다.

정답 및 해설 : p. 550

[제도]

01 건축제도에서 다음과 같은 재료표시기호가 나타내는 것은?

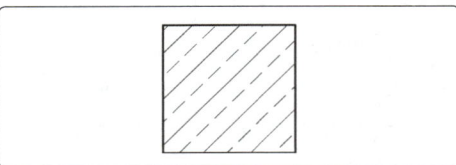

① 석재 – 자연석 ② 석재 – 인조석
③ 목재 – 구조재 ④ 목재 – 치장재

02 다음 중 건축도면의 표시기호와 표시사항의 연결이 옳지 않은 것은?

① ϕ – 반지름
② V – 용적
③ Wt – 무게
④ THK – 두께

03 다음 중 기초 평면도 작도 시 가장 나중에 이루어지는 작업은?

① 표제란의 내용을 확인한다.
② 기초 평면도의 축척을 정하고 치수를 기입한다.
③ 기초의 모양과 크기를 그린다.
④ 평면도에 따라 기초 부분의 중심선을 긋는다.

04 건축도면에 사용되는 글자에 관한 설명으로 옳지 않은 것은?

① 숫자는 로마 숫자를 원칙으로 한다.
② 문장은 왼쪽에서부터 가로쓰기를 한다.
③ 글자체는 수직 또는 15° 경사의 고딕체로 한다.
④ 글자의 크기는 각 도면의 상황에 맞추어 알아보기 쉽게 한다.

05 다음 도면 중 계획설계도에 해당되지 않는 도면은?

① 배치도
② 동선도
③ 구상도
④ 조직도

06 A2 용지의 도면을 묶어 철을 할 경우 테두리 d의 간격은 얼마로 하는가?

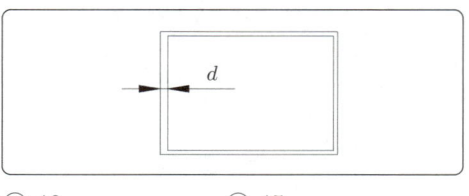

① 10mm ② 15mm
③ 20mm ④ 25mm

[계획]

07 표면결로의 방지방법에 관한 설명으로 옳지 않은 것은?
① 실내에서 발생하는 수증기를 억제한다.
② 환기에 의해 실내 절대습도를 저하한다.
③ 직접가열이나 기류촉진에 의해 표면온도를 상승시킨다.
④ 낮은 온도로 난방시간을 길게 하는 것보다 높은 온도로 난방시간을 짧게 하는 것이 결로방지에 효과적이다.

08 스킵플로어형 공동주택에 관한 설명으로 옳지 않은 것은?
① 구조 및 설비계획이 용이하다.
② 주택 내 공간의 변화가 있다.
③ 통풍·채광의 확보가 용이하다.
④ 엘리베이터의 효율적 운행이 가능하다.

09 연면적 200m²를 초과하는 초등학교의 학생용 계단의 단높이는 최대 얼마 이하이어야 하는가?
① 150mm　② 160mm
③ 180mm　④ 200mm

10 조형요소의 수직선이 나타내는 느낌으로 옳지 않은 것은?
① 상승감　② 긴장감
③ 안정감　④ 종교적인 느낌

11 다음 중 동선의 길이가 가장 짧아 작업의 효율을 높인 부엌가구의 배치형태는?
① 일자형　② ㄱ자형
③ 병렬형　④ ㄷ자형

12 건축법령상 승용 승강기를 설치하여야 하는 대상 건축물 기준으로 옳은 것은?
① 5층 이상으로 연면적 1,000m² 이상인 건축물
② 5층 이상으로 연면적 2,000m² 이상인 건축물
③ 6층 이상으로 연면적 1,000m² 이상인 건축물
④ 6층 이상으로 연면적 2,000m² 이상인 건축물

13 건축물의 층수 산정 시 층의 구분이 명확하지 아니한 건축물의 경우, 그 건축물의 높이 얼마마다 한 층으로 보는가?
① 2m　② 3m
③ 4m　④ 5m

14 먼셀표색계에서 기본색이 되는 5색이 아닌 색은?
① 노랑　② 파랑
③ 연두　④ 보라

15 주택의 동선계획에 관한 설명으로 옳지 않은 것은?
① 동선에는 독립적인 공간을 두지 않는다.
② 동선은 가능한 짧게 처리하는 것이 좋다.
③ 서로 다른 동선은 교차하지 않도록 한다.
④ 가사노동의 동선은 가능한 남측에 위치시킨다.

16 주택양식 중 경사지의 단점을 보완하기 위한 가장 적절한 형식은?
① 스킵플로어형　② 메조넷형
③ 필로티형　④ 트리플렉스형

17 건축형태의 구성원리 중 일반적으로 규칙적인 요소들의 반복으로 디자인에 시각적인 질서를 부여하는 통제된 운동감각을 무엇이라 하는가?

① 리듬 ② 균형
③ 강조 ④ 조화

[재료 일반]

18 MDF 특징에 대한 설명으로 옳지 않은 것은?

① 톱밥, 나무조각 등을 사용한 인공 목재이다.
② 고정철물을 사용한 곳은 재시공이 어렵다.
③ 천연목재보다 강도가 작다.
④ 천연목재보다 습기에 약하다.

19 참나무의 절대건조비중이 0.95일 때 목재의 공극률은 얼마인가?

① 약 15% ② 약 38%
③ 약 62% ④ 약 65%

20 콘크리트의 배합에서 물시멘트비와 가장 관계 깊은 것은?

① 강도 ② 내열성
③ 내화성 ④ 내수성

21 다음 중 혼합시멘트에 해당하지 않는 것은?

① 고로 시멘트
② 플라이애시 시멘트
③ 포졸란 시멘트
④ 중용열 포틀랜드 시멘트

22 다음 중 수성암에 속하지 않는 것은?

① 사암 ② 안산암
③ 석회암 ④ 응회암

23 FRP는 어떤 합성수지의 성형품인가?

① 요소수지
② 페놀수지
③ 멜라민수지
④ 불포화 폴리에스테르수지

24 테라코타는 주로 어떤 목적으로 건축물에 사용되는가?

① 장식재 ② 보온재
③ 방수재 ④ 방진재

25 표준형 점토벽돌로 1.5B(1.0B+75mm+0.5B) 공간쌓기를 할 경우 벽체의 두께는 얼마인가?

① 475mm ② 455mm
③ 375mm ④ 355mm

26 형틀에 자갈, 모래 등 골재를 먼저 넣고 이후에 모르타르를 주입하는 콘크리트는?

① 오토클레이브 콘크리트
② 프리스트레스트 콘크리트
③ 프리팩트 콘크리트
④ 레디믹스트 콘크리트

27 재료의 특성 중 건축물의 내구성과 가장 거리가 먼 것은?

① 내후성
② 내식성
③ 내마모성
④ 가공성

28 모자이크타일의 재질로 가장 좋은 것은?

① 토기 ② 자기
③ 석기 ④ 도기

29 시멘트 저장 시 유의해야 할 사항으로 옳지 않은 것은?

① 시멘트는 개구부와 가까운 곳에 쌓여 있는 것부터 사용해야 한다.
② 지상 30cm 이상 되는 마루 위에 적재해야 하며, 그 창고는 방습설비가 완전해야 한다.
③ 3개월 이상 저장한 시멘트 또는 습기를 머금은 것으로 생각되는 시멘트는 반드시 사용 전 재시험을 실시해야 한다.
④ 포대에 들어 있는 시멘트는 13포대 이상 쌓으면 안 되고, 특히 장기간 저장할 때는 7포대 이상으로 쌓지 않는다.

30 각종 시멘트의 특성에 관한 설명 중 옳지 않은 것은?

① 중용열 포틀랜드 시멘트에 의한 콘크리트는 수화열이 작다.
② 실리카 시멘트에 의한 콘크리트는 초기강도가 크고 장기강도는 낮다.
③ 조강 포틀랜드 시멘트에 의한 콘크리트는 수화열이 크다.
④ 플라이애시 시멘트에 의한 콘크리트는 내해수성이 크다.

31 넓은 기계 대패로 나이테를 따라 두루마리를 펴듯이 연속적으로 벗기는 방법으로 얼마든지 넓은 베니어를 얻을 수 있고 원목의 낭비를 줄일 수 있는 제조법은?

① 소드 베니어
② 로터리 베니어
③ 반로터리 베니어
④ 슬라이스드 베니어

32 점토에 톱밥이나 분탄 등을 혼합하여 소성시킨 것으로 절단, 못치기 등의 가공성이 우수하며 방음 및 흡음성이 좋은 벽돌은?

① 이형벽돌
② 포도벽돌
③ 다공벽돌
④ 내화벽돌

33 생석회와 규사를 혼합하여 고온·고압으로 양생하면 수열반응을 일으키는데, 여기에 기포제를 넣어 경량화한 기포콘크리트는?

① ALC제품
② 흄관
③ 듀리졸
④ 플렉시블 보드

34 탄소함유량이 증가함에 따라 철에 끼치는 영향으로 옳지 않은 것은?

① 연신율의 증가
② 항복강도의 증가
③ 경도의 증가
④ 용접성의 저하

35 금속의 부식방지법으로 틀린 것은?

① 상이한 금속은 접촉시켜 사용하지 말 것
② 균질의 재료를 사용할 것
③ 부분적인 녹은 나중에 처리할 것
④ 청결하고 건조한 상태를 유지할 것

36 도장의 목적과 관계하여 도장재료에 요구되는 성능과 가장 거리가 먼 것은?

① 방음
② 방습
③ 방청
④ 방식

[일반 구조]

37 목조구조물에서 수평력을 주로 분담시키기 위하여 설치하는 부재는?
① 깔도리
② 가새
③ 토대
④ 기둥

38 목구조의 장점으로 잘못된 것은?
① 비중에 비해 강도가 우수하다.
② 가벼우며 가공이 용이하다.
③ 건식구조에 속하므로 공기가 짧다.
④ 내화도가 높다.

39 지붕물매의 결정요소가 아닌 것은?
① 건축물 용도
② 처마 돌출길이
③ 간사이 크기
④ 지붕잇기 재료

40 블록구조에 테두리보를 설치하는 이유로 옳지 않은 것은?
① 횡력에 의해 발생하는 수직균열의 발생을 막기 위해
② 세로철근의 정착을 생략하기 위해
③ 하중을 균등하게 분포시키기 위해
④ 집중하중을 받는 블록의 보강을 위해

41 다음 중 구조와 시공양식의 연결이 잘못된 것은?
① 목구조 – 건식구조
② 철근콘크리트구조 – 건식구조
③ 블록구조 – 습식구조
④ 벽돌구조 – 습식구조

42 목구조 기둥에 대한 설명으로 옳지 않은 것은?
① 중층건물의 상·하층 기둥이 길게 한 재로 된 것은 토대이다.
② 활주는 추녀뿌리를 받친 기둥이고, 단면은 원형과 팔각형이 많다.
③ 심벽식 기둥은 노출된 형식을 말한다.
④ 기둥의 형태가 밑둥부터 위로 올라가면서 점차 가늘어지는 것을 흘림기둥이라 한다.

43 케이블을 이용해 인장력으로만 지탱하는 구조로 연결된 것은?
① 현수구조 – 사장구조
② 현수구조 – 셸구조
③ 절판구조 – 사장구조
④ 막구조 – 돔구조

44 거푸집이 갖추어야 할 조건으로 옳지 않은 것은?
① 형상과 치수가 정확하고 변형이 없어야 한다.
② 외력에 손상되지 않도록 내구성이 있어야 한다.
③ 조립 및 제거가 용이하고 정밀도를 위해 한 번만 사용하는 것이 좋다.
④ 거푸집의 간격을 유지하기 위해 부속철물로 세퍼레이터(격리재)를 사용한다.

45 재를 그대로 사용하므로 가공절차와 조립이 단순한 보로 H형강, I형강 등을 그대로 사용하는 보는?
① 판보　　② 트러스보
③ 형강보　　④ 래티스보

46 목조 절충식 지붕틀의 구성부재와 관련 없는 것은?
① 달대공 ② 대공
③ 중도리 ④ 처마도리

47 다음 중 아치(arch)에 대한 설명으로 옳지 않은 것은?
① 조적벽체의 출입문 상부에서 버팀대 역할을 한다.
② 아치 내에는 압축력만 작용한다.
③ 아치벽돌을 특별히 주문 제작하여 쓴 것을 층두리 아치라 한다.
④ 아치의 종류에는 평아치, 반원아치, 결원 아치 등이 있다.

48 지반의 부동침하 원인이 아닌 것은?
① 이질지층
② 이질지정
③ 연약지반
④ 연속기초

49 다음 그림과 같이 철근을 배근하는 보는?

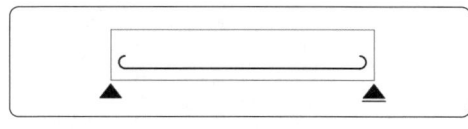

① 연속보 ② 단순보
③ 작은 보 ④ 큰 보

50 다음 구조형식 중 셸구조인 것은?
① 잠실종합운동장
② 파리 에펠탑
③ 상암 월드컵경기장
④ 시드니 오페라하우스

51 수직부재가 축방향으로 외력을 받았을 때 그 외력이 증가해가면 부재의 어느 위치에서 갑자기 휘어버리는 현상을 의미하는 용어는?
① 폭렬 ② 좌굴
③ 컬럼쇼트닝 ④ 크리프

52 2방향 슬래브가 되기 위한 조건으로 옳은 것은?
① (장변/단변) ≤ 2 ② (장변/단변) ≤ 3
③ (장변/단변) > 2 ④ (장변/단변) > 3

53 강구조의 주각부분에 사용되지 않는 것은?
① 윙 플레이트
② 데크 플레이트
③ 베이스 플레이트
④ 클립 앵글

54 기둥과 기둥 사이의 간격을 나타내는 용어는?
① 아치 ② 스팬
③ 트러스 ④ 버트레스

55 벤딩모멘트나 전단력을 견디게 하기 위해 보 단면을 중앙부의 단면보다 증가시킨 부분은?
① 헌치(hunch) ② 주두(capital)
③ 스터럽(stirrup) ④ 후프(hoop)

[설비]

56 압력탱크식 급수방식에 대한 설명으로 맞는 것은?
① 급수 공급압력이 일정하다.
② 단수 시에 일정량의 급수가 가능하다.
③ 전력공급 차단 시에도 급수가 가능하다.
④ 위생성 측면에서 가장 이상적인 방법이다.

57 소화설비 중 건물의 외벽이나 창에 설치되는 설비로 화재 시 수막을 형성해 화염을 막아 주변으로 연소되는 것을 방지하는 설비는?

① 옥내소화전　② 스프링클러
③ 연결살수설비　④ 드렌처

58 1200형 에스컬레이터의 공칭수송능력으로 옳은 것은?

① 3,000인/h
② 5,000인/h
③ 7,000인/h
④ 9,000인/h

59 다음 중 지붕의 빗물을 지상으로 유도하기 위해 벽면에 설치하는 것은?

① 낙수받이　② 선홈통
③ 루프드레인　④ 석면 슬레이트

60 다음과 같이 정의되는 전기 관련 용어는?

> 대지에 이상전류를 방류 또는 계통구성을 위해 의도적이거나 우연하게 전기회로를 대지 또는 대지를 대신하는 전도체에 연결하는 전기적인 접속

① 절연　② 접지
③ 피뢰　④ 피복

2019년 제1회 기출 복원문제

자격종목	시험시간	학습일자	점 수
전산응용건축제도기능사	60분		

본 문제는 2019년도 시험에 응시한 수험생의 기억을 토대로 기출문제와 출제범위 내에서 재구성한 문제입니다. 실제 출제되었던 문제와 다소 차이가 있을 수 있습니다.

정답 및 해설 : p. 553

01 벽 및 천장재로 사용되는 것으로 강당, 집회장 등의 음향조절용으로 쓰이거나 일반건물의 벽 수장재로 사용하여 음향효과를 거둘 수 있는 목재 가공품은?
① 파키트리 패널
② 플로어링 합판
③ 코펜하겐 리브
④ 파키트리 블록

02 석회석이 변화되어 결정화한 것으로 실내장식재 또는 조각재로 사용되는 것은?
① 대리석   ② 응회암
③ 사문암   ④ 안산암

03 주거공간을 주된 행동에 의해 개인공간, 사회공간, 가사노동공간 등으로 구분할 경우, 다음 중 개인공간에 속하지 않는 것은?
① 서재   ② 응접실
③ 침실   ④ 작업실

04 주방가구의 배치유형 중 양쪽 벽면에 작업대가 마주 보도록 배치한 것으로 주방의 폭이 길이에 비해 넓은 주방의 형태에 적당한 것은?
① 일자형   ② L자형
③ 병렬형   ④ 아일랜드형

05 줄눈을 10mm로 하고 기본벽돌(점토벽돌)로 2.0B 쌓기를 하였을 경우 벽두께로 올바른 것은?
① 200mm   ② 290mm
③ 300mm   ④ 390mm

06 건축재료에서 물체에 외력이 작용하면 순간적으로 변형이 생겼다가 외력을 제거하면 원래의 상태로 되돌아가는 성질은?
① 탄성   ② 소성
③ 점성   ④ 연성

07 다음 중 물의 밀도가 $1g/cm^3$이고, 어느 물체의 밀도가 $1kg/m^3$라 하면 이 물체의 비중은 얼마인가?
① 1   ② 1,000
③ 0.001   ④ 0.1

08 다음과 같은 특징을 갖는 공기조화방식은?

- 만들어진 냉풍과 온풍을 혼합해 각 실로 송풍하는 방식이다.
- 설비를 한곳에 집중시킬 수 있다.
- 중소 규모의 건물에 적합하다.

① 단일덕트방식
② 이중덕트방식
③ 멀티유닛방식
④ 팬코일유닛방식

09 배수설비에 사용되는 포집기 중 식당의 주방에서 배출되는 유지분을 포집하는 것은?
① 오일 포집기   ② 헤어 포집기
③ 그리스 포집기   ④ 플라스터 포집기

10 벽돌벽 줄눈에서 상부의 하중을 전 벽면에 균등하게 분포시키도록 하는 줄눈은?
① 빗줄눈   ② 막힌줄눈
③ 통줄눈   ④ 오목줄눈

11 다음 중 철골조에서 기둥과 기초의 접합부에 사용되는 것이 아닌 것은?
① 베이스 플레이트
② 윙 플레이트
③ 리브
④ 스티프너

12 무수석고가 주재료이며 경화한 것은 강도와 표면경도가 큰 재료로서 킨즈 시멘트라고도 불리는 것은?
① 돌로마이터 플라스터
② 질석 모르타르
③ 경석고 플라스터
④ 순석고 플라스터

13 강구조의 기둥 종류 중 앵글·채널 등으로 대판을 플랜지에 직각으로 접합한 것은?
① H형강기둥   ② 래티스기둥
③ 격자기둥   ④ 강관기둥

14 조적식 구조에서 벽돌 내쌓기의 내미는 한도는?
① 1.0B   ② 1.5B
③ 2.0B   ④ 2.5B

15 다음 금속재료 중 X선 차단성이 가장 큰 것은?
① 납   ② 구리
③ 철   ④ 아연

16 회반죽이 공기 중에서 굳어질 때 필요한 물질은?
① 산소   ② 수증기
③ 탄산가스   ④ 질소

17 유체가 유동하고 있을 때 유체의 내부에 흐름을 저지하려고 하는 내부 마찰 저항이 발생하는 성질에 해당하는 역학적 성질은?
① 탄성   ② 소성
③ 점성   ④ 외력

18 소방시설은 소화설비, 경보설비, 피난설비, 소화용수설비, 소화활동설비로 구분할 수 있다. 다음 중 소화설비에 속하지 않는 것은?
① 연결살수설비   ② 옥내소화전설비
③ 스프링클러설비   ④ 물분무소화설비

19 철골구조의 용접 부분에서 발생하는 용접 결함이 아닌 것은?
① 언더컷(under cut)
② 블로홀(blow hole)
③ 오버랩(over lap)
④ 엔드탭(end tab)

20 주택에서 식당의 배치유형 중 주방의 일부에 식탁을 설치하거나 식당과 주방을 하나로 구성한 형태는 무엇인가?
① 리빙 키친   ② 리빙 다이닝
③ 다이닝 키친   ④ 다이닝 테라스

21. 보강콘크리트 블록조의 벽량에 대한 설명으로 잘못된 것은?
① 내력벽 길이의 총합계를 그 층의 건물면적으로 나눈 값을 말한다.
② 내력벽의 벽량은 15cm/m² 이상 되도록 한다.
③ 큰 건물에 비해 작은 건물일수록 벽량을 증가시킬 필요가 있다.
④ 벽량을 증가시키면 횡력에 저항하는 힘이 커진다.

22. 에스컬레이터의 설명으로 옳지 않은 것은?
① 수송량에 비해 점유면적이 작다.
② 대기시간이 없고 연속적인 수송설비이다.
③ 수송능력이 엘리베이터와 비슷하다.
④ 승강 중 주위가 오픈되므로 주변 광고효과가 있다.

23. 건축물 부동침하의 원인으로 틀린 것은?
① 지반이 동결작용할 때
② 지하수의 수위가 변경될 때
③ 주변 건축물에서 깊게 굴착할 때
④ 기초를 크게 설계할 때

24. 입체트러스 제작에 사용되는 구성요소로서 최소 도형에 해당되는 것은?
① 삼각형 또는 사각형
② 사각형 또는 오각형
③ 사각형 또는 육면체
④ 오각형 또는 육면체

25. 큰 보 위에 작은 보를 걸고 그 위에 장선을 대고 마룻널을 깐 2층 마루는?
① 홑마루   ② 보마루
③ 짠마루   ④ 동바리마루

26. 조적식에서 내력벽으로 둘러싸인 부분의 바닥면적은 최대 몇 m² 이하로 해야 하는가?
① 40m²   ② 60m²
③ 80m²   ④ 100m²

27. 다음 중 아치의 너비가 클 때 아치를 여러 겹으로 둘러쌓아 만든 것은?
① 층두리 아치   ② 거친 아치
③ 본 아치   ④ 막만든 아치

28. 다음 점토제품 중 소성온도가 높고, 흡수율이 가장 작은 것은?
① 토기   ② 석기
③ 도기   ④ 자기

29. 다음 설명에 알맞은 형태의 지각심리는?

- 공동운명의 법칙이라고도 한다.
- 유사한 배열로 구성된 형들이 방향성을 지니고 연속되어 보이는 하나의 그룹으로 지각되는 법칙을 말한다.

① 근접성   ② 유사성
③ 연속성   ④ 폐쇄성

30. 다음 중 플레이트보의 구성과 가장 관계가 적은 것은?
① 커버 플레이트
② 웨브 플레이트
③ 스티프너
④ 데크 플레이트

31. 목조벽체를 수평력에 견디게 하고 안정한 구조로 하는 데 필요한 부재는?
① 멍에   ② 장선
③ 가새   ④ 동바리

32 다음 목재 재료 중 일반건물의 벽에 수장재료로 사용되는 것은?
① 플로어링 널   ② 코펜하겐 리브
③ 파키트리 패널 ④ 파키트리 블록

33 단열재의 조건으로 옳지 않은 것은?
① 열전도율이 높아야 한다.
② 흡수율이 낮고 비중이 작아야 한다.
③ 내화성, 내부식성이 좋아야 한다.
④ 가공, 접착 등의 시공성이 좋아야 한다.

34 형태의 조화로서 황금비례의 비율은?
① 1 : 1   ② 1 : 1.414
③ 1 : 1.618   ④ 1 : 3.141

35 다음 중 내화도가 가장 낮은 석재는?
① 화강암   ② 화산암
③ 안산암   ④ 응회암

36 건축화 조명에 속하지 않는 것은?
① 코브 조명   ② 루버 조명
③ 코니스 조명 ④ 펜던트 조명

37 반원 아치의 중앙에 들어가는 돌의 이름은 무엇인가?
① 쌤돌   ② 고막이돌
③ 두겁돌   ④ 이맛돌

38 한국산업표준의 분류에서 건설부문의 분류 기호는?
① B   ② D
③ F   ④ H

39 지붕재료에 요구되는 성질과 가장 관계가 먼 것은?
① 외관이 좋은 것이어야 한다.
② 부드러워 가공이 용이한 것이어야 한다.
③ 열전도율이 작은 것이어야 한다.
④ 재료가 가볍고, 방수·방습·내화·내수성이 큰 것이어야 한다.

40 콘크리트용 골재에 대한 설명으로 옳지 않은 것은?
① 골재의 강도는 경화된 시멘트풀의 최대 강도 이하이어야 한다.
② 골재의 표면은 거칠고, 모양은 원형에 가까운 것이 좋다.
③ 골재는 잔 것과 굵은 것이 고루 혼합된 것이 좋다.
④ 골재는 유해량 이상의 염분을 포함하지 않는다.

41 시멘트 분말도에 대한 설명으로 틀린 것은?
① 분말도가 클수록 수화작용이 빠르다.
② 분말도가 클수록 초기강도의 발생이 빠르다.
③ 분말도가 클수록 강도증진율이 빠르다.
④ 분말도가 클수록 초기균열이 적다.

42 단면도에 표기되는 사항과 거리가 먼 것은?
① 층높이
② 창대높이
③ 부지경계선
④ 지반에서 1층 바닥까지의 높이

43 건축공사에서 흙손이나 스프레이건 등을 사용해 천장, 벽, 바닥에 일정한 두께로 발라 마무리하는 재료는?
① 도장재료
② 역청재료
③ 미장재료
④ 방수재료

44 목재의 공극률은 전체의 용적에서 공기가 포함된 비율이다. 공극률의 계산식은?
① $V = \left(1 - \dfrac{W}{1.54}\right) \times 100\%$
② 보기 ①의 곱하기 100을 나누기 100으로
③ 보기 ①의 1-를 10-로
④ 보기 ①의 W와 1.54의 위치를 반대로

45 건축도면에 사용되는 글자에 관한 설명으로 옳지 않은 것은?
① 숫자는 로마 숫자를 원칙으로 한다.
② 문장은 왼쪽에서부터 가로쓰기를 한다.
③ 글자체는 수직 또는 15° 경사의 고딕체로 한다.
④ 글자의 크기는 각 도면의 상황에 맞추어 알아보기 쉽게 한다.

46 투시도법에 사용되는 용어와 뜻의 연결이 잘못된 것은?
① 소점-A.P
② 시점-E.P
③ 정점-S.P
④ 화면-P.P

47 건축법 용어의 설명으로 잘못된 것은?
① 건축이란 건축물을 신축, 증축, 재축, 개축거나 이전하는 것을 말한다.
② 리모델링이란 노후화된 건축물을 기능의 향상 등을 위해 대수선하거나 일부를 증축하는 것을 말한다.
③ 대수선이란 기둥, 보, 주계단, 장막벽의 구조 또는 형태를 수선하는 것을 말한다.
④ 거실은 건축물 내부에서 거주, 집무, 오락 등 이와 유사한 목적을 위하여 사용된다.

48 다음 주택 중 단독주택으로 볼 수 없는 것은?
① 다중주택
② 공관
③ 다세대주택
④ 다가구주택

49 재료의 최대강도를 안전율로 나눈 값을 무엇이라 하는가?
① 허용강도   ② 휨강도
③ 파괴강도   ④ 전단강도

50 구리 및 구리합금에 대한 설명 중 옳지 않은 것은?
① 구리와 주석의 합금을 황동이라 한다.
② 구리는 맑은 물에서는 녹이 나지 않으나 염수(鹽水)에서는 부식된다.
③ 청동은 황동과 비교하여 주조성이 우수하고 내식성도 좋다.
④ 구리는 연성이고 가공성이 풍부하여 관재, 선, 봉 등으로 만들기가 용이하다.

51 KS 규정에서 보통 포틀랜드 시멘트의 응결 시간은?
① 초결 10분 이상, 종결 1시간 이하
② 초결 30분 이상, 종결 5시간 이하
③ 초결 60분 이상, 종결 10시간 이하
④ 초결 120분 이상, 종결 20시간 이하

52 타일의 길이가 폭의 3배 이상인 것으로 장식용으로 많이 사용되는 타일은?
① 모자이크 타일   ② 보더 타일
③ 논슬립 타일   ④ 스크래치 타일

53 다음 합성수지 중 열가소성 수지는?
① 페놀수지   ② 에폭시수지
③ 초산비닐수지   ④ 폴리에스테르수지

54 벽돌구조에서 개구부 위와 그 바로 위의 개구부와의 최소 수직거리 기준은?
① 10cm 이상   ② 20cm 이상
③ 40cm 이상   ④ 60cm 이상

55 휨모멘트나 전단력을 견디게 하기 위해 보 단부의 단면을 중앙부의 단면보다 크게 한 부분은?
① 헌치   ② 슬래브
③ 래티스   ④ 지중보

56 온도조절철근의 기능 설명으로 관련이 없는 것은?
① 주근의 좌굴을 방지
② 주근의 간격을 유지
③ 응력을 분산
④ 균열을 방지

57 간사이가 15m일 때 지붕 경사가 2cm 물매인 트러스의 높이는?
① 1m   ② 1.5m
③ 2m   ④ 2.5m

58 온수난방과 비교한 증기난방의 특징으로 옳지 않은 것은?
① 예열시간이 짧다.
② 열의 운반능력이 크다.
③ 난방의 쾌감도가 높다.
④ 방열면적을 작게 할 수 있다.

59 계단의 종류 중 재료에 의한 분류에 해당되지 않는 것은?
① 석조계단   ② 철근콘크리트계단
③ 목조계단   ④ 돌음계단

60 지붕구조 중 가볍고 투명성이 우수하여 채광이 필요한 넓은 지붕에 가장 적절한 구조는?
① 케이블구조   ② 절판구조
③ 셸구조   ④ 막구조

2019년 제2회 기출 복원문제

자격종목	시험시간	학습일자	점 수
전산응용건축제도기능사	60분		

본 문제는 2019년도 시험에 응시한 수험생의 기억을 토대로 기출문제와 출제범위 내에서 재구성한 문제입니다. 실제 출제되었던 문제와 다소 차이가 있을 수 있습니다.

정답 및 해설 : p. 556

01 목조 벽체에서 기둥 맨 위 처마부분에 수평으로 거는 가로재로 기둥머리를 고정하는 것은?
① 처마도리   ② 샛기둥
③ 깔도리   ④ 꿸대

02 2방향 슬래브는 슬래브의 장변이 단변에 대해 길이의 비가 얼마 이하일 때부터 적용할 수 있는가?
① 1/2   ② 1
③ 2   ④ 3

03 조립식 구조물(PC)에 대하여 옳게 설명한 것은?
① 슬래브의 주재는 크고 무거워서 PC로 생산이 불가능하다.
② 접합의 강성을 높이기 위하여 접합부는 공장에서 일체식으로 생산한다.
③ PC는 현장 콘크리트타설에 비해 결과물의 품질이 우수한 편이다.
④ PC는 장비를 사용하므로 공사기간이 많이 소요된다.

04 콘크리트에서의 최소 피복두께의 목적에 해당되지 않는 것은?
① 철근의 부식방지
② 철근의 연성 감소
③ 철근의 내화
④ 철근의 부착

05 아스팔트의 견고성 정도를 침의 관입저항으로 평가하는 방법은?
① 수축률
② 침입도
③ 경도
④ 갈라짐

06 다음 중 목부에 사용되는 투명 도료는?
① 유성페인트
② 클리어래커
③ 래커에나멜
④ 에나멜페인트

07 건축재료의 생산방법에 따른 분류 중 1차적인 천연재료가 아닌 것은?
① 흙
② 모래
③ 석재
④ 콘크리트

08 석고보드에 대한 다음 설명 중 옳지 않은 것은?
① 부식이 안 되고 충해를 받지 않는다.
② 팽창 및 수축의 변형이 크다.
③ 흡수로 인한 강도가 현저하게 저하된다.
④ 단열성이 높다.

09 다음 중 콘크리트 보양에 관련된 내용으로 옳지 않은 것은?
① 콘크리트 타설 후 완전히 수화가 되도록 살수 또는 침수시켜 충분하게 물을 공급하고 또 적당한 온도를 유지하는 것이다.
② 콘크리트 비빔 후 습기가 공급되면 재령이 작아지며 강도가 떨어진다.
③ 보양온도가 높을수록 수화가 빠르다.
④ 보양은 초기 재령 때 강도에 큰 영향을 준다.

10 철판에 도금하여 양철판으로 쓰이며 음료수용 금속재료의 방식 피복재료로도 사용되는 금속은?
① 니켈   ② 아연
③ 주석   ④ 크롬

11 AE제를 사용한 콘크리트의 특징이 아닌 것은?
① 동결 융해 작용에 대하여 내구성을 갖는다.
② 작업성이 좋아진다.
③ 수밀성이 좋아진다.
④ 압축강도가 증가한다.

12 제도용지 A0의 크기는 A2용지의 몇 배 크기인가?
① 1.5배   ② 2배
③ 3배   ④ 4배

13 소화설비 중 건물의 외벽이나 창에 설치되는 설비로 화재 시 수막을 형성해 화염을 막아 주변으로 연소되는 것을 방지하는 설비는?
① 옥내소화전   ② 스프링클러
③ 연결살수설비 ④ 드렌처

14 건축도면에서 굵은 실선으로 표시하여야 하는 것은?
① 해칭선   ② 절단선
③ 단면선   ④ 치수선

15 대지면적 1,000m² 에 대한 건축면적 500m² 의 비율을 의미하는 것은?
① 용적률 50%
② 건폐율 50%
③ 용적률 200%
④ 건폐율 200%

16 계단실(홀)형 아파트에 관한 설명으로 옳지 않은 것은?
① 프라이버시 확보가 좋다.
② 동선이 짧아 출입이 용이하다.
③ 엘리베이터 효율이 가장 우수하다.
④ 통행 부분(공용 면적)의 면적이 작다.

17 다음 중 여닫이 창호에 쓰이는 철물이 아닌 것은?
① 도어클로저
② 경첩
③ 레일
④ 함자물쇠

18 다음 설명에 알맞은 주택 주방의 유형은?

- 작업대의 길이가 2m 정도인 소형 주방가구가 설치된 간이 주방의 형식이다.
- 사무실이나 독신자 아파트에 주로 설치한다.

① 오픈키친(open kitchen)
② 리빙키친(living kitchen)
③ 다이닝키친(dining kitchen)
④ 키친너트(kitchenette)

19 목구조 각 부분에 대한 설명으로 옳지 않은 것은?
① 평보의 이음은 중앙 부근에서 덧판을 대고 볼트로 긴결한다.
② 보잡이는 평보의 옆휨을 막기 위해 설치한다.
③ 가새는 수평 부재와 60°로 경사지게 하는 것이 합리적이다.
④ 토대의 이음은 기둥과 앵커볼트의 위치를 피하여 턱걸이 주먹장이음으로 한다.

20 표준형 점토벽돌로 1.0B(0.5B+75mm+0.5B) 공간쌓기를 할 경우 벽체의 두께는 얼마인가?
① 255mm   ② 275mm
③ 355mm   ④ 375mm

21 다음 목구조 지붕에서 B의 조립방식 명칭으로 옳은 것은?

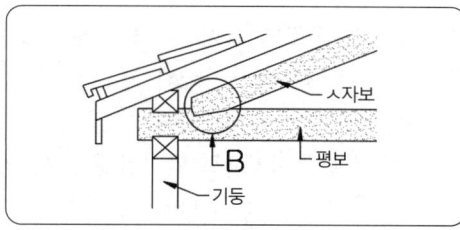

① 안장맞춤   ② 걸침턱맞춤
③ 먹장맞춤   ④ 턱솔맞춤

22 보강콘크리트블록조에서 내력벽의 벽량은 최소 얼마 이상으로 하여야 하는가?
① 10cm/m²
② 15cm/m²
③ 18cm/m²
④ 21cm/m²

23 고강도선인 피아노선에 인장력을 가해둔 다음 콘크리트를 부어 넣고 경화된 후 인장력을 제거시킨 콘크리트는?
① 레디믹스트 콘크리트
② 프리캐스트 콘크리트
③ 프리스트레스트 콘크리트
④ 레진 콘크리트

24 다음 수종 중 활엽수에 속하는 것은?
① 소나무   ② 삼송나무
③ 잣나무   ④ 단풍나무

25 건축재료에서 물체에 외력이 작용하면 순간적으로 변형이 생겼다가 외력을 제거하면 원래의 상태로 되돌아가는 성질은?
① 탄성   ② 소성
③ 점성   ④ 연성

26 물의 밀도가 $1g/cm^3$이고 어느 물체의 밀도가 $1kg/m^3$라 하면 이 물체의 비중은 얼마인가?
① 1   ② 1,000
③ 0.001   ④ 0.1

27 다음 합금의 구성요소로 옳은 것은?
① 황동=구리+주석
② 청동=구리+아연
③ 포금=금+주석+아연+납
④ 듀랄루민=알루미늄+구리+마그네슘+망간

28 유리의 종류와 사용목적이 옳은 것은
① 프리즘 유리 - 지하실이나 옥상의 채광용
② 스테인드글라스 - 공장의 채광창
③ 유리블록 - 초등학교의 바닥장식
④ 복층유리 - 금속을 코팅한 도난방지용

29 건축제도의 기본사항에 관한 설명으로 옳지 않은 것은?
① 투상법은 제3각법으로 작도함을 원칙으로 한다.
② 접은 도면의 크기는 A3의 크기를 원칙으로 한다.
③ 평면도, 배치도 등은 북을 위로 하여 작도함을 원칙으로 한다.
④ 입면도, 단면도 등은 위아래 방향을 도면지의 위아래와 일치시키는 것을 원칙으로 한다.

30 건축법령상 공동주택에 해당되지 않는 것은?
① 기숙사   ② 연립주택
③ 다가구주택   ④ 다세대주택

31 다음 설명에 알맞은 대변기의 세정방식은?

- 소음이 크나, 대변기의 연속 사용이 가능하다.
- 사무실, 백화점 등 사용빈도가 많거나 일시적으로 많은 사람들이 연속하여 사용하는 경우 등에 적용된다.

① 세락식   ② 로 탱크식
③ 하이 탱크식   ④ 플러시 밸브식

32 건축제도의 치수 기입에 관한 설명으로 옳지 않은 것은?
① 치수는 특별히 명시하지 않는 한 마무리 치수로 표시한다.
② 치수 기입은 치수선 중앙 윗부분에 기입하는 것이 원칙이다.
③ 협소한 간격이 연속될 때에는 인출선을 사용하여 치수선을 쓴다.
④ 치수의 단위는 cm를 원칙으로 하고, 이때 단위기호는 쓰지 않는다.

33 건축법상 건축에 해당되지 않는 것은?
① 대수선   ② 재축
③ 이전   ④ 개축

34 철근콘크리트 기둥에서 주근 주위를 수평으로 둘러감은 철근은 무엇인가?
① 띠철근   ② 배력근
③ 수축철근   ④ 온도철근

35 목구조에 사용되는 금속의 긴결철물 중 2개의 부재접합에 끼워 전단력에 저항하도록 사용되는 철물은?
① 감잡이쇠   ② ㄱ자쇠
③ 안장쇠   ④ 듀벨

36 도어체크(door check)를 사용하는 문은?
① 접문   ② 회전문
③ 여닫이문   ④ 미서기문

37 조립식 구조의 특성 중 옳지 않은 것은?
① 공장생산이 가능하다.
② 대량생산이 가능하다.
③ 기계화 시공으로 단기완성이 가능하다.
④ 각 부품과의 일체화가 쉽다.

38 콘크리트, 모르타르 바탕에 아스팔트 방수층 또는 아스팔트 타일 붙이기 시공을 할 때의 초벌용 재료는?
① 아스팔트 프라이머
② 아스팔트 컴파운드
③ 블로운 아스팔트
④ 아스팔트 루핑

39 다음 중 파티클보드의 특성에 대한 설명으로 옳지 않은 것은?

① 큰 면적의 판을 만들 수 있다.
② 표면이 평활하고 경도가 크다.
③ 방충, 방부성은 비교적 작은 편이다.
④ 못, 나사못의 지지력은 목재와 거의 같다.

40 목재의 건조방법 중 인공건조법에 해당하는 것은?

① 증기 건조법　② 침수 건조법
③ 공기 건조법　④ 옥외 대기 건조법

41 콘크리트에 대한 설명으로 옳은 것은?

① 현대건축에서는 구조용 재료로 거의 사용하지 않는다.
② 압축강도가 크지만 내화성이 약하다.
③ 철근, 철골 등의 재료와 부착성이 우수하다.
④ 타 재료에 비해 인장강도가 크다.

42 공동주택의 평면형식 중 편복도형에 관한 설명으로 옳지 않은 것은?

① 복도에서 각 세대로 접근하는 유형이다.
② 엘리베이터 이용률이 홀(hall)형에 비해 낮다.
③ 각 세대의 거주성이 균일한 배치구성이 가능하다.
④ 계단 및 엘리베이터가 직접적으로 각 층에 연결된다.

43 건축제도에서 가는 실선의 용도에 해당하는 것은?

① 단면선　② 중심선
③ 상상선　④ 치수선

44 다음과 같은 특징을 갖는 공기조화방식은?

- 전공기방식의 특징이다.
- 냉풍과 온풍을 혼합하는 혼합상자가 필요없어 소음과 진동이 적다.
- 각 실이나 존의 부하변동에 즉시 대응할 수 없다.

① 단일덕트방식　② 이중덕트방식
③ 멀티유닛방식　④ 팬코일유닛방식

45 색의 명시도에 큰 영향을 끼치지 않는 것은 무엇인가?

① 색상 차　② 명도 차
③ 채도 차　④ 질감 차

46 동선의 3요소에 해당하지 않는 것은?

① 빈도　② 하중
③ 면적　④ 속도

47 건축제도에 사용되는 글자에 관한 설명으로 옳은 것은?

① 숫자는 로마 숫자를 원칙으로 한다.
② 문장은 오른쪽에서부터 가로쓰기를 원칙으로 한다.
③ 글자체는 수직 또는 15° 경사로 고딕체와 유사한 것을 사용한다.
④ 5자리 이상의 수는 4자리마다 휴지부를 찍거나 간격을 띄우는 것을 원칙으로 한다.

48 건축물의 층수 산정 시 층의 구분이 명확하지 아니한 건축물의 경우, 그 건축물의 높이 얼마마다 하나의 층으로 보는가?

① 2m　② 3m
③ 4m　④ 5m

49 실제길이가 16m인 직선을 축척이 1/200인 도면에 표현할 경우, 직선의 도면 길이는?
① 0.8mm
② 8mm
③ 80mm
④ 800mm

50 다음 중 주택 현관의 위치를 결정하는 데 가장 큰 영향을 끼치는 것은?
① 현관의 크기
② 대지의 방위
③ 대지의 크기
④ 도로와의 관계

51 구조형식 중 삼각형 뼈대를 하나의 기본형으로 조립하여 각 부재에는 축방향력만 생기도록 한 구조는?
① 트러스구조
② PC구조
③ 플랫슬래브구조
④ 조적구조

52 다음 중 유성페인트의 특징으로 옳지 않은 것은?
① 주성분은 보일류와 안료이다.
② 광택을 좋게 하기 위하여 바니시를 가하기도 한다.
③ 수성페인트에 비해 건조시간이 오래 걸린다.
④ 콘크리트에 가장 적합한 도료이다.

53 다음 중 목재의 장점에 해당하는 것은?
① 내화성이 뛰어나다.
② 재질과 강도가 결 방향에 관계없이 일정하다.
③ 충격 및 진동을 잘 흡수한다.
④ 함수율에 따라 팽창과 수축이 작다.

54 다음 설명에 알맞은 주택의 실구성형식은?

- 소규모 주택에서 많이 사용된다.
- 거실 내에 부엌과 식사실을 설치한 것이다.
- 실을 효율적으로 이용할 수 있다.

① K형　　② DK형
③ LD형　　④ LDK형

55 창호의 재질·용도별 기호의 연결이 옳은 것은?
① WW : 바람막이창
② PD : 파워윈도
③ AW : 알루미늄합금창
④ SD : 스테인리스 스틸 셔터

56 다음 설명에 맞는 환기방식은?

급기와 배기측에 송풍기를 설치하여 정확한 환기량과 급기량 변화에 의해 실내압을 정압 또는 부압으로 유지할 수 있다.

① 제1종　　② 제2종
③ 제3종　　④ 제4종

57 건물벽 직각 방향에서 건물의 외관을 그린 도면은?
① 평면도　　② 배치도
③ 입면도　　④ 단면도

58 건축설계 진행과정으로 옳은 것은?
① 조건파악 – 기본계획 – 기본설계 – 실시설계
② 조건파악 – 기본설계 – 실시설계 – 기본계획
③ 조건파악 – 기본설계 – 기본계획 – 실시설계
④ 조건파악 – 기본계획 – 실시설계 – 기본설계

59 한국산업표준(KS)의 분류로 옳은 것은?
[새로운 문제유형임]
① 건설 – KS A
② 기계 – KS B
③ 금속 – KS C
④ 전기 – KS D

60 경사지를 적절하게 이용할 수 있으며 각 호마다 전용의 정원을 갖는 주택 형식은?
[새로운 문제유형임]
① 타운하우스(town house)
② 로우하우스(low house)
③ 코트야드하우스(courtyard house)
④ 테라스하우스(terrace house)

2019년 제3회 기출 복원문제

자격종목	시험시간	학습일자	점 수
전산응용건축제도기능사	60분		

본 문제는 2019년도 시험에 응시한 수험생의 기억을 토대로 기출문제와 출제범위 내에서 재구성한 문제입니다. 실제 출제되었던 문제와 다소 차이가 있을 수 있습니다.

정답 및 해설 : p. 559

01 건축법령상 건축에 속하지 않는 것은?
① 증축 ② 이전
③ 개축 ④ 대수선

02 다음 설명에 알맞은 부엌가구의 배치유형은?

- 양쪽 벽면에 작업대가 마주보도록 배치한 것으로 부엌의 폭이 길이에 비해 넓은 부엌의 형태로 적당한 형식이다.
- 작업 동선은 줄일 수 있지만 몸을 앞뒤로 바꾸는 데 불편하다.

① 일자형 ② L자형
③ 병렬형 ④ 아일랜드형

03 주택 욕실에 배치하는 세면기의 높이로 가장 적당한 것은?
① 600mm ② 750mm
③ 850mm ④ 900mm

04 건축법령상 공동주택에 속하지 않는 것은?
① 기숙사 ② 연립주택
③ 다가구주택 ④ 다세대주택

05 형태의 조화로서 황금비례의 비율은?
① 1 : 1 ② 1 : 1.414
③ 1 : 1.618 ④ 1 : 3.141

06 건축물의 층수 산정 시 층의 구분이 명확하지 아니한 건축물의 경우, 그 건축물의 높이 얼마마다 하나의 층으로 보는가?
① 2m ② 3m
③ 4m ④ 5m

07 주택의 식당 및 부엌에 관한 설명으로 옳지 않은 것은?
① 식당의 색채는 채도가 높은 한색계통이 바람직하다.
② 식당은 부엌과 거실의 중간 위치에 배치하는 것이 좋다.
③ 부엌의 작업대는 준비대 → 개수대 → 조리대 → 가열대 → 배선대의 순서로 배치한다.
④ 키친네트는 작업대 길이가 2m 정도인 소형 주방가구가 배치된 간이 부엌의 형태이다.

08 다음 설명에 알맞은 주택의 실구성형식은?

- 소규모 주택에서 많이 사용된다.
- 거실 내에 부엌과 식사실을 설치한 것이다.
- 실을 효율적으로 이용할 수 있다.

① K형 ② DK형
③ LD형 ④ LDK형

09 디자인의 기본원리 중 성질이나 질량이 전혀 다른 둘 이상의 것이 동일한 공간에 배열될 때 서로의 특징을 한층 더 돋보이게 하는 현상은?
① 대비 ② 통일
③ 리듬 ④ 강조

10 다음 중 공간의 레이아웃(layout)과 가장 밀접한 관계를 갖는 것은?
① 재료계획 ② 동선계획
③ 설비계획 ④ 색채계획

11 벽 및 천장재로 사용되는 것으로 강당, 집회장 등의 음향조절용으로 쓰이거나 일반건물의 벽 수장재로 사용하여 음향효과를 거둘 수 있는 목재 가공품은?
① 파키트리 패널 ② 플로어링 합판
③ 코펜하겐 리브 ④ 파키트리 블록

12 지하실이나 옥상 채광의 목적으로 많이 쓰이는 유리는?
① 프리즘 유리 ② 로이유리
③ 유리블록 ④ 복층유리

13 석영, 운모 등의 풍화물로 만들어진 도토를 원료로 1,100~1,250℃ 정도 소성하면 백색의 불투명한 바탕을 이루어 타일 제조에 많이 이용되는 점토제품은?
① 토기 ② 자기
③ 도기 ④ 석기

14 시멘트의 강도에 영향을 주는 주요 요인이 아닌 것은?
① 분말도 ② 비빔장소
③ 풍화 정도 ④ 사용하는 물의 양

15 콘크리트면, 모르타르면의 바름에 가장 적합한 도료는?
① 옻칠
② 래커
③ 유성페인트
④ 수성페인트

16 다음 석재 중 색채, 무늬 등이 다양하여 건물의 실내마감 장식재로 많이 사용되는 석재는?
① 점판암 ② 대리석
③ 화강암 ④ 안산암

17 건축재료의 사용목적에 의한 분류에 속하지 않는 것은?
① 구조재료 ② 인공재료
③ 마감재료 ④ 차단재료

18 절대조건비중이 0.3인 목재의 공극률은?
① 60.5% ② 70.5%
③ 80.5% ④ 90.5%

19 물의 밀도가 $1g/cm^3$이고 어느 물체의 밀도가 $1kg/m^3$라 하면 이 물체의 비중은 얼마인가?
① 1 ② 1,000
③ 0.001 ④ 0.1

20 건설공사 표준품셈에 따른 기본벽돌의 크기로 옳은 것은?
① 210mm×100mm×60mm
② 210mm×100mm×57mm
③ 190mm×90mm×57mm
④ 190mm×90mm×60mm

21 재료 관련 용어에 대한 설명 중 잘못된 것은?
① 열팽창계수란 온도의 변화에 따라 물체가 팽창, 수축하는 비율을 말한다.
② 비열이란 단위질량의 물질의 온도를 1℃ 올리는 데 필요한 열량을 말한다.
③ 열용량은 물체에 열을 저장할 수 있는 용량을 말한다.
④ 차음률은 음을 얼마나 흡수하느냐 하는 성질을 말하며, 재료의 비중이 클수록 작다.

22 건축재료 중 벽, 천장 재료에 요구되는 성질이 아닌 것은?
① 외관이 좋은 것이어야 한다.
② 시공이 용이한 것이어야 한다.
③ 열전도율이 큰 것이어야 한다.
④ 차음이 잘되고 내화, 내구성이 큰 것이어야 한다.

23 대리석의 일종으로 다공질이고 황갈색의 무늬가 있으며 특수한 실내장식재로 이용되는 것은?
① 테라코타　② 트래버틴
③ 점판암　　④ 석회암

24 합판의 제조방법 중 슬라이스 베니어에 대한 설명으로 옳은 것은?
① 얼마든지 넓은 판을 얻을 수 있으며 원목의 낭비가 없다.
② 합판 표면에 아름다운 무늬를 얻을 때 사용한다.
③ 원목을 일정한 길이로 절단하여 이것을 회전시키면서 연속적으로 제작한다.
④ 판재와 각재를 집성하여 대재를 얻을 때 사용한다.

25 시멘트제품의 양생법 중 가장 이상적인 것은?
① 통풍을 막고 직사광선을 피하여 건조시킨다.
② 가열을 해서 속히 건조시킨다.
③ 영하의 저온환경에서 건조시킨다.
④ 적당한 온도와 습도를 위해서 수중양생을 한다.

26 알루미늄의 특성에 대한 설명으로 옳지 않은 것은?
① 산, 알칼리 및 해수에 침식되지 않는다.
② 연질이므로 가공성이 뛰어나다.
③ 전기의 전도 및 반사율이 뛰어나다.
④ 내화성이 약하다.

27 페인트 안료 중 산화철과 연단은 어떤 색을 만드는 데 쓰이는가?
① 백색　② 흑색
③ 적색　④ 황색

28 경질 섬유판에 대한 설명으로 옳지 않은 것은?
① 식물섬유를 주원료로 하여 성형한 판이다.
② 신축의 방향성이 크며 소프트 텍스라고도 불린다.
③ 비중이 0.8 이상으로 수장판으로 사용된다.
④ 연질, 반경질 섬유판에 비하여 강도가 우수하다.

29 재료가 외력을 받아 파괴될 때까지의 에너지 흡수능력, 즉 외형의 변형을 나타내면서도 파괴되지 않는 성질로 맞는 것은?
① 전성　② 인성
③ 경도　④ 취성

30 유기재료에 속하는 건축재료는?
① 철재　　② 석재
③ 아스팔트　　④ 알루미늄

31 다음 재해방지 성능상의 분류 중 지진에 의한 피해를 방지할 수 있는 구조는?
① 방화구조　　② 내화구조
③ 방공구조　　④ 내진구조

32 부재축에 직각으로 설치되는 전단철근의 간격은 철근콘크리트 부재의 경우 최대 얼마 이하로 하여야 하는가?
① 300mm　　② 450mm
③ 600mm　　④ 700mm

33 바닥 등의 슬래브를 케이블로 매단 특수구조는?
① 공기막구조　　② 셸구조
③ 커튼월구조　　④ 현수구조

34 철근콘크리트구조에서 휨모멘트가 커서 보의 단부 아래쪽으로 단면을 크게 한 것은?
① T형 보　　② 지중보
③ 플랫슬래브　　④ 헌치

35 목구조에서 깔도리와 처마도리를 고정시켜 주는 철물은?
① 주걱볼트　　② 안장쇠
③ 띠쇠　　④ 꺾쇠

36 막구조 중 막의 무게를 케이블로 지지하는 구조는?
① 공조막구조　　② 현수막구조
③ 공기막구조　　④ 하이브리드 막구조

37 공간 벽돌쌓기에서 표준형 벽돌로 바깥벽은 0.5B, 공간 80mm, 안벽 1.0B로 할 때 총벽체 두께는?
① 290mm　　② 310mm
③ 360mm　　④ 380mm

38 철골구조의 판보(plate girder)에서 웨브의 좌굴을 방지하기 위하여 사용되는 것은?
① 거싯 플레이트
② 플랜지
③ 스티프너
④ 리브

39 지하실과 같이 바닥 슬래브 전체가 기초판 역할을 하는 것은?
① 매트기초　　② 복합기초
③ 독립기초　　④ 줄기초

40 목조벽체를 수평력에 견디게 하고 안정적인 구조를 구성하는 데 필요한 부재는?
① 멍에　　② 장선
③ 가새　　④ 동바리

41 강구조의 주각부분에 사용되지 않는 것은?
① 윙 플레이트
② 데크 플레이트
③ 베이스 플레이트
④ 클립 앵글

42 조적식 구조인 내력벽의 콘크리트 기초단에서 기초벽의 두께는 최소 얼마 이상으로 하여야 하는가?
① 150mm　　② 200mm
③ 250mm　　④ 300mm

43 다음은 조적조 내력벽 위에 설치하는 테두리보에 관한 설명이다. ( ) 안에 알맞은 숫자는?

> 1층 건축물로서 벽두께가 벽 높이의 1/16 이상이거나 벽길이가 (   )m 이하인 경우에는 목조로 된 테두리보를 설치할 수 있다.

① 3 ② 4
③ 5 ④ 6

44 입체 트러스구조에 대한 설명으로 옳은 것은?
① 모든 방향에 대한 응력을 전달하기 위하여 절점은 항상 자유로운 핀(pin) 집합으로만 이루어져야 한다.
② 풍하중과 적설하중은 구조계산 시 고려하지 않는다.
③ 기하학적인 곡면으로는 구조적 결함이 많이 발생하기 때문에 주로 평면 형태로 제작된다.
④ 구성부재를 규칙적인 3각형으로 배열하면 구조적으로 안정이 된다.

45 벽돌조에서 내력벽의 두께는 당해 벽 높이의 최소 얼마 이상으로 해야 하는가?
① 1/8 ② 1/12
③ 1/16 ④ 1/20

46 슬래브의 장변과 단변의 길이의 비를 기준으로 한 슬래브에 해당하는 것은?
① 플랫 슬래브
② 2방향 슬래브
③ 장선 슬래브
④ 원형식 슬래브

47 철근콘크리트 단순보의 철근에 관한 설명 중 옳지 않은 것은?
① 인장력에 저항하는 재축 방향의 철근을 보의 주근이라 한다.
② 압축측에도 철근을 배근한 보를 복근보라 한다.
③ 전단력을 보강하여 보의 주근 주위에 둘러서 감은 철근을 늑근이라 한다.
④ 늑근은 단부보다 중앙부에서 촘촘하게 배치하는 것이 원칙이다.

48 장방형 슬래브에서 단변 방향으로 배치하는 인장 철근의 명칭은?
① 늑근 ② 온도철근
③ 주근 ④ 배력근

49 구조형식 중 서로 관계가 먼 것끼리 연결된 것은?
① 박판구조-곡면구조
② 가구식 구조-목구조
③ 현수식 구조-공기막구조
④ 일체식 구조-철근콘크리트구조

50 기성 콘크리트말뚝을 타설할 때 말뚝직경(D)에 대한 말뚝중심 간 거리 기준으로 옳은 것은?
① $1.5D$ 이상 ② $2.0D$ 이상
③ $2.5D$ 이상 ④ $3.0D$ 이상

51 실제 길이가 16m인 직선을 축척이 1/200인 도면에 표현할 경우, 도면에서 직선 길이는?
① 0.8mm ② 8mm
③ 80mm ④ 800mm

52 다음과 같은 특징을 갖는 공기조화방식은?

- 전공기방식의 특징이다.
- 냉풍과 온풍을 혼합하는 혼합상자가 필요 없어 소음과 진동이 적다.
- 각 실이나 존의 부하변동에 즉시 대응할 수 없다.

① 단일덕트방식 ② 이중덕트방식
③ 멀티유닛방식 ④ 팬코일유닛방식

53 건물의 외벽, 지붕 등에 설치하여 인접 건물에 화재가 발생하였을 때 수막을 형성함으로써 화재의 연소를 방지하는 설비는?
① 스프링클러설비
② 드렌처설비
③ 연결살수설비
④ 옥내소화전설비

54 소방대 전용 소화전인 송수구를 통하여 실내로 물을 공급하여 소화활동을 하는 것으로, 지하층의 일반 화재진압 등에 사용되는 소방시설은?
① 드렌처설비
② 연결살수설비
③ 스프링클러설비
④ 옥외소화전설비

55 다음 중 LP가스의 특성이 아닌 것은?
① 비중이 공기보다 크다.
② 발열량이 크며 연소 시에 필요한 공기량이 많다.
③ 누설이 된다 해도 공기 중에 흡수되기 때문에 안정성이 높다.
④ 석유정제과정에서 채취된 가스를 압축냉각해서 액화시킨 것이다.

56 에스컬레이터의 설명으로 옳지 않은 것은?
① 수송량에 비해 점유면적이 작다.
② 대기시간이 없고 연속적인 수송설비이다.
③ 수송능력이 엘리베이터의 1/2 정도로 작다.
④ 승강 중 주위가 오픈되므로 주변 광고효과가 있다.

57 건축도면에서 굵은 실선으로 표시하여야 하는 것은?
① 해칭선   ② 절단선
③ 단면선   ④ 치수선

58 건축도면 중 벽의 직각 방향에서 건물의 외관을 그린 것은?
① 입면도   ② 전개도
③ 배근도   ④ 평면도

59 건축구조 중 기초를 제도할 때 가장 먼저 해야 할 것은?
① 치수선을 긋고 치수를 기입한다.
② 제도용지에 테두리선을 긋고 표제란을 만든다.
③ 제도용지에 기초의 배치를 적당히 잡아 가로와 세로로 나누기를 한다.
④ 중심선에서 기초와 벽의 두께, 푸팅 및 잡석 지정의 너비를 양분하여 연하게 그린다.

60 건축물의 묘사도구 중 도면이 깨끗하고 선명하며 농도를 정확히 나타낼 수 있는 것은?
① 연필   ② 물감
③ 색연필   ④ 잉크

2020년 제2회 기출 복원문제

자격종목	시험시간	학습일자	점 수
전산응용건축제도기능사	60분		

본 문제는 2020년도 시험에 응시한 수험생의 기억을 토대로 기출문제와 출제범위 내에서 재구성한 문제입니다. 실제 출제되었던 문제와 다소 차이가 있을 수 있습니다.

정답 및 해설 : p. 562

01 벽돌벽체에서 벽돌을 1켜씩 내쌓기할 때 얼마 정도 내쌓는 것이 적절한가?
① 1/2B   ② 1/4B
③ 1/5B   ④ 1/8B

02 개구부 상부의 하중을 지지하기 위하여 돌이나 벽돌을 곡선형으로 쌓은 구조는?
① 골조구조   ② 아치구조
③ 린텔구조   ④ 트러스구조

03 외관이 중요시되지 않는 아치는 보통벽돌을 쓰고 줄눈을 쐐기모양으로 한다. 이 아치는?
① 본아치   ② 거친아치
③ 막만든아치   ④ 층두리아치

04 철근콘크리트 벽체에서 두께가 얼마 이상일 때 복배근을 하여야 하는가?
① 15cm   ② 20cm
③ 25cm   ④ 30cm

05 물의 밀도가 $1g/cm^3$이고 어느 물체의 밀도가 $1kg/m^3$라 하면 이 물체의 비중은 얼마인가?
① 1   ② 1000
③ 0.001   ④ 0.1

06 다음 중 계획설계도에 속하는 것은?
① 동선도   ② 배치도
③ 전개도   ④ 평면도

07 다음 각 재료의 주 용도로 옳지 않은 것은?
① 테라초 – 바닥마감재
② 트래버틴 – 특수실내장식재
③ 타일 – 내외벽, 바닥의 수장재
④ 테라코타 – 흡음재

08 실제 길이 6m는 축척 1/30의 도면에서 얼마의 길이로 표시되는가?
① 18mm
② 20mm
③ 180mm
④ 200mm

09 건축공간에 관한 설명으로 옳지 않은 것은?
① 인간은 건축공간을 조형적으로 인식한다.
② 내부공간은 일반적으로 벽과 지붕으로 둘러싸인 건물 안쪽의 공간을 말한다.
③ 외부공간은 자연 발생적인 것으로 인간에 의해 의도적으로 만들어지지 않는다.
④ 공간을 편리하게 이용하기 위해서는 실의 크기와 모양, 높이 등이 적당해야 한다.

10 회반죽 바름에서 여물을 넣는 주된 이유는?
① 균열을 방지하기 위해
② 점성을 높이기 위해
③ 경화속도를 높이기 위해
④ 경도를 높이기 위해

11 다음 중 아파트의 평면형식에 따른 분류에 속하지 않는 것은?
① 홀형 ② 복도형
③ 탑상형 ④ 집중형

12 액화석유가스(LPG)에 관한 설명으로 잘못된 것은?
① 공기보다 가볍다.
② 용기(bomb)에 넣을 수 있다.
③ 가스절단 등 공업용으로도 사용된다.
④ 프로판가스(propane gas)라고도 한다.

13 건축도면의 표시기호와 표시사항의 연결이 옳지 않은 것은?
① V – 용적
② W – 너비
③ ϕ – 지름
④ THK – 길이

14 색의 지각적 효과에 관한 설명으로 옳지 않은 것은?
① 명시도에 가장 영향을 끼치는 것은 채도 차이다.
② 일반적으로 고명도, 고채도의 색이 주목성이 높다.
③ 고명도, 고채도, 난색계의 색은 진출, 팽창되어 보인다.
④ 명도가 높은 색은 외부로 확산되려는 현상을 나타낸다.

15 기본형 시멘트 벽돌을 사용한 벽돌벽 1.5B의 두께는 얼마인가?
① 23cm ② 28cm
③ 29cm ④ 34cm

16 고력볼트접합에 대한 설명으로 틀린 것은?
① 고력볼트접합의 종류는 마찰접합이 유일하다.
② 접합부의 강성이 크다.
③ 피로강도가 크다.
④ 정확한 계기공구로 죄어 일정하고 균일하고 정확한 강도를 얻을 수 있다.

17 입체구조시스템의 하나로서 축방향으로만 힘을 받는 직선재를 핀으로 결합하여 효율적으로 힘을 전달하는 구조시스템은 무엇인가?
① 막구조 ② 셸구조
③ 현수구조 ④ 입체트러스구조

18 건축제도에서 투상법의 작도원칙은?
① 제1각법 ② 제2각법
③ 제3각법 ④ 제4각법

19 다음과 같은 특징을 갖는 급수방식은?

- 급수압력이 일정하다.
- 단수 시에도 일정량의 급수를 계속할 수 있다.
- 대규모의 급수수요에 쉽게 대응할 수 있다.

① 수도직결방식 ② 압력수조방식
③ 펌프직송방식 ④ 고가수조방식

20 다음 설명에 알맞은 부엌가구의 배치유형은?

- 양쪽 벽면에 작업대가 마주보도록 배치한 것으로 부엌의 폭이 길이에 비해 넓은 부엌의 형태로 적당한 형식이다.
- 작업동선은 줄일 수 있지만 몸을 앞뒤로 바꾸는 데 불편하다.

① 일자형 ② L자형
③ 병렬형 ④ 아일랜드형

21 점토제품 중 소성온도가 가장 높은 제품은?
① 토기
② 석기
③ 자기
④ 도기

22 재료와 용도의 연결이 옳지 않은 것은?
① 테라코타 : 구조재, 흡음재
② 테라초 : 바닥면의 수장재
③ 시멘트 모르타르 : 외벽용 마감재
④ 타일 : 내·외벽, 바닥면의 수장재

23 스틸 하우스에 대한 설명으로 옳지 않은 것은?
① 벽체가 얇기 때문에 결로현상이 없다.
② 공사기간이 짧고 자재의 낭비가 적다.
③ 내부 변경이 용이하고 공간 활용이 우수하다.
④ 얇은 천장을 통해 방의 차음이 문제된다.

24 단열재의 조건으로 옳지 않은 것은?
① 열전도율이 높아야 한다.
② 흡수율이 낮고 비중이 작아야 한다.
③ 내화성, 내부식성이 좋아야 한다.
④ 가공, 접착 등의 시공성이 좋아야 한다.

25 한식주택과 양식주택에 관한 설명으로 옳지 않은 것은?
① 한식주택의 실은 복합용도이다.
② 양식주택의 평면은 실의 기능별 분화이다.
③ 한식주택은 개구부가 크며 양식주택은 개구부가 작다.
④ 한식주택에서 가구는 주요한 내용물로서의 기능을 한다.

26 강구조의 주각부분에 사용되지 않는 것은?
① 윙 플레이트
② 데크 플레이트
③ 베이스 플레이트
④ 클립 앵글

27 다음 설명에 알맞은 거실의 가구배치 형식은?

- 서로 시선이 마주쳐 다소 딱딱하고 어색한 분위기를 만들 우려가 있다.
- 일반적으로 가구 자체가 차지하는 면적이 커지므로 실내공간이 좁아 보일 수 있다.

① 대면형　　② 코너형
③ 직선형　　④ 자유형

28 다음 중 주택의 현관에 관한 설명으로 옳지 않은 것은?
① 한 가정에 대한 첫 인상이 형성되는 공간이다.
② 현관의 위치는 도로와의 관계, 대지의 형태 등에 의해 결정된다.
③ 현관의 조명은 부드러운 확산광으로 구석까지 밝게 비추는 것이 좋다.
④ 현관의 벽체는 저명도·저채도의 색채로, 바닥은 고명도·고채도의 색채로 계획하는 것이 좋다.

29 장방형 슬래브에서 단변 방향으로 배치하는 인장철근의 명칭은?
① 늑근
② 온도철근
③ 주근
④ 배력근

30 수직부재가 축방향으로 외력을 받았을 때 그 외력이 증가해가면 부재의 어느 위치에서 갑자기 휘어버리는 현상을 의미하는 용어는?
① 폭렬
② 좌굴
③ 컬럼쇼트닝
④ 크리프

31 수직하중은 철골에 부담시키고 수평하중은 철골과 철근콘크리트의 양자가 같이 대항하도록 한 구조는?
① 철골철근콘크리트구조
② 셸구조
③ 절판구조
④ 프리스트레스트구조

32 suspension cable에 의한 지붕구조는 케이블의 어떠한 저항력을 이용한 것인가?
① 휨모멘트
② 압축력
③ 인장력
④ 전단력

33 건축물의 표현방법에 관한 설명으로 옳지 않은 것은?
① 단선에 의한 표현방법은 종류와 굵기에 유의하여 단면선, 윤곽선, 모서리선, 표면의 조직선 등을 표현한다.
② 여러 선에 의한 표현방법에서 평면은 같은 간격의 선으로, 곡면은 선의 간격을 달리하여 표현한다.
③ 단선과 명암에 의한 표현방법은 선으로 공간을 한정시키고 명암으로 음영을 넣는 방법으로 농도에 변화를 주어 표현한다.
④ 명암처리만을 사용한 표현방법에서 면이나 입체를 한정시키고 돋보이게 하기 위하여 공간상 입체의 윤곽선을 굵은선으로 명확히 그린다.

34 건축법령상 다음과 같이 정의되는 용어는?

건축물이 천재지변이나 그 밖의 재해로 멸실된 경우 그 대지에 종전과 같은 규모의 범위에서 다시 축조하는 것

① 신축
② 이전
③ 개축
④ 재축

35 지붕물매의 결정요소가 아닌 것은?
① 건축물 용도
② 처마 돌출길이
③ 간사이 크기
④ 지붕잇기 재료

36 바닥판의 주근을 연결하고 콘크리트의 수축, 온도변화에 의한 열응력에 따른 균열을 방지하는 데 유효한 철근을 무엇이라 하는가?
① 굽힘철근
② 늑근
③ 띠철근
④ 배력근

37 목재 왕대공 지붕틀에서 부재와 응력의 관계로 옳은 것은?
① ㅅ자보 – 인장력, 휨모멘트
② 빗대공 – 압축력
③ 평보 – 압축력, 휨모멘트
④ 중도리 – 전단응력

38 다음과 같은 역학적 성질로 옳은 것은?

유체가 유동하고 있을 때 유체의 내부에 흐름을 저지하려고 하는 내부 마찰 저항이 발생하는 성질

① 탄성
② 소성
③ 점성
④ 외력

39 건축물의 에너지 절약을 위한 계획내용으로 옳지 않은 것은?
① 공동주택은 인동간격을 넓게 하여 저층부의 일사수열량을 증대시킨다.
② 건물의 창호는 가능한 작게 설계하고, 특히 열손실이 많은 북측의 창면적은 최소화한다.
③ 건축물은 대지의 향, 일조 및 풍향 등을 고려하여 배치하고, 남향 또는 남동향 배치를 한다.
④ 거실의 층고 및 반자 높이는 실의 온도와 기능에 지장을 주지 않는 범위 내에서 가능한 높게 한다.

40 목재를 두께 3cm, 너비 10cm 정도로 가공해 벽 및 천장재로 사용되는 것으로 강당, 집회장 등의 음향조절용으로 쓰이거나 일반 건물의 벽 수장재로 사용하여 음향효과를 거둘 수 있는 제품은?
① 파키트리 패널
② 플로어링 합판
③ 코펜하겐 리브
④ 파키트리 블록

41 화력발전소와 같이 미분탄을 연소할 때 석탄재가 고온에 녹은 후 냉각되어 구상이 된 미립분을 혼화재로 사용한 시멘트로서, 콘크리트의 워커빌리티를 좋게 하여 수밀성을 크게 할 수 있는 시멘트는?
① 플라이애시 시멘트
② 고로 시멘트
③ 백색 포틀랜드 시멘트
④ AE 포틀랜드 시멘트

42 전압의 종류에서 저압에 해당하는 기준은?
① 직류 100V 이하, 교류 220V 이하
② 직류 350V 이하, 교류 420V 이하
③ 직류 750V 이하, 교류 600V 이하
④ 직류 900V 이하, 교류 1000V 이하

43 창의 하부에 건너댄 돌로 빗물을 처리하고 장식적으로 사용되는 것으로, 윗면과 밑면에 물끊기·물돌림 등을 두어 빗물의 침입을 막고, 물흘림이 잘 되게 하는 것은?
① 인방돌
② 쌤돌
③ 창대돌
④ 돌림돌

44 다음 중 철근콘크리트 줄기초 그리기에서 가장 먼저 이루어지는 작업은?
① 재료의 단면 표시를 한다.
② 기초 크기에 알맞은 축척을 정한다.
③ 단면선과 입면선을 구분하여 그린다.
④ 표제란을 작성하고 표시 사항의 누락 여부를 확인한다.

45 문꼴을 보기 좋게 만드는 동시에 주위 벽의 마무리를 잘하기 위하여 둘러대는 누름대를 무엇이라 하는가?
① 문선
② 풍소란
③ 가새
④ 인방

46 특수 지지 프레임을 두 지점에 세우고 프레임 상부 새들(saddle)을 통해 케이블을 걸치고 여기서 내린 로프로 도리를 매다는 구조는 무엇인가?
① 현수구조
② 절판구조
③ 셸구조
④ 트러스구조

47 구조형식 중 삼각형 뼈대를 하나의 기본형으로 조립하여 각 부재에는 축방향력만 생기도록 한 구조는?
① 트러스구조
② PC구조
③ 플랫슬래브구조
④ 조적구조

48 다음 중 내화도가 가장 낮은 석재는?
① 화강암　② 화산암
③ 안산암　④ 응회암

49 색의 명시도에 큰 영향을 끼치지 않는 것은 무엇인가?
① 색상 차　② 명도 차
③ 채도 차　④ 질감 차

50 다음 설명에 맞는 환기방식은?

> 급기와 배기측에 송풍기를 설치하여 정확한 환기량과 급기량 변화에 의해 실내압을 정압 또는 부압으로 유지할 수 있다.

① 제1종　② 제2종
③ 제3종　④ 제4종

51 철근콘크리트구조 기둥에서 주근의 좌굴과 콘크리트가 수평으로 터져나가는 것을 구속하는 철근은?
① 주근　② 띠철근
③ 온도철근　④ 배력근

52 건물 내부의 상호 간 연락과 내부와 외부를 연락하기 위한 설비를 무엇이라 하는가?
① 무선설비　② 통신설비
③ 구내교환설비　④ 인터폰설비

53 건축도면에서 중심선과 같은 일점쇄선과 구분하거나 가상선을 표현하는 목적으로 사용되는 선의 종류는?
① 파선　② 가는 실선
③ 일점쇄선　④ 이점쇄선

54 철근콘크리트보의 형태에 따른 철근배근으로 옳지 않은 것은?
① 단순보의 하부에는 인장력이 작용하므로 하부에 주근을 배치한다.
② 연속보에서는 지지점 부분의 하부에서 인장력을 받기 때문에, 이곳에 주근을 배치하여야 한다.
③ 내민보(캔틸레버)는 상부에 인장력이 작용하므로 상부에 주근을 배치한다.
④ 단순보에서 부재의 축에 직각인 스터럽(늑근)의 간격은 단부로 갈수록 촘촘하게 한다.

55 석재의 성질 중 점판암과 같이 표면이 나란한 결을 따라 얇게 떨어지는 것과 가장 관계가 깊은 것은?
① 조암광물　② 석리
③ 절리　④ 석목

56 목재를 구조용으로 사용하기 위한 가장 적절한 함수율은?
① 10%　② 15%
③ 20%　④ 25%

57 건물의 일조조절을 위해 사용되는 것이 아닌 것은?
① 차양　② 루버
③ 발코니　④ 플랜지

58 다음과 같은 지붕의 물매가 4/10인 경우 x의 값은 얼마인가?

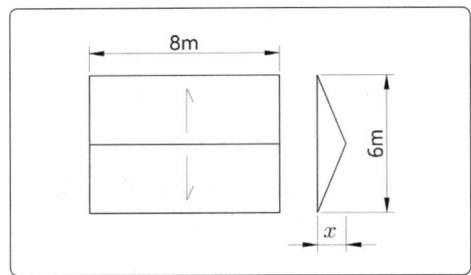

① 1.2m ② 1.5m
③ 2m   ④ 2.4m

59 다음 그림에서 슬럼프값을 나타낸 것은?

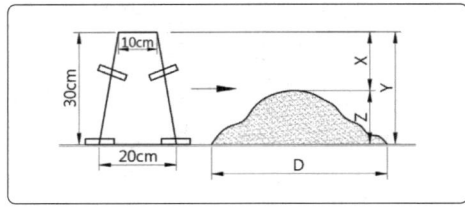

① X   ② Y
③ Z   ④ D

60 다음 그림과 같은 전통창호살의 형식으로 옳은 것은?

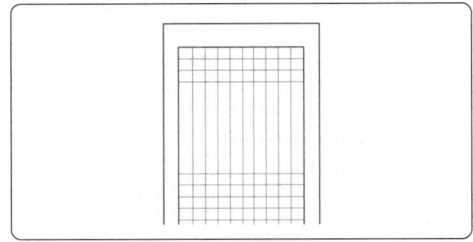

① 세살   ② 정자살
③ 완자살 ④ 숫대살

2020년 제3회 기출 복원문제

자격종목	시험시간	학습일자	점 수
전산응용건축제도기능사	60분		

본 문제는 2020년도 시험에 응시한 수험생의 기억을 토대로 기출문제와 출제범위 내에서 재구성한 문제입니다. 실제 출제되었던 문제와 다소 차이가 있을 수 있습니다.

정답 및 해설 : p. 565

01 회반죽 바름에서 여물을 넣는 주된 이유는?
① 균열을 방지하기 위해
② 점성을 높이기 위해
③ 경화속도를 높이기 위해
④ 경도를 높이기 위해

02 기본형 시멘트 벽돌을 사용한 벽돌벽 1.5B의 두께는 얼마인가?
① 23cm   ② 28cm
③ 29cm   ④ 34cm

03 대리석의 특징으로 옳지 않은 것은?
① 산에 강하다.
② 무늬가 아름답다.
③ 갈면 광택이 난다.
④ 석질이 견고하다.

04 아치에 사용되는 벽돌 중 특별히 주문 제작하여 만든 아치는?
① 민무늬아치
② 본아치
③ 막만든아치
④ 거친아치

05 건축재료의 최대강도를 안전율로 나눈 값은?
① 파괴강도   ② 허용강도
③ 휨강도   ④ 인장강도

06 바닥용 타일 중 비닐타일에 대한 설명으로 옳지 않은 것은?
① 일반사무실이나 점포에서 사용되고 있다.
② 염화비닐수지에 석면, 탄산칼슘 등의 충전제를 배합해서 만든다.
③ 반경질비닐타일, 연질비닐타일, 퓨어비닐타일 등이 있다.
④ 의장성, 내마모성은 양호하나 경제성, 시공성이 떨어진다.

07 중량이 50g인 나무를 절대건조시켰을 때 35g으로 변했다. 이때 목재의 함수율은 얼마인가?
① 57%   ② 230%
③ 15%   ④ 43%

08 유리의 종류와 용도의 조합 중 옳은 것은?
① 프리즘 유리 : 지하실이나 옥상의 채광용
② 페어 글라스 : 밀실의 통풍용
③ 자외선 투과유리 : 방화용
④ 망입유리 : 굴절 채광용

09 재료의 분류 중 천연재료에 속하지 않는 것은?
① 목재
② 대나무
③ 콘크리트
④ 아스팔트

10 외관이 중요시되지 않는 아치는 보통벽돌을 쓰고 줄눈을 쐐기모양으로 한다. 이 아치는?
① 본아치
② 거친아치
③ 막만든아치
④ 층두리아치

11 물의 밀도가 1g/cm³이고 어느 물체의 밀도가 1kg/m³라 하면 이 물체의 비중은 얼마인가?
① 1
② 1000
③ 0.001
④ 0.1

12 고력볼트접합에 대한 설명으로 틀린 것은?
① 고력볼트접합의 종류는 마찰접합이 유일하다.
② 접합부의 강성이 크다.
③ 피로강도가 크다.
④ 정확한 계기공구로 죄어 일정하고 균일하며 정확한 강도를 얻을 수 있다.

13 입체구조시스템의 하나로서 축방향으로만 힘을 받는 직선재를 핀으로 결합하여 효율적으로 힘을 전달하는 구조시스템은 무엇인가?
① 막구조
② 셸구조
③ 현수구조
④ 입체트러스구조

14 다음 중 철골구조에서 H자 형강보의 플랜지 부분에 커버 플레이트를 사용하는 가장 주된 목적은?
① H형강의 부식을 방지하기 위해서
② 집중하중에 의한 전단력을 감소시키기 위해서
③ 덕트 배관 등에 사용할 수 있는 개구부분을 확보하기 위해서
④ 휨내력의 부족을 보충하기 위해서

15 막상(膜狀) 재료로 공간을 덮어 건물 내외의 기압 차를 이용한 풍선 모양의 지붕구조를 무엇이라 하는가?
① 공기막구조
② 현수구조
③ 곡면판 구조
④ 입체 트러스구조

16 목재를 벌목하기에 가장 적당한 계절로 짝 지어진 것은?
① 봄-여름
② 여름-가을
③ 가을-겨울
④ 겨울-봄

17 철근콘크리트 기둥에 대한 설명 중 옳은 것은?
① 기둥의 주근을 감싸고 있는 철근을 늑근이라 한다.
② 한 건물에서는 기둥의 간격을 다르게 하는 것이 유리하다.
③ 기둥의 축방향 주철근의 최소 개수는 직사각형 기둥의 경우 4개이다.
④ 기둥의 주근은 단면상 한쪽에만 배치하는 것이 유리하다.

18 건물의 주요 뼈대를 공장제작한 후 현장에 운반하여 짜맞춘 구조는?
① 조적식 구조
② 습식 구조
③ 일체식 구조
④ 조립식 구조

19 트러스구조에 대한 설명으로 옳지 않은 것은?
① 지점의 중심선과 트러스절점의 중심선은 가능한 한 일치시킨다.
② 항상 인장력을 받는 경사재의 단면이 가장 크다.
③ 트러스의 부재 중에는 응력을 거의 받지 않는 경우도 생긴다.
④ 트러스의 부재의 절점은 핀접합으로 본다.

20. 보를 없애고 바닥판을 두껍게 해서 보의 역할을 겸하도록 한 구조로서, 하중을 직접 기둥에 전달하는 슬래브는?
① 장방향 슬래브 ② 장성 슬래브
③ 플랫슬래브 ④ 워플 슬래브

21. 보강블록조의 내력벽 구조에 관한 설명 중 옳지 않은 것은?
① 벽두께는 층수가 많을수록 두껍게 하며 최소 두께는 150mm 이상으로 한다.
② 수평력에 강하게 하려면 벽량을 증가시킨다.
③ 위층의 내력벽과 아래층의 내력벽은 바로 위아래에 위치하게 한다.
④ 벽길이의 합계가 같을 때 벽길이를 크게 분할하는 것보다 짧은 벽이 많이 있는 것이 좋다.

22. 다음 각 재료의 주 용도로 옳지 않은 것은?
① 테라초-바닥마감재
② 트래버틴-특수실내장식재
③ 타일-내외벽, 바닥의 수장재
④ 테라코타-흡음재

23. 아스팔트의 품질을 판별하는 항목과 거리가 먼 것은?
① 신도 ② 침입도
③ 감온비 ④ 압축강도

24. 타일시공 후 압착이 충분하지 않은 경우 등으로 타일이 떨어지는 현상을 무엇이라 하는가?
① 백화현상 ② 박리현상
③ 소성현상 ④ 동해현상

25. 석재 가공에서 거친 면의 돌출부를 쇠메 등으로 쳐서 면을 보기 좋게 다듬는 것을 무엇이라 하는가?
① 도드락다듬 ② 정다듬
③ 혹두기 ④ 잔다듬

26. 다음 중 지붕재료에 요구되는 성질과 가장 거리가 먼 것은?
① 외관이 좋은 것이어야 한다.
② 부드러워 가공이 용이한 것이어야 한다.
③ 열전도율이 작은 것이어야 한다.
④ 재료가 가볍고, 방수·방습·내화·내수성이 큰 것이어야 한다.

27. 석재를 형상에 의해 분류할 때 두께가 15cm 미만으로, 대략 너비가 두께의 3배 이상이 되는 것을 무엇이라 하는가?
① 판석 ② 각석
③ 견치석 ④ 사괴석

28. 슬래브의 장변과 단변의 길이의 비를 기준으로 한 슬래브에 해당하는 것은?
① 플랫 슬래브 ② 2방향 슬래브
③ 장선 슬래브 ④ 원형식 슬래브

29. 목구조에서 기둥에 대한 설명으로 틀린 것은?
① 마루, 지붕 등의 하중을 토대로 전달하는 수직 구조재이다.
② 통재기둥은 2층 이상의 기둥 전체를 하나의 단일재로 사용되는 기둥이다.
③ 평기둥은 각 층별로 각 층의 높이에 맞게 배치되는 기둥이다.
④ 샛기둥은 본기둥 사이에 세워 벽체를 이루는 기둥으로 상부 하중의 대부분을 받는다.

30 철골구조의 특징으로 잘못된 것은?
① 벽돌구조에 비하여 수평력이 강하다.
② 고온에 약하므로 화재에 대비한 피복이 필요하다.
③ 넓은 공간을 확보하기 위한 장스팬구조가 가능하다.
④ 철근콘크리트나 벽돌구조에 비해 공사비가 저렴하다.

31 미서기문이나 창의 맞닿는 부분에 방풍을 목적으로 턱솔이나 딴혀를 대어 물려지게 한 것은?
① 풍소란　　② 문선
③ 장선　　　④ 띠장

32 벽돌쌓기 방법 중 프랑스식 쌓기에 대한 설명으로 옳은 것은?
① 한 켜 안에 길이쌓기와 마구리쌓기를 병행하여 쌓는 방법이다.
② 처음 한 켜는 마구리쌓기, 다음 한 켜는 길이쌓기를 교대로 쌓는 방법이다.
③ 5~6켜는 길이쌓기로 하고, 다음 켜는 마구리쌓기를 하는 방식이다.
④ 모서리 또는 끝부분에 칠오토막을 사용하여 쌓는 방법이다.

33 벽돌벽체에서 벽돌을 1켜씩 내쌓기할 때 얼마 정도 내쌓는 것이 적절한가?
① 1/2B　　② 1/4B
③ 1/5B　　④ 1/8B

34 개구부 상부의 하중을 지지하기 위하여 돌이나 벽돌을 곡선형으로 쌓은 구조는?
① 골조구조　　② 아치구조
③ 린텔구조　　④ 트러스구조

35 철근콘크리트 벽체에서 두께가 얼마 이상일 때 복배근을 하여야 하는가?
① 15cm　　② 20cm
③ 25cm　　④ 30cm

36 부엌과 식당을 겸용하는 다이닝 키친(dining kitchen)의 가장 큰 장점은?
① 침식분리가 가능하다.
② 주부의 동선이 단축된다.
③ 휴식, 접대 장소로 유리하다.
④ 이상적인 식사 분위기 조성에 유리하다.

37 다음 설명에 알맞은 색의 대비와 관련된 현상은?

> 어떤 두 색이 맞닿아 있을 경우, 그 경계의 언저리가 경계로부터 멀리 떨어져 있는 부분보다 색의 3속성별로 색상대비, 명도대비, 채도대비의 현상이 더욱 강하게 일어나는 현상

① 동시 대비　　② 연변 대비
③ 한란 대비　　④ 유사 대비

38 다음 중 계획설계도에 속하는 것은?
① 동선도　　② 배치도
③ 전개도　　④ 평면도

39 다음 중 건축공간에 관한 설명으로 옳지 않은 것은?
① 인간은 건축공간을 조형적으로 인식한다.
② 내부공간은 일반적으로 벽과 지붕으로 둘러싸인 건물 안쪽의 공간을 말한다.
③ 외부공간은 자연 발생적인 것으로 인간에 의해 의도적으로 만들어지지 않는다.
④ 공간을 편리하게 이용하기 위해서는 실의 크기와 모양, 높이 등이 적당해야 한다.

40 다음 중 아파트의 평면형식에 따른 분류에 속하지 않는 것은?
① 홀형 ② 복도형
③ 탑상형 ④ 집중형

41 색의 지각적 효과에 관한 설명으로 옳지 않은 것은?
① 명시도에 가장 영향을 끼치는 것은 채도 차이다.
② 일반적으로 고명도, 고채도의 색이 주목성이 높다.
③ 고명도, 고채도, 난색계의 색은 진출, 팽창되어 보인다.
④ 명도가 높은 색은 외부로 확산되려는 현상을 나타낸다.

42 동선계획에서 고려되는 동선의 3요소에 속하지 않는 것은?
① 길이 ② 빈도
③ 하중 ④ 공간

43 부엌의 일부에 간단히 식당을 꾸민 형식은?
① 리빙 키친 ② 다이닝 포치
③ 다이닝 키친 ④ 다이닝 테라스

44 먼셀표색계에서 5R 4/14로 표시된 색의 명도는?
① 1 ② 4
③ 5 ④ 14

45 다음의 주택단지의 단위 중 규모가 가장 작은 것은?
① 인보구 ② 근린분구
③ 근린주구 ④ 근린지구

46 다음 중 기초 평면도 작도 시 가장 나중에 이루어지는 작업은?
① 각 부분의 치수를 기입한다.
② 기초 평면도의 축척을 정한다.
③ 기초의 모양과 크기를 그린다.
④ 평면도에 따라 기초 부분의 중심선을 긋는다.

47 A3 제도지의 도면에 테두리를 만들 때 여백을 최소한 얼마나 두어야 하는가?
① 5mm ② 10mm
③ 15mm ④ 20mm

48 건축도면에 사용되는 글자에 관한 설명으로 옳지 않은 것은?
① 숫자는 아라비아 숫자를 원칙으로 한다.
② 문장은 오른쪽에서부터 가로쓰기를 한다.
③ 글자체는 수직 또는 15° 경사의 고딕체로 한다.
④ 글자의 크기는 각 도면의 상황에 맞추어 알아보기 쉽게 한다.

49 다음 단면용 재료표시기호가 의미하는 것은?

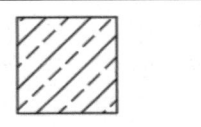

① 석재 ② 인조석
③ 벽돌 ④ 목재의 치장재

50 투시도법의 시점에서 화면에 수직하게 통하는 투사선의 명칭으로 옳은 것은?
① 소점 ② 시점
③ 시선축 ④ 수직선

51 아래 보기의 설명에 알맞은 건축물의 입체적 표현방법은?

> 선의 간격을 달리함으로써 면과 입체를 결정하는 방법으로 평면은 같은 간격의 선으로 표현하고, 곡면은 선의 간격을 달리하여 표현하며, 선의 방향은 면이나 입체의 수직과 수평으로 그린다.

① 단선에 의한 표현
② 여러 선에 의한 표현
③ 명암처리에 의한 표현
④ 단선과 명암에 의한 표현

52 다음 중 도면에서 가장 굵은선으로 표현해야 할 것은?
① 치수선   ② 경계선
③ 기준선   ④ 단면선

53 실제 길이 6m는 축척 1/30의 도면에서 얼마의 길이로 표시되는가?
① 18mm   ② 20mm
③ 180mm   ④ 200mm

54 건축도면의 표시기호와 표시사항의 연결이 옳지 않은 것은?
① V – 용적   ② W – 너비
③ φ – 지름   ④ THK – 길이

55 소방대 전용 소화전인 송수구를 통하여 실내로 물을 공급하여 소화활동을 하는 것으로, 지하층의 일반 화재진압 등에 사용되는 소방시설은?
① 드렌처설비
② 연결살수설비
③ 스프링클러설비
④ 옥외소화전설비

56 건축제도에서 투상법의 작도원칙은?
① 제1각법   ② 제2각법
③ 제3각법   ④ 제4각법

57 교류 엘리베이터의 특징으로 옳지 않은 것은?
① 3상교류전원을 사용한다.
② 직류 전동기를 사용한다.
③ 교류2단 방식을 사용한다.
④ 유도 전동기를 사용한다.

58 복사난방에 관한 설명으로 옳은 것은?
① 방열기 설치를 위한 공간이 요구된다.
② 실내의 온도분포가 균등하고 쾌감도가 높다.
③ 대류식 난방으로 바닥면의 먼지 상승이 많다.
④ 열용량이 작기 때문에 방열량 조절이 쉽다.

59 다음과 같은 특징을 갖는 급수방식은?

> • 급수압력이 일정하다.
> • 단수 시에도 일정량의 급수를 계속할 수 있다.
> • 대규모의 급수수요에 쉽게 대응할 수 있다.

① 수도직결방식
② 압력수조방식
③ 펌프직송방식
④ 고가수조방식

60 액화석유가스(LPG)에 관한 설명으로 잘못된 것은?
① 공기보다 가볍다.
② 용기(bomb)에 넣을 수 있다.
③ 가스절단 등 공업용으로도 사용된다.
④ 프로판가스(propane gas)라고도 한다.

2021년 제1회 기출 복원문제

자격종목	시험시간	학습일자	점 수
전산응용건축제도기능사	60분		

본 문제는 2021년도 1회차(2월 3일) 필기시험에 응시한 수험생의 기억을 토대로 기출문제와 출제범위 내에서 재구성한 문제입니다. 실제 출제되었던 문제와 다소 차이가 있을 수 있습니다.

▌정답 및 해설 : p. 568 ▌

01 반자구조의 구성부재로 잘못된 것은?
① 반자돌림대   ② 달대
③ 멍에   ④ 달대받이

02 실내의 잔향시간에 관한 설명으로 옳지 않은 것은?
① 실의 용적에 비례한다.
② 실의 흡음력에 비례한다.
③ 일반적으로 잔향시간이 짧을수록 명료도는 높아진다.
④ 음악을 주목적으로 하는 실의 경우는 잔향시간을 비교적 길게 계획하는 것이 좋다.

03 다음 건축재료 중 천연재료에 속하는 것은?
① 목재   ② 철근
③ 유리   ④ 고분자재료

04 다음 중 주택의 침실에 관한 설명으로 옳지 않은 것은?
① 방위상 직사광선이 없는 북쪽이 가장 이상적이다.
② 침실은 정적이며 프라이버시 확보가 잘 이루어져야 한다.
③ 침대는 외부에서 출입문을 통해 직접 보이지 않도록 배치하는 것이 좋다.
④ 침실의 위치는 소음원이 있는 쪽은 피하고 정원 등의 공지에 면하도록 하는 것이 좋다.

05 건축법령상 공동주택에 속하지 않는 것은?
① 아파트   ② 연립주택
③ 다가구주택   ④ 다세대주택

06 조적식 구조에서 하나의 층에 있어서의 개구부와 그 바로 위층에 있는 개구부와의 수직거리는 최소 얼마 이상으로 하여야 하는가?
① 200mm   ② 400mm
③ 600mm   ④ 800mm

07 액화석유가스(LPG)에 관한 설명으로 잘못된 것은?
① 공기보다 가볍다.
② 용기(bomb)에 넣을 수 있다.
③ 가스절단 등 공업용으로도 사용된다.
④ 프로판가스(propane gas)라고도 한다.

08 디자인의 기본 원리 중 성질이나 질량이 전혀 다른 둘 이상의 것이 동일한 공간에 배열될 때 서로의 특징을 한층 더 돋보이게 하는 현상은?
① 대비   ② 통일
③ 리듬   ④ 강조

09 옥외의 공기나 흙에 접하지 않는 현장치기 콘크리트보의 최소 피복두께는?
① 20mm   ② 30mm
③ 40mm   ④ 50mm

10 입체구조시스템의 하나로서 축방향으로만 힘을 받는 직선재를 핀으로 결합하여 효율적으로 힘을 전달하는 구조시스템은 무엇인가?
① 막구조 ② 셸구조
③ 현수구조 ④ 입체트러스구조

11 단지계획에서 근린분구로 볼 수 있는 주택 호수의 규모는?
① 100~200호 ② 200~300호
③ 400~500호 ④ 1,000~1,500호

12 벽의 종류에 따른 내용으로 적절치 않은 것은?
① 부축벽 – 비내력벽으로 시야를 차단하는 벽
② 장막벽 – 공간을 구분하는 칸막이벽
③ 내력벽 – 건축물의 하중을 받는 벽
④ 대린벽 – 서로 직각으로 교차되는 벽

13 다음 중 콘크리트의 컨시스턴시를 테스트하는 시험은?
① 슬럼프시험 ② 체가름시험
③ 팽창도시험 ④ 낙하시험

14 벽돌의 쌓기법 중 모서리 또는 끝부분에 칠오토막을 사용하는 것은?
① 영국식 쌓기
② 프랑스식 쌓기
③ 네덜란드식 쌓기
④ 미국식 쌓기

15 복사난방의 설명으로 잘못된 것은?
① 실내의 온도분포가 균일하고 쾌감도가 높다.
② 개방된 공간도 난방효율이 있다.
③ 매립되어 유지보수가 쉽다.
④ 발열량 조절이 쉽지 않다.

16 다음 중 점토제품의 소성온도를 측정하는 도구는?
① 샤모트 추 ② 호프만 추
③ 제게르 추 ④ 머플 추

17 소방시설은 소화설비, 경보설비, 피난설비, 소화용수설비, 소화활동설비로 구분할 수 있다. 다음 중 소화설비에 속하지 않는 것은?
① 연결살수설비
② 옥내소화전설비
③ 스프링클러설비
④ 물분무소화설비

18 다음 중 한중 콘크리트의 시공에 적합한 시멘트는?
① 조강 포틀랜드 시멘트
② 고로 시멘트
③ 백색 포틀랜드 시멘트
④ 플라이애시 시멘트

19 목구조의 토대에 대한 설명으로 틀린 것은?
① 기둥에서 내려오는 상부의 하중을 기초에 전달하는 역할을 한다.
② 토대에는 바깥토대, 칸막이토대, 귀잡이토대가 있다.
③ 연속기초 위에 수평으로 놓고 앵커볼트로 고정시킨다.
④ 이음으로 사개연귀이음과 주먹장이음이 주로 사용된다.

20 어느 목재의 절대건조비중이 0.54일 때 목재의 공극률은 얼마인가?
① 약 65% ② 약 54%
③ 약 46% ④ 약 35%

21. 실제 길이 6m는 축척 1/30의 도면에서 얼마의 길이로 표시되는가?
    ① 18mm   ② 20mm
    ③ 180mm   ④ 200mm

22. 철근콘크리트의 단위용적 중량은 얼마인가?
    ① 2.4t/m³   ② 2.3t/m³
    ③ 2.2t/m³   ④ 2.1t/m³

23. 건물 구내(옥내) 전용의 통화연락을 위한 설비를 무엇이라 하는가?
    ① 무선설비   ② 통신설비
    ③ 구내교환설비 ④ 인터폰설비

24. 주로 페놀수지, 요소수지, 멜라민수지 등 열경화성수지에 응용되는 가장 일반적인 성형법은?
    ① 압축성형법   ② 이송성형법
    ③ 주조성형법   ④ 적층성형법

25. 다음 미장재료 중 응결방식이 수경성인 재료는?
    ① 시멘트
    ② 회반죽
    ③ 석회
    ④ 돌로마이트 플라스터

26. 목재 왕대공 지붕틀에 사용되는 부재와 연결철물의 연결이 옳지 않은 것은?
    ① ㅅ자보와 평보 - 안장쇠
    ② 달대공과 평보 - 볼트
    ③ 빗대공과 왕대공 - 꺾쇠
    ④ 대공 밑잡이와 왕대공 - 볼트

27. 목면, 마사, 양모, 폐지 등을 혼합하여 만든 원지에 스트레이트 아스팔트를 침투시킨 두루마리 제품은 무엇인가?
    ① 아스팔트 루핑
    ② 아스팔트 싱글
    ③ 아스팔트 펠트
    ④ 아스팔트 프라이머

28. 도시가스 배관 시 가스계량기와 전기점멸기의 이격거리는 최소 얼마 이상으로 하는가?
    ① 30cm   ② 50cm
    ③ 60cm   ④ 90cm

29. 다음 중 철근콘크리트의 특징으로 옳은 것은?
    ① 물을 사용한 습식구조로 공기가 길어질 수 있다.
    ② 부재의 크기, 형상을 자유롭게 구성할 수 없다.
    ③ 압축력에는 강하지만 인장력에 취약한 구조이다.
    ④ 날씨 등 양생조건에 관계없이 균일한 시공을 할 수 있다.

30. 혼화재료 중 혼화재에 속하는 것은?
    ① 포졸란   ② AE제
    ③ 감수제   ④ 기포제

31. 목조지붕의 왕대공과 평보를 접합할 때 사용되는 ㄷ자 모양의 보강철물은?
    ① 감잡이쇠
    ② 띠쇠
    ③ 안장쇠
    ④ 꺾쇠

32. 철골공사 시 바닥슬래브를 타설하기 전에 철골보 위에 설치하여 바닥판 등으로 사용하는 절곡된 얇은 판을 무엇이라 하는가?
   ① 윙 플레이트
   ② 데크 플레이트
   ③ 베이스 플레이트
   ④ 메탈라스

33. 목재의 심재에 대한 설명으로 잘못된 것은?
   ① 목질부 중 수심 부근에 있는 것을 말한다.
   ② 변형이 적고 내구성이 좋아 활용성이 높다.
   ③ 오래된 나무일수록 폭이 넓다.
   ④ 색깔이 엷고 비중이 적다.

34. KS F 3126(치장 목질 마루판)에서 요구하는 치장 목질 마루판의 성능기준과 관련된 시험항목에 해당되지 않는 것은?
   ① 내마모성
   ② 압축강도
   ③ 접착성
   ④ 포름알데히드 방출량

35. 합성수지의 종류별 연결이 옳지 않은 것은?
   ① 열경화성수지 – 멜라민수지
   ② 열경화성수지 – 폴리에스테르수지
   ③ 열가소성수지 – 폴리에틸렌수지
   ④ 열가소성수지 – 실리콘수지

36. 창의 하부에 건너댄 돌로 빗물을 처리하고 장식적으로 사용되는 것으로, 윗면과 밑면에 물끊기·물돌림 등을 두어 빗물의 침입을 막고, 물흘림이 잘 되게 하는 것은?
   ① 인방돌
   ② 쌤돌
   ③ 창대돌
   ④ 돌림돌

37. 돌로마이트 플라스터에 관한 설명으로 옳지 않은 것은?
   ① 가소성이 커서 풀이 필요없다.
   ② 경화 시 수축률이 매우 크다.
   ③ 수경성이므로 외벽바름에 적당하다.
   ④ 강알칼리성이므로 건조 후 바로 유성페인트를 칠할 수 없다.

38. 건축형태의 구성원리 중 일반적으로 규칙적인 요소들의 반복으로 디자인에 시각적인 질서를 부여하는 통제된 운동감각을 무엇이라 하는가?
   ① 리듬
   ② 균형
   ③ 강조
   ④ 조화

39. 간사이가 15m일 때 지붕 경사가 2cm 물매인 트러스의 높이는?
   ① 1m
   ② 1.5m
   ③ 2m
   ④ 2.5m

40. 중량이 50g인 나무를 절대건조시켰을 때 35g으로 변했다. 이때 목재의 함수율은 약 얼마인가?
   ① 57%
   ② 23%
   ③ 15%
   ④ 43%

41. 건설공사 표준품셈에 따른 기본벽돌의 크기로 옳은 것은?
   ① 210mm×100mm×60mm
   ② 210mm×100mm×57mm
   ③ 190mm×90mm×57mm
   ④ 190mm×90mm×60mm

42. 재료의 푸아송비에 관한 설명으로 옳은 것은?
   ① 횡방향의 변형비를 푸아송비라 한다.
   ② 강의 푸아송비는 대략 0.3 정도이다.
   ③ 푸아송비는 푸아송수라고도 한다.
   ④ 콘크리트의 푸아송비는 대략 10 정도이다.

43. 프랑스의 사회학자 송바르 드 로브가 설정한 주거면적기준 중 거주자의 신체적 및 정신적인 건강에 악영향을 끼칠 수 있는 병리기준은?
   ① 8m² 이하
   ② 14m² 이하
   ③ 16m² 이하
   ④ 18m² 이하

44. 다음의 자동화재탐지설비의 감지기 중 연기감지기에 해당하는 것은?
   ① 광전식   ② 차동식
   ③ 정온식   ④ 보상식

45. 다음 합금의 구성요소로 옳은 것은?
   ① 황동 = 구리+주석
   ② 청동 = 구리+아연
   ③ 포금 = 금+주석+아연+납
   ④ 듀랄루민= 알루미늄+구리+마그네슘+망간

46. 계단에 사용되는 철물로 디딤판 끝에 대어 오르내릴 때 미끄럼을 방지하는 것은?
   ① 줄눈대
   ② 논슬립
   ③ 코너비드
   ④ 듀벨

47. 철근콘크리트기둥에서 띠철근의 수직 간격으로 잘못된 것은?
   ① 기둥단면의 최소치수 이하
   ② 종방향 철근지름의 16배 이하
   ③ 띠철근 지름의 48배 이하
   ④ 기둥 높이의 0.1배 이하

48. 건설현장의 레미콘 반입에 시행되는 품질시험 항목이 아닌 것은?
   ① 슬럼프시험
   ② 탁도
   ③ 공기량시험
   ④ 염화물 함유량

49. 투시도법에 사용되는 용어의 설명으로 잘못된 것은?
   ① 시점 – E.P   ② 화면 – P.P
   ③ 수평면 – H.P   ④ 소점 – S.P

50. 에스컬레이터에 관한 설명으로 옳지 않은 것은?
   ① 수송량에 비해 점유면적이 작다.
   ② 엘리베이터에 비해 수송능력이 작다.
   ③ 대기시간이 없는 연속적인 수송설비이다.
   ④ 연속운행되므로 전원설비에 부담이 적다.

51. 대변기 세정방식 중 연속사용이 가능해 사무실, 백화점 등 사용빈도가 많은 장소에 사용되는 세정방식은?
   ① 로 탱크(low tank) 방식
   ② 하이 탱크(high tank) 방식
   ③ 기압 탱크(pressure tank) 방식
   ④ 세정 밸브(flush valve) 방식

52 옥상 바닥에 설치되어 홈통 입구에 유입되는 이물질을 걸러내는 철물은?
① 트랩 ② 루프드레인
③ 낙수받이 ④ 홈통

53 보와 기둥 대신 벽과 슬래브를 일체가 되도록 구성한 구조는?
① 라멘구조 ② 플랫슬래브구조
③ 벽식구조 ④ 아치구조

54 목재의 기건상태 함수율로 올바른 것은?
① 7% ② 15%
③ 21% ④ 25%

55 플로어링 블록에 대한 설명으로 거리가 먼 것은?
① 뒷면을 방부처리하여 사용한다.
② 주로 마룻바닥의 마감재로 사용된다.
③ 플로어링판을 2장 붙여서 만든 블록이다.
④ 4면을 제혀쪽매로 만든 블록이다.

56 20kg의 골재가 있다. 5mm체에 몇 kg 이상 통과해야 잔골재라 할 수 있는가?
① 10kg ② 13kg
③ 15kg ④ 17kg

57 다음 중 건축물의 구조형식이 막구조가 아닌 것은?
① 제주 월드컵경기장(서귀포)
② 인천 월드컵경기장(문학)
③ 서울 월드컵경기장(상암)
④ 시드니 오페라하우스(호주)

58 다음 지붕의 평면모양 중 모임지붕 모양으로 옳은 것은?
① 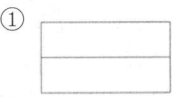 ②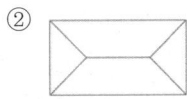
③ 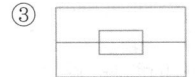 ④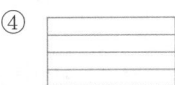

59 건축도면 중 건축물을 사용하는 사용자나 사물이 이동하는 경로의 흐름을 표현한 도면은?
① 구상도 ② 동선도
③ 조직도 ④ 투시도

60 건축도면에서 다음과 같은 단면용 재료표시 기호가 나타내는 것은?

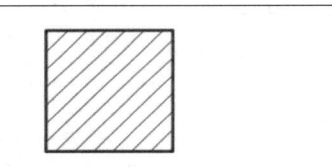

① 석재
② 인조석
③ 목재의 치장재
④ 목재의 구조재

2021년 제3회 기출 복원문제

자격종목	시험시간	학습일자	점 수
전산응용건축제도기능사	60분		

본 문제는 2021년도 3회차(7월 3일) 필기시험에 응시한 수험생의 기억을 토대로 기출문제와 출제범위 내에서 재구성한 문제입니다. 실제 출제되었던 문제와 다소 차이가 있을 수 있습니다.

정답 및 해설 : p. 572

01 석구조에서 문이나 창문 등의 개구부 위에 걸쳐대어 상부에서 오는 하중을 받는 수평 부재는?
① 창대돌　　② 문지방돌
③ 쌤돌　　　④ 인방돌

02 벽돌구조에서 개구부 위와 그 바로 위의 개구부와의 최소 수직거리 기준은?
① 10cm 이상　② 20cm 이상
③ 40cm 이상　④ 60cm 이상

03 조적식 구조로만 짝지어진 것은?
① 철근콘크리트구조－벽돌구조
② 철골구조－목구조
③ 벽돌구조－블록구조
④ 철골철근콘크리트구조－돌구조

04 2방향 슬래브의 변장비로 옳은 것은?
① (장변/단변)≤2
② (장변/단변)≤3
③ (장변/단변)＞2
④ (장변/단변)＞3

05 벽돌쌓기에서 길이쌓기켜와 마구리쌓기켜를 번갈아 쌓고 벽의 모서리나 끝에 반절이나 이오토막을 사용한 것은?
① 영식 쌓기　　② 영롱쌓기
③ 미식 쌓기　　④ 화란식 쌓기

06 철근콘크리트보의 형태에 따른 철근배근으로 옳지 않은 것은?
① 단순보의 하부에는 인장력이 작용하므로 하부에 주근을 배치한다.
② 연속보에서는 지지점 부분의 하부에서 인장력을 받기 때문에, 이곳에 주근을 배치하여야 한다.
③ 내민보는 상부에 인장력이 작용하므로 상부에 주근을 배치한다.
④ 단순보에서 부재의 축에 직각인 스터럽(늑근)의 간격은 단부로 갈수록 촘촘하게 한다.

07 2층 마루 중에서 큰 보 위에 작은 보를 걸고 그 위에 장선을 대고 마룻널을 깐 것은?
① 동바리마루　② 짠마루
③ 홑마루　　　④ 납작마루

08 다음 점토제품 중 흡수율이 가장 작은 것은?
① 토기　　② 석기
③ 도기　　④ 자기

09 시멘트의 강도에 영향을 주는 주요 요인이 아닌 것은?
① 시멘트 분말도
② 비빔장소
③ 시멘트 풍화 정도
④ 사용하는 물의 양

10 과전류가 통과하면 가열되어 끊어지는 용융 회로개방형의 가용성 부분이 있는 과전류 보호장치는?
① 퓨즈
② 차단기
③ 배전반
④ 단로스위치

11 에스컬레이터에 관한 설명으로 옳지 않은 것은?
① 수송능력이 엘리베이터에 비해 작다.
② 대기시간이 없고 연속적인 수송설비이다.
③ 연속 운전되므로 전원설비에 부담이 적다.
④ 건축적으로 점유면적이 적고, 건물에 걸리는 하중이 분산된다.

12 급기와 배기측에 송풍기를 설치하여 정확한 환기량과 급기량 변화에 의해 실내압을 정압(+) 또는 부압(-)으로 유지할 수 있는 환기방법은?
① 중력환기
② 제1종 환기
③ 제2종 환기
④ 제3종 환기

13 다음 중 동선의 길이를 가장 짧게 할 수 있는 부엌가구의 배치형태는?
① 일자형
② ㄱ자형
③ 병렬형
④ ㄷ자형

14 액화석유가스(LPG)에 관한 설명으로 옳지 않은 것은?
① 공기보다 가볍다.
② 용기(bomb)에 넣을 수 있다.
③ 가스절단 등 공업용으로도 사용된다.
④ 프로판가스(propane gas)라고도 한다.

15 점토에 톱밥이나 분탄 등을 혼합하여 소성시킨 것으로, 절단·못치기 등의 가공성이 우수하며 방음 및 흡음성이 좋은 벽돌은?
① 이형벽돌
② 포도벽돌
③ 다공벽돌
④ 내화벽돌

16 목조구조물에서 수평력을 주로 분담시키기 위하여 설치하는 부재는?
① 깔도리
② 가새
③ 토대
④ 기둥

17 소방시설은 소화설비, 경보설비, 피난설비, 소화용수설비, 소화활동설비로 구분할 수 있다. 다음 중 소화설비에 속하지 않는 것은?
① 연결살수설비
② 옥내소화전설비
③ 스프링클러설비
④ 물분무소화설비

18 건축물 부동침하의 원인으로 틀린 것은?
① 지반이 동결작용할 때
② 지하수의 수위가 변경될 때
③ 주변 건축물에서 깊게 굴착할 때
④ 기초를 크게 설계할 때

19 그리스 건축양식에 사용된 안정되고 조화로운 비례의 전형으로 사용된 황금비율은?
① 1 : 1
② 1 : 1.414
③ 1 : 1.618
④ 1 : 3.141

20 할로겐램프에 대한 설명으로 틀린 것은?
① 휘도가 낮다.
② 백열전구에 비해 수명이 길다.
③ 연색성이 좋고 설치가 용이하다.
④ 흑화가 거의 일어나지 않고 광속이나 색온도의 저하가 극히 적다.

21 바닥 등의 슬래브를 케이블로 매단 특수구조는?
① 공기막구조 ② 셸구조
③ 커튼월구조 ④ 현수구조

22 접착성이 매우 우수하여 금속, 유리, 플라스틱, 도자기, 목재, 고무 등 다양한 재료에 사용될 수 있는 접착제는?
① 에폭시수지
② 멜라민수지
③ 요소수지
④ 페놀수지

23 온열지표 중 하나인 유효온도(실감온도)와 가장 관계가 먼 것은?
① 기온 ② 습도
③ 복사열 ④ 기류

24 목구조 각 부분에 대한 설명으로 옳지 않은 것은?
① 평보의 이음은 중앙 부근에서 덧판을 대고 볼트로 긴결한다.
② 보잡이는 평보의 옆휨을 막기 위해 설치한다.
③ 가새는 수평 부재와 60°로 경사지게 하는 것이 합리적이다.
④ 토대의 이음은 기둥과 앵커볼트의 위치를 피하여 턱걸이 주먹장이음으로 한다.

25 철골구조에서 사용되는 접합방법에 포함되지 않는 것은
① 용접접합
② 듀벨 접합
③ 고력볼트접합
④ 핀접합

26 엘리베이터가 출발기준층에서 승객을 싣고 출발하여 각 층에 서비스한 후 출발기준층으로 되돌아와 다음 서비스를 위해 대기하는 데까지의 총시간은?
① 주행시간
② 승차시간
③ 일주시간
④ 가속시간

27 표준형 점토벽돌로 1.5B 쌓기를 할 경우 벽체의 두께는 얼마인가? (단, 공간쌓기 아님)
① 280mm ② 290mm
③ 310mm ④ 320mm

28 길이 5m인 생나무가 전건상태에서 길이가 4.5m로 되었다면 수축률은 얼마인가?
① 6% ② 10%
③ 12% ④ 14%

29 벽돌의 크기에서 전체의 3/4 크기에 해당하는 벽돌 크기는?
① 온장 ② 칠오토막
③ 반토막 ④ 이오토막

30 다음 중 창호의 재료기호로 잘못된 것은?
① A-알루미늄
② G-유리
③ P-나무
④ S-철

31 석재의 성인에 의한 분류 중 화성암에 속하지 않는 것은?
① 응회암 ② 화강암
③ 현무암 ④ 안산암

32. 건축제도의 치수 기입에 관한 설명으로 올바른 것은?
   ① 치수는 특별히 명시하지 않는 한 마무리 치수로 표시한다.
   ② 치수 기입은 치수선을 중단하고 선의 중앙에 기입하는 것이 원칙이다.
   ③ 치수의 단위는 밀리미터(mm)를 원칙으로 하며, 반드시 단위기호를 표시해야 한다.
   ④ 치수 기입은 치수선에 평행하게 도면의 오른쪽에서 왼쪽으로 읽을 수 있도록 표기한다.

33. 건축물의 구조형식 중 막구조와 가장 거리가 먼 것은?
   ① 제주 월드컵경기장
   ② 인천 월드컵경기장
   ③ 서울 월드컵경기장
   ④ 광주 월드컵경기장

34. 다음 건축요소 중 주요 구조부에 해당되지 않는 것은?
   ① 천장   ② 기둥
   ③ 슬래브   ④ 내력벽

35. 조형의 원리 중 공통되는 요소에 의해 전체가 하나의 느낌으로 일관되게 보이게 하는 것은?
   ① 강조   ② 조화
   ③ 통일   ④ 균형

36. 한국산업표준(KS)의 산업별 분류 중 옳은 것은?
   ① A: 토목   ② B: 기계
   ③ C: 금속   ④ F: 보통

37. 시멘트 저장 시 유의해야 할 사항으로 옳지 않은 것은?
   ① 시멘트는 개구부와 가까운 곳에 쌓여 있는 것부터 사용해야 한다.
   ② 지상 30cm 이상 되는 마루 위에 적재해야 하며, 그 창고는 방습설비가 완전해야 한다.
   ③ 3개월 이상 저장한 시멘트 또는 습기를 머금은 것으로 생각되는 시멘트는 반드시 사용 전 재시험을 실시해야 한다.
   ④ 포대에 들어 있는 시멘트는 13포대 이상 쌓으면 안 되고, 특히 장기간 저장할 때는 7포대 이상으로 쌓지 않는다.

38. 다음 중 수질오염 가능성이 가장 적은 급수방식은?
   ① 압력탱크식
   ② 수도직결식
   ③ 고가수조식
   ④ 탱크리스부스터식

39. A2 제도용지의 크기와 테두리선의 간격으로 옳은 것은?
   ① 크기: 297mm×420mm, 테두리: 15mm
   ② 크기: 297mm×420mm, 테두리: 10mm
   ③ 크기: 420mm×594mm, 테두리: 15mm
   ④ 크기: 420mm×594mm, 테두리: 10mm

40. 사회학자 숑바르 드 로브의 주거면적 기준 중 한계기준으로 옳은 것은?
   ① $8m^2$/인
   ② $10m^2$/인
   ③ $14m^2$/인
   ④ $16.5m^2$/인

41. 다음 미장재료와 응결방식의 연결이 옳은 것은?
   ① 시멘트: 기경성
   ② 회반죽: 수경성
   ③ 석회: 기경성
   ④ 돌로마이트 플라스터: 수경성

42. 고장력 강판으로 탄소당량이 낮고 고강도이며 용접성이 뛰어나 건축구조용으로 사용되는 것은?
   ① 스테인리스강   ② TMCP강
   ③ 고장력강   ④ 알루미늄합금

43. 콘크리트를 수중타설할 경우에 피복두께로 옳은 것은?
   ① 20mm   ② 40mm
   ③ 80mm   ④ 100mm

44. 건축도면 중 단면도에 대한 설명으로 옳은 것은?
   ① 바닥에서 1.2~1.5m 높이에서 횡으로 잘라 위에서 바라본 도면
   ② 본 건축물 이외에 대지의 시설물이나 도로 현황을 위에서 바라본 도면
   ③ 건축물을 수직으로 자른 단면을 표현한 도면
   ④ 건물의 벽을 직각 방향에서 건물의 외관을 그린 도면

45. 물의 밀도가 1g/cm³이고 어느 물체의 밀도가 1kg/m³라 하면 이 물체의 비중은 얼마인가?
   ① 1   ② 1,000
   ③ 0.001   ④ 0.1

46. 주택계획에서 다이닝 키친(dining kitchen)에 관한 설명으로 옳지 않은 것은?
   ① 공간 활용도가 높다.
   ② 주부의 동선이 단축된다.
   ③ 소규모 주택에 적합하다.
   ④ 거실의 일단에 식탁을 꾸며 놓은 것이다.

47. 콘크리트면, 모르타르면의 바름에 가장 적합한 도료는?
   ① 옻칠   ② 래커
   ③ 유성페인트   ④ 수성페인트

48. 거푸집이 갖추어야 할 조건으로 옳지 않은 것은?
   ① 형상과 치수가 정확하고 변형이 없어야 한다.
   ② 외력에 손상되지 않도록 내구성이 있어야 한다.
   ③ 조립 및 제거가 용이하고 정밀도를 위해 한 번만 사용하는 것이 좋다.
   ④ 거푸집의 간격을 유지하기 위해 부속철물로 세퍼레이터(격리재)를 사용한다.

49. 지붕재료에 요구되는 성질과 가장 관계가 먼 것은?
   ① 외관이 좋은 것이어야 한다.
   ② 부드러워 가공이 용이한 것이어야 한다.
   ③ 열전도율이 작은 것이어야 한다.
   ④ 재료가 가볍고, 방수·방습·내화·내수성이 큰 것이어야 한다.

50. 실리콘수지가 사용되는 용도로 올바른 것은?
   ① 벽마감   ② 코킹
   ③ 판재   ④ FRP 재료

51 강구조의 주각부분에 사용되지 않는 것은?
① 윙 플레이트
② 데크 플레이트
③ 베이스 플레이트
④ 클립 앵글

52 어느 목재의 절대건조비중이 0.54일 때 목재의 공극률은 얼마인가?
① 약 65% ② 약 54%
③ 약 46% ④ 약 35%

53 보를 없애고 바닥판을 두껍게 해서 보의 역할을 겸하도록 한 구조로서, 하중을 직접 기둥에 전달하는 슬래브는?
① 장방향 슬래브
② 장성 슬래브
③ 플랫 슬래브
④ 워플 슬래브

54 철선을 그물모양으로 엮어 만든 것으로 미장바탕용 철망으로 사용되는 철물은?
① 메탈라스
② 코너비드
③ 와이어라스
④ 와이어메시

55 목재의 공극이 전혀 없는 상태의 비중을 무엇이라 하는가?
① 기건비중 ② 진비중
③ 절건비중 ④ 겉보기비중

56 거푸집을 쉽게 제거할 목적으로 사용되는 것은?
① 세퍼레이터(separator)
② 폼타이(form tie)
③ 스페이서(spacer)
④ 폼오일(form oil)

57 실을 뽑아 직기에서 제직을 거친 벽지는?
① 직물벽지 ② 비닐벽지
③ 종이벽지 ④ 발포벽지

58 건물의 기초 전체를 하나의 판으로 구성한 기초는?
① 줄기초   ② 독립기초
③ 복합기초 ④ 온통기초

59 다음 중 기초 평면도 작도 시 가장 나중에 이루어지는 작업은?
① 각 부분의 치수를 기입한다.
② 기초 평면도의 축척을 정한다.
③ 기초의 모양과 크기를 그린다.
④ 평면도에 따라 기초 부분의 중심선을 긋는다.

60 콘크리트의 배합에서 물시멘트비와 가장 관계 깊은 것은?
① 강도   ② 내열성
③ 내화성   ④ 내수성

2022년 제1회 기출 복원문제

자격종목	시험시간	학습일자	점 수
전산응용건축제도기능사	60분		

본 문제는 2022년도 1회차(1월 23일) 필기시험에 응시한 수험생의 기억을 토대로 기출문제와 출제범위 내에서 재구성한 문제입니다. 실제 출제되었던 문제와 다소 차이가 있을 수 있습니다.

01 지붕트러스 형식 중 주택용으로 많이 사용되며 그림과 같이 다락공간을 구성할 수 있는 형식은?

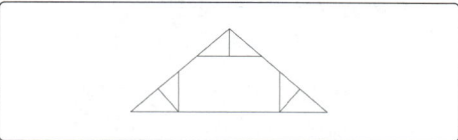

① 킹포스트 트러스(kingpost truss)
② 핑크 트러스(fink truss)
③ 애틱 트러스(attic truss)
④ 하우 트러스(howe truss)

02 강제계단의 설명으로 적절하지 않은 것은?
① 부식방지를 위해 방청용 페인트를 사용해야 한다.
② 형태구성이 비교적 자유롭다.
③ 철근콘크리트 계단에 비해 무게가 가볍다.
④ 내화성이 우수해 피난계단으로 많이 사용된다.

03 철근콘크리트 단순보의 철근에 관한 설명 중 옳지 않은 것은?
① 인장력에 저항하는 재축 방향의 철근을 보의 주근이라 한다.
② 압축측에도 철근을 배근한 보를 복근보라 한다.
③ 전단력을 보강하여 보의 주근 주위에 둘러서 감은 철근을 늑근이라 한다.
④ 늑근은 단부보다 중앙부에서 촘촘하게 배치하는 것이 원칙이다.

04 다음 중 철골구조의 주각부분에 사용되지 않는 것은?
① 윙 플레이트
② 데크 플레이트
③ 베이스 플레이트
④ 클립 앵글

05 내면에 균일한 인장력을 분포시켜 얇은 합성수지 계통의 천을 지지하여 지붕을 구성하는 구조는?
① 입체트러스구조
② 막구조
③ 철판구조
④ 조적식 구조

06 보강블록조의 바닥면적이 $40m^2$일 때 내력벽의 길이는 얼마인가?
① 5m 이상
② 6m 이상
③ 7m 이상
④ 8m 이상

07 다음 구조형식 중 셸구조인 것은?
① 인천대교
② 파리 에펠탑
③ 서울 상암동 월드컵경기장
④ 시드니 오페라하우스

08 현장치기 콘크리트 중 수중에서 타설하는 콘크리트의 최소 피복두께는?
① 60mm   ② 80mm
③ 100mm ④ 12mm

09 목조 벽체에서 기둥 맨 위 처마부분에 수평으로 거는 가로재로서 기둥머리를 고정하는 것은?
① 처마도리   ② 샛기둥
③ 깔도리   ④ 펠대

10 건물의 하부 전체 또는 지하실 전체를 하나의 기초판으로 구성한 기초는?
① 독립기초
② 줄기초
③ 복합기초
④ 온통기초

11 건축물 구성 부분 중 구조재에 속하지 않는 것은?
① 기둥   ② 기초
③ 슬래브 ④ 천장

12 목조 왕대공 지붕틀에서 압축력과 휨모멘트를 동시에 받는 부재는?
① 빗대공
② 왕대공
③ ㅅ자보
④ 평보

13 철근콘크리트 사각형 기둥에는 주근을 최소 몇 개 이상 배근해야 하는가?
①2개   ②4개
③6개   ④8개

14 블록의 중공부에 철근과 콘크리트를 부어 넣어 보강한 것으로서 수평하중 및 수직하중을 견딜 수 있는 구조는?
① 보강블록조
② 조적식 블록조
③ 장막벽 블록조
④ 차폐용 블록조

15 벽돌쌓기법 중 모서리 또는 끝부분에 칠오토막을 사용하는 것은?
① 영국식 쌓기
② 프랑스식 쌓기
③ 네덜란드식 쌓기
④ 미국식 쌓기

16 목구조에서 통재기둥 사이에 층도리를 기준으로 각 층별로 배치되는 것은?
① 샛기둥   ② 다락기둥
③ 평기둥   ④ 동바리

17 다음 중 인장링이 필요한 구조는?
① 트러스구조   ② 막구조
③ 절판구조   ④ 돔구조

18 반원 아치의 중앙에 들어가는 돌의 이름은 무엇인가?
① 쌤돌   ② 고막이돌
③ 두겁돌   ④ 이맛돌

19 넓은 공간을 구성하며 초고층 건물에 사용되는 구조로 내부는 비어 있고 외피에 강한 피막을 구축하는 구조는?
① 셸구조   ② 튜브구조
③ 사장구조   ④ 트러스구조

20 이형철근의 직경이 13mm이고 배근 간격이 200mm일 때 도면 표시법으로 옳은 것은?
① 13@200
② 200φ13
③ D13@200
④ @200D13

21 접착성이 매우 우수하여 금속, 유리, 플라스틱, 도자기, 목재, 고무 등 다양한 재료에 사용될 수 있는 접착제는?
① 에폭시수지
② 멜라민수지
③ 요소수지
④ 페놀수지

22 목면, 마사, 양모, 폐지 등을 혼합하여 만든 원지에 스트레이트 아스팔트를 침투시킨 두루마리 제품은 무엇인가?
① 아스팔트 루핑
② 아스팔트 싱글
③ 아스팔트 펠트
④ 아스팔트 프라이머

23 용광로에서 생긴 찌꺼기로 콘크리트 혼화재료 중 알칼리 골재의 반응을 억제하고 경제성이 우수한 혼화재는?
① 실리카퓸
② 플라이애시
③ AE제
④ 고로슬래그

24 시멘트 중 수화열이 크고 재령 1일 만에 보통 포틀랜드 시멘트의 28일 강도를 내어 긴급공사에 사용되는 것은?
① 백색 포틀랜드 시멘트
② 조강 포틀랜드 시멘트
③ 고로 시멘트
④ 알루미나 시멘트

25 알루미늄의 주요 특성에 대한 설명 중 틀린 것은?
① 알칼리에 강하다.
② 열전도율이 높다.
③ 강성/탄성계수가 작다.
④ 용융점이 낮다.

26 강재의 강도가 최대일 때의 온도는?
① 0℃
② 50℃
③ 150℃
④ 250℃

27 미장재료 중 돌로마이트 플라스터에 대한 설명으로 틀린 것은?
① 수축과 균열이 발생하기 쉽다.
② 소석회에 비해 작업성이 좋다.
③ 점도가 약해 해초풀로 반죽한다.
④ 공기 중의 탄산가스와 반응하여 경화한다.

28 체가름 시험에서 입경의 분포를 구하는 데 사용되는 표준망 체의 지름에 해당되지 않는 것은?
① 0.15mm
② 35mm
③ 40mm
④ 80mm

29 조적조에서 외벽 1.5B쌓기 벽체의 두께는 얼마인가? (공간쌓기 아님)
① 190mm
② 290mm
③ 330mm
④ 360mm

30 2장이나 3장의 유리를 일정 간격을 두고 내부를 진공상태로 만든 유리로 단열, 차음, 결로방지가 우수한 유리는?
① 복층유리
② 강화유리
③ 판유리
④ 접합유리

31. 넓은 기계 대패로 나이테를 따라 두루마리를 펴듯이 연속적으로 벗기는 방법으로 얼마든지 넓은 베니어를 얻을 수 있고 원목의 낭비를 줄일 수 있는 제조법은?
   ① 소드 베니어
   ② 로터리 베니어
   ③ 반 로터리 베니어
   ④ 슬라이스드 베니어

32. 다음 중 바닥재료에 요구되는 성질과 가장 거리가 먼 것은?
   ① 열전도율이 커야 한다.
   ② 청소가 용이해야 한다.
   ③ 내구, 내화성이 커야 한다.
   ④ 탄력이 있고 마모가 적어야 한다.

33. 어느 목재의 절대건조비중이 0.54일 때 목재의 공극률은 얼마인가?
   ① 약 65%
   ② 약 54%
   ③ 약 46%
   ④ 약 35%

34. 강당, 극장 등에 음향조절용으로 쓰이거나 일반 건물의 벽이나 천장에 음향효과를 줄 수 있는 재료는?
   ① 플로링 보드
   ② 코펜하겐 리브
   ③ 파키트리 블록
   ④ 합판

35. 다음 중 목재의 이음철물이 아닌 것은?
   ① 인서트
   ② 안장쇠
   ③ 듀벨
   ④ 주걱볼트

36. 벽돌의 품질등급 중에서 1종 점토벽돌의 압축강도는?
   ① 24.5MPa
   ② 20.5MPa
   ③ 17.5MPa
   ④ 14.7MPa

37. 콘크리트의 배합에서 물시멘트비와 가장 관계가 깊은 사항은?
   ① 강도
   ② 내화성
   ③ 내수성
   ④ 내동해성

38. 회반죽이 공기 중에서 굳을 때 필요한 물질은?
   ① 산소
   ② 수증기
   ③ 탄산가스
   ④ 질소

39. 압력탱크식 급수방식에 대한 설명으로 맞는 것은?
   ① 급수 공급압력이 일정하다.
   ② 단수 시에 일정량의 급수가 가능하다.
   ③ 전력공급 차단 시에도 급수가 가능하다.
   ④ 위생성 측면에서 가장 이상적인 방법이다.

40. 복사난방에 관한 설명으로 옳은 것은?
   ① 방열기 설치를 위한 공간이 요구된다.
   ② 실내의 온도 분포가 균등하고 쾌감도가 높다.
   ③ 대류식 난방으로 바닥면의 먼지 상승이 많다.
   ④ 열용량이 작기 때문에 방열량 조절이 쉽다.

41 다음과 같은 특징을 갖는 공기조화방식은?

> • 냉풍과 온풍을 혼합하는 혼합상자가 필요없어 소음과 진동이 작다.
> • 각 실이나 존의 부하변동에 즉시 대응할 수 없다.

① 단일덕트방식 ② 이중덕트방식
③ 멀티유닛방식 ④ 팬코일 유닛방식

42 할로겐램프에 관한 설명으로 옳지 않은 것은?

① 휘도가 높다.
② 청백색으로 연색성이 나쁘다.
③ 흑화가 거의 일어나지 않는다.
④ 광속이나 색온도의 저하가 적다.

43 기온·습도·기류 3요소의 조합에 의한 실내온열감각을 기온의 척도로 나타낸 것은?

① 유효온도 ② 작용온도
③ 등가온도 ④ 불쾌지수

44 LPG에 관한 설명으로 옳지 않은 것은?

① 공기보다 가볍다.
② 액화석유가스이다.
③ 주성분은 프로판, 프로필렌, 부탄 등이다.
④ 석유정제 과정에서 채취된 가스를 압축 냉각해서 액화시킨 것이다.

45 표면결로의 방지방법에 관한 설명으로 옳지 않은 것은?

① 실내에서 발생하는 수증기를 억제한다.
② 환기에 의해 실내 절대습도를 저하한다.
③ 직접가열이나 기류촉진에 의해 표면온도를 상승시킨다.
④ 낮은 온도로 난방시간을 길게 하는 것보다 높은 온도로 난방시간을 짧게 하는 것이 결로방지에 효과적이다.

46 다음 중 동선의 길이를 가장 짧게 할 수 있는 주방가구의 배치형태는?

① 일자형 ② ㄱ자형
③ 병렬형 ④ ㄷ자형

47 대지면적 1,000m²에 대한 건축면적 500m²의 비율을 의미하는 것은?

① 용적률 50%
② 건폐율 50%
③ 용적률 200%
④ 건폐율 200%

48 다음 내용 중 대수선에 대한 내용으로 잘못된 것은?

① 주요 구조부를 크게 수선 및 변경하는 것을 대수선이라 한다.
② 내력벽 30m² 이상 수선 및 변경하는 경우
③ 기둥을 2개 이상 수선 및 변경하는 경우
④ 보와 지붕틀을 3개 이상 수선 및 변경하는 경우

49 주택의 침실에 관한 설명으로 옳지 않은 것은?

① 어린이 침실은 주간에는 공부를 할 수 있그, 유희실을 겸하는 것이 좋다.
② 부부침실은 주택 내의 공동공간으로서 가족생활의 중심이 되도록 한다.
③ 침실의 크기는 사용하는 인원수, 침구의 종류, 가구의 종류, 통로 등의 사항에 따라 결정한다.
④ 침실의 위치는 소음의 원인이 되는 도로 쪽은 피하고, 정원 등의 공지에 면하도록 한다.

50 실내의 조명설계 과정 중 가장 먼저 진행되는 것은?
① 조명기구의 배치
② 조명종류의 결정
③ 소요조도의 결정
④ 조명방식의 결정

51 고대 그리스에서 사용된 비율로 안정된 비례와 형태의 조화를 이룰 수 있는 비율은?
① 정수비
② 등차수열비
③ 황금비
④ 루트비

52 경사지를 적절하게 이용할 수 있으며 각 호마다 전용의 정원을 갖는 주택형식은?
① 타운하우스(town house)
② 로우하우스(low house)
③ 코트야드하우스(courtyard house)
④ 테라스하우스(terrace house)

53 주택의 내부 공간과 외부를 연결하고 정원과의 조화, 휴식, 개방감 등을 제공하는 공간은?
① 브릿지
② 테라스
③ 발코니
④ 베란다

54 먼셀표색계에서 5R 4/14로 표시된 색의 명도는?
① 1
② 4
③ 5
④ 14

55 건축법상 건축물의 노후화를 억제하거나 기능 향상 등을 위하여 대수선하거나 일부 증축하는 행위로 정의되는 것은?
① 재축
② 개축
③ 리모델링
④ 리노베이션

56 다음의 창호기호 표시가 의미하는 것은?

① 강철창
② 강철그릴
③ 스테인리스스틸창
④ 스테인리스스틸그릴

57 실제 길이가 16m인 직선을 축척이 1/200인 도면에 표현할 경우, 도면에서 직선 길이는?
① 0.8mm
② 8mm
③ 80mm
④ 800mm

58 건축도면에서 중심선과 같은 일점쇄선과 구분하거나 가상선을 표현하는 목적으로 사용되는 선의 종류는?
① 파선
② 가는실선
③ 일점쇄선
④ 이점쇄선

59 건축제도통칙에 따른 투상법의 원칙은?
① 제1각법
② 제2각법
③ 3각법
④ 제4각법

60 다음과 같은 창호의 평면 표시기호의 명칭으로 옳은 것은?

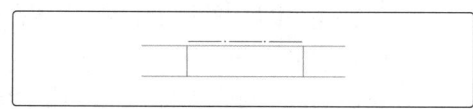

① 셔터창
② 붙박이창
③ 망사창
④ 미들창

2022년 제3회 기출 복원문제

자격종목	시험시간	학습일자	점 수
전산응용건축제도기능사	60분		

본 문제는 2022년도 3회차(6월 18일) 필기시험에 응시한 수험생의 기억을 토대로 기출문제와 출제범위 내에서 재구성한 문제입니다. 실제 출제되었던 문제와 다소 차이가 있을 수 있습니다.

▎정답 및 해설 : p. 578 ▎

01 다음 중 도면에서 가장 굵은 선으로 표현해야 하는 것은?
① 치수선
② 경계선
③ 기준선
④ 단면선

02 건축제도의 치수 및 치수선에 관한 설명으로 옳지 않은 것은?
① 치수는 특별히 명시하지 않는 한 마무리 치수로 표시한다.
② 협소한 간격이 연속될 때에는 인출선을 사용하여 치수를 쓴다.
③ 치수선의 양 끝 표시는 화살 또는 점으로 표시할 수 있으며 같은 도면에서 2종을 혼용할 수도 있다.
④ 치수 기입은 치수선에 평행하게 도면의 왼쪽에서 오른쪽으로, 아래로부터 위로 읽을 수 있도록 기입한다.

03 투시도법에 사용되는 용어의 표시가 잘못된 것은?
① 시점: E.P
② 소점: S.P
③ 화면: P.P
④ 수평면: H.P

04 건축제도에서 치수 기입에 관한 설명으로 틀린 것은?
① 치수는 특별히 명시하지 않는 한 마무리 치수로 표시한다.
② 협소한 간격이 연속될 때에는 인출선을 사용하여 치수를 쓴다.
③ 치수 기입은 치수선을 중단하고 선의 중앙에 기입하는 것이 원칙이다.
④ 치수의 단위는 밀리미터(mm)를 원칙으로 하고, 이때 단위기호는 쓰지 않는다.

05 한국산업표준(KS)의 분류로 옳은 것은?
① 건축–KS A
② 기계–KS B
③ 금속–KS C
④ 전기–KS D

06 다음과 같은 지붕의 물매가 4/10인 경우 x의 값은 얼마인가?

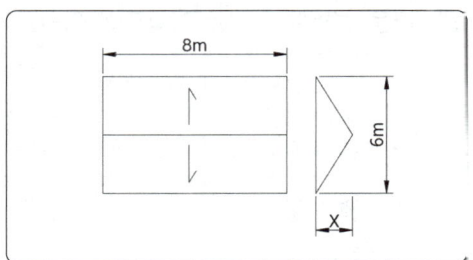

① 1.2m
② 1.5m
③ 2m
④ 2.4m

07 단면도에 표기되는 사항과 거리가 먼 것은?
① 층 높이
② 창대 높이
③ 부지경계선
④ 지반에서 1층 바닥까지의 높이

08 황금비례의 비율로 올바른 것은?
① 1 : 1.414
② 1 : 1.532
③ 1 : 1.618
④ 1 : 3.141

09 일교차의 설명으로 옳은 것은?
① 월평균 기온의 연중 최저 온도와 최고 온도의 차이
② 실감온도와 실제온도와의 차이
③ 하루 중 최고 온도와 최저 온도의 차이
④ 낮 기온 중 최고 온도와 최저 온도의 차이

10 건축물의 층의 구분이 명확하지 아니한 건축물의 경우, 건축물의 높이 얼마마다 하나의 층으로 산정하는가?
① 3m
② 3.5m
③ 4m
④ 4.5m

11 다음 설명에 알맞은 아파트의 평면형식은?

- 프라이버시 확보가 유리하다.
- 통행부의 면적이 작아 건물의 이용도가 높다.
- 좁은 대지에서 집약적 주거형식이 가능하다.

① 편복도형
② 중복도형
③ 계단실형
④ 집중형

12 주택의 거실에 관한 설명으로 옳지 않은 것은?
① 가급적 현관에서 가까운 곳에 위치시키는 것이 좋다.
② 거실의 크기는 주택 전체의 규모나 가족 수, 가족 구성 등에 의해 결정된다.
③ 전체 평면의 중앙에 배치하여 각 실로 통하는 통로로서의 역할을 하도록 한다.
④ 거실의 형태는 일반적으로 직사각형이 정사각형보다 가구의 배치나 실의 활용 측면에서 유리하다.

13 다음 설명에 알맞은 주택 부엌가구의 배치 유형은?

- 양쪽 벽면에 작업대가 마주보도록 배치한 것
- 부엌의 폭이 길이에 비해 넓은 부엌의 형태에 적당한 형식

① L자형
② 일자형
③ 병렬형
④ 아일랜드형

14 다음 중 공간의 레이아웃(layout)과 가장 밀접한 관계를 갖는 것은?
① 재료계획
② 동선계획
③ 설비계획
④ 색채계획

15 일반 평면도의 표현내용으로 옳은 것은?
① 실의 배치
② 보의 높이 및 크기
③ 창문과 출입구의 디자인
④ 개구부의 높이

16 거푸집의 간격을 유지하기 위해 사용되는 부속철물은?
① 듀벨
② 세퍼레이터
③ 띠장
④ 띠쇠

17 강재 거푸집의 설명으로 잘못된 것은?
① 강재 거푸집은 목재 거푸집에 비해 오염의 가능성이 높다.
② 공장생산으로 치수가 정확하고 강성이 크다.
③ 중량이 무겁고 외부 온도의 영향을 받아 변형되는 단점이 있다.
④ 강재로 만든 거푸집의 경우 약 50회 정도 사용이 가능하다.

18 석회석이 변화되어 결정화한 것으로 고급 실내장식재 또는 조각재로 사용되는 것은?
① 대리석   ② 응회암
③ 사문암   ④ 안산암

19 실리카시멘트에 대한 설명 중 옳은 것은?
① 보통 포틀랜드 시멘트에 비해 초기강도가 크다.
② 화학적 저항성이 크다.
③ 보통 포틀랜드 시멘트에 비해 장기강도는 작은 편이다.
④ 긴급공사용으로 적합하다.

20 점토의 성질에 대한 설명으로 잘못된 것은?
① 비중은 2.5~2.6 정도이다.
② 입자가 클수록 가소성이 우수하다.
③ 압축강도는 인장강도의 약 5배 정도이다.
④ 좋은 점토는 습윤 상태에서 현저한 가소성을 보인다.

21 다음 중 점토제품으로 볼 수 없는 것은?
① 테라코타   ② 타일
③ 내화벽돌   ④ 테라초

22 점토제품의 제법순서를 옳게 나열한 것은?
| ㉠ 반죽 | ㉢ 건조 | ㉡ 성형 |
| ㉣ 원토처리 | ㉤ 원료배합 | ㉥ 소성 |

① ㉣-㉤-㉠-㉡-㉢-㉥
② ㉠-㉡-㉢-㉣-㉤-㉥
③ ㉡-㉢-㉥-㉣-㉤-㉠
④ ㉢-㉥-㉤-㉡-㉣-㉠

23 다음 합금의 구성요소로 틀린 것은?
① 황동=구리+아연
② 청동=구리+납
③ 포금=구리+주석+아연+납
④ 듀랄루민=알루미늄+구리+마그네슘-망간

24 알루미늄의 주요 특성에 대한 설명 중 틀린 것은?
① 알칼리에 강하다.
② 열전도율이 높다.
③ 강성, 탄성계수가 작다.
④ 용융점이 낮다.

25 다음 중 여닫이 창호에 쓰이는 철물이 아닌 것은?
① 도어클로저   ② 경첩
③ 레일   ④ 함자물쇠

26 회반죽 바름이 공기 중에서 경화되는 과정을 가장 옳게 설명한 것은?
① 물이 증발하여 굳어진다.
② 물과의 화학적인 반응을 거쳐 굳어진다.
③ 공기 중 산소와의 화학작용을 통해 굳어진다.
④ 공기 중 탄산가스와의 화학작용을 통해 굳어진다.

27 열경화성수지 중 건축용으로는 글라스섬유로 강화된 평판 또는 판상제품으로 주로 사용되는 것은?
① 아크릴수지
② 폴리에스테르수지
③ 염화비닐수지
④ 폴리에틸렌수지

28 지붕재료에 요구되는 성질과 가장 관계가 먼 것은?
① 외관이 좋은 것이어야 한다.
② 부드러워 가공이 용이한 것이어야 한다.
③ 열전도율이 작은 것이어야 한다.
④ 재료가 가볍고, 방수·방습·내화·내수성이 큰 것이어야 한다.

29 콘크리트면, 모르타르면의 바름에 가장 적합한 도료는?
① 옻칠
② 래커
③ 유성페인트
④ 수성페인트

30 합판의 특징으로 옳지 않은 것은?
① 판재에 비해 균질하다.
② 방향에 따라 강도의 차가 크다.
③ 너비가 큰 판을 얻을 수 있다.
④ 함수율 변화에 의한 신축변형이 적다.

31 KS F 3126(치장 목질 마루판)에서 요구하는 치장 목질 마루판의 성능기준과 관련된 시험항목에 해당되지 않는 것은?
① 내마모성
② 압축강도
③ 접착성
④ 포름알데히드 방산량

32 어느 목재의 절대건조비중이 0.54일 때 목재의 공극률은 얼마인가?
① 약 65%
② 약 54%
③ 약 46%
④ 약 35%

33 시멘트의 저장방법 중 틀린 것은?
① 주위에 배수도랑을 두고 누수를 방지한다.
② 채광과 공기순환이 잘 되도록 개구부를 최대한 많이 설치한다.
③ 3개월 이상 경과한 시멘트는 재시험을 거친 후 사용한다.
④ 쌓기 높이는 13포 이하로 하며, 장기간 보관할 경우 7포 이하로 한다.

34 석재 표면을 구성하고 있는 조직은 무엇인가?
① 석목
② 석리
③ 층리
④ 도리

35 20kg의 골재가 있다. 5mm 표준망 체에 중량비로 몇 kg 이상 통과해야 모래라고 할 수 있는가?
① 17kg
② 15kg
③ 12kg
④ 10kg

36 유리에 함유되어 있는 성분 가운데 자외선을 차단하는 성분은?
① 황산나트륨($NaSO_4$)
② 탄산나트륨(Na_2CO_3)
③ 산화제2철(Fe_2O_3)
④ 산화제1철(FeO)

37. 기본형 벽돌(190mm×90mm×57mm)을 사용한 벽돌벽 1.5B의 두께는 얼마인가? (단, 공간쌓기 아님)
   ① 23cm
   ② 28cm
   ③ 29cm
   ④ 34cm

38. 조적조 벽체 내쌓기의 내미는 최댓값은?
   ① 1.0B
   ② 1.5B
   ③ 2.0B
   ④ 2.5B 해설

39. 벽돌쌓기법 중 모서리 또는 끝부분에 칠오토막을 사용하는 것은?
   ① 영국식 쌓기
   ② 프랑스식 쌓기
   ③ 네덜란드식 쌓기
   ④ 미국식 쌓기

40. 목조구조물에서 수평력을 주로 분담시키기 위하여 설치하는 부재는?
   ① 깔도리
   ② 가새
   ③ 토대
   ④ 기둥

41. 철골구조의 플레이트보에서 스티프너는 웨브의 무엇을 방지하는가?
   ① 처짐
   ② 좌굴
   ③ 진동
   ④ 블리딩

42. 왕대공 지붕틀에서 보강철물 사용이 옳지 않은 것은?
   ① 달대공과 평보-볼트
   ② 빗대공과 ㅅ자보-꺾쇠
   ③ ㅅ자보와 평보-안장쇠
   ④ 왕대공과 평보-감잡이쇠

43. 남해대교와 같이 구조부를 케이블로 달아매어 인장력으로 지탱하는 구조는?
   ① 공기막구조
   ② 현수구조
   ③ 커튼월구조
   ④ 셸구조

44. 다음 구조 형식 중 막구조에 포함되지 않는 것은?
   ① 골조막
   ② 스페이스프레임
   ③ 공기막
   ④ 서스펜션

45. 지붕의 일부분이 높게 올라온 형태로 채광, 통풍에 유리한 지붕은?
   ① 박공지붕
   ② 톱날지붕
   ③ 솟을지붕
   ④ 합각지붕

46. 철근콘크리트기둥에서 띠철근의 수직 간격으로 잘못된 것은?
   ① 기둥 단면의 최소 치수 이하
   ② 종방향 철근지름의 16배 이하
   ③ 띠철근 지름의 48배 이하
   ④ 기둥 높이의 0.1배 이하

47. 창의 하부에 건너댄 돌로 빗물을 처리하고 장식적으로 사용되는 것으로, 윗면과 밑면에 물끊기·물돌림 등을 두어 빗물의 침입을 막고, 물흘림이 잘 되게 하는 것은?
   ① 인방돌
   ② 쌤돌
   ③ 창대돌
   ④ 돌림돌

48. 지반이 연약하거나 기둥에 전달되는 하중이 커서 기초판이 넓어야 할 경우 적용되는 기초로 건물의 하부 또는 지하실 전체를 기초판으로 하는 기초는?
   ① 잠함기초
   ② 온통기초
   ③ 독립기초
   ④ 복합기초

49 합성골조에 관한 설명으로 옳지 않은 것은?
 ① CFT(콘크리트 충전 강관기둥)에서는 내부 콘크리트가 강관의 급격한 국부좌굴을 방지한다.
 ② 코어(core)의 전단벽에 횡력에 대한 강성을 증대시키기 위하여 철골빔을 설치한다.
 ③ 데크 플레이트(deck plate)는 합성슬래브의 한 종류이다.
 ④ 스터드 볼트(stud bolt)는 철골기둥을 연결하는데 사용한다.

50 외관이 중요시되지 않는 아치는 보통벽돌을 쓰고 줄눈을 쐐기모양으로 한다. 이 아치는?
 ① 본아치 ② 거친아치
 ③ 막만든아치 ④ 층두리아치

51 조립식 구조의 하나로 콘크리트를 공장에서 생산해 현장으로 운반하여 시공하는 것은?
 ① RC구조 ② PC구조
 ③ SRC구조 ④ PS콘크리트

52 고력볼트접합에 대한 설명으로 틀린 것은?
 ① 고력볼트접합의 종류는 마찰접합이 유일하다.
 ② 접합부의 강성이 크다.
 ③ 피로강도가 크다.
 ④ 정확한 계기공구로 죄어 일정하고 균일하고 정확한 강도를 얻을 수 있다.

53 철근콘크리트 원형 기둥에는 주근을 최소 몇 개 이상 배근해야 하는가?
 ① 2개 ② 4개
 ③ 6개 ④ 8개

54 블록조의 테두리보에 대한 설명으로 옳지 않은 것은?
 ① 벽체를 일체화하기 위해 설치한다.
 ② 테두리보의 너비는 보통 그 밑의 내력벽의 두께보다는 작아야 한다.
 ③ 세로철근의 끝을 장착할 필요가 있을 때 정착 가능하다.
 ④ 상부의 하중을 내력벽에 고르게 분산시키는 역할을 한다.

55 초고층 건물의 구조시스템 중 가장 적합하지 않은 것은?
 ① 내력벽시스템
 ② 아웃리거시스템
 ③ 튜브시스템
 ④ 가새시스템

56 기름기가 많은 식당 배수관 내부에 설치하여 배관이 막히는 것을 방지하는 트랩은?
 ① 드럼트랩 ② S트랩
 ③ 그리스트랩 ④ P트랩

57 다음 설명에 맞는 공기조화방식은?

> • 전공기방식의 특성이 있다.
> • 냉풍과 온풍을 혼합하는 혼합상자가 필요없다.

 ① 단일덕트방식 ② 2중덕트방식
 ③ 멀티존 유닛방식 ④ 팬코일 유닛방식

58 건축화 조명에 속하지 않는 것은?
 ① 코브 조명
 ② 루버 조명
 ③ 코니스 조명
 ④ 펜던트 조명

59 소방시설은 소화설비, 경보설비, 피난설비, 소화용수설비, 소화활동설비로 구분할 수 있다. 다음 중 소화설비에 속하지 않는 것은?

① 연결살수설비
② 옥내소화전설비
③ 스프링클러설비
④ 물분무소화설비

60 에스컬레이터에 관한 설명으로 옳지 않은 것은?

① 수송능력이 엘리베이터에 비해 작다.
② 대기시간이 없고 연속적인 수송설비이다.
③ 연속 운전되므로 전원설비에 부담이 적다.
④ 건축적으로 점유면적이 적고, 건물에 걸리는 하중이 분산된다.

2023년 제1회 기출 복원문제

자격종목	시험시간	학습일자	점 수
전산응용건축제도기능사	60분		

본 문제는 2023년도 1회차(1월 29일) 필기시험에 응시한 수험생의 기억을 토대로 기출문제와 출제범위 내에서 재구성한 문제입니다. 실제 출제되었던 문제와 다소 차이가 있을 수 있습니다.

▮정답 및 해설 : p. 581 ▮

01 표면결로의 방지방법에 관한 설명으로 옳지 않은 것은?
① 실내에서 발생하는 수증기를 억제한다.
② 환기에 의해 실내 절대습도를 저하한다.
③ 직접가열이나 기류촉진에 의해 표면온도를 상승시킨다.
④ 낮은 온도로 난방시간을 길게 하는 것보다 높은 온도로 난방시간을 짧게 하는 것이 결로방지에 효과적이다.

02 가구식 구조에 대한 설명으로 옳은 것은?
① 각 재료를 접착제를 이용하여 쌓아 만든 구조
② 목재, 강재 등 가늘고 긴 부재를 접합하여 뼈대를 만드는 구조
③ 철근콘크리트구조와 같이 전 구조체가 일체가 되도록 한 구조
④ 물을 사용하는 공정을 가진 구조

03 목재 섬유제품의 설명으로 옳지 않은 것은?
① 파티클보드는 작은 나무 부스러기 등을 방향성 없이 열을 가해 만든 판재다.
② 섬유판은 톱밥, 대팻밥 등 목재의 찌꺼기 같은 식물성 재료로 만든다.
③ 경질섬유판은 판의 방향성을 고려하여 건축물의 내장재나 보온재로 많이 사용된다.
④ 집성목재는 단판을 섬유 방향과 평행하게 여러 장 붙여 접착한 판으로 강도 조절이 가능하다.

04 공동(空胴)의 대형 점토제품으로서 주로 장식용으로 난간벽, 돌림대, 창대 등에 사용되는 것은?
① 이형벽돌
② 포도벽돌
③ 테라코타
④ 테라초

05 AE제를 콘크리트에 사용하는 가장 중요한 목적은?
① 콘크리트의 강도를 증진하기 위해서
② 동결융해작용에 대하여 내구성을 가지기 위해서
③ 블리딩을 감소시키기 위해서
④ 염류에 대한 화학적 저항성을 크게 하기 위해서

06 수화열을 작게 한 시멘트로 매스콘크리트용, 방사능 차폐용으로 사용되는 시멘트는?
① 보통 포틀랜드 시멘트
② 중용열 포틀랜드 시멘트
③ 백색 포틀랜드 시멘트
④ 조강 포틀랜드 시멘트

07 직경 13mm의 이형철근을 100mm 간격으로 배치할 때 도면표시방법은?
① D13#100
② D13@100
③ 13#100
④ 13@100

08 주방가구의 배치유형 중 양쪽 벽면에 작업대가 마주 보도록 배치한 것으로 주방의 폭이 길이에 비해 넓은 주방의 형태에 적당한 것은?
① 일자형
② L자형
③ 병렬형
④ 아일랜드형

09 철골구조에서 사용되는 접합방법에 포함되지 않는 것은
① 용접접합
② 듀벨접합
③ 고력볼트접합
④ 메탈터치

10 목구조 각 부분에 대한 설명으로 옳지 않은 것은?
① 평보의 이음은 중앙 부근에서 덧판을 대고 볼트로 긴결한다.
② 보잡이는 평보의 옆휨을 막기 위해 설치한다.
③ 가새는 수평 부재와 60°로 경사지게 하는 것이 합리적이다.
④ 토대의 이음은 기둥과 앵커볼트의 위치를 피하여 턱걸이 주먹장이음으로 한다.

11 목구조에 대한 설명으로 옳지 않은 것은?
① 전각·사원 등의 동양 고전식 구조법이다.
② 가구식 구조에 속한다.
③ 친화감이 있고 미려하나 부패에 취약하다.
④ 재료의 수급상 큰 단면이나 긴 부재를 얻기가 쉽다.

12 건축법상 공동주택에 속하지 않는 것은?
① 아파트
② 연립주택
③ 다가구주택
④ 다세대주택

13 다음 중 입면도에 표현되는 내용으로 가장 거리가 먼 것은?
① 창의 형상
② 문의 형상
③ 내벽 마감
④ 주변 시설물 및 환경

14 건축제도의 치수 및 치수선에 관한 설명으로 옳지 않은 것은?
① 치수는 특별히 명시하지 않는 한 마무리 치수로 표시한다.
② 협소한 간격이 연속될 때에는 인출선을 사용하여 치수를 쓴다.
③ 치수선의 양 끝 표시는 화살 또는 점으로 표시할 수 있으며 같은 도면에서 2종을 혼용할 수도 있다.
④ 치수 기입은 치수선에 평행하게 도면의 왼쪽에서 오른쪽으로, 아래로부터 위로 읽을 수 있도록 기입한다.

15 파티클보드의 특성에 관한 설명으로 틀린 것은?
① 칸막이, 가구 등에 많이 사용된다.
② 열의 차단성이 우수하다.
③ 가공성이 비교적 양호하다.
④ 강도에 방향성이 있어 뒤틀림이 거의 없다.

16 콘크리트에 사용하는 골재의 요구성능으로 옳지 않은 것은?
① 내구성과 내화성이 큰 것이어야 한다.
② 유해한 불순물과 화학적 성분을 함유하지 않는 것이어야 한다.
③ 입형은 각이 구형이나 입방체에 가까운 것이어야 한다.
④ 흡수율이 높은 것이어야 한다.

17 콘크리트의 배합설계를 기준으로 골재의 함수상태로 옳은 것은?
① 절건상태   ② 기건상태
③ 습윤상태   ④ 표건상태

18 중앙식 급탕법 중 간접가열식에 관한 설명으로 옳지 않은 것은?
① 열효율이 직접가열식에 비해 높다.
② 고압용 보일러를 반드시 사용할 필요는 없다.
③ 일반적으로 규모가 큰 건물의 급탕에 사용된다.
④ 가열보일러는 난방용 보일러와 겸용할 수 있다.

19 옥상 바닥에 설치되는 것으로 빗물을 지상으로 내려보내는 입구에 설치되는 철물은?
① 트랩
② 루프드레인
③ 낙수받이
④ 선홈통

20 실내로 바람이 들어오는 것을 방지하기 위해 풍소란을 설치하는 문은?
① 미닫이문   ② 미서기문
③ 회전문   ④ 여닫이문

21 구조형식 중 삼각형 뼈대를 하나의 기본형으로 조립하여 각 부재에는 축방향력만 생기도록 한 구조는?
① 트러스구조
② PC구조
③ 플랫슬래브구조
④ 현수구조

22 건물 내외의 기압차를 이용한 지붕구조로 송풍에 의한 내압으로 외기압보다 높은 압력을 주고 압력에 의한 장력으로 구조적 안정성을 갖는 구조는?
① 공기막구조
② 현수막구조
③ 골조막구조
④ 하이브리드 막구조

23 옥외의 공기나 흙에 접하지 않는 현장치기 콘크리트보의 최소 피복두께는?
① 20mm   ② 30mm
③ 40mm   ④ 50mm

24 벽돌벽체 내쌓기에서 벽체의 내밀 수 있는 한도는?
① 0.5B   ② 1.0B
③ 1.5B   ④ 2.0B

25 지반이 연약하거나 기둥에 전달되는 하중이 커서 기초판이 넓어야 할 경우 적용되는 기초로 건물의 하부 또는 지하실 전체를 기초판으로 하는 기초는?
① 잠함기초
② 온통기초
③ 독립기초
④ 복합기초

26 한국산업표준(KS)의 분류 중 건설에 해당되는 것은?
① KS D
② KS F
③ KS E
④ KS M

27 스킵플로어형 공동주택에 관한 설명으로 옳지 않은 것은?
① 복도 면적이 증가한다.
② 액세스(access) 동선이 복잡하다.
③ 엘리베이터의 정지 층수를 줄일 수 있다.
④ 동일한 주거동에 각기 다른 모양의 세대 배치계획이 가능하다.

28 심리적으로 상승감, 존엄성, 엄숙함의 느낌을 주는 선의 종류는?
① 사선   ② 곡선
③ 수평선 ④ 수직선

29 길이 5m인 생나무가 전건상태에서 길이가 4.5m로 되었다면 수축률은 얼마인가?
① 5%   ② 10%
③ 15%   ④ 20%

30 건축제도에서 석재의 재료표시기호(단면용)로 옳은 것은?

①    ②
③    ④

31 참나무의 절대건조비중이 0.95일 때 목재의 공극률은 얼마인가?
① 약 15%   ② 약 38%
③ 약 62%   ④ 약 65%

32 건축재료의 발전 방향으로 틀린 것은?
① 고성능화   ② 현장 시공화
③ 공업화   ④ 에너지 절약화

33 실내의 조명설계 과정 중 가장 먼저 진행되는 것은?
① 조명기구의 배치 ② 조명종류의 결정
③ 소요조도의 결정 ④ 조명방식의 결정

34 블록구조에 테두리보를 설치하는 이유로 옳지 않은 것은?
① 횡력에 의해 발생하는 수직균열의 발생을 막기 위해
② 세로철근의 정착을 생략하기 위해
③ 하중을 균등히 분포시키기 위해
④ 집중하중을 받는 블록의 보강을 위해

35 그림 중 꺾인지붕(curb roof)의 평면모양은?

① 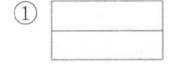   ②
③ 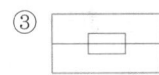   ④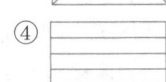

36 대리석의 일종으로 다공질이고 황갈색의 무늬가 있으며 특수한 실내장식재로 이용되는 것은?
① 테라코타 ② 트래버틴
③ 점판암   ④ 석회암

37 석재의 종류 중 변성암에 속하는 것은?
① 섬록암   ② 화강암
③ 사문암   ④ 안산암

38 연면적 200m²를 초과하는 초등학교의 학생용 계단의 단높이는 최대 얼마 이하이어야 하는가?
① 150mm   ② 160mm
③ 180mm   ④ 200mm

39 철근콘크리트보에 관한 설명으로 틀린 것은?
① 단순보는 중앙에 연직하중을 받으면 휨모멘트와 전단력이 생긴다.
② T형 보는 압축력을 슬래브가 일부 부담한다.
③ 보 단부의 헌치는 주로 압축력을 보강하기 위해 만든다.
④ 캔틸레버보에는 통상적으로 단면 상부에 철근을 배근한다.

40 벽돌 마름질과 관련하여 다음 중 전체적인 크기가 가장 작은 것은?
① 이오토막   ② 반토막
③ 반절   ④ 칠오토막

41 거푸집 형틀에 미리 골재를 넣은 후 시멘트 모르타르를 압입시켜 만드는 콘크리트는?
① 프리스트레스트 콘크리트
② 레디믹스트 콘크리트
③ 프리팩트 콘크리트
④ 오토클레이브 콘크리트

42 에스컬레이터에 관한 설명으로 옳지 않은 것은?
① 수송능력이 엘리베이터에 비해 작다.
② 대기시간이 없고 연속적인 수송설비이다.
③ 연속 운전되므로 전원설비에 부담이 적다.
④ 건축적으로 점유면적이 작고, 건물에 걸리는 하중이 분산된다.

43 철근콘크리트구조 중 슬래브와 벽이 일체가 되도록 구성한 구조는?
① 라멘구조   ② 플랫슬래브구조
③ 벽식구조   ④ 아치구조

44 다음의 창호기호가 의미하는 것은?

① 강철창
② 강철그릴
③ 스테인리스스틸창
④ 스테인리스스틸그릴

45 소방시설은 소화설비, 경보설비, 피난설비, 소화용수설비, 소화활동설비로 구분할 수 있다. 다음 중 소화설비에 속하지 않는 것은?
① 연결살수설비   ② 옥내소화전설비
③ 스프링클러설비 ④ 물분무소화설비

46 다음 중 압축력이 발생하지 않는 구조시스템은?
① 케이블구조   ② 트러스구조
③ 절판구조   ④ 철골구조

47 난간벽, 부란, 박공벽 위에 덮은 돌로서 빗물막이와 난간 동자받이의 목적 이외에 장식도 겸하는 돌은?
① 돌림띠   ② 두겁돌
③ 창대돌   ④ 문지방돌

48 H형강, 판보 또는 래티스보 등에서 보의 단면 상하에 날개처럼 내민 부분을 지칭하는 용어는?
① 웨브   ② 플랜지
③ 스티프너   ④ 거싯 플레이트

49 목재의 마구리를 감추면서 창문 등의 마무리에 이용되는 맞춤은?
① 연귀맞춤   ② 장부맞춤
③ 통맞춤   ④ 주먹장맞춤

50 접착성이 매우 우수하여 금속, 유리, 플라스틱, 도자기, 목재, 고무 등 다양한 재료에 사용될 수 있는 접착제는?
① 에폭시수지　② 멜라민수지
③ 요소수지　　④ 페놀수지

51 경사지를 적절하게 이용할 수 있으며 각 호마다 전용의 정원을 갖는 주택형식은?
① town house
② low house
③ courtyard house
④ terrace house

52 동(銅)에 대한 설명으로 옳지 않은 것은?
① 알칼리성에 대해 강하므로 콘크리트 등에 접하는 곳에 사용이 용이하다.
② 건조한 공기 중에서 산화하지 않으나, 습기가 있거나 탄산가스가 있으면 녹이 발생한다.
③ 연성이 뛰어나고 가공성이 풍부하다.
④ 건축용으로는 박판으로 제작하여 지붕재료로 이용된다.

53 전동기 직결의 소형 송풍기, 냉·온수 코일 및 필터 등을 갖춘 실내형 공조기를 각 실에 설치하여 중앙기계실로부터 냉수 또는 온수를 공급받아 공기조화를 하는 방식은?
① 이중덕트방식　② 단일덕트방식
③ 멀티존 유닛방식　④ 팬코일 유닛방식

54 먼셀표색계에서 5R 4/14로 표시된 색의 명도는?
① 1　　② 4
③ 5　　④ 14

55 주택의 침실에 관한 설명으로 옳지 않은 것은?
① 어린이 침실은 주간에는 공부를 할 수 있고, 유희실을 겸하는 것이 좋다.
② 부부침실은 주택 내의 공동공간으로서 가족생활의 중심이 되도록 한다.
③ 침실의 크기는 사용하는 인원수, 침구의 종류, 가구의 종류, 통로 등의 사항에 따라 결정한다.
④ 침실의 위치는 소음의 원인이 되는 도로 쪽은 피하고, 정원 등의 공지에 면하도록 한다.

56 재료가 오랜 시간 본연의 성질을 유지하는 것을 말하며 나무는 겉이 썩지 않고 철재는 녹슬지 않는 성질은?
① 내후성
② 내구성
③ 내화학약품성
④ 내마모성

57 목재 왕대공 지붕틀에 사용되는 부재와 연결철물의 연결이 옳지 않은 것은?
① ㅅ자보와 평보 - 안장쇠
② 달대공과 평보 - 볼트
③ 빗대공과 왕대공 - 꺾쇠
④ 대공 밑잡이와 왕대공 - 볼트

58 콘크리트가 시일이 경과함에 따라 공기 중의 탄산가스 작용을 받아 알칼리성을 잃어가는 현상은?
① 중성화
② 크리프
③ 건조수축
④ 동결융해

59 철근콘크리트구조의 원리에 대한 설명으로 옳지 않은 것은?
① 콘크리트는 압축력에 취약하므로 철근을 배근하여 철근이 압축력에 저항하도록 한다.
② 콘크리트와 철근은 완전히 부착되어 일체로 거동하도록 한다.
③ 콘크리트는 알칼리성이므로 철근을 부식시키지 않는다.
④ 콘크리트와 철근의 선팽창계수가 거의 같다.

60 단열재가 갖추어야 할 일반적 요건으로 틀린 것은?
① 흡수율이 낮을 것
② 열전도율이 낮을 것
③ 수증기 투과율이 높을 것
④ 기계적 강도가 우수할 것

2023년 제3회 기출 복원문제

자격종목	시험시간	학습일자	점 수
전산응용건축제도기능사	60분		

본 문제는 2023년도 3회차(6월 25일) 필기시험에 응시한 수험생의 기억을 토대로 기출문제와 출제범위 내에서 재구성한 문제입니다. 실제 출제되었던 문제와 다소 차이가 있을 수 있습니다.

▎정답 및 해설 : p. 584 ▎

01 건축제도에서 선의 내용으로 잘못된 것은?
① 굵은 실선 – 단면의 윤곽을 표시
② 가는 실선 – 표시선 이후를 생략
③ 1점쇄선 – 중심이나 기준, 경계 등을 표시
④ 2점쇄선 – 1점쇄선과 구분할 때 표시

02 다음 중 단면도에 포함되지 않는 사항은?
① 층의 높이   ② 처마높이
③ 바닥높이   ④ 출입경로

03 건축제도의 글자에 관한 설명으로 옳지 않은 것은?
① 숫자는 아라비아 숫자를 원칙으로 한다.
② 왼쪽에서부터 가로쓰기를 원칙으로 한다.
③ 글자체는 수직 또는 30° 경사의 명조체로 쓰는 것을 원칙으로 한다.
④ 글자의 크기는 각 도면의 상황에 맞추어 알아보기 쉬운 크기로 한다.

04 한국산업표준 분류 중 건설에 해당되는 기호는?
① A   ② F
③ D   ④ P

05 투시도법에 사용되는 용어의 표시가 잘못된 것은?
① 시점: E.P   ② 소점: S.P
③ 화면: P.P   ④ 수평면: H.P

06 배치도, 평면도 등의 도면은 어느 쪽을 위로 하여 작도하는 것을 원칙으로 하는가?
① 동쪽
② 서쪽
③ 남쪽
④ 북쪽

07 건축도면에서 굵은 실선으로 표시하여야 하는 것은?
① 해칭선   ② 절단선
③ 단면선   ④ 치수선

08 다음 중 공간의 레이아웃(layout)과 가장 밀접한 관계를 갖는 것은?
① 재료계획
② 동선계획
③ 설비계획
④ 색채계획

09 형태를 구성하는 요소의 설명으로 옳은 것은?
① 공간에 하나의 점을 둘 경우 관찰자의 시선을 집중시킬 수 있다.
② 수평선은 고결하고 종교적인 느낌을 준다.
③ 곡선은 역동적이고 생동감 넘치는 에너지와 운동감 및 속도감을 주고 사선은 우아한 느낌을 준다.
④ 공간에 크기가 같은 2개의 점이 있을 경우 주의력은 하나의 점에 집중된다.

10 다음과 같은 특징을 갖는 주택 부엌가구의 배치유형은?

- 양쪽 벽면에 작업대가 마주보도록 배치한 것으로 부엌의 폭이 길이에 비해 넓은 부엌의 형태로 적당한 형식이다.
- 작업 동선은 줄일 수 있지만 몸을 앞뒤로 바꾸는 데 불편하다.

① 병렬형   ② L자형
③ 직선형   ④ 아일랜드형

11 주택공간의 성격 중 서재에 해당되는 공간은?
① 개인공간   ② 사회적 공간
③ 노동공간   ④ 위생공간

12 디자인의 기본원리 중 성질이나 질량이 전혀 다른 둘 이상의 것이 동일한 공간에 배열될 때 서로의 특징을 한층 더 돋보이게 하는 현상은?
① 대비   ② 통일
③ 리듬   ④ 강조

13 다음 중 일반 평면도의 표현 내용에 속하지 않는 것은?
① 실의 크기
② 보의 높이 및 크기
③ 창문과 출입구의 구별
④ 개구부의 위치 및 크기

14 계단실형 아파트의 설명으로 틀린 것은?
① 거주의 프라이버시가 높다.
② 채광, 통풍 등의 거주조건이 양호하다.
③ 통행부 면적을 크게 차지하는 단점이 있다.
④ 계단실에서 직접 각 세대로 접근할 수 있는 유형이다.

15 피뢰설비를 해야 하는 건축물의 높이는?
① 8m   ② 10m
③ 15m   ④ 20m

16 고딕성당에서 존엄성, 엄숙함 등의 느낌을 주기 위해 사용된 선은?
① 사선   ② 곡선
③ 수직선   ④ 수평선

17 건축물의 층수 산정 시 층의 구분이 명확하지 아니한 건축물의 경우, 그 건축물의 높이는 얼마마다 한 층으로 보는가?
① 2m   ② 3m
③ 4m   ④ 5m

18 일교차의 설명으로 옳은 것은?
① 월평균 기온의 연중 최저 온도와 최고 온도의 차이
② 실감온도와 실제온도와의 차이
③ 하루 중 최고 온도와 최저 온도의 차이
④ 낮 기온 중 최고 온도와 최저 온도의 차이

19 다음 중 현대 건축재료의 발전방향에 대한 설명으로 옳지 않은 것은?
① 고성능화, 공업화
② 프리패브화의 경향에 맞는 재료 개선
③ 수작업과 현장시공에 맞는 재료 개발
④ 에너지 절약화와 능률화

20 석재의 분류상 형상이 두께 15cm 미만, 폭이 두께의 3배 이상 되는 석재를 무엇이라 하는가?
① 견치석   ② 판석
③ 각석   ④ 마름돌

21. 다음 중 목재의 이음철물이 아닌 것은?
   ① 인서트   ② 안장쇠
   ③ 듀벨   ④ 주걱볼트

22. 철과 비교한 목재의 설명으로 옳지 않은 것은?
   ① 열전도가 크다.
   ② 열팽창률이 작다.
   ③ 내화성이 작다.
   ④ 가공이 용이하다.

23. 점토제품 중 소성온도가 가장 높은 제품은?
   ① 점토기와   ② 클링커타일
   ③ 모자이크타일 ④ 위생도기

24. 접착성이 매우 우수하여 금속, 유리, 플라스틱, 도자기, 목재, 고무 등 다양한 재료에 사용될 수 있는 접착제는?
   ① 에폭시수지 ② 멜라민수지
   ③ 요소수지   ④ 페놀수지

25. 공동(空胴)의 대형 점토제품으로서 주로 장식용으로 난간벽, 돌림대, 창대 등에 사용되는 것은?
   ① 이형벽돌   ② 포도벽돌
   ③ 테라코타   ④ 테라초

26. 석재의 성인에 의한 분류 중 수성암에 속하지 않는 것은?
   ① 사암   ② 이판암
   ③ 석회암   ④ 안산암

27. 다음 금속재료 중 X선 차단성이 가장 큰 것은?
   ① 납   ② 구리
   ③ 철   ④ 아연

28. 유리에 함유되어 있는 성분 가운데 자외선을 차단하는 성분은?
   ① 황산나트륨($NaSO_4$)
   ② 탄산나트륨(Na_2CO_3)
   ③ 산화제2철(Fe_2O_3)
   ④ 산화제1철(FeO)

29. 시멘트 저장 시 유의해야 할 사항으로 옳지 않은 것은?
   ① 시멘트는 개구부와 가까운 곳에 쌓여 있는 것부터 사용해야 한다.
   ② 지상 30cm 이상 되는 마루 위에 적재해야 하며, 그 창고는 방습설비가 완전해야 한다.
   ③ 3개월 이상 저장한 시멘트 또는 습기를 머금은 것으로 생각되는 시멘트는 반드시 사용 전 재시험을 실시해야 한다.
   ④ 포대에 들어 있는 시멘트는 13포대 이상 쌓으면 안 되고, 특히 장기간 저장할 때는 7포대 이상으로 쌓지 않는다.

30. 생석회와 규사를 혼합하여 고온, 고압으로 양생하면 수열반응을 일으키는데 여기에 기포제를 넣어 경량화한 기포콘크리트는?
   ① ALC제품
   ② 흄관
   ③ 듀리졸
   ④ 플렉시블 보드

31. 건축공사에서 흙손이나 스프레이건 등을 사용해 천장, 벽, 바닥에 일정한 두께로 발라 마무리하는 재료는?
   ① 도장재료   ② 역청재료
   ③ 미장재료   ④ 방수재료

32 길이 5m인 생나무가 전건상태에서 길이가 4.5m로 되었다면 수축률은 얼마인가?
① 6%   ② 10%
③ 12% ④ 14%

33 다음 중 콘크리트의 워커빌리티를 시험하는 방법은?
① 체가름시험   ② 낙하시험
③ 슬럼프시험   ④ 팽창도시험

34 20kg의 골재가 있다. 5mm 표준망 체에 중량비로 몇 kg 이상 통과해야 모래라고 할 수 있는가?
① 17kg   ② 15kg
③ 12kg   ④ 10kg

35 블리딩(bleeding)과 크리프(creep)에 대한 설명으로 옳은 것은?
① 블리딩이란 굳지 않은 모르타르나 콘크리트에 있어서 윗면으로 물이 상승하는 현상을 말한다.
② 블리딩이란 콘크리트의 수화작용에 의하여 경화하는 현상을 말한다.
③ 크리프란 하중이 일시적으로 작용하면 콘크리트의 변형이 증가하는 현상을 말한다.
④ 크리프란 블리딩에 의하여 콘크리트 표면에 떠올라 침전된 물질을 말한다.

36 유리에 색을 입힌 것으로 성당의 창이나 상업건축의 장식용으로 사용되는 유리는?
① 페어글라스
② 폼글라스
③ 스테인드글라스
④ 유리블록

37 지진력(횡력)에 대하여 저항시킬 목적으로 구성한 벽의 종류는?
① 내진벽   ② 장막벽
③ 칸막이벽 ④ 대린벽

38 철근콘크리트구조에서 최소 피복두께의 목적에 해당되지 않는 것은?
① 철근의 부식 방지
② 철근의 연성 감소
③ 철근의 내화
④ 철근의 부착

39 강구조의 주각부분에 사용되지 않는 것은?
① 윙 플레이트
② 데크 플레이트
③ 베이스 플레이트
④ 클립 앵글

40 인장력을 가한 케이블에 막을 씌워 주로 지붕에 사용되는 구조는?
① 트러스구조
② 막구조
③ 코어구조
④ 현수구조

41 철골구조의 보에 사용되는 스티프너에 대한 설명으로 옳지 않은 것은?
① 하중점 스티프너는 집중하중에 대한 보강용으로 쓰인다.
② 중간 스티프너는 웨브의 좌굴을 방지하기 위해 쓰인다.
③ 재축에 나란하게 설치한 것을 수평 스티프너라고 한다.
④ 커버 플레이트와 동일한 용어로 사용된다.

42 구조물의 자중도 지지하기 어려운 평면체를 아코디언과 같은 주름을 잡아 지지하중을 증대시킨 구조는?
① 절판구조 ② 셸구조
③ 돔구조 ④ 입체트러스

43 보와 기둥 대신 슬래브와 벽이 일체가 되도록 구성한 구조를 무엇이라 하는가?
① 라멘구조
② 플랫슬래브구조
③ 벽식구조
④ 셸구조

44 철근콘크리트구조에서 휨모멘트가 커서 보의 단부 아래쪽으로 단면을 크게 한 것은?
① T형보 ② 지중보
③ 플랫슬래브 ④ 헌치

45 케이블을 이용한 구조로만 연결된 것은?
① 현수구조 - 사장구조
② 현수구조 - 셸구조
③ 절판구조 - 사장구조
④ 막구조 - 돔구조

46 목구조에서 깔도리와 처마도리를 고정시켜 주는 철물은?
① 주걱볼트 ② 안장쇠
③ 띠쇠 ④ 꺾쇠

47 거푸집을 쉽게 제거할 목적으로 사용되는 것은?
① 세퍼레이터(separator)
② 폼타이(form tie)
③ 스페이서(spacer)
④ 폼오일(form oil)

48 철근콘크리트 원형 기둥에는 주근을 초소 몇 개 이상 배근해야 하는가?
① 2개 ② 4개
③ 6개 ④ 8개

49 지하실의 방수, 채광, 통풍을 목적으로 지하실 외부에 흙막이벽을 설치하여 만든 공간은?
① 에어덕트 ② 드라이에어리어
③ 단열공간 ④ 방풍실

50 벽돌벽 등에 장식적으로 사각형, 십자형 구멍을 내어 쌓는 것으로 담장에 많이 사용되는 쌓기법은?
① 엇모쌓기 ② 무늬쌓기
③ 공간벽쌓기 ④ 영롱쌓기

51 돔의 상부 구조에서 부재의 접합부가 조밀해지는 것을 방지하기 위해 설치하는 것은?
① 압축링 ② 인장링
③ 커플링 ④ 스프링

52 벽돌벽체 내쌓기에서 벽체의 내밀 수 있는 한도는?
① 1.0B ② 1.5B
③ 2.0B ④ 2.5B

53 그림과 같은 왕대공 지붕틀의 A부분의 부재가 일반적으로 받는 힘의 종류는?

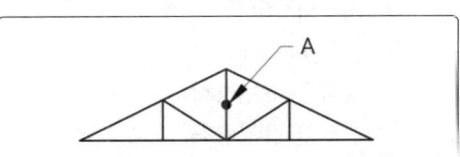

① 인장력 ② 전단력
③ 압축력 ④ 비틀림모멘트

54 수직부재가 축방향으로 외력을 받았을 때 그 외력이 증가해가면 부재의 어느 위치에서 갑자기 휘어버리는 현상을 의미하는 용어는?
① 폭렬　　② 좌굴
③ 컬럼쇼트닝　　④ 크리프

55 배수관 속의 악취, 유독가스 및 벌레 등이 실내로 침투하는 것을 방지하기 위하여 설치하는 것은?
① 트랩　　② 플랜지
③ 부스터　　④ 스위블이음쇠

56 드렌처 설비에 관한 설명으로 옳은 것은?
① 화재의 발생을 신속하게 알리기 위한 설비이다.
② 소화전에 호스와 노즐을 접속하여 건물 각 층 내부의 소정 위치에 설치한다.
③ 인접건물에 화재가 발생하였을 때 수막을 형성함으로써 화재의 연소를 방재하는 설비이다.
④ 소방대 전용 소화전인 송수구를 통하여 실내로 물을 공급하는 설비이다.

57 전동기 직결의 소형 송풍기, 냉·온수 코일 및 필터 등을 갖춘 실내형 공조기를 각 실에 설치하여 중앙기계실로부터 냉수 또는 온수를 공급받아 공기조화를 하는 방식은?
① 이중덕트방식
② 단일덕트방식
③ 멀티존 유닛방식
④ 팬코일 유닛방식

58 배수설비에 사용되는 포집기 중 식당의 주방에서 배출되는 유지분을 포집하는 것은?
① 오일 포집기
② 헤어 포집기
③ 그리스 포집기
④ 플라스터 포집기

59 옥내배선도에 표시되는 사항으로 옳지 않은 것은?
① 조명기구　　② 스위치
③ 전선로　　④ 변압기

60 에스컬레이터에 관한 설명으로 옳지 않은 것은?
① 수송능력이 엘리베이터에 비해 작다.
② 대기시간이 없고 연속적인 수송설비이다.
③ 연속 운전되므로 전원설비에 부담이 적다.
④ 건축적으로 점유면적이 적고, 건물에 걸리는 하중이 분산된다.

2024년 제1회 기출 복원문제

자격종목	시험시간	학습일자	점 수
전산응용건축제도기능사	60분		

본 문제는 2024년도 1회차(1월 24일) 필기시험에 응시한 수험생의 기억을 토대로 기출문제와 출제범위 내에서 재구성한 문제입니다. 실제 출제되었던 문제와 다소 차이가 있을 수 있습니다.

┃정답 및 해설 : p. 587┃

01 건축도면에서 보이지 않는 부분의 표시에 사용되는 선의 종류는?
① 파선
② 가는 실선
③ 1점쇄선
④ 2점쇄선

02 건축물의 묘사에 있어서 묘사도구로 사용하는 연필에 관한 설명으로 옳지 않은 것은?
① 다양한 질감 표현이 불가능하다.
② 밝고 어두움의 명암 표현이 가능하다.
③ 지울 수 있으나 번지거나 더러워질 수 있다.
④ 심의 종류에 따라서 무른 것과 딱딱한 것으로 나누어진다.

03 다음은 건축도면에 사용하는 치수의 단위에 대한 설명이다. ( ) 안에 공통으로 들어갈 내용은?

> 치수의 단위 ( )를 원칙으로 하고, 이때 단위의 기호는 표기하지 않는다. 치수 단위가 ( )가 아닐 경우에는 단위 기호를 쓰거나 그 밖의 방법으로 그 단위를 표기한다.

① mm
② cm
③ m
④ km

04 직경 13mm의 이형철근을 100mm 간격으로 배치할 때 도면표시방법은?
① D13#100
② D13@100
③ φ13#100
④ φ13@100

05 다음 중 주택의 단면도 그리기 순서에서 가장 먼저 이루어져야 할 사항은?
① 지붕 슬래브를 그린다.
② 벽체의 중심선과 지반선을 그린다.
③ 개구부 높이를 그린다.
④ 재료의 단면표시를 한다.

06 엘리베이터 운행 시 최상층과 최하층을 넘지 못하도록 막는 설비는?
① 리밋
② 뉴얼
③ 스커트
④ 리프트

07 전동기 직결의 소형 송풍기, 냉온수 코일 및 필터 등을 갖춘 실내형 공조기를 각 실에 설치하여 중앙기계실로부터 냉수 또는 온수를 공급받아 공기조화를 하는 방식은?
① 2중덕트방식
② 단일덕트방식
③ 멀티존 유닛방식
④ 팬코일 유닛방식

08 급기와 배기에 모두 기계장치를 사용한 환기방식으로 실내외의 압력차를 조정할 수 있는 것은?
① 중력환기법
② 제1종 환기법
③ 제2종 환기법
④ 제3종 환기법

09 교류 엘리베이터의 특징으로 옳지 않은 것은?
① 3상교류전원을 사용한다.
② 속도를 임의로 선택하여 사용한다.
③ 교류2단 방식을 사용한다.
④ 유도 전동기를 사용한다.

10 배수구에 트랩을 설치하여 봉수를 유지하는 이유로 올바른 것은?
① 배수관 속의 악취, 가스, 해충 등을 방지
② 배수의 원만한 흐름과 관내의 환기
③ 배수관의 청소 및 유지관리
④ 공기를 차단하여 배수관 내부의 온도를 유지

11 에스컬레이터에 대한 설명 중 옳지 않은 것은?
① 30° 이하 계단모양의 컨베이어로 트러스, 발판, 레일로 구성된다.
② 최대 속도는 안전을 위하여 30m/min 이하로 운행한다.
③ 에스컬레이터 설치 시에는 가능한 한 주행 거리를 짧게 하고, 동선의 중심에 배치한다.
④ 엘리베이터보다 수송능력은 낮으나 대기시간 없이 연속운행이 가능하다.

12 의도적으로 전기회로의 전류를 대지 또는 전도체에 연결시켜 감전 등의 전기사고를 예방하는 장치는 무엇인가?
① 퓨즈   ② 릴레이
③ 접지   ④ 차단기

13 유연하면서 동적인 느낌을 주는 선은?
① 수평선   ② 수직선
③ 사선   ④ 곡선

14 주택의 거실에 관한 설명으로 옳지 않은 것은?
① 가급적 현관에서 가까운 곳에 위치시키는 것이 좋다.
② 거실의 크기는 주택 전체의 규모나 가족 수, 가족구성 등에 의해 결정된다.
③ 전체 평면의 중앙에 배치하여 각 실로 통하는 통로로서의 역할을 하도록 한다.
④ 거실의 형태는 일반적으로 직사각형이 정사각형보다 가구의 배치나 실의 활용 측면에서 유리하다.

15 부엌의 일부분에 식사실을 두는 형태로 부엌과 식사실을 유기적으로 연결하여 노동력 절감이 가능한 것은?
① D(Dining)
② DK(Dining Kitchen)
③ LD(Living Dining)
④ LK(Living Kitchen)

16 지붕물매의 결정요소가 아닌 것은?
① 건축물 용도   ② 처마 돌출길이
③ 간사이 크기   ④ 지붕잇기 재료

17 건축계획과정 중 평면계획에 관한 설명으로 옳지 않은 것은?
① 평면계획은 일반적으로 동선계획과 함께 진행된다.
② 실의 배치는 상호 유기적인 관계를 가지도록 계획한다.
③ 평면계획 시 공간 규모와 치수를 결정한 후 각 공간에서의 생활행위를 분석한다.
④ 평면계획은 2차원적인 공간의 구성이지만, 입면 설계의 수평적 크기를 나타내기도 한다.

18 건축법령상 공동주택에 속하지 않는 것은?
① 아파트
② 연립주택
③ 다가구주택
④ 다세대주택

19 주택의 동선계획에 관한 설명으로 옳지 않은 것은?
① 상호 간의 상이한 유형의 동선은 분리한다.
② 교통량이 많은 동선은 가능한 한 길게 처리하는 것이 좋다.
③ 가사노동의 동선은 가능한 한 남측에 위치하게 하는 것이 좋다.
④ 개인, 사회, 가사노동공간의 3개 동선은 상호 간 분리하는 것이 좋다.

20 건축법상 아파트의 정의로 옳은 것은?
① 주택으로 사용되는 층수가 3개 층 이상인 주택
② 주택으로 사용되는 층수가 4개 층 이상인 주택
③ 주택으로 사용되는 층수가 5개 층 이상인 주택
④ 주택으로 사용되는 층수가 6개 층 이상인 주택

21 다음 설명에 알맞은 거실의 가구배치 형식은?

- 서로 시선이 마주쳐 다소 딱딱하고 어색한 분위기를 만들 우려가 있다.
- 일반적으로 가구 자체가 차지하는 면적이 커지므로 실내공간이 좁아 보일 수 있다.

① 대면형   ② 코너형
③ 직선형   ④ 자유형

22 다음의 결로 현상에 관한 설명 중 ( ) 안에 알맞은 것은?

습도가 높은 공기를 냉각하여 공기 중의 수분이 그 이상은 수증기로 존재할 수 없는 한계를 ( )라 하며, 이 공기가 ( ) 이하의 차가운 벽면 등에 닿으면 물방울이 맺힌다. 이를 결로현상이라고 한다.

① 절대습도   ② 상대습도
③ 습구온도   ④ 노점온도

23 주택공간의 성격 중 서재에 해당되는 공간은?
① 개인공간   ② 사회적 공간
③ 노동공간   ④ 위생공간

24 점토제품 중 소성온도가 가장 높은 제품은?
① 토기   ② 석기
③ 자기   ④ 도기

25 다음 미장재료 중 응결방식이 수경성인 재료는?
① 시멘트
② 회반죽
③ 석회
④ 돌로마이트 플라스터

26 구조용 목재는 함수율을 얼마 이하로 건조시키는 것이 가장 적당한가?
① 10%   ② 15%
③ 20%   ④ 25%

27 다음 중 점토제품으로 볼 수 없는 것은?
① 테라코타   ② 타일
③ 내화벽돌   ④ 테라초

28 다음 중 점토제품의 소성온도를 측정하는 도구는?
 ① 샤모트 추
 ② 호프만 추
 ③ 제게르 추
 ④ 머플 추

29 시멘트 저장 시 유의해야 할 사항으로 옳지 않은 것은?
 ① 시멘트는 개구부와 가까운 곳에 쌓여 있는 것부터 사용해야 한다.
 ② 지상 30cm 이상 되는 마루 위에 적재해야 하며, 그 창고는 방습설비가 완전해야 한다.
 ③ 3개월 이상 저장한 시멘트 또는 습기를 머금은 것으로 생각되는 시멘트는 반드시 사용 전 재시험을 실시해야 한다.
 ④ 포대에 들어 있는 시멘트는 13포대 이상 쌓으면 안 되고, 특히 장기간 저장할 때는 7포대 이상으로 쌓지 않는다.

30 시멘트의 강도에 영향을 주는 주요 요인이 아닌 것은?
 ① 시멘트 분말도
 ② 비빔장소
 ③ 시멘트 풍화 정도
 ④ 사용하는 물의 양

31 다음 합금의 구성요소로 틀린 것은?
 ① 황동 = 구리+아연
 ② 청동 = 구리+납
 ③ 포금 = 구리+주석+아연+납
 ④ 듀랄루민 = 알루미늄+구리+마그네슘+망간

32 일반적으로 벌목을 실시하기에 계절적으로 가장 좋은 시기는?
 ① 봄 ② 여름
 ③ 가을 ④ 겨울

33 수장용 금속제품에 대한 설명으로 옳은 것은?
 ① 줄눈대 - 계단의 디딤판 끝에 대어 오르내릴 때 미끄럼을 방지한다.
 ② 논슬립 - 단면 형상이 L형, I형 등이 있으며, 벽, 기둥 등의 모서리 부분에 사용된다.
 ③ 코너비드 - 벽, 기둥 등의 모서리 부분에 미장 바름을 보호하기 위해 사용된다.
 ④ 듀벨 - 천장, 벽 등에 보드를 붙이고, 그 이음새를 감추는 데 사용된다.

34 발광재료를 혼합하여 만든 도료로, 도로용 표지판 등에 사용하는 것은?
 ① 유성페인트 ② 형광도료
 ③ 오일스테인 ④ 광명단

35 석재의 성인에 의한 분류 중 화성암에 속하는 것은?
 ① 사문암 ② 응회암
 ③ 석회암 ④ 안산암

36 다음 금속재료 중 X선 차단성이 가장 큰 것은?
 ① Pb ② Cu
 ③ Fe ④ Zn

37 내화벽돌이라 함은 소성온도가 얼마 이상이어야 하는가?
 ① SK11 ② SK21
 ③ SK26 ④ SK36

38 다음 중 혼합시멘트에 속하지 않는 것은?
① 보통 포틀랜드 시멘트
② 고로 시멘트
③ 착색 시멘트
④ 플라이애시 시멘트

39 각종 점토제품에 대한 설명 중 틀린 것은?
① 테라코타는 대형 점토제품으로 주로 장식용에 사용된다.
② 모자이크 타일은 일반적으로 자기질이다.
③ 토관은 토기질의 저급점토를 원료로 하여 건조 소성시킨 제품으로 주로 환기통, 연통 등에 사용된다.
④ 포도벽돌은 벽돌에 오지물을 칠해 소성한 벽돌로 건물의 내외장 또는 장식에 사용된다.

40 파티클보드의 특성에 관한 설명으로 틀린 것은?
① 칸막이, 가구 등에 많이 사용된다.
② 열의 차단성이 우수하다.
③ 가공성이 비교적 양호하다.
④ 강도에 방향성이 있어 뒤틀림이 거의 없다.

41 조적조에서 외벽 1.5B 공간쌓기 벽체의 두께는 얼마인가? (단, 표준형 벽돌, 공기층 75mm)
① 345mm   ② 355mm
③ 365mm   ④ 375mm

42 바닥 등의 슬래브를 케이블로 매단 특수 구조는?
① 공기막구조   ② 셸구조
③ 커튼월구조   ④ 현수구조

43 조적조 테두리보에 대한 설명으로 옳지 않은 것은?
① 테두리보의 높이는 벽두께의 1.5배 이상으로 한다.
② 1층 테두리보의 높이는 250mm 이상으로 한다.
③ 테두리보는 바닥을 일체화하여 강성을 높인다.
④ 테두리보는 기초의 부동침하, 지진의 피해를 완화시킨다.

44 한식건축에서 추녀뿌리를 받치는 기둥의 명칭은?
① 고주   ② 누주
③ 찰주   ④ 활주

45 벤딩모멘트나 전단력을 견디게 하기 위허 보 단부의 단면을 중앙부의 단면보다 증가시킨 부분은?
① 헌치(hunch)   ② 주두(capital)
③ 스터럽(stirrup)   ④ 후프(hoop)

46 블록의 중공부에 철근과 콘크리트를 부어 넣어 보강한 것으로서 수평하중 및 수직하중을 견딜 수 있는 구조는?
① 보강블록조
② 조적식 블록조
③ 장막벽 블록조
④ 차폐용 블록조

47 반원 아치의 중앙에 들어가는 돌의 이름은 무엇인가?
① 쌤돌   ② 고막이돌
③ 두겁돌   ④ 이맛돌

48 목조벽체에 사용되는 가새에 대한 설명 중 옳지 않은 것은?
① 목조벽체를 수평력에 견디게 하고 안정한 구조로 하기 위한 것이다.
② 가새는 45°에 가까울수록 유리하다.
③ 가새의 단면은 크면 클수록 좌굴할 우려가 없다.
④ 뼈대가 수평 방향으로 교차되는 하중을 받으면 가새에는 압축응력과 인장응력이 번갈아 일어난다.

49 수직부재가 축방향으로 외력을 받았을 때 그 외력이 증가해가면 부재의 어느 위치에서 갑자기 휘어버리는 현상을 의미하는 용어는?
① 폭렬   ② 좌굴
③ 컬럼쇼트닝   ④ 크리프

50 벽돌 내쌓기에서 한 켜씩 내쌓을 때의 내미는 길이는?
① 1/2B   ② 1/4B
③ 1/8B   ④ 1B

51 다음 중 개구부 설치에 가장 많은 제약을 받는 구조는?
① 벽돌구조   ② 철근콘크리트구조
③ 철골구조   ④ 목구조

52 왕대공 지붕틀에서 표시된 A부재에 작용하는 힘의 종류는?

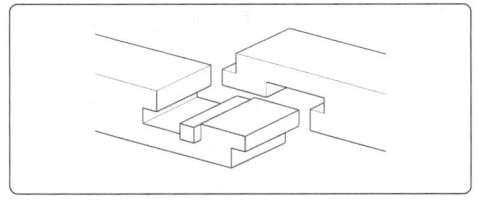

① 인장력   ② 전단력
③ 압축력   ④ 마찰력

53 측압에 대한 설명으로 옳지 않은 것은?
① 토압은 지하 외벽에 작용하는 대표적인 측압이다.
② 콘크리트 타설 시 슬럼프값이 낮을수록 거푸집에 작용하는 측압이 크다.
③ 벽체가 받는 측압을 경감시키기 위하여 부축벽을 세운다.
④ 지하수위가 높을수록 수압에 의한 측압이 크게 작용한다.

54 지진력(횡력)에 대하여 저항시킬 목적으로 구성한 벽의 종류는?
① 내진벽   ② 장막벽
③ 칸막이벽   ④ 대린벽

55 옆은 산지치기로 하고 중간은 빗물리게 한 다음과 같은 이음방법은?

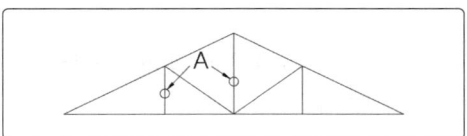

① 엇걸이산지이음   ② 빗이음
③ 엇빗이음   ④ 겹침이음

56 다음 중 볼트구조와 가장 연관된 건축물로 옳은 것은?
① 아테네신전   ② 콜로세움
③ 63빌딩   ④ 에펠탑

57 시드니 오페라하우스와 같이 박막 곡면구조는 어떤 구조인가?
① 돔구조   ② 절판구조
③ 셸구조   ④ PC구조

58 현장치기 콘크리트 중 수중에서 타설하는 콘크리트의 최소 피복두께는?

① 60mm ② 80mm
③ 100mm ④ 120mm

59 흙막이 공사에 있어서 하부 지반이 연약할 때 터파기 저면선에 대하여 흙막이 바깥에 있는 흙의 중량과 지표면 하중의 중량에 못 견디어 저면의 흙이 침하되고, 흙막이 바깥에 있는 흙이 안으로 밀려 볼록하게 부풀어 오르는 현상은?

① 히빙 ② 보일링
③ 파이핑 ④ 언더피닝

60 다음 층도리에 대한 설명으로 옳지 않은 것은?

① 통재기둥과 맞춤할 때는 빗턱통을 넣고 내다지장부맞춤을 한다.
② 목조건축물의 기초 위에 가로 대어 기둥을 고정하는 벽체의 최하부의 수평 부재이다.
③ 2층 바닥 이상의 위치에서 기둥을 서로 이어 주는 수평 방향의 구조재이다.
④ 평기둥과 접합할 때는 띠쇠를 사용해 그 정한다.

2024년 제3회 기출 복원문제

자격종목	시험시간	학습일자	점 수
전산응용건축제도기능사	60분		

본 문제는 2024년도 3회차(6월 16일) 필기시험에 응시한 수험생의 기억을 토대로 기출문제와 출제범위 내에서 재구성한 문제입니다. 실제 출제되었던 문제와 다소 차이가 있을 수 있습니다.

▎정답 및 해설 : p. 590 ▎

01 다음 도면에서 A로 표시한 선의 종류로 옳은 것은?

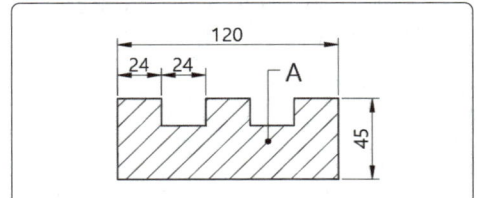

① 외형선　② 절단선
③ 해칭선　④ 가상선

02 각 실내의 입면으로 벽의 형상, 치수, 마감의 상세 등을 나타낸 도면을 무엇이라 하는가?

① 평면도　② 전개도
③ 입면도　④ 단면도

03 건축도면의 표시기호와 표시사항의 연결이 옳지 않은 것은?

① V - 용적　② Wt - 너비
③ ϕ - 지름　④ THK - 두께

04 다음 창호기호가 나타내는 것으로 옳은 것은?

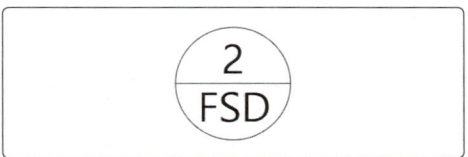

① 방화문　② 철문
③ 플라스틱문　④ 강화문

05 다음 그림과 같이 X, Y, Z축이 120°씩 나누어 표시되는 투상도는?

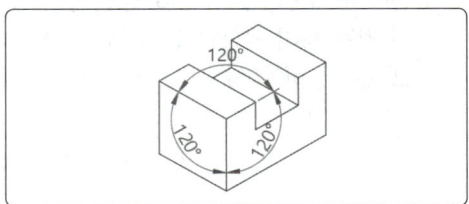

① 등각투상도　② 유각투상도
③ 이등각투상도　④ 부등각투상도

06 세면대 설치에서 A의 높이로 옳은 것은?

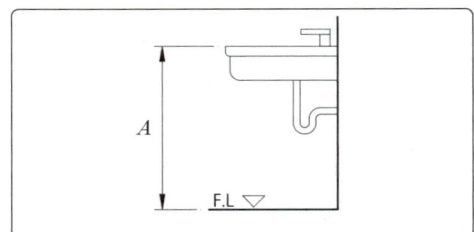

① 550mm　② 750mm
③ 950mm　④ 1050mm

07 아파트 화재 시 건물 안에 설치된 소화용수를 사용하는 설비로 호스를 끌어낸 후 화재 발생지점에 물을 뿌려 소화시키는 설비를 무엇이라 하는가?

① 드렌처 설비
② 옥내소화전 설비
③ 옥외소화전 설비
④ 스프링클러 설비

08 조명의 설계순서 중 가장 먼저 해야 할 사항은?
① 광원 선택 ② 기구 선택
③ 비용 결정 ④ 조도 결정

09 전력퓨즈에 관한 설명으로 틀린 것은?
① 재투입이 불가능하다.
② 과전류에서 용단될 수도 있다.
③ 소형으로 큰 차단용량을 가졌다.
④ 릴레이는 필요하나 변성기는 필요하지 않다.

10 엘리베이터 운행 시 최상층과 최하층을 넘지 못하도록 감속 제어하여 정지시키는 설비는?
① 리밋 스위치 ② 비상정지장치
③ 완충기   ④ 조속기

11 아파트 및 주택의 단면형식 중 2개 층으로 된 복층 형태로 엘리베이터의 정지층을 줄이고 독립성, 일조, 통풍에 유리한 형식은?
① 플랫형   ② 트리플렉스형
③ 메조넷형   ④ 스킵플로어형

12 대지면적 1,000m²에 대한 건축면적 500m²의 비율을 의미하는 것은?
① 용적률 50%   ② 건폐율 50%
③ 용적률 200% ④ 건폐율 200%

13 경사지를 적절하게 이용할 수 있으며 각 호마다 전용의 정원을 갖는 주택형식은?
① 타운하우스(town house)
② 로하우스(low house)
③ 코트야드하우스(courtyard house)
④ 테라스하우스(terrace house)

14 다음 설명에 알맞은 주택의 주방 유형은?

- 작업대의 길이가 2m 정도인 소형 주방가구가 설치된 간이 주방의 형식이다.
- 사무실이나 독신자 아파트에 주로 설치한다

① 오픈키친(open kitchen)
② 리빙키친(living kitchen)
③ 다이닝키친(dining kitchen)
④ 키친네트(kitchenette)

15 질감(texture)에 대한 설명으로 옳지 않은 것은?
① 모든 물체는 일정한 질감을 갖는다.
② 질감의 선택에서 중요한 것은 스케일, 빛의 반사와 흡수 등이다.
③ 매끄러운 재료는 빛을 흡수하므로 무겁고 안정적인 느낌을 준다.
④ 촉각 또는 시각으로 지각할 수 있는 어떤 물체의 표면상의 특징을 말한다.

16 창문의 전면에 폭이 좁은 판을 일정한 간격으로 수평·수직으로 배열해 일조, 환기를 조절하는 것은?
① 가리개 ② 커튼
③ 루버   ④ 차양

17 모듈을 사용한 건축방식(MC 및 표준화)으 장점이 아닌 것은?
① 건축구성재의 수송단계에서 특수차량이 필요하여 전문인력 양성이 필요하다.
② 국제 MC 사용 시 건축구성재의 국제교역이 용이해진다.
③ 대량생산으로 공사비용이 절감된다.
④ 설계작업과 현장작업이 단순화된다.

18 온열지표 중 하나인 유효온도(실감온도, ET)와 가장 관계가 먼 것은?
① 기온
② 습도
③ 복사열
④ 기류

19 건축형태의 구성원리 중 모양과 크기가 다른 둘 이상의 물체가 시각상의 힘이 어느 한쪽으로 기울지 않고 시각적인 안정감을 이루며 평형상태를 느끼게 하는 것은?
① 통일
② 균형
③ 리듬
④ 대비

20 다음 계단 중 모양에 따른 분류에 속하지 않는 것은?
① 곧은계단
② 꺾인계단
③ 돌음계단
④ 피난계단

21 건축물과 부지 및 도로의 위치관계, 부지 내의 여러 시설 및 지형 등을 나타낸 도면은?
① 평면도
② 전개도
③ 단면도
④ 배치도

22 멜라민수지에 대한 설명으로 옳지 않은 것은?
① 열과 산에 강하고 전기적 성질이 우수하다.
② 열가소성수지에 속한다.
③ 고무, 유리, 합판 등을 접착할 때 사용된다.
④ 표면강도가 우수하고 착색이 자유롭다.

23 회반죽 바름이 공기 중에서 경화되는 과정을 가장 옳게 설명한 것은?
① 회반죽의 수분이 증발하면서 굳어진다.
② 공기 중 수분과 화학반응을 통해 굳어진다.
③ 공기 중 산소와 화학작용을 통해 굳어진다.
④ 공기 중 탄산가스와의 화학작용을 통해 굳어진다.

24 중량이 50g인 나무를 절대건조시켰을 때 35g으로 변했다. 이때 목재의 함수율은 얼마인가?
① 15%
② 33%
③ 43%
④ 57%

25 절대건조비중이 0.3인 목재의 공극률은?
① 60.5%
② 70.5%
③ 80.5%
④ 90.5%

26 페놀수지, 요소수지, 멜라민수지 등 열경화성 수지에 응용되는 가장 일반적인 성형법은?
① 압축성형법
② 이송성형법
③ 주조성형법
④ 적층성형법

27 강재 표시방법 '2L-100×100×7'에서 7이 나타내는 것은?
① 수량
② 길이
③ 높이
④ 두께

28 점토제품의 제법순서를 옳게 나열한 것은?

| ㉠ 반죽 | ㉡ 성형 | ㉢ 건조 |
| ㉣ 원토처리 | ㉤ 원료배합 | ㉥ 소성 |

① ㉣-㉤-㉠-㉡-㉢-㉥
② ㉠-㉡-㉢-㉣-㉤-㉥
③ ㉡-㉢-㉥-㉣-㉤-㉠
④ ㉢-㉥-㉤-㉡-㉣-㉠

29 건축공사에서 흙손이나 스프레이건 등을 사용해 천장, 벽, 바닥에 일정한 두께로 발라 마무리하는 재료는?
① 도장재료
② 역청재료
③ 미장재료
④ 방수재료

30. 다음 재료 중 인조석의 안료로 쓰일 수 없는 것은?
   ① 황토
   ② 벵갈라
   ③ 광물질
   ④ 콜타르

31. 다음 중 구조물의 고층화 · 대형화의 추세에 따라 우수한 용접성과 내진성을 가진 극후판의 고강도 강재는?
   ① TMCP강
   ② SS강
   ③ FR강
   ④ SN강

32. 다음 합금의 구성요소로 틀린 것은?
   ① 황동=구리+아연
   ② 청동=구리+납
   ③ 포금=구리+주석+아연+납
   ④ 듀랄루민=알루미늄+구리+마그네슘+망간

33. 체가름 시험에서 입경의 분포를 구하는 데 사용되는 표준망 체의 지름에 해당되지 않는 것은?
   ① 0.15mm
   ② 35mm
   ③ 40mm
   ④ 80mm

34. 목적에 따른 건축재료의 분류로 옳지 않은 것은?
   ① 구조재료
   ② 마감재료
   ③ 단열재료
   ④ 인공재료

35. 유리에 함유되어 있는 성분 가운데 자외선을 차단하는 성분은?
   ① 황산나트륨($NaSO_4$)
   ② 탄산나트륨(Na_2CO_3)
   ③ 산화제2철(Fe_2O_3)
   ④ 산화제1철(FeO)

36. 건설공사 표준품셈에 따른 기본벽돌의 크기로 옳은 것은?
   ① 210mm×100mm×60mm
   ② 210mm×100mm×57mm
   ③ 190mm×90mm×57mm
   ④ 190mm×90mm×60mm

37. 유기재료에 속하는 건축재료는?
   ① 철재
   ② 석재
   ③ 아스팔트
   ④ 알루미늄

38. 겨울철의 콘크리트공사, 해안공사, 긴급공사에 사용되는 시멘트는?
   ① 보통 포틀랜드 시멘트
   ② 알루미나 시멘트
   ③ 팽창 시멘트
   ④ 고로 시멘트

39. 콘크리트용 골재에 대한 설명으로 옳지 않은 것은?
   ① 골재의 강도는 경화된 시멘트풀의 최대 강도 이하이어야 한다.
   ② 골재의 표면은 거칠고, 모양은 원형에 가까운 것이 좋다.
   ③ 골재는 잔 것과 굵은 것이 고루 혼합된 것이 좋다.
   ④ 골재는 유해량 이상의 염분을 포함하지 않는다.

40. 시멘트의 강도에 영향을 주는 주요 요인이 아닌 것은?
   ① 시멘트 분말도
   ② 비빔장소
   ③ 시멘트 풍화 정도
   ④ 사용하는 물의 양

41 화력발전소와 같이 미분탄을 연소할 때 석탄재가 고온에 녹은 후 냉각되어 구상이 된 미립분을 혼화재로 사용한 시멘트로서, 콘크리트의 워커빌리티를 좋게 하여 수밀성을 크게 할 수 있는 시멘트는?
① 플라이애시 시멘트
② 고로 시멘트
③ 백색 포틀랜드 시멘트
④ AE 포틀랜드 시멘트

42 다음 중 얕은 기초에 해당되지 않는 것은?
① 독립기초   ② 복합기초
③ 줄기초   ④ 말뚝기초

43 표준형 점토벽돌로 1.5B 쌓기를 할 경우 벽체의 두께는 얼마인가? (단, 공간쌓기 아님)
① 280mm   ② 290mm
③ 320mm   ④ 330mm

44 철근콘크리트 기둥에서 주근 주위를 수평으로 둘러감은 철근은 무엇인가?
① 띠철근   ② 배력근
③ 수축철근   ④ 온도철근

45 재료의 푸아송비에 관한 설명으로 옳은 것은?
① 횡방향의 변형비를 푸아송비라 한다.
② 강의 푸아송비는 대략 0.3 정도이다.
③ 푸아송비는 푸아송수라고도 한다.
④ 콘크리트의 푸아송비는 대략 10 정도이다.

46 목재의 마구리를 감추면서 창문 등의 마무리에 이용되는 맞춤은?
① 연귀맞춤   ② 장부맞춤
③ 통맞춤   ④ 주먹장맞춤

47 홑마루에 대한 설명으로 옳지 않은 것은?
① 간사이가 2.5m 이하일 때 사용된다.
② 멍에를 사용하지 않아 장선마루라고도 한다.
③ 수직부재는 동바리가 사용된다.
④ 장선을 걸쳐 대고, 그 위에 마룻널을 깐다.

48 조립식 구조물(PC)에 대하여 옳게 설명한 것은?
① 슬래브의 주재는 크고 무거워서 PC로 생산이 불가능하다.
② 접합의 강성을 높이기 위하여 접합부는 공장에서 일체식으로 생산한다.
③ PC는 현장 콘크리트타설에 비해 결과물의 품질이 우수한 편이다.
④ PC는 장비를 사용하므로 공사기간이 많이 소요된다.

49 다음과 같은 지붕의 물매가 4/10인 경우 x의 값은 얼마인가?

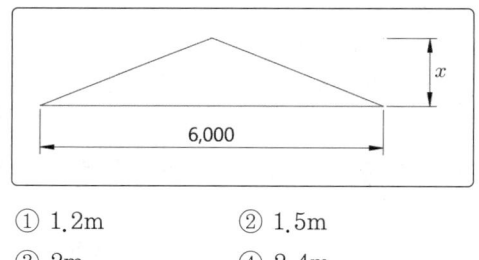

① 1.2m   ② 1.5m
③ 2m   ④ 2.4m

50 남해대교와 같이 구조부를 케이블로 달아매어 인장력으로 지탱하는 구조는?
① 공기막구조
② 현수구조
③ 커튼월구조
④ 셸구조

51. 단면이 0.3m×0.6m, 길이가 10m인 철근콘크리트보의 중량으로 옳은 것은?
① 1.8t   ② 2.4t
③ 3.64t ④ 4.32t

52. 다음 그림은 일반 반자의 뼈대를 나타낸 것이다. 각 기호의 명칭이 옳지 않은 것은?

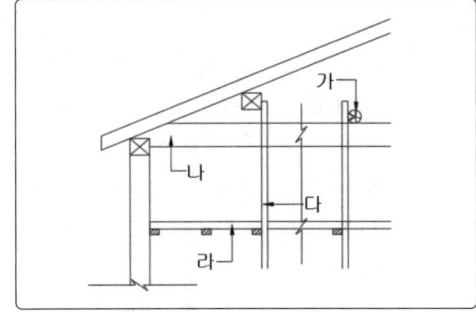

① 가 – 달대받이   ② 나 – 지붕보
③ 다 – 달대   ④ 라 – 처마도리

53. 벤딩모멘트나 전단력을 견디게 하기 위해 보 단면을 중앙부의 단면보다 증가시킨 부분은?
① 헌치(hunch)
② 주두(capital)
③ 스터럽(stirrup)
④ 후프(hoop)

54. 건물의 기초 전체를 하나의 판으로 구성한 기초는?
① 줄기초   ② 독립기초
③ 복합기초   ④ 온통기초

55. 흙막이벽 공사 중 토질에서 발생되는 현상과 거리가 먼 것은?
① 보일링   ② 히빙
③ 언더피닝   ④ 파이핑

56. 강구조의 기둥 종류 중 앵글·채널 등으로 대판을 플랜지에 직각으로 접합한 것을 무엇이라 하는가?
① H형강기둥   ② 래티스기둥
③ 격자기둥   ④ 강관기둥

57. 역학구조상 비내력벽에 포함되지 않는 벽은?
① 장막벽   ② 칸막이벽
③ 전단벽   ④ 커튼월

58. 시드니 오페라하우스와 같이 박막 곡면구조는 어떤 구조인가?
① 돔구조   ② 절판구조
③ 셸구조   ④ PC구조

59. 기둥의 종류 중 2층 건물의 아래층에서 위층까지 하나로 된 기둥의 명칭은?
① 샛기둥   ② 통재기둥
③ 평기둥   ④ 동바리

60. 다음 중 플레이트보의 구성과 가장 관계가 적은 것은?
① 커버 플레이트   ② 웨브 플레이트
③ 스티프너   ④ 데크 플레이트

2025년 제1회 기출 복원문제

자격종목	시험시간	학습일자	점 수
전산응용건축제도기능사	60분		

본 문제는 2025년도 1회차(1월 24일) 필기시험에 응시한 수험생의 기억을 토대로 기출문제와 출제범위 내에서 재구성한 문제입니다. 실제 출제되었던 문제와 다소 차이가 있을 수 있습니다.

01 스킵플로어형 공동주택에 관한 설명으로 옳지 않은 것은?
① 복도 면적이 증가한다.
② 액세스(access) 동선이 복잡하다.
③ 엘리베이터의 정지 층수를 줄일 수 있다.
④ 동일한 주거동에 각기 다른 모양의 세대 배치계획이 가능하다.

02 아파트 평면형식 중 집중형에 관한 설명으로 옳지 않은 것은?
① 대지의 이용률이 높다.
② 채광과 통풍이 불리하다.
③ 독립성이 우수하다.
④ 중앙에 엘리베이터나 계단실을 두고 많은 주호를 집중 배치하는 주거형식이다.

03 다음 설명에 알맞은 조형의 원리로 옳은 것은?

> 규칙적인 요소들의 반복으로 디자인에 있어 계조, 억양 등을 사용하여 다양한 시각적 질서를 부여한다.

① 통일   ② 리듬
③ 균형   ④ 대비

04 다음 중 계획설계도에 속하는 것은?
① 동선도   ② 배치도
③ 전개도   ④ 평면도

05 건축공간에 대한 설명으로 옳지 않은 것은?
① 인간은 건축공간을 조형적으로 인식한다.
② 건축공간을 계획할 때 시각뿐만 아니라 그 밖의 감각분야까지도 충분히 고려해야 한다.
③ 일반적으로 건축물이 많이 있을 때 건축물에 의해 둘러싸인 공간 전체를 내부공간이라 한다.
④ 외부공간은 자연 발생적인 것이 아니라 인간에 의해 의도적, 인공적으로 만들어진 외부의 환경을 뜻한다.

06 건축법령상 공동주택에 속하지 않는 것은?
① 아파트   ② 연립주택
③ 다가구주택   ④ 다세대주택

07 20색의 색상환으로 구성된 표색계로 한국산업규격으로 사용되는 것은?
① 오스트발트 표색계   ② NCS 표색계
③ 먼셀 표색계   ④ CIE 표색계

08 건축도면을 작성할 때 일반적으로 마지막 단계에서 해야 하는 과정으로 옳은 것은?
① 도면의 구도와 배치를 정한다.
② 문자와 치수를 기입한다.
③ 상세하게 그려 나간다.
④ 지반선, 레벨, 경계선 등 기준이 되는 선을 표시한다.

09 다음의 결로 현상에 관한 설명 중 ( ) 안에 알맞은 것은?

> 습도가 높은 공기를 냉각하여 공기 중의 수분이 그 이상은 수증기로 존재할 수 없는 한계를 ( )라 하며, 이 공기가 ( ) 이하의 차가운 벽면 등에 닿으면 물방울이 맺힌다. 이를 '결로현상'이라고 한다.

① 절대습도 ② 상대습도
③ 습구온도 ④ 노점온도

10 주택의 침실에 관한 설명으로 옳지 않은 것은?

① 어린이 침실은 주간에는 공부를 할 수 있고, 유희실을 겸하는 것이 좋다.
② 부부침실은 주택 내의 공동공간으로서 가족생활의 중심이 되도록 한다.
③ 침실의 크기는 사용하는 인원수, 침구의 종류, 가구의 종류, 통로 등의 사항에 따라 결정한다.
④ 침실의 위치는 소음의 원인이 되는 도로쪽은 피하고, 정원 등의 공지에 면하도록 한다.

11 다음 중 동선의 길이를 가장 짧게 할 수 있는 부엌가구의 배치형태는?

① 일자형 ② ㄱ자형
③ 병렬형 ④ ㄷ자형

12 다음 중 물체의 절단한 위치를 표시하거나, 경계선으로 사용되는 선은?

① 굵은 실선 ② 2점쇄선
③ 1점 쇄선 ④ 파단선

13 KS 건축제도 통칙에 의한 건축도면의 척도가 아닌 것은?

① 1/5 ② 1/40
③ 1/700 ④ 1/3000

14 건축도면에서 다음과 같은 단면용 재료표시 기호가 나타내는 것은?

① 목재-치장재 ② 목재-구조재
③ 석재-자연석 ④ 석재-인조석

15 다음에 제시된 묘사방법으로 올바른 것은?

> 사각형의 격자선이 있는 종이에 묘사하는 방법으로, 묘사 대상의 크기 비율을 쉽게 조절할 수 있으며 선이나 사각형을 쉽게 그려낼 수 있다.

① 모눈종이 묘사 ② 투명종이 묘사
③ 크로키 묘사 ④ 잉크 묘사

16 겨울철의 콘크리트공사, 해안공사, 긴급공사에 사용되는 시멘트는?

① 보통 포틀랜드 시멘트
② 알루미나 시멘트
③ 팽창 시멘트
④ 고로 시멘트

17 기본벽돌(점토벽돌)로 1.5B 쌓기를 하였을 경우 벽두께로 올바른 것은?

① 280mm ② 290mm
③ 300mm ④ 350mm

18 미장재료에 대한 설명 중 옳은 것은?
① 회반죽에 석고를 약간 혼합하면 경화속도, 강도가 감소하며 수축균열이 증대된다.
② 미장재료는 단일재료로서 사용되는 경우보다 주로 복합재료로서 사용된다.
③ 결합재에는 여물, 풀 등이 있으며 이것은 직접 고체화에 관계한다.
④ 시멘트 모르타르는 기경성 미장재료로서 내구성 및 강도가 크다.

19 목재에 관한 설명 중 옳지 않은 것은?
① 섬유포화점 이하에서는 함수율이 감소할수록 목재강도는 증가한다.
② 섬유포화점 이상에서는 함수율이 증가해도 목재강도는 변화가 없다.
③ 가력 방향이 섬유 방향에 평행할 경우 압축강도가 인장강도보다 크다.
④ 심재는 일반적으로 변재보다 강도가 크다.

20 목재를 두께 3cm, 너비 10cm 정도로 가공해 벽 및 천장재로 사용되는 것으로 강당, 집회장 등의 음향조절용으로 쓰이거나 일반건물의 벽 수장재로 사용하여 음향효과를 거둘 수 있는 제품은?
① 파키트리 패널
② 플로어링 합판
③ 코펜하겐 리브
④ 파키트리 블록

21 다음 중 점토제품으로 볼 수 없는 것은?
① 테라코타   ② 타일
③ 내화벽돌   ④ 테라초

22 콘크리트 내부에 미세한 기포를 발생시켜 콘크리트의 작업성과 동결융해 저항성능을 향상시키는 혼화제는?
① 기포제   ② AE제
③ 방청제   ④ 방수제

23 알루미늄의 주요 특성에 대한 설명 중 틀린 것은?
① 알칼리에 강하다.
② 열전도율이 높다.
③ 강성, 탄성계수가 작다.
④ 용융점이 낮다.

24 다음 중 여닫이문에 사용되는 부속 철물로 옳지 않은 것은?
① 레일   ② 경첩
③ 도어스톱   ④ 도어체크

25 수장용 금속제품에 대한 설명으로 옳은 것은?
① 줄눈대 – 계단의 디딤판 끝에 대어 오르내릴 때 미끄럼을 방지한다.
② 논슬립 – 단면형상이 L형, I형 등이 있으며, 벽, 기둥 등의 모서리 부분에 사용된다.
③ 코너비드 – 벽, 기둥 등의 모서리 부분에 미장 바름을 보호하기 위해 사용된다.
④ 듀벨 – 천장, 벽 등에 보드를 붙이고, 그 이음새를 감추는 데 사용된다.

26 다음 건축재료 중 유기질 재료에 속하지 않는 것은?
① 목재   ② 흙
③ 합성수지   ④ 아스팔트

27 다음 중 목재의 건조법 중 인공건조법이 아닌 것은?
① 증기법　② 열기법
③ 훈연법　④ 공기법

28 목재의 보존성을 높이고 충해 및 변색방지를 위한 방부법이 아닌 것은?
① 도포법　② 저장법
③ 침지법　④ 주입법

29 넓은 기계 대패로 나이테를 따라 두루마리를 펴듯이 연속적으로 벗기는 방법으로, 얼마든지 넓은 베니어를 얻을 수 있고 원목의 낭비를 줄일 수 있는 제조법은?
① 소드 베니어
② 로터리 베니어
③ 반 로터리 베니어
④ 슬라이스드 베니어

30 회반죽 바름에서 여물을 넣는 주된 이유는?
① 균열을 방지하기 위해
② 점성을 높이기 위해
③ 경화속도를 높이기 위해
④ 경도를 높이기 위해

31 유리와 같이 어떤 힘에 대한 작은 변형만으로도 파괴되는 성질을 무엇이라 하는가?
① 연성　② 전성
③ 취성　④ 탄성

32 다음 중 표준형 점토벽돌의 크기로 옳은 것은? (단위: mm)
① 200×90×57　② 190×90×57
③ 190×90×60　④ 210×90×57

33 석재의 일반적인 특성으로 옳지 않은 것은?
① 다른 재료에 비하여 압축강도가 크다.
② 불연성, 내구성이 크고 내마멸성, 내수성 또한 좋다.
③ 많은 양을 생산할 수 있으며 무늬가 다양하고 아름답다.
④ 길고 큰 부재를 얻기가 용이하다.

34 석재의 종류 중 변성암에 속하는 것은?
① 섬록암　② 화강암
③ 사문암　④ 안산암

35 다음 점토제품 중 소성온도가 높고, 흡수율이 가장 낮은 것은?
① 토기　② 석기
③ 도기　④ 자기

36 보강블록조의 내력벽 두께는 최소 얼마 이상이어야 하는가?
① 15cm 이상
② 20cm 이상
③ 25cm 이상
④ 30cm 이상

37 바닥 등의 슬래브를 케이블로 매단 구조는?
① 공기막구조　② 현수구조
③ 커튼월구조　④ 셸구조

38 벽돌쌓기의 종류 중에서 모서리 부분에 칠오토막을 사용하는 쌓기법은?
① 영식 쌓기
② 미식 쌓기
③ 네덜란드식 쌓기
④ 불식 쌓기

39 채광 및 조도 확보를 위한 지붕형식으로 주거용 건축보다 대규모 공장에 사용되는 지붕 형식은?
① 박공지붕　　② 톱날지붕
③ 합각지붕　　④ 모임지붕

40 조적조에서 내력벽으로 둘러싸인 부분의 바닥면적은 몇 m^2 이하로 해야 하는가?
① $80m^2$　　② $90m^2$
③ $100m^2$　　④ $120m^2$

41 조적조 벽체 내쌓기의 내미는 최댓값은?
① 1.0B　　② 1.5B
③ 2.0B　　④ 2.5B

42 크기가 다른 돌을 쌓아올릴 때 규칙은 없지만 가로줄눈을 수평으로 맞추어 돌을 쌓는 방식은?
① 바른층쌓기　　② 허튼층쌓기
③ 층지어쌓기　　④ 층두리쌓기

43 창의 하부에 건너댄 돌로 빗물을 처리하고 장식적으로 사용되는 것으로, 윗면과 밑면에 물끊기·물돌림 등을 두어 빗물의 침입을 막고, 물흘림이 잘 되게 하는 것은?
① 인방돌　　② 이맛돌
③ 창대돌　　④ 쌤돌

44 지붕 물매의 표기방법으로 옳은 것은?
① 3.5/5
② 4/6
③ 2/8
④ 3.5/10

45 목구조 지붕틀에서 ㅅ자보와 왕대공을 접합할 때 사용되는 보강철물은?
① 감잡이쇠　　② 꺾쇠
③ 안장쇠　　　④ 띠쇠

46 벽돌벽 등에 장식적으로 사각형, 십자형 구멍을 내어 쌓는 것으로 담장에 많이 사용되는 쌓기법은?
① 엇모쌓기　　② 무늬쌓기
③ 공간벽쌓기　④ 영롱쌓기

47 연약지반에 건축물을 축조할 때 부동침하를 방지하는 대책으로 옳지 않은 것은?
① 건물의 강성을 높일 것
② 지하실을 강성체로 설치할 것
③ 건물의 중량을 크게 할 것
④ 건물은 너무 길지 않게 할 것

48 곡면판이 지니는 역학적 특성을 응용한 구조로서 외력은 주로 판의 면 내력으로 전달되기 때문에 경량이고 내력이 큰 구조물을 구성할 수 있는 것은?
① 셸구조　　② 철골구조
③ 현수구조　④ 커튼월구조

49 철근콘크리트 1방향 슬래브의 최소 두께는 얼마인가?
① 80mm　　② 90mm
③ 100mm　　④ 120mm

50 연속기초라고도 하며 조적조의 벽기초 또는 콘크리트 연속기초로 사용되는 것은?
① 줄기초　　② 독립기초
③ 온통기초　④ 푸팅기초

51 다음 중 건축물의 구조형식이 막구조가 아닌 것은?
① 수원 월드컵경기장
② 상암 월드컵경기장
③ 서귀포 월드컵경기장
④ 인천 월드컵경기장

52 트러스 구조에서 상현재와 하현재를 연결하여 보강하는 부재는?
① web member
② gusset plate
③ top chord
④ bottom chord

53 아치벽돌 중 벽돌을 쐐기모양으로 주문 제작하여 쓴 것을 무엇이라 하는가?
① 본아치
② 막만든아치
③ 거친아치
④ 층두리아치

54 지하실과 같이 바닥 슬래브 전체가 기초판 역할을 하는 것은?
① 매트기초
② 복합기초
③ 독립기초
④ 줄기초

55 철근콘크리트구조의 원리에 대한 설명으로 옳지 않은 것은?
① 콘크리트와 철근이 강력하게 부착되면 철근의 좌굴이 방지된다.
② 콘크리트는 압축력에 강하므로 부재의 압축력을 부담한다.
③ 콘크리트와 철근의 선팽창계수는 약 10배의 차이가 있어 응력의 흐름이 원활하다.
④ 콘크리트는 내구성과 내화성이 있어 철근을 피복 및 보호한다.

56 소방시설은 소화설비, 경보설비, 피난설비, 소화활동설비 등으로 구분할 수 있다. 다음 중 소화활동설비에 속하지 않는 것은?
① 제연설비
② 옥내소화전설비
③ 연결송수관설비
④ 비상콘센트설비

57 온수난방과 비교한 증기난방의 특징으로 옳지 않은 것은?
① 예열시간이 짧다.
② 열의 운반능력이 크다.
③ 난방의 쾌감도가 높다.
④ 방열면적을 작게 할 수 있다.

58 배수관 속의 악취, 유독가스 및 벌레 등이 실내로 침투하는 것을 방지하기 위하여 설치하는 것은?
① 트랩
② 플랜지
③ 부스터
④ 위블이음쇠

59 에스컬레이터의 설명으로 옳지 않은 것은?
① 수송량에 비해 점유면적이 작다.
② 대기시간이 없고 연속적인 수송설비이다.
③ 수송능력이 엘리베이터의 1/2 정도로 작다.
④ 승강 중 주위가 오픈되므로 주변의 광고 효과가 있다.

60 이동 경로 바닥에 롤러를 설치한 수송설비로 롤러 위로 물건을 굴려서 이동시키는 설비는?
① 엘리베이터
② 에스컬레이터
③ 컨베이어벨트
④ 롤러 컨베이어

2025년 제2회 기출 복원문제

자격종목	시험시간	학습일자	점 수
전산응용건축제도기능사	60분		

본 문제는 2025년도 2회차(4월 6일) 필기시험에 응시한 수험생의 기억을 토대로 기출문제와 출제범위 내에서 재구성한 문제입니다. 실제 출제되었던 문제와 다소 차이가 있을 수 있습니다.

▌정답 및 해설 : p. 597 ▐

01 다음 중 공간의 레이아웃(layout)과 가장 밀접한 관계가 있는 것은?
① 재료계획
② 동선계획
③ 설비계획
④ 색채계획

02 한식주택에 관한 설명으로 옳지 않은 것은?
① 공간의 융통성이 낮다.
② 가구는 부수적인 내용물이다.
③ 평면은 실의 위치별 분화이다.
④ 각 실이 마루로 연결된 조합평면이다.

03 아파트의 단면형식 중 2개 층으로 된 복층형태로 엘리베이터의 정지층을 줄이고 독립성, 일조, 통풍에 유리한 형식은?
① 플랫형
② 트리플렉스형
③ 메조넷형
④ 스킵플로어형

04 다음 중 같은 색상의 청색 중에서 가장 채도가 높은 색은?
① 순색
② 명청색
③ 암청색
④ 탁색

05 심리적으로 엄숙, 고결, 존엄 등의 느낌을 주는 선의 종류는?
① 곡선
② 사선
③ 수평선
④ 수직선

06 다음 중 동선의 길이를 가장 짧게 할 수 있는 부엌가구의 배치형태는?
① 일자형
② ㄱ자형
③ 병렬형
④ ㄷ자형

07 루버 조명에 대한 특징으로 옳지 않은 것은?
① 광원이 직접 보이지 않아 눈부심을 방지하고 직사광 효과를 준다.
② 실내의 조도 분포가 균일하다.
③ 루버가 먼지 등으로 인해 오염되기 쉽다.
④ 설치비가 저렴하고 보수가 용이하다.

08 건축법령상 공동주택에 속하지 않는 것은?
① 아파트
② 연립주택
③ 다가구주택
④ 다세대주택

09 건축법상 건축물의 노후화를 억제하거나 기능 향상 등을 위하여 대수선하거나 일부 증축하는 행위로 정의되는 것은?
① 재축
② 개축
③ 리모델링
④ 리노베이션

10 다음 설명에 맞는 환기방식은?

> 급기 측과 배기 측에 송풍기를 설치하여 정확한 환기량과 급기량 변화에 의해 실내압을 정압 또는 부압으로 유지할 수 있다.

① 제1종
② 제2종
③ 제3종
④ 제4종

11 한국산업표준(KS)의 부문별 분류 중 옳은 것은?
① A : 토건   ② D : 섬유
③ B : 기계   ④ F : 기본

12 건축도면의 표시기호와 표시사항의 연결이 옳지 않은 것은?
① V – 용적   ② Wt – 너비
③ ϕ – 지름   ④ THK – 두께

13 다음 창호기호가 나타내는 것으로 옳은 것은?

① 방화문   ② 철문
③ 플라스틱문   ④ 강화문

14 KS 건축제도 통칙에 맞지 않는 사항은?
① 제도용지는 A열 규격을 사용한다.
② 투상법은 제3각법과 제1각법을 사용한다.
③ 축척을 사용하지 않은 도면은 N.S로 표기한다.
④ 지붕의 경사도를 물매라고 한다.

15 아래 보기의 설명에 알맞은 건축물의 입체적 표현방법은?

> 선의 간격을 달리함으로써 면과 입체를 결정하는 방법이다. 평면은 같은 간격의 선으로 표현하고, 곡면은 선의 간격을 달리하여 표현하며, 선의 방향은 면이나 입체의 수직과 수평으로 그린다.

① 단선에 의한 표현
② 여러 선에 의한 표현
③ 명암처리에 의한 표현
④ 단선과 명암에 의한 표현

16 실제 길이 60m를 1 : 300으로 축소하면 얼마인가?
① 2cm   ② 20cm
③ 200cm   ④ 2000cm

17 철근콘크리트 기둥에서 주근 주위를 수평으로 둘러감은 철근은 무엇인가?
① 띠철근   ② 배력근
③ 수축철근   ④ 온도철근

18 다음 그림은 일반 반자의 뼈대를 나타낸 것이다. 각 기호의 명칭이 옳지 않은 것은?

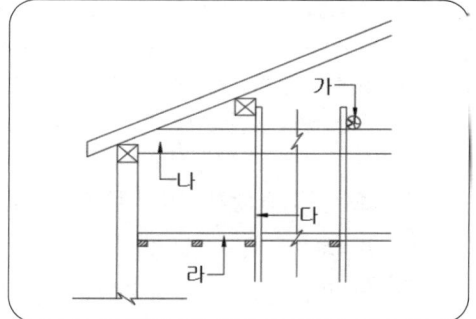

① 가 – 달대받이   ② 나 – 지붕보
③ 다 – 달대   ④ 라 – 처마도리

19 시스템 거푸집(system form)의 구성요소로 옳지 않은 것은?
① 패널(panel)
② 스트럿(strut)
③ 코너 패널(corner panel)
④ 커플러(coupler)

20 남해대교와 같이 구조부를 케이블로 달아매어 인장력으로 지탱하는 구조는?
① 공기막구조   ② 현수구조
③ 커튼월구조   ④ 셸구조

21 라멘구조에 대한 설명으로 옳지 않은 것은?
① 예로는 철근콘크리트구조가 있다.
② 기둥과 보의 절점이 강접합되어 있다.
③ 기둥과 보에 휨응력이 발생하지 않는다.
④ 내부벽의 설치가 자유롭다.

22 다음 그림과 같은 벽돌의 쌓기법으로 옳은 것은?

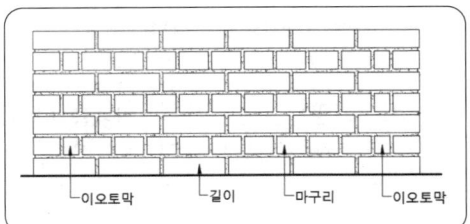

① 영국식 쌓기   ② 네덜란드식 쌓기
③ 프랑스식 쌓기   ④ 미국식 쌓기

23 조적조에서 1.5B 쌓기 벽체의 두께는 얼마인가?
① 28cm   ② 29cm
③ 36cm   ④ 37cm

24 외관이 중요시되지 않는 아치는 보통벽돌을 쓰고 줄눈을 쐐기모양으로 한다. 이 아치는?
① 본아치   ② 거친아치
③ 막만든아치   ④ 층두리아치

25 합성골조에 관한 설명으로 옳지 않은 것은?
① CFT(콘크리트 충전 강관기둥)에서는 내부 콘크리트가 강관의 급격한 국부좌굴을 방지한다.
② 코어(core)의 전단벽에 횡력에 대한 강성을 증대시키기 위하여 철골빔을 설치한다.
③ 데크 플레이트(deck plate)는 합성슬래브의 한 종류이다.
④ 스터드 볼트(stud bolt)는 철골기둥을 연결하는 데 사용한다.

26 2방향 슬래브가 되기 위한 조건으로 옳은 것은?
① (장변/단변)≤2   ② (장변/단변)≤3
③ (장변/단변)>2   ④ (장변/단변)>3

27 철골구조의 판보(plate girder)에서 웨브의 좌굴을 방지하기 위하여 사용되는 것은?
① 거싯 플레이트   ② 플랜지
③ 스티프너   ④ 리브

28 건축구조의 구성방식에 따른 분류에 속하지 않는 것은?
① 가구식 구조   ② 일체식 구조
③ 습식 구조   ④ 조적식 구조

29 셸구조에 대한 설명으로 틀린 것은?
① 얇은 곡면 형태의 판을 사용한 구조이다.
② 가볍고 강성이 우수한 구조 시스템이다.
③ 넓은 공간을 필요로 할 때 이용된다.
④ 재료는 텐트, 천막과 같은 특수천을 사용한다.

30 지붕의 물매 중 되물매의 경사로 옳은 것은?
① 15°   ② 30°
③ 45°   ④ 60°

31 철골구조의 용접 부분에서 발생하는 용접 결함이 아닌 것은?
① 언더컷(under cut)
② 블로홀(blow hole)
③ 오버랩(over lap)
④ 스티프너(stiffener)

32 KS F 3126(치장 목질 마루판)에서 요구하는 치장 목질 마루판의 성능기준과 관련된 시험항목에 해당되지 않는 것은?

① 내마모성
② 압축강도
③ 접착성
④ 포름알데히드 방산량

33 다음 그림에서 슬럼프값을 나타낸 것은?

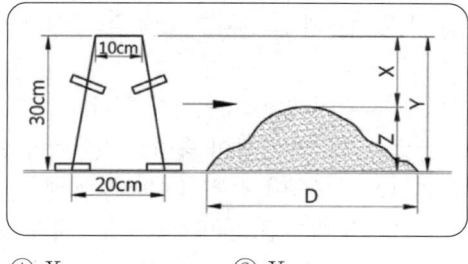

① X
② Y
③ Z
④ D

34 참나무의 절대건조비중이 0.95일 때 목재의 공극률은 얼마인가?

① 약 15%
② 약 38%
③ 약 62%
④ 약 65%

35 거푸집 형틀에 미리 골재를 넣은 후 시멘트 모르타르를 압입시켜 만드는 콘크리트는?

① 프리스트레스트 콘크리트
② 레디믹스트 콘크리트
③ 프리팩트 콘크리트
④ 오토클레이브 콘크리트

36 비철금속 중 동(銅)에 대한 설명으로 틀린 것은?

① 알칼리성에 대해 강하므로 콘크리트 등에 접하는 곳에 사용이 용이하다.
② 건조한 공기 중에서 산화하지 않으나, 습기가 있거나 탄산가스가 있으면 녹이 발생한다.
③ 연성이 뛰어나고 가공성이 풍부하다.
④ 건축용으로는 박판으로 제작하여 지붕재료로 이용된다.

37 재료가 오랜 시간 본연의 성질을 유지하는 것을 말하며 나무는 겉이 썩지 않고 철재는 녹슬지 않는 성질은?

① 내후성
② 내구성
③ 내화학약품성
④ 내마모성

38 접착성이 매우 우수하여 금속, 유리, 플라스틱, 도자기, 목재, 고무 등 다양한 재료에 사용될 수 있는 접착제는?

① 에폭시수지
② 멜라민수지
③ 요소수지
④ 페놀수지

39 길이가 5m인 생나무가 전건상태에서 길이가 4.5m로 줄었다면 수축률은 얼마인가?

① 6%
② 10%
③ 12%
④ 14%

40 각종 점토제품에 대한 설명 중 틀린 것은?
① 테라코타는 대형 점토제품으로 주로 장식용에 사용된다.
② 모자이크 타일은 일반적으로 자기질이다.
③ 토관은 토기질의 저급점토를 원료로 하여 건조 소성시킨 제품으로 주로 환기통, 연통 등에 사용된다.
④ 포도벽돌은 벽돌에 오지물을 칠해 소성한 벽돌로 건물의 내외장 또는 장식에 사용된다.

41 다공질이며 석질이 균일하지 못하고 암갈색의 무늬가 있는 것으로 물갈기를 하면 평활하고 광택이 나는 부분과 구멍과 골이 진 부분이 있어 특수한 실내장식재로 이용되는 것은?
① 테라초　　② 트래버틴
③ 펄라이트　　④ 점판암

42 다음 중 현대 건축재료의 발전 방향에 대한 설명으로 옳지 않은 것은?
① 고성능, 공업화　② 프리패브화
③ 현장시공화　　　④ 에너지 절약, 능률화

43 석고보드에 대한 설명으로 옳지 않은 것은?
① 부식이 진행되지 않고 충해를 받지 않는다.
② 팽창 및 수축의 변형이 크다.
③ 흡수로 인해 강도가 현저하게 저하된다.
④ 단열성이 우수하다.

44 다음 괄호 안의 값으로 알맞은 것은?

> 잔골재란 5mm체를 거의 다 통과하며 (　　) 체에 거의 남는 골재를 말한다.

① 0.02　　② 0.04
③ 0.06　　④ 0.08

45 다음 중 유성페인트의 특징으로 옳지 않은 것은?
① 주성분은 보일류와 안료이다.
② 광택을 좋게 하기 위하여 바니시를 가하기도 한다.
③ 수성페인트에 비해 건조시간이 오래 걸린다.
④ 콘크리트에 가장 적합한 도료이다.

46 지붕재료에 요구되는 성질과 가장 관계가 먼 것은?
① 외관이 좋은 것이어야 한다.
② 부드러워 가공이 용이한 것이어야 한다.
③ 열전도율이 작은 것이어야 한다.
④ 재료가 가볍고, 방수·방습·내화·내수성이 큰 것이어야 한다.

47 지하실이나 옥상의 채광용으로 적합한 유리제품은?
① 프리즘타일
② 폼글라스
③ 글라스울
④ 유리블록

48 점토제품의 제법순서를 옳게 나열한 것은?

> ㉠ 반죽　㉡ 성형　㉢ 건조
> ㉣ 원토처리　㉤ 원료배합　㉥ 소성

① ㉣-㉤-㉠-㉡-㉢-㉥
② ㉠-㉡-㉢-㉣-㉤-㉥
③ ㉡-㉢-㉥-㉣-㉤-㉠
④ ㉢-㉥-㉤-㉡-㉣-㉠

49 회반죽이 공기 중에서 굳을 때 필요한 물질은?
① 산소   ② 수증기
③ 탄산가스   ④ 질소

50 열경화성수지 중 건축용으로는 글라스섬유로 강화된 평판 또는 판상제품으로 주로 사용되는 것은?
① 아크릴수지
② 폴리에스테르수지
③ 염화비닐수지
④ 폴리에틸렌수지

51 다음 합금의 구성요소로 틀린 것은?
① 황동 = 구리+아연
② 청동 = 구리+납
③ 포금 = 구리+주석+아연+납
④ 듀랄루민 = 알루미늄+구리+마그네슘+망간

52 유기재료에 속하는 건축재료는?
① 철재
② 석재
③ 아스팔트
④ 알루미늄

53 아스팔트, 콜타르, 피치 등이 있으며 도로의 포장, 방수, 방부, 방진 등에 사용되는 재료를 무엇이라 하는가?
① 역청재료
② 미장재료
③ 도장재료
④ 방수재료

54 도시가스 배관 시 가스관과 전기콘센트의 이격거리는 최소 얼마 이상으로 하는가?
① 30cm   ② 50cm
③ 60cm   ④ 90cm

55 전동기 직결의 소형 송풍기, 냉·온수 코일 및 필터 등을 갖춘 실내형 공조기를 각 실에 설치하여 중앙기계실로부터 냉수 또는 온수를 공급받아 공기조화를 하는 방식은?
① 2중덕트방식
② 단일덕트방식
③ 멀티존 유닛방식
④ 팬코일 유닛방식

56 옥내 인터폰 설비의 연결 유형으로 옳지 않은 것은?
① 모자식   ② 상호식
③ 복합식   ④ 직렬식

57 실리카(포졸란) 시멘트에 대한 설명으로 옳은 것은?
① 보통 포틀랜드 시멘트에 비해 초기강도가 크다.
② 화학적 저항성이 크다.
③ 보통 포틀랜드 시멘트에 비해 장기강도는 작은 편이다.
④ 긴급공사용으로 적합하다.

58 대지에 이상전류를 방류 또는 계통구성을 위해 의도적이거나 우연하게 전기회로를 대지 또는 대지를 대신하는 전도체에 연결하는 전기적인 접속을 무엇이라 하는가?
① 접지   ② 분기
③ 절연   ④ 배전

59 에스컬레이터에 대한 설명 중 옳지 않은 것은?

① 30° 이하 계단모양의 컨베이어로 트러스, 발판, 레일로 구성된다.
② 최대 속도는 안전을 위하여 30m/min 이하로 운행한다.
③ 에스컬레이터 설치 시에는 가능한 한 주행거리를 짧게 하고, 동선의 중심에 배치한다.
④ 엘리베이터보다 수송능력은 낮으나 대기시간 없이 연속운행이 가능하다.

60 배수트랩의 봉수파괴원인에 속하지 않는 것은?

① 증발   ② 간접배수
③ 모세관 현상   ④ 유도 사이펀 작용

2017년 제2회(B형) 정답 및 해설

01	02	03	04	05	06	07	08	09	10	11	12	13	14	15
③	④	②	③	①	④	③	①	④	③	③	②	③	②	④
16	17	18	19	20	21	22	23	24	25	26	27	28	29	30
④	①	①	④	①	①	②	④	①	④	④	④	④	②	①
31	32	33	34	35	36	37	38	39	40	41	42	43	44	45
②	④	④	④	③	②	①	④	④	②	④	③	①	④	①
46	47	48	49	50	51	52	53	54	55	56	57	58	59	60
②	④	②	④	③	②	④	①	③	②	②	②	④	③	④

[제도]

01 도면의 글자는 수직이나 15°의 고딕체를 사용하고 글자의 크기는 높이로 나타낸다.

02 • 물감 : 종류에 따라 다양한 표현이 가능하며 건축물과 같이 사실적인 표현에는 포스터 물감을 사용
• 마커 : 수성과 유성으로 분류되며 다양한 색감을 표현
• 잉크 : 농도를 조절하여 선명하고 깨끗하게 표현

03 현관의 위치는 16m=16,000mm → 16,000÷200=80mm

04 KS 분류
기본-A, 기계-B, 전기-C, 금속-D, 식료품-H, 화학-M

05 지름 : $D(\phi)$, 면적 : A, 두께 : T

06 소점-VP, 정점-SP

[계획]

07 단지계획 규모에 따른 주택 호수
• 인보구 : 15~20호
• 근린분구 : 400~500호
• 근린주구 : 1600~2000호

08 • 수직선 : 상승, 고결, 종교적 느낌
• 곡선 : 부드럽고 우아한 여성적인 느낌
• 사선 : 운동감을 가지며 동적인 느낌

09 현관의 위치는 대지의 형태, 방위, 주택의 규모 등 다양한 요인을 고려해야 하며, 특히 인접 도로와의 관계를 중요시한다.

10 대수선은 주요 구조체인 기둥, 보, 내력벽, 주계단 등을 크게 수선하는 것을 말한다.

11 모듈화는 수학적 원리가 적용되어 보다 쉽고 효율적인 설계가 가능하다.

12 침실은 테라스, 정원 등에 면하는 것이 좋다.

13 단독주택 : 단독주택, 다중주택, 다가구주택, 공관

14 • 개인공간 : 침실, 작업실, 서재 등 개인이 사용하는 공간
• 사회적 공간 : 거실, 회의실, 휴게실 등 공동으로 사용하는 공간

15 아일랜드형(섬형)은 주방 가운데 작업대를 별도로 두어 여러 방향에서 작업이 가능하다.

16 아파트의 평면형식은 홀형, 편복도형, 중복도형, 집중형 등이 있으며, 메조넷형은 단면형식에 의한 분류이다.

[재료일반]

17 일반적인 허용응력은 기준강도를 안전율로 나눈 값이다.

18 현대의 건축재료의 발전방향
고품질 고성능화, 에너지화(합리화), 기계화, 프리패브화(공장생산 현장조립) 등

19 목적에 따른 건축재료의 구분: 구조재, 마감재, 단열재, 차단재, 방수재, 실(seal)재 등

20 목재는 부도체로서 열전도율이 낮아 보온효과가 있다.

21 황동은 구리와 아연의 합금이며, 청동은 구리와 주석의 합금이다.

[재료 특성]

22 표준형 벽돌의 크기

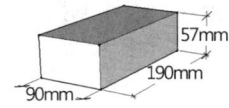

23 점토의 흡수율은 자기가 가장 낮고 토기가 가장 높다.
자기 < 석기 < 도기 < 토기

24 • 망입유리: 철망을 삽입하여 도난방지
 • 복층유리: 2장의 유리를 사용, 단열효과가 우수
 • 폼글라스: 불연성, 내구성, 보온·보랭, 단열이 우수

25 테라초(terrazzo)는 대리석의 쇄석을 사용해 만든 인조대리석이다.

26 보통 포틀랜드 시멘트의 응결시간은 초결 60분 이상, 종결 10시간 이하로 한다.

27 복층유리는 페어글라스라고도 불리며 2장의 유리 사이에 공기층이 있어 단열효과가 뛰어나다.

28 아스팔트의 품질검사
 • 감온비: 온도에 따른 점도나 경도의 영향
 • 침입도: 온도, 하중, 시간에 따라 침투되는 정도
 • 신도: 장력에 의해 늘어나거나 끊어지는 정도

29 점토의 입자는 미세할수록 비표면적이 증가해 가소성이 높아진다.

30 콘크리트의 물시멘트비는 작을수록 강도가 크고 클수록 묽어져 강도가 작아진다.

31 • 스크래치 타일: 타일 표면에 스크래치를 내어 강한 질감을 표현한 타일
 • 모자이크 타일: 크기가 작은 타일로 욕실바닥이나 벽에 사용
 • 논슬립 타일: 미끄럼 방지 타일

32 • 온장: 벽돌 전체 크기의 온전한 벽돌(100%)
 • 반토막: 벽돌의 1/2 토막(50%)
 • 이오토막: 벽돌의 1/4 토막(25%)

33 페놀수지는 열경화성수지이다.

34 점토의 소성온도는 자기가 가장 높고 토기가 가장 낮다.
자기 > 석기 > 도기 > 토기

35 목재의 기건재 함수율은 15% 내외로 강도가 우수하고 습기와 균형을 이룬 상태이다.

36 유리의 강도는 휨강도를 기준으로 한다.

[일반구조]

37 플레이트보의 구성부재: 플랜지앵글, 스티프너, 커버플레이트 등으로 구성된다.

38 막구조: 두께가 얇고 무게가 가벼워 넓은 공간의 지붕구조로 사용하면 효과적이다.

39 입체구조시스템: 스페이스 프레임(space frame)이라 하며 단일 부재를 입체적으로 구성한 트러스 구조이다.

40 벽돌구조의 개구부 설치 거리

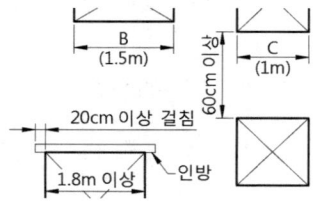

41 꺾인지붕의 모양:

42 옥외 흙에 접하지 않는 현장치기 콘크리트의 피복두께
 • 기둥, 보: 40mm
 • 슬래브, 벽: 20mm
 • 수중타설: 100mm

43 보의 배근
• 단순보 : 1개의 부재가 2개의 지점에 지지되어 걸쳐진 보

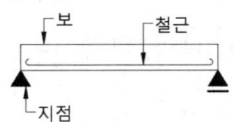

• 연속보 : 3개 이상의 지점에 고정되어 지지하는 보

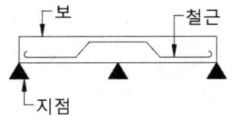

44 커튼월 : 하중을 지지하지 않는 유리로 된 외벽

45 철골구조의 구조형식은 라멘구조, 튜브구조, 트러스구조, 입체구조(space frame) 등으로 구분된다.

46 • 돔구조 : 반구형 구조
• 셸구조 : 곡면구조
• PC구조 : 프리캐스트 콘크리트(공장생산)를 사용한 구조

47 추력이란 운동 방향으로 밀어내는 힘이다. 아치구조에서는 바깥쪽 힘을 아래로 전달하는 힘으로 이를 저항하는 하부 구조를 설치해야 한다.

48 문꼴 상호 간 거리는 해당 벽두께의 2배 이상 거리를 두어야 한다.

49 헌치(haunch)는 콘크리트구조에서 하중이 집중되는 곳에 단면을 크게 하여 구조물의 손상을 방지한다.

50 인방은 개구부 상부에 20cm 걸쳐대어 하중을 분산시킨다.

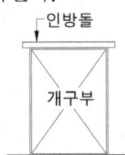

51 잡석지정을 하지 않아도 되는 양호한 지반에서는 자갈지정을 사용한다.

52 • 계단 형태의 분류 : 곧은계단, 돌음계단, 나선형 계단
• 계단 재료의 분류 : 목조계단, 돌계단, 콘크리트계단

53 주근의 좌굴을 방지하는 철근은 늑근(스터럽)이다.

54 조적구조에서 대린벽으로 구획된 벽의 개구부 폭은 벽길이의 1/2까지 가능하다.

55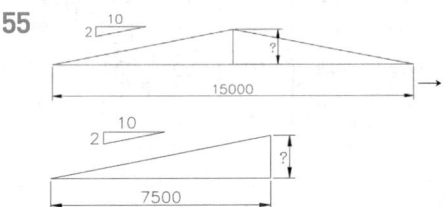

방정식 적용
물매기준(10) : 물매(2) = 간사이(7500) : 높이(x)
$10 : 2 = 7500 : x \rightarrow 10 \times x = 2 \times 7500$
$10x = 15000 \rightarrow x = 15000/10$
$x = 1500\text{mm} \rightarrow 150\text{cm} \rightarrow 1.5\text{m}$

[설비]

56 • 스프링클러 : 건축물 내부 천장에 설치
• 연결살수설비 : 송수관을 통해 물을 공급받아 소화
• 옥내소화전설비 : 건물 내부 벽면에 설치되는 소화전

57 증기난방은 온수난방에 비해 방열량 조절이 어렵다.

58 • 개별 급탕방식 : 순간식, 저탕식, 기수혼합식
• 중앙 급탕방식 : 직접가열식, 간접가열식

59 조명설계 순서
소요조도 결정 → 광원종류 결정 → 조명방식 결정 → 조명기구 결정 → 조명기구 배치

60 1200형 에스컬레이터는 탑승폭이 1,200mm로 수송능력은 시간당 9,000명 정도이다. (800형은 시간당 6,000명)

2017년 제5회 정답 및 해설

01	02	03	04	05	06	07	08	09	10	11	12	13	14	15
④	③	④	①	③	②	③	②	②	②	③	③	③	①	①
16	17	18	19	20	21	22	23	24	25	26	27	28	29	30
③	③	③	③	③	④	③	①	④	②	④	①	①	④	③
31	32	33	34	35	36	37	38	39	40	41	42	43	44	45
③	①	①	④	③	④	③	④	②	②	②	②	②	④	③
46	47	48	49	50	51	52	53	54	55	56	57	58	59	60
③	③	③	②	④	②	④	④	①	④	①	②	②	②	②

[제도]

01 건축도면의 배치도와 평면도는 도면의 위쪽을 북쪽(도북방향)으로 작도함을 원칙으로 한다.

02 조적조 벽체의 제도순서
㉠ 축척과 구도 설정
㉡ 지반선과 벽체 중심선 작도
㉢ 벽체와 연결부 작성
㉣ 재료표시
㉤ 치수선과 인출선 작도
㉥ 치수와 명칭을 기입

03 단선과 명암에 의한 묘사방법 : 선으로 공간을 한정해 명암을 넣는 방법으로 평면은 같은 농도, 곡면은 농도에 변화를 준다.

04 건축도면의 치수기입방법
- 치수는 특별히 명시하지 않는 한 마무리 치수로 표시한다.
- 치수 기입은 치수선 중앙 윗부분에 기입하는 것이 원칙이다.
- 치수 기입은 치수선에 평행하게 도면의 왼쪽에서 오른쪽으로, 아래부터 위로 읽을 수 있도록 기입한다.
- 치수선의 양끝은 화살표 또는 점으로 통일해서 사용한다.

05 KS 분류 : 기본-A, 기계-B, 전기-C, 금속-D, 식료품-H, 화학-M

06 접는 도면의 크기는 A4용지 크기를 원칙으로 한다.

07 재료의 단면 표시기호

석재	인조석	목재(치장재)	목재(구조재)

08
- 잉크 : 정확한 농도 조절과 선명함
- 연필 : 질감과 명암을 표현하고 지울 수 있는 장점이 있다.
- 물감 : 다양한 종류가 있으며 불투명 표현은 포스터물감을 사용한다.

09 현관의 위치는 16m=16,000mm →
16,000÷200=80mm

10
- 가는 실선 : 기술, 기호, 치수 등을 표시함.
- 파단선 : 표시선 이후를 생략함.

11
- 평면도 : 바닥에서 1.2~1.5m 높이에서 횡으로 잘라 위에서 바라본 도면
- 배치도 : 본 건축물 이외에 대지의 시설물이나 도로 현황을 위에서 바라본 도면
- 단면도 : 건축물을 수직으로 자른 단면을 표현한 도면

12 건축제도통칙의 축척 24종
2/1, 5/1, 1/1, 1/2, 1/3, 1/4, 1/5, 1/10, 1/20, 1/25, 1/30, 1/40, 1/50, 1/100, 1/200, 1/250, 1/300, 1/500, 1/600, 1/1000, 1/1200, 1/2000, 1/2500, 1/3000, 1/5000, 1/6000

[계획]

13 • **사회공간** : 거실, 식당, 응접실 등
   • **개인공간** : 침실, 작업실, 서재 등

14 식욕을 돋우는 색상은 난색계열이다.

15 대비는 서로 다른 요소의 조합으로 시각적으로 강한 인상을 준다.

16 **단독주택** : 다중주택, 다가구주택, 공관

17 **먼셀표색계** : 물체 표면의 색지각을 색상, 명도, 채도와 같은 색의 3속성에 따라 3차원 공간의 한 점에 대응시켜 3방향으로 배열한 표색계로, 기본 5색은 빨강(R), 노랑(Y), 녹색(G), 파랑(B), 보라(P)이다.

18 **개축** : 기존 건축물의 전부 또는 일부를 철거하고 그 대지에 종전과 같은 규모 범위에서 건축물을 다시 축조하는 것을 말한다.

[재료일반]

19 비중이란 어떤 물질의 질량과 이 물질과 같은 부피를 가진 물질의 질량과의 비율이다.
물체의 비중
$$\frac{1kg/m^3}{1g/cm^3} \rightarrow \frac{1kg/m^3}{1000kg/m^3} = 0.001$$

20 • **연성** : 늘어나는 성질
   • **전성** : 넓게 퍼지는 성질
   • **탄성** : 외형이 변형되어도 다시 원형으로 돌아오는 성질

21 유기재료는 목재, 아스팔트나 플라스틱과 같은 합성수지를 말한다. 석재는 무기재료에 속한다.

[재료 특성]

22 목재의 기건재 함수율은 15% 내외로 강도가 우수하고 습기와 균형을 이룬 상태이다.

23 목재의 강도는 함수율이 감소함에 따라 강도가 증가하여 전건상태일 때 강도가 가장 크다.

24 백색 포틀랜드 시멘트는 일반시멘트와 품질이 유사하며 주로 표면의 마무리, 타일시공, 도장공사 등에 많이 사용된다.

25 • **기포제** : 콘크리트를 경량화하고 단열 및 내화성을 높임
   • **방청제** : 염분 등 이물질로 인한 철근의 부식방지
   • **방수제** : 콘크리트의 수밀성을 높임

26 다공질 벽돌은 점토와 톱밥 등을 사용해 만들어 톱질이나 못 치기가 가능하다.

27 강화유리는 열처리 후 절단 등 가공을 할 수 없다.

28 에폭시수지는 무거운 금속은 물론 항공기재의 접착에도 사용된다.

29 골재는 콘크리트 배합 시 시멘트, 물과 같이 배합되므로 흡수율이 낮아야 한다. 흡수율이 높으면 강도에 영향을 준다.

30 목재의 공극률 : $(1-0.3/1.54) \times 100\% = 80.5\%$

31 테라코타는 점토제품으로 일반 석재보다 가볍고 $0.5m^3$ 이하의 크기로 사용된다.

32 • **시공연도 시험방법** : 낙하시험과 슬럼프시험이 있으며 주로 슬럼프시험으로 한다.
   • **체가름시험** : 골재의 입도를 측정
   • **표준관입시험** : 지반의 전단력을 측정

33 • **비닐벽지** : 염화비닐을 주재료로 한 벽지
   • **종이벽지** : 종이를 주재료로 한 벽지
   • **발포벽지** : 돌기가 있으며 일부분이 두꺼워 쿠션감이 있는 벽지

34 비닐타일은 가격이 저렴하고 접착제로 시공하므로 시공성도 용이하다.

35 파티클보드는 방충성과 방부성이 우수하다.

36 콘크리트는 알칼리성이므로 수성페인트나 합성수지 도료가 많이 사용된다.

[일반구조]

37 문꼴의 너비가 1.8m 이상일 경우 철근콘크리트 인방을 설치하고 양쪽 벽에 20cm 물리게 한다.

38 **철근 정착길이 결정요인** : 철근의 종류, 콘크리트의 강도, 갈고리, 철근의 직경, 피복두께 등이 있다.

39 보강블록조의 벽량은 1m²당 15cm
   15cm/m² × 40m² = 600cm → 6m

40 1.5B(1.0B+모르타르 줄눈+0.5B)의 두께
   1.0B=190, 줄눈=10, 0.5B=90 →
   190+10+90=290mm

41 • 독립기초 : 기둥 하나를 받치는 독립된 기초
   • 줄기초 : 벽을 따라 연속으로 구성된 기초
   • 복합기초 : 독립기초와 줄기초의 복합형태

42 통재기둥과 층도리의 맞춤 유형
   • 한편맞춤 : 빗턱통 넣고 내다지장부맞춤-벌림 쐐기치기
   • 양편맞춤 : 빗턱통 넣고 짧은장부맞춤-가시못 치기

43 ㅅ자보와 중도리

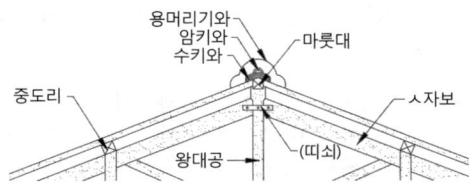

44 격자보는 플랜지에 웨브재를 직각으로 댄 보를 말한다.

45 영국식 쌓기 : 가장 튼튼한 쌓기로 모서리에 이오토막을 사용

46 철근콘크리트보의 늑근(스터럽)은 전단력에 저항하는 철근이다.

47 라멘구조의 기둥과 보는 휨모멘트에 저항한다.

48 용접의 결함
   • 언더컷 : 과한 용접전류와 아크의 장시간 사용으로 발생
   • 블로 홀 : 냉각 시 공기가 생성되어 공극이 발생
   • 균열 : 내부 응력이 용접강보다 클 때 균열이 발생
   • 오버랩 : 용접재와 모재가 융합되지 않아 발생
   • 피트 : 기공이 발생되어 용접부에 구멍이 생김.
   엔드탭은 용접작업 시 결함이 생기지 않도록 하는 보조도구이다.

49 • 이음 : 목재를 길게 접합

   • 맞춤 : 목재를 직각이나 대각선으로 접합

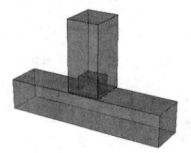

50 2방향 슬래브의 장변은 단변 길이의 2배를 넘지 않는다.

51 빗줄눈과 오목줄눈은 벽돌의 줄눈 모양의 종류이며, 통줄눈과 막힌줄눈은 쌓기 방식에 따른 방법이다.

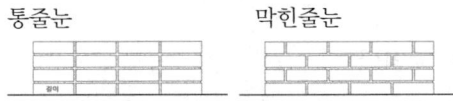

52 플레이트보의 웨브는 수직부분으로 하중에 의해 좌굴될 수 있다. 이는 스티프너로 보강한다.

53 조립식 구조는 부품을 조립해야 하므로 접합부를 일체화하기 어렵다.

54 • 습식구조 : 건축 시공 시 물을 사용하는 공법
   • 캔틸레버 : 한쪽은 고정되고 다른 한쪽을 내밀어 돌출시킨 구조물
   • 조적식 구조 : 벽돌이나 블록 등을 쌓아 올린 구조

55 헌치는 철근콘크리트구조에서 하중이 집중되는 부분은 단면의 두께를 더 두껍게 하여 손상되는 것을 방지한다.

[설비]

56 • 차동식 : 온도 변화의 이상을 감지하여 작동
   • 정온식 : 설정한 온도에 도달하면 작동
   • 보상식 : 차동식과 정온식 두 가지 기능으로 작동
   • 광전식 : 연기를 감지하여 작동

57 • 컨베이어벨트 : 설비면적이 크지만 정지하지 않고 연속적으로 수송이 가능하여 대기시간 없이 물건을 이동시킬 수 있다.

- 롤러 컨베이어 : 컨베이어벨트의 유형 중 하나로 이동경로 바닥에 롤러를 이용한 수송설비다. 롤러 위로 물건을 굴려서 이동시킨다.
- 엘리베이터 : 동력을 사용해 승강로(케이지)를 수직으로 이동시켜 사람이나 물품을 수송한다.

58
- 급수설비 : 물 공급을 위한 설비
- 급탕설비 : 온수 공급을 위한 설비
- 배수설비 : 생활오수, 빗물 등을 배출하는 설비
- 오수정화설비 : 공장, 농장, 축사 등의 폐수를 정화하여 배출하는 설비

59 가구의 배치는 평면도에 표시되는 사항이다.

60
- 아스팔트 루핑 : 아스팔트 펠트를 사용한 방수제품
- 기와 : 지붕 외관의 치장 및 보호 등을 목적으로 한 제품
- 석면 슬레이트 : 시멘트와 석면을 사용한 지붕용 제품

CBT 기출 — 2018년 제2회 정답 및 해설

01	02	03	04	05	06	07	08	09	10	11	12	13	14	15
②	①	③	③	④	②	③	④	②	②	③	③	③	②	①
16	17	18	19	20	21	22	23	24	25	26	27	28	29	30
④	④	②	③	③	②	②	①	①	③	③	①	③	①	③
31	32	33	34	35	36	37	38	39	40	41	42	43	44	45
④	①	④	③	③	②	②	③	①	②	④	②	②	②	④
46	47	48	49	50	51	52	53	54	55	56	57	58	59	60
②	②	①	③	①	①	①	②	④	④	③	①	②	②	②

01 연필의 특징
- 다양한 질감을 표현
- 밝고 어두운 명암을 표현
- 지울 수 있으나 잘 번짐
- 무르고 딱딱한 다양한 심의 종류

02 파선(-----)은 보이지 않거나 가려진 부분을 표시할 때 사용된다.

03 16m ÷ 200 = 0.08m
→ 80mm

04 세계표준화기구에서는 1각법과 3각법을 사용하도록 규정하고 있으며, 우리나라는 3각법, 일본은 1각법을 사용하고 있다.

05 한국산업표준(KS)의 분류기호
K : 섬유, W : 항공우주, E : 광산

06
- 기선 : 기면과 화면이 교차되는 부분
- 수평면 : 눈높이와 수평인 면
- 지반면 : 기선과 수평한 면

07
- 외쪽지붕 : 한쪽으로만 경사진 가장 단순한 지붕
- 솟을지붕 : 공장에 환기를 목적으로 사용되는 지붕
- 방형지붕 : 모임지붕 형태의 정사각형 모양으로 지붕의 경사면이 한 점에 만나는 지붕

08 신축, 증축, 개축, 재축, 이전이 건축법상 건축에 해당된다.

09 식당(다이닝)과 부엌(키친)이 결합된 형태를 다이닝키친이라고 한다.

10 유효온도(실감온도)에 영향을 주는 요소는 온도, 습도, 기류 3가지이다.

11
- 사회공간 : 거실, 식당, 응접실 등
- 개인공간 : 침실, 작업실, 서재 등

12
- **공동주택** : 아파트, 연립주택, 다세대주택, 기숙사 등
- **단독주택** : 단독주택, 다중주택, 다가구주택, 공관 등

13 보의 높이와 크기는 단면도에 표시된다.

14 편복도형은 복도를 따라 여러 주호가 배치되어 있는 구조이다. 엘리베이터 또한 주호와 연결된 복도에 도달하는 방식이므로 효율이 높다.

15
- **오토클레이브 콘크리트** : 단열 및 내화성이 우수한 경량콘크리트
- **프리스트레스트 콘크리트** : 강선을 활용해 콘크리트를 타설하는 것으로 장스팬을 구성
- **레디믹스트 콘크리트** : 공장에서 현장까지 차량으로 운반하면서 콘크리트를 혼합

16 **AE제** : 콘크리트에 미세 기포를 생성하는 혼화제로, 많이 사용하면 단면적이 감소해 강도가 떨어진다.

17 1.5B 공간쌓기(1.0B+공기층+0.5B)의 두께
1.0B=190, 공기층=75, 0.5B=90
∴ 190+75+90=355mm

18 프라이머란 물체 표면을 부식이나 오염으로부터 보호하고 이후 시공되는 도장이 잘 이루어지도록 하는 접착제와 같은 역할을 하여 초벌용으로 많이 사용된다.

19
- **백색 포틀랜드 시멘트** : 내장 및 마감용
- **조강 포틀랜드 시멘트** : 조기강도가 우수한 시멘트
- **알루미나 시멘트** : 긴급공사에 사용되는 시멘트

20 회반죽은 공기 중의 이산화탄소(탄산가스)에 의해 경화되는 기경성 재료이다.

21 시멘트의 강도는 분말도, 풍화 정도, 보온양생, 물시멘트비에 영향을 받는다.

22 목재의 전수축률
$$\frac{생나무 길이 - 전건상태 길이}{생나무 길이} \times 100$$
$$\rightarrow \frac{5.0-4.5}{5.0} \times 100\% = 10\%$$

23 스트레이트 아스팔트는 원유를 증류해서 만든 것으로 지하실 방수에 사용된다.

24 유치원의 교실 바닥은 안전과 밀접하므로 마룻널을 사용한다.

25 목재의 기건상태는 대기 중의 습도와 목재의 함수율(15%)이 균형을 이룬 상태다.

26 **점토제품의 소성온도**
토기 < 도기 < 석기 < 자기의 순으로 소성온도가 높다.

27 일반적인 허용응력은 기준강도를 안전율로 나눈 값이다.

28 보통 포틀랜드 시멘트의 응결시간은 초결 60분 이상, 종결 10시간 이하로 한다.

29 에폭시수지는 무거운 금속은 물론 항공기재의 접착에도 사용된다.

30 플로어링 합판 및 파키트리 블록과 패널은 바닥 재료로 많이 사용된다.

31
- **천연재료** : 흙, 모래, 자갈, 목재
- **인공재료** : 유리, 시멘트, 철근

32
- **연성** : 늘어나는 성질
- **점성** : 유체 내에서 서로 접촉하는 정도로 끈끈한 성질
- **소성** : 외력을 가했을 때 한계에 도달하면 외력이 없어도 변형이 증대되는 성질

33 레디믹스트 콘크리트는 레미콘으로 현장까지 혼합하면서 운반한 후 타설한다.

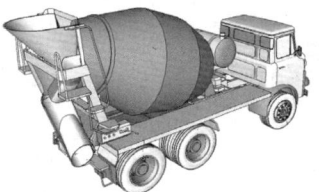

34
- **혹두기(혹따기)** : 쇠메로 쳐서 적당히 다듬는 일
- **정다듬** : 정으로 때려 형태를 다듬는 일
- **잔다듬** : 날망치로 정교하게 다듬는 일
- **물갈기** : 물을 뿌리면서 작업면을 갈아내는 일

35 산화제2철(Fe_2O_3)은 자외선을 차단한다.

36 현장치기 피복두께
 • 수중타설 : 100mm
 • 영구히 흙에 접하는 부분 : 80mm
 • 옥외 공기 중에 노출되는 부분 : 40~60mm
 • 공기 중이나 접하지 않는 부분 : 20~40mm

37 철근콘크리트의 피복은 콘크리트 내부에 배근된 철근을 보호하고 내화성과 부착응력을 높인다.

38 • 방화구조 : 불의 확산을 방지하는 구조
 • 내화구조 : 구조체가 화재로 인해 연소되지 않는 구조
 • 방공구조 : 공중에서 떨어지는 낙하물의 피해를 막는 구조

39 • 처마도리 : 지붕보 위에 걸쳐대어 서까래를 받침
 • 샛기둥 : 기둥과 기둥 사이의 작은 기둥
 • 꿸대 : 달대와 달대를 연결하는 수평재

40 • 주두 : 기둥 상부에 위치해 상부 하중을 전달
 • 스터럽 : 보의 늑근으로 주근의 좌굴을 방지
 • 후프 : 기둥의 대근으로 압축강도를 증대

41 • 플러시문 : 중간살을 배치하고 양면에 합판을 붙인 문
 • 양판문 : 밑막이, 중간막이를 선대로 두르고 중간에 합판을 끼운 문

42 케이블을 사용한 특수구조에는 현수구조(광안대교)와 사장구조(서해대교)가 있다.

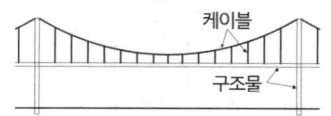

43 벽돌벽 쌓기에서 내쌓기
 • 1켜씩 내쌓기 : 1/8B
 • 2켜씩 내쌓기 : 1/4B
 • 내쌓기 한도 : 2.0B

44 셸구조는 곡면판의 역학적 성질을 이용해 지붕구조에 적합하다.

45 온도철근은 온도변화에 따른 균열방지, 응력의 분산, 주철근의 간격유지를 목적으로 사용된다.

주근의 좌굴방지는 기둥에서 띠철근의 역할이다.

46 • 띠철근 : 기둥에 사용
 • 벤트근 : 슬래브(바닥)에 사용
 • 배력근 : 슬래브(바닥)에 사용
 • 스터럽 : 보에 사용되면 늑근이라고도 함

47 1.0B 공간쌓기=0.5B+단열재+0.5B
 → 90+75+90=255mm

48 막구조로 설계된 상암월드컵경기장의 지붕

49 라멘구조는 골조구조의 절점이 고정되는 형식으로 기둥과 보는 휨모멘트에 저항한다.

50 줄기초 : 조적식 주택에 사용하는 기초로, 벽을 따라 연속으로 구성된다.

51 블록의 구멍 난 공간에 철근과 콘크리트로 보강한 구조를 보강블록조라 한다.

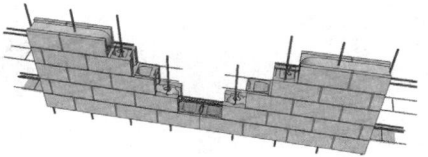

52 트러스구조

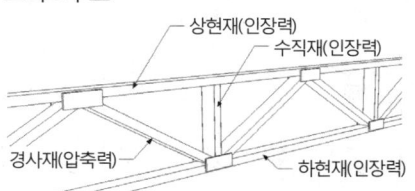

53 2방향 슬래브는 직사각형 바닥의 장변과 단변에 주철근으로 배근되어 4변이 모두 고정된다.

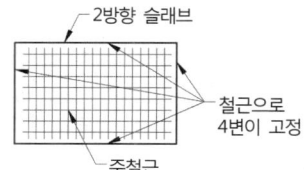

54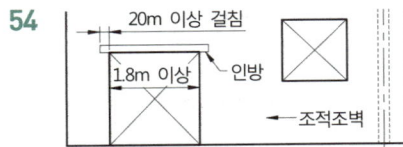

55 스티프너는 웨브의 좌굴을 방지하는 보강재이며 커버플레이트는 플랜지의 단면을 보강하는 재료이다.

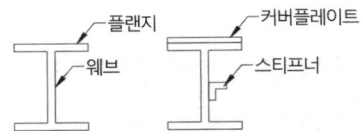

56 피뢰침의 보호각도
일반건축물 : 60°, 위험물 : 45°

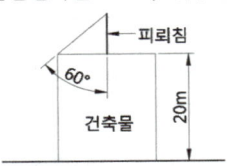

57 단일덕트방식은 냉풍과 온풍을 혼합하는 상자가 필요 없고 각 실의 부하변동 대응이 어렵다.

58

구분	급기(유입)	배기(배출)	비고
제1종 환기법	기계 (송풍기)	기계 (배풍기)	가장 우수한 환기
제2종 환기법	기계 (송풍기)	자연배기	공장에서 많이 사용
제3종 환기법	자연급기	기계 (배풍기)	주방이나 욕실에 사용

59 연색성이란 광원에 따라 비추는 물체의 색이나 느낌이 다르게 보이는 현상으로, 할로겐 원소를 사용한 할로겐램프는 연색성이 좋고 휘도가 높다.

[용어] 흑화현상 : 광원이 표면이 검게 변하는 현상

60 • 급수설비 : 물 공급을 위한 설비
• 급탕설비 : 온수 공급을 위한 설비
• 배수설비 : 생활오수, 빗물 등을 배출하는 설비
• 오수정화설비 : 공장, 농장, 축사 등의 폐수를 정화하여 배출하는 설비

2018년 제4회 정답 및 해설

CBT 기출

01	02	03	04	05	06	07	08	09	10	11	12	13	14	15
①	①	①	①	①	④	④	①	②	③	④	④	③	③	①
16	17	18	19	20	21	22	23	24	25	26	27	28	29	30
①	①	①	②	②	②	④	②	①	④	②	④	②	①	②
31	32	33	34	35	36	37	38	39	40	41	42	43	44	45
②	③	①	①	③	①	②	②	②	②	①	①	③	③	③
46	47	48	49	50	51	52	53	54	55	56	57	58	59	60
①	③	④	②	④	②	①	②	②	①	②	④	④	②	②

[제도]

01 석재-인조석   목재-구조재   목재-치장재

02 • $\phi(D)$ – 지름
• R – 반지름

03 도면작성에서 문자와 치수를 마지막에 작성하고 이후 표제란의 내용을 확인한다.

04 건축도면에 표기되는 숫자는 아라비아 숫자를 사용한다.

05 배치도는 계획된 건축물과 시설물의 위치, 방위, 인접도로, 대지경계선, 출입경로 등을 표시한 도면으로, 기본설계에 해당되는 도면이다.

06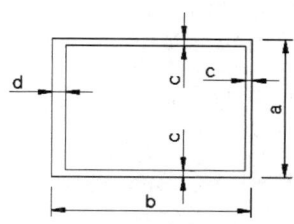

규격	A0	A1	A2	A3	A4
b×a	1189×841	841×594	594×420	420×297	297×210
c(최소) 테두리선	10	10	10	5	5
d (최소) 묶지 않음	10	10	10	5	5
묶음	25	25	25	25	25

[계획]

07 낮은 온도로 난방시간을 길게 하는 것이 결로방지에 효과적이다.

08 스킵플로어형 주택은 단면이 반 층씩 어긋나 있는 형태로 일반적인 주택에 비해 구조와 설비가 복잡하다.

09 초등학생은 신체가 작아 계단의 높이를 16cm 이하로 한다.

10 수직선은 고결, 희망, 상승, 긴장, 종교적 느낌을 준다. 안정감은 수평선이 주는 느낌이다.

11 주방의 ㄷ자형 작업대는 공간을 많이 차지하는 단점이 있으나 동선이 짧아 작업의 효율이 높다.

12 건축법상 6층 이상으로 연면적 2,000m² 이상인 건축물은 승강기를 설치해야 한다.

13 층이 명확하지 않은 건축물의 층 구분은 4m를 1개 층으로 산정한다.

14 먼셀표색계의 기본 5색
빨강(R), 노랑(Y), 녹색(G), 파랑(B), 보라(P)

15 주택의 동선은 독립적인 공간을 확보하는 것이 좋다.

16 스킵플로어형은 각 층을 반씩 엇갈리게 배치하는 형식으로, 경사진 대지 형태를 그대로 활용할 수 있다.

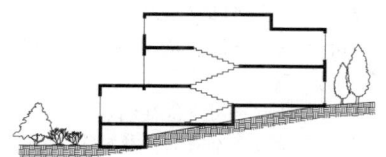

17 • 균형 : 시각적인 균형을 이루면 안정감을 준다.
• 강조 : 형태나 색상, 패턴 등을 달리하여 특정 부분을 부각시킨다.
• 통일 : 공통요소를 일관되게 사용하여 전체가 조화를 이루게 한다.

[재료일반]

18 MDF는 Medium Density Fiber board의 약자로, 목질재료, 목섬유, 접착제를 고온·고압으로 성형하여 조직이 치밀하고 강도가 우수하다.

19 목재의 공극률=1-(절대건조비중/1.54)×100
∴ 1-(0.95/1.54)×100=약 38%

20 콘크리트의 강도는 물시멘트비와 관계가 깊다.

21 혼합시멘트의 종류로는 플라이애시, 포졸란, 고로슬래그 등이 있다.

22 안산암은 화성암으로 분류된다.

23 FRP는 Fiberglass Reinforced Plastic의 약어로, 폴리에스테르수지(열경화성)의 성형품이다.

24 테라코타는 장식용 점토제품이다.

25 1.5B 공간쌓기(1.0B+공기층+0.5B)의 두께
1.0B=190, 공기층=75, 0.5B=90
∴ 190+75+90=355mm

26 • 오토클레이브 콘크리트 : 패널과 블록으로 만들어진 콘크리트
• 프리스트레스트 콘크리트 : 피아노강선을 이용한 콘크리트
• 레디믹스트 콘크리트 : 현장으로 운반하면서 비비는 콘크리트

27 재료의 가공성은 원자재를 건축재로 사용할 수 있도록 형태와 크기에 맞게 만드는 과정의 용이한 정도를 말한다(석재보다 목재가 가공성이 우수함).

28 점토제품의 품질은 압축강도와 흡수율이 기준이 된다. 압축강도는 높을수록, 흡수율은 낮을수록 우수한 제품이다.
   - **점토의 흡수율** : 자기＜석기＜도기＜토기
   - **점토의 압축강도** : 자기＞석기＞도기＞토기

29 시멘트는 창고에 입하된 순서대로 사용해야 하므로 개구부에서 멀리 있는 시멘트부터 사용해야 한다.

30 실리카 시멘트
   장기강도가 우수하며 수밀성과 해수에 대한 저항성이 우수하다.

31 로터리 베니어 방식

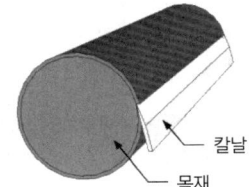

로터리 베니어의 합판제조는 80~90% 정도를 차지한다.

32 • **이형벽돌** : 일반벽돌과 치수, 형태가 다른 벽돌
   • **포도벽돌** : 도로 포장용 벽돌
   • **내화벽돌** : 내화점토로 만든 벽돌

33 • **흄관** : 철근콘크리트로 만든 원통형 관
   • **듀리졸** : 폐목재를 가공한 두꺼운 판이나 블록
   • **플렉시블 보드** : 유연성이 우수한 판

34 탄소함량이 많을수록 강도는 좋아지나 연신율은 낮아진다.

35 금속에 발생된 녹은 시공 전에 바로 제거해야 한다.

36 도장(페인트)의 목적과 성능
   방습, 방청, 방식

[일반구조]

37 가새는 사선으로 대는 빗재로 주로 수평력에 저항한다.

38 목구조는 철근콘크리트구조, 벽돌구조, 철골구조에 비해 내화도가 낮다.

39 지붕물매(경사)의 결정요소
   건물의 용도, 간사이, 지붕재료, 기후 등

40 블록구조에 테두리보는 세로철근을 정착하여 구조를 보강할 수 있다.

41 • **습식구조** : 철근콘크리트구조, 블록구조, 벽돌구조
   • **건식구조** : 목구조

42 목구조 건축물에서 상층과 하층을 통한 하나로 된 기둥을 통재기둥이라 한다.

43 현수구조와 사장구조는 케이블을 통해 하중을 기둥으로 전달한다.

44 거푸집은 여러 번 반복 사용하는 것이 좋으며, 철제 거푸집은 약 100회까지 사용이 가능하다.

45 • **판보** : 큰 보가 필요한 경우에 사용되는 조립보
   • **트러스보** : 간사이가 15m를 넘는 경우 사용
   • **래티스보** : 플랜지에 ㄱ자 형강을 대고 웨브재를 45°, 60° 내외의 경사각도로 접합한 것으로, 작은 규모의 지붕틀 등에 사용

46 달대공은 왕대공 지붕틀의 수직부재이다.

47 • **층두리 아치** : 아치를 겹으로 쌓은 아치
   • **본아치** : 벽돌을 사다리꼴 모양으로 제작

48 부동침하의 원인으로는 이질지정, 연약한 지반, 지하수위, 주변의 깊은 굴착 등이 있다.

49 단순보는 1개의 부재가 2개 지점에 지지되어 걸쳐진다.

50 • **잠실종합운동장** : 철근콘크리트구조
   • **파리 에펠탑** : 철골(트러스)구조
   • **상암 월드컵경기장** : 막구조

51 • **폭렬** : 콘크리트의 표면이 비산해서 단면이 손상되는 현상
   • **컬럼쇼트닝** : 기둥의 축소량
   • **크리프** : 하중의 증가 없이 시간이 경과하면서 변형이 증대되는 현상

52 2방향 슬래브의 장변은 단변길이의 2배를 넘지 않는다.

53 주각은 철골구조의 기둥부분이며, 데크 플레이트는 바닥판 재료에 해당된다.

54 • 아치 : 상부 하중을 수직 방향의 압축력으로 전달되도록 곡선으로 쌓은 구조
• 트러스 : 부재가 삼각형 모양으로 조립된 구조
• 버트레스 : 외벽의 바깥쪽에 보강을 목적으로 쌓은 부벽

55 • 주두 : 기둥 상부에 위치해 상부 하중을 전달
• 스터럽 : 보의 늑근으로 주근의 좌굴을 방지
• 후프 : 기둥의 대근으로 압축강도를 증대

[설비]

56 압력탱크식 급수방식의 단점
• 공급압력이 일정하지 않다.
• 전력공급이 차단되면 급수가 불가능하다.
• 수도직결방식에 비해 위생적이지 않다.

57 • 스프링클러 : 건축물 내부 천장에 설치
• 연결살수설비 : 송수관을 통해 물을 공급받아 소화
• 옥내소화전설비 : 건물 내부 벽면에 설치되는 소화전

58 1200형 에스컬레이터는 탑승폭이 1,200mm로 수송능력은 시간당 9,000명 정도이다(800형은 시간당 6,000명).

59 • 낙수받이 : 선홈통에서 나오는 빗물을 받는 돌
• 루프드레인 : 옥상이나 지붕 위 홈통 입구에 설치되어 이물질을 거르는 철물
• 석면 슬레이트 : 시멘트와 석면을 사용한 지붕용 제품

60 • 절연 : 전기나 열이 통하지 않게 하는 수단
• 피뢰 : 낙뢰의 피해를 예방하기 위한 수단
• 피복 : 고무와 같은 절연체로 전선을 보호하는 수단

CBT 기출 2019년 제1회 정답 및 해설

01	02	03	04	05	06	07	08	09	10	11	12	13	14	15
③	①	②	③	④	①	③	③	③	②	④	③	③	③	①
16	17	18	19	20	21	22	23	24	25	26	27	28	29	30
③	③	①	④	③	③	③	③	①	③	③	③	④	③	④
31	32	33	34	35	36	37	38	39	40	41	42	43	44	45
③	②	①	③	①	④	④	③	②	①	④	③	③	①	①
46	47	48	49	50	51	52	53	54	55	56	57	58	59	60
①	③	③	①	①	③	②	③	④	①	①	②	③	④	④

01 플로어링 합판 및 파키트리 블록과 패널은 바닥 재료로 많이 사용된다.

02 • 응회암 : 화산재가 굳어서 생성, 건물의 벽 재료로 사용
• 사문암 : 변성암으로 제철용이나 장식용으로 사용
• 안산암 : 화산암으로 건축 지붕재로 사용

03 • 노동공간 : 육체적인 노동이 행해지는 공간
• 개인공간 : 프라이버시가 확보되는 사적인 공간
• 사회공간 : 가족구성원과 소통하는 공간

04 주방 작업대의 배치
• L자형(ㄴ자형) : L자형의 싱크를 벽면에 배치하고 남은 공간을 식탁을 두어 활용할 수 있다.
• 일자형(직선형) : 규모가 작은 좁은 면적의 주방에 적절하며 동선이 길어질 수 있는 단점이 있다.

- 아일랜드형(섬형) : 주방 가운데 조리대와 같은 작업대를 두어 여러 방향에서 작업할 수 있다.

05 2.0B 쌓기=1.0B(190)+줄눈(10)+1.0B(190)
   = 390

06 - 소성 : 외력을 가했을 때 한계에 도달하면 외력이 없어도 변형이 증대되는 성질
   - 연성 : 늘어나는 성질
   - 점성 : 유체 내에서 서로 접촉하는 정도로 끈끈한 성질

07 비중 = $\dfrac{물체의\ 밀도}{물의\ 밀도}$
   물의 밀도가 $1g/cm^3$이고, 특정 물체의 밀도가 $1kg/m^3$라면 물의 밀도 $1g/cm^3$를 $1,000kg/m^3$로 대입하여 비중을 구한다.
   ⇨ $\dfrac{1kg/m^3}{1g/cm^3}$ → $\dfrac{1kg/m^3}{1,000kg/m^3}$ = 0.001

08 멀티존 유닛방식은 공기조화기에서 냉풍과 온풍을 생성해 혼합하는 방식이다.

09 - 오일 포집기 : 배수의 오일류를 거름
   - 헤어 포집기 : 머리카락을 거름
   - 플라스터 포집기 : 금속조각이나 플라스터를 거름

10 빗줄눈과 오목줄눈은 줄눈 모양의 종류이며, 통줄눈은 줄눈이 통하게 되어 하중 분산이 균등하지 못하다.

11 스티프너는 형강보에서 웨브의 좌굴을 방지하기 위한 보강재이다.

12 경석고 플라스터는 킨즈 시멘트라고도 불리며 무수석고가 주재료이다.

13 - H형강기둥 : 단일재인 H형강을 사용
   - 래티스기둥 : 형강을 조립한 기둥
   - 강관기둥 : 강관을 사용한 기둥

14 벽돌 내쌓기
   1단씩 내쌓을 경우 1/8B, 2단씩 내쌓을 경우 1/4B로 하며, 총내쌓기 한도는 2.0B로 한다.

15 납(Pb)은 X선 차단 효과가 우수하다.

17 - 탄성 : 외력을 가했다가 제거하면 다시 원형으로 복원되는 성질
   - 소성 : 외력을 가했다가 제거해도 다시 원형으로 복원되지 않는 성질
   - 외력 : 외부의 요인으로 작용되는 힘

19 엔드탭은 용접작업 시 결함이 생기지 않도록 하는 보조도구이다.

20 - 다이닝(dining) : 식당
   - 키친(kitchen) : 주방

21 큰 건물에 비해 작은 건물일수록 벽량을 감소시킨다.

22 에스컬레이터의 수송능력은 엘리베이터의 10배 정도이다.

23 부동침하의 원인으로는 연약층, 증축, 경사지반, 지하수위, 주변 건축물의 토목공사 등이 있다.

24 트러스의 제작은 삼각형이나 사각형 모양으로 한다.

25 - 홑마루 : 보를 사용하지 않고 마룻널을 깐 마루
   - 보마루: 보를 설치하고 장선 위에 마룻널을 깐 마루
   - 동바리마루 : 동바리 구조로 설치한 마루

26 조적식 구조의 내력벽 공간은 $80m^2$ 이하로 한다.

27 - 본아치 : 쐐기모양의 벽돌을 제작하여 사용
   - 거친 아치 : 줄눈을 쐐기모양으로 하고 일반 벽돌을 사용
   - 막만든 아치 : 일반 벽돌을 쐐기모양으로 다듬어 사용

28 - 점토제품의 소성온도 : 자기>석기>도기>토기
   - 점토제품의 흡수율 : 토기>도기>석기>자기

29 유사한 배열을 사용해 연속되게 보이면서 방향성을 나타내는 것은 연속성과 관련된다.

30 데크 플레이트는 얇은 강판을 절판모양으로 만든 바닥용 자재이다.

31 가새는 목조벽에 대각선 45° 정도로 연결하여 수평력을 보강한다.

32 코펜하겐리브는 수장재료로 극장, 강당 등에 음향조절 및 장식용 마감재로 사용된다.

33 건축용 단열재의 조건
- 열전도율이 낮아야 한다.
- 흡수율이 낮고 비중이 작아야 한다.
- 내화성, 내부식성이 좋아야 한다.
- 가공, 접착 등의 시공성이 좋아야 한다.

34 황금비는 어떤 길이를 둘로 나누었을 때 짧은 부분과 긴 부분의 비와 긴 부분과 전체 길이의 비가 1 : 1.618인 비율이다.

35 대리석, 석회암, 화강암의 내화도는 약 800℃로 낮은 편이다.

36 건축화 조명이란 건축의 일부분인 기둥, 벽, 바닥과 일체가 되어 빛을 발산하는 조명을 말한다. 펜던트는 천장에 매단 형식으로 직접조명에 가깝다.

37 반원아치의 이맛돌 위치

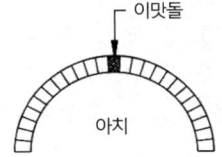

38 한국산업규격 분류기호
- B : 기계
- D : 금속
- H : 식료품

39 건축재료 중 가공이 용이한 것은 구조용으로 사용된다.

40 골재는 시멘트풀의 최대 강도 이상인 것을 사용한다.

41 시멘트의 분말도가 크면 균열의 원인이 된다.

42 단면도는 건축물을 수직으로 절단된 단면을 표현한 것으로 높이와 관련된 층높이, 창대높이, 반자높이 등 높이 정보를 알 수 있다.

43
- 도장재료 : 물체 표면에 칠을 하여 피막을 형성하는 재료
- 역청재료 : 방수, 방부, 포장에 사용되는 재료

- 방수재료 : 물, 수분, 습기의 침입이나 투과를 방지하기 위한 재료

44 V=목재의 공극률
W=목재의 절건비중
1.54=목재의 비중

45 건축도면에 표기되는 숫자는 아라비아 숫자를 사용한다.

46 소점은 Vanishing Point로 물체의 축이 평행으로 멀어지면서 수평선상에 모이는 점이다.

47 대수선은 주요 구조체인 기둥, 보, 내력벽, 주계단 등을 크게 수선하는 것을 말한다. 장막벽은 비내력벽으로 주요 구조체에 해당되지 않는다.

48
- 공동주택 : 아파트, 연립주택, 다세대주택, 기숙사 등
- 단독주택 : 단독주택, 다중주택, 다가구주택, 공관 등

49 일반적인 허용응력은 기준강도를 안전율로 나눈 값이다.

50
- 청동 : 구리와 주석의 합금
- 황동 : 구리와 아연의 합금

51 보통 포틀랜드 시멘트의 응결시간은 초결 60분 이상, 종결 10시간 이하로 한다.

52
- 스크래치 타일 : 타일 표면에 스크래치를 내어 강한 질감을 표현한 타일
- 모자이크 타일 : 크기가 작은 타일로 욕실바닥이나 벽에 사용
- 논슬립 타일 : 미끄럼 방지 타일

53 페놀수지, 에폭시수지, 폴리에스테르수지는 열경화성 수지다.

54 개구부 설치 시 문골과 그 위 문골의 수직거리는 60cm 이상으로 한다.

55 휨모멘트나 전단력에 저항하는 부분의 단면적을 크게 설계하는 것을 헌치라 한다.

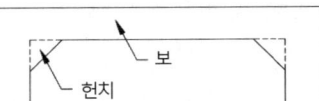

56 주근의 좌굴을 방지하는 철근은 늑근(스터럽)이다.

57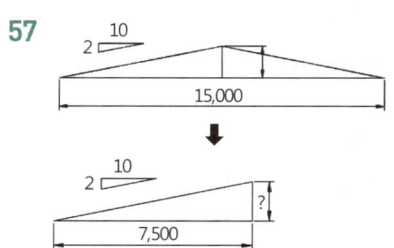

물매기준(10) : 물매(2)＝간사이(7500) : 높이(x)
10 : 2＝7,500 : x → $10 \times x = 2 \times 7,500$
$10x = 15,000$ → $x = 15,000/10$ → $x = 1,500$mm
→ 150cm → 1.5m

58 증기난방은 복사난방인 온수난방에 비해 난방의 쾌감도가 낮다.

59 돌음계단은 계단의 모양에 따른 분류에 해당된다.

60 막구조 : 두께가 얇고 무게가 가벼운 막을 씌운 구조로 넓은 공간의 지붕구조로 사용하면 효과적이다.

CBT 기출 — 2019년 제2회 정답 및 해설

01	02	03	04	05	06	07	08	09	10	11	12	13	14	15
③	③	③	②	②	②	④	②	②	③	④	④	④	③	②
16	17	18	19	20	21	22	23	24	25	26	27	28	29	30
③	③	④	③	①	①	②	③	④	①	③	④	①	②	③
31	32	33	34	35	36	37	38	39	40	41	42	43	44	45
④	④	①	①	②	③	②	①	①	③	②	④	②	①	④
46	47	48	49	50	51	52	53	54	55	56	57	58	59	60
③	③	②	③	②	①	④	③	④	③	①	③	①	②	④

01 • 처마도리 : 지붕보 위에 걸쳐대어 서까래를 받침
• 샛기둥 : 기둥과 기둥 사이의 작은 기둥
• 꿸대 : 달대와 달대를 연결하는 수평재

02 2방향 슬래브의 장변은 단변 길이의 2배를 넘지 않는다.

03 PC구조(Precast Concrete)는 콘크리트를 공장에서 생산해 균질한 품질의 시공이 가능하다.

04 철근콘크리트의 피복은 콘크리트 내부에 배근된 철근을 보호하고 내화성과 부착응력을 높인다.

05 침입도(針入度) : 규정된 온도, 하중, 시간에 침이 시험재료 속으로 침투되는 길이를 측정

06 유성페인트, 래커, 에나멜은 불투명 도료이다.

07 • 천연재료 : 흙, 모래, 자갈, 목재
• 인공재료 : 유리, 시멘트, 철근

08 석고보드는 온도나 습도에 의한 수축 및 변형이 적어 내장공사에서 벽이나 천장에 많이 사용된다.

09 콘크리트 보양 시 수분이 공급되면 강도가 증가한다.

10 주석은 도금하여 식료품이나 캔음료의 방식 피복재로 사용된다.

11 AE제 : 콘크리트에 미세 기포를 생성하는 혼화제로, 많이 사용하면 단면적이 감소해 강도가 떨어진다.

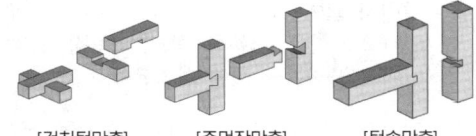

12 제도용지의 크기(A사이즈)

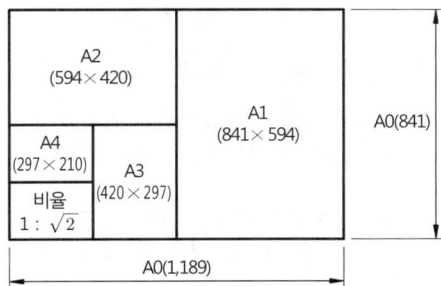

13 드렌처는 수막 형성으로 화재가 주변으로 번지는 것을 방지한다.

14 굵은선은 단면이나 외형선을 표시할 때 사용된다.

15 건폐율 : 건축면적/대지면적×100

16 계단실(hall)형은 엘리베이터 정지층에 2가구만 사용하므로 효율이 낮다

17 여닫이 창호에 필요한 철물은 경첩, 도어클로저, 자물쇠 등이며, 레일과 호차는 미닫이 창호에서 사용된다.

18 ① **오픈키친**(open kitchen) : 주방을 볼 수 있도록 개방된 주방 형식
② **리빙키친**(living kitchen) : 리빙 키친은 거실과 주방을 겸하는 구조로 소규모 주택에 사용된다.
③ **다이닝키친**(dining kitchen) : 주방 일부에 식당을 배치한 구성으로 가사노동을 줄일 수 있다.

19 목구조에 사용되는 가새는 45°로 설치하는 것이 가장 이상적이다.

20 1.0B 공간쌓기(0.5B+공기층+0.5B)의 두께
0.5B=90, 공기층=75, 0.5B=90
→ 90+75+90=255mm

21

[걸침턱맞춤] [주먹장맞춤] [턱솔맞춤]

22 보강콘크리트블록조의 벽량은 $15cm/m^2$ 이상으로 한다.

23 **프리스트레스트 콘크리트** : PS콘크리트라고도 하며 고강도 피아노 강선의 인장력을 사용하여 만든다.

24 **침엽수** : 삼나무, 전나무, 소나무, 잣나무, 삼송나무

25 • **소성** : 외력을 가했을 때 한계에 도달하면 외력이 없어도 변형이 증대되는 성질
• **연성** : 늘어나는 성질
• **점성** : 유체 내에서 서로 접촉하는 정도로 끈끈한 성질

26 비중이란 어떤 물질의 질량과 이 물질과 같은 부피를 가진 물질의 질량과의 비율이다(물의 밀도 $1g/cm^3$는 $1000kg/m^3$와 같음).
물체의 비중
$$\frac{1kg/m^3}{1g/cm^3} \rightarrow \frac{1kg/m^3}{1000kg/m^3}=0.001$$

27 ① 황동=구리+아연
② 청동=구리+주석
③ 포금=구리+주석+아연+납

28 • **스테인드글라스** : 색판 조각을 붙여 만든 색유리로 성당, 교회의 장식용
• **유리블록** : 유리를 블록모양으로 만든 것으로 장식용으로 사용
• **복층유리** : 2장의 유리를 공기층을 두어 만든 유리로 단열효과가 우수하다.

29 접는 도면의 크기는 A4용지 크기를 원칙으로 한다.

30 • **공동주택** : 아파트, 연립주택, 다세대주택, 기숙사 등
• **단독주택** : 단독주택, 다중주택, 다가구주택, 공관 등

31 플러시 밸브식 : 세정방식의 하나로 세정밸브식이라고도 한다. 사무실, 학교, 백화점 등 많은 사람이 사용하는 시설에 설치된다.

32 건축제도에서 사용되는 단위는 mm를 원칙으로 한다.

33 건축법상 건축이란 신축, 증축, 개축, 재축, 이전하는 것을 말한다.

34 띠철근(대근)은 철근콘크리트 기둥의 주근을 둘러감아 주근의 좌굴을 방지하고 결속한다.

35 • 감잡이쇠 : 띠쇠를 ㄷ자 모양으로 만든 것으로 평보와 왕대공의 맞춤에 사용
• ㄱ자쇠 : 띠쇠를 ㄱ자 모양으로 만든 것으로 수평재와 수직재의 맞춤에 사용
• 안장쇠 : 안장 모양으로 큰 보와 작은 보 접합 시 사용

36 도어체크 : 여닫이문 상부에 설치되어 문이 부드럽게 열리고 닫히게 하는 장치

37 조립식 구조는 부품을 조립해야 하므로 접합부를 일체화하기 어렵다.

38 프라이머는 주재료를 시공하기 전 접착력을 증대시키기 위해 바탕재료로 사용된다.

39 파티클보드는 방충성과 방부성이 우수하다.

40 목재의 건조법
• 자연건조 : 목재를 대기나 흐르는 물에 건조
• 인공건조 : 증기, 훈연, 절연, 진공, 고주파 등

41 콘크리트는 철근과 철골의 접착력이 매우 우수하여 구조용으로 광범위하게 사용된다.

42 편복도형은 복도를 따라 여러 주호가 배치되어 있는 구조이다. 엘리베이터 또한 주호와 연결된 복도에 도달하는 방식이므로 효율이 높다.

43 선의 사용
• 단면선 : 굵은실선
• 중심선 : 1점쇄선
• 상상선 : 2점쇄선

44 단일덕트방식은 냉풍과 온풍을 혼합하는 상자가 필요 없고 각 실의 부하변동 대응이 어렵다.

45 색의 명시도는 색 구분에 의한 시각적인 것으로 질감은 큰 영향을 주지 못한다.

46 동선의 3요소 : 속도(길이), 빈도, 하중

47 ① 숫자는 아라비아 숫자를 원칙으로 한다.
② 문장은 왼쪽에서부터 오른쪽 쓰기를 원칙으로 한다.
④ 4자리 이상의 수는 3자리마다 휴지부를 찍거나 간격을 띄우는 것을 원칙으로 한다.

48 층이 명확하지 않은 건축물의 층 구분은 4m를 1개 층으로 산정한다.

49 16m÷200=0.08m → 80mm

50 주택에서 현관의 위치 결정 요인은 다양하지만 인접도로와의 관계를 가장 중요시한다.

51 트러스구조

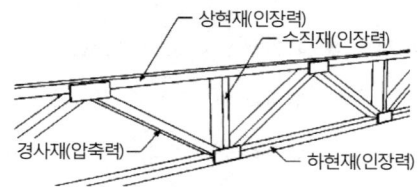

52 콘크리트는 알칼리성이므로 수성페인트나 합성수지 도료가 많이 사용된다.

53 목재의 단점
• 불에 약하다.
• 목재의 결 방향에 따른 강도의 편차가 크다.
• 함수율에 따라 수축과 팽창이 크다.

54 소규모 주택의 거실에 주방과 식사실을 꾸미기에는 LDK(living-dining-kitchen)가 이상적이다.

55 창호기호의 첫 번째 문자는 재료, 두 번째 문자는 창(W)과 문(D)을 구분한다.
① WW : 목재창
② PD : 합성수지문
④ SD : 스틸문

56 • 제1종 환기법 : 송풍기와 배풍기를 사용
• 제2종 환기법 : 송풍기와 자연배기를 사용
• 제3종 환기법 : 자연급기와 배풍기를 사용

57
- **평면도** : 바닥에서 1.2~1.5m 높이에서 횡으로 잘라 위에서 바라본 도면
- **배치도** : 본 건축물 이외에 대지의 시설물이나 도로 현황을 위에서 바라본 도면
- **단면도** : 건축물을 수직으로 자른 단면을 표현한 도면

58 건축설계의 진행과정
조건파악 → 기본계획 → 기본설계 → 실시설계

59 건설(토목·건축) – F
금속 – D
전기전자 – C

60
- **타운하우스(town house)** : 공동의 부지에 여러 가구가 들어선 저층의 집합주택
- **로우하우스(low house)** : 규모가 작은 창고 형식의 건축물
- **코트야드하우스(courtyard house)** : 주택 중앙에 정원이 있는 중정형 주택

CBT 기출 2019년 제3회 정답 및 해설

01	02	03	04	05	06	07	08	09	10	11	12	13	14	15
④	③	②	③	③	③	①	④	①	②	③	①	③	②	④
16	17	18	19	20	21	22	23	24	25	26	27	28	29	30
②	②	③	③	③	④	③	②	②	④	①	③	②	②	③
31	32	33	34	35	36	37	38	39	40	41	42	43	44	45
④	③	④	④	①	②	③	③	①	②	③	③	③	④	④
46	47	48	49	50	51	52	53	54	55	56	57	58	59	60
②	④	③	③	③	③	①	②	②	③	③	①	③	②	④

01 건축법상 건축에 해당되는 것은 신축, 증축, 개축, 재축, 이전이다.

02 병렬형 주방은 11자 형태로 양쪽에 작업대가 있는 형태다.

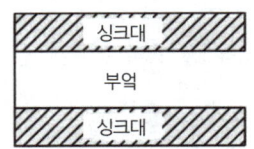

03 세면기를 사용하기 편한 일반적인 높이는 750mm 정도이다.

04
- **공동주택** : 아파트, 연립주택, 다세대주택, 기숙사
- **단독주택** : 다가구주택, 단독주택, 공관

05 어떤 길이를 둘로 나누었을 때 짧은 부분과 긴 부분의 비와 긴 부분과 전체 길이의 비가 1 : 1.618인 비율이다.

06 층이 명확하지 않은 건축물의 층 구분은 4m를 1개 층으로 산정한다.

07 식욕을 돋우는 색상은 난색계열(주황, 빨강)이다.

08 소규모 주택은 거실에 주방과 식사실을 꾸미는 LDK(Living-Dining-Kitchen)가 이상적이다.

09 대비는 서로 다른 요소의 조합으로 시각적으로 강한 인상을 준다.

10 동선계획은 사람이나 물건이 이동되는 것을 계획하는 것으로 공간의 배치(layout)와 관계가 깊다.

11 플로어링 합판 및 파키트리 블록과 패널은 바닥재료로 많이 사용된다.

12 • 로이유리 : 유리 표면에 금속을 코팅한 것으로 열의 이동을 방지하는 에너지 절약형 유리
 • 유리블록 : 유리를 블록모양으로 만든 것으로 장식용으로 사용
 • 복층유리 : 2장의 유리 사이에 공기층을 두어 단열효과가 우수하다.

13 도기는 1,100~1,250℃에서 소성된 것으로 타일이나 위생도기 등의 제품에 많이 사용된다.

14 시멘트의 강도는 분말도, 풍화 정도, 보온양생, 물시멘트비에 영향을 받는다.

15 콘크리트나 모르타르의 표면에는 내알칼리성인 수성페인트를 많이 사용한다.

16 • 점판암 : 지붕재
 • 화강암 : 내·외장 및 구조재
 • 안산암 : 구조재, 조각재

17 사용목적에 따른 건축재료의 구분
 • 구조재료
 • 마감재료
 • 차단재료
 • 방화 및 내화재료

18 목재의 공극률 : $(1-0.3/1.54) \times 100\% = 80.5\%$

19 비중이란 어떤 물질의 질량과 이 물질과 같은 부피를 가진 물질의 질량과의 비율이다.
 물의 밀도는 $1g/cm^3 (1,000kg/m^3)$로,
 $$\frac{1kg/m^3}{1g/cm^3} \rightarrow \frac{1kg/m^3}{1000kg/m^3} = 0.001$$

20 우리나라의 표준형 벽돌 : 190mm×90mm×57mm

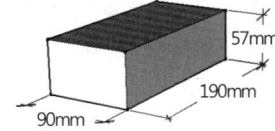

21 • 차음률 : 음을 얼마나 차단하느냐 하는 성질
 • 흡음률 : 음을 얼마나 흡수하느냐 하는 성질

22 벽이나 천장에 사용되는 건축재료는 열전도율이 작은 것이 좋다.

23 • 점판암 : 지붕재료
 • 테라코타 : 장식재로 사용되는 점토제품
 • 석회암 : 시멘트의 원료

24 합판 제조방법
 • 로터리 베니어 : 회전시켜 만드는 로터리 방식이 생산율이 높아 가장 많이 사용된다.
 • 슬라이스 베니어 : 대팻날로 상하, 수직 또는 좌우, 수평으로 이동해 얇게 절단하는 방식이다.
 • 소드 베니어 : 얇게 톱으로 켜내는 방식으로 무늬를 아름답게 만들 수 있다.

25 시멘트 제품은 적당한 온도와 습도가 유지되는 환경에서 양생시키는 것이 좋다.

26 알루미늄은 산과 알칼리에 침식된다.

27 재료에 산화철 성분이 많으면 적색을 띤다.

28 신축 방향성이 큰 것은 연질 섬유판이다.

29 • 전성 : 재료가 외력을 받으면 넓게 펴지는 성질
 • 경도 : 재료의 단단한 정도
 • 취성 : 재료가 외력을 받으면 파괴되는 성질

30 • 무기질 재료 : 흙, 금속, 점토, 시멘트 등
 • 유기질 재료 : 목재, 섬유판, 아스팔트, 합성수지 등

31 • 방화구조 : 불의 확산을 방지하는 구조
 • 내화구조 : 구조체가 화재로 인해 연소되지 않는 구조
 • 방공구조 : 공중에서 떨어지는 낙하물의 피해를 막는 구조

32 철근콘크리트의 전단철근 간격은 최대 600mm 이하로 한다.

33 현수구조

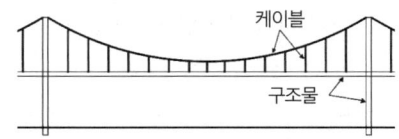

34 헌치 : 철근콘크리트구조에서 하중이 집중되는 부분은 단면의 두께를 더 두껍게 하여 손상되는 것을 방지하는데, 이를 헌치라 한다.

35
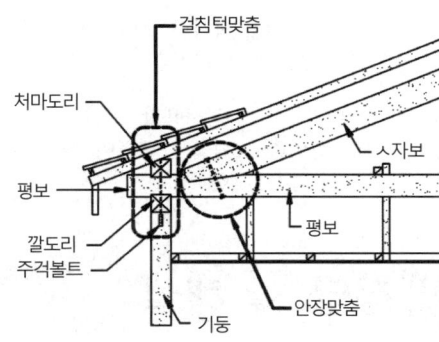

36 • 공기막구조 : 공기의 압력으로 막을 지지
• 현수막구조 : 막에 케이블을 연결하여 지지
• 골조막구조 : 골조로 막의 무게를 지지
• 하이브리드 막구조 : 골조막, 현수막, 공기막을 복합적으로 구성

37 바깥벽 0.5B=90mm, 공간(단열) 80=80mm, 안벽 1.0B=190mm
→ 90mm+80mm+190mm=360mm

38 • 플랜지 : 휨응력에 저항하는 부재
• 거싯 플레이트 : 부재 접합에 사용하는 보강재
• 리브 : 단면이 얇은 부분에 덧대는 보강재

39 온통기초는 지하실과 같이 바닥 전체를 철근콘크리트로 하는 구조로 매트기초라고도 한다.

40 가새 : 기둥의 상부와 기둥의 하부를 대각선 빗재로 고정해 수평외력에 저항하는 가장 효과적인 보강재이다.

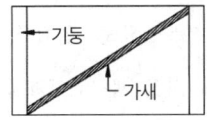

41 주각은 철골구조의 기둥부분이며, 데크 플레이트는 바닥판 재료에 해당된다.

42 조적식 구조인 내력벽의 기초벽은 두께 최소 250mm 이상을 원칙으로 한다.

43 목조 테두리보를 설치할 수 있는 경우는 건축물의 규모가 작은 1층 건물로서 벽두께가 높이의 1/16 이상이거나 벽 길이가 5m인 경우에 가능하다.

44 입체트러스(스페이스 프레임)의 특징
• 축방향력으로만 응력을 전달하기 위하여 절점은 항상 자유로운 핀(pin) 집합으로만 이루어져야 한다.
• 구조계산 시 풍하중과 적설하중을 고려해야 한다.
• 기하학적인 곡면은 구조적 결함이 적어 주로 곡면 형태로 제작된다.
• 구성부재를 규칙적인 3각형으로 배열하면 구조적으로 안정이 된다.

45 벽돌조의 내력벽 두께는 벽 높이의 1/20 이상으로 한다.

46 2방향 슬래브 : 장변의 길이가 단변의 2배 이하

47 늑근은 중앙부보다 단부에서 촘촘하게 배치하는 것이 원칙이다.

48 장방형 바닥 슬래브의 단변에 배근되는 철근은 주근(인장철근), 장변에 배근되는 철근은 부근(배력근)이다.

49 현수구조 : 주요 구조체를 케이블을 사용해 매다는 방식으로 사장구조 등이 있다.

50 기성 콘크리트말뚝의 중심 간 거리는 말뚝직경의 2.5배 이상, 750mm 이상으로 한다.

51 16m=1,600cm=16,000mm
→ 16,000mm÷200=80mm

52 단일덕트방식은 냉풍과 온풍을 혼합하는 상자가 필요 없고 각 실의 부하변동 대응이 어렵다.

53 • 스프링클러(sprinkler) : 배관을 천장으로 연결하여 천장면에 설치된 분사기구로 발화 초기에 작동하는 자동소화설비
• 연결살수설비 : 소방용 펌프차에서 송수구를 통해 보내진 압력수로 소화하는 설비
• 옥내소화전 : 옥내 벽에 설치되는 소화전으로 호스와 노즐이 보관됨

54 연결살수설비 : 지하층의 화재진압에 사용되는 설비로 송수구를 통해 물을 공급받아 화재를 진압한다.

55 LP가스는 공기보다 무거워 누설되면 폭발 위험성이 있다.

56 에스컬레이터의 수송능력은 엘리베이터의 10배 정도이다.

57 굵은선은 단면이나 외형선을 표시할 때 사용된다.

58 • 입면도 : 건물의 외관(벽)을 직각 방향에서 바라본 것을 표현
• 전개도 : 건물 실내 벽을 직각 방향에서 바라본 것을 표현

59 건축의 기초부분을 작성할 때는 가장 먼저 테두리선을 긋고 표제란을 작성한다.

60 잉크는 다양한 색상을 사용할 수 있으며 묘사도구 중 가장 선명하고 깨끗한 표현이 가능하다.

CBT 기출 — 2020년 제2회 정답 및 해설

01	02	03	04	05	06	07	08	09	10	11	12	13	14	15
④	②	②	③	③	①	④	④	③	①	③	①	④	①	③
16	17	18	19	20	21	22	23	24	25	26	27	28	29	30
①	④	③	④	③	③	①	①	①	①	①	③	④	③	②
31	32	33	34	35	36	37	38	39	40	41	42	43	44	45
①	③	④	④	②	④	②	③	④	③	①	①	②	②	①
46	47	48	49	50	51	52	53	54	55	56	57	58	59	60
①	①	①	④	①	②	③	④	②	③	②	④	①	①	①

01 벽돌의 내쌓기 : 1켜씩은 1/8B, 2켜씩은 1/4B이며 최대 2.0B 정도로 한다.

02 • 골조구조 : 기둥과 보를 사용한 구조
• 린텔구조 : 인방구조
• 트러스구조 : 부재를 삼각형 모양으로 조립한 구조

03 • 층두리아치 : 넓은 공간에서 층을 겹쳐 쌓은 아치
• 본아치 : 공장에서 쐐기모양으로 만든 벽돌을 사용
• 막만든아치 : 벽돌을 쐐기모양으로 다듬어서 사용

04 벽체(옹벽)의 철근
• 내력벽은 D10 이상의 철근으로 배근한다.
• 개구부에는 D13 이상의 철근을 2개 이상 사용하여 보강한다.
• 내력벽의 두께가 25cm 이상인 경우 복배근으로 한다.

05 물의 밀도는 $1g/cm^3 (1000kg/m^3)$로
$$\frac{1kg/m^3}{1g/cm^3} \rightarrow \frac{1kg/m^3}{1000kg/m^3} = 0.001$$

06 • 계획설계도 : 구상도, 조직도, 동선도, 면적도표 등
• 실시설계도
 - 일반도 : 배치도, 평면도, 입면도, 단면도, 창호도 등
 - 구조도 : 배근도, 부분상세도, 일람표 등

07 테라코타는 장식용으로 사용되는 점토제품이다.

08 $6m \div 30 = 0.2m \rightarrow 200mm$

09 건축의 외부공간도 내부공간과 동일하게 인공적으로 만들어진 환경이다.

10 회반죽에 여물을 넣어주면 배합된 재료가 결속되어 균열을 방지할 수 있다.

11 • 평면형식에 따른 구분 : 홀형(계단식), 복도형, 집중형
 • 주동형식에 따른 구분 : 판상형, 탑상형(타워형), 복합형

12 액화석유가스는 공기보다 무거워 바닥으로 내려앉는다.

13 $THK(T)$ = 두께

14 명시도에 가장 영향을 주는 것은 명도이다.

15 1.5B 쌓기의 두께
1.0B(190) + 모르타르 줄눈(10) + 0.5B(90)
= 290mm

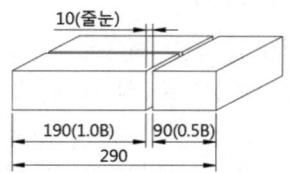

16 고력볼트의 접합에는 마찰접합과 인장접합이 있다.

17 • 막구조 : 케이블과 막을 사용
 • 현수구조 : 케이블을 사용해 하중을 기둥에 전달
 • 셸구조 : 곡면판을 사용한 구조

18 우리나라 건축제도통칙에서는 제3각법을 원칙으로 한다.

19 고가수조방식의 특징
 • 급수압력이 일정하다.
 • 단수 시에도 일정량의 급수를 계속할 수 있다.
 • 대규모의 급수 수요에 쉽게 대응할 수 있다.

20 병렬형 주방은 11자 형태로 양쪽에 작업대가 있는 형태이다.

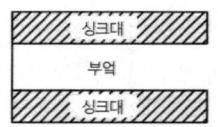

21 점토제품의 소성온도 : 토기 < 도기 < 석기 < 자기의 순으로 소성온도가 높다.

22 테라코타는 점토제품으로 구조용으로는 적합하지 않다.

23 스틸하우스는 벽체의 두께가 얇아 결로현상이 발생될 수 있다.

24 건축용 단열재의 조건
 • 열전도율이 낮아야 한다.
 • 흡수율이 낮고 비중이 작아야 한다.
 • 내화성, 내부식성이 좋아야 한다.
 • 가공, 접착 등의 시공성이 좋아야 한다.

25 한식주거의 가구는 부수적이며 양식주거의 가구는 주요한 요소이다.

26 주각은 철골구조의 기둥부분이며, 데크 플레이트는 바닥판 재료에 해당된다.

27 보기에서 말하는 거실 가구는 소파와 테이블을 뜻한다.

 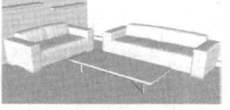
[대면형]   [코너형]

 • 코너형 : ㄱ배치
 • 직선형 : 일자배치
 • 대면형 : 11자 배치
 • 자유형 : 캐릭터나 조형적 형태를 활용한 개성적인 배치

28 현관의 벽체는 고명도 · 고채도의 색채로, 바닥은 저명도 · 저채도의 색채로 계획하는 것이 좋다.

29 바닥 슬래브의 단변에 배근되는 철근은 주근(인장철근), 장변에 배근되는 철근은 부근(배력근)이다.
  * 장방형 : 사각형 모양

30 • 폭렬 : 콘크리트의 표면이 비산해서 단면이 손상되는 현상
 • 컬럼쇼트닝 : 기둥의 축소량
 • 크리프 : 하중의 증가 없이 시간이 경과하면서 변형이 증대되는 현상

31 • 수직하중 : 구조물에 중력 방향(수직)으로 작용하는 힘으로 연직하중이라고도 한다.
 • 수평하중 : 지진, 풍압, 토압 등 수평으로 작용하는 힘
 철골철근콘크리트구조는 철골구조와 철근콘크리트 구조의 장점을 결합한 구조로, 연직하중은 철골, 수평하중은 철골과 철근콘크리트가 부담하는 구조이다.

32 대표적인 구조로는 현수구조인 광안대교가 있다.

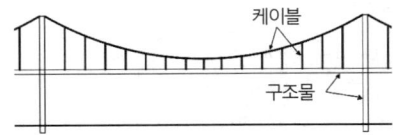

33 면이나 입체를 한정시키는 방법은 여러 선에 의한 묘사이다.

34 • 신축 : 건축물이 없는 대지에 새로 건축물을 축조하는 것을 말한다.
 • 증축 : 기존 건축물이 있는 대지에서 건축물의 건축면적, 연면적, 층수 또는 높이를 늘리는 것을 말한다.
 • 개축 : 기존 건축물의 전부 또는 일부를 철거하고 그 대지에 종전과 같은 규모 범위에서 건축물을 다시 축조하는 것을 말한다.
 • 재축 : 건축물이 천재지변이나 그 밖의 재해(災害)로 멸실된 경우 그 대지에 다시 축조하는 것을 말한다.
 • 이전 : 건축물의 주요 구조부를 해체하지 아니하고 같은 대지의 다른 위치로 옮기는 것을 말한다.

35 지붕물매(경사)의 결정요소
 건물의 용도, 간사이, 지붕재료, 기후 등

36 • 굽힘철근 : 바닥의 중앙부 하부 철근을 상부로 올리는 철근
 • 늑근(스터럽) : 보의 전단력을 보강하는 철근
 • 띠철근(대근) : 기둥 주근의 좌굴을 방지하는 철근

37 • ㅅ자보 : 압축력, 휨모멘트
 • 빗대공 : 압축력
 • 평보 : 인장력, 휨모멘트
 • 중도리 : 휨응력

38 • 탄성 : 외력을 가했다가 제거하면 다시 원형으로 복원되는 성질
 • 소성 : 외력을 가했다가 제거하면 다시 원형으로 복원되지 않는 성질
 • 외력 : 외부의 요인으로 작용되는 힘

39 건축물의 에너지를 절약하기 위해서는 실의 온도와 기능에 지장을 주지 않는 범위 내에서 가능한 한 낮게 한다.

40 플로어링 합판 및 파키트리 블록과 패널은 바닥재료로 많이 사용된다.

41 • 고로 시멘트 : 수화열이 낮고 내구성이 높아 댐, 해안공사에 사용
 • 백색 포틀랜드 시멘트 : 외장 모르타르에 사용
 • AE 포틀랜드 시멘트 : AE제를 사용한 시멘트로 방수성과 내화학성이 우수

42 • 저압 : 600V 이하의 교류, 750V 이하의 직류
 • 고압 : 600V 초과 700V 이하의 교류, 750V 초과 7,000V 이하의 직류

43 창대돌은 창 하부에 두어 미관을 고려하고 우천 시 빗물을 잘 흐르게 한다.

44 도면을 작성할 때 가장 먼저 이루어지는 것은 작성대상이 용지에 맞도록 구도와 축척을 정해야 한다.

45 문선은 문틀과 벽 사이의 벌어진 틈에 덧대어 보기 좋게 한다.

46 • 절판구조 : 강판을 접어 강성이 발휘되는 구조
 • 셀구조 : 곡면판을 사용한 구조
 • 트러스구조 : 2개 이상의 부재를 삼각형 모양으로 연결시킨 구조

47 트러스구조

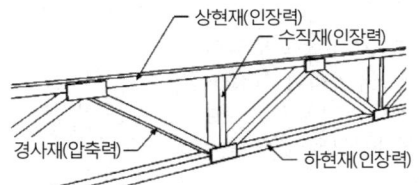

48 대리석, 석회암, 화강암의 내화도는 약 800℃로 낮은 편이다.

49 색의 명시도는 색 구분에 의한 시각적인 것으로 질감은 큰 영향을 주지 못한다.

50 • 제1종 환기법 : 송풍기와 배풍기를 사용
 • 제2종 환기법 : 송풍기와 자연배기를 사용
 • 제3종 환기법 : 자연급기와 배풍기를 사용

51 철근콘크리트 기둥(장방형)의 배근

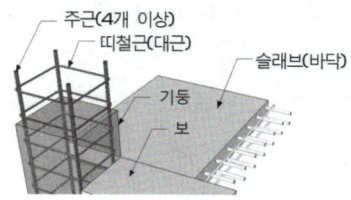

52 • 구내교환설비 : 건물 내부의 상호 간 연락은 물론 내부와 외부를 연락
 • 인터폰설비 : 건물 구내(옥내) 전용의 통화연락 설비

53 • 파선 : 가려지거나 보이지 않는 부분을 표시
 • 가는실선 : 치수선, 지시선, 인출선 등
 • 일점쇄선 : 중심선, 기준선, 경계선 등

54 연속보의 지지점 부근에서는 상부에서 인장력이 작용하므로 상부에 주근을 배근해야 한다.

55 • 석리 : 석재의 표면조직을 뜻하는 것으로, 눈으로 확인할 수 있는 외적인 부분을 뜻한다.
 • 석목 : 석재를 절단하는 데 있어 방향성이 용이한 부분

• 조암광물 : 암석 구분의 기준이 되는 중요한 광물

56 • 구조용재 : 함수율 15%
 • 수장 및 가구용재 : 함수율 10%

57 형강의 가로부분판을 플랜지라 한다.

58 물매기준(10) : 물매(4)＝간사이(3000) : 높이(x)
 $10 : 4 = 3 : x \rightarrow 10 \times x = 4 \times 3$
 $10x = 12 \rightarrow x = 12/10$
 $\therefore x = 1.2$

59 슬럼프콘을 들어 올렸을 때 무너진 값이 슬럼프값이므로 비빔 정도가 묽을수록 슬럼프값은 크다.

60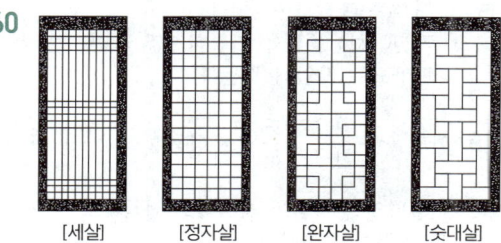

[세살] [정자살] [완자살] [숫대살]

CBT 기출 2020년 제3회 정답 및 해설

01	02	03	04	05	06	07	08	09	10	11	12	13	14	15
①	③	①	②	②	④	④	①	③	②	③	①	④	④	①
16	17	18	19	20	21	22	23	24	25	26	27	28	29	30
③	③	④	②	③	④	④	④	②	③	②	①	③	④	④
31	32	33	34	35	36	37	38	39	40	41	42	43	44	45
①	①	④	②	③	②	②	②	③	③	①	④	②	②	①
46	47	48	49	50	51	52	53	54	55	56	57	58	59	60
①	①	②	①	③	②	④	④	④	②	③	②	②	④	①

01 회반죽에 여물을 넣어주면 배합된 재료가 결속되어 균열을 방지할 수 있다.

02 1.5B 쌓기의 두께 : 1.0B(190)＋모르타르 줄눈(10)＋0.5B(90)＝290mm

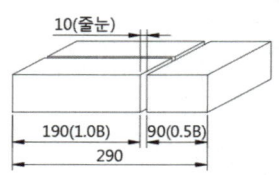

03 • 석질이 치밀하고 견고하며 주성분은 탄산석회이다.
 • 성분에 따라 다양한 색과 무늬를 나타내어 아름답다.
 • 갈아내면 광택을 낼 수 있어 장식재·마감재로 많이 사용된다.
 • 산과 알칼리 성분에 취약하다.

04 • 층두리아치 : 아치의 너비가 넓을 경우 여러 겹으로 겹쳐서 쌓는다.
 • 본아치 : 벽돌을 쐐기모양으로 제작하여 사용하므로 줄눈의 모양도 일정하다.
 • 막만든아치 : 벽돌을 쐐기모양으로 다듬어 사용해 쌓는다.
 • 거친아치 : 벽돌을 가공하지 않고 줄눈을 쐐기모양으로 작업해 쌓는다.

05 안전율 = $\dfrac{최대강도}{허용강도}$ → 허용강도 = $\dfrac{최대강도}{안전율}$

06 비닐타일은 가격이 저렴하고 접착제로 시공하므로 시공이 용이하다.

07 목재의 함수율 = $\dfrac{W_1 - W_2}{W_2} \times 100\%$
 여기서, W_1 : 목재편의 중량
 　　　　W_2 : 절건중량

08 프리즘 유리는 지하실이나 옥상의 채광용으로 많이 사용된다.

09 아스팔트는 석유원유에서 휘발 성분이 빠진 잔류물로, 천연재료에 해당된다.

10 • 층두리아치 : 넓은 공간에서 층을 겹쳐 쌓은 아치
 • 본아치 : 공장에서 쐐기모양으로 만든 벽돌을 사용
 • 막만든아치 : 벽돌을 쐐기모양으로 다듬어서 사용

11 물의 밀도는 $1g/cm^3(1000kg/m^3)$로
 $\dfrac{1kg/m^3}{1g/cm^3}$ → $\dfrac{1kg/m^3}{1000kg/m^3}$ = 0.001

12 고력볼트접합의 종류에는 마찰접합과 인장접합이 있다.

13 • 막구조 : 케이블과 막을 사용
 • 현수구조 : 케이블을 사용해 하중을 기둥에 전달
 • 셸구조 : 곡면판을 사용한 구조

14 형강보의 커버 플레이트는 휨내력을 보완한다.

15 • 막구조

 • 상암월드컵경기장의 지붕(막구조)

16 날씨가 건조하면 수분이 적어지므로 벌목 후 건조가 쉽고, 무게가 가벼워 운반에도 용이하다.

17 ① 기둥의 주근을 감싸는 철근을 대근(띠철근)이라 한다.
 ② 건물의 기둥 간격은 동일하게 한다.
 ④ 기둥의 주근은 단면상 양쪽에 배치하는 것이 좋다.

18 조립식 구조 : 주요 구조부를 공장에서 제작해 현장에서 조립한다.

19 재의 단면은 부재의 응력에 따라 단면 크기를 다르게 한다.

20 보를 두는 대신 슬래브의 두께를 두껍게 하는 구조를 플랫슬래브(무량판구조)라 한다.

21 벽길이의 합계가 같을 때 벽길이를 크게 분할하는 것보다 짧은 벽이 많이 있는 것은 좋지 않다.

22 테라코타 : 장식용으로 사용되는 점토제품이다.

23 아스팔트의 품질은 신도, 침입도, 감온비 3개의 항목으로 측정한다.

24 • 백화현상 : 시공 후 재료 표면에 흰가루가 올라오는 현상
 • 소성현상 : 가해진 힘에 의해 변형 후 다시 돌아오지 않는 현상
 • 동해현상 : 동결로 인한 피해 현상

25 • 혹두기 – 쇠메를 사용
 • 정다듬 – 정을 사용
 • 도드락다듬 – 도드락망치를 사용
 • 잔다듬 – 날망치를 사용

26 재료의 가공이 용이한 성질은 구조재료에서 요구되는 성질이다.

27 • 견치석 : 앞면과 뒷면의 크기가 다른 뾰족한 각뿔형 돌
 • 각석 : 직사각형이나 정사각형의 단면을 가진 석재
 • 마름돌 : 채취한 석재를 필요한 치수로 다듬어 놓은 돌

28 2방향 슬래브 : 장변의 길이가 단변의 2배 이하

29 목구조 상부의 하중은 통재기둥과 본기둥이 받는다.

30 철골구조는 형강(철)을 사용하는 구조로 재료와 장비가 비싸다.

31 풍소란

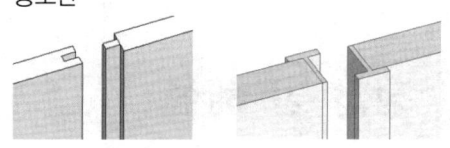

32 프랑스식(불식) 쌓기 : 한 단에 마구리와 길이를 번갈아가며 쌓고 벽의 끝단에 이오토막을 사용한다.

33 벽돌의 내쌓기 : 1켜씩은 1/8B, 2켜씩은 1/4B이며 최대 2.0B 정도로 한다.

34 • 골조구조 : 기둥과 보를 사용한 구조
 • 린텔구조 : 인방구조
 • 트러스구조 : 부재를 삼각형 모양으로 조립한 구조

35 벽체(옹벽)의 철근
 • 내력벽은 D10 이상의 철근으로 배근한다.
 • 개구부에는 D13 이상의 철근을 2개 이상 사용하여 보강한다.
 • 내력벽의 두께가 25cm 이상인 경우 복배근으로 한다.

36 다이닝 키친 : 주방과 식사실을 겸한 형태로, 공간을 절약하며 동선이 짧아져 가사노동의 절감효과가 있다.

37 연변 대비 : 두 가지 색이 가까이 접해 있을 경우 접하는 경계부분에서 강한 색채대비가 나타난다.

38 • 계획설계도 : 구상도, 조직도, 동선도, 면적도표 등
 • 실시설계도
  – 일반도 : 배치도, 평면도, 입면도, 단면도, 창호도 등
  – 구조도 : 배근도, 부분상세도, 일람표 등

39 건축의 외부공간도 내부공간과 마찬가지로 인공적으로 만들어진 환경이다.

40 • 평면형식에 따른 구분 : 홀형(계단식), 복도형, 집중형
 • 주동형식에 따른 구분 : 판상형, 탑상형(타워형), 복합형

41 명시도에 가장 영향을 주는 것은 명도이다.

42 동선의 3요소 : 길이(속도), 빈도, 하중

43 • 리빙 키친 : 거실, 식사실 및 부엌을 겸한 형식
 • 다이닝 포치 : 포치에 식사실을 둔 형식
 • 다이닝 테라스 : 테라스에 식사실을 둔 형식

44 5R 4/14의 5R은 순색 빨강을 뜻하며, 4는 명도, 14는 채도를 뜻한다.

45 주택단지의 규모
 • 인보구 : 20~40호
 • 근린분구 : 400~500호
 • 근린주구 : 1,600~2,000호

46 도면작성에서 문자와 치수는 도면작성 과정의 마지막에 해당된다.

47 제도용지의 테두리선
 • A4~A3 : 5mm
 • A2~A0 : 10mm

48 문장은 왼쪽에서부터 가로쓰기를 한다.

49 석재(자연석)의 단면 표시기호는 실선과 파선을 교대로 그어 표시한다.

50 여러 선에 의한 표현
- 선의 간격을 달리함.
- 면과 입체를 결정하는 방법으로 평면은 같은 간격의 선으로 표현
- 곡면은 선의 간격을 달리하여 표현, 선의 방향은 면이나 입체의 수직과 수평으로 그린다.

51
- 소점 : 평행선이 투영 화면상에 하나로 모이는 점
- 시점 : 바라보는 사람의 눈의 위치
- 시선축 : 화면에 수직으로 통하는 투사선

52
- 단면선 : 굵은 실선
- 치수선 : 가는 실선
- 기준선, 경계선 : 1점쇄선

53 6m ÷ 30 = 0.2m → 200mm

54 $THK(T)$ = 두께

55 연결살수설비 : 지하층의 화재진압에 사용되는 설비로, 송수구를 통해 물을 공급받아 화재를 진압한다.

56 우리나라 건축제도통칙에서는 제3각법을 원칙으로 한다.

57 직류 전동기는 직류 엘리베이터에서 사용된다.

58 복사난방의 특징
- 방열기 설치공간이 필요치 않다.
- 실내의 온도분포가 균등하고 쾌감도가 높다.
- 먼지 상승이 적다.
- 열용량이 크므로 방열량 조절이 어렵다.

59 고가수조방식의 특징
- 급수압력이 일정하다.
- 단수 시에도 일정량의 급수를 계속할 수 있다.
- 대규모의 급수 수요에 쉽게 대응할 수 있다.

60 액화석유가스는 공기보다 무거워 바닥으로 내려앉는다.

CBT 기출 — 2021년 제1회 정답 및 해설

01	02	03	04	05	06	07	08	09	10	11	12	13	14	15
③	②	①	①	③	③	①	①	③	④	③	①	①	③	③
16	17	18	19	20	21	22	23	24	25	26	27	28	29	30
③	①	①	④	①	④	①	④	①	①	③	①	①	③	①
31	32	33	34	35	36	37	38	39	40	41	42	43	44	45
①	②	②	②	④	③	③	①	②	③	②	①	①	①	④
46	47	48	49	50	51	52	53	54	55	56	57	58	59	60
②	④	②	④	②	④	②	③	②	③	④	④	②	②	③

01 천장 반자는 반자돌림, 달대, 달대받이, 반자틀 등으로 구성된다. 멍에는 목조바닥의 구성부재이다.

02 잔향시간 : 소리가 공기 중에 머무는 시간으로, 흡음력에 반비례한다.

03
- 천연재료 : 석재, 목재, 흙 등
- 인공재료 : 유리, 금속, 합성수지 등

04 침실의 위치는 일조와 통풍이 좋은 남쪽과 동쪽이 유리하며, 북쪽은 피하는 것이 좋다.

05
- 공동주택 : 아파트, 연립주택, 다세대주택, 기숙사 등
- 단독주택 : 다중주택, 다가구주택, 공관 등

06 조적식 구조의 개구부 기준

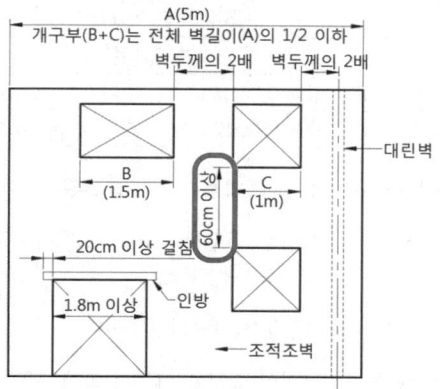

07 액화석유가스는 공기보다 무거워 바닥으로 내려 앉는다.

08 대비 : 서로 다른 요소의 조합으로, 시각적으로 강한 인상을 준다.

09 흙에 접하지 않는 현장치기 콘크리트의 최소 피복 두께
- 기둥, 보 : 40mm
- 슬래브, 벽 : 20mm
- 수중타설 : 100mm

10
- 막구조 : 케이블과 막을 사용
- 현수구조 : 케이블을 사용해 하중을 기둥에 전달
- 셸구조 : 곡면판을 사용한 구조

11 단지계획 규모에 따른 주택 호수
- 인보구 : 15~20호
- 근린분구 : 400~500호
- 근린주구 : 1,600~2,000호

12 부축벽 : 벽이 외력에 쓰러지지 않도록 부축하기 위한 벽

13 컨시스턴시(consistency) : 컨시스턴시란 시멘트·골재·물이 배합된 정도로, 점도나 농도 등 반죽의 질기를 말한다.

14
- 영국식 쌓기 : 가장 튼튼한 쌓기로, 모서리에 이오토막을 사용
- 네덜란드식 쌓기 : 영국식 쌓기와 유사하지만 모서리에 칠오토막을 사용

15 온수배관이 바닥에 매립되어 유지보수가 어렵다.

16 제게르(Seger) 추(cone) : 광물질로 만든 삼각추. 연화온도를 측정하는 고온계로, 독일의 제게르가 고안하였다.

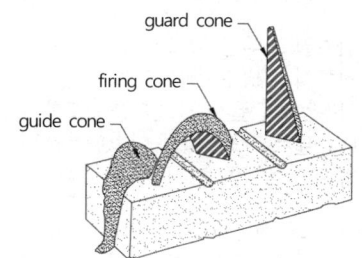

17 연결살수설비는 소화활동설비에 해당된다.

18 한중 콘크리트는 날씨가 추운 동절기 공사에 사용되며, 조기강도가 우수한 조강 포틀랜드 시멘트를 사용한다.

19 토대의 이음은 반턱, 메뚜기장, 주먹장이음을 사용하며 띠쇠와 볼트로 이음부를 보강한다.

20 목재의 공극률 $= \left(1 - \dfrac{W}{1.54}\right) \times 100$
$= \left(1 - \dfrac{절대건조비중}{1.54}\right) \times 100$
$= \left(1 - \dfrac{0.54}{1.54}\right) \times 100$
$= (1 - 0.3506) \times 100$
$= 0.6494 \times 100$
$=$ 약 65%

21 $6\text{m} \div 30 = 0.2\text{m} = 200\text{mm}$

22 철근콘크리트의 단위용적 중량은 콘크리트에 철근 중량이 포함되므로 무근콘크리트보다 0.1t/m^3 크다.
- 무근콘크리트 : 2.3t/m^3
- 철근콘크리트 : 2.4t/m^3

23
- 구내교환설비 : 건물 내부의 상호 간 연락은 물론이고, 내부와 외부를 연락하기 위한 설비
- 인터폰설비 : 건물 구내(옥내) 전용의 통화연락을 위한 설비

24 열경화성수지는 압축성형법이 사용된다.

25 회반죽, 석회, 돌로마이트 플라스터는 공기 중의 이산화탄소와 반응하여 굳는 기경성 재료이다.

26 • ㅅ자보와 평보 – 볼트(양나사볼트)
   • 큰 보와 작은 보 – 안장쇠

27 • 아스팔트 루핑: 펠트에 스트레이트 아스팔트를 침투시킨 방수재료
   • 아스팔트 싱글: 아스팔트를 도포한 지붕잇기 재료
   • 아스팔트 프라이머: 아스팔트를 녹인 것으로, 방수의 바탕재로 사용

28 도시가스 배관의 이격거리
   • 가스관과 전선: 30cm 이상
   • 전기점멸기와 가스계량기: 30cm 이상
   • 전기개폐기: 60cm 이상
   • 절연하지 않은 전선: 15cm

29 철근콘크리트구조는 부재의 크기, 형상을 제한 없이 자유롭게 구성할 수 있고 콘크리트와 철근의 특성을 보완한 구조로, 압축력과 인장력에 모두 강하다. 하지만 양생조건이 나쁘면 강도에 영향을 주어 시공 시 날씨의 영향을 많이 받는다.

30 콘크리트의 혼화재료
   • 혼화재: 많은 양을 넣어 콘크리트 용적에 포함되는 재료로, 포졸란·플라이애시·고로슬래그 등이 있다.
   • 혼화제: 소량을 넣어 반죽된 콘크리트 용적에 포함되지 않는 재료로, AE제·기포제·발포제·착색제 등이 있다.

31 • 띠쇠: 토대와 기둥, ㅅ자보와 왕대공을 접합
   • 안장쇠: 큰보와 작은보를 접합
   • 꺾쇠: ㅅ자보와 중도리를 접합

32 윙 플레이트, 베이스 플레이트는 주각을 구성하는 재료이고, 메탈라스는 펜스나 미장바탕에 사용되는 그물모양의 철물이다.

33 목질부의 심재는 색이 진하고, 세포가 고화되어 비중이 크다.

34 KS F 3126의 치장 목질 마루판의 성능시험항목으로는 접착성, 휨강도, 인장강도, 함수율, 팽창률, 내오염, 내마모성, 포름알데히드 방출량 등이 해당된다.

포름알데히드 방출량 기준
(KS 표준 2017년 12월 개정)

등급	품질기준
SE₀형	평균 0.3mg/L 이하, 최대 0.4mg/L 이하
E₀형	평균 0.5mg/L 이하, 최대 0.7mg/L 이하

35 실리콘수지는 열경화성수지로 분류된다.

36 창대돌은 창 하부에 두어 미관을 고려하고 우천 시 빗물이 잘 흐르게 한다.

37 돌로마이트 플라스터는 기경성이다.

38 • 균형: 시각적인 균형을 이루며 안정감을 준다.
   • 강조: 형태나 색상, 패턴 등을 달리하여 특정 부분을 부각시킨다.
   • 통일: 공통요소를 일관되게 사용하여 전체가 조화를 이루게 한다.

39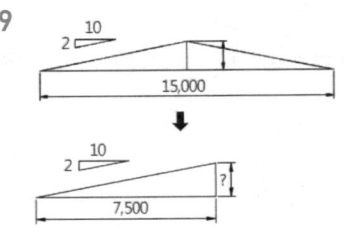

물매기준(10) : 물매(2) = 간사이(7,500) : 높이(x)
$10 : 2 = 7,500 : x$ → $10 \times x = 2 \times 7,500$
$10x = 15,000$
$x = \dfrac{15,000}{10} = 1,500\text{mm} = 150\text{cm} = 1.5\text{m}$

40 목재의 함수율 = $\dfrac{W_1 - W_2}{W_2} \times 100\%$

여기서, W_1: 목재편의 중량
       W_2: 절건중량

$\dfrac{50-35}{35} = \dfrac{15}{35} = 0.428 \times 100 = 42.8\%$

41 우리나라의 표준형 벽돌 크기
   190mm × 90mm × 57mm

42 푸아송비는 세로 방향의 변형에 대한 가로 방향의 변형비를 말하며, 콘크리트의 푸아송비는 1/6 ~ 1/12 정도이다.

43 기준별 주거면적
- 코르노 : $16m^2$
- 국제주거회의 : $15m^2$
- 숑바르 드 로브
  - 병리기준 : $8m^2$
  - 한계기준 : $14m^2$
  - 표준기준 : $16m^2$

44
- 차동식 : 온도 변화의 이상을 감지하여 작동
- 정온식 : 설정한 온도에 도달하면 작동
- 보상식 : 차동식과 정온식 두 가지 기능으로 작동
- 광전식 : 연기를 감지하여 작동

45
① 황동 = 구리 + 아연
② 청동 = 구리 + 주석
③ 포금 = 구리 + 주석 + 아연 + 납

46
- 줄눈대 : 보드, 금속판 등의 줄눈에 대는 재료
- 논슬립 : 계단의 디딤판 끝에 대어 오르내릴 때 미끄럼을 방지
- 코너비드 : 벽, 기둥 등의 모서리 부분에 미장 바름을 보호하기 위해 사용
- 듀벨 : 목재의 이음 시 전단력을 보강하는 철물

47 철근콘크리트 기둥의 띠철근 수직 간격
- 종방향 철근지름의 16배 이하
- 기둥단면의 최소치수 이하
- 띠철근 지름의 48배 이하

48 레미콘 현장반입 품질시험 : 슬럼프시험, 공기량 시험, 염화물 함유량 측정, 온도 측정 등

49
- 소점(V.P) : Vanishing Point로, 물체의 축이 평행으로 멀어지면서 수평선상에 모이는 점이다.
- 정점(S.P) : Station Point로, 사람이 서 있는 위치를 뜻한다.

50 에스컬레이터의 수송능력은 엘리베이터의 10배 정도이다.

51
- 로 탱크 방식 : 저수탱크를 낮은 곳에 설치
- 하이 탱크 방식 : 저수탱크를 높은 곳에 설치하여 급수관을 통해 세정하는 방식
- 기압 탱크 방식 : 15mm의 소구경 급수관으로 단시간에 세정하는 방식

52
- 홈통 : 건축물의 지붕이나 옥상의 빗물을 받아 배출시키는 통이나 관
- 낙수받이 : 홈통에서 나오는 빗물을 받는 돌
- 트랩 : 배수관의 유해가스와 벌레, 물의 역류를 방지하는 장치

53 벽식구조는 기둥과 보가 없고 슬래브와 벽을 일체화시킨 구조로, 아파트에 많이 사용된다.

54 목재의 함수율
- 전건상태 : 0%
- 기건상태 : 15%
- 섬유포화점 : 30%

55 플로어링 블록 : 플로어링판 3~5장을 붙여 정사각형 모양으로 만든 블록

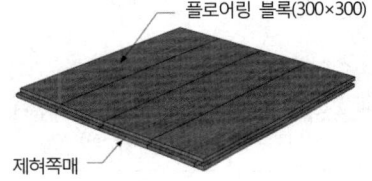

56 잔골재는 모래와 같이 작은 크기의 골재로, 5mm 체에 중량으로 85% 이상 통과한 골재이다.

57 막구조 : 테프론코팅막 등 특수한 천과 같은 경량 소재의 막을 사용한 구조로, 스포츠 및 문화 시설의 지붕에 주로 사용된다.

58 박공지붕 / 솟을지붕 / 꺾인지붕

59
- 구상도 : 설계 초기 디자이너의 생각을 표현
- 조직도 : 설계 초기 각 실을 목적에 맞도록 분류
- 투시도 : 실제 눈으로 바라본 것처럼 사실적인 도면

60 석재(자연석) / 석재(인조석) / 목재(치장재) / 목재(구조재)

2021년 제3회 정답 및 해설

01	02	03	04	05	06	07	08	09	10	11	12	13	14	15
④	④	③	①	①	②	②	④	②	①	①	②	④	①	③
16	17	18	19	20	21	22	23	24	25	26	27	28	29	30
②	①	④	③	①	④	①	③	②	②	③	②	②	②	③
31	32	33	34	35	36	37	38	39	40	41	42	43	44	45
①	①	④	①	③	②	①	②	④	③	③	②	④	②	③
46	47	48	49	50	51	52	53	54	55	56	57	58	59	60
④	④	③	②	②	②	①	③	③	②	④	①	④	①	①

01 **인방돌**: 개구부 위에 걸쳐대어 상부 하중을 분산시킨다.

02 조적식 구조의 개구부 기준

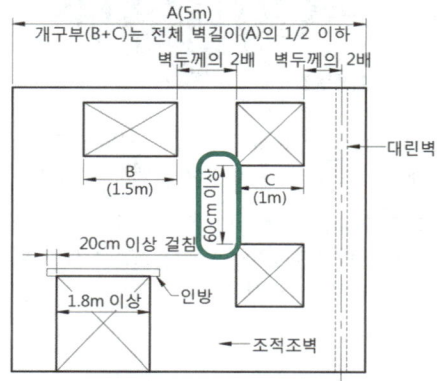

03 **조적식 구조**: 돌구조, 블록구조, 벽돌구조 등 재료를 쌓아 올려 구조체를 만드는 방식이다.

04 2방향 슬래브의 장변은 단변길이의 2배를 넘지 않는다.

05 • **영롱쌓기**: 장식을 목적으로 구멍을 내어 쌓는 방법이다.
  • **미식 쌓기**: 시작하는 단과 마지막 단에는 마구리쌓기, 중간은 길이로 쌓는 방법으로, 마구리쌓기 끝단에는 이오토막을 사용한다.
  • **화란식 쌓기**: 쌓기법이 영식 쌓기와 동일하나, 벽의 끝단에서 칠오토막을 사용해 모서리가 튼튼한 쌓기법이다.

06 연속보의 지지점 부근에서는 상부에서 인장력이 작용하므로 상부에 주근을 배근해야 한다.

07 **짠마루**: 2층 마루에 사용되는 구조로, 큰 보 위에 작은 보를 걸고 장선을 대어 마룻널을 까는 마루 구조이다.

08 **점토제품의 흡수율**: 토기＞도기＞석기＞자기

09 **시멘트 강도에 영향을 주는 요소**: 분말도, 풍화 정도, 물의 양 등이 있으며, 그중 물의 양이 강도에 가장 큰 영향을 준다.

10 퓨즈는 과전류가 흐르면 열로 인해 녹아서 끊어진다.

11 에스컬레이터는 연속적인 수송설비로 수송능력은 엘리베이터의 약 10배 정도이다.

12 **제1종 환기설비**: 급기와 배기 모두를 기계식으로 하는 설비이다.

13 **ㄷ자형 부엌**: 면적을 많이 차지하고 동선이 짧다.

14 액화석유가스는 공기보다 무거워 바닥으로 내려앉는다.

15 • **이형벽돌**: 치수와 형태가 일반벽돌과 다른 벽돌
  • **포도벽돌**: 도로 포장용 벽돌
  • **내화벽돌**: 내화점토로 만든 벽돌

16 가새는 사선으로 대는 빗재로, 주로 수평력에 저항한다.

17 연결살수설비는 소화활동설비에 해당된다.

18 부동침하의 원인: 연약층, 증축, 경사지반, 지하수위, 주변 건축물의 토목공사 등

19 선이나 면을 둘로 나누었을 때 작은 부분과 큰 부분의 비와 큰 부분과 전체의 비가 1:1.618이 되는 비를 황금비라고 한다.

20 할로겐 램프: 백열등을 개량한 것으로, 휘도가 높고 안정된 빛을 비추면서 수명이 길다.

21 케이블을 사용한 특수구조에는 현수구조(광안대교)와 사장구조(서해대교)가 있다.

22 에폭시수지: 무거운 금속은 물론 항공기재의 접착에도 사용되어 만능접착제로 불린다.

23 유효온도(실감온도)에 영향을 주는 요소: 온도, 습도, 기류

24 목구조에 사용되는 가새는 45°로 설치하는 것이 가장 이상적이다.

25 듀벨은 목구조의 이음에 사용되는 철물이다.

26 • 주행시간: 엘리베이터가 이동하는 시간
• 승차시간: 승객이 내리고 타는 시간
• 가속시간: 속도를 가속하는 시간

27 1.5B 쌓기의 두께
1.0B(190) + 모르타르 줄눈(10) + 0.5B(90)
= 290mm

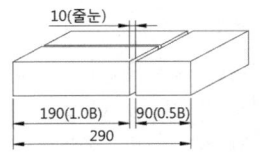

28 목재의 전수축률(%)
$$\frac{생나무의\ 길이 - 전건상태의\ 길이}{생나무의\ 길이} \times 100$$
$$= \frac{5-4.5}{5} \times 100 = 10\%$$

29 • 온장: 벽돌 전체 크기의 온전한 벽돌(100%)
• 칠오토막: 벽돌의 3/4 토막(75%)
• 반토막: 벽돌의 1/2 토막(50%)
• 이오토막: 벽돌의 1/4 토막(25%)

30 나무의 재료기호는 W이다.

31 응회암은 수성암이다.
용어 성인(成因): 사물이 만들어진 원인

32 건축제도의 치수 기입
• 치수는 특별히 명시하지 않는 한 마무리 치수로 표시한다.
• 치수 기입은 치수선의 가운데, 선 위로 기입하는 것이 원칙이다.
• 치수의 단위는 밀리미터(mm)를 원칙으로 하고, mm단위는 표시하지 않는다.
• 치수 기입은 치수선에 평행하게 도면의 왼쪽에서 오른쪽으로 읽을 수 있도록 표기한다.

33 광주 월드컵경기장은 스페이스프레임(입체구조) 구조로 폐침목, 태양광설비를 도입한 친환경 경기장이다.
• 막구조

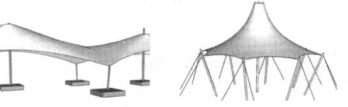

• 상암월드컵경기장의 지붕(막구조)

34 건축물의 하중을 지지하는 내력벽, 기둥, 바닥, 보, 지붕, 주 계단을 주요 구조부라고 한다.

35 • 강조: 규칙성이나 반복성을 깨뜨려 주의를 환기시키고 단조로움을 해소
• 조화: 부분과 부분 및 부분과 전체에 안정된 관련성을 주어 상호 간에 공감을 부여
• 균형: 부분과 부분 및 부분과 전체가 어느 한쪽으로 기울지 않고 무게감이나 시각적인 힘의 균형

36 한국산업표준(KS)의 분류기호
A: 기본, K: 섬유, M: 화학, P: 의료, F: 건설(토목·건축), D: 금속, E: 광산, H: 식료품, W: 항공우주

37 시멘트는 창고에 입하된 순서대로 사용해야 하므로 개구부에서 멀리 있는 시멘트부터 사용해야 한다.

38 수도직결식: 비용이 저렴하고 수질오염이 낮으나 단수 시 급수가 불가하고 수압이 일정하지 않은 단점이 있다.

39 A3 제도용지의 크기는 297mm×420mm이며, 테두리선의 간격은 5mm로 한다.

40 숑바르 드 로브의 1인당 주거면적 기준
- 숑바르 드 로브 병리기준 : 8m²
- 숑바르 드 로브 한계기준 : 14m²
- 숑바르 드 로브 표준기준 : 16m²

41
- **수경성 재료** : 시멘트, 석고
- **기경성 재료** : 회반죽, 석회, 돌로마이트

42
- **스테인리스강** : 철의 내식성을 개선할 목적으로 만든 강
- **고장력강** : 잡아당기는 힘에 잘 견디고 용접이 잘 되는 강
- **알루미늄합금** : 알루미늄에 구리·마그네슘 등의 금속을 더해 만든 합금으로, 알루미늄의 성질 및 강도를 개량한 금속

43 콘크리트의 피복두께(mm)

구분	기초	기둥, 보	슬래브, 벽	수중타설
흙에 접함	80	–	–	100
흙에 접하지 않음	–	40	20	

44
- 보기 ① : 평면도
- 보기 ② : 배치도
- 보기 ④ : 입면도

45 물의 밀도는 1g/cm³(1000kg/m³)로
$$\frac{1\text{kg/m}^3}{1\text{g/cm}^3} \rightarrow \frac{1\text{kg/m}^3}{1000\text{kg/m}^3} = 0.001$$

46 거실에 식탁을 두어 식당을 구성하는 형식은 리빙다이닝(LD)이라 한다.

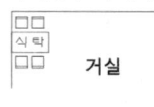

47 콘크리트는 알칼리성이므로 수성페인트나 합성수지도료가 많이 사용된다.

48 거푸집은 여러 번 반복 사용하는 것이 좋으며, 철제 거푸집은 약 100회까지 사용이 가능하다.

49 건축재료 중 가공이 용이한 것은 구조용으로 사용된다.

50 실리콘수지 : 내수성과 내열성이 높은 수지로, 접착력이 우수하여 틈을 메우는 코킹 및 실(seal) 재료로 사용된다.

51 주각은 철골구조의 기둥부분이며, 데크 플레이트는 바닥판 재료에 해당된다.

52 목재의 공극률=1-(절대건조비중/1.54)×100
→ 1-(0.54/1.54)×100=약 65%

53 보를 두는 대신 슬래브의 두께를 두껍게 하는 구조를 플랫 슬래브(무량판구조)라고 한다.

54
- **메탈라스** : 벽을 칠 때 쇠 대신 쓰는 성긴 철망. 간이 계단이나 미장바탕 등에 사용
- **코너비드** : 기둥 및 벽 등의 모서리에 대어 미장바름을 보호하기 위해 사용하는 철물
- **와이어메시** : 철선을 격자모양으로 교차시켜 만든 것으로, 철근 대용으로 사용

55
- **기건비중** : 기건상태의 비중
- **절건비중** : 절건상태의 비중
- **겉보기비중** : 골재의 건조중량을 표면건조 포화상태의 용적으로 나눈 비중

56
- **세퍼레이터** : 거푸집의 간격을 유지하기 위한 격리재
- **스페이서** : 철근의 간격 및 피복두께를 유지하기 위한 간격재
- **폼타이** : 철제 거푸집의 조임기구로 거푸집이 벌어지는 것을 고정

57
- **비닐벽지** : 염화비닐을 주 재료로 한 벽지
- **종이벽지** : 종이를 주 재료로 한 벽지
- **발포벽지** : 돌기가 있으며 일부분이 두꺼워 쿠션감이 있는 벽지

58 온통기초 : 기초 전체를 하나의 기초판으로 구성하여 지하실이나 주차장으로 구성할 수 있다.

59 도면작성에서 문자와 치수 기입은 도면요소를 모두 작성한 후 가장 나중에 이루어지는 작업이다.

60 시멘트의 강도는 분말도, 풍화 정도, 보온양생, 물시멘트비에 영향을 받으며, **물시멘트비**는 작을수록 강도가 크고 클수록 묽어져 강도가 작아진다.

2022년 제1회 정답 및 해설

01	02	03	04	05	06	07	08	09	10	11	12	13	14	15
③	④	④	②	②	②	④	③	③	④	④	③	②	①	③
16	17	18	19	20	21	22	23	24	25	26	27	28	29	30
③	④	②	②	④	①	③	④	④	③	④	③	③	②	①
31	32	33	34	35	36	37	38	39	40	41	42	43	44	45
②	①	①	③	①	①	①	③	②	②	①	②	①	①	④
46	47	48	49	50	51	52	53	54	55	56	57	58	59	60
④	②	③	②	③	③	④	②	②	②	①	③	④	③	①

01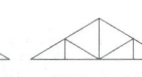
　　[킹포스트 트러스]　[핑크 트러스]　[하우 트러스]

02 강제(철제)계단은 내화성이 낮아 화재에 취약하다.

03 늑근은 중앙부보다 단부에서 촘촘하게 배치하는 것이 원칙이다.

04 주각은 철골구조의 기둥부분으로, 기초와 맞닿는 기둥의 하부를 말한다. 데크 플레이트는 바닥판 재료에 해당된다.

05 막구조는 합성수지 등 천과 같은 막을 케이블로 지지하여 지붕을 구성한 구조로, 대표적인 건축물로는 상암 월드컵경기장이 있다.

06 보강블록조의 벽량은 바닥면적 $1m^2$당 15cm이다.

07 • 파리 에펠탑 : 철골구조
　　• 인천대교 : 사장구조
　　• 상암동 월드컵경기장 : 막구조

08 현장치기 피복두께
　　• 수중타설 : 100mm
　　• 영구히 흙에 접하는 부분 : 80mm
　　• 옥외 공기 중에 노출되는 부분 : 40~60mm
　　• 공기 중이나 접하지 않는 부분 : 20~40mm

09 • 처마도리 : 지붕보 위에 걸쳐대어 서까래를 받침
　　• 샛기둥 : 기둥과 기둥 사이의 작은 기둥
　　• 꿸대 : 달대와 달대를 연결하는 수평재

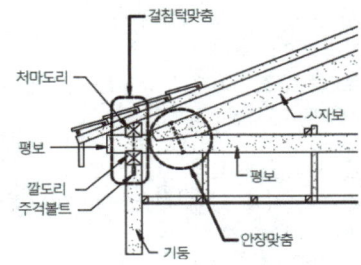

10 • 독립기초 : 기둥 하나를 받치는 독립된 기초
　　• 줄기초 : 벽을 따라 연속으로 구성된 기초
　　• 복합기초 : 독립기초와 줄기초의 복합형태

11 건축물을 구성하는 구조재에는 기둥, 벽(내력벽), 보, 바닥, 슬래브, 기초 등이 있으며 천장은 마감재(내장재)에 해당된다.

12 왕대공 지붕틀의 ㅅ자보는 압축력과 휨모멘트를 동시에 받는다.

13 • 철근콘크리트 사각형 기둥의 철근 : 4개 이상
　　• 철근콘크리트 원형, 다각형 기둥의 철근 : 6개 이상

14 블록의 구멍 난 공간에 철근과 콘크리트로 보강한 구조를 보강블록조라 한다.

15 • 영국식 쌓기 : 가장 튼튼한 쌓기로 모서리에 이오토막을 사용
　　• 네덜란드식 쌓기 : 영국식 쌓기와 유사하지만 모서리에 칠오토막을 사용

16 • **샛기둥**: 기둥과 기둥 사이에 배치되는 작은 기둥
   • **다락기둥**: 한식 기둥에서 2층에 배치된 기둥
   • **동바리**: 마루구조에서 호박돌 위에 올리는 수직 부재

17 인장링과 압축링은 돔구조의 상부와 하부에 사용된다.

18 반원아치의 이맛돌 위치

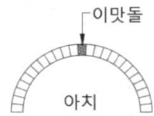

19 • **셸구조**: 곡면판의 역학적 특징을 활용한 구조
   • **사장구조**: 주요 구조부를 케이블로 달아매어 인장력으로 지탱하는 구조
   • **트러스구조**: 목재나 강재를 삼각형의 그물 모양으로 구성한 구조

20 철근의 배근 표시법
   • 철근의 지름: 원형철근 - ϕ, 이형철근 - D
   • 배근 간격: @
   • 표시방법: 철근의 지름@배근 간격

21 에폭시수지는 만능 접착제로 불리며 무거운 금속은 물론 항공기재의 접착에도 사용된다.

22 • **아스팔트 루핑**: 펠트에 스트레이트 아스팔트를 침투시킨 방수재료
   • **아스팔트 싱글**: 아스팔트를 도포한 지붕잇기 재료
   • **아스팔트 프라이머**: 아스팔트를 녹인 것으로 방수의 바탕재로 사용

23 • **실리카퓸**: 압축강도 증대
   • **플라이애시**: 콘크리트에 섞어 수화열이 낮아지게 하고, 시공연도(워커빌리티)를 좋게 한다.
   • **AE제**: 동결융해 저항성능을 향상시키는 혼화제

24 • **백색 포틀랜드 시멘트**: 건축물의 내부 및 외부의 마감용
   • **조강 포틀랜드 시멘트**: 수화열이 높아 재령 7일에 보통 포틀랜드 시멘트의 28일 강도를 낸다.
   • **고로 시멘트**: 수화열이 낮아 응결이 서서히 진행되어 조기강도는 낮지만 장기강도가 우수하다.

25 알루미늄은 가공성이 우수하나 산·알칼리·염에 약하다.

26 온도에 의한 강재의 강도
   • 0~250℃: 점점 증가
   • 250℃: 최대 강도
   • 500℃: 0℃의 1/2 강도
   • 600℃: 0℃의 1/2 = 3 강도

27 돌로마이트 플라스터는 점도가 크고 변색이 없지만 수축률이 커서 여물을 사용해 균열을 방지한다.

28 • **입경**: 입자의 유효지름
   • **표준망 체 1조의 규격**: 80, 40, 20, 10, 5, 2.5, 1.2, 0.6, 0.3, 0.15mm

29 1.5B 쌓기(1.0B + 접착 모르타르 + 0.5B)의 두께
   → 1.0B=190, 모르타르=10, 0.5B=90
   → 190 + 10 + 90 = 290mm

30 복층유리는 페어글라스(pair glass)라고도 한다.

31 로터리 베니어의 합판제조는 80~90% 정도를 차지한다.

32 강화마루 등 주택의 바닥재의 경우 열전도율이 좋아야 우수한 제품으로 볼 수 있다. 본 문제에서는 '요구되는 성질과 가장 거리가 먼 것'이라고 되어 있지만 한 번 더 생각해봐야 할 문제이다.

33 목재의 공극률 = 1 - (절대건조비중/1.54) × 100
   = 1 - (0.54/1.54) × 100
   = 약 65%

34 • **플로링 보드**: 쪽매 가공으로 이어붙이는 재료로 마룻널에 많이 사용된다.
   • **파키트리 블록**: 주로 바닥의 마루판으로 사용된다.
   • **합판**: 단판을 3, 5, 7장 홀수로 교차해 만든 것으로, 마감의 하지재 등 다양한 용도로 사용된다.

35 목재의 이음철물
   • **듀벨**: 목재의 길이이음 시 전단력에 저항하는 이음철물
   • **안장쇠**: 큰 보와 작은 보의 이음철물
   • **주걱볼트**: 기둥과 처마도리 접합에 사용되는 철물

36 점토벽돌의 강도(KS L 4201 기준, 2018년 개정)
   - 1종 : 24.5MPa
   - 2종 : 14.7MPa

37 콘크리트의 물시멘트비는 작을수록 강도가 크고 클수록 묽어져 강도가 작아진다.

38 회반죽은 공기 중의 이산화탄소(탄산가스)에 의해 경화되는 기경성 재료이다.

39 압력탱크식 급수방식의 단점
   - 공급압력이 일정하지 않다.
   - 전력공급이 차단되면 급수가 불가능하다.
   - 수도직결방식에 비해 위생적이지 않다.

40 복사난방의 특징
   - 방열기 설치공간이 필요치 않다.
   - 실내의 온도 분포가 균등하고 쾌감도가 높다.
   - 먼지 상승이 적다.
   - 열용량이 크므로 방열량 조절이 어렵다.

41
   - 팬코일 유닛방식 : 수공기방식
   - 2중덕트방식 : 냉풍, 온풍 2개의 덕트를 설치하는 방식
   - 멀티존 유닛방식 : 냉풍과 온풍을 혼합공기로 운영하는 방식

42 연색성 : 광원에 따라 비추는 물체의 색이나 느낌이 다르게 보이는 현상으로, 할로겐 원소를 사용한 할로겐램프는 연색성이 좋고 휘도가 높다.
   [용어] 흑화현상 : 광원의 표면이 검게 변하는 현상

43 유효온도는 실내기온의 척도이다.

44 LPG는 공기보다 무거워 누설되면 폭발의 위험이 있다.

45 ㄷ자형 부엌은 면적을 많이 차지하고 동선이 짧다.

46 낮은 온도로 난방시간을 길게 하는 것이 결로방지에 효과적이다.

47 건폐율 : 건축면적/대지면적×100

48 대수선 : 건축물의 주요 구조부를 크게 수선 및 변경하는 것으로 내력벽 $30m^2$ 이상, 기둥, 보, 지붕틀을 3개 이상 수선하는 경우를 말한다.

49 부부의 침실은 사적인 공간으로, 독립성이 확보되어야 한다. 가족생활의 중심이 되는 장소는 거실이다.

50 조명설계 순서
   소요조도 결정 → 광원종류 결정 → 조명방식 결정 → 조명기구 결정 → 조명기구 배치

51 황금비 : 어떤 길이를 둘로 나누었을 때 짧은 부분과 긴 부분의 비와 긴 부분과 전체 길이의 비가 1 : 1.618인 비율이다.

52
   - 타운하우스(town house) : 공동의 부지에 여러 가구가 들어선 저층의 집합주택
   - 로우하우스(low house) : 규모가 작은 창고 형식의 건축물
   - 코트야드하우스(courtyard house) : 주택 중앙에 정원이 있는 중정형 주택

53
   - 브릿지 : 건축물과 건축물을 연결하는 다리
   - 발코니 : 건축물 외부에 거실의 연장으로 만든 공간
   - 베란다 : 건축물의 일부로서 보통 상층과 하층의 면적 차로 생긴 바닥 중의 일부

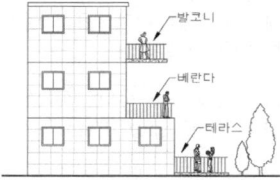

54 먼셀표색계에서 5R 4/14의 의미 : 5R은 순색 빨강을 뜻하며, 4는 명도, 14는 채도를 뜻한다.

55 리모델링 : 노후 건물의 개선을 촉진하기 위해 2001년에 시행된 제도

56
   - 재료기호 - A : 알루미늄, S : 철, G : 유리, P : 플라스틱, W : 나무, Ss : 스테인리스스틸
   - 구분기호 - S : 셔터, D : 문, W : 창

57 16m=1600cm=16,000mm
   → 16,000mm÷200=80mm

58
   - 파선 : 가려지거나 보이지 않는 부분을 표시
   - 가는실선 : 치수선, 지시선, 인출선 등
   - 일점쇄선 : 중심선, 기준선, 경계선 등

59 우리나라 투상법은 건축제도통칙[KS F 1501]에 따라 제3각법을 사용한 작도를 원칙으로 한다.

60
- 붙박이창 :
- 망사창 :
- 미들창 :

2022년 제3회 정답 및 해설
CBT 기출

01	02	03	04	05	06	07	08	09	10	11	12	13	14	15
④	③	②	③	②	①	③	③	③	③	③	③	③	②	①
16	17	18	19	20	21	22	23	24	25	26	27	28	29	30
②	④	①	②	④	①	②	①	③	④	②	②	②	④	②
31	32	33	34	35	36	37	38	39	40	41	42	43	44	45
②	①	②	②	①	③	③	③	③	②	②	③	②	②	②
46	47	48	49	50	51	52	53	54	55	56	57	58	59	60
④	③	②	④	②	②	①	③	②	①	③	①	④	①	①

01 굵은선 : 단면이나 외형선을 표시할 때 사용된다.

02 도면에서 치수선의 화살표 모양은 2종을 혼용해서 사용하지 않는다.

03
- 소점 : V.P(Vanishing Point)
- 정점 : S.P(Station Point)

04 건축제도의 치수 기입은 치수선을 끊지 않고 치수선 중앙에 기입하는 것이 원칙이다.

05
- 건설(토목 · 건축) — F
- 금속 — D
- 전기 — C

06 물매기준(10) : 물매(4)=간사이(3000) : 높이(x)
$10 : 4 = 3 : x \rightarrow 10 \times x = 4 \times 3$
$10x = 12 \rightarrow x = 12/10$
$\therefore x = 1.2$

07 단면도는 건축물이 수직으로 절단된 단면을 표현한 것으로, 높이와 관련된 층높이, 창대높이, 반자높이 등 높이 정보를 알 수 있다.

08 황금비 : 고대 그리스인들이 창안한 분할방식으로, 선이나 면을 둘로 나누었을 때 작은 부분과 큰 부분의 비와 큰 부분과 전체의 비가 동일한 비율을 말한다.

09 일교차 : 하루 중 최고 온도와 최저 온도의 차이로, 지리적 위치와 조건에 영향을 받는다.

10 건축물의 층의 구분이 명확하지 아니한 건축물의 경우 4m마다 1개 층으로 산정한다.

11 계단실형(홀형) : 복도를 사용하지 않아 통행부 면적이 감소하고 엘리베이터를 통해 각 주호로 출입하므로 프라이버시 확보에 유리하다.

12 거실 : 가구 구성원과의 소통, 오락 등이 이루어지는 장소이므로 통로로 사용되지 않도록 한다.

13 주방 작업대의 배치
- L자형(ㄴ자형) : L자형의 싱크를 벽면에 배치하고 남은 공간은 식탁을 두어 활용할 수 있다.
- 직선형(일자형) : 규모가 작은 좁은 면적의 주방에 적절하며 동선이 길어질 수 있는 단점이 있다.
- 아일랜드형(섬형) : 주방 가운데 조리대와 같은 작업대를 두어 여러 방향에서 작업할 수 있다.

14 동선계획은 사람이나 물건이 이동되는 것을 계획하는 것으로, 공간의 배치(layout)와 관계가 깊다.

15 보기 ② 보의 높이 및 크기 : 단면도, 보 일람표
보기 ③ 창문과 출입구의 디자인 : 입면도, 창호도
보기 ④ 개구부의 높이 : 단면도

16 • 듀벨 : 목재 접합에 사용하는 철물로, 전단력에 저항한다.
• 띠장 : 흙막이벽에 설치하는 가로부재로 사용되며 건축공사 시 벽 마감을 위해 기둥이나 벽 바탕에 설치되는 부재이다.
• 띠쇠 : 토대와 기둥, ㅅ자보와 왕대공 등에 접합재로 사용한다.

17 강재 거푸집은 약 100회 정도 사용이 가능하다.

18 • 응회암 : 화산재가 굳어서 생성, 건물의 벽 재료로 사용
• 사문암 : 변성암으로 제철용이나 장식용으로 사용
• 안산암 : 화산암으로 건축 지붕재로 사용

19 실리카(포졸란) 시멘트
• 보통 포틀랜드 시멘트에 비해 초기강도가 낮다.
• 화학적 저항성이 크다.
• 보통 포틀랜드 시멘트에 비해 장기강도는 좋은 편이다.
• 초기강도가 낮아 긴급공사용으로 적합하지 않다.

20 점토의 입자는 미세할수록 비표면적이 증가해 가소성이 높아진다.

21 테라초(terrazzo) : 대리석의 쇄석을 사용해 만든 인조대리석이다.

22 점토제품의 제법순서
원토처리 – 원료배합 – 반죽 – 성형 – 건조 – 소성

23 청동은 구리와 주석의 합금이다.

24 알루미늄은 가공성이 우수하나 산, 알칼리, 염에 약하다.

25 여닫이 창호에 필요한 철물은 경첩, 도어클로저, 자물쇠 등이며, 레일과 호차는 미닫이 창호에서 사용된다.

26 회반죽은 기경성 재료로, 공기 중 탄산가스와의 화학작용을 통해 경화한다.

27 FRP(섬유강화플라스틱)판은 폴리에스테르수지로 만든 판상형 제품이다.

28 건축재료 중 가공이 용이한 것은 구조용으로 사용된다.

29 콘크리트나 모르타르의 표면에는 내알칼리성인 수성페인트를 많이 사용한다.

30 합판은 제작 시 단판을 여러 장 교차시켜 만들어 방향에 따른 강도 차가 작다.

31 치장 목질 마루판의 성능 시험항목
내마모성, 접착성, 포름알데히드 방산량 등

32 목재의 공극률 = 1 − (절대건조비중/1.54) × 100
= 1 − (0.54/1.54) × 100
= 약 65%

33 시멘트에 습기가 있으면 굳어지므로 개구부를 작게 두는 것이 좋다.

34 • 석목 : 쉽게 쪼개질 수 있는 면
• 석리 : 석재 표면을 구성하고 있는 조직
• 층리 : 퇴적 시 발생된 층

35 잔골재는 모래와 같이 작은 크기의 골재로, 5mm 체에 중량으로 85% 이상 통과한 골재이다. 20kg의 85%는 17kg이다.

36 산화제2철(Fe_2O_3)은 자외선을 차단한다.

37 1.5B 쌓기의 두께
1.0B(190) + 모르타르 줄눈(10) + 0.5B(90) = 290mm

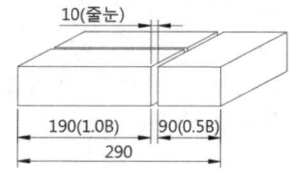

38 조적조 벽체의 내쌓기
• 1단씩 내쌓기 : 1/8B
• 2단씩 내쌓기 : 1/4B
• 내쌓기 한도 : 2.0B

39
- **영국식 쌓기**: 가장 튼튼한 쌓기로 모서리에 이오토막을 사용
- **네덜란드식 쌓기**: 영국식 쌓기와 유사하지만 모서리에 칠오토막을 사용

40 **가새**: 사선으로 대는 빗재로 주로 수평력에 저항한다.

41 스티프너는 웨브의 좌굴을 방지한다.

42 ㅅ자보와 평보는 볼트를 사용하며, 안장쇠는 큰 보와 작은 보를 설치할 때 사용된다.

43 현수구조와 사장구조는 케이블을 통해 하중을 기둥(주탑)으로 전달한다.

44 셸구조의 하나로 인장력을 가한 케이블에 막을 씌운 구조로, 유형에 따라 골조막·공기막·서스펜션 막구조 등이 있다. 대표적인 건축물로는 상암동 월드컵경기장이 있다.

45 **솟을지붕**: 높게 올라온 지붕에 채광과 환기를 할 수 있는 창이 설치된다.

[모양]   [평면]

46 철근콘크리트 기둥의 띠철근 수직 간격
- 종방향 철근지름의 16배 이하
- 기둥 단면의 최소 치수 이하
- 띠철근 지름의 48배 이하

47 **창대돌**: 창 하부에 두어 미관을 고려하고 우천 시 빗물이 잘 흐르게 한다.

48 온통기초는 지반이 약해 바닥 전체를 콘크리트 기초판으로 사용한다.

49 **스터드 볼트**: 양쪽 끝 모두 수나사로 되어 있는 나사로서 플랜지 등 타공하기 어렵고, 고압이 필요한 경우 사용된다.

50
- **층두리아치**: 넓은 공간에서 층을 겹쳐 쌓은 아치
- **본아치**: 공장에서 쐐기모양으로 만든 벽돌을 사용
- **막만든아치**: 벽돌을 쐐기모양으로 다듬어서 사용

51
- **PC구조(Precast Concrete)**: 콘크리트를 현장에서 타설하는 방식이 아닌 공장에서 생산하는 방식으로, 균질한 품질의 시공이 가능하다.
- **RC구조**: 철근콘크리트 구조
- **SRC구조**: 철골철근콘크리트 구조
- **PS콘크리트**: PC콘크리트(프리스트레스트 콘크리트)라고도 함

52 고력볼트의 접합은 마찰접합과 인장접합이 있다.

53
- 철근콘크리트 사각형 기둥의 철근: 4개 이상
- 철근콘크리트 원형, 다각형 기둥의 철근: 6개 이상

54 테두리보의 너비는 보통 그 밑의 내력벽의 두께와 같게 하거나 약간 크게 해야 한다.

55 **내력벽 구조**: 상부 하중과 내력벽 자중을 하부 벽체에 전달하는 구조로, 초고층보다는 저층구조에 적합하다.

56
- **드럼트랩**: 주방 개수대에 사용되는 트랩으로, 대용량의 봉수를 저수할 수 있다.
- **S트랩**: 세면대, 대변기에 사용된다.
- **P트랩**: 벽 수전에 사용하는 트랩으로, S트랩보다 봉수의 파괴가 적다.

57
- **팬코일 유닛방식**: 수공기방식
- **2중덕트방식**: 냉풍, 온풍 2개의 덕트를 설치하는 방식
- **멀티존 유닛방식**: 냉풍과 온풍을 혼합공기로 운영하는 방식

58
- **건축화 조명**: 건축의 일부분인 기둥, 벽, 바닥과 일체가 되어 빛을 발산하는 조명을 말한다.
- **펜던트**: 천장에 다는 형식으로 직접조명에 가깝다.

59 **연결살수설비**: 소방차에서 건물 내부로 물을 공급하는 소화활동설비로 분류된다.

60 **에스컬레이터**: 연속적인 수송설비로, 수송능력은 엘리베이터의 약 10배 정도이다.

CBT 기출 — 2023년 제1회 정답 및 해설

01	02	03	04	05	06	07	08	09	10	11	12	13	14	15
④	②	③	③	②	②	②	②	③	②	③	④	③	③	④
16	17	18	19	20	21	22	23	24	25	26	27	28	29	30
④	④	①	②	②	①	①	③	④	②	②	①	②	②	④
31	32	33	34	35	36	37	38	39	40	41	42	43	44	45
②	②	③	②	④	②	③	②	②	①	③	①	③	①	①
46	47	48	49	50	51	52	53	54	55	56	57	58	59	60
①	②	②	①	①	④	①	④	②	②	①	①	①	①	③

01 낮은 온도로 난방시간을 길게 하는 것이 결로방지에 효과적이다.

02 가구식(架構式) : 목재와 철골(빔)과 같은 긴 부재를 끼워맞추거나 조립하여 골조를 만드는 구조로, 목구조와 철골구조가 이에 해당된다.

03 • 연질섬유판 : 건축의 내장재, 보온재로 사용한다.
  • 경질섬유판 : 판의 방향성을 고려할 필요가 없으며 내마모성이 우수하다.

04 • 이형벽돌 : 일반벽돌과 치수와 형태가 다른 벽돌
  • 포도벽돌 : 도로 포장용 벽돌
  • 테라초 : 인조석의 하나로 바닥마감에 사용

05 AE제는 독립된 미세기포를 생성시켜 동결융해작용에 저항한다.

06 중용열 포틀랜드 시멘트
  • 발열량이 적고 경화가 느려 장기강도가 우수하다.
  • 댐공사, 방사능 차폐용에 사용된다.
  • 수화반응 속도가 느려 매스콘크리트용으로 사용된다.

07 D13의 D(deformed)는 이형철근, 13은 철근의 직경을 나타내며, @100의 @는 철근의 간격을 뜻한다.

08 주방 작업대의 배치
  • L자형(ㄴ자형) : L자형의 싱크를 벽면에 배치하고 남은 공간에 식탁을 두어 활용할 수 있다.
  • 직선형(일자형) : 규모가 작은 좁은 면적의 주방에 적당하며 동선이 길어질 수 있는 단점이 있다.
  • 아일랜드형(섬형) : 주방 중앙에 조리대와 같은 작업대를 두어 여러 방향에서 작업할 수 있다.

09 듀벨은 목구조의 이음에 사용되는 철물이다.

10 가새는 수평 부재와 45°로 경사지게 하는 것이 이상적이다.

11 목구조의 단점 : 충해, 화재에 취약하며 재료의 수급상 큰 단면이나 긴 부재를 얻기가 어렵다.

12 • 공동주택 : 아파트, 연립주택, 다세대주택, 기숙사 등
  • 단독주택 : 단독주택, 다가구주택, 다중주택 공관 등

13 입면도는 건물의 외관(벽)을 직각 방향에서 바라본 것을 표현한 도면으로, 건축물의 외관, 외부마감, 개구부, 주변환경 등이 표현된다.

14 도면에서 치수선의 화살표 모양 2종을 혼용해서 사용하지 않는다.

15 파티클보드는 강도의 방향성이 없다.

16 골재는 콘크리트 배합 시 물과 같이 배합되므로 흡수율이 낮아야 한다. 흡수율이 높으면 콘크리트의 강도에 영향을 준다.

17 골재의 함수상태에 따라 배합비의 조정이 필요하다. 표건상태는 표면건조상태를 뜻한다.

18 간접가열식은 직접가열식에 비해 열효율이 매우 낮다.

19 선홈통은 빗물을 지상으로 내려보내기 위해 벽에 설치되는 유도관이다.

20 풍소란 : 미서기문 등 창호의 맞닿는 부분에 방풍을 목적으로 턱솔이나 딴혀를 대어 물리게 한다.

21 • PC구조 : 프리캐스트 콘크리트(공장생산)를 사용한 구조
 • 플랫슬래브구조 : 무량판구조로 보가 없는 구조
 • 현수구조 : 케이블을 통해 하중을 기둥으로 전달하는 구조

22 • 현수막구조 : 막에 케이블을 연결하여 지지
 • 공기막구조 : 공기의 압력으로 막을 지지
 • 골조막구조 : 골조로 막의 무게를 지지
 • 하이브리드 막구조 : 골조막, 현수막, 공기막을 복합적으로 구성

23 옥외 흙에 접하지 않는 현장치기 콘크리트의 피복두께
 • 기둥, 보 : 40mm
 • 슬래브, 벽 : 20mm
 • 수중타설 : 100mm

24 벽돌벽 쌓기에서 내쌓기
 • 1켜씩 내쌓기 : 1/8B
 • 2켜씩 내쌓기 : 1/4B
 • 내쌓기 한도 : 2.0B

25 온통기초는 지반이 약해 바닥 전체를 콘크리트 기초판으로 사용한다.

26 • KS D : 금속부문
 • KS E : 광산부문
 • KS M : 화학부문

27 스킵플로어형은 계단실에서 단위주거에 도달하는 형식으로, 복도의 면적이 감소하고 프라이버시를 확보할 수 있다.

28 • 사선 : 불안한 느낌
 • 곡선 : 부드럽고 여성스러운 느낌
 • 수평선 : 평화롭고 안전한 느낌

29 목재의 전수축률(%)
$$= \frac{\text{생나무의 길이} - \text{전건상태의 길이}}{\text{생나무의 길이}} \times 100$$
$$= \frac{5-4.5}{5} \times 100 = 10\%$$

30 ② 목재 – 치장재
 ③ 목재 – 구조재
 ④ 철근콘크리트

31 목재의 공극률(V)
$$= \left(1 - \frac{W(\text{절건비중})}{1.54(\text{비중})}\right) \times 100\%$$
$$= \left(1 - \frac{0.95}{1.54}\right) \times 100\%$$
$$= 38\%$$

32 건축재료는 고성능화, 공업화에 의한 생산성 증대, 에너지를 절약하는 방향으로 발전하고 있다.

33 조명설계 순서
 소요조도 결정 → 광원종류 결정 → 조명방식 결정 → 조명기구 결정 → 조명기구 배치

34 블록구조에 테두리보를 설치하는 이유는 세로철근을 정착하여 구조를 보강하기 위함이다.

35 ①은 박공지붕, ②는 모임지붕, ③은 솟을지붕의 평면모양이다.

36 • 테라코타 : 장식용 점토제품
 • 점판암 : 지붕재
 • 석회암 : 시멘트의 원료

37 변성암에는 대리석, 사문암 등이 있다.

38 초등학생은 신체가 작아서 계단의 단높이를 16cm 이하로 규정하고 있다.

39 단면을 크게 한 헌치는 휨모멘트나 전단력에 저항하기 위해 만든다.

40 • 벽돌 전체 크기 : 온장(100%)
 • 칠오토막 : 3/4(75%), 이오토막 : 1/4(25%)

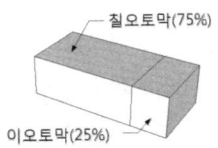

 • 반토막 : 1/2(50%)

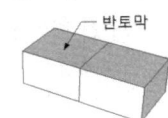

• 반절 : 1/2(50%)

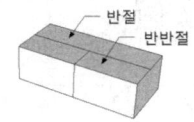

41 • **프리스트레스트 콘크리트** : 강선을 활용해 콘크리트를 타설하는 것으로 장스팬을 구성
• **레디믹스트 콘크리트** : 공장에서 현장까지 차량으로 운반하면서 콘크리트를 혼합
• **오토클레이브 콘크리트** : 단열 및 내화성이 우수한 경량콘크리트

42 에스컬레이터는 연속적인 수송설비로, 수송능력은 엘리베이터의 약 10배 정도이다.

43 아파트와 같이 바닥 슬래브와 벽이 일체가 되는 구조를 철근콘크리트 벽식구조라고 한다.

44 창호기호의 상단에는 창호의 번호를 표기하고, 하단에는 창호의 구분과 재료의 기호를 표기한다. S는 steel, W는 window로, SW는 강철창을 뜻한다.

45 연결살수설비는 소화활동설비에 해당된다.

46 케이블 구조는 구조물의 하중을 케이블이 지지하는 구조로 인장력만 발생한다.

47 **두겁돌** : 난간벽에 설치되어 빗물막이와 장식을 겸하는 돌이다.
 부란(扶欄) : 난간벽에 일정한 간격으로 난간동자를 세운 것

48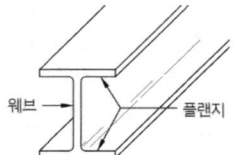

49 **연귀맞춤** : 마구리를 45°로 따내어 맞추는 방식으로, 마구리 부분이 감추어진다.

50 에폭시수지는 만능 접착제로 불리며 무거운 금속은 물론 항공기재의 접착에도 사용된다.

51 • town house(타운 하우스) : 공동의 부지에 여러 가구가 들어선 저층의 집합주택
• low house(로 하우스) : 규모가 작은 창고 형식의 건축물
• courtyard house(코트야드 하우스) : 주택 중앙에 정원이 있는 중정형 주택

52 동(銅, 구리, Cu)은 알칼리성 재료에 침식된다.

53 • **이중덕트방식** : 냉풍, 온풍 2개의 덕트를 설치하는 방식
• **단일덕트방식** : 패키지형 공조기를 사용하는 방식
• **멀티존 유닛방식** : 냉풍과 온풍을 혼합공기로 운영하는 방식

54 5R 4/14의 5R은 순색 빨강을 뜻하며, 4는 명도, 14는 채도를 뜻한다.

55 부부의 침실은 사적인 공간으로 독립성이 확보되어야 한다. 가족생활의 중심이 되는 장소는 거실이다.

56 • **내구성** : 외력이 가해져도 재료의 원형을 유지하는 성질
• **내화학약품성** : 화학약품에 견디는 성질
• **내마모성** : 마찰에 닳지 않고 견디는 성질

57 • **ㅅ자보와 평보** – 볼트(양나사볼트)
• **큰 보와 작은 보** – 안장쇠

58 • **크리프** : 재료가 장시간 하중을 받아 소성 변형이 생기는 현상
• **건조수축** : 재료의 수분이 없어지면서 용적이 작아지는 현상
• **동결융해** : 콘크리트가 겨울에 얼고 봄에는 녹는 현상

59 콘크리트는 인장력에 취약하므로 철근을 배근하여 철근이 인장력에 저항하도록 한다.

60 단열재는 외부의 온도를 차단하기 위한 재료로, 흡수율, 열전도율, 습기의 투과율이 낮아야 한다.

2023년 제3회 정답 및 해설

01	02	03	04	05	06	07	08	09	10	11	12	13	14	15
②	④	③	②	②	④	③	②	①	①	①	①	②	③	④
16	17	18	19	20	21	22	23	24	25	26	27	28	29	30
③	③	③	③	②	①	①	①	③	③	④	①	③	①	①
31	32	33	34	35	36	37	38	39	40	41	42	43	44	45
③	②	③	①	①	③	①	②	②	②	④	①	③	④	①
46	47	48	49	50	51	52	53	54	55	56	57	58	59	60
①	④	③	②	④	①	③	①	②	①	③	④	③	④	①

01 • 가는 실선 : 기술, 기호, 치수 등을 표시한다.
　• 파단선 : 표시선 이후를 생략한다.

02 사람이나 차량의 출입경로는 동선도, 배치도에 표시한다.

03 건축제도의 글자체는 수직 또는 15° 경사의 고딕체로 쓰는 것을 원칙으로 한다.

04 A : 기본
　D : 금속
　P : 의료

05 • 소점 : V.P(Vanishing Point)
　• 정점 : S.P(Station Point)

06 건축도면의 배치도와 평면도는 도면의 위쪽을 북쪽(도북 방향)으로 작도함을 원칙으로 한다.

07 굵은 선은 단면선이나 외형선을 표시할 때 사용된다.

08 동선계획은 사람이나 물건이 이동하게 되는 것을 계획하는 것으로, 공간의 배치(layout)와 관계가 깊다.

09 • 수직선 : 상승, 고결, 종교적 느낌
　• 곡선 : 부드럽고 우아한 여성적인 느낌
　• 사선 : 운동감을 가지며 동적인 느낌

10 부엌(주방) 작업대의 배치
　• L자형(ㄴ자형) : L자형의 싱크를 벽면에 배치하고 남은 공간에 식탁을 두어 활용할 수 있다.
　• 직선형(일자형) : 규모가 작은 좁은 면적의 주방에 적절하며 동선이 길어질 수 있는 단점이 있다.
　• 아일랜드형(섬형) : 주방 중앙에 조리대와 같은 작업대를 두어 여러 방향에서 작업할 수 있다.

11 서재, 침실, 작업실 등은 개인공간에 속한다.

12 대비는 서로 다른 요소의 조합으로, 시각적으로 강한 인상을 준다.

13 보의 높이와 크기는 단면도에 표시된다.

14 계단식 아파트는 복도가 아닌 계단을 통해 각 주호로 출입하므로 통행부 면적이 좁다.

15 피뢰설비는 벼락으로부터 건축물의 피해를 방지하기 위한 설비로, 전류를 지반으로 방전시키는 것이다. 건축물의 높이가 20m 이상이면 피뢰설비를 해야 한다.

16 • 수평선 : 평화로움, 안정감, 영원 등 정지된 느낌
　• 사선 : 동적이면서 불안한 느낌. 건축에는 강한 인상을 나타냄.
　• 곡선 : 유연하고 동적인 느낌

17 건축물의 층의 구분이 명확하지 않은 경우 4m마다 1개 층으로 보고 층수를 산정한다.

18 일교차 : 하루 중 최고 온도와 최저 온도의 차이를 말하며, 지리적 위치와 조건에 영향을 받는다.

19 현대의 건축재료는 고성능, 높은 생산성, 공업화로 인한 대량생산으로 발전하였다.

20 • 견치석 : 앞면과 뒷면의 크기가 다른 뾰족한 각 뿔형 돌
   • 각석 : 직사각형이나 정사각형의 단면을 가진 석재
   • 마름돌 : 채취한 석재를 필요한 치수로 다듬어 놓은 돌

21 • 듀벨 : 목재의 길이이음 시 전단력에 저항하는 이음철물
   • 안장쇠 : 큰 보와 작은 보의 이음철물
   • 주걱볼트 : 기둥과 처마도리 접합에 사용되는 철물

22 목재는 부도체로서 열전도율이 낮아 보온효과가 있다.

23 모자이크타일은 자기질 타일로 소성온도가 가장 높다.
   [소성온도가 높은 제품의 순서]
   모자이크타일(자기) > 클링커타일(석기) > 위생도기(도기) > 점토기와(토기)

24 에폭시수지 : 무거운 금속은 물론 항공기재의 접착에도 사용되어 만능접착제로 불린다.

25 테라코타는 고온에서 소성한 대형 점토제품으로, 내화성과 장식효과가 우수하여 내장 및 외장재료로 사용된다.

26 안산암은 화산암이다.
   * 성인(成因) : 사물이 만들어진 원인

27 납(Pb, 연)은 X선 차단 효과가 우수하다.

28 산화제2철(Fe_2O_3)은 자외선을 차단한다.

29 시멘트는 창고에 입하된 순서대로 사용해야 하므로 개구부에서 멀리 있는 시멘트부터 사용해야 한다.

30 • 흄관 : 철근콘크리트로 만든 원통형 관
   • 듀리졸 : 폐목재를 가공한 두꺼운 판이나 블록
   • 플렉시블 보드 : 유연성이 우수한 판

31 • 도장재료 : 물체 표면에 칠을 하여 피막을 형성하는 재료
   • 역청재료 : 방수, 방부, 포장에 사용되는 재료
   • 방수재료 : 물, 수분, 습기의 침입이나 투과를 방지하기 위한 재료

32 목재의 전수축률(%)
$$\frac{생나무의\ 길이 - 전건상태의\ 길이}{생나무의\ 길이} \times 100$$
$$= \frac{5-4.5}{5} \times 100 = 10\%$$

33 슬럼프시험(slump test)
   콘크리트의 컨시스턴시, 워커빌리티를 측정하는 시험으로, 슬럼프콘을 사용한다.
   * 컨시스턴시 : 반죽의 묽은 정도
   * 워커빌리티 : 시공연도

34 잔골재는 모래와 같이 작은 크기의 골재로, 5mm체에 중량으로 85% 이상 통과한 골재이다. 20kg의 85%는 17kg이다.

35 • 블리딩 : 굳지 않은 모르타르나 콘크리트에 있어서 윗면으로 물이 상승하는 현상
   • 크리프 : 하중의 증가 없이 시간이 경과하면서 변형이 증대되는 현상

36 • 페어글라스 : 2~3장의 유리를 간격을 두고 만든 것으로, 단열 · 차음 · 결로방지가 우수
   • 폼글라스 : 기포를 삽입한 유리로, 단열 · 방음성이 우수
   • 유리블록 : 유리를 벽돌모양으로 만든 제품으로, 보온 · 장식 · 방음용으로 사용

37 • 장막벽 : 벽체 자중 이외에 하중을 받지 않는 칸막이벽
   • 칸막이벽 : 건축물 내부의 공간을 구획하는 벽
   • 대린벽 : 서로 인접하거나 직각으로 교차하는 벽

38 콘크리트 피복의 목적
   • 철근의 부식을 방지
   • 내화성을 높임
   • 철근의 부착력을 높임

39 주각은 철골구조의 기둥부분이며, 데크 플레이트는 바닥판 재료에 해당된다.

40 막구조 : 두께가 얇고 무게가 가벼운 막을 씌운 구조로, 넓은 공간의 지붕구조로 사용하면 효과적이다. 대표적인 건축물로는 상암월드컵경기장이 있다.

41 스티프너는 웨브의 좌굴을 방지하는 보강재이며 커버플레이트는 플랜지의 단면을 보강하는 재료이다.

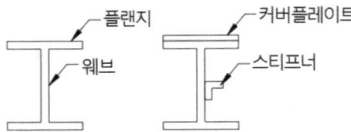

42 절판구조 : 얇은 판을 접은 형태를 이용해 큰 강성을 낼 수 있는 구조이다.

43 벽식구조 : 기둥 역할을 벽이 대신하는 구조로, 일반적으로 아파트와 같은 구조를 벽식구조라고 한다.

44 헌치 : 보의 양단부인 기둥과 교차되는 부분은 중앙부보다 단면을 크게 하여 보의 휨, 전단력에 대한 저항강도를 높이기 위해 사용된다.

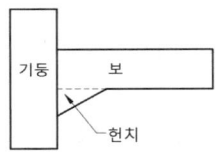

45 현수구조와 사장구조는 케이블을 통해 하중을 기둥으로 전달한다.

46 주걱볼트는 평보에 결합되는 처마도리와 깔도리를 고정하는 철물이다.

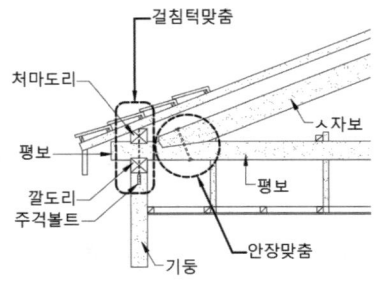

47 • 세퍼레이터 : 거푸집의 간격을 유지하기 위한 격리재
• 스페이서 : 철근의 간격 및 피복두께를 유지하기 위한 간격재

• 폼타이 : 철제 거푸집의 조임기구로, 거푸집이 벌어지는 것을 고정

48 • 철근콘크리트 원형, 다각형 기둥의 철근 : 6개 이상
• 철근콘크리트 사각형 기둥의 철근 : 4개 이상

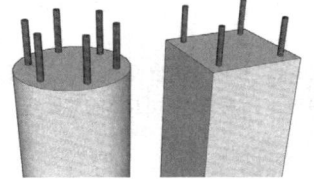

49 드라이에어리어(D.A)
지하실의 채광, 환기, 방습 등의 목적으로 지하실 외측에 설치하는 개방된 공간

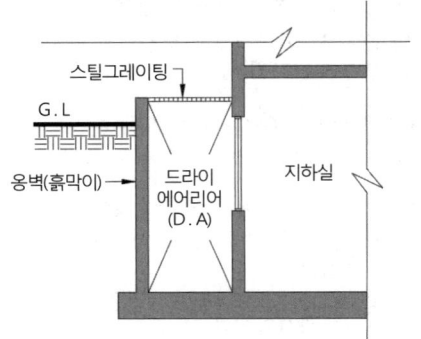

50 영롱쌓기

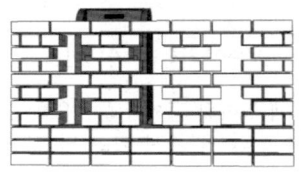

51 돔의 상부 - 압축링, 돔의 하부 - 인장링

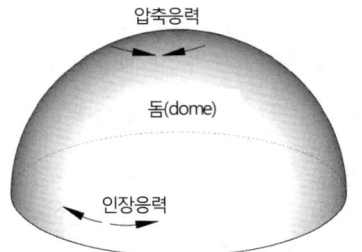

52 벽돌벽 쌓기에서 내쌓기
- 1켜씩 내쌓기 : 1/8B
- 2켜씩 내쌓기 : 1/4B
- 내쌓기 한도 : 2.0B

53 왕대공 지붕틀의 왕대공은 인장력을 받는다.

54 • 폭렬 : 콘크리트의 표면이 비산해서 단면이 손상되는 현상
- 컬럼쇼트닝 : 기둥의 축소량
- 크리프 : 하중의 증가 없이 시간이 경과하면서 변형이 증대되는 현상

55 트랩은 배관에 봉수를 만들어 악취나 벌레의 유입을 막는다.

56 드렌처는 소화설비 중 건물의 외벽이나 창에 설치되는 설비로, 화재 시 수막을 형성한다.

57 팬코일 유닛방식(fan coil unit system)은 소형 공기조화기를 각 실에 설치하는 방식으로, 호텔의 객실, 병원 등 작은 공간에서 사용된다.

58 • 오일 포집기 : 배수의 오일류를 거름
- 헤어 포집기 : 머리카락을 거름
- 플라스터 포집기 : 금속조각이나 플라스터를 거름

59 옥내배선도
건축물 내의 전기기구에 전기가 공급되는 전선로를 표시한 도면. 전기기구, 분전반, 콘센트, 스위치, 전선, 인입선 등이 표시된다.

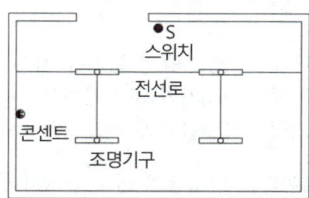

60 에스컬레이터는 연속적인 수송설비로, 수송능력은 엘리베이터의 약 10배 정도이다.

CBT 기출 — 2024년 제1회 정답 및 해설

01	02	03	04	05	06	07	08	09	10	11	12	13	14	15
①	①	①	②	②	①	④	②	②	①	④	③	④	③	②
16	17	18	19	20	21	22	23	24	25	26	27	28	29	30
②	③	③	②	②	①	④	①	③	①	②	④	③	①	②
31	32	33	34	35	36	37	38	39	40	41	42	43	44	45
②	④	③	②	④	①	①	④	④	②	②	③	③	④	①
46	47	48	49	50	51	52	53	54	55	56	57	58	59	60
①	④	④	②	③	①	①	②	①	②	④	③	③	①	②

01 • 가는 실선 : 치수선, 지시선, 인출선 등
- 1점쇄선 : 중심선, 기준선, 경계선 등
- 2점쇄선 : 가상선, 1점쇄선과 구분되어야 할 경우 등

02 연필은 밝은 부분에서 어두운 부분까지 명암은 물론 다양한 질감을 표현할 수 있다.

03 건축도면에 사용되는 치수의 단위는 mm를 원칙으로 하며, 단위는 표기하지 않고 생략한다. mm 단위를 사용하지 않는 경우에는 해당 단위를 표시한다.

04 D13의 D(deformed)는 이형철근, 13은 직경을 나타내며, @100의 @는 철근의 간격을 뜻한다.

05 도면작성 시 가장 먼저 하는 것은 도면의 구도를 잡아 구조체의 중심이나 기준선을 작성하는 것이 일반적이다.

06 엘리베이터의 리밋스위치는 운행에 필요한 안전장치로, 승강기가 최상층 이상이나 최하층 이하로 이동되는 것을 차단하기 위한 전원스위치다.

07 • 2중덕트방식 : 냉풍과 온풍 2개의 덕트를 설치하는 방식
• 단일덕트방식 : 패키지형 공조기를 사용하는 방식
• 멀티존 유닛방식 : 냉풍과 온풍을 혼합공기로 운영하는 방식

08 • 제1종 환기법 : 송풍기와 배풍기를 사용
• 제2종 환기법 : 송풍기와 자연배기를 사용
• 제3종 환기법 : 자연급기와 배풍기를 사용

09 직류 엘리베이터는 속도를 임의로 선택하여 운행할 수 있다.

10 트랩은 배수관의 유해가스와 벌레의 유입, 물의 역류 현상을 봉수를 두어 방지하는 장치다.

11 에스컬레이터는 연속적인 수송설비로, 수송능력은 엘리베이터의 약 10배 정도이다.

12 • 퓨즈 : 과전류 차단장치
• 릴레이 : 신호의 연결/단락을 제어하는 스위치
• 차단기 : 과전류, 과전압 등으로 인한 상태를 자동적으로 차단하는 장치

13 • 수평선 : 평화롭고 안정감 있는 느낌
• 수직선 : 상승감, 긴장감 등 종교적인 느낌
• 사선 : 동적이면서 불안한 느낌

14 거실은 가구 구성원과의 소통, 오락 등이 이루어지는 장소이므로 통로로 사용되지 않도록 한다.

15 다이닝 키친은 주방의 일부에 식사실을 구성한 형태로, 소규모 주택에 활용된다.

16 지붕의 물매는 건물의 용도, 간사이, 지붕재료, 기후 등에 의해 결정된다.

17 평면계획 시 각 공간에서의 생활행위를 분석한 후 공간의 규모와 치수를 결정한다.

18 다가구주택은 단독주택에 해당된다.

19 동선계획 시 교통량이 많은 동선은 가능한 한 짧게 처리하는 것이 좋다.

20 건축법상 아파트는 주택으로 사용되는 층수가 5개 층 이상인 주택을 말한다.

21 문제에서 말하는 거실 가구는 소파와 테이블을 뜻한다.
• 코너형 : ㄱ자 배치
• 직선형 : 일자 배치
• 대면형 : 11자 배치
• 자유형 : 조형적 형태를 활용한 개성적인 배치

22 노점온도 : 수증기가 물방울로 맺히는 온도이다.

23 • 개인공간 : 침실, 작업실, 서재 등 개인이 사용하는 공간
• 사회적 공간(공동공간) : 거실, 식사실, 응접실 등 공동으로 사용하는 공간
• 노동공간 : 주방, 세탁실 등
• 위생공간 : 욕실, 화장실 등

24 점토제품의 소성온도는 토기 < 도기 < 석기 < 자기의 순으로 높다.

25 회반죽, 석회, 돌로마이트 플라스터는 기경성 재료이다.

26 • 구조용재 : 함수율 15%
• 수장 및 가구용재 : 함수율 10%

27 테라초는 인조석의 일종으로, 바닥이나 벽의 수장재로 사용된다.

28 제게르(Seger) 추 : 광물질로 만든 삼각추로, 연화온도를 측정하는 데 사용된다.

29 시멘트는 창고에 입하된 순서대로 사용해야 하므로 개구부에서 멀리 있는 시멘트부터 사용해야 한다.

30 시멘트의 강도는 물시멘트비와 가장 관련이 있으며, 그 밖에 분말도, 풍화 정도, 배합설계 등에 따라 달라질 수 있다.

31 청동은 구리와 주석의 합금이다.

32 날씨가 추울수록 수액의 건조가 빨라서 벌목하기 좋다.

33 • 줄눈대 : 보드, 금속판 등의 줄눈에 대는 재료
• 논슬립 : 계단의 디딤판 끝에 대어 오르내릴 때 미끄럼을 방지
• 듀벨 : 목재의 이음 시 전단력을 보강하는 철물

34 • 유성페인트 : 안료, 건성유 등을 혼합한 산화 건조형 도료
• 오일스테인 : 유성착색료, 안료를 혼합한 착색제로 목재 바탕에 사용
• 광명단 : 납을 주성분으로 하는 적색을 띠는 도료로, 철재의 부식을 방지

35 사문암은 변성암이며, 응회암과 석회암은 수성암으로 분류된다.

36 납(Pb)
X선을 차단하는 금속으로, 연으로 불리기도 한다. (Cu - 구리, Fe - 철, Zn - 아연)

37 내화벽돌의 내화온도(SK: 제게르 추의 소성온도 번호)
• 저급벽돌 : SK26~SK29
• 보통벽돌 : SK30~SK33
• 고급벽돌 : SK34~SK42

38 혼합시멘트는 2종 이상의 시멘트를 혼합하거나 보통 포틀랜드 시멘트에 성능을 개량하기 위해 특수한 혼합재를 넣은 시멘트이다. 보통 포틀랜드 시멘트는 일반 포틀랜드 시멘트에 속한다.

39 오지벽돌
벽돌에 오지물을 칠해 소성한 벽돌로, 건물의 내장 및 외장재로 사용된다.

40 파티클보드는 강도의 방향성이 없다.

41 1.5B 공간쌓기(1.0B+공기층+0.5B)의 두께
1.0B=190, 공기층=75, 0.5B=90
→ 190+75+90=355mm

42 현수구조와 사장구조는 케이블을 통해 하중을 기둥으로 전달하는 구조이다.

43 테두리보는 벽체를 일체화하여 강성을 높인다.

44 • 고주(高柱) : 한 층의 높이보다 높아 동자주를 겸하는 기둥
• 누주(樓柱) : 누각(다락)의 기둥으로 사용되는 굵고 긴 나무
• 찰주(刹柱) : 심초석 위에 세워 중심을 유지하는 기둥
• 활주(活柱) : 처마 끝의 추녀를 받치는 기둥

45 • 주두 : 기둥 상부에 위치해 상부 하중을 전달
• 스터럽 : 보의 늑근으로 주근의 좌굴을 방지
• 후프 : 기둥의 대근으로 압축강도를 증대

46 블록의 구멍 난 공간(중공부)에 철근과 콘크리트로 보강한 구조를 보강블록조라고 한다.

47 • 쌤돌 : 창문과 같은 개구부 둘레에 쌓은 돌
• 고막이돌 : 한옥에서 문의 하부(하방)를 받치는 돌
• 두겁돌 : 난간이나 벽 상단을 마무리하기 위해 덮는 돌

48 목조벽체에서 가새의 단면을 크게 하면 좌굴될 수 있다.

49 • 폭렬 : 콘크리트의 표면이 비산해서 단면이 손상되는 현상
• 컬럼쇼트닝 : 기둥의 축소량
• 크리프 : 하중의 증가 없이 시간이 경과하면서 변형이 증대되는 현상

50 벽돌의 내쌓기
• 1단식 내쌓기 : 1/8B
• 2단식 내쌓기 : 1/4B
• 내쌓기 한도 : 2B

51 조적구조의 개구부 조건
• 문골너비 1.8m 이상은 상부 인방 설치(20cm 물림)
• 개구부의 폭은 벽길이의 1/2 이하
• 상하 배치 시 60cm 이상 거리를 두고 설치

52 왕대공 지붕틀

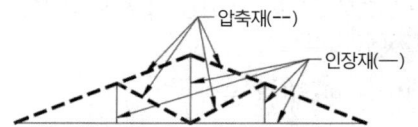

53 콘크리트의 슬럼프값이 클수록 거푸집에 작용하는 측압은 커진다.

54 • 장막벽 : 벽체 자중 이외에 하중을 받지 않는 칸막이벽
• 칸막이벽 : 건축물 내부의 공간을 구획하는 벽
• 대린벽 : 서로 인접하거나 직각으로 교차하는 벽

55 • 빗이음 : 두 부재를 사선으로 비스듬히 잇는 이음
• 엇빗이음 : 두 부재를 반으로 나누어 반대 경사로 이음
• 겹침이음 : 두 부재를 겹쳐 못이나 볼트 등으로 이음

56 볼트(vault)구조
2차원의 아치구조를 늘어뜨려 3차원의 입체적인 공간을 구성한 것으로, 로마 건축기술의 핵심이다.

57 시드니 오페라하우스의 지붕은 곡면을 사용한 셸 구조의 대표적인 사례이다.

58 현장치기 피복두께
• 수중타설 : 100mm
• 영구히 흙에 접하는 부분 : 80mm
• 옥외 공기 중에 노출되는 부분 : 40~60mm
• 공기 중이나 접하지 않는 부분 : 20~40mm

59 • 보일링 : 모래지반 굴착 시 지하수위가 굴착 저면보다 높을 때 지하수로 인해 지면의 모래가 부풀거나 솟아오르는 현상
• 파이핑 : 땅속에 흐르는 물이 약한 부분으로 집중되어 흙막이벽의 토사가 누수로 함몰되는 현상
• 언더피닝 : 구조물의 기초에 시공하는 보강공사

60 보기 ②는 토대에 관한 설명이다.

2024년 제3회 정답 및 해설

CBT 기출

01	02	03	04	05	06	07	08	09	10	11	12	13	14	15
③	②	②	①	①	②	②	④	④	①	③	②	④	④	③
16	17	18	19	20	21	22	23	24	25	26	27	28	29	30
③	①	③	②	③	④	②	④	④	①	③	①	③	③	④
31	32	33	34	35	36	37	38	39	40	41	42	43	44	45
①	②	③	④	③	③	③	②	①	③	①	④	②	①	②
46	47	48	49	50	51	52	53	54	55	56	57	58	59	60
①	③	③	①	②	④	④	①	④	③	③	③	③	②	④

01 해칭선 : 재료의 단면 표현 및 반복된 패턴을 표시하는 선으로, 가는 실선으로 표현한다.

02 • 전개도 : 실내 벽면의 형상, 크기, 마감을 표현한 도면
• 입면도 : 건축물의 외관, 개구부, 외피의 마감을 표현한 도면

03 W : 너비, Wt : 무게

04 FSD : Fire Steel Door의 약자로, 방화문을 나타낸다.

05 등각투상도 : 가장 많이 사용되는 투상도로, 각 축의 각도가 120°이며, 수평을 기준으로 좌측과 우측의 축이 30°로 같다.

06 세면대의 일반적인 설치높이는 750mm 정도이다.

07 • 옥내소화전 : 건축물 내부에 설치된 소화전
　 • 옥외소화전 : 건축물 외부에 설치된 소화전
　 • 드렌처 : 창문이나 외벽에 수막을 만드는 소화설비
　 • 스프링클러 : 천장면에서 물을 방사시키는 소화설비

08 조명의 설계순서
　 소요조도 결정 → 광원종류 선택 → 조명방식 선택 → 조명기구 선택 → 조명기구 배치

09 전력퓨즈는 릴레이와 변성기가 필요하지 않다.

10 • 비상정지장치(emergency brake) : 엘리베이터가 낙하 시 정지시킴.
　 • 완충기(buffer) : 최하층 도달 시 엘리베이터의 충격을 완화시킴.
　 • 조속기(overspeed governor) : 엘리베이터가 정격속도를 초과하면 제동기의 전원을 차단하여 정지시킴.

11 • 플랫형 : 단층 구성
　 • 메조넷형 : 2개 층 구성(복층형)
　 • 트리플렉스형 : 3개 층 구성
　 • 스킵플로어형 : 상하층을 엇갈리게 배치한 구성

12 건폐율 : 건축면적/대지면적×100

13 • 타운하우스(town house) : 공동의 부지에 여러 가구가 들어선 저층의 집합주택
　 • 로하우스(low house) : 규모가 작은 창고형식의 건축물
　 • 코트야드하우스(courtyard house) : 주택 중앙에 정원이 있는 중정형 주택

14 • 오픈키친(open kitchen) : 주방을 볼 수 있도록 개방된 주방형식
　 • 리빙키친(living kitchen) : 거실과 주방을 겸하는 구조로, 소규모 주택에 사용된다.
　 • 다이닝키친(dining kitchen) : 주방 일부에 식당을 배치한 구성으로, 가사노동을 줄일 수 있다.

15 매끄러운 재료는 빛을 반사하고 가벼운 느낌을 준다.

16 루버 : 유리창 전면에 평평한 부재를 설치해 일조의 조절과 환기를 가능하게 하는 것으로, 격자형·수평형·수직형 등이 있다.

17 모듈화의 특징
　 • 설계 및 현장작업의 단순화
　 • 공사비 절감 및 대량생산 용이
　 • 건축구성재의 수송 및 취급 용이

18 유효온도(실감온도)에 영향을 주는 요소는 온도·습도·기류 3가지이다.

19 • 통일 : 공통된 요소로 인해 전체가 일관되게 보임.
　 • 리듬 : 규칙적인 요소들의 반복으로 디자인에 있어 시각적 질서를 부여함.
　 • 대비 : 서로 상반되는 것끼리 조화를 이루고 서로의 특징을 돋보이게 함.

20 • 모양에 따른 계단의 종류 : 곧은계단, 꺾인계단(굴절계단), 나선계단(돌음계단), 중공계단 등
　 • 피난계단은 용도에 따른 분류에 해당된다.

21 • 평면도 : 해당 층의 바닥면에서 1.2~1.5m 높이를 수평으로 잘라 위에서 아래로 내려다본 모습을 작성한 도면
　 • 전개도 : 건축물의 외관, 개구부, 외피의 마감을 표현한 도면
　 • 단면도 : 건축물을 수직으로 잘라낸 부분을 표현하는 도면으로, 각종 재료의 두께와 높이와 관련된 층높이, 천장높이, 처마높이, 바닥높이, 계단높이 등을 표시한 도면

22 멜라민수지는 열경화성수지에 속한다.

23 회반죽은 기경성 재료로, 공기 중의 탄산가스(이산화탄소)와의 화학작용을 통해 경화한다.

24 목재의 함수율 $= \dfrac{W_1 - W_2}{W_2} \times 100\%$
　 여기서, W_1 : 목재편의 중량
　　　　　W_2 : 절건중량
　 → $\dfrac{50-35}{35} \times 100 = 42.8\%$

25 목재의 공극률 $= \left[1 - \dfrac{W(절건비중)}{1.54(비중)}\right] \times 100\%$
　 → $\left(1 - \dfrac{0.3}{1.54}\right) \times 100 =$ 약 80.5%

26 열경화성수지는 압축성형법이 사용된다.

27 강재의 표시 : 2L-100×100×7
2L(L형강 2개)-100(높이)×100(너비)×7(두께)

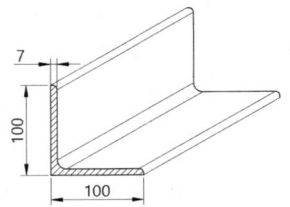

28 점토제품의 제법순서
원토처리-원료배합-반죽-성형-건조-소성

29 • 도장재료 : 물체 표면에 칠을 하여 피막을 형성하는 재료
• 역청재료 : 방수, 방부, 포장에 사용되는 재료
• 방수재료 : 건축물에 물이 스며들지 못하게 막는 재료

30 콜타르(coal tar)는 도료의 방부제로 사용된다.
* 안료 : 색채가 있는 미세한 분말

31 TMCP(Thermo Mechanical Control Process)는 강의 저온변태조직을 이용하여 만든 고강도 강재로, 용접성과 내진성이 우수하다.

32 청동은 구리와 주석의 합금이다.

33 • 입경 : 입자의 유효지름
• 표준망 체 1조의 규격 : 80, 40, 20, 10, 5, 2.5, 1.2, 0.6, 0.3, 0.15mm

34 사용목적에 따른 건축재료의 분류 : 구조재료, 마감재료, 차단재료, 방화 및 내화재료

35 산화제2철(Fe_2O_3)은 자외선을 차단한다.

36 우리나라에서 사용되는 표준형 벽돌의 크기
190mm×90mm×57mm

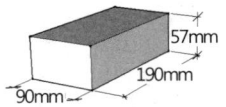

37 • 무기질 재료 : 흙, 금속, 점토, 시멘트 등
• 유기질 재료 : 목재, 섬유판, 아스팔트, 합성수지 등

38 • 보통 포틀랜드 시멘트 : 일반적인 공사
• 알루미나 시멘트 : 해안공사, 긴급공사
• 고로 시멘트 : 해수공사, 댐공사
• 팽창 시멘트 : 시멘트의 수축성 균열방지 시멘트

39 골재는 시멘트풀의 최대 강도 이상인 것을 사용한다.

40 시멘트 강도에 영향을 주는 요소는 분말도, 풍화정도, 물의 양 등이며, 그중 물의 양이 강도에 가장 큰 영향을 준다.

41 • 고로 시멘트 : 수화열이 낮고 내구성이 높아 댐, 해안공사에 사용
• 백색 포틀랜드 시멘트 : 외장 모르타르에 사용
• AE 포틀랜드 시멘트 : AE제를 사용한 시멘트로 방수성과 내화학성이 우수

42 • 얕은 기초 : 복합기초, 줄기초, 전면기초(매트기초), 독립기초
• 깊은 기초 : 말뚝을 사용한 기초, 케이슨 기초

43 1.5B 쌓기의 두께(단열재 없음)
1.0B(190)+모르타르 줄눈(10)+0.5B(90)
=290mm

44 띠철근(대근)은 철근콘크리트 기둥의 주근을 둘러감아 주근의 좌굴을 방지하고 결속한다.

45 푸아송비는 세로 방향의 변형에 대한 가로 방향의 변형비를 말하며, 콘크리트의 푸아송비는 1/6~1/12 정도이다.

46 연귀맞춤 : 마구리를 45°로 따내어 맞추는 방식으로 마구리 부분이 감추어진다.

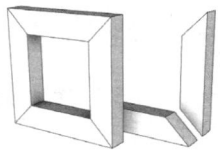

47 수직부재인 동바리와 멍에, 장선이 필요한 마루는 동바리마루이다.

48 PC(Precast Concrete)구조는 콘크리트 구조물을 공장에서 생산하여 현장에서 조립하는 구조로, 균질한 품질의 시공이 가능하다.

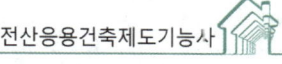

49 물매기준(10) : 물매(4) = 간사이(3000) : 높이(x)

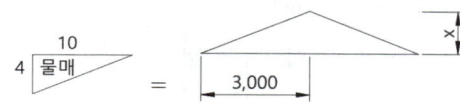

$10 : 4 = 3 : x \rightarrow 10 \times x = 4 \times 3$
$10x = 12 \rightarrow x = 12/10$
$\therefore x = 1.2$

50 현수구조와 사장구조는 케이블을 통해 하중을 기둥(주탑)으로 전달한다.

51 철근콘크리트구조의 중량
- 보 : 단면적×길이×단위용적중량(2.4t/m³)
- 기둥 : 단면적×높이×단위용적중량(2.4t/m³)
→ 0.3m×0.6m×10m×2.4 = 4.32t

52 부재 '라'는 반자틀받이로, 반자틀을 고정한다.

53 • 주두 : 기둥 상부에 위치해 상부 하중을 전달
• 스터럽 : 보의 늑근으로 주근의 좌굴을 방지
• 후프 : 기둥의 대근으로 압축강도를 증대

54 온통기초는 기초 전체를 하나의 기초판으로 구성하여 지하실이나 주차장으로 구성할 수 있다.

55 언더피닝 : 건물의 기초를 보호하는 보강공사공법

56 격자기둥 : 앵글과 채널을 사용해 격자식으로 조립한 기둥으로, 강구조에 사용된다.

57 비내력벽 : 건축물의 하중을 받지 않는 벽으로, 장막벽 · 칸막이벽 · 커튼월 등이 해당된다.

58 시드니 오페라하우스의 지붕은 곡면을 사용한 셸구조의 대표적인 사례이다.

59 목구조 기둥 중 1층과 2층에 걸쳐 하나의 형태를 이루는 기둥을 통재기둥이라고 한다.

60 데크 플레이트는 얇은 강판을 절판모양으로 만든 바닥용 자재이다.

CBT 기출 — 2025년 제1회 정답 및 해설

01	02	03	04	05	06	07	08	09	10	11	12	13	14	15
①	③	②	①	③	③	③	②	④	②	④	③	③	①	①
16	17	18	19	20	21	22	23	24	25	26	27	28	29	30
②	②	②	③	②	④	②	①	①	③	②	④	②	②	①
31	32	33	34	35	36	37	38	39	40	41	42	43	44	45
③	②	④	③	④	①	②	③	②	①	③	③	③	④	④
46	47	48	49	50	51	52	53	54	55	56	57	58	59	60
④	③	①	③	①	①	①	①	①	③	②	③	①	③	④

01 스킵플로어형 : 계단실에서 단위주거에 도달하는 형식으로, 복도의 면적이 감소하고 프라이버시를 확보할 수 있다.

02 아파트 평면형식 중 집중형 구조는 채광, 통풍, 프라이버시는 불리하나 주호를 집중시켜 대지의 이용률은 높다.

03 • 통일 : 전체가 하나의 느낌으로 일관되게 보이는 것
• 균형 : 무게감이나 시각적인 힘의 균형으로 안정감과 침착한 느낌을 주는 것
• 대비 : 서로 성질이 다른 것의 차이로 느껴지거나 드러나는 것

04 • 계획설계도 : 구상도, 조직도, 동선도, 면적도표 등
   • 기본설계도 : 평면도, 입면도, 단면도, 배치도, 투시도
   • 실시설계도 : 배치도, 평면도, 입면도, 단면도, 창호도, 부분상세도, 일람표 등

05 • 내부공간은 벽을 경계로 안쪽에 둘러싸인 공간을 말한다.
   • 건축의 외부공간도 내부공간과 동일하게 인공적으로 만들어진 환경이다.

06 • 공동주택 : 아파트, 다세대주택, 연립주택, 기숙사 등
   • 단독주택 : 다가구주택, 단독주택, 공관 등

07 우리나라는 먼셀(Munsell) 표색계를 한국산업규격으로 채택하여 사용하고 있다.

08 건축도면을 작성할 때 마지막 단계에서는 문자 및 치수를 기입하고 누락된 요소가 없는지 검토한다.

09 노점온도 : 수증기가 물방울로 맺히는 온도이다.

10 • 부부의 침실은 사적인 공간으로, 독립성이 확보되어야 한다.
   • 가족생활의 중심이 되는 장소는 거실이다.

11 ㄷ자형 부엌은 동선이 짧으나 면적을 많이 차지한다.

12 1점쇄선은 중심선 이외에 경계선으로도 사용된다.

13 건축제도에 사용되는 축척
   1/2, 1/3, 1/4, 1/5, 1/10, 1/20, 1/25, 1/30, 1/40, 1/50, 1/100, 1/200, 1/250, 1/300, 1/500, 1/600, 1/1000, 1/1200, 1/2000, 1/2500, 1/3000, 1/5000, 1/6000

14 • 목재(구조재) :
   • 석재(인조석) :
   • 석재(자연석) :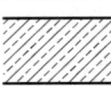

15 • 투명종이 묘사 : 비치는 종이를 참고할 대상 위에 올려 놓고 밑그림이나 외형 등을 쉽게 묘사
   • 잉크 묘사 : 농도를 맞추어 그림을 가장 선명하고 깨끗하게 묘사
   • 크로키 묘사 : 사람이나 사물의 특징을 살려 빠른 시간에 표현하는 방법

16 • 보통 포틀랜드 시멘트 : 일반적인 공사
   • 알루미나 시멘트 : 해안공사, 긴급공사
   • 고로 시멘트 : 해수공사, 댐공사
   • 팽창 시멘트 : 시멘트의 수축성 균열방지 시멘트

17 190(1.0B)+10(줄눈)+90(0.5B)=290mm

18 • 단일재료 : 철골구조의 형강처럼 하나의 재료만으로 시공되는 재료
   • 복합재료 : 콘크리트나 모르타르처럼 여러 가지 재료를 혼합하여 시공되는 재료

19 목재는 섬유 방향에 평행할 경우 인장강도가 가장 크다.

20 플로어링 합판과 파키트리 블록, 파키트리 패널은 바닥재료로 많이 사용된다.

21 테라초(terrazzo) : 대리석의 쇄석을 사용해 만든 인조대리석이다.

22 • 기포제 : 콘크리트를 경량화하고 단열 및 내화성을 높임
   • 방청제 : 염분 등 이물질로 인한 철근의 부식방지
   • 방수제 : 콘크리트의 수밀성을 높임

23 알루미늄은 가공성이 우수하나, 산·알칼리·염에 약하다.

24 • 여닫이문에 사용하는 철물 : 경첩, 도어클로저 (도어체크), 자물쇠
   • 미닫이문에 사용하는 철물 : 레일, 호차(바퀴)

25 • 줄눈대 : 보드, 금속판 등의 줄눈에 대는 재료
   • 논슬립 : 계단의 디딤판 끝에 대어 오르내릴 때 미끄럼을 방지
   • 듀벨 : 목재의 이음 시 전단력을 보강하는 철물

26 • 무기질 재료 : 흙, 금속, 점토, 시멘트 등
   • 유기질 재료 : 목재, 섬유판, 아스팔트, 합성수지 등

27 목재의 건조법
   • 자연건조 : 공기건조법, 침수건조법
   • 인공건조 : 증기법, 훈연법, 열기법, 진공법 등

28 목재의 방부법 : 도포법, 침지법, 주입법

29 합판제조법 중 회전시켜 만드는 로터리 방식이 생산율이 높아 가장 많이 사용된다. 합판 제조의 80~90% 정도를 로터리 방식이 차지한다.

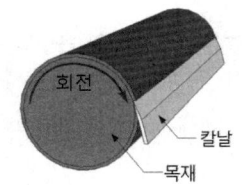

30 회반죽에 여물을 넣으면 배합된 재료가 결속되어 균열을 방지할 수 있다.

31 • 연성 : 재료를 당겼을 때 늘어나는 성질
   • 전성 : 때리거나 누르는 힘에 의해 얇게 퍼지는 성질
   • 탄성 : 재료가 외력의 영향으로 변형이 생긴 후 외력을 제거하면 다시 원래 상태로 돌아가려고 하는 성질

32 표준형 시멘트벽돌의 크기

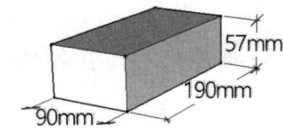

33 석재의 특성
   • 비중이 커서 무거우며 가공이 어렵다.
   • 길고 큰 부재를 얻기 까다롭다.
   • 압축강도에 비해 인장강도가 약하다.
   • 내화도가 낮아 고열에 약하다.

34 변성암에는 대리석, 사문암 등이 있다.

35 • 점토제품의 소성온도 : 자기 > 석기 > 도기 > 토기
   • 점토제품의 흡수율 : 토기 > 도기 > 석기 > 자기

36 보강블록조의 내력벽 두께는 150mm 이상으로 한다.

37 현수구조와 사장구조는 케이블을 통해 하중을 기둥으로 전달한다.

38 • 영식 쌓기 : 벽의 끝단에 이오토막을 사용
   • 미식 쌓기 : 마구리쌓기 끝단에 이오토막을 사용
   • 불식(프랑스식) 쌓기 : 벽의 끝단에 이오토막을 사용
   • 네덜란드식(화란식) 쌓기 : 벽의 끝단에 칠오토막을 사용

39 톱날지붕

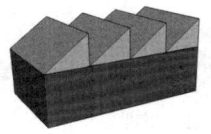

40 조적식 구조에서 내력벽으로 둘러싸인 바닥면적은 80m² 를 넘을 수 없다.

41 조적조 벽체의 내쌓기
   • 1단씩 내쌓기 : 1/8B
   • 2단씩 내쌓기 : 1/4B
   • 내쌓기 한도 : 2.0B

42 • 바른층쌓기 : 벽돌처럼 일정한 높이로 수평이 맞도록 쌓는 방식을 말한다.
   • 허튼층쌓기 : 아무런 규칙 없이 줄눈이 고르지 않게 쌓는 방식으로, 막쌓기라고도 한다.

43 • 인방돌 : 창문이나 문 개구부 상부에 하중 분산을 목적으로 올리는 돌
   • 이맛돌 : 반원 아치 가운데 끼워 넣는 돌
   • 쌤돌 : 창문 양쪽 수직면에 대어 마감하는 돌

44 물매는 지붕의 경사도를 뜻하는 용어로, 가로값 10을 기준으로 세로값의 크기로 표기한다.

물매 표기의 예

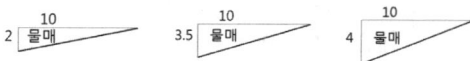

45
- 감잡이쇠 : 평보와 왕대공 접합
- 안장쇠 : 큰보와 작은보 접합
- 꺾쇠 : ㅅ자보와 중도리를 접합
- 띠쇠 : ㅅ자보와 왕대공, 기둥과 토대, 기둥과 층도리를 접합

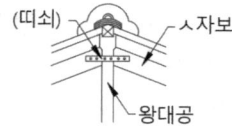

46 영롱쌓기 : 장식이나 특정한 목적으로 사각형이나 십자형태로 구멍을 내어 쌓는다.

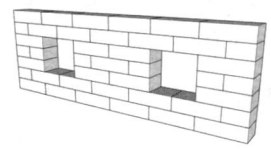

47 연약지반에서는 건물의 중량을 작게 한다

48
- 철골구조 : 강재를 사용한 구조
- 현수구조 : 구조물을 달아매는 구조
- 커튼월구조 : 하중을 지지하지 않는 유리로 된 외벽구조

49 1방향 슬래브의 최소 두께는 100mm 이상
2방향 슬래브의 최소 두께는 80mm 이상

50 줄기초(연속기초) : 조적식 주택에 사용하는 기초로, 벽을 따라 연속으로 구성된다.

51
- 상암 월드컵경기장, 서귀포 월드컵경기장, 인천 월드컵경기장의 지붕은 케이블과 막(테플론 코팅막)을 사용한 구조이다.
- 수원 월드컵경기장은 폴리카보네이트 초경량 지붕을 사용하였다.

52
- top chord : 상현재
- bottom chord : 하현재
- gusset plate : 연결부 결합재
- web member(web chord) : 복부재

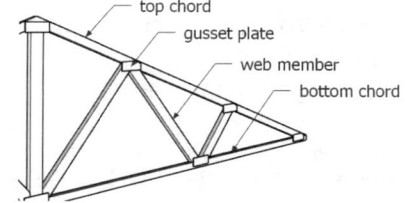

53
- 본아치 : 공장에서 쐐기모양으로 만든 벽돌을 사용
- 막만든아치 : 벽돌을 쐐기모양으로 다듬어서 사용
- 거친아치 : 보통벽돌을 사용해 줄눈을 쐐기모양으로 한 아치
- 층두리아치 : 넓은 공간에서 층을 겹쳐 쌓은 아치

54 온통기초는 지하실과 같이 바닥 전체를 철근콘크리트로 하는 구조로, 매트기초라고도 한다.

55 콘크리트와 철근의 선팽창계수가 거의 같지 않으면 철근콘크리트구조로 시공할 수 없다.

56 옥내소화전설비는 소화설비로 구분된다.

57 증기난방은 복사난방인 온수난방에 비해 난방의 쾌감도가 낮다.

58 트랩은 배관에 봉수를 만들어 악취나 벌레의 유입을 막는다.

59 에스컬레이터의 수송능력은 엘리베이터의 10배 정도이다.

60
- 엘리베이터 : 동력을 사용해 승강로(케이지)를 수직으로 수송
- 에스컬레이터 : 30° 이하 계단모양의 컨베이어로 연속수송
- 컨베이어 벨트 : 바퀴에 벨트를 걸고 그 위에 물건을 올려 연속적으로 이동

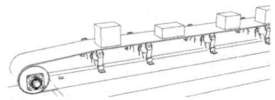

- 롤러 컨베이어 : 롤러 위로 물건을 굴려서 이동

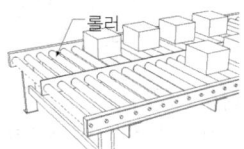

2025년 제2회 정답 및 해설

CBT 기출

01	02	03	04	05	06	07	08	09	10	11	12	13	14	15
②	①	③	①	④	④	④	③	③	①	③	②	①	②	②
16	17	18	19	20	21	22	23	24	25	26	27	28	29	30
②	①	④	④	②	③	①	④	②	①	④	③	②	④	④
31	32	33	34	35	36	37	38	39	40	41	42	43	44	45
④	②	①	②	③	①	①	①	②	④	②	③	②	④	④
46	47	48	49	50	51	52	53	54	55	56	57	58	59	60
②	①	①	③	②	②	③	①	①	④	④	②	①	④	②

01 동선계획은 사람이나 물건이 이동하게 되는 것을 계획하는 것으로, 공간의 배치(layout)와 관계가 깊다.

02 한식주거의 실은 식사, 취침, 작업 등을 할 수 있는 다용도 공간으로, 공간의 융통성이 높다.

03 • 플랫형: 단층 구성
• 트리플렉스형: 3개 층 구성
• 메조넷형: 2개 층 구성(복층형)
• 스킵플로어형: 상하층을 엇갈리게 배치한 구성

04 같은 색상 중 채도가 가장 높고 순수한 색은 순색(pure color)이다.

05 • 사선: 동적이고 불안한 느낌
• 곡선: 부드럽고 여성스러운 느낌
• 수평선: 평화롭고 안전한 느낌

06 ㄷ자형 부엌은 동선이 짧으나 면적을 많이 차지한다.

07 루버 조명은 건축화 조명의 하나로, 설비비용이 비싸고 유지보수가 어렵다.

08 다가구주택은 단독주택에 해당된다.

09 리모델링: 노후 건물의 개선을 촉진하기 위해 2001년부터 시행된 제도

10 • 제1종 환기법: 급기와 배기에 송풍기(배풍기)를 사용
• 제2종 환기법: 송풍기와 자연배기를 사용
• 제3종 환기법: 자연급기와 배풍기를 사용

11 A: 기본, D: 금속, F: 건설(토목·건축)

12 W: 너비, Wt: 무게

13 FSD: Fire Steel Door의 약자로, 방화문을 나타낸다.

14 우리나라는 제3각법을 사용하며, 제1각법은 유럽과 일본에서 사용한다.

15 여러 선에 의한 표현
• 선의 간격을 달리한다.
• 면과 입체를 결정하는 방법으로, 평면은 같은 간격의 선으로 표현한다.
• 곡면은 선의 간격을 달리하여 표현하고, 선의 방향은 면이나 입체의 수직과 수평으로 그린다.

16 60m=60,000mm → 60,000mm/300=200mm
→ 200mm=20cm

17 띠철근(대근)은 철근콘크리트 기둥의 주근을 둘러감아 주근의 좌굴을 방지하고 결속한다.

18 부재 '라'는 반자틀받이로, 반자틀을 고정한다.

19 • 시스템 거푸집은 패널, 타이로드(타이바), 클램프, 스트럿, 코너 패널 등으로 구성된다.
• 커플러는 철근의 이음에 사용되는 철물이다.

20 현수구조와 사장구조는 케이블을 통해 하중을 기둥(주탑)으로 전달한다.

21 라멘구조는 골조구조의 절점이 고정되는 형식으로, 기둥과 보는 휨모멘트에 저항한다.

22 영국식 쌓기 : 처음 한 켜는 마구리쌓기, 다음 한 켜는 길이쌓기를 교대로 쌓고 모서리에는 이오토막을 사용한다. 통줄눈이 생기지 않고 가장 튼튼한 쌓기법으로, 내력벽에 많이 사용된다.

23 1.5쌓기(1.0B + 접착 모르타르 + 0.5B)의 두께
1.0B=190mm, 모르타르=10mm, 0.5B=90mm
190mm + 10mm + 90mm = 290mm = 29cm

24 • 본아치 : 공장에서 쐐기모양으로 만든 벽돌을 사용
• 막만든아치 : 벽돌을 쐐기모양으로 다듬어 사용
• 층두리아치 : 넓은 공간에서 층을 겹쳐 쌓은 아치

25 스터드 볼트 : 양쪽 끝 모두 수나사로 되어 있는 나사로서 플랜지 등 타공하기 어렵고, 고압이 필요한 경우 사용된다.

26 2방향 슬래브의 장변은 단변길이의 2배를 넘지 않는다.

27 스티프너는 웨브의 좌굴을 방지할 목적으로 사용된다.
*좌굴(buckling) : 무리한 하중을 받아 휘어지는 현상

28 • 구성방식에 의한 분류 : 가구식, 조적식, 일체식
• 공법에 의한 분류 : 습식, 건식, 조립식

29 천막, 특수한 천을 사용하는 것은 막구조에 해당된다.

30 물매의 구분
• 평물매 : 45° 미만
• 되물매 : 45°
• 된물매 : 45° 초과

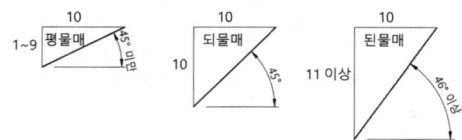

31 스티프너(stiffener) : 철골구조에서 철골보 웨브의 좌굴을 방지하는 보강재다.

32 치장 목질 마루판의 성능시험항목
내마모성, 접착성, 포름알데히드 방산량 등

33 슬럼프콘을 들어올렸을 때 무너진 값이 슬럼프값으로, 비빔 정도가 묽을수록 슬럼프값은 크다.

34 목재의 공극률 = 1 − (절대건조비중/1.54) × 100
∴ 1 − (0.95/1.54) × 100 = 약 38%

35 • 프리스트레스트 콘크리트 : 강선을 활용해 콘크리트를 타설하는 것으로 장스팬을 구성
• 레디믹스트 콘크리트 : 공장에서 현장까지 차량으로 운반하면서 콘크리트를 혼합
• 오토클레이브 콘크리트 : 단열 및 내화성이 우수한 경량콘크리트

36 동(銅, 구리, Cu)은 알칼리성 재료에 침식된다.

37 • 내구성 : 외력이 가해져도 재료의 원형을 유지하는 성질
• 내화학약품성 : 화학약품에 견디는 성질
• 내마모성 : 마찰에 닳지 않고 견디는 성질

38 에폭시수지 : 만능 접착제로 불리며 무거운 금속은 물론 항공기재의 접착에도 사용된다.

39 목재의 전수축률(%)
$$\frac{\text{생나무의 길이} - \text{전건상태의 길이}}{\text{생나무의 길이}} \times 100$$
$$= \frac{5-4.5}{5} \times 100 = 10\%$$

40 오지벽돌 : 벽돌에 오지물을 칠해 소성한 벽돌로, 건물의 내장 및 외장재로 사용된다.

41 • 테라초 : 인조대리석(바닥마감)
• 펄라이트 : 탄소강을 가열하여 추출한 조직
• 점판암 : 지붕재료

42 현대의 건축재료의 발전 방향 : 고품질 고성능화, 에너지화(합리화), 기계화, 프리패브화(공장생산 현장조립) 등

43 석고보드는 팽창 및 수축이 적어 시공 후 뒤틀림 등의 변형이 적다.

44 잔골재 기준
   [한국골재협회]
   표준체에 규정된 10mm체를 전부 통과하고 4.76mm체를 거의 다 통과하며 0.074mm체에 거의 남는 골재를 말하며 일반적으로 입경 5mm 이하의 것을 말한다.
   [건축공사 표준시방서]
   10mm체를 전부 통과하고 5mm체를 중량비로 85% 이상 통과하는 골재를 말한다.

45 콘크리트는 알칼리성이므로 수성페인트나 합성수지도료가 많이 사용된다.

46 건축재료 중 가공이 용이한 것은 구조용으로 사용된다.

47 프리즘타일은 빛의 확산과 집중원리를 이용하여 만든 유리제품이다.

48 점토제품의 제법순서
   원토처리 → 원료배합 → 반죽 → 성형 → 건조 → 소성

49 회반죽은 공기 중의 이산화탄소(탄산가스)에 의해 경화되는 기경성 재료이다.

50 FRP(섬유강화플라스틱)판은 폴리에스테르수지로 만든 판상형 제품이다.

51 • 황동 : 구리와 아연을 혼합하여 만든 합금으로, 외관이 좋아 창호철물 등에 많이 사용된다.
   • 청동 : 구리와 주석을 혼합하여 만든 합금으로, 내식성이 크고 주조가 용이하여 건축장식재나 미술공예용으로 많이 사용된다.

52 • 무기질 재료 : 흙, 금속, 점토, 시멘트 등
   • 유기질 재료 : 목재, 섬유판, 아스팔트, 합성수지 등

53 • 역청재료 : 방수, 방부, 포장에 사용되는 재료
   • 미장재료 : 흙, 모르타르 등 부착력이 있는 재료를 사용해 바닥, 벽, 천장에 장식, 보호를 목적으로 바르는 재료
   • 도장재료 : 물체 표면에 칠을 하여 피막을 형성하는 재료
   • 방수재료 : 물, 수분, 습기의 침입이나 투과를 방지하기 위한 재료

54 • 가스계량기는 전기설비와 60cm 이상 거리를 두고 설치한다.
   • 가스배관과 전기콘센트 등의 설비는 30cm 이상 거리를 두고 설치한다.

55 • 2중덕트방식 : 냉풍, 온풍 2개의 덕트를 설치하는 방식
   • 단일덕트방식 : 패키지형 공조기를 사용하는 방식
   • 멀티존 유닛방식 : 냉풍과 온풍을 혼합공기로 운영하는 방식

56 인터폰 설비 : 건물 구내(옥내) 전용의 통화연락을 위한 설비로, 연결 유형으로는 모자식·상호식·복합식이 있다.

57 실리카(포졸란) 시멘트
   • 보통 포틀랜드 시멘트에 비해 초기강도가 낮다
   • 화학적 저항성이 크다.
   • 보통 포틀랜드 시멘트에 비해 장기강도는 좋은 편이다.
   • 초기강도가 낮아 긴급공사용으로 적합하지 않다.

58 • 분기 : 옥내 배선 간선에서 전선을 나누는 것
   • 절연 : 전기가 흐르지 않도록 하는 것
   • 배전 : 발전소 전력을 수용자에게 공급하는 것

59 에스컬레이터는 연속적인 수송설비로, 수송능력은 엘리베이터의 약 10배 정도이다.

60 봉수파괴의 원인 : 사이펀 작용, 흡출작용, 증발과 분출, 모세관 현상 등

MEMO

스마트 전산응용건축제도기능사 [필기]

2018. 2. 12. 초 판 1쇄 발행
2018. 8. 3. 개정증보 1판 1쇄 발행
2019. 6. 26. 개정증보 2판 2쇄 발행
2020. 3. 17. 개정증보 3판 2쇄 발행
2021. 6. 21. 개정증보 4판 3쇄 발행
2022. 4. 27. 개정증보 5판 2쇄 발행
2023. 1. 11. 개정증보 6판 2쇄 발행
2024. 3. 27. 개정증보 7판 2쇄 발행
2025. 3. 26. 개정증보 8판 2쇄 발행
2026. 1. 7. 개정증보 9판 2쇄(통산 19쇄) 발행

지은이 | 황두환
펴낸이 | 이종춘
펴낸곳 | BM (주)도서출판 **성안당**

주소 | 04032 서울시 마포구 양화로 127 첨단빌딩 3층(출판기획 R&D 센터)
      10881 경기도 파주시 문발로 112 파주 출판 문화도시(제작 및 물류)
전화 | 02) 3142-0036
      031) 950-6300
팩스 | 031) 955-0510
등록 | 1973. 2. 1. 제406-2005-000046호
출판사 홈페이지 | www.cyber.co.kr
ISBN | 978-89-315-1197-0 (13540)
정가 | 28,000원

이 책을 만든 사람들
책임 | 최옥현
진행 | 이희영
표지 디자인 | 박현정
본문 디자인 | 전채영
홍보 | 김계향, 임진성, 김주승, 최정민, 이해슴
국제부 | 이선민, 조혜란
마케팅 | 구본철, 차정욱, 오영일, 나진호, 강호묵
마케팅 지원 | 장상범
제작 | 김유석

이 책의 어느 부분도 저작권자나 BM (주)도서출판 **성안당** 발행인의 승인 문서 없이 일부 또는 전부를 사진 복사나 디스크 복사 및 기타 정보 재생 시스템을 비롯하여 현재 알려지거나 향후 발명될 어떤 전기적, 기계적 또는 다른 수단을 통해 복사하거나 재생하거나 이용할 수 없음.

※ 잘못 만들어진 책은 바꾸어 드립니다.

전산응용건축제도 기능사 [필기]

> 수험생 여러분!
> 기출 복원문제까지 모두 학습을 마쳤습니다.
> 수고 많으셨습니다.
>
> 이제 실전에 대비해 성안당출판사 문제은행에 탑재된
> CBT 모의고사도 꼭 풀어보시길 권합니다.

모의고사 응시권

**스마트 전산응용건축제도기능사 필기
모의고사 1~15회 무료 응시권
무료 응시**

쿠폰번호

smart2026-1197-6352-0702

CBT 모의고사 쿠폰 사용안내

성안당 e러닝 홈페이지(https://bm.cyber.co.kr) 접속 ▶ 회원 가입 ▶ 로그인 후
PC(https://bm.cyber.co.kr/) 또는 모바일(https://bm.cyber.co.kr/m/)에서
온라인 모의고사 버튼 클릭(PC: 우측 상단에 위치, 모바일: 중앙에 위치)
▶ 나의 시험지 목록 ▶ 쿠폰 등록하기 ▶ 쿠폰번호 입력 ▶ 나의 시험지 목록에서 시험 응시

❖ 쿠폰 유효기간 : 2025년 6월 1일~2026년 12월 31일
❖ 모의고사 응시기간 : 등록일로부터 60일   ☎ 관련 문의 : 031-950-6352

SMART

스스로 마스터하는 트렌디한 수험서

무료 동영상 제공 | 저자 블로그를 통한 실시간 질의응답

전산응용 건축제도 기능사

★전과목★
무료 동영상
제공

CBT 모의고사
★무료 응시권 제공★
성안당 문제은행 서비스

필기

황두환 지음

잠깐! 이것만은 꼭 암기하세요!

[핵심 암기노트]

BM (주)도서출판 성안당

좋은 책을 통해
더 나은 미래를
약속드리겠습니다!

1973년에 문을 연 성안당은 과학기술도서를 중심으로 하여
각종 수험서 및 실용서 등을 펴내며 출판의 명가로 자리매김하고 있습니다.
최근에는 e러닝사업부를 통해 인터넷 강좌를 개설하는 등
사업영역을 넓혀 가며 꾸준한 발걸음을 이어가고 있습니다.
앞으로도 성안당은 좋은 책을 펴내기 위해
끊임없이 연구하며 노력을 기울일 것입니다.

 YouTube로 간편하게 동영상 강의 수강

전과목 동영상 강의 무료
스마트 전산응용건축제도기능사 필기

"쉽게 공부하여 한 번에 합격하는 합격공식"

스마트한
베스트 수험서

강의경력 22년
황두환 저자의
명품 강의

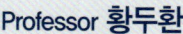 **Professor 황두환**

공주대학교 대학원 건축학과 졸업(석사)
현) 상명대학교, 선문대학교 외래강사
현) 패스윈(학점은행제) 교수
현) CAD 강의 및 실무 프로젝트 작업
현) ATC AutoCAD 감독관

 무료 동영상 강의교재

전산응용건축제도기능사 필기

황두환 지음 / 616쪽 / 28,000원

쇼핑몰 QR코드 ▶ 다양한 전문서적을 빠르고 신속하게 만나실 수 있습니다.
경기도 파주시 문발로 112번지 파주 출판 문화도시(제작 및 물류)   TEL. 031) 950-6300   FAX. 031) 955-0510
서울시 마포구 양화로 127 첨단빌딩 3층(출판기획 R&D센터)   TEL. 02) 3142-0036

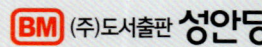

CHAPTER 01 건축제도

01 | 건축제도 규약

1) KS 분류
① 분류 기호 : 건축과 토목은 F
② 건축제도 통칙 : KS F 1501

2) 용지
용지의 크기는 KS A 5201열에 따름.
① A3 용지의 크기 : 420mm×297mm
② 테두리선 작성 : A2-10mm, A3-5mm
③ 접는 도면의 크기 : A4를 원칙으로 한다.
④ 표제란은 도면 우측이나 하단에 두어 공사명, 도면명, 축척, 작성일자, 시트번호, 도면번호 등을 표기

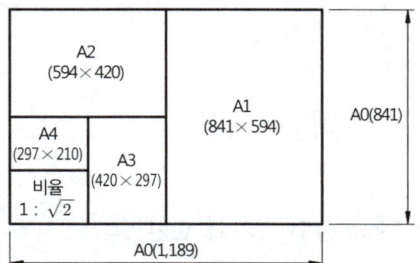

3) 투상도
우리나라의 기본 투영법은 3각법이 기준
① 방위를 기준으로 동측입면도, 서측입면도, 남측입면도, 북측입면도 등으로 표시할 수 있으며 평면도와 배치도는 북쪽을 위로 하여 작성
② 투상법(A가 정면인 경우)

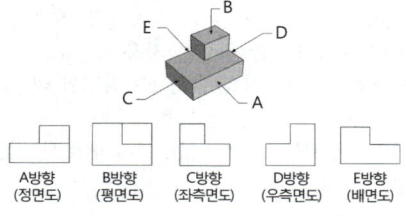

4) 제도 용구
① 제도판의 경사도 : 10~15°
② 운형자(곡선자) : 자유로운 곡선을 그리는 데 사용
③ 삼각스케일 : 삼각형 모양의 축척자로 축척에 맞는 길이를 확인하거나 표시
④ 디바이더 : 선, 호의 등분 및 축척의 눈금을 도면에 옮기거나 선분을 분할하는 데 사용

5) 도면의 작성
① 글자 : 글자의 크기는 높이로 표시되며 11종류가 표준이다(문자는 수직 또는 15°의 경사로 쓴다).
② 척도 : 실척, 축척, 배척으로 구분되며 총 24종이다.
③ 경사의 표현 : 바닥경사는 구배라 하고 1/8, 1/20 등으로 표시한다. 지붕경사는 물매라 하며 3/10, 4/10로 표시한다.

6) 선의 사용

굵은 실선	———————	절단면의 윤곽을 표시
가는 실선	———————	기술, 기호, 치수 등을 표시
파선	- - - - - - -	보이지 않는 가려진 부분을 표시
1점쇄선	—·—·—·—	중심이나 기준, 경계 등을 표시
2점쇄선	—··—··—··	상상선이나 1점쇄선과 구분할 때 표시
파단선	∿∿∿	표시선 이후 부분의 생략을 표시

7) 표시기호
① 일반기호

길이	높이	너비	두께	무게
L	H	W	$THK(T)$	Wt
면적	용적	지름	반지름	재의 간격
A	V	D, ϕ	R	@

주기준선 :

레벨 :

② 평면기호

㉠ 문

외닫이문	
쌍여닫이문	
자재 여닫이문	
두 짝 미서기문	
회전문	
망사문	

㉡ 창

창 일반	
두 짝 미서기창	
회전창	
붙박이창	
망사창	
셔터 달린 창	
오르내리창	
미들창	

③ 재료

지반(G.L)		철근 콘크리트	
잡석다짐		목재 (구조재)	
석재 (자연석)		목재 (부재)	
인조석		목재 (치장재)	

④ 창호기호

창호기호에는 번호, 재료, 구분 기호가 표시됨.

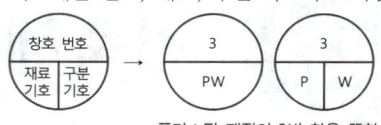

플라스틱 재질의 3번 창을 뜻함

8) 치수의 표기

① 치수는 표기의 방법이 명시되지 않는 한 항상 마무리 치수로 표시
② 치수기입 시 값을 표시하는 문자의 위치는 치수선 위 가운데에 기입하는 것이 원칙
③ 치수는 치수선에 평행하도록 왼쪽에서 오른쪽으로, 아래에서 위로 읽을 수 있게 기입
④ 치수보조선 사이의 공간이 좁아 문자가 들어갈 공간이 협소할 경우 인출선을 사용
⑤ 치수선 끝의 화살표의 모양은 통일해서 사용하는 것을 원칙
⑥ 치수기입의 단위는 mm 사용을 원칙으로 하며 단위는 표기하지 않는다. 단 치수의 단위가 mm가 아닌 경우는 단위를 표기하거나 다른 방법으로 단위를 명시

9) 목조벽의 표시방법

① 평벽식 :
② 심벽식 :

02 | 건축물의 묘사와 표현

1) 묘사 도구

① 연필 : 9H부터 6B까지 16단계, 가장 큰 특징은 지울 수 있지만 번져서 작업면이 더러워지기가 쉽다.
② 잉크 : 농도를 맞추어 그림을 가장 선명하고 깨끗하게 묘사
③ 마커펜 : 트레이싱지에 다양한 색감을 표현할 때 사용

2) 묘사 기법

① 모눈종이 묘사 : 방안지와 같이 일정한 크기로 모눈이 그려져 있는 종이를 사용
② 투명종이 묘사 : 비치는 종이를 참고할 대상 위에 올려 놓고 밑그림, 외형 등을 쉽게 묘사
③ 연필이나 펜을 사용한 단선, 여러 개의 선, 점을 사용한 묘사

3) 건축물의 표현
① 1소점 투시도 : 1개의 소점을 사용하며 주로 실내를 표현
② 2소점 투시도 : 2개의 소점을 사용하여 안정감을 줄 수 있어 가장 많이 사용
③ 3소점 투시도 : 3개의 소점을 사용, 주요 건물과 배경을 높은 시점에서 표현한 조감도 작성에 사용

4) 투시도 용어와 기호

기면	기선	화면	수평면	수평선
G.P	G.L	P.P	H.P	H.L
정점	시점	소점	시선축	
S.P	E.P	V.P	A.V	

5) 배경 표현
① 건축물과 가까운 배경은 사실적으로 표현하고 건축물보다 눈에 띄지 않게 한다. 멀리 있는 시설물 및 배경은 단순하게 표현
② 인물, 차량 등의 요소를 크기와 비중은 도면 전체적인 구성과 목적에 맞게 배치한다.

03 | 건축설계도면

1) 설계도면의 종류
① 계획설계도 : 구상도, 동선도, 조직도, 면적도표
　㉠ 구상도 : 건축설계 초기에 디자이너의 생각을 노트나 스케치북에 그린 그림
　㉡ 동선도 : 건축물 사용자나 사물이 이동하는 경로의 흐름을 표현한 도면
　㉢ 조직도 : 설계 초기에 평면의 공간구성 단계에서 각 실을 목적에 맞도록 분류 및 관계를 표시한 도면
② 기본설계 : 계획설계를 바탕으로 설계에 대한 기본적인 내용을 알 수 있도록 작성한 도면
　㉠ 평면도 : 일반적인 평면도는 해당 층의 바닥면에서 1.2~1.5m 높이를 수평으로 잘라 위에서 아래로 내려다본 모습을 작성한 도면
　㉡ 입면도 : 건축물의 외면을 표현한 도면으로 외부 마감재와 창호의 유형 등을 표시
　㉢ 단면도 : 건축물을 수직으로 잘라낸 부분을 표현하는 도면으로, 각종 재료의 두께와 높이와 관련된 층높이, 천장높이, 처마높이, 바닥높이, 계단높이 등을 표시
　㉣ 배치도 : 계획된 건축물과 시설물의 위치, 방위, 인접도로, 대지경계선, 출입경로 등을 표시한 도면
　㉤ 투시도 : 기하학적 작도법으로 작성해 실제 눈으로 바라보는 것처럼 사실적으로 보이게 그린 도면
③ 실시설계도 : 기본설계가 작성된 후 더욱 상세하게 그린 도면
　㉠ 배근도(라멘도) : 주요 구조부인 기둥, 슬래브, 보, 기초의 철근 배근상태를 작성한 도면
　㉡ 각종 일람표 : 구조의 단면이나 창호(창과 문) 등을 표 형식으로 다양한 정보를 담아낸 도면

2) 설계도면의 작도법
① 일반적인 도면의 제도순서(제도기 사용)
　㉠ 제도기 판에 용지를 붙인다.
　㉡ 작성할 도면의 구도와 배치를 정한다.
　㉢ 배치된 위치를 흐린 선으로 표시한다.
　㉣ 상세하게 그려 나간다.
② 단면도의 제도순서
　㉠ 지반선(G.L)을 그린다.
　㉡ 기둥이나 벽의 중심선을 그린다.
　㉢ 기둥과 벽, 바닥 등 구조체를 그린다.
　㉣ 절단된 창호의 위치를 표시한다.
　㉤ 천장과 지붕을 그린다.
　㉥ 문자와 치수를 기입한다.
③ 입면도의 제도순서
　㉠ 지반선(G.L)을 그린다.
　㉡ 레벨을 표시한다(층의 높이).
　㉢ 벽체의 외형을 그린다.
　㉣ 창호의 위치를 표시하고 형태를 그린다.
　㉤ 인물, 차량 등 주변환경을 그린다.
　㉥ 문자와 표시기호를 그린다.

04 | 구조부의 제도순서

1) 제도순서
① 기초의 제도순서
　㉠ 축척과 도면의 배치 및 구도를 정한다.

ⓛ 지반선(G.L)과 기초의 중심선을 그린다.

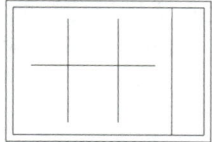

ⓒ 기초와 지정의 외형을 그린다.

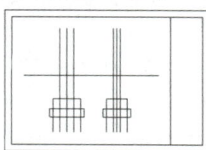

ⓔ 단면과 입면을 상세히 그린다.

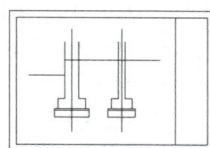

ⓜ 단면의 재료를 표시한다.

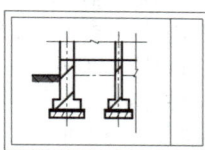

ⓗ 기입할 치수의 위치를 표시한다.

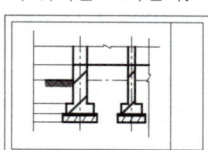

ⓢ 각 부분의 치수와 재료를 기입한다.

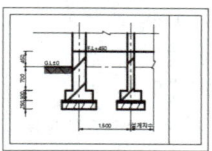

ⓞ 표제란을 작성하고 누락 여부를 확인한다.

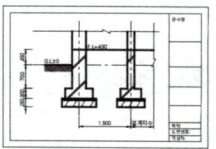

② 조적조 벽체의 제도순서
  ㉠ 축척과 도면의 배치 및 구도를 정한다.
  ㉡ 지반선(G.L)과 벽체의 중심선을 그린다.
  ㉢ 기초와 벽체의 외형을 그린다.
  ㉣ 벽체와 연결된 바닥, 천장, 보의 위치를 표시한다.
  ㉤ 단면과 입면을 상세히 그린다.
  ㉥ 각 부분의 단면에 재료를 표시한다.
  ㉦ 기입할 치수의 위치를 표시한다.
  ㉧ 각 부분의 치수와 재료를 기입한다.

2) 용어의 해석
① THK : thickness의 약자로 두께를 뜻한다.
  예) THK150은 두께 150mm이다.
② 부재의 크기와 간격
  ㉠ 45×60@900 → 단면의 크기가 가로 45, 세로 60인 부재를 900 간격으로 배치
  ㉡ D13@250 → 지름이 13인 이형철근을 250 간격으로 배근

05 | CAD 도면과 3D 모델링

1) CAD 프로그램의 이해
① CAD의 정의
  CAD는 'Computer Aided Design 또는 Computer Aided Drafting'의 약어로, 컴퓨터를 활용한 설계시스템을 뜻한다.
  ㉠ 컴퓨터 입력장치: 키보드, 마우스, 스캐너 등
  ㉡ 컴퓨터 출력장치: 모니터, 프린터, 플로터 등
② CAD의 활용 효과
  ㉠ 데이터 보관 및 관리가 용이
  ㉡ 협업, 수정작업 등 작업성이 용이하여 생산성 향상
  ㉢ 제도기 사용에 비해 쾌적한 작업공간
  ㉣ 설계 오류의 감소
  ㉤ 설계도면의 표준화

2) CAD 환경의 이해
① 좌표계
  ㉠ 절대좌표 : 원점을 기준으로 'X, Y'로 입력
  ㉡ 상대좌표 : 현재 위치를 기준으로 '@X,Y'로 입력
  ㉢ 상대극좌표 : 현재 위치를 기준으로 '@거리<각도'로 입력

② 도면층(Layer)
건축도면을 이루는 구조부, 가구, 기준선, 패턴, 주석(치수, 문자) 등의 요소를 각각의 투명한 필름에 작성하여 이를 겹쳐 하나의 건축도면으로 볼 수 있는 기능이다. 도면층을 사용하여 도면을 작성하면 필요한 데이터를 사용 목적에 따라 구분하여 관리하는 것이 가능하다.

3) 2D 도면 작성
① 건축설계 진행과정에 따른 도면의 종류

1단계 계획설계	2단계 중간(기본)설계	3단계 실시설계
• 각종 분석도표 및 다이어그램 • 평면, 입면, 단면 등의 스케치 도면 • 간단한 전체 매스 스케치	• 배치도, 평면도, 입면도, 단면도 • 투시도 혹은 모형 • 기계설비도, 전기설비도 등	• 배치도, 평면도, 입면도, 단면도 • 각종 상세도, 창호도, 재료마감표 등 • 구조 및 토목설계도서 • 설비설계도서 • 시방서 및 각종 계산서 등

② 2D 도면 작성 과정(평면도)
① 도면층 및 환경설정 → ② 기준선 및 중심선 작성 → ③ 벽체 및 구조체 작성 → ④ 창호 작성 → ⑤ 마감 및 가구 작성 → ⑥ 재료표시 → ⑦ 치수, 문자, 부호 표기

4) 3D 모델링
① 3D 프로그램의 정의
3D 프로그램은 컴퓨터가 이해할 수 있는 X, Y, Z좌표를 활용해 입체적인 형상을 제작하는 소프트웨어이다. 3D 프로그램의 자체 렌더링 도구나 별도의 렌더링 프로그램을 활용하여 재질과 빛 등 환경요소를 적용하면 현실과 유사하게 표현하는 것이 가능하다.

② 3D 모델링 방식
㉠ 폴리곤(Polygon) 모델링
폴리곤이라는 용어 그대로 삼각형이나 사각형 같은 다각형을 사용해 모델의 형상을 구현하는 방식이다.
㉡ 넙스(NURBS) 모델링
수학적으로 구성된 점들을 이용해 선과 면을 구현한다. 폴리곤 모델링보다 완벽한 곡선 및 곡면을 만들 수 있다.

③ 3D 모델링의 표현
㉠ 와이어프레임 모델링(Wire-Frame Modelling) : 물체의 윤곽을 선으로만 표현하는 방식
㉡ 서페이스 모델링(Surface Modeling) : 물체의 내부를 비우고 표면을 면으로만 표현하는 방식
㉢ 솔리드 모델링(Solid Modeling) : 물체의 내부가 채워진 상태로 표현하는 방법으로, 가장 우수한 방식

④ 3D 모델링의 단위와 좌표
㉠ 단위 : 미터법(metric system)에 기반하여 mm 단위를 기준으로 모델을 작성한다.
㉡ 좌표 : 3D 공간은 X축, Y축, Z축의 세 좌표로 구성된다.

⑤ 3D 모델링의 시각화
㉠ 투시도(perspective) : 투시도법을 사용해 건축물을 입체적으로 표현(원근감이 있음)
㉡ 등각투상도(isometric) : 면을 이루는 X, Y, Z 각 축이 120°를 이루는 3개의 축을 기본으로 하여 입체적으로 작성된 도면(원근감이 없음)
㉢ 조감도 : 시점의 위치가 대상물의 높이보다 높은 경우의 투시도
㉣ 평행투시도 : 1소점을 사용하는 투시도로, 정적인 건축물의 표현에 주로 사용

5) 3D 모델링 프로그램 용어
① 임포트(Import) : 다양한 형식의 파일을 현재 작업공간으로 가져오는 기능
② 익스포트(Export) : 현재 작업 중인 모델을 이미지 등 다른 파일 형식으로 저장하는 기능
③ 매트리얼(Materials) : 객체에 적용할 수 있는 재질
④ 렌더링(Rendering) : 3D 모델에 재질이나 조명(빛) 등 환경요소를 적용하여 사실적인 이미지를 생성하는 과정
⑤ 안티 앨리어싱(Anti-Aliasing) : 픽셀 경계의 계단 현상을 부드럽게 처리하는 기술
⑥ 그래픽 이미지 포맷
㉠ JPG(Joint Photographic Experts Group) : 데이터의 용량을 줄이는 손실 압축방식의 이미지 형식
㉡ PNG(Portable Network Graphics) : 무손실 압축방식으로, 배경을 투명하게 저장할 수 있다.
㉢ TIFF(Tagged Image File Format) : 무손실 압축방식으로, 출판이나 전문가용 사진에 많이 사용
㉣ HDRI(High-Dynamic-Range Imaging) : 넓은 밝기와 명암 범위를 가지는 고명암비 이미지

CHAPTER 02 건축계획

01 | 건축계획과 과정

1) 건축계획과 설계
① 건축계획 과정 : 건축현장 및 관련자료 분석 → 공간 구상 → 디자인 방향 설정
② 에스키스 : 자료 분석을 통해 디자이너가 생각한 형태 및 공간의 구상을 형상화한 그림
③ 건축설계 과정 : 조건 파악 → 기본계획 → 기본설계 → 실시설계
④ 건축의 3대 요소 : 구조, 기능, 미(가장 중요한 요소는 구조)

2) 건축계획의 진행
① 계획의 진행과정 : 조건의 설정 → 기본설계 → 실시설계 → 시공 완료 → 인도 접수
② 건축의 모듈화 : 공업화의 생산성을 증대시키기 위해 치수, 색상, 모양을 통일한 기준 값으로 1M을 10cm 단위로 설계

3) 건축공간
① 공간의 구분
  ㉠ 상징적 구획 : 벽으로 차단하지 않고 공간의 배색이나 소품, 낮은 계단 등으로 시각적으로 방해받지 않음
  ㉡ 개방적 구획 : 눈높이보다 낮은 1m 내외의 벽이나 가구 등으로 구분하므로 시각적으로 개방감을 높임
  ㉢ 차단적 구획 : 눈높이보다 높은 1.8m 내외의 벽으로 시각적으로 완전히 차단된 공간

4) 건축법
① 건축법의 목적
  ㉠ 공공복리의 증진
  ㉡ 시공의 안전과 기능의 향상
  ㉢ 도시경관의 향상
  ㉣ 대지, 구조, 설비, 시설의 기준과 용도 지정
② 건축법 용어
  ㉠ 필지 : 구분되는 경계를 가지는 토지의 단위
  ㉡ 대지 : 지적법에 의해 각 필지로 구획된 토지
  ㉢ 주요 구조부 : 기둥, 내력벽, 바닥, 보, 지붕, 계단
  ㉣ 건축 : 토지에 정착되는 공작물을 신축, 증축, 개축, 재축, 이전하는 것
    • 신축 : 건축물이 없는 대지에 건축물을 축조
    • 증축 : 기존 건축물의 건축면적, 연면적, 층수 또는 높이를 늘리는 것
    • 개축 : 기존 건축물의 전부 또는 일부를 철거 후 그 대지에 종전과 같은 규모의 범위에서 건축물을 다시 축조하는 것
    • 재축 : 건축물이 천재지변 등으로 멸실된 경우 그 대지에 다시 축조하는 것
    • 이전 : 건축물의 주요 구조부를 해체하지 아니하고 같은 대지의 다른 위치로 옮기는 것
  ㉤ 대수선 : 건축물의 주요 구조부를 크게 수선 및 변경하는 것을 말한다.(내력벽 $30m^2$ 이상, 기둥, 보, 지붕틀을 3개 이상 수선)
  ㉥ 대지면적 : 대지를 수직 위에서 바라본 수평투영면적
  ㉦ 건축면적 : 건축물의 외벽 중심선으로 둘러싸인 부분을 수평투영한 면적
  ㉧ 건폐율 : 대지면적에 대한 건축면적의 비율
  ㉨ 용적률 : 건축물의 연면적과 대지면적의 백분율
③ 주택의 정의
  ㉠ 공동주택 : 아파트, 연립주택, 다세대주택
  ㉡ 단독주택 : 단독주택, 다중주택, 다가구주택, 공관

02 | 조형계획

1) 조형요소
① 점 : 주목, 집중되는 느낌
② 선
　㉠ 수직선 : 고결함과 희망, 상승감, 긴장감 등 종교적인 느낌
　㉡ 수평선 : 평화로움, 안정감, 영원 등 정지된 느낌
　㉢ 사선 : 동적이면서 불안한 느낌, 건축에는 강한 표정을 나타냄.
③ 곡선
　㉠ 곡선 : 유연하고 동적인 느낌
　㉡ 자유곡선 : 자유분방, 풍부한 표정
　㉢ 기하곡선 : 포물선은 속도감, 쌍곡선은 단순 반복, 와선은 동적인 느낌이 강하다.
④ 공간의 구성
　㉠ 보이드(void) : 건축공간의 구성 중 내부가 비어 있는 공간으로 홀, 룸, 계단, 복도 등
　㉡ 솔리드(solid) : 건축공간의 구성 중 내부가 채워져 있는 공간으로 기둥, 보, 벽, 바닥 등

2) 건축형태의 구성
① 조형의 원리 : 통일, 강조, 조화, 균형, 비례
② 리듬의 종류 : 반복, 계조(점층), 억양

3) 색채계획
① 색의 3요소
　㉠ 색상 : 색을 구분하는 요소
　㉡ 명도 : 색의 밝고 어두운 정도를 나타내는 요소
　㉢ 채도 : 색의 선명함과 탁함을 나타내는 요소
② 색의 느낌

구분	명도	채도	비고
높을 경우	진출, 가벼움	진출, 가벼움	난색(따뜻한 색) : 진출
낮을 경우	후퇴, 무거움	후퇴, 무거움	한색(차가운 색) : 후퇴

③ 먼셀 표색계 : 먼셀(Munsell) 표색계는 20색상환으로 한국산업규격으로 채택되어 사용
④ 색의 표시기호 : 색상, 명도/채도 순서로 표시
　예 빨강 순색 → 5R 4/14
　　　여기서, 5R은 색상, 4는 명도, 14는 채도를 뜻함.
⑤ 보색 : 색상환에서 서로 마주보는 반대색으로, 보색 대비는 선명한 인상을 준다.
　빨강 ↔ 청록, 보라 ↔ 연두, 파랑 ↔ 주황

03 | 건축환경계획

1) 열환경
① 유효온도 : 실감온도나 감각온도라고도 하며 온도·습도·기류의 3요소로 측정해 온열감에 대한 감각적 효과를 나타낸다.
② 열환경 4요소 : 공기의 온도, 습도, 기류, 복사열로, 이 중 온도가 가장 큰 영향을 미친다.
③ 불쾌지수(DI) : 여름철 열과 습도로 인해 사람이 느끼는 불쾌감의 정도를 말한다. 80(DI)이면 땀이 나고 모든 사람이 불쾌감을 느끼게 된다.
④ 노점온도 : 습공기가 포화상태일 때의 온도를 말하며, 수분의 상태를 유지하지 못하고 이슬, 물방울로 맺히는 온도
⑤ 결로 : 습공기가 차가운 곳에 닿아 수증기가 응축되어 물방울이 맺히는 현상으로, 실내와 실외의 온도 차에 의해 습한 외벽에 주로 발생
⑥ 결로의 원인과 방지 : 결로는 충분한 환기, 난방, 단열시공으로 방지할 수 있으며 원인은 다음과 같다.
　• 실내와 실외의 온도 차
　• 실내 습기의 발생
　• 부실한 단열시공
　• 겨울철 환기량 부족
⑦ 열의 이동
　㉠ 복사 : 어떤 물체에서 발생된 열에너지가 전달매체 없이 다른 물체로 직접 이동
　㉡ 대류 : 공기의 순환으로 인해 열에너지가 이동
　㉢ 전도 : 고체 내부 고온부의 열에너지가 온도가 낮은 부분으로 이동
　㉣ 열관류 : 고체 양쪽의 유체 온도가 다를 때 고온에서 저온으로 열이 통과하는 현상으로 열전달 → 열전도 → 열전달의 과정을 거친다.

2) 빛(태양)환경
① 적외선 : 화학작용은 거의 없으며 열효과가 커서 열선이라고도 한다.
② 가시광선 : 파장의 범위가 눈으로 지각할 수 있는 빛이다.
③ 자외선 : 화학작용, 생육작용, 살균작용을 하며 과하게 노출되면 피부암을 일으킬 수 있다.
④ 일조율 : 일출에서 일몰까지, 즉 해가 떠서 지기까지의 시간 중 구름이나 안개, 지형에 차단되지 않고 지표면을 비추는 시간의 비율을 백분율로 나타낸 것(일조시수/가조시수)

⑤ 일조 조절 : 일조는 빛의 유입, 냉·난방 에너지, 결로 등 기능적인 면에서 중요한 부분으로서 차양, 발코니, 루버, 흡열유리, 이중유리, 유리블록 등을 설치하여 조절할 수 있다.

3) 공기환경
① 실내공기의 오염 : 공기오염의 척도는 이산화탄소량(CO_2)을 기준으로 한다.
② 오염의 원인
  ㉠ 산소(O_2)의 감소와 이산화탄소(CO_2)의 증가
  ㉡ 먼지, 공기 중의 세균, 악취, 흡연, 주방에서의 연소
  ㉢ 건축자재에서 발생되는 유해물질
③ 실내공기의 환기
  ㉠ 자연환기 : 바람, 실내와 실외의 온도 차 등 자연적인 요인에 의한 환기방법
  ㉡ 기계환기
   • 1종 환기 : 급기-기계설비, 배기-기계설비
   • 2종 환기 : 급기-기계설비, 배기-자연환기
   • 3종 환기 : 급기-자연환기, 배기-기계설비

4) 채광 및 조명 환기
① 빛의 단위
  광속-루멘(lm),   조도-럭스(lx)
  광도-칸델라(cd),   휘도-cd/m^2
② 채광 : 채광은 햇빛을 실내로 유입시키는 것을 말하며 주로 창을 통해 이루어진다. 창을 이용한 채광 중 천창채광은 지붕면에 수평으로 설치되는 창으로 채광효과가 가장 우수하며 조도의 분포가 균일하다.
③ 인공조명
  ㉠ 직접조명

장점	• 조명의 효율이 높고 설치비용이 싸다. • 조명을 집중적으로 밝게 할 때 유리하다.
단점	• 눈부심이 크고 음영의 차이가 크다. • 같은 공간에서도 밝고 어두움의 차이가 있다.

  ㉡ 간접조명

장점	• 균일한 조도를 얻을 수 있다. • 빛이 세지 않아 눈의 피로가 적다.
단점	• 조명의 효율이 낮고 침체된 분위기가 될 수 있다. • 설치와 유지보수가 어렵다.

④ 건축화조명 : 건축의 일부분인 기둥, 벽, 천장, 바닥과 일체가 되어 빛을 발산하는 조명

⑤ 조명의 설계순서
  소요 조도 결정 → 광원 선택 → 조명방식 선택 → 조명기구 선택 → 조명기구 배치

5) 음환경
① 음 세기의 단위는 데시벨(dB)을 사용한다.
② 잔향 : 소리를 멈춘 후에도 공간에 소리가 남아 울리는 것

04 | 주거환경계획

1) 주택계획과 분류
① 주택설계방향에서 가장 중요시해야 하는 것은 가사노동의 절감이다.
② 동선계획
  ㉠ 동선은 가급적 짧게 한다.
  ㉡ 동선은 가급적 직선으로 단순하게 한다.
  ㉢ 서로 다른 동선은 교차되지 않도록 한다.
  ㉣ 동선의 3요소는 길이(속도), 빈도, 하중이다.
③ 주거생활 양식의 분류

분류	양식	한식
평면	실의 기능적 분리	실의 위치별 분리
구조	바닥이 낮고 개구부가 작다.	바닥이 높고 개구부가 크다.
가구	실에 필요한 가구가 필수적이다.	가구는 부차적이다.
용도	목적에 맞는 단일 용도	다목적 용도
난방	대류	복사

2) 배치 및 평면계획
① 배치계획
  ㉠ 자연적 조건 : 햇볕, 통풍, 배수, 지반
  ㉡ 사회적 조건 : 교통, 교육, 의료, 체육시설
  ㉢ 방위 : 일조가 중요하므로 남향이 유리
  ㉣ 대지 위치 : 사각형 모양에 도로가 인접
② 공간 성격에 따른 구분

공동공간 (사회적 공간)		거실, 식사실, 응접실
개인공간		침실, 노인방, 자녀방, 서재, 작업실
그 외 공간	위생공간	욕실, 화장실, 드레스룸
	통로공간	복도, 계단, 홀, 현관
	노동공간	주방, 다용도실, 세탁실

3) 단위공간계획
① 침실
  ㉠ 휴식과 수면을 취할 수 있는 개인공간
  ㉡ 남쪽이나 남동쪽, 소음이 적은 곳, 정원과 거실에 접한 곳
② 식당 : 식당의 크기는 가족의 수, 가구의 크기, 통행공간을 고려해야 한다.
  ㉠ 다이닝 키친(DK) : 주방 일부에 식당을 배치한 구성으로 가사노동을 절감
  ㉡ 리빙 다이닝(LD) : 거실 일부에 식당을 배치한 구성
  ㉢ 리빙 다이닝 키친(LDK) : 거실 일부에 주방과 식사실을 구성하는 것으로 소규모 주택에 많이 적용
  ㉣ 다이닝 포치 : 테라스, 정원, 옥상 등 옥외에서 식사를 할 수 있는 공간
  ㉤ 3LDK : 침실 3개, 거실(living), 식당(dining), 주방(kitchen)이 결합된 구성
③ 주방
  ㉠ 조리과정(주방설비)의 배치순서 : 준비대 → 개수대 → 조리대 → 가열대 → 배선대
  ㉡ 주방 작업대의 높이 : 850mm 내외가 적당
  ㉢ 주방설비(싱크대)의 유형
    • 직선형(일렬형) : 규모가 작은 좁은 면적의 주방에 적절
    • L자형(ㄴ자형) : L자형의 싱크대를 벽면에 배치하고 남은 공간은 식탁을 두어 활용
    • U자형(ㄷ자형) : 양측의 벽면을 이용하여 수납공간의 확보가 용이하고 작업의 효율이 매우 높다.
    • 병렬형 : 길고 좁은 주방에 유리한 형태로 작업의 동선을 줄일 수 있는 형태지만 작업자가 몸을 앞뒤로 움직여야 하는 불편이 있다.
    • 아일랜드형(섬형) : 주방 가운데 조리대와 같은 작업대를 두어 여러 방향에서 작업할 수 있다.
  ㉣ 작업삼각형 : 싱크대, 가열대, 냉장고가 이루는 삼각형으로, 각 변의 합은 5m 내외이며 길이가 짧을수록 작업의 능률이 높다.

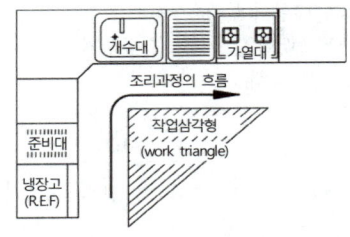

④ 욕실과 화장실 : 욕실이나 화장실은 주방과 같이 수도설비를 사용하는 장소로 설비를 집중시키기 위해 가급적 한곳에 배치하는 것이 유리
⑤ 거실
  • 거실의 위치는 주택의 중심에 배치
  • 현관과 가까우나 직접 면하지 않게 배치
  • 거실의 방향은 남쪽이 가장 좋은 위치
  • 거실의 모양은 직사각형에 가까운 형태
  • 거실의 크기는 주택 전체의 20~25% 정도

4) 공동주택
① 아파트 : 5개층 이상의 주택
② 연립주택 : 660m^2를 초과하고 4개 층 이하인 주택
③ 다세대주택 : 660m^2 이하이면서 4개 층 이하인 주택
④ 아파트
  ㉠ 주동형식에 따른 분류
    • 판상형 : 1개 동의 주호가 한 방향으로 동일한 곳을 바라보는 일자 형태
    • 탑상형(타워형) : 판상형과 달리 여러 세대를 ㅁ자 모양으로 위로 쌓은 형식으로 조망과 녹지 확보가 용이
    • 복합형 : 1개 동의 주호가 L자, H자, Y자 형식으로 판상형과 탑상형의 장점을 결합
  ㉡ 평면형식에 따른 분류
    • 편복도 : 각 층에서 편복도를 통해 각 단위주거로 들어가는 형식
    • 중복도 : 편복도와 유사한 형식으로 한쪽이 아닌 양쪽에 단위주거를 배치
    • 계단식(홀형) : 복도를 사용하지 않고 엘리베이터나 계단을 통해 각 단위주거로 들어가는 형식으로 독립성, 채광, 통풍에 유리
    • 집중형 : 중앙의 엘리베이터나 계단 주위로 많은 단위주거를 집중배치한 형식

ⓒ 단면형식에 따른 구분
- 플랫형(단층형) : 단위주거를 1개 층으로 한정한 형식

- 메조넷형(복층형) : 단위주거가 2개 층으로 되어 있는 형식

- 트리플렉스형 : 단위주거가 3개 층으로 되어 있는 형식

- 스킵플로어형 : 하층과 상층을 반씩 엇갈리게 배치한 형식

- 필로티형 : 1층을 비워두는 형식으로 주차장이나 정원의 확보가 유리

5) 단지계획
① 주택단지계획의 과정 : 목표 설정 → 자료조사 및 분석 → 기본계획 → 기본설계 → 실시설계
② 주택단지의 구성

구분	호수	인구	면적	시설
인보구	20~40호	100~200명	0.5~2.5ha	어린이놀이터
근린분구	400~500호	2,000명	15~25ha	상점, 약국, 이발소, 유치원 등 소비시설
근린주구	1,600~2,000호	8,000~10,000명	100ha	병원, 초등학교, 우체국, 소방서 등 공공시설

CHAPTER 03 건축재료

01 | 건축재료 일반

1) 건축재료
① 건축의 3대 재료 : 유리, 철, 시멘트
② 재료의 생산과 발달 : 현대의 건축재료는 재료의 고성능화, 높은 생산성, 공업화 방향으로 발달

2) 건축재료의 분류
① 요구성능에 따른 분류
  ㉠ 구조재
    • 재질이 균일하며 내화성, 내구성이 우수한 것
    • 큰 재료를 얻을 수 있으며 가공성이 우수한 것
  ㉡ 지붕재
    • 방수, 방습, 내화, 내수 등 차단성능이 우수한 것
    • 넓은 판을 구성할 수 있고 외관이 수려한 것
  ㉢ 마감재(바닥, 벽)
    • 마멸, 마모 및 미끄럼이 적고, 관리가 용이한 것
    • 내화, 내구성이 우수하고 외관이 우수한 것
② 사용목적에 따른 분류
  ㉠ 구조재 : 기둥, 보, 벽, 바닥에 사용되는 재료 → 철재, 목재, 콘크리트 등
  ㉡ 마감재(치장재) : 실내 및 실외의 장식을 목적으로 사용되는 재료 → 유리, 금속, 점토 등
  ㉢ 차단재 : 방수, 방습, 방취, 차음, 단열 등에 사용되는 재료 → 아스팔트, 실링재, 도료, 코킹재, 스티로폼 등
③ 제조에 따른 분류
  ㉠ 천연재료 : 석재, 목재, 골재 등
  ㉡ 인공재료 : 철재, 합성수지, 도료, 시멘트, 유리 등

3) 건축재료의 일반적 성질
① 역학적 성질
  ㉠ 탄성 : 외력을 제거하면 본래 형태로 돌아가는 성질
  ㉡ 소성 : 재료가 외력의 영향으로 변형이 생긴 후 그 외력을 제거해도 변형된 그대로 유지하는 성질
  ㉢ 전성 : 재료가 때리거나 누르는 힘에 의해 얇게 펴지는 성질
  ㉣ 취성 : 외력에 의해 변형이 생기면 파괴되는 성질
② 재료의 강도와 응력
  ㉠ 압축응력 : 재료에 수직하중을 가했을 때 부재의 내부에서 저항하는 힘
  ㉡ 전단응력 : 부재의 단면을 따라 서로 밀려 잘려나가는 것에 대해 저항하는 힘
  ㉢ 인장응력 : 재료를 길이 방향으로 당기는 힘에 대해 부재 내부에서 저항하는 힘
  ㉣ 휨모멘트(bending moment) : 휨모멘트 외력에 의해 부재에 생기는 단면력으로 재료를 휘게 하는 힘
③ 물리적 성질
  ㉠ 비중 : 물질의 질량과 동일한 부피에 해당하는 물질의 질량과의 비율
    물의 밀도가 $1g/cm^3$이고, 특정 물체의 밀도가 $1kg/m^3$라면 물의 밀도 $1g/cm^3$를 $1,000kg/m^3$로 대입하여 비중을 구한다.
    $$\Rightarrow \frac{1kg/m^3}{1g/cm^3} \rightarrow \frac{1kg/m^3}{1,000kg/m^3} = 0.001$$
  ㉡ 비열 : 1g의 물질을 1℃ 올리는 데 필요한 열량을 비열이라 하며 단위는 cal/kg℃이다.
  ㉢ 열전도율 : 정해진 시간 동안 뜨거운 물체에서 차가운 물체로 열이 전달되는 에너지의 전도율로 재료의 단열성능은 열전도율이 높을수록 저하되고, 낮을수록 높아진다. 단위는 W/m·K을 사용한다.
④ 내구성 및 내후성
  ㉠ 내구성 : 외력이 가해지더라도 재료의 원래 상태를 변형 없이 오랜 시간 유지하는 성질
  ㉡ 내후성 : 재료의 표면이 기온 등 계절에 영향을 받지 않고 오랜 시간 유지하는 성질

⑤ 기타 성질
  ㉠ 크리프 : 재료에 지속적으로 외력을 가한 경우 외력의 증가 없이 시간이 지날수록 변형이 커지는 현상
  ㉡ 푸아송 비 : 축방향에 하중을 가할 경우 그 방향과 수직인 횡방향에도 변형이 생기는데, 횡방향 변형도와 축방향 변형도의 비
  ㉢ 흡음률 : 소리를 흡수하는 성질을 말하며 같은 재료라도 표면적에 따라 달라질 수 있다. 많이 사용되는 재료에는 코르크가 대표적이다.

02 | 목재

1) 목재의 특성

① 목재 일반
  ㉠ 조직 : 목재는 섬유, 물관(도관), 수선, 수지관 등으로 구성된다. 이 중 물관은 활엽수에 있으며 양분과 수분의 통로로 나무의 수종을 구분
  ㉡ 목재의 구분
    • 춘재 : 봄과 여름에 자란 부분으로, 세포가 얇으며 목질이 유연
    • 추재 : 가을과 겨울에 자란 부분으로, 세포가 두껍고 목질이 단단
  ㉢ 벌목 : 목재의 벌목은 주로 가을과 겨울에 이루어진다. 날씨가 건조하여 수분이 적어지므로 벌목 후 건조가 쉬우며 무게가 가벼워 운반에도 용이
  ㉣ 목재의 흠 : 옹이, 썩정이, 껍질박이, 갈라짐, 송진구멍
  ㉤ 목재의 결에 따른 용도
    • 곧은결재 : 구조재
    • 널결재(무늬결) : 장식재

② 목재의 장점과 단점
  ㉠ 장점
    • 자연친화적
    • 무게가 가볍고 절단 및 가공이 용이하다.
    • 비중에 비해 강도가 우수하여 장식재는 물론 구조재로도 널리 사용된다.
    • 화학성분과 염분에 강하고 열전도율과 열팽창률이 작다.
    • 외관이 아름답고 재질의 촉감이 부드럽다.

  ㉡ 단점
    • 화재의 위험성이 크다.
    • 변형 및 부패가 쉽게 생긴다.
    • 재질, 방향, 종류에 따라 강도가 다르다.
    • 충해, 풍화에 의해 내구성이 저하될 수 있다.

③ 목재의 성질
  ㉠ 함수율

구분	전건재	기건재	섬유포화점
함수율	0%	15% 내외	30%
특징	섬유포화점의 3배 강도	강도가 우수하고 습기와 균형을 이룬 상태	강도가 커지기 시작함.
함수율 계산공식	목재의 함수율 = $\frac{W_1 - W_2}{W_2} \times 100\%$ 여기서, W_1 : 목재편의 중량, W_2 : 절건중량		
용도	구조용재 : 함수율 15% 이하 수장 및 가구용재 : 함수율 10%		

  ㉡ 비중 : 1.54로 강도와 비례한다.
  ㉢ 공극률 공식

  $$목재의 공극률(V) = \left(1 - \frac{W(절건비중)}{1.54(비중)}\right) \times 100\%$$

  ㉣ 목재의 연소

구분	인화점	착화점	발화점
온도	180℃	260~270℃	400~450℃
연소 상태	목재 가스에 불이 붙음. (가스 증발 온도)	불꽃 발생으로 착화 (화재위험 온도)	자연발화

④ 목재의 건조
  ㉠ 자연건조 : 옥외에 쌓아 자연적으로 건조하는 방법으로, 시간이 많이 걸리고 쉽게 변형되는 단점이 있다.
  ㉡ 인공건조 : 건조실에 목재를 쌓아놓고 저온과 고온을 조절하여 인공으로 건조시키는 방법으로 증기법, 열기법, 훈연법, 진공법이 있다.

⑤ 방부처리
  ㉠ 유용성 방부제의 종류
    • 크레오소트 : 흑갈색 용액으로 방부력과 내습성이 우수

- 펜타클로로페놀(PCP) : 크레오소트에 비해 가격이 비싸지만 무색무취이며 방부력이 가장 우수
- 아스팔트 : 목재를 흑색으로 변색시키고 페인트칠이 불가능
- 페인트 : 피막을 형성해 방부·방습되는 방법
ⓒ 방부제 처리법
- 도포법 : 건조시킨 후 솔로 바르는 방법
- 침지법 : 방부용액에 일정 시간 담그는 방법
- 상압주입법 : 상온에 담그고 다시 저온에 담그는 방법
- 가압주입법 : 통에 방부제를 넣고 가압시키는 방법
- 생리적 주입법 : 벌목하기 전 나무뿌리에 약품을 주입시키는 방법

2) 목재의 종류
① 합판 : 단판을 3, 5, 7장 등 홀수로 90° 교차하여 만든다.
  ㉠ 합판 제조법
  - 로터리 베니어 : 회전시켜 만드는 로터리 방식이 생산율이 높아 가장 많이 사용
  - 슬라이스 베니어 : 대팻날로 상하, 수직 또는 좌우, 수평으로 이동해 얇게 절단하는 방식
  - 소드 베니어 : 얇게 톱으로 켜내는 방식으로 무늬를 아름답게 만들 수 있다.
  ㉡ 합판의 특징
  - 품질이 판재에 비해 균질하다.
  - 잘 갈라지지 않고 방향에 따른 강도 차이가 작다.
  - 팽창, 수축이 적고 큰 면적의 판과 곡면판을 만들기 쉽다.
  - 저렴한 가격으로 아름다운 무늬를 만들 수 있다.
② 파티클보드 : 작은 나무 부스러기 등 목재섬유를 방향성 없이 열을 가해 성형한 판재로 가구, 내장, 창호재 등에 사용
③ 섬유판 : 목재의 톱밥, 대팻밥 등 목재의 찌꺼기 같은 식물성 재료를 펄프로 만들어 접착제, 방부제 등을 첨가해 만든다.
④ 코르크판 : 코르크 나무의 껍질을 원료로 가열·가압하여 만든다.
⑤ 코펜하겐 리브 : 자유로운 곡선형태를 리브로 만든 것으로 강당, 극장 등에서 벽이나 천장의 음향을 조절하기 위해 사용된다.
⑥ 플로어링 널 : 이어붙일 수 있도록 쪽매 가공을 해서 마룻널로 사용된다.
⑦ 집성목재 : 단판을 섬유방향과 평행하게 여러 장 붙여 접착한 판

03 | 석재

1) 석재 일반
① 석재의 구분

구분	화성암계	수성암계	변성암계
종류	화강암 안산암 현무암	응회암 사암 석회암 점판암	대리석 트래버틴 사문암

② 석재의 가공

순서	1	2	3	4	5
가공	혹두기	정다듬	도드락다듬	잔다듬	물갈기
도구	쇠메	정	도드락망치	날망치	숫돌

2) 석재의 성질
① 성질
- 석재의 비중은 기건상태를 표준으로 한다.
- 비중이 클수록 압축강도가 커진다.
- 석재의 인장강도는 압축강도의 1/10~1/20 정도이다.
- 석재의 압축강도는 화강암＞대리석＞안산암＞사암순이며, 화강암이 가장 단단하다.
- 응회암과 안산암은 내화도가 높고, 화강암은 내화도가 낮다.

② 용도

구분	용도
대리석	내장재, 실내장식재
사문암	내장재, 장식재
석회암	시멘트 원료
점판암	지붕재
트래버틴	외장재
화강암	구조재, 내장재, 외장재
안산암	외장재

3) 각종 석재의 특성
① 화강암
  ㉠ 압축강도가 1,500kg/cm² 정도로 석재 중 가장 크고 구조재로도 사용
  ㉡ 내화도가 낮아 고온이 발생되는 곳은 적절치 않음.
  ㉢ 풍화나 마멸에 강해 내장재는 물론 바탕색과 반점이 있어 외장재로도 많이 사용
② 트래버틴
  ㉠ 다공질이며 석질이 균일하지 않다.
  ㉡ 암갈색을 띠는 무늬가 있어 특수 장식재로 사용
③ 인조석 : 대리석, 화강석 등 색과 무늬가 좋은 석재의 종석과 시멘트, 안료 등을 반죽하여 인위적으로 만든 석재이다.
④ 테라초 : 인조석의 한 종류로 대리석의 쇄석을 사용하여 대리석과 유사한 색과 무늬가 나타나 마감재로 많이 사용

04 | 벽돌과 블록

1) 벽돌
① 벽돌의 크기
  ㉠ 시멘트벽돌(콘크리트벽돌) : 190mm×90mm×57mm
  ㉡ 내화벽돌 : 230mm×114mm×65mm
  ㉢ 벽돌의 가공
    • 온장 : 온전한 상태의 전체 크기
    • 칠오토막 : 3/4 크기의 토막(75%)
    • 반토막 : 반으로 나눔(50% 크기)
    • 이오토막 : 1/4 크기의 토막(25%)
② 벽돌쌓기의 재료
  ㉠ 시멘트벽돌(콘크리트벽돌)은 시멘트 모르타르를 사용
  ㉡ 내화벽돌은 내화점토를 사용
③ 벽돌의 줄눈

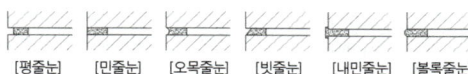
[평줄눈] [민줄눈] [오목줄눈] [빗줄눈] [내민줄눈] [볼록줄눈]

④ 벽돌의 특성
  ㉠ 점토벽돌의 재질은 흡수율과 압축강도를 시험
  ㉡ 점토벽돌의 강도와 흡수율

품질	종류		
	1종	2종	3종
압축강도(N/mm²)	24.5 이상	20.59	10.78
흡수율	10% 이하	13% 이하	15% 이하

  ㉢ 적벽돌(붉은벽돌)의 압축강도(1종)는 20.6N/mm² 이상이다.
⑤ 기타 벽돌
  ㉠ 다공질벽돌 : 점토에 30~50%의 톱밥 및 분탄 등을 섞어 구운 벽돌
  ㉡ 과소품벽돌 : 점토벽돌을 지나치게 구운 벽돌로, 흡수율이 작고 강도가 우수
  ㉢ 이형벽돌 : 특수한 용도를 목적으로 모양을 다르게 만든 벽돌
  ㉣ 포도벽돌 : 바닥 포장용 벽돌
  ㉤ 공중벽돌 : 속이 비어 있는 벽돌로 단열, 방음 등의 목적으로 사용되는 벽돌

2) 블록
블록은 구멍 난 곳에 철근과 콘크리트를 넣어 보강할 수 있다. 블록은 390×190×100, 390×190×150, 390×190×190, 3가지로 나눈다.

05 | 시멘트와 콘크리트

1) 시멘트
① 시멘트 일반
  ㉠ 시멘트의 발명과 이용법
    • 19세기 초 영국의 애습딘이 발명
    • 19세기 중엽 프랑스의 모니에가 철근콘크리트의 이용법을 개발
  ㉡ 시멘트의 특징
    • 시멘트의 성분은 석회, 규사, 알루미나이며 석회석(65%)이 주원료임.
    • 시멘트의 단위용적 중량은 1,500kg/m³이며 1포의 무게는 40kg
  ㉢ 분말도가 높은 시멘트의 특징
    • 시공연도가 좋다.
    • 재료의 분리현상이 감소한다.
    • 수화반응이 빨라 조기강도가 높다.
    • 풍화되기 쉽다.
    • 수축균열이 크다.

② 시멘트의 보관
  ㉠ 지상에서 높이 30cm 이상 되는 마루판 위에 보관
  ㉡ 쌓을 수 있는 최대 높이는 13포
  ㉢ 보관한 지 3개월 이상 경과되면 테스트 후 사용
  ㉣ 시멘트 입하순서대로 사용
③ 시멘트의 응결과 경화
  ㉠ 시멘트는 1시간 이후부터 굳기 시작해 10시간 이내에 응결이 끝난다.
  ㉡ 경화를 촉진시키기 위해 염화칼슘을 사용하며 많은 양을 사용하면 철근을 부식시킬 수 있다.
  ㉢ 시멘트 응결에 영향을 주는 요소
    • 분말도가 높을수록 빠르다.
    • 알루민산3석회 성분이 많을수록 빠르다.
    • 온도(기온)가 높을수록 빠르다.
    • 수량이 적을수록 빠르다.
④ 시멘트의 시험법
  ㉠ 비중 시험 : 르 샤틀리에의 비중병을 사용
  ㉡ 분말도 시험 : 브레인법을 사용
  ㉢ 안정성 시험 : 오토클레이브의 팽창도 시험을 사용

2) 시멘트의 종류
① 시멘트의 분류
  ㉠ 포틀랜드 시멘트
    • 보통 포틀랜드 시멘트
    • 조강 포틀랜드 시멘트
    • 중용열 포틀랜드 시멘트
    • 백색 포틀랜드 시멘트
  ㉡ 혼합 포틀랜드 시멘트
    • 고로 시멘트
    • 플라이애시 시멘트
    • 포졸란 시멘트
  ㉢ 특수 시멘트
    • 알루미나 시멘트
    • 팽창 시멘트
② 종류에 따른 시멘트의 특징
  ㉠ 보통 포틀랜드 시멘트 : 보편화되어 가장 많이 사용되는 시멘트
  ㉡ 조강 포틀랜드 시멘트 : 조기강도가 우수, 재령 7일이면 보통 포틀랜드 시멘트의 28일 강도를 가짐
  ㉢ 중용열 포틀랜드 시멘트 : 장기강도가 우수한 시멘트, 특히 방사선 차단, 내구성이 우수해 댐, 항만, 해안공사 등 대형 구조물에 사용

  ㉣ 백색 포틀랜드 시멘트 : 백색을 띠는 시멘트로 건축물의 마감용으로 사용
  ㉤ 고로 시멘트 : 수축, 균열이 적고 바닷물에 대한 저항성이 크다. 응결이 서서히 진행되어 조기강도는 낮지만 장기강도가 우수
  ㉥ 플라이애시 시멘트 : 수화열이 적고 장기강도가 우수, 수밀성이 크고 콘크리트배합 시 워커빌리티가 우수
  ㉦ 포졸란 시멘트(실리카 시멘트) : 포졸란을 혼합하여 만든 시멘트로, 고로 시멘트와 유사한 용도로 사용
  ㉧ 알루미나 시멘트(산화알루미늄 시멘트) : 조기강도가 매우 우수한 시멘트로 재령 1일 만에 보통 포틀랜드 시멘트의 재령 28일 강도와 동일한 강도를 가져 동절기, 긴급공사에 사용
  ㉨ 팽창시멘트 : 수축과 균열을 방지하는 목적으로 사용
③ 시멘트 제품
  ㉠ 슬레이트 : 시멘트와 모래, 석면 등을 혼합하여 압력을 가해 성형한 판으로 지붕재료로 많이 사용
  ㉡ 테라초 : 시멘트와 대리석의 쇄석을 혼합하여 만든 인조석으로 표면을 갈아 광택을 내어 사용

3) 콘크리트
① 콘크리트의 특성
  ㉠ 장점
    • 압축강도 및 방청성, 내화성, 내구성, 내수성, 수밀성이 우수
    • 철근과 철골의 접착력이 매우 우수하여 구조용으로 광범위하게 사용
  ㉡ 단점
    • 자중이 크고 인장강도가 압축강도에 비하여 낮다(압축강도의 1/10 이하).
    • 경화과정에서 수축에 의해 균열이 발생
  ㉢ 단위용적 중량
    • 무근콘크리트 : $2.3t/m^3$
    • 철근콘크리트 : $2.4t/m^3$
  ㉣ 설계기준 : 콘크리트의 설계기준강도는 타설 후 28일(4주) 압축강도로 한다.

② 골재
   ㉠ 골재의 품질
      - 골재 강도는 시멘트풀의 최대 강도 이상 되는 것을 사용
      - 모양이 구형에 가까우며 표면이 거친 것을 사용
      - 잔골재와 굵은 골재가 적절히 혼합된 것을 사용
      - 진흙이나 불순물이 포함되지 않아야 함.
      - 공극률은 30~40% 정도
      - 염분이 포함된 모래를 사용하면 부식의 우려가 있음.
③ 골재의 입도 : 입도란 모래, 크고 작은 자갈이 고르게 섞여 있는 정도를 뜻함.
④ 물시멘트비
   ㉠ 워커빌리티(시공연도)
      - 콘크리트를 배합하여 운반에서 타설할 때까지의 시공성을 뜻하며 물시멘트비와 연관됨.
      - 워커빌리티의 측정은 슬럼프시험을 사용
   ㉡ 강도 : 물시멘트비는 콘크리트의 강도에 직접적으로 영향을 주며 물시멘트비가 클수록 콘크리트의 강도는 저하
⑤ 콘크리트의 혼화제
   ㉠ AE제 : 콘크리트 내부에 작은 기포를 만들어 작업의 효율성을 높이고 동결융해를 막기 위해 사용
   ㉡ 기포제 : 콘크리트의 무게를 경량화하고 단열성, 내화성을 증대시키는 데 사용
   ㉢ 방청제 : 염분으로 인해 철근이 부식되는 것을 막기 위해 사용
   ㉣ 경화촉진제 : 열을 내어 콘크리트의 경화를 촉진시킨다. 과도하게 사용하면 철근을 부식시킴.
⑥ 콘크리트의 경화
   ㉠ 보양 : 충분한 수분을 공급하고 진동을 방지하는 것으로 적정온도를 유지하는 것이 중요
   ㉡ 레이턴스 : 보양 시 콘크리트 표면에 발생하는 얇은 막을 형성하는 층
   ㉢ 크리프 : 시간이 경과함에 따라 하중의 증가 없이 콘크리트의 형태에 변형이 증대되는 현상
   ㉣ 블리딩 : 거푸집에 부어 넣을 때 골재와 시멘트풀이 갈라지고 물이 위로 올라오는 현상

⑦ 기타 콘크리트
   ㉠ 프리팩트 콘크리트 : 거푸집에 골재를 먼저 넣고 이후 모르타르를 주입하여 만드는 콘크리트로 수중 콘크리트 등에 사용
   ㉡ 오토클레이브 콘크리트 : 경량콘크리트의 하나로 단열 및 내화성이 우수하여 벽, 지붕, 바닥 등에 사용
   ㉢ 프리스트레스트 콘크리트 : PS강재를 긴장시킨 후 콘크리트를 타설하는 방법으로 장스팬 구성에 사용
   ㉣ 레디믹스트 콘크리트 : 공장에서 현장까지 차량으로 운반하면서 혼합, 흔히 레미콘이라 한다.

06 | 유리, 점토

1) 유리
① 유리 일반
   ㉠ 주원료 : 모래(천연규사)
   ㉡ 연화점 : 보통유리의 연화점은 740℃
   ㉢ 강도 : 강도 측정은 휨강도를 기준으로 함.
   ㉣ 두께
      - 박판유리 : 두께 6mm 미만으로 창 유리에 사용
      - 후판유리 : 두께 6mm 이상으로 칸막이벽, 유리문, 가구 등에 사용
② 유리제품
   ㉠ 열선흡수유리(단열유리) : 철, 니켈, 크롬 등의 재료를 사용해 만든 유리로 엷은 청색을 띤다.
   ㉡ 복층유리(페어글라스) : 2장이나 3장의 유리를 간격을 두고 만든 유리로 단열효과가 우수
   ㉢ 망입유리 : 철망을 넣은 유리로 도난방지용으로 사용
   ㉣ 강화유리 : 판유리를 열처리한 것으로 강도는 일반 유리의 3~5배, 충격강도는 7~8배
   ㉤ 기포유리(폼글라스) : 기포를 삽입해 단열, 방음성이 우수
   ㉥ 프리즘유리 : 눈부심을 줄이고 광원효과를 높인 유리로 채광용으로 많이 사용
   ㉦ 색유리(스테인드글라스) : 유리 표면에 색을 입히거나 색판 조각을 붙여 만든 색유리로 성당, 교회의 장식용 유리로 많이 사용

ⓞ 접합유리 : 유리 2장을 접합하여 파손 시 유리가 비산하는 것을 방지
ⓩ 유리블록 : 속이 빈 블록이나 벽돌모양으로 만든 제품으로 보온, 장식, 방음용으로 사용

2) 점토
① 점토 일반
  ㉠ 비중 : 2.5~2.6 정도
  ㉡ 성질 : 압축강도는 인장강도의 5배 수준
  ㉢ 제조과정 : 원료배합 → 반죽 → 성형 → 건조 → 소성
② 소성온도와 흡수율

구분	소성온도	흡수율
토기	약 800~1,000℃	20% 이상
도기	1,100~1,200℃	10%
석기	1,200~1,300℃	3~10%
자기	1,250~1,450℃	0~1%

토기>도기>석기>자기의 순으로 흡수율이 낮다.

③ 점토제품
  ㉠ 토기 : 기와, 벽돌 등
  ㉡ 도기 : 세면기, 양변기 등 위생도기류
  ㉢ 석기 : 클링커 타일, 토관, 꽃병 등 장식용품
  ㉣ 자기 : 자기질 타일, 도자기 등
④ 점토 타일의 종류
  ㉠ 클링커 타일 : 요철무늬를 넣은 저급품의 바닥타일
  ㉡ 모자이크 타일 : 욕실 바닥에 많이 사용되는 모자이크 모양의 자기질 타일
  ㉢ 보더 타일 : 정사각형 모양이 아닌 가로, 세로의 길이 비율이 3배가 넘는 긴 타일
  ㉣ 테라코타 : 양질의 점토를 구워 만들어낸 입체적인 타일로 조각물이나 장식용으로 많이 사용된다.
  ㉤ 샤모트 : 소성된 점토를 고운 가루로 분쇄한 재료로, 점성 조절용으로 사용된다.

07 | 금속 및 철물

1) 철강
① 철의 분류

구분	탄소함유량	비중
주철(cast iron)	약 2.1~6.6	약 7.1~7.5
강(steel)	약 0.025~2.11	약 7.8

② 열처리법
  ㉠ 불림 : 가열 후 공기 중에서 서서히 냉각
  ㉡ 풀림 : 가열 후 노(爐) 속에서 서서히 냉각
  ㉢ 담금질 : 가열 후 물이나 기름에 급속 냉각
  ㉣ 뜨임 : 담금질한 다음 재가열 후 공기 중에서 서서히 냉각
③ 가공법
  ㉠ 인발 : 철선과 같이 5mm 이하로 형틀을 사용해 가늘게 뽑아내는 방법
  ㉡ 단조 : 철강을 가열하여 두드림, 압력 등의 힘을 가해 형체를 만드는 방법
④ 금속의 부식방지
  ㉠ 표면의 습기를 제거하고 깨끗이 한다.
  ㉡ 표면에 아스팔트 콜타르를 발라준다.
  ㉢ 금속 종류가 다른 것은 접하지 않게 한다.
  ㉣ 4산화철과 같은 금속산화물 피막을 만든다.
  ㉤ 시멘트액 피막을 만든다.
⑤ 광명단 : 철강재의 부식(녹)을 방지하는 페인트로 방청도료로 많이 사용

2) 비철금속
① 구리
  ㉠ 구리의 성질
    • 전성과 연성이 커서 가공하기 쉽다.
    • 열, 전기의 전도율이 높다.
    • 암모니아, 알칼리, 황산에 취약
  ㉡ 구리의 합금
    • 황동 : 구리와 아연을 혼합하여 만든 합금
    • 청동 : 구리와 주석을 혼합하여 만든 합금
② 알루미늄
  ㉠ 알루미늄의 성질
    • 은백색을 띠는 금속으로 열전도율이 크고 전성과 연성도 커서 가공성이 좋다.
    • 가벼운 무게에 비해 강도가 우수하고 내식성이 크다.
    • 산, 알칼리에 약해 다른 금속과 같이 사용할 경우 방식처리를 해야 한다.
    • 실내장식재, 가구, 창호 등 다양하게 사용된다.
  ㉡ 듀랄루민 : 알루미늄에 구리, 마그네슘, 망간을 혼합하여 만든 합금
③ 기타 금속
  ㉠ 납(Pb, 연) : X선을 차단하는 성능이 우수
  ㉡ 포금 : 아연에 납, 구리, 주석을 혼합하여 주조용으로 사용

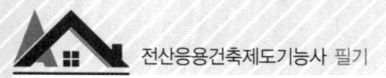

ⓒ 양철판 : 철판에 주석을 도금한 제품으로 스틸캔 등으로 사용
ⓔ 함석판 : 철판에 아연을 도금한 제품으로 지붕의 환기통, 홈통 등에 사용

3) 창호 철물
① 문 철물
㉠ 경첩, 자유경첩(hinge) : 문과 문틀 사이에 설치되는 철물
㉡ 실린더 : 잠금장치가 있는 여닫이문의 손잡이 뭉치
㉢ 플로어 힌지 : 자재문, 강화도어 바닥에 설치되는 힌지로, 무거운 문을 닫히게 하는 철물
㉣ 도어체크(도어클로저) : 문 상부에 설치되어 문을 자동으로 닫히게 하는 철물
㉤ 도어스톱 : 문이 열린 상태가 고정될 수 있도록 지지하는 철물
㉥ 레버터리 힌지 : 스프링이 달린 경첩에 의해 자동으로 열린 상태를 유지해 주는 철물

② 창문 및 기타 철물
㉠ 크레센트 : 오르내리창이나 미서기창의 잠금장치로 사용되는 철물
㉡ 멀리언 : 커튼월 등 창 면적이 클 때 고정시키기 위한 프레임
㉢ 코너비드 : 기둥이나 벽의 모서리에 설치하여 미장공사를 쉽게 하고 보호하기 위한 목적으로 사용되는 철
㉣ 펀칭메탈 : 박판(얇은 철판)에 원형이나 마름모 형태 등 다양한 모양을 내어 뚫어 낸 것으로 환기 입구, 덮개, 장식용 소품 등으로 사용
㉤ 메탈라스 : 강판을 잔금으로 갈라 그물모양으로 늘어뜨려 만든 것으로 펜스, 간이계단, 미장바탕 등에 많이 사용
㉥ 인서트 : 콘크리트 슬래브에 행거를 고정시키기 위한 삽입철물

08 | 미장, 도장 재료(마감재료)

1) 미장재료
① 기경성 재료 : 공기 중의 탄산가스(이산화탄소)와 반응하여 굳는 재료로 석회, 진흙, 회반죽, 돌로마이트 플라스터가 있으며 회반죽이나 진흙은 경화 시 갈라지는 것을 방지하기 위해 풀이나 여물을 넣는다.
② 수경성 재료 : 물과 화학반응하여 굳는 재료로 시멘트와 석고가 있다.

2) 도장재료
① 수성페인트 : 수용성 교착제를 혼합한 도료로, 대부분 흰색 페인트가 많아 색을 내고자 할 경우 조색제를 사용하고, 수성이므로 희석제는 물을 사용
② 유성페인트 : 안료, 건성유 등을 혼합한 산화 건조형 도료로 오일페인트라고 하며, 광택이 나는 견고한 피막이 형성된다. 유성이므로 희석제는 시너(thinner)를 사용
③ 바니시 : 수지에 휘발성 용제를 혼합한 재료로 흔히 '니스'라고 하며 도막이 투명하고 건조가 느림.
④ 에나멜페인트 : 니스에 안료를 혼합한 재료로 건조가 빠르고 광택이 우수하여 가구, 차량, 선박 등 다양한 용도로 사용
⑤ 래커페인트 : 섬유소에 수지, 가소제, 안료 등을 혼합하여 만든 도료로 빠른 건조와 단단한 도막을 형성한다. 클리어 래커는 도막이 투명하고 건조가 빨라 목재 바탕에 사용
⑥ 에멀션페인트 : 수성페인트에 합성수지를 혼합한 페인트로 실내 및 실외 도장에 사용
⑦ 광명단 : 납을 주성분으로 적색을 띠는 도료로 철재의 부식을 방지하는 데 사용
⑧ 오일스테인 : 유성착색료, 안료를 혼합한 착색제로 목재 바탕에 사용
⑨ 기타
㉠ 퍼티 : 도장면의 흠, 구멍, 균열부분을 고르게 메우는 충전재
㉡ 프라이머 : 도장면을 보호하고, 도료의 부착력을 높이기 위해 도장 전에 바르는 초벌 재료

3) 도장방법
① 붓칠 : 다양한 크기의 붓으로 도장면이 좁은 부분에 사용
② 롤러 : 벽면 등 도장면이 평활한 곳에 사용
③ 뿜칠 : 분사도장으로 건조가 빠른 도료를 넓은 공간에 도포할 경우 사용

09 | 아스팔트(역청재료)

1) 역청재료와 아스팔트
① **역청재료** : 원유의 건류나 증류에 의해 만들어지는 재료로 아스팔트, 콜타르, 피치 등이 있으며 도로의 포장, 방수, 방부, 방진 등에 사용되는 재료
② **아스팔트 방수**
  - 아스팔트 방수는 8층으로 구성
  - 시공 시 가장 먼저 아스팔트 프라이머를 도포
  - 아스팔트 펠트와 루핑을 3겹으로 깔아 구성
  - 옥상은 방수층을 수직으로 30~40cm 치켜올림
③ **아스팔트 8층 방수의 시공**
  ㉠ 시공유형 A : 아스팔트 프라이머 → 아스팔트 → 아스팔트 펠트 → 아스팔트 → 아스팔트 루핑 → 아스팔트 → 아스팔트 루핑 → 아스팔트
  ㉡ 시공유형 B : 아스팔트 프라이머 → 아스팔트 → 아스팔트 루핑 → 아스팔트 → 아스팔트 루핑 → 아스팔트 → 아스팔트 루핑 → 아스팔트
  ㉢ 아스팔트의 품질검사 : 신도, 침입도, 감온비

2) 아스팔트 종류와 제품
① **석유계 아스팔트** : 스트레이트 아스팔트, 블로운 아스팔트
② **천연 아스팔트** : 레이크 아스팔트, 록 아스팔트, 아스팔타이트
③ **아스팔트 제품**
  - 아스팔트 펠트 : 아스팔트를 침투시킨 펠트
  - 아스팔트 루핑 : 펠트에 아스팔트로 피복하고 표면에 방지제를 살포한 제품
  - 아스팔트 싱글 : 아스팔트를 도포 및 착색한 지붕 마감재료

10 | 합성수지 및 기타 재료

1) 합성수지
① **열경화성수지** : 열을 받으면 단단하게 굳어지는 합성수지
  ㉠ 실리콘수지 : 틈을 메우는 코킹 및 실 재료
  ㉡ 에폭시수지 : 금속접착, 항공기 조립 접착
  ㉢ 페놀수지 : 전기, 통신 재료로 사용
  ㉣ 폴리에스테르수지 : FRP(강화플라스틱)의 재료
  ㉤ 멜라민수지 : 열과 산에 강하고 전기적 성질이 우수
② **열가소성수지** : 열을 가하면 녹는 수지
  ㉠ 염화비닐수지 : PVC라 하며 가공이 용이
  ㉡ 아크릴수지 : 무색 투명한 수지로 도료, 조명기구 등에 사용
  ㉢ 폴리에틸렌수지 : 용기, 식기 등 다양한 용도로 사용
  ㉣ 폴리프로필렌수지 : 섬유, 의류, 잡화 등에 사용

2) 기타 재료
① **슬레이트** : 골이 있는 판으로, 소형과 대형으로 구분되며 지붕재료로 많이 사용
② **루프드레인** : 지붕 위 홈통 입구에 설치되어 이물질을 걸러내는 철물
③ **함석** : 아연으로 도금한 철판으로 덕트, 차양, 홈통, 후드, 지붕재료 등 다양하게 사용
④ **질석** : 단열용 충전재, 시멘트 모르타르의 골재로 사용
⑤ **펄라이트** : 흑요석, 진주암이 원료이며 경량골재, 콘크리트의 골재 및 단열, 흡음재로도 사용

CHAPTER 04 건축구조

01 | 건축구조의 일반사항

1) 건축구조의 개념
① 건축물의 3요소(구조, 기능, 미) 중 가장 중요한 부분은 구조이다.
② 각 구조부의 정의
  ㉠ 기초 : 건축물 하중을 지탱하고 지반에 고정 및 안정시키기 위한 하부 구조물
  ㉡ 바닥 : 층을 구분하면서 연직하중을 받는 평면적인 구조부분
  ㉢ 기둥 : 지붕, 바닥, 보 등 상부의 하중을 받아 하부로 전달하는 수직 구조재
  ㉣ 벽 : 외부와 내부, 내부와 내부를 구분하는 수직 구조재
  ㉤ 보 : 기둥에 연결한 수평 구조재로 상부와 지붕의 하중을 기둥에 전달
  ㉥ 지붕 : 외부 환경으로부터 건축물을 보호하며 외장에 있어 상징적인 부분

2) 건축구조의 분류
① 구조형식에 의한 분류
  ㉠ 가구식 : 목구조, 철골구조
  ㉡ 조적식 : 돌구조, 블록구조, 벽돌구조
  ㉢ 일체식 : 철근콘크리트구조
② 공법에 의한 분류
  ㉠ 건식 : 목구조, 철골구조
  ㉡ 습식 : 벽돌구조, 철근콘크리트구조
  ㉢ 조립식 : 구조부를 공장에서 생산하여 현장에서 조립하는 공법
③ 재료에 의한 분류
  ㉠ 목구조
  ㉡ 벽돌, 돌, 블록구조
  ㉢ 철근콘크리트구조
  ㉣ 철골구조
  ㉤ 철골철근콘크리트구조

3) 각 구조의 특징
① 목구조
  ㉠ 장점
    • 자중이 가볍고 가공이 용이
    • 건식구조로 공기가 짧다.
    • 나무 고유의 무늬와 색이 있어 외관이 우수
  ㉡ 단점
    • 충해, 부패, 화재에 의한 피해가 크다.
    • 다른 구조에 비해 강도와 내구력이 떨어진다.
    • 원재료의 특성상 큰 부재를 얻기 어렵다.
② 벽돌, 돌, 블록구조
  ㉠ 장점
    • 벽돌구조는 내구성과 방화성이 우수
    • 돌구조는 내구성이 우수하며 외관이 웅장함
    • 블록구조는 공사비가 저렴하며 단열과 방음이 우수
  ㉡ 단점
    • 횡력에 대한 저항력이 약해 지진에 취약
    • 재료 간 접착을 사용한 쌓기구조로 균열이 발생되기 쉽다.
    • 돌구조는 재료비용이 크고 시공이 어려워 공기가 길다.
③ 철근콘크리트구조
  ㉠ 장점
    • 내구, 내화, 내진적인 우수한 구조
    • 국부적인 보강이 가능하고 설계가 자유롭다.
    • 유지보수가 용이
  ㉡ 단점
    • 자중이 크고, 습식공법으로 공기가 길다.
    • 균일한 시공이 어렵다.
④ 철골구조
  ㉠ 장점
    • 건식공법으로 공기가 짧다.

- 장스팬 설계가 가능
- 해체가 용이
ⓒ 단점
- 강재 사용으로 인해 공사비가 비싸다.
- 내화성이 떨어져 화재에 취약
⑤ 철골철근콘크리트구조
ⓐ 장점
- 대규모 공사에 적합
- 내구, 내화, 내진적인 우수한 구조
ⓒ 단점
- 시공이 복잡하며 공기가 길다.
- 공사비가 비싸다.

02 | 기초와 지정

1) 기초
① 줄기초(연속기초) : 조적식 구조에 많이 사용되는 기초로 벽체를 따라 연속되게 상부구조를 받치는 구조
② 독립기초 : 하나의 기둥을 독립적인 하나의 기초판으로 받치는 기초
③ 온통기초 : 건축물 하부 전체 또는 지하실 공간을 모두 콘크리트판으로 만든 기초
④ 복합기초 : 2개 이상의 기둥을 하나의 기초판으로 받치는 기초
⑤ 잠함기초(케이슨기초) : 원통이나 사각형 통을 만들어 내부 토사를 파낸 후 통을 가라앉혀 콘크리트를 부어 만드는 기초

2) 지정
① 얕은 지정 : 밑창콘크리트지정, 모래지정, 자갈지정, 잡석지정
② 말뚝지정 : 말뚝지정은 말뚝 직경의 2.5배 이상의 간격을 두어 설치
  ⓐ 나무말뚝지정 : 60cm 이상 간격을 둔다. 말뚝의 머리부분은 상수면 이하에 두어 부패를 방지
  ⓒ 기성 콘크리트말뚝지정(철근콘크리트말뚝) : 공장에서 제조하고 현장으로 운반해 사용하는 말뚝으로 75cm 이상 간격을 둔다.
  ⓔ 제자리 콘크리트말뚝지정(현장타설말뚝) : 현장에서 콘크리트를 부어 넣어 양생시켜 만든 말뚝으로 90cm 이상 간격을 둔다.

  ⓖ 철제말뚝지정(강제말뚝) : 강관과 H형강을 사용한 말뚝으로 90cm 이상 간격을 둔다.

3) 부동침하
① 부동침하의 원인
- 연약한 지반
- 경사지반
- 증축
- 이질지정, 일부 지정
- 주변 건물의 지나친 굴착
- 지하수의 이동
② 연약지반의 상부구조 대책
- 구조물의 경량화
- 구조물의 강성 강화
- 인접건물과 먼 거리 확보
- 구조물의 길이를 짧게
③ 지반의 허용지내력
경암반 > 연암반 > 자갈 > 모래 > 점토

4) 터파기
① 흙막이 공법
  ⓐ 오픈컷공법 : 안식각의 경사를 2배 정도 두어 굴착하는 공법
  ⓒ 버팀대공법 : 버팀목과 흙막이판을 설치하는 공법
  ⓔ 아일랜드공법 : 중앙을 먼저 파낸 후 주변의 흙을 굴착하는 공법
② 터파기 공사 시 나타나는 현상
  ⓐ 파이핑 : 흙막이벽의 토사가 누수로 함몰되는 현상
  ⓒ 히빙 : 흙이 안으로 밀려 바닥면이 볼록하게 솟아오르는 현상
  ⓔ 보일링 : 지하수로 인해 지면의 모래가 부풀거나 솟아오르는 현상

03 | 목구조

1) 목구조의 특성
① 목구조의 장점과 단점
  ⓐ 장점
  - 비중에 비해 강도가 우수하다.
  - 가벼우며 가공이 용이하다.
  - 건식구조에 속하므로 공기가 짧다.

ⓒ 단점
- 수축과 팽창으로 인해 변형될 우려가 있다.
- 고층 및 대규모 건축에 불리하다.
- 불에 약하며 부패 및 충해의 우려가 있다.

2) 토대와 기둥
① 토대 : 기둥을 받치는 부재로 상부의 하중을 분산하여 기초에 전달하는 역할
② 기둥
ⓐ 통재기둥 : 아래층에서 위층까지 하나의 부재로 된 기둥
ⓑ 평기둥 : 통재기둥 사이에 각 층별로 배치되는 기둥
ⓒ 샛기둥 : 기둥과 기둥 사이에 배치되는 작은 기둥

3) 벽체와 마루
① 벽체구조
ⓐ 심벽식 : 한식구조에 사용되는 심벽식은 기둥의 일부가 외부로 노출되는 구조
ⓑ 평벽식 : 양식구조에 사용되는 평벽식은 기둥이 외부로 노출되지 않는 구조로 내진, 내풍에 유리
② 목조판벽
ⓐ 징두리판벽
- 내벽(칸막이벽) 하부를 보호하고 장식을 겸하는 벽
- 바닥에서 1~1.5m 높이로 설치
- 징두리 판벽은 걸레받이, 두겁대, 띠장으로 구성
ⓑ 턱솔비늘 판벽 : 기둥이나 샛기둥, 벽에 널판을 반턱으로 맞춰 붙인 판벽
③ 1층 마루
ⓐ 동바리마루
- 수직부재인 동바리 위에 멍에, 장선을 놓고 마룻널(플로어링 널)로 마감
- 지반에서 450mm 이상 거리를 두어 냉기를 차단
ⓑ 납작마루 : 공장의 창고와 같이 사람이 거주하지 않고 물건을 보관하는 장소에 사용되는 마루
④ 2층 마루
ⓐ 홑마루 : 간사이가 2.5m 이하로 장선을 걸쳐대고, 그 위에 마룻널을 깐다.
ⓑ 보마루 : 간사이가 2.5~6.4m일 때 보를 걸고 장선을 받쳐 마룻널을 깐다.
ⓒ 짠마루 : 간사이가 6.4m 이상일 때 보를 걸고 장선을 받혀 마룻널을 깐다.

4) 창호와 반자
① 목재 창호의 구조
ⓐ 양판문 : 문틀(울거미)을 짜서 중간에 판자나 유리를 끼워 넣은 형식의 문
ⓑ 플러시문 : 문틀(울거미)을 짜서 중간에 살을 30cm 간격으로 배치해 양면에 판자를 붙인 형식의 문
ⓒ 문선 : 벽과 문 사이의 틈을 가려서 보기 좋게 한다.
ⓓ 풍소란 : 미서기문 등 창호의 맞닿는 부분에 방풍을 목적으로 턱솔이나 딴혀를 대어 물리게 한다.
② 반자의 종류
ⓐ 우물반자 : 반자틀을 우물정자(격자)로 짜고 반자널을 반자틀 위에 덮거나 턱솔을 파서 끼운 반자
ⓑ 구성반자 : 응접실, 접견실 등 장식과 음향효과가 필요한 장소에 층을 두거나 벽과 거리를 두어 구성하는 반자

5) 계단
계단은 챌판, 디딤판, 옆판으로 구성
① 계단멍에 : 계단의 넓이가 1.2m 이상일 경우 디딤판의 처짐, 진동을 막기 위한 계단의 하부 보강재
② 계단참 : 계단에 단의 수가 많은 경우 폭을 넓게 하여 방향을 바꾸거나 쉬어가는 부분
③ 난간
ⓐ 난간두겁(손스침) : 난간에서 손으로 잡고 갈 수 있도록 한 부분
ⓑ 난간동자 : 난간두겁과 계단 사이의 가는 기둥
ⓒ 엄지기둥 : 난간의 양 끝을 지지하는 굵은 난간동자

6) 지붕
① 왕대공 지붕틀 : 중앙에 대공이 있는 양식 지붕틀 구조로 비교적 큰 규모의 지붕에 사용
ⓐ 왕대공 지붕틀의 부재 : 평보, ㅅ자보, 빗대공, 달대공, 왕대공으로 구성
ⓑ 왕대공 지붕틀 부재 중 단면이 큰 순서 : ㅅ자보 > 평보 > 빗대공 > 달대공
ⓒ 부재의 응력
- 압축재 : ㅅ자보, 빗대공
- 인장재 : 평보, 왕대공, 달대공

② 부재의 맞춤
- 평보와 ㅅ자보 : 안장맞춤
- 처마도리, 평보, 깔도리 : 걸침턱맞춤

② 절충식 지붕틀 : 비교적 단순하고 소규모의 지붕틀에 사용
㉠ 대공의 간격은 90cm 이상
㉡ 우미량은 절충식 모임 지붕틀의 짧은 보를 뜻함.
㉢ 기둥과 처마도리의 접합은 주걱볼트를 사용

③ 물매와 지붕 : 물매는 지붕의 경사도를 뜻하는 용어로 가로값 10을 기준으로 세로값의 크기로 표기
㉠ 지붕모양

구분	박공지붕	모임지붕	합각지붕	솟을지붕	꺾인지붕	톱날지붕
평면						
입체						

㉡ 물매의 경사
- 되물매 : 경사가 45°
- 된물매 : 경사가 45°보다 큰 경우
㉢ 지붕재료에 따른 물매
- 슬레이트 : 4.5/10~5/10
- 금속판기와 : 2.5/10
- 알루미늄판 : 1/10
- 평기와 : 4/10
- 아스팔트 루핑 : 3/10

7) 부속재료 및 이음과 맞춤
① 가새 : 기둥의 상부와 하부를 대각선 빗재로 고정해 수평외력에 저항하는 가장 효과적인 보강재(45°가 이상적)
② 버팀대 : 기둥과 수직으로 연결된 보를 대각선 빗재로 고정해 수평 외력에 저항
③ 귀잡이 : 바닥 등 수평으로 직교하는 부재를 대각선 빗재로 고정해 수평 외력에 저항
④ 목재의 이음과 맞춤
㉠ 이음 : 재를 길이 방향으로 연속되게 이어서 접합하는 것
㉡ 맞춤 : 재를 직각이나 대각선으로 접합하는 것
⑤ 목구조의 보강철물
㉠ 주걱볼트 : 기둥과 처마도리를 접합
㉡ 감잡이쇠 : 왕대공과 평보를 접합
㉢ 띠쇠 : 토대와 기둥, 평기둥과 층도리, ㅅ자보-왕대공을 접합
㉣ 안장쇠 : 큰 보와 작은 보를 설치할 때 사용
㉤ 꺾쇠 : ㅅ자보와 중도리를 접합
㉥ 듀벨 : 산지의 일종으로 목재 이음 시 전단력에 저항할 수 있도록 사용되는 철물

8) 한식구조
① 한식공사
㉠ 마름질 : 부재의 크기에 맞게 치수를 재어 널결이나 직각으로 자르는 일
㉡ 치목 : 부재로 사용할 목재를 깎고 다듬는 일
㉢ 바심질 : 목재의 맞춤을 위해 끼워지는 부분을 깎아내는 일
㉣ 입주 : 각 위치에 기둥으로 세우고, 보로 거는 등 맞추는 일
㉤ 상량 : 지붕의 보를 올린다는 뜻으로 기둥에 보를 얹고, 마룻대에 해당하는 종도리를 올리는 일
② 한식구조의 기둥
㉠ 누주 : 2층에 배치된 기둥(다락기둥)
㉡ 동자주 : 보 위에 올리는 짧은 기둥으로 중도리와 종보를 받친다.
㉢ 고주 : 해당 층에서 다른 기둥보다 높은 기둥으로 동자주를 겸하는 기둥
㉣ 활주 : 처마 끝 추녀의 뿌리를 받치는 기둥

04 | 벽돌, 블록, 돌구조

1) 벽돌구조
① 벽돌구조의 한계
- 벽체의 두께는 벽 높이의 1/20 이상
- 기둥의 두께는 기둥 높이의 1/10 이상
- 내력벽의 최대길이는 10m를 넘을 수 없다.
- 최상층 내력벽의 높이는 4m를 넘을 수 없다.
- 내력벽 공간은 80m²를 넘을 수 없다.
② 내어 쌓기의 한계
- 벽돌을 내어 쌓을 경우 2.0B를 넘을 수 없다.
- 1단씩 내쌓기 할 경우 1/8B 두께로 쌓는다.
- 2단씩 내쌓기 할 경우 1/4B 두께로 쌓는다.
③ 쌓기법
목적에 따라 벽돌을 길이 방향과 마구리 방향으로 다양하게 쌓을 수 있으며 통줄눈 쌓기보다 막힌줄눈 쌓기가 하중을 분산시켜 더 튼튼하다.

㉠ 영식(영국식) 쌓기 : 이오토막을 사용, 가장 튼튼한 쌓기법
㉡ 네덜란드식(화란식) 쌓기 : 칠오토막을 사용해 모서리가 튼튼
㉢ 영롱쌓기 : 장식을 목적으로 사각형이나 십자형 태로 구멍을 내어 쌓는 방법

④ 줄눈의 종류

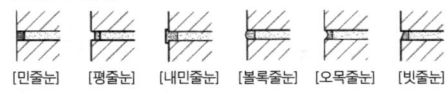

⑤ 쌓기 규정 및 홈 파기
- 1일 벽돌쌓기의 높이는 1.2m 이내, 최대 1.5m를 넘을 수 없다.
- 배관 등 설비를 묻기 위한 홈은 길이 3m, 깊이는 벽두께의 1/3을 넘을 수 없다.

⑥ 벽돌조 기초
- 벽돌조의 기초는 줄기초(연속기초)가 적합
- 콘크리트 기초판의 두께는 기초판 너비의 1/3 (20~30cm) 정도로 한다.
- 벽돌 하부의 길이는 벽두께의 2배 정도로 한다.
- 벽돌 쌓기의 각도는 60° 이상으로 한다.

⑦ 공간벽 쌓기(단열벽 쌓기)
㉠ 공간벽에 따른 벽두께

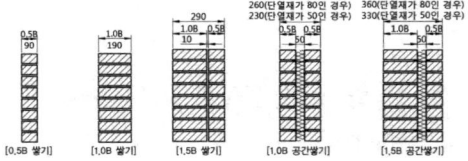

㉡ 긴결철물 : 수직으로는 40cm 이하, 수평으로는 90cm 이하마다 긴결철물을 설치한다.

⑧ 개구부
㉠ 개구부의 폭은 벽 길이의 1/2을 넘을 수 없다.
㉡ 1.8m를 넘는 창이나 문은 상부에 인방을 설치한다. 인방은 해당 벽에 좌우로 각각 20cm 이상 걸쳐야 한다.
㉢ 상하로 설치되는 개구부는 수직 간에 60cm 이상 거리를 확보한다.
㉣ 대린벽이 교차하는 경우 대린벽 중심에서 벽두께의 2배 이상 거리를 두어야 한다.

㉤ 동일한 벽체에 연속해서 개구부를 두는 경우 개구부 간에 수평거리를 벽두께의 2배 이상 거리를 두어야 한다.

⑨ 아치 : 벽돌을 쐐기모양으로 만들어서 곡선적으로 쌓아올리는 구조로 인장력은 받지 않고 압축력만을 받는다.
㉠ 본아치 : 벽돌을 쐐기모양으로 제작해 사용
㉡ 막만든아치 : 벽돌을 쐐기모양으로 다듬어 사용
㉢ 거친아치 : 벽돌을 가공하지 않고 줄눈을 쐐기모양으로 시공
㉣ 층두리아치 : 아치의 너비가 넓을 경우 여러 겹으로 겹쳐서 시공

2) 블록구조
① 보강블록조
- 보강블록은 블록 속에 철근과 콘크리트를 부어 넣은 구조이다.
- 보강블록조의 벽체두께는 15cm 이상으로 한다.
- 보강블록조의 벽량은 15cm/m^2 이상으로 한다.

② 보강블록조의 정착길이
- 모서리 D13, 그 외 D10
- 세로철근 테두리보의 40d
- 가로철근 40d, 이음 25d

③ 벽량 : 내력벽의 길이를 바닥면적으로 나눈 값으로 벽량=내력벽의 전체 길이/해당 층의 바닥면적으로 계산한다.

3) 돌구조
① 쌓기법
㉠ 바른층 쌓기 : 벽돌과 블록처럼 일정한 높이로 수평이 맞도록 규칙적으로 쌓는다.
㉡ 허튼층 쌓기 : 규칙이 없이 쌓는 방법으로 막쌓기라고도 한다.
㉢ 층지어 쌓기 : 허튼층 쌓기와 유사하지만 가로 줄눈을 수평이 되게 쌓는다.

② 석재의 부분별 명칭
㉠ 인방돌 : 창문이나 문 개구부 상부에 하중 분산을 목적으로 올리는 돌
㉡ 창대돌 : 창문틀 밑에 대어 창문을 받치는 돌
㉢ 쌤돌 : 창문 양쪽 수직면에 대어 마감하는 돌
㉣ 이맛돌 : 반원 아치 가운데 끼워 넣는 돌

05 | 철근콘크리트구조

1) 철근콘크리트구조
① 구조 : 압축력에 강한 콘크리트에 인장력을 보완하기 위해 철근을 뼈대로 구성한 구조
② 특성
  ㉠ 장점
  - 부재의 크기, 형상을 제한 없이 자유롭게 구성할 수 있다.
  - 철근을 콘크리트로 피복한 일체식 구조로 내화성, 내구성, 내진성, 내풍성이 우수하다.
  - 콘크리트와 철근의 특성을 보완한 구조로 압축력과 인장력에 모두 강하다.
  ㉡ 단점
  - 철근콘크리트는 시공 시 날씨의 영향을 많이 받는다.
  - 콘크리트는 날씨 등 양생조건이 나쁘면 강도에 영향을 주고, 균일한 시공이 어렵다.
  - 물을 사용한 습식구조로 공기가 길다.

2) 철근콘크리트구조의 종류
① 라멘구조 : 기둥, 보, 슬래브가 일체화되어 건축물의 하중에 저항하는 구조
② 벽식구조 : 기둥과 보가 없고 슬래브와 벽을 일체화시킨 구조
③ 무량판구조(플랫슬래브) : 보를 없애는 대신 슬래브의 두께를 150mm 이상 두껍게 하여 하중에 저항하는 구조

3) 철근의 사용과 이음
① 철근
  ㉠ 원형철근 : 표면에 돌기가 없는 매끈한 철근
  ㉡ 이형철근 : 철근의 표면에 마디와 리브라는 돌기가 있어 부착응력이 높은 철근
  ㉢ 철근의 표기
    예 D13@250 → 지름 13mm 이형철근을 250mm 간격으로 배근
② 철근 겹침이음의 이음길이
  ㉠ 겹침이음의 이음길이
  - 철근이 길이가 부족하여 이어야 할 경우 겹쳐지는 부분의 길이를 뜻하며 결속선을 사용해 이음한다.
  - D35 이상의 철근은 겹침이음을 하지 않는다.
  - 이음길이는 압축력을 받는 부분은 25d 이상, 인장력을 받는 부분에서는 40d 이상으로 한다.
③ 철근의 사용과 부착강도
  - 가는 철근을 여러 개 사용하면 콘크리트의 단면을 크게 하지 않고도 부착강도를 높일 수 있다.
  - 철근은 주로 D10~D25 규격을 많이 사용한다.
  - 응력이 발생되는 곳은 철근의 배근 간격을 촘촘히 한다.
  - 부착강도는 콘크리트의 압축강도, 철근의 주장(둘레), 정착길이에 비례한다.
④ 철근의 정착 : 콘크리트에 고정시키기 위해 일정 길이만큼 꺾어 묻는 것을 정착이라 한다. 인장정착은 300mm 이상, 압축정착은 200mm 이상 정착시킨다.
⑤ 거푸집
  ㉠ 거푸집의 조건
  - 형상과 치수가 정확하고 변형이 없어야 한다.
  - 외력에 손상되지 않도록 내구성이 있어야 한다.
  - 조립 및 제거가 용이하고 반복적으로 재사용할 수 있는 것이 좋다.
  - 거푸집의 간격을 유지하기 위해 부속철물로 세퍼레이터(격리재)를 사용한다.
  ㉡ 거푸집 재료에 따른 사용횟수
  - 쪽널 거푸집 : 약 3회
  - 합판 거푸집 : 약 5회
  - 철제 거푸집 : 약 100회

4) 콘크리트의 피복과 기초
① 콘크리트의 피복두께

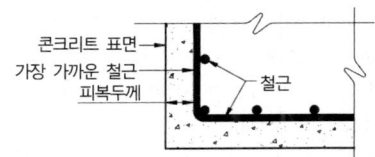

② 기초보(지중보) : 독립기초에서 기초와 기초를 연결하는 보를 말하며 부동침하를 방지한다.

5) 기둥
① 기둥의 철근
  - 기둥의 주근은 D13 이상을 사용하고 장방형은 4개, 원형은 6개 이상 배근한다.

- 수직으로 뻗은 주근의 좌굴을 방지하기 위해 띠철근(대근), 나선철근을 배근해야 한다.
- 주근의 간격은 철근 지름의 1.5배 이상, 25mm 이상, 자갈 최대지름의 1.25배 이상으로 해야 한다.
- 띠철근의 배근은 주근 지름의 16배 이하, 띠철근 지름의 48배 이하, 기둥 단면의 최소 폭 이하 중 가장 작은 값으로 한다.

② 기둥의 크기와 배치
- 기둥의 최소 단면적은 600cm² 이상으로 한다.
- 기둥의 최소 단면치수는 20cm 이상, 기둥 간사이의 1/15 이상으로 한다.
- 4개의 기둥으로 30m² 내외의 바닥면적을 지지할 수 있다.
- 상층과 하층의 기둥은 동일한 위치에 오도록 배치한다.

6) 보
① 보의 철근
- 보의 주근은 D13 이상을 사용한다.
- 주근의 간격은 25mm 이상, 자갈 최대지름의 1.25배 이상, 철근 공칭지름의 1.5배 이상으로 한다.
- 주근의 이음 위치는 인장력과 휨응력이 가장 작은 위치에서 이음한다.
- 주근은 단부에서는 상부에 많이 배근하고 중앙부는 하부에 많이 배근한다.

② 보의 늑근(스트럽)
- 보의 전단력에 대한 저항강도를 높이기 위해 사용된다.
- 늑근은 D6 이상의 철근을 사용하며 중앙부보다 양단부에 많이 배근한다.
- 늑근의 갈고리(hook) 구부림 각도는 90~135°로 한다.

③ 보의 크기와 배치
- 철근콘크리트보의 춤(높이)은 기둥 간사이의 1/10~1/12로 한다.
- 작은 보의 배치는 중앙부의 집중하중을 줄이기 위해 큰 보 사이에 짝수로 배치한다.

④ 헌치
보의 양단부인 기둥과 교차되는 부분은 중앙부보다 단면을 크게 하여 보의 휨, 전단력에 대한 저항강도를 높이기 위해 사용

7) 바닥(슬래브)
① 슬래브의 철근
- 슬래브는 단변과 장변으로 구분되며 단변 방향에는 주근, 장변 방향에는 부근(배력근)을 배근한다.
- 슬래브는 D10 이상의 철근으로 배근한다.
- 단변 방향의 철근은 20cm 이하, 장변 방향의 철근은 30cm 이하로 배근한다.
- 장변과 단변의 굽힘 철근 위치는 단변의 1/4 지점에서 배근한다.

② 슬래브의 크기와 형태
- 철근콘크리트 2방향 슬래브의 최소두께는 8cm 이상으로 한다.
- 2방향 슬래브의 단변과 장변의 비율은 장변 방향의 길이가 단변 방향 길이의 2배보다 작거나 같은 길이
- 1방향 슬래브 변장비는 장변 방향의 길이가 단변 방향 길이의 2배보다 커야 하며 최소 10cm 이상으로 한다.

8) 벽체
① 벽체의 철근
- 내력벽은 D10 이상의 철근으로 배근한다.
- 개구부에는 D13 이상의 철근을 2개 이상 사용하여 보강한다.
- 내력벽의 두께가 25cm 이상인 경우 복배근으로 한다.

06 | 철골구조

1) 철골구조의 특성
① 철골구조의 장점과 단점
  ㉠ 장점
   - 구조체 자중에 비해 강도가 우수하다.
   - 건식구조로 공기가 짧다.
   - 강재의 품질검토가 용이하다.
   - 장스팬을 구성할 수 있다.
  ㉡ 단점
   - 고온에서 강도가 저하되어 열과 화재에 취약하다.
   - 부식의 우려가 있다.
   - 가늘고 긴 재료를 사용하는 가구식 구조로 변형되거나 좌굴되기 쉽다.

2) 철골(강)재의 접합
① 고력볼트접합
- 접합부를 강하게 죄어 마찰력을 이용한다.
- 높은 마찰력을 이용한 접합으로 인장력만 작용한다.
- 접합부의 강성과 피로강도가 높다.
- 작업이 용이하고 공기를 단축시켜 현장에서 많이 사용된다.
- 일반 볼트의 구멍은 볼트보다 0.5mm 정도 크게 뚫는다.
- 고력볼트의 구멍

볼트지름(d)	구멍지름
$d < 27$	$d + 2.0mm$
$d \geq 27$	$d + 3.0mm$

② 용접
㉠ 장점
- 접합부를 일체로 구성할 수 있다.
- 작업에 소음이 적고 접합부의 강성이 높다.
- 이음이 자유롭고 강재의 양을 절약할 수 있다.

㉡ 단점
- 접합재가 열과 압력에 의해 변형될 우려가 있다.
- 접합재의 재질적 영향을 많이 받는다.
- 비용이 많이 들고 시간이 많이 걸린다.
- 기능공의 의존도가 높고 편차가 크다.

㉢ 용접결함 : 언더컷, 블로 홀, 균열, 오버랩, 피트

3) 철골구조의 보
① 보의 종류
㉠ 형강보
- 공장에서 만들어진 단일재로 H형강, I형강 등을 그대로 사용하는 보로 웨브와 플랜지로 구분된다.
- 재를 그대로 사용하므로 가공절차와 조립이 단순하다.
- 보의 휨내력은 플랜지 플레이트로 보강할 수 있다.
- 재료가 절약되어 경제적이다.

㉡ 판보(플레이트보)
- 단일재를 사용한 보가 작아 큰 보가 필요한 경우에 쓰이는 조립보이다.
- 판보의 춤은 기둥 간사이의 1/10~1/12 정도로 한다.
- 판보는 플랜지 플레이트, 웨브 플레이트, 플랜지 앵글과 보강재인 커버 플레이트, 스티프너로 구성된다.
- 스티프너는 웨브의 좌굴을 방지할 목적으로 사용된다.
- 판보의 플랜지 플레이트는 리벳접합 시 3장 정도이며, 4장을 넘을 수 없다.

㉢ 트러스보
- 간사이가 15m를 넘는 경우, 보의 춤(높이)이 1m 이상 되는 경우에 사용한다.
- 트러스보는 플랜지, 동바리, 경사재, 거싯 플레이트로 구성된다.

㉣ 래티스보
- 플랜지에 ㄱ자 형강을 대고 웨브재를 45°, 60° 내외의 경사각도로 접합한다.
- 웨브의 두께는 6~12mm, 너비는 60~120mm 내외로 한다.
- 주로 작은 규모의 지붕틀로 사용된다.

㉤ 격자보
- 플랜지에 ㄱ자 형강을 대고 웨브재를 90° 직각으로 접합한다.
- 콘크리트로 피복해 철골철근콘크리트에 사용된다.

4) 주각
주각은 기둥이 받는 하중을 기초로 전달하는 부분으로 윙 플레이트, 베이스 플레이트, 클립 앵글, 사이드 앵글로 구성된다.

5) 바닥
① 데크 플레이트 : 철골구조에서 사용되는 바닥용 철판으로 보 위에 데크 플레이트를 깔고 경량콘크리트로 슬래브를 만든다.

07 | 기타 구조시스템

1) 철골철근콘크리트구조
① 구조 : 철골 뼈대(형강)에 철근을 두르고 콘크리트를 부어넣어 일체로 만든 구조이다. 철골구조와 철근콘크리트구조의 장점을 혼합한 구조로 합성구조, SRC구조라고도 한다.

② 특징
- 철골구조에 비해 내화성이 우수하다.
- 철근콘크리트에 비해 자중이 가볍다.
- 기둥의 간사이는 5~8m 정도로 뼈대에 사용되는 철골은 H형강이 많이 사용된다.
- 철골의 좌굴방지, 구속효과, 콘크리트의 강도 등을 증진시킨다.

2) 셸구조(곡면구조)
① 구조 : 곡면판의 역학적 특징을 활용한 구조로, 주로 지붕구조에 사용되며 원통 셸, 돔, 원뿔, 막구조 등이 있다.
② 특징
- 간사이가 넓은 지붕에 사용한다.
- 경량이면서 내력이 큰 구조물에 사용한다.
- 대표적인 유명 건축물로는 시드니의 오페라하우스가 있다.

3) 막구조
① 구조 : 셸구조의 하나로 인장력을 가한 케이블에 막을 씌운 구조로 유형에 따라 골조막, 공기막, 서스펜션 막구조 등이 있다.
② 특징
- 구조적으로 인장과 전단력에 견디는 막을 쓰는 것으로 한정한다.
- 대표적인 유명 건축물로는 상암동 월드컵경기장이 있다.

4) 절판구조
① 구조 : 얇은 판을 접은 형태를 이용해 큰 강성을 낼 수 있는 구조
② 특징
- 배근이 복잡하다.
- 대표적인 재료로는 데크 플레이트가 있다.

5) 현수구조
① 구조 : 주요 구조부를 케이블로 달아매어 인장력으로 지탱하는 구조
② 특징
- 교량 공사에 많이 사용되며 현수구조와 사장구조가 있다.
- 대표적인 구조물로는 서해대교(사장구조), 광안대교(현수구조) 등이 있다.

6) 튜브구조
① 구조 : 초고층 건물에 사용되는 구조형식으로 내부는 비어 있고 외부 벽체에 강한 피막을 구축하는 구조

② 특징
- 내부를 비워두는 구조로 넓은 공간을 구성할 수 있다.
- 외벽의 외피로 인한 개구부 구성에 어려움이 있다.
- 대표적인 건축물로는 시카고의 윌리스타워 등이 있다.

7) 커튼월 구조
① 구조 : 커튼월은 하중을 받지 않는 외벽을 뜻하며, 비내력 칸막이벽이라고도 한다. 기둥, 보 등 골조가 건축물의 하중을 지지하고 외피에 규격화된 칸막이 패널(유리판)을 사용한다.
② 특징
- 현대적이고 도시적인 외장으로서의 강점이 있으나 에너지 효율이 떨어진다.
- 칸막이 패널, 프레임(멀리언) 등을 규격화하여 대량생산이 가능하다.

8) 트러스구조
① 구조 : 목재나 강재를 삼각형의 그물 모양으로 구성한 구조로 부재에 휨과 전단력이 발생되지 않는다.
② 특징
- 교량, 지붕 등 넓은 공간이 필요한 경우에 사용된다.
- 트러스 뼈대의 경사부재는 압축력을 받고, 수직부재와 수평부재는 인장력을 받는다.

9) 입체구조(스페이스 프레임)
① 구조 : 선재(트러스)를 입체적으로 구성해 스페이스 프레임이라고도 한다. 모든 부재가 동일한 면에 있지 않은 구조로 넓은 공간을 구성할 때 사용되는 구조
② 특징
- 실내 체육시설, 집회장 등 내부 공간이 넓은 건축물에 사용된다.
- 각 부재 간의 구속력으로 좌굴이 쉽게 발생하지 않는 구조이다.

10) 무량판구조
① 구조 : 슬래브와 기둥 사이에 보가 없어 슬래브에서 발생된 하중을 드롭 패널을 통해 기둥이 받아 바닥으로 전달한다.
② 특징
- 보가 없으므로 공간의 활용도가 높다.
- 대표적인 건축물로는 붕괴된 삼풍백화점이 있다.

건축설비

01 | 급·배수 및 위생설비

1) 급수설비
① 급수방식
- ㉠ 수도직결방식 : 수도관에 직접 연결하는 방식
- ㉡ 고가탱크방식 : 옥상에 물탱크를 두어 일정한 수압으로 사용
- ㉢ 압력탱크방식 : 물탱크를 지하에 공기의 압력으로 급수하는 방식
- ㉣ 부스터방식 : 수도관에서 저장탱크로 물을 저수한 후 급수펌프로 급수하는 방식

② 급수배관방식
- ㉠ 상향식 배관법
  - 장점 : 유지보수가 용이
  - 단점 : 마찰손실로 인해 압력이 저하
- ㉡ 하향식 배관법
  - 장점 : 효율적인 급수, 수압이 일정
  - 단점 : 유지보수가 불리하다.
- ㉢ 상하향 혼합배관법 : 1~2층은 상향식, 3층 이상은 하향식으로 배관하여 비용이 비싸진다.

③ 급탕설비
- 급탕온도는 60℃가 기준
- 개별식(개별난방)과 중앙식(중앙난방)으로 구분
- 개별 급탕방식은 순간식, 저탕식, 기수혼합식으로 구분

2) 배수설비
① 배수방식
- ㉠ 중력식 배수 : 중력을 이용한 자연적 배수
- ㉡ 기계식 배수 : 동력을 이용한 기계적 배수

② 트랩 : 배수관의 유해가스와 벌레, 물의 역류를 봉수를 두어 방지하는 장치
- ㉠ S트랩 : 세면대, 대변기 등에 사용하는 관 트랩
- ㉡ P트랩 : 위생기구에 사용되는 관 트랩으로 벽체 내부로 관이 연결
- ㉢ U트랩 : 수평관에 사용되는 관 트랩으로 유속이 저하
- ㉣ 드럼트랩 : 주방의 개수대에 많이 사용되는 트랩
- ㉤ 그리스트랩 : 배수의 기름기가 배수관 내부에 부착되어 막히는 것을 방지하기 위해 설치
- ㉥ 벨트랩 : 욕실 등 바닥 배수에 사용되는 종(bell) 형태의 트랩

③ 봉수의 파괴원인
- 자기모세관 현상
- 사이펀 작용
- 증발
- 흡출작용
- 분출작용

④ 통기관 : 배관 내의 압력을 조절해 배수의 흐름을 원활하게 하고, 봉수를 보호

3) 위생설비
① 세면대 : 가정용의 설치높이는 750mm
② 세정방식
- ㉠ 로 탱크 : 저수탱크를 낮은 곳에 설치(일반가정용)
- ㉡ 하이 탱크 : 저수탱크를 높은 곳에 설치
- ㉢ 기압 탱크 : 공기밸브에서 공기관을 통해 세정하는 방식
- ㉣ 세정 밸브 : 급수관에 직접 연결, 연속세정이 가능해 호텔, 사무실 등에 사용

02 | 냉·난방 및 공기조화설비

1) 난방방식의 분류
① 직접난방 : 증기난방, 복사난방, 온수난방
② 간접난방 : 온풍난방

2) 난방설비의 종류
① 온수난방
  ㉠ 장점
   • 실내온도, 온수온도를 쉽게 조절
   • 난방의 쾌감도가 높다.
   • 난방을 꺼도 일정 시간 유지된다.
   • 보일러의 사용이 쉽고 안전하다.
  ㉡ 단점
   • 설비비용이 비싸다.
   • 예열시간이 길어진다.
   • 동절기에 장시간 사용하지 않으면 동결될 수 있다.
② 증기난방
  ㉠ 장점
   • 열의 운반효율이 우수하다.
   • 증기의 순환과 예열시간이 온수난방에 비해 빠르다.
   • 방열면적이 온수난방에 비해 작다.
   • 설비 및 유지비용이 적게 든다.
  ㉡ 단점
   • 온수난방에 비해 난방의 쾌감도가 떨어진다.
   • 전문지식이 필요하다.
   • 소음이 많고 방열량의 조절이 쉽지 않다.
  ㉢ 종류 : 중력환수식, 기계환수식, 진공환수식
③ 복사난방
  ㉠ 장점
   • 실내의 온도분포가 균일하고 쾌감도가 높다.
   • 방열기가 필요하지 않다.
   • 개방된 공간도 난방효율이 있다.
  ㉡ 단점
   • 시공이 어렵고 비용이 비싸다.
   • 매립면에 균열이 일어나기 쉽다.
   • 매립되어 유지보수가 어렵다.
   • 방열량 조절이 쉽지 않다.
④ 지역난방
  ㉠ 장점
   • 각 건물에 굴뚝이 필요 없다.
   • 대기오염을 줄일 수 있다.
   • 화재위험이 감소한다.
   • 설비면적이 감소한다.
  ㉡ 단점
   • 배관의 길이가 길어 열의 손실이 크다.
   • 개별적인 난방운영이 어렵다.

3) 환기법
① 자연환기
 • 바람과 풍압에 의한 자연환기
 • 실내·외의 온도 차에 의한 자연환기
② 기계환기

구분	급기(유입)	배기(배출)
제1종 환기법	기계(송풍기)	기계(배풍기)
제2종 환기법	기계(송풍기)	자연배기
제3종 환기법	자연급기	기계(배풍기)

③ 환기량
 • 1인 1시간당 환기량 규준은 $30m^3$/인h 이상
 • 환기횟수 = $\dfrac{환기량(m^3/h)}{실용적(m^3)}$

4) 공기조화설비
① 열매 구분에 의한 공기조화방식
  ㉠ 전공기식 : 단일덕트, 이중덕트, 멀티존 유닛방식
  ㉡ 수공기식 : 각층 유닛방식
  ㉢ 전수방식 : 팬코일 유닛방식(덕트를 사용하지 않음)
  ㉣ 냉매식 : 냉매 배관으로 실내온도를 조절
② 설치방식에 의한 공기조화방식

구분	방식	특징
단일덕트방식 (single duct system)	공기조화의 기본방식으로 주덕트에서 각 실로 보내고 환기하는 방식	• 유지보수가 용이하지만 개별 제어가 불가능하다. • 중소 규모의 건물에 적합하다.
이중덕트방식 (dual-duct system)	냉풍과 온풍 덕트를 구분해 2개로 만들어 송풍하는 방식	각 실별로 여러 조건에 맞는 공기조화를 설정할 수 있다.
각층 유닛방식 (every floor unit system)	각 층이나 구역별로 공기조화 유닛을 설치하는 방식	• 각 층별로 공기조화를 설정할 수 있다. • 대규모 건물에 적합하다.
멀티존 유닛방식 (multi-zone unit system)	공기조화기에서 냉풍과 온풍을 만들어 공기를 혼합해 각 실로 송풍하는 방식	• 설비를 한 곳에 집중시킬 수 있다. • 중소 규모의 건물에 적합하다.
팬코일 유닛방식 (fan coil unit system)	소형 공기조화기를 각 실에 설치하는 방식	호텔의 객실, 주택, 병원, 아파트에 사용되며 강당, 극장과 같은 큰 공간에는 적합하지 않다.

③ 흡수식 냉동기 : 기체의 흡수성을 이용한 냉동기로 응축기, 증발기, 흡수기, 열교환기, 가열기로 구성된다.

03 | 조명 및 전기설비

1) 조명설비
① 조명방식
  ㉠ 직접조명
    • 조명효율이 좋고 설비비용이 저렴하다.
    • 밝고 어두운 정도의 차이가 적다.
    • 천장면의 반사영향이 적다.
  ㉡ 반간접조명 : 직접조명과 간접조명의 중간 정도의 효율과 밝기를 가진다.
  ㉢ 간접조명 : 조도가 가장 균일하면서 음영이 적지만 효율은 가장 좋지 않다.
  ㉣ 건축화조명 : 건축물의 일부인 천장, 벽, 기둥에 조명기구를 매입하거나 부착하여 건축물과 일체화한 조명
② 조명설계순서 : 소요조도 결정 → 전등 종류 결정 → 조명방식 및 조명기구 결정 → 광원 수량 및 배치 → 광속 계산

2) 전기설비
① 전기 일반
  ㉠ 간선 : 주 동력선에서 분기되어 나온 전선으로 주택에서 각 실의 콘센트로 전원을 공급한다. 간선의 배선방식으로는 평행식, 루프식, 나뭇가지식으로 구분한다.
  ㉡ 분전반 : 배전반에서 배선된 간선을 분기 배선하는 장치
  ㉢ 분기회로 : 간선을 분전반을 통해 사용목적에 따라 분할한 배선
  ㉣ 변압기 : 전기에너지의 전압을 높이거나 낮추는 장치
  ㉤ 예비전원설비 : 정전 등 비상시에 사용할 수 있는 전기공급장치
  ㉥ 변전설비 : 배전선에서 수전한 고압을 필요한 전압으로 낮추는 장치
  ㉦ 차단기 : 과전류, 과전압 등으로 인한 상태를 자동적으로 차단하는 장치
  ㉧ 접지 : 대지로 이상전류를 방류하거나 의도적으로 전기회로의 전류를 대지 또는 전도체에 연결시켜 감전 등의 전기사고를 예방하는 장치
  ㉨ 전력퓨즈 : 고압의 전기회로나 장치의 단락보호를 위해 차단기 대용으로 사용되는 퓨즈로 한류형 퓨즈는 릴레이나 변성기가 필요 없다.
  ㉩ 가스계량기 : 가스배관을 통과하는 가스의 부피를 측정하는 설비로 전기개폐기에서 60cm 이상 거리를 두어 설치해야 한다.
② 피뢰설비 : 벼락으로부터 건축물의 피해를 방지하기 위한 설비로 전류를 지반으로 방전시킨다.
  ㉠ 설치대상 : 건축물의 높이가 20m 이상
  ㉡ 보호각도 : 일반건축물은 60°, 위험물은 45°
③ 피뢰설비 유형 : 돌침 방식, 수평도체 방식, 매시도체 방식

04 | 가스 및 소화설비

1) 가스설비
① 가스의 종류
  ㉠ 액화천연가스(LNG)
    • 천연가스에서 메테인을 추출해 냉각시켜 만든다.
    • 공기보다 가벼워 비교적 안전하다.
    • 저장시설을 두어 배관을 통해 공급해야 한다.
    • 천연가스보다 우수하고 청결하다.
  ㉡ 액화석유가스(LPG)
    • 공기보다 무겁지만 화력이 좋다.
    • 액화하여 용기에 담아 가정용과 공업용으로 사용할 수 있다.
    • 누설 시 가연 한계의 하한이 낮아 폭발위험이 있다.
② 가스공급과 설비의 위치
  • 거리가 가까운 곳은 중저압으로 공급하고, 먼 곳은 고압으로 공급한다.
  • 사용목적에 적합하고 사용이 용이해야 한다.
  • 열에 의한 위험성이 없어야 한다.
  • 연소에 따른 급기와 배기가 원만해야 한다.
  • 관리와 점검이 수월해야 한다.

2) 소화설비
① 소화설비
  ㉠ 옥내소화전, 소화기 : 옥내 벽에 설치되는 소화전으로 호스와 노즐이 보관되어 있다.
  ㉡ 옥외소화전 : 옥외에 설치하는 소화전으로 주택가, 공장 등의 주요 시설에 설치되며 단구식, 쌍구식, 부동식 등으로 구분한다.
  ㉢ 스프링클러 : 배관을 천장으로 연결하여 천장면에 설치된 분사기구로 발화 초기에 작동하는 자동소화설비이다.
  ㉣ 연결살수설비 : 소방용 펌프차에서 송수구를 통해 보내진 압력수로 소화하는 설비로, 실내의 살수헤드 유형에 따라 폐쇄형과 개방형으로 구분한다.
  ㉤ 드렌처 : 건물의 외벽이나 창에 설치되는 설비로 화재 시 수막을 형성해 화염을 막아 주변으로 연소되는 것을 방지시킨다.
② 경보 및 감지설비
  ㉠ 경보설비의 종류
   • 차동식 : 온도변화의 이상을 감지하여 작동
   • 정온식 : 설정한 온도에 도달하면 작동
   • 보상식 : 차동식과 정온식 두 가지 기능으로 작동
   • 광전식 : 연기를 감지하여 작동
  ㉡ 피난설비 : 화재 등의 재난 발생 시 피난을 목적으로 사용되는 설비로 유도등, 유도표지가 있다.

③ 에스컬레이터 : 30° 이하 계단모양의 컨베이어로 트러스, 발판, 레일로 구성된다. 최대속도는 안전을 위해 30m/min 이하로 운행한다.
  ㉠ 구성요소
   • 뉴얼 : 난간의 끝부분
   • 스커트 : 스텝, 벨트와 연결되는 난간의 수직인 부분
   • 난간데크 : 핸드레일 가이드 측면과 만나 상부 커버를 형성하는 난간의 가로 부분
   • 내부패널 : 스커트와 핸드레일 가이드 사이의 패널
   • 핸드레일 : 사람이 탑승하여 안전을 위해 손으로 잡는 부분
  ㉡ 수송능력
   • 800형 : 시간당 6,000명
   • 1200형 : 시간당 9,000명
④ 컨베이어벨트 : 설비면적이 크지만 정지하지 않고 연속적으로 수송이 가능하여 대기시간 없이 물건을 이동
⑤ 롤러 컨베이어 : 컨베이어벨트의 유형 중 하나로 이동경로 바닥에 롤러를 이용한 수송설비
⑥ 무빙워크(이동보도) : 수평이나 10~15° 경사로를 사람이나 물건을 이동시키는 수송설비로 공항, 대형마트, 지하철 등에 사용

05 | 통신 및 수송설비

1) 통신설비
① 정의 : 건물 내·외부에서 현재의 상황이나 정보를 주고받는 장치로 구내교환설비, 인터폰설비, 표시설비가 있다.

2) 수송설비
① 정의 : 동력을 사용하여 사람이나 물건을 수직·수평적으로 이동시켜주는 장치
② 엘리베이터(승강기) : 동력을 사용해 승강로(케이지)를 수직으로 이동시켜 사람이나 물품을 수송
  ㉠ 일주시간 : 엘리베이터가 출발기준층에서 승객을 싣고 출발해 각 층에 서비스한 후 출발기준층으로 돌아와 다음 서비스를 위해 대기하기까지의 총시간

Craftsman Computer Aided Architectural Drawing

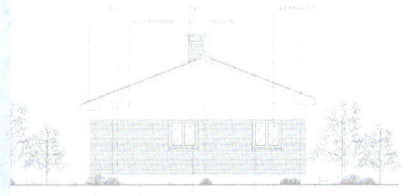

저자 황두환

블로그 : http://blog.naver.com/hdh1470
이메일 : hdh1470@naver.com

- 공주대학교 대학원 건축학과 졸업(석사)
- 현) 상명대학교, 선문대학교 외래강사
- 현) 한국기술교육대학교 평생교육원 실내건축 내용전문가
- 현) 패스원(학점은행제) 교수
- 현) CAD 강의 및 실무 프로젝트 작업
- 전) ATC AutoCAD 감독관
- 전) (주)희훈 설계팀 근무
- 전) 국제직업전문학교 건축과 팀장
- 전) 리드디자인 실장
- 전) 재승종합건설 교육팀장
- 전) 동양CAD디자인전문학원 전임강사
- 전) (재)서울현대직업전문학교 위촉강사
- 전) 현대건설 기술교육원 기업대학과정 강사

- 국가공인 훈련교사 건축설계 2급
- 국가공인 훈련교사 실내디자인 3급
- ATC. AutoCAD 공인강사
- 건축산업기사, 실내건축기사
- 건축제도기능사, 건축도장기능사, 실내건축기능사, 조적기능사, 전산응용건축제도기능사
- 옥외광고사
- 유비쿼터스 전문가 2급
- PC 마스터
- ATC. AutoCAD 1급
- ATC. Sketchup
- ATC. 3D Printing
- ACU. ACP. AutoCAD
- ACU. Fusion360

• 저서 •

- 스마트 실내건축기능사 필기(성안당, 2026년)
- 스마트 전산응용건축제도기능사 필기(성안당, 2026년)
- 스마트 전산응용건축제도기능사 실기(성안당, 2026년)
- 전산응용토목제도기능사 실기(성안당, 2025년)
- 스케치업 2023 with V-Ray + Twinmotion(시대인, 2023년)
- CAT 2급 with AutoCAD(시대고시기획, 2021)
- 스케치업 with V-Ray Standard: 건축 인테리어 3D 입문(시대인, 2020년)
- AutoCAD 2020(시대고시기획, 2019년)
- AutoCAD 2018(시대고시기획, 2018년)

• 강의 분야 •

- AutoCAD-2D, 3D(ATC, ACP)
- 건축 관련 이론 및 실기(건축, 실내건축 자격)
- Sketchup(3D 모델링)
- RevitArchitecture(BIM)
- PC정비, 건축시공
- 직업 진로 및 취업교육
- Fusion 360

황두환 저자의 대표도서

실내건축기능사 **필기**

전산응용건축제도기능사 **필기**

전산응용건축제도기능사 **실기**

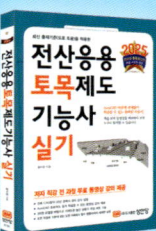
전산응용토목제도기능사 **실기**

Craftsman Computer Aided Architectural Drawing

전산응용 건축제도 기능사 필기

이 책을 접한 이들의 생생한 증언!!

이일곤_직업훈련학교 교사
건축분야 선수지식이 부족한 직업훈련학교 학생들이 전산응용건축제도기능사 시험을 준비할 때 가장 어렵게 느끼는 부분은 생소한 건축용어, 재료와 구조형태들이다. 이 책은 저자의 풍부한 강의경험을 바탕으로 기존의 어떤 수험서보다 이해도 높은 예시 그림으로 핵심이론을 명쾌하게 제시하고 있어서 수험생들의 이러한 어려움을 단번에 해결해 줄 수 있을 것이다.

진하영_대학생
학교에서 배웠으나 애매한 부분을 해설로 정리해주고, 이해가 어려운 부분은 그림을 통해 설명해 주어서 독학으로 필기시험을 준비하기에 아주 적합한 책이다. 다양한 내용들을 어려운 부분 없이 이 책 한 권으로 모두 이해하고 끝낼 수 있었다.

조은정_취업 준비생
필기시험을 접수하고 강사님의 권유로 이 책을 구입하여 2019년 마지막 시험을 준비하였다. 인터넷이나 다른 교재에 없는 CBT 기출문제를 복원해 CBT시험에 대한 유형을 파악하고 합격할 수 있었다.

김기태_건설사 실무자
직원들의 건축이론 교육을 위해 강사 친구의 원고 자료를 받아서 사용했다. 상세한 도면과 입체적인 표현으로 이전에 구매한 자료보다 이해하기가 쉬웠다. 특히 목구조나 철근콘크리트구조 부분은 건축을 처음 접하는 사람도 알기 쉽게 설명하고 있어서 처음 공부하는 학생들에게 큰 도움이 될 것이다.

신은주_건축설계 강사
건축을 전공하지 않은 비전공자도 쉽게 이해할 수 있는 용어 정리와 3D 이미지로 구성되어 있어 독학으로 자격증을 취득하고자 하는 이에게 추천한다. 건축제도의 기본적인 지식도 잘 정리되어 있어 입문자나 취업준비생에게 적합한 교재이다.

홍상호_인테리어디자인 실무자
이 책은 자격시험을 준비하지 않더라도 건축의 기초적인 이론지식을 갖추고자 하는 이들에게 추천하고 싶다. 쉬운 해설과 그림으로 건축을 처음 접하는 학생들도 어렵지 않게 접근할 수 있다. 일반 전공 서적이 아닌 기능사 수험서로 출간된 것이 아쉬움으로 남는다.

BM Book Media Group
성안당은 선진화된 출판 및 영상교육 시스템을 구축하고 항상 연구하는 자세로 독자 앞에 다가갑니다.